JOSÉ LUIZ DE MORAIS

(M+L=C)

Matemática e **Lógica** para **Concursos**

1.ª edição
2014
14.ª tiragem
2024

ISBN 978-85-02-13134-7
Copyright © José Luiz de Morais, 2011
Direitos desta edição:
SARAIVA S. A. Livreiros Editores
Todos os direitos reservados.

Gerente editorial: Rogério Carlos Gastaldo de Oliveira
Edição e preparação de texto: Kandy Sgarbi Saraiva
Revisão técnica: Lilio Alonso Paoliello Jr.
Auxiliares de serviços editoriais: Rute de Brito/Amanda Lassak
Estagiário: Daniel de Oliveira
Revisão: Pedro Cunha Jr./Lilian Semenichin (Coords.)/Albertina Piva/Aline Araujo/ Caroline Zanelli/Eduardo Sigrist/Luciana Azevedo/Maura Loria/Patricia Cordeiro/ Rhennan Santos/Marcella Arruda
Produtor gráfico: Rogério Strelciuc
Gerente de arte: Nair de Medeiros Barbosa
Ilustração dos boxes "pregue o olho": Adolar
Projeto gráfico e diagramação: Zapt Editora Ltda.
Capa: Aero Comunicação
Impressão e acabamento: Ed. Loyola

Dados Internacionais de Catalogação na Publicação (CIP)
(Câmara Brasileira do Livro, SP, Brasil)

Morais, José Luiz de
    Matemática e lógica para concursos / José Luiz de Morais. -- São Paulo : Saraiva, 2012.

    ISBN 978-85-02-13134-7
    1. Matemática 2. Matemática - Concursos
I. Título.

11-12554   CDD-510.76

Índice para catálogo sistemático:
1. Matemática : Concursos   510.76

Agradecimentos

*A Deus,
por estar incondicionalmente ao meu lado.*

*Aos meus pais, José Antonio de Morais e Imperatriz Maria Victoria de Morais (*in memoriam*),
e a minha irmã Albina,
por sempre cuidarem de tudo.*

*Aos meus queridos filhos Juliana, Felipe e Matheus,
pelo amor e atenção que me transmitem.*

*Aos meus amigos do peito Marcos Antonio Leite, Fernando A. G. C. Saraiva,
Fábio Rogério de Souza, Nelson Henrique N. Gomes, Julio Marqueti, Messias Corrêa Filho,
Manuel J. Leitão Faria, Joselias S. da Silva e Alessandro Ferraz,
por serem amigos do peito.*

*A minha querida Dri,
pelo carinho e atenção.*

Agradecimentos especiais

Ao mestre Auseba,
Augusto Sérgio Barbosa Reis,
por me apresentar o caminho de qualquer que seja o objetivo.

Ao amigo
Nílson Teixeira de Almeida,
pelo incentivo.

Aos amigos
Rogério Carlos Gastaldo de Oliveira e Kandy Sgarbi de Almeida Saraiva,
pela extraordinária dedicação e profissionalismo que tornaram esta obra uma realidade.

>> Apresentação

Esta obra é fruto da minha relação com a matemática, relação esta que começou de maneira muito natural: quando eu era menino e frequentava o hoje chamado ensino fundamental, era um ótimo aluno de Matemática. Uma das minhas professoras, a dona Marli, ensinou-me a matéria do sexto ao oitavo ano. Eu ia tão bem nas provas que não precisava do ponto extra obtido em trabalhos ou em outros tipos de avaliação. Apesar de esses pontos não poderem passar de um ano para o outro, a dona Marli me incentivava, levando consigo, a cada ano, o ponto extra que eu tinha, como forma de reconhecer meu esforço. "Se porventura você precisar desse ponto para elevar sua nota, vou considerá-lo", ela dizia. Eu, a dona Marli e esse ponto permanecemos juntos no ensino fundamental: eu precisando dela, mas nenhum dos dois precisando do ponto extra. Entretanto, ele foi mencionado na formatura pela diretora da escola: passei com nota máxima em todos os anos e a escola ainda ficou me "devendo" um ponto. Mal sabia eu que a aritmética começava a me acompanhar aí.

Continuei indo bem na matéria durante o colegial (hoje, ensino médio). Formei-me analista de sistemas, profissão que exige bastante raciocínio lógico, o que já evidenciava minha proximidade com a matemática.

Um dia, porém, recebi a visita de um grande amigo meu, engenheiro, o Fábio Rogério de Souza. Ele havia trocado de telefone e, para fazer uma graça ao final de nossa conversa, em vez de me informar o novo número, apenas disse: "O novo número do meu telefone é uma PA de razão −3 e se eu multiplicar os dois algarismos iguais da primeira dezena vou obter um produto, de um só algarismo, que é múltiplo de 3". E foi embora. Fiquei parado pensando: "Caramba, sempre fui bom em matemática, aprendi PA no ensino médio, mas não me lembro direito da matéria".

Aquele desafio conduziu-me a buscar a resposta, até porque eu precisava ter o número de telefone de um dos meus amigos do peito. Deparei-me novamente com a PA, com a PG, com os livros da matéria que estavam há muito esquecidos na estante. E não parei mais de estudar matemática. A matemática e a lógica que agora eu via em todas as passagens do cotidiano.

Até então, não pensava em dar aulas. A matemática e a lógica para mim passaram a ser um tipo de *hobby*. Assim como há quem goste de ler no tempo livre, eu passei a gostar de calcular e de resolver enigmas lógicos.

A matemática e a lógica, porém, não se contentaram em ficar apenas comigo. Certo dia, um outro grande amigo meu, Fernando A. G. C. Saraiva, excelente professor de Direito Constitucional e Tributário, hoje delegado da Receita Federal, convidou-me a assistir ao curso que ministrava para candidatos a concursos públicos. Fiquei maravilhado com aquilo: a oportunidade de transmitir conhecimento, a facilidade com que o Fernando ensinava as matérias que ele domina, o contato gratificante com os alunos, a chance de fazer a diferença na vida deles. Então, apenas quinze dias depois dessa experiência, incentivado e apresentado à direção do curso pelo próprio Fernando, lá estava eu dando aula de exatas. E não parei mais.

Por tudo isso, este livro não é apenas a teoria de raciocínio lógico e de matemática traduzida em um bom projeto gráfico e acompanhada de um punhado de exercícios para você, leitor, treinar e treinar. Este livro é a essência das minhas aulas, é o meu ânimo, é a forma como eu ensino o que amo aprender, é o que a matemática e a lógica representam para mim, é mais uma chance que me foi dada para disseminar meu modo de enxergar a matemática não como um bicho de sete cabeças, mas como algo natural, presente em nosso dia a dia, que pode ser utilizado nas situações mais corriqueiras: nas compras do supermercado, no cálculo dos rendimentos ou das dívidas, nas probabilidades de sucesso ou fracasso, na projeção de espaços, nas charadas dos amigos...

Assim, o livro está dividido em duas partes: a primeira, de raciocínio lógico, matéria muito cobrada em concursos, e a segunda, com os principais tópicos de matemática abordados nas provas. Necessário esclarecer, entretanto, que, devido à extensão e à complexidade da matéria, é impossível abordá-la com tanto detalhamento em um livro para concursos. O foco foi trazer ao leitor interessado em estudar para concursos o que realmente ele vai precisar estudar.

Ao final de cada capítulo, há exercícios resolvidos e comentados retirados de provas de concursos públicos, vestibulares, provas do Enem ou elaborados por mim (esses estão identificados com a palavra "Inédito"). A única exceção é o capítulo 2 da Parte II, que trata de frações, pois as operações entre frações podem ser treinadas em vários cálculos no decorrer da obra, sendo desnecessários, portanto, exercícios específicos sobre o assunto.

Ciente da carência de uma obra repleta de exercícios e da necessidade de atestar os conhecimentos adquiridos, ao final de cada parte reuni ainda mais questões resolvidas e comentadas, mas caberá a você, leitor, identificar o tópico de que cada uma trata. Além disso, cada parte é encerrada com 50 questões para você "tirar a prova" e atestar, de uma vez por todas, o que aprendeu ou o que precisa ser mais estudado. Somente essas últimas 50 questões de cada parte não têm as respostas comentadas; o gabarito delas está no final do livro.

Espero que esta obra e todos os 632 exercícios o auxiliem nos estudos e, principalmente, o ajudem a ver a matemática e a lógica com a mesma simplicidade com a qual meu amigo Fábio Rogério apresentou-as a mim.

A propósito, o novo número de telefone dele, na época, era 33-3027.

Bons estudos!

O Autor.

Sumário

Parte I - Raciocínio Lógico

>> Capítulo 1 – Conceitos de Lógica, 2

- **Lógica, 2**
    - Lógica formal, 2
    - Lógica material, 3
    - Diferença entre lógica formal e lógica material, 3
- **Princípios lógicos, 3**
    - Princípio do terceiro excluído, 3
    - Princípio da não contradição, 4
    - Princípio da identidade, 4
- Exercícios de fixação – Múltipla escolha (10 testes), 4

>> Capítulo 2 – Figuras de linguagem e terminologia, 7

- **Figuras de linguagem, 7**
    - Paradoxo, 7
    - Antítese, 8
    - Ambiguidade, 8
    - Metonímia, 8
    - Onomatopeia, 9
    - Pleonasmo, 10
    - Falácia, 10
    - Sofisma, 11
- **Terminologia, 11**
    - Axioma, 11
    - Teorema, 12
    - Silogismo, 12
    - Inferência, 13
        - Inferência imediata, 13
        - Inferência mediata, 13
    - Termo, 14
    - Conceito, 14
    - Juízo, 15

Dilema, **15**
Premissa, **15**
Modus ponens, **15**
Modus tollens, **16**
Exercícios de fixação – Múltipla escolha (12 testes), **16**

>> Capítulo 3 – Lógica proposicional e argumentativa, 20

Proposições, **20**
Proposições simples, **20**
Proposições compostas, **21**
Redução da representação, **22**
Exercícios de fixação I – Múltipla escolha (8 testes), **24**
Exercícios de fixação II – Certo ou errado (4 questões), **27**

>> Capítulo 4 – Estruturas fundamentais e tabela-verdade, 28

Composição e número de validações das proposições, **28**
Estruturas fundamentais, **30**
Tabelas-verdade, **30**
Tautologia, **30**
Contradição, **31**
Contingência, **31**
Validações, **31**
- Conjunção (∧), **32**
- Disjunção (∨), **35**
- Disjunção exclusiva (⊻), **39**
- Condicional (→), **42**
- Bicondicional (↔), **46**
- Negação conjunta (Adaga de Quine) (↓), **49**
- Negação disjunta (Conectivo de Sheffer) (↑), **52**

Exercícios de fixação I – Múltipla escolha (17 testes), **55**
Exercícios de fixação II – Certo ou errado (3 questões), **61**

>> Capítulo 5 – Validação das proposições compostas, 62

Validando a proposição, **62**
Proposição 1, **62**
Proposição 2, **63**
Proposição 3, **64**
Proposição 4, **65**
Proposição 5, **66**
Exercícios de fixação I – Múltipla escolha (13 testes), **67**
Exercícios de fixação II – Certo ou errado (5 questões), **74**

>> Capítulo 6 – Silogismos categórico e hipotético, 79

Introdução, 79
Regras gerais do silogismo, 79
Princípio geral do silogismo, 80
- Quanto à compreensão, 80
- Quanto à extensão, 80

Silogismo categórico, 80
Quantificadores, 81
- Todo, 81
- Nenhum, 82
- Algum é, 83
- Algum não é, 83

Argumentos, 84
- Proposições contraditórias, 85
- Proposições subalternas, 85
- Proposições contrárias, 86
- Proposições subcontrárias, 86
- Conversão, 87

Figuras do silogismo, 88
- Primeira figura, 89
- Segunda figura, 90
- Terceira figura, 91
- Quarta figura, 92

Silogismo hipotético, 94
Silogismo condicional, 94
- Condicional suficiente (Se... então), 94
- Condicional necessária (Somente se... então), 95
- Estrutura com condicional suficiente (Se... então), 97
- Estrutura com condicional necessária (Somente se... então), 98

Silogismo conjuntivo, 99
Silogismo disjuntivo, 99

Exercícios de fixação I – Múltipla escolha (37 testes), 100
Exercícios de fixação II – Certo ou errado (5 questões), 113

>> Capítulo 7 – Diagramas lógicos e gráficos de Euler-Venn, 115

Quantificadores: todo, nenhum e algum, 115
Todo (universal afirmativa), 115
Nenhum (universal negativa), 117
Algum é (particular afirmativa), 118
Algum não é (particular negativa), 119

Silogismo categórico, 121
Quanto à interseção, 121
Quanto à inclusão, 122

Silogismo hipotético, 123

Condicionais, **123**
- Condicional suficiente (Se... então), **123**
- Condicional necessária (Somente se... então), **125**

Interseções Euler-Venn, 126
Exercícios de fixação I – Múltipla escolha (18 testes), **129**
Exercícios de fixação II – Certo ou errado (3 questões), **143**
Exercício de fixação III – Questão aberta (1 questão), **144**

>> Capítulo 8 – Ferramentas para a resolução de problemas, 146

Tabela de hipóteses, 146
Tabelas multicritério, 148
Verdades e mentiras, 150
Exercícios de fixação – Múltipla escolha (18 testes), **151**

Questões de provas comentadas, 169

Múltipla escolha (87 testes), **169**
Certo ou errado (38 questões), **222**

Questões de provas com gabarito (50 questões), 237

Parte II - Matemática

>> Capítulo 1 – Conjuntos, intervalos e operações numéricas, 246

Conjuntos, 246
   Relação de pertinência, 246
   Subconjuntos, 247
   Igualdade e desigualdade, 247
   Operações fundamentais, 247
- União (∪), **247**
- Interseção (∩), **248**
- Diferença (A − B), **248**
- Diferença simétrica (A △ B), **249**

   Conjuntos numéricos, 250
- Conjunto dos números naturais (ℕ), **250**
- Conjunto dos números inteiros (ℤ), **251**
- Conjunto dos números racionais (ℚ), **254**
- Conjunto dos números irracionais (𝕀), **257**
- Conjunto dos números reais (ℝ), **257**
- Conjunto dos números imaginários (ⅈ), **258**
- Conjunto dos números complexos (ℂ), **258**

   Conjuntos – conclusões, **266**
Intervalos numéricos, 266

Interseção de intervalos (∩), **267**
União de intervalos (∪), **268**
Operações numéricas, 268
   Ordem das operações, **268**
   Regras de sinais, **269**
   Potenciação, **269**
      • Expoente inteiro, **269**
      • Expoente racional, **271**
   Radiciação, **271**
      • Elementos de uma raiz, **271**
   Operações algébricas, **272**
      • Produtos notáveis, **272**
   Fatoração, **273**
      • Fatoração de um número, **273**
      • Fatoração de um polinômio, **273**
   Mínimo Múltiplo Comum (M.M.C.), **274**
   Módulo, **275**
   Divisibilidade, **275**
      • Critérios de divisibilidade, **276**
   Máximo Divisor Comum (M.D.C.), **277**
      • Cálculo do M.D.C. por divisões consecutivas, **277**
      • Cálculo do M.D.C. por dispositivo prático, **278**
   Divisores de um número, **279**
      • Quantos são os divisores de um número?, **279**
      • Quais são os divisores de um número?, **279**
Exercícios de fixação – Múltipla escolha (15 testes), **280**

>> Capítulo 2 – Frações, 285

Partes de uma fração, 285
Noções de fração, 285
Classificação, 286
   Frações próprias, **286**
      • Frações decimais, **286**
      • Frações ordinárias, **286**
   Frações impróprias, **286**
   Frações aparentes, **287**
   Frações percentuais, **287**
   Frações equivalentes, **287**
Simplificação, 287
Operações com frações, 287
   Adição e subtração, **287**
   Multiplicação, **288**
   Divisão, **288**
Operações com frações algébricas, 288

>> XI

Adição e subtração, **288**
Multiplicação, **289**
Divisão, **289**
Simplificação de frações algébricas, 289
Racionalização de frações, 290

>> Capítulo 3 – Equação, sistema, inequação de 1º grau, razão e proporção, 291

Equação de 1º grau, 291
Resolução, **291**
Sistema de equações de 1º grau, 293
Resolução de sistemas por substituição, **293**
Resolução de sistemas por adição, **294**
Inequação de 1º grau, 296
Propriedades e operações, **296**
Razão e proporção, 298
Razão, **298**
Proporção, **298**
  • Tipos de proporção, **299**
  • Propriedades das proporções, **299**
Terceira proporcional, **300**
Quarta proporcional, **300**
Média proporcional, **301**
Exercícios de fixação – Múltipla escolha (15 testes), 301

>> Capítulo 4 – Divisão proporcional e regra de três, 309

Divisão proporcional, 309
Divisão diretamente proporcional, **309**
Divisão inversamente proporcional, **310**
Conceito misto – divisão direta e inversamente proporcional, **312**
Regra de sociedade, **314**
Regra de três, 315
Regra de três simples, **315**
Regra de três composta, **317**
Exercícios de fixação I – Múltipla escolha (13 testes), 318
Exercício de fixação II – Problema (1 problema), 324
Exercício de fixação III – Certo ou errado (1 questão), 324

>> Capítulo 5 – Equação e inequação de 2º grau, 325

Equação de 2º grau, 325
Equações de 2º grau incompletas, **325**
  • Resolução para B = 0 (1º tipo), **325**

- Resolução para C = 0 (2º tipo), **327**
- Resolução para B = C = 0 (3º tipo), **328**

Equações de 2º grau completas, **328**
- Fórmula resolutiva de Bhaskara, **329**

Relações de Girard, **332**

Equação biquadrada, **332**

Inequação de 2º grau, **334**

Estudo do valor do Δ, **334**

Estudo do sinal de a e do trinômio, **334**

Exercícios de fixação – Múltipla escolha (15 testes), **338**

>> Capítulo 6 – Progressão aritmética e geométrica, 348

Progressão aritmética (PA), **348**

PA de 1ª ordem, **348**
- Classificação, **348**
- Propriedades, **348**
- Termo geral da PA, **349**
- Soma dos termos da PA, **350**

PA de 2ª ordem, **351**

Progressão geométrica (PG), **353**
- Classificação, **353**
- Propriedades, **353**
- Termo geral da PG, **354**
- Soma dos termos da PG finita, **354**
- Soma dos termos da PG infinita, **355**

Exercícios de fixação I – Múltipla escolha (14 testes), **355**

Exercício de fixação II – Problema (1 problema), **363**

>> Capítulo 7 – Porcentagem e juros, 364

Porcentagem, **364**

Representações, **364**
- Transformação da forma de representação, **364**

Cálculos, **365**
- Percentual do inteiro, **365**
- Adição percentual, **365**
- Subtração percentual, **365**

Formação de preços, **365**
- Lucro, **366**
- Prejuízo, **367**

Percentual incluído, **368**

Juros, **369**

Juros simples, **369**
- Equiparação das unidades de taxa e tempo, **370**

Juros compostos, **371**
Exercícios de fixação I – Múltipla escolha (14 testes), **373**
Exercício de fixação II – Certo ou errado (1 questão), **379**

>> Capítulo 8 – Medidas, geometria básica e trigonometria, 380

Medidas, 380
Conversões de unidades de medidas, **381**
Medidas de comprimento, **381**
Perímetro das principais figuras planas (unidades de comprimento), **383**
- Perímetro dos polígonos regulares, **383**
- Perímetro de outros polígonos, **384**

Medidas de superfície (área), **385**
Área das principais figuras planas, **387**
Medidas de volume/capacidade, **389**
- Conversões de metro cúbico para litro, **390**

Volume dos principais sólidos geométricos, **392**
Medidas de massa, **395**

Geometria básica, 396
Estudo da reta, **396**
Estudo dos ângulos, **397**
Estudo dos triângulos, **398**
- Classificação, **398**
- Triângulo retângulo, **400**

Trigonometria, 402
Razões trigonométricas no triângulo retângulo, **402**
Seno, cosseno e tangente dos ângulos notáveis, **403**
Razões trigonométricas em um triângulo qualquer, **404**
- Lei dos cossenos, **404**
- Lei dos senos, **405**

Exercícios de fixação – Múltipla escolha (15 testes), **405**

>> Capítulo 9 – Logaritmos e funções, 412

Logaritmos, 412
Consequências, **412**
Propriedades, **413**
Cologaritmo, **414**
Antilogaritmo, **414**
Mudança de base, **414**
- Consequências da mudança de base, **415**

Logaritmos decimais, **415**
Característica e mantissa, **415**
- Característica e mantissa partindo do log, **416**

Funções, 417
Representação por diagramas, **417**

Tipos de função, **418**
- Sobrejetora, **418**
- Injetora, **419**
- Bijetora, **419**

Função de 1º grau, **419**
- Representação gráfica, **420**

Função inversa, **421**
Função composta, **423**
Função constante, **424**
Função identidade, **425**
Função crescente, **426**
Função decrescente, **426**
Função módulo, **427**
Função quadrática, **427**
- Vértice da parábola, **428**

Função exponencial, **431**
Função logarítmica, **432**

Exercícios de fixação I – Múltipla escolha (14 testes), **434**
Exercício de fixação II – Problema (1 problema), **439**

>> Capítulo 10 – Matrizes e determinantes, 441

Matrizes, 441
Organização quanto às linhas e colunas (m × n), **441**
Identificação dos elementos (i, j), **441**
Tipos de matrizes, **441**
- Matriz linha, **441**
- Matriz coluna, **441**
- Matriz quadrada, **442**
- Matriz nula, **442**
- Matriz diagonal, **442**
- Matriz identidade, **443**
- Matriz transposta, **443**
- Matriz oposta, **443**
- Matriz igualdade, **444**
- Matriz simétrica, **444**
- Matriz antissimétrica, **444**
- Matriz triangular, **444**
- Matriz ortogonal, **444**

Operações com matrizes, **445**
- Adição, **445**
- Subtração, **445**
- Multiplicação, **445**

Matriz inversa, **447**

Determinantes, 448
Matriz de ordem 1, **448**
Matriz de ordem 2, **448**

>> XV

Matriz de ordem 3, **448**
Matriz de ordem *n*, **449**
  • Teorema de Laplace, **449**
Propriedades dos determinantes, **451**
Exercícios de fixação I – Múltipla escolha (9 testes), **452**
Exercício de fixação II – Problema (1 problema), **455**

>> Capítulo 11 – Análise combinatória e noções de probabilidade, 456

Análise combinatória, 456
Princípio fundamental da contagem, **456**
Fatorial, **457**
Tipos de problemas de análise combinatória, **458**
  • Arranjos simples ($A_{n,p}$), **458**
  • Arranjos com repetição ($AR_{n,p}$), **459**
  • Combinações simples ($C_{n,p}$), **460**
  • Combinação com repetição ($CR_{n,p}$), **460**
  • Permutações simples (P_n), **461**
  • Permutações com repetição ($PR_n^{a,\,b,\,c}$), **462**
  • Permutações circulares (PC_n), **462**
  • Anagramas, **462**

Noções de probabilidade, 467
Definições, **467**
  • Experimento aleatório, **467**
  • Espaço amostral (Ea), **467**
  • Evento (E), **468**
  • Evento complementar ($\overline{E}$), **468**
Probabilidade simples, **468**
Probabilidade condicional, **469**
  • Eventos independentes, **469**
  • Eventos dependentes, **469**
  • Probabilidade da interseção de eventos com multiplicação (P(A ∩ B)), **469**
  • Probabilidade da interseção de eventos com adição (P(A ∪ B)), **470**
Probabilidade binomial, **471**
Exercícios de fixação – Múltipla escolha (15 testes), **472**

Questões de provas comentadas, 479

Múltipla escolha (97 testes), **479**
Certo ou errado (6 questões), **523**
Problemas (5 problemas), **527**

Questões de provas com gabarito (50 questões), 532

Gabarito, 539

Lista de abreviaturas, 540

PARTE I

RACIOCÍNIO LÓGICO

Capítulo 1
Conceitos de Lógica

Capítulo 2
Figuras de linguagem e terminologia

Capítulo 3
Lógica proposicional e argumentativa

Capítulo 4
Estruturas fundamentais e tabela-verdade

Capítulo 5
Validação das proposições compostas

Capítulo 6
Silogismos categórico e hipotético

Capítulo 7
Diagramas lógicos e gráficos de Euler-Venn

Capítulo 8
Ferramentas para a resolução de problemas

>> Capítulo 1

>> Conceitos de Lógica

Lógica

A lógica (*logos*), que significa "palavra", "pensamento", é a ciência que estuda as manifestações do conhecimento, em busca da verdade, ou seja, "do bem pensar". Está ligada à matemática, com forte influência da filosofia.

A lógica pode ser dividida em *lógica formal* e *lógica material*.

Lógica formal

Também conhecida como lógica menor ou lógica simbólica, define rigorosamente os conceitos e transforma as declarações em componentes simbólicos para, por meio de ferramentas próprias, compor as provas de validação.

Não podemos confundir **validade** com **verdade**.

Validade (formal) é o retorno lógico de uma estrutura argumentativa (trataremos desse assunto, detalhadamente, em outro capítulo) que trata do encadeamento formal dos raciocínios envolvidos na ideia tratada.

De acordo com determinadas regras de julgamento formal, essa ideia tratada, isto é, o argumento, poderá ser válida ou inválida.

Assim, se todo raciocínio é, necessariamente, composto de julgamentos e todos os julgamentos são compostos de ideias, então podemos determinar que são três as passagens no julgamento formal da validade, estudadas particularmente ou em conjunto:

1) **Apreender:** ligada à percepção, significa observar a ideia, o *termo*; trata-se da observação do fato, da concepção da ideia (abstração). É a menor parcela ou unidade de representação formal.
2) **Julgar:** ligada ao juízo, é a capacidade de negar ou afirmar a relação entre ideias.
3) **Raciocinar:** é a capacidade de, a partir de alguns julgamentos, produzir um outro que decorra, necessariamente, daqueles.

A **verdade** (material), por sua vez, é a correspondência entre o que dizemos e o que está sendo observado. É a prova.

Se o que dizemos corresponde à realidade, isso será a demonstração de uma **verdade**.

Se o que dizemos **não** corresponde à realidade, isso será a demonstração de uma **falsidade**.

Lógica material

Também conhecida como lógica maior, é a metodologia particular de cada ciência, objeto do estudo em questão.

Diferença entre lógica formal e lógica material

Para evidenciar a diferença entre lógica formal e lógica material, podemos utilizar o termo **erro**.

Assim, quando raciocinamos de forma errada, mas com dados corretos, o erro é **formal**, ou seja, reside na forma de concluir, porque, apesar de os dados envolvidos estarem corretos, foram encadeados ou analisados de forma errada, o que leva a uma conclusão falha, isto é, a um erro formal. Neste caso, o **raciocínio** é falho.

> "Dois valores verdadeiros em uma estrutura lógica tornam a estrutura verdadeira; porém, em outras, farão a estrutura ser falsa". (**verdadeiro**)
>
> Logo, dois valores verdadeiros, em qualquer estrutura, farão da estrutura uma verdade. (**erro**)

Ora, a conclusão no exemplo acima é falha, pois, na estrutura da disjunção exclusiva, dois valores verdadeiros tornam a estrutura falsa. Veja: na disjunção "Ou vou à praia ou vou ao cinema", é preciso escolher: ou um ou outro. Assim, se você escolher os dois — dois verdadeiros —, a declaração será falsa. Dá-se aí a falha na **forma** de se concluir; portanto, um erro formal.

Por outro lado, quando raciocinamos de forma correta, mas com dados errados, o erro é **material**, ou seja, reside na exposição da matéria, não no raciocínio, porque os dados envolvidos estão errados, voluntariamente (sofisma) ou involuntariamente (falácia), levando a uma conclusão falsa, isto é, a um erro material. Neste caso, a **matéria** é falha.

> "Bois se alimentam de verde e são gordos" (**erro**)
>
> "Ursos se alimentam de peixe e são gordos" (**erro**)
>
> Logo, não vou comer verduras e nem peixe, pois não quero engordar. (**erro**)

No exemplo acima, há falha material: tanto bois quanto ursos não são gordos pela ingestão de verde e peixe, respectivamente, mas, sim, porque é próprio da estrutura física deles. Nesse caso a conclusão é falha, pois houve erro na exposição da matéria, não no raciocínio.

Princípios lógicos

São três os princípios fundamentais que regem a lógica: o princípio do terceiro excluído, o princípio da não contradição e o princípio da identidade.

Princípio do terceiro excluído

> Toda proposição **ou** é verdadeira **ou** é falsa, não havendo terceira possibilidade.

Assim, uma proposição só será verdadeira se não for falsa, pois um terceiro valor está excluído.

>>Parte I

Princípio da não contradição

> Toda e qualquer proposição não poderá ser verdadeira **e** falsa ao mesmo tempo.

Atribui-se a Aristóteles a afirmação: "É impossível a quem quer que seja acreditar que uma mesma coisa seja e não seja".

Princípio da identidade

> Todo objeto é idêntico a si mesmo.

De acordo com o matemático Gottfried Wilhelm von Leibniz, "Cada coisa é aquilo que é e nada mais". Este é o princípio da identidade. Assim, podemos concluir que toda proposição será idêntica a si mesma.

EXERCÍCIOS DE FIXAÇÃO – Múltipla escolha

1. (**Inédito**) Quando fazemos um raciocínio errado, mas com dados corretos, o erro será:
a) material, proveniente de um raciocínio errado.
b) de estrutura material.
c) material, pois as informações dadas estão erradas.
d) formal, pois dados corretos foram analisados de forma errada.
e) de estrutura formal, pois dados errados foram analisados de forma correta.

O erro é formal, pois os dados (a matéria) foram apresentados de forma correta. O erro ocorre na análise. Portanto, a resposta correta é a "d".

2. (**Inédito**) Partindo-se de determinadas regras de julgamento formal, a estrutura em questão:
a) poderá ser uma verdade.
b) poderá ser válida.
c) poderá ser uma falsidade.
d) nunca poderá ser inválida.
e) nunca poderá ser válida.

Se estivermos nos referindo a um julgamento *formal*, a classificação, ou retorno lógico, poderá ser ou válida ou inválida. Portanto, a resposta correta é a "b".

3. (**Inédito**) Na estrutura de julgamento formal, "julgar" ou "fazer juízo de" significa:
a) o isolamento da menor parcela que poderá ser observada pela lógica.
b) a capacidade de afirmar ou negar uma relação entre as ideias dadas.
c) a capacidade de produzir julgamentos a partir de outros já estabelecidos.
d) a observação do fato tratado.
e) a concepção da ideia.

Considerando-se que "julgar" ou "fazer juízo de" é a própria definição de juízo, a resposta correta é a "b".

4. (**Inédito**) Se eu chego à conclusão de que devo comprar um *videogame* pois todos os meus amigos que compraram *videogames* constituíram família, tiveram filhos e são felizes, então, do ponto de vista lógico, estou cometendo:
a) um erro de raciocínio.
b) um erro formal.
c) uma falha de juízo material.
d) um erro de origem material.
e) uma falha de conclusão formal.

Na conclusão acima, houve um erro na exposição da matéria: *raciocinou-se* corretamente, mas com dados falaciosos. Portanto, a resposta correta é a "d".

5. (**Inédito**) Aquele barco que passou não afundou, e isso é uma verdade. Aquele outro barco que passou não afundou, e isso também é uma verdade. Logo, aquele barco que está vindo não afundará. Nesta conclusão houve:
a) falha de análise formal.
b) erro material.
c) erro na exposição da matéria.
d) erro, pois os dados envolvidos já estavam errados.
e) erro formal, pois o raciocínio, apesar de certo, foi feito a partir de dados errados.

Apesar de as informações serem todas verdadeiras, ocorre *erro formal*, ou seja, há uma conclusão falha derivada de um *raciocínio errado*. Portanto, a resposta correta é a "a".

6. (**Inédito**) João usa terno e gravata e é magro. Antonio também usa terno e gravata e é magro. Portanto, vou usar terno e gravata e serei magro. Trata-se aqui de:
a) um erro formal.
b) uma estrutura com conclusão válida.
c) uma estrutura sofismática, levando a uma conclusão válida.
d) uma falha na demonstração da estrutura formal.
e) uma estrutura falaciosa, levando a um erro de conclusão por falha material.

Houve um erro na exposição da matéria. É o caso de se *raciocinar* corretamente, mas com dados falaciosos. Portanto, a resposta correta é a "e".

7. (**Inédito**) A declaração: "João é e não é verdadeiro" está ferindo:
a) o princípio do terceiro excluído.
b) o princípio dos bons costumes.
c) o princípio do fim.
d) o princípio da identidade.
e) o princípio da não contradição.

"Ele" não poderá ser verdadeiro **e** falso ao mesmo tempo. Portanto, a resposta correta é a "e".

8. (**Inédito**) A declaração: "Ou ele é ou não é mentiroso" está se referindo:
a) ao princípio do terceiro excluído.
b) ao princípio dos bons costumes.
c) ao princípio do fim.
d) ao princípio da identidade.
e) ao princípio da não contradição.

Qualquer coisa ou é verdadeira ou é falsa, não havendo terceira possibilidade. Portanto, a resposta correta é a "a".

9. (**Inédito**) Na declaração "A é A", atende-se ao princípio:
a) da tautologia.
b) do terceiro excluído.
c) da identidade.
d) da não contradição.
e) da contradição.

Todo objeto é idêntico a si mesmo; este é o princípio da identidade. Portanto, a resposta correta é a "c".

10. (**Inédito**) Verdade e validade estão ligadas, respectivamente, a:
a) matéria e identidade.
b) identidade e forma.
c) matéria e forma.
d) forma e matéria.
e) forma e identidade.

A *verdade* é *material*: é a correspondência entre o que dizemos e o que está sendo observado. A *validade* é *formal*: é o retorno lógico de uma estrutura argumentativa que trata do encadeamento formal dos raciocínios envolvidos na ideia em questão, de acordo com determinadas regras de julgamento. Portanto, a resposta correta é a "c".

>> Capítulo 2

>> Figuras de linguagem e terminologia

Figuras de linguagem

De acordo com a Gramática, figura de linguagem é qualquer alteração no sentido ou na ordem usual de uma palavra em uma frase ou de uma frase em um fragmento de texto para gerar efeito de sentido (jogo de palavras, por exemplo) ou efeito estético.

Isso também se aplica à Lógica, isto é, ao modo como uma proposição é feita.

As principais figuras de linguagem relacionadas à Lógica são: paradoxo, antítese, ambiguidade, metonímia, onomatopeia, pleonasmo, falácia e sofisma.

Paradoxo

Se você tentou falhar e conseguiu, então, descobriu o que é paradoxo.

A palavra "paradoxo" é formada pelo prefixo *para-*, que significa "contrário", e pelo sufixo *-doxa*, que quer dizer "opinião". É a contradição da intuição comum. Consiste na apresentação de ideias à primeira vista contraditórias, mas que podem expressar uma possível verdade.

> Em que momento um **monte** de areia deixa de ser um **monte** de areia, quando se vão retirando grãos?

Este é o *paradoxo sorites* ou *paradoxo do monte*. O paradoxo se origina da concepção comum de "monte", um **conceito vago**.

O mesmo ocorre com:

> Um prato cheio de fatias de batata frita contém um **monte** de fatias de batata frita.

Quando é que esse "monte" deixa de ser **um** monte de fatias de batata frita? No senso comum, duas ou três fatias não são um monte, mas algumas dezenas de fatias sim.

Imagine uma pilha (no sentido de "monte") de moedas. Quantas devem ser as moedas sobrepostas para que você chame o que vê de "pilha"?

Outros paradoxos famosos:

- **Paradoxo do mentiroso:** é atribuído ao filósofo grego Eubulides de Mileto, que propôs a seguinte situação: "Um homem diz que está mentindo. O que ele diz é verdade ou mentira?".

- **Paradoxo da cidade de São Paulo:** diz-se que São Paulo é a cidade que nunca dorme. Assim, se nunca dorme, nunca acorda e então estará sempre dormindo.

Antítese

Consiste na apresentação de ideias opostas. Muito confundida com o paradoxo, a antítese descreve uma determinada situação, utilizando termos opostos para reforçar uma demonstração lógica escrita.

> "Eu vi a cara da **morte** e ela estava **viva**" (Cazuza)
>
> "Do **riso** se fez o **pranto**" (Vinicius de Moraes)
>
> Ele a **amava**, mas ela o **odiava**.
>
> Ontem o **silêncio**, hoje um **barulho** ensurdecedor.

Ambiguidade

Quando uma declaração tem um sentido dúbio, que distorce ou provoca incerteza sobre um raciocínio lógico, temos uma *ambiguidade lógica*.

Dependendo da forma como determinadas palavras são utilizadas ou da posição em que são colocadas em um texto declarativo lógico, esse texto poderá ter diversas interpretações, ou seja, o sentido lógico, pretendido pela declaração, passa a ser dúbio.

> Maria pediu emprestado o carro de André e, na esquina de casa, bateu com o **seu carro**.
> (Bateu com o carro de quem? O dela ou o dele?)
>
> O **gatinho do seu filho** está comendo minhas flores.
> (O gatinho é um animal ou um elogio figurativo ao filho?)
>
> Lá na minha cidade não faz tanto frio, **como acontece por aqui**.
> ("aqui" faz ou não faz frio?)

Metonímia

É a utilização de um termo ou palavra que substitui outro pela ideia de semelhança entre seus significados.

> Minha mãe foi ao **médico** e está demorando.
> (Ela foi ao **consultório**.)
>
> Em meu país, **a velhice** é tratada com respeito.
> (Os **idosos** é que são respeitados.)
>
> Em meados do ano que vem, **ele** publicará o livro.
> (A **editora** publicará o livro.)
>
> Você já leu **Machado**?
> (A **obra** de.)

Figuras de linguagem e terminologia

Para entender como a metonímia se aplica a exercícios de raciocínio lógico, considere a seguinte afirmação:

> Não fume dentro do meu carro, pois **tenho alergia ao cigarro**.
>
> (a alergia é à fumaça que o cigarro produz, não ao objeto cigarro.)

Em concursos públicos, temos de tomar cuidado para perceber as duas referências. Digamos que, no início de um enunciado, o examinador faz a seguinte colocação:

> Se Maria está dentro do carro e tem alergia ao cigarro de José...

E, depois, no mesmo enunciado, afirma:

> Verificou-se a alergia de Maria à fumaça do cigarro...

Ele certamente está se referindo à mesma alergia, pois a alergia não poderia ser ao objeto cigarro.

Perceba, entretanto, a diferença entre a situação acima e esta:

> Se Maria está dentro do carro e tem alergia ao cigarro de José...

E, depois, no mesmo enunciado:

> Verificou-se a alergia de Maria à fumaça...

Nesse caso, o examinador pode ou não estar se referindo à fumaça do cigarro, pois, no enunciado, não está especificada a origem da fumaça, uma vez que não é apenas o cigarro aceso que produz fumaça.

Onomatopeia

Considerada de entendimento universal, expressa um evento substituindo-o por uma palavra ou expressão que denote seu som.

Em um exercício de raciocínio lógico, você encontrará a onomatopeia assim:

> Se o cachorro latir, então ela sairá correndo.
>
> De longe pôde-se ouvir o **au! au!** do cachorro.
>
> (Daí conclui-se, corretamente, que ela saiu correndo.)
>
> As pessoas estavam rindo, e José estava feliz.
>
> Pode-se ouvir o **há há há!** das pessoas e José estava feliz.
>
> (Daí conclui-se que a primeira sentença é verdadeira.)

Pleonasmo

É apenas o termo técnico para redundância lógica, que serve para enfatizar uma declaração.

> Utilizaremos, neste livro, exercícios de **provas anteriores**.
> (Se os exercícios já foram utilizados em provas, só podem ser provas anteriores.)
>
> Eu **cursei um curso** naquela escola e adorei.

Falácia

É o argumento que não se sustenta ou não é capaz de validar aquilo a que se refere. Ou, ainda, é uma falha lógica no argumento, que o torna precário ou inválido.

A falácia costuma demonstrar uma situação de aceitação intuitiva, mas o estudo mais atento das declarações revela a falha lógica.

A falácia lógica mais importante e perigosa é a *falácia da negação do antecedente* ou *falácia da afirmação do consequente*.

Em uma relação de implicação, nunca se deve supor que, ao negar o antecedente (condição), deve-se também negar o consequente (conclusão), ou, ainda, que, ao se afirmar o consequente, deve-se afirmar também o antecedente. Veja o exemplo:

> Se eu bebi refrigerante, então fiquei sem sede.

Ao **negar** o antecedente "Não bebi refrigerante", conclui-se **erroneamente** (falha lógica): "Então fiquei com sede".

Posso não ter bebido refrigerante, mas saciado a sede com outro líquido, como água, por exemplo.

Ao **afirmar** o consequente "fiquei sem sede", conclui-se **erroneamente** (falha lógica): "Bebi refrigerante".

Posso ter ficado sem sede sem ter bebido refrigerante.

Conheça outros tipos de falácia:

- **Falácia pelo particular:** ocorre quando se considera o comportamento particular para concluir o coletivo. Por exemplo: *todas as frutas que Ana comprou naquele mercado estão boas. Assim, todas as frutas vendidas naquele mercado são boas*. Claro que não podemos concluir a qualidade coletiva das frutas a partir da amostra **particular** (as frutas compradas).

- **Falácia pelo coletivo:** trata-se do oposto da falácia anterior, isto é, quando se considera o comportamento coletivo para concluir o particular. Por exemplo: *Minha equipe de pesquisa é excelente. Belmiro faz parte da minha equipe de pesquisa; logo, Belmiro é um excelente pesquisador*. Evidente que não podemos concluir a qualidade particular de Belmiro a partir dos resultados **coletivos** da equipe.

- **Falácia do não citado:** consiste em concluir, **erroneamente**, que, se algo não for citado em um conjunto de normas, leis ou pedidos, estará proibido de existir. Por exemplo: *não há maçãs na lista de compras de frutas. Ana está fazendo compras de frutas; logo, não pode comprar maçãs*. A lista de compras não cita maçãs, mas também não cita que não é para comprá-las. Assim, ainda com base na lista de compras de frutas, podemos concluir: é claro que Ana pode comprar maçãs.

- **Falácia do sucessivo:** consiste em concluir, **erroneamente**, que, se dois ou mais acontecimentos são sucessivos, os anteriores são causa dos posteriores. Exemplos: *bebeu água e engasgou; logo, beber água faz engasgar; caí do sofá e quebrei o braço; logo, cair do sofá faz quebrar o braço; Maria tomou o sorvete e sorriu; logo, tomar sorvete é bom para promover sorrisos.*

- **Falácia por persistência da ideia:** consiste em persistir na ideia da declaração feita, acumulando noções de reforço, e concluir **erroneamente**, utilizando todas as afirmações, falsas ou não. Por exemplo: *se aprovarmos a economia de energia elétrica nos estabelecimentos comerciais, em breve inventarão de poupar energia em nossas casas e, depois, de poupar água, comida e até o ar que respiramos. Então, não devemos aprovar a economia de energia elétrica nos estabelecimentos comerciais.*

Sofisma

Podemos considerar o sofisma como sendo uma falácia formal, mas o que o diferencia desta última é que a falácia tem caráter involuntário.

O objetivo do sofisma é induzir ao erro por meio da apresentação de argumentos coerentes, mas concluindo-os erroneamente. Já a falácia provém de uma falha de raciocínio.

A palavra "sofisma" provém do grego, língua na qual significa "artifício", "intriga". Antes de ser incorporada pelo português, passou pelo latim, idioma no qual significa "raciocínio astucioso". Veja:

> Se tempo é dinheiro e quem trabalha muito não tem tempo para coisa alguma, então quem trabalha muito não tem dinheiro.

Eis outro exemplo de sofisma, utilizado para convencer crianças a comer cenouras:

> Nunca vi um coelho usando óculos, e os coelhos gostam muito de cenoura. Assim, coma cenouras para ter uma boa visão.

Afirmar "Nunca vi um coelho usando óculos" condiz com a verdade. O mesmo podemos dizer de "coelhos gostam muito de cenouras", mas concluir que é necessário comer cenouras para ter uma boa visão é **erro**.

Terminologia

É um conjunto de termos específicos utilizados em uma determinada área. Algumas das palavras pertencentes à terminologia da Lógica são: axioma, teorema, silogismo, inferência, termo, conceito, juízo, dilema, premissa, *modus ponens* e *modus tollens*.

Axioma

É um postulado, ou seja, algo considerado uma verdade sem a necessidade de teoria para validá-lo. Uma proposição aceita sem demonstrações a partir das quais se parte para a obtenção de *outras proposições* por inferência ou dedução; *proposições estas* dependentes de teoria.

> O todo é sempre maior que as partes. (Euclides)

> Por um único ponto, passam infinitas retas. (Axioma do ponto)
>
> Existem infinitos pontos se considerarmos dentro e fora de um determinado plano. (Axioma do ponto)
>
> Retas concorrentes possuem um, e somente um, ponto em comum. (Axioma do ponto)
>
> A probabilidade de ocorrência do espaço amostral, em um experimento aleatório, é sempre 1. (Axioma de Komogorov no estudo da probabilidade)

Teorema

Muito utilizado em matemática, é uma declaração que pode ser comprovada.

Temos de tomar cuidado para não confundir "teorema" com "teoria". Esta última é a representação de um pensamento ou de uma forma de pensar, obtida, muitas vezes, a partir da simples observação de um fenômeno.

> **Teorema de Pitágoras:**
>
> O quadrado da hipotenusa é igual à soma dos quadrados dos catetos.

Silogismo

Forma de raciocínio dedutivo composto por três proposições, duas chamadas de *premissas* e uma de *conclusão*.

No silogismo podemos perceber claramente a diferença entre *proposição* e *premissa*, muitas vezes confundidas.

A proposição só será considerada premissa quando em uma estrutura argumentativa, ou seja, quando fizer parte de um argumento. Ainda assim, nem em um argumento a proposição será considerada **apenas** premissa: ora será premissa, ora será conclusão.

A premissa, por sua vez, expressa verbalmente uma proposição, servindo, assim, como embasamento para a conclusão. Desse modo, partindo-se das premissas propostas, chega-se a uma conclusão.

> Todo A é B. – **1ª premissa**
>
> Todo B é C. – **2ª premissa**
>
> Logo: Todo A é C. – **conclusão**
>
> João e Maria são casados. – **1ª premissa**
>
> Maria não é casada com João. – **2ª premissa**
>
> Logo, João não é casado com Maria. – **conclusão**

A estrutura do silogismo é formada por três diferentes termos:
1) **Termo maior:** encontrado na premissa maior e na conclusão.
2) **Termo médio:** encontrado nas duas premissas, mas nunca na conclusão. Utilizado para estabelecer relação entre o termo menor e o termo maior.
3) **Termo menor:** encontrado na premissa menor e também na conclusão.

 Qual a diferença entre proposição e premissa? A proposição é uma declaração lógica que não precisa fazer parte de um argumento, mas, se fizer, será premissa ou conclusão, pois as duas são declarações.

Inferência

Método pelo qual se chega a uma proposição por meio de raciocínio. Portanto, é o ato de raciocinar, é a *operação mental* sobre uma ou mais proposições (premissas) dadas para se chegar a uma ou mais novas proposições válidas, que poderão ser utilizadas em novas inferências.

Há dois tipos de inferência: a *inferência imediata* e a *inferência mediata*.

• Inferência imediata

É a inferência direta, na qual a conclusão é a consequência *necessária* à premissa dada. A partir de uma *única* premissa, chegamos a uma conclusão válida.

> Todo A é B. – **1ª premissa**
>
> Logo: Algum A é B. – **conclusão verdadeira**

Claro que, se algum A não for B, o todo também não será.

• Inferência mediata

Esse tipo de inferência é obtido, no processo mental, por meio do encadeamento de duas ou mais proposições (premissas) para se obter uma nova proposição (conclusão).

São três os principais tipos de inferência mediata: a *inferência indutiva*, a *inferência por analogia* e a *inferência dedutiva*, isto é, raciocínio indutivo, analógico ou dedutivo.

A inferência *indutiva* parte de uma observação particular para uma conclusão universal, o que pode resultar em uma conclusão apenas provável.

> José e Marta são meus irmãos.
>
> José e Marta têm cabelos longos.
>
> Logo: Meus irmãos têm cabelos longos.

Devemos perceber que a primeira premissa descreve a condição de José e de Marta como irmãos de quem fala, mas não como *únicos* irmãos. Assim, na conclusão, não podemos afirmar que quem fala está se referindo àqueles irmãos citados na primeira premissa (José e Marta) ou se está se referindo a todos os irmãos (no caso de haver outros além de José e de Marta).

Cuidado: se a indução partir de uma observação, ainda que particular, e esgotar todos os tipos particulares de exemplos possíveis, então, apesar de a inferência ser indutiva, implicará uma certeza.

> Azul, verde e vermelho são cores lindas.
> Azul, verde e vermelho são as cores básicas da visão humana.
> Logo: As cores básicas da visão humana são lindas.

Já a inferência *por analogia* compara as semelhanças de indivíduos ou grupos de indivíduos, relacionados entre si, para extrair dessa comparação novas semelhanças, o que pode resultar em uma conclusão apenas provável.

> Ao comparar o aroma de uma sopa muito saborosa com o aroma de outras sopas, já provadas, podemos concluir, por analogia, que toda sopa que tenha o mesmo aroma também será muito saborosa.

A inferência *dedutiva*, por sua vez, parte de uma observação universal para uma validação particular. Nesse caso, tomando-se as premissas como verdadeiras, a conclusão será, necessariamente, verdadeira.

> Todos os cristais de açúcar são doces.
> Isto é um cristal de açúcar.
> Logo: Isto é doce.

Termo

É um nome associado a um objeto ou ser ou a um grupo de objetos ou seres, representando-os *verbalmente*, isto é, formando uma declaração linguística ou representando o universo a que eles pertencem.

Assim, compartilhando características comuns a diversos seres de um mesmo universo, o termo consegue descrever uma classe de seres, designando-os pelo mesmo nome.

É a menor forma utilizada para a representação de um conceito em lógica, sendo, assim, sua expressão verbal.

Um exemplo é o termo "vertebrados", que reúne em uma só declaração uma série de características comuns apenas aos seres que têm ossos.

Conceito

É a representação *intelectual* capaz de reunir, em uma só visão, as características comuns presentes em um conjunto de seres, características essas que podem estar presentes em diversos conjuntos, os quais não reúnem, necessariamente, apenas os seres objeto de estudo.

O conceito "vertebrados" reúne em uma só representação mental uma série de características comuns apenas aos seres que têm ossos, mas que também estão presentes em outros conjuntos, como o conjunto "seres vivos", por exemplo.

Juízo

É a capacidade mental de se chegar a um raciocínio lógico a partir da análise da relação válida existente entre alguns conceitos. Segundo Aristóteles, é a capacidade de se afirmar uma coisa a partir de outra.

A estrutura clássica do juízo são dois conceitos unidos por uma *afirmação*.

O primeiro conceito, chamado de *sujeito*, é a ideia da qual se afirma alguma coisa, enquanto o segundo conceito, chamado de *predicado*, é a ideia que se faz do sujeito. Por fim, a *afirmação* é o próprio verbo, que une o predicado (atributo do ser) ao sujeito (o próprio ser).

Quanto à formulação do juízo, geralmente virá acompanhada de um quantificador: "todo", "nenhum", "algum" etc.

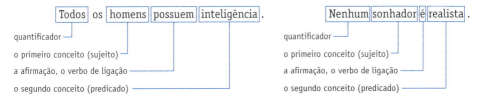

Dilema

Situação de dupla saída em que nenhuma delas é totalmente segura ou aceitável.

Popularmente, diz-se que a saída de um dilema é sempre a "menos pior".

O exemplo clássico de dilema é "O dilema do prisioneiro", atribuído a Merrill Flood e Melvin Dresher, segundo o qual dois comparsas de um mesmo crime, sem provas que os incriminassem, são detidos pela polícia e mantidos separados. A cada um deles é feita a proposta de entregar o outro, com a promessa de liberdade, mas com a ressalva de que haveria a hipótese de ou os dois ficarem calados, o que daria a cada um deles a liberdade, ou os dois se acusarem, o que os levaria para a cadeia pela metade do tempo. Um não teria conhecimento da resposta do outro.

Premissa

São sentenças declarativas que compõem um argumento e que, enquanto no argumento, podem ser chamadas de proposições.

Modus ponens

É o modo de provar pela afirmação, em silogismos condicionais.

> Se *p*, então *q*.
> *p*.
> Portanto: *q*.

A primeira proposição, "Se *p*, então *q*", é uma condicional suficiente, ou seja, uma relação de implicação de condição suficiente para a conclusão e conclusão necessária à condição.

A segunda proposição, *p*, é a afirmação da condição.

A terceira proposição, "Portanto: *q*", é uma conclusão *verdadeira*, pois, quando se afirma a condição de uma condicional suficiente, tem-se de, necessariamente, afirmar sua conclusão.

>>Parte I 15

Modus tollens

É o modo de provar pela negação, em silogismos condicionais.

> Se *p*, então *q*.
> Não *q*.
> Portanto: não *p*.

A primeira proposição, "Se *p*, então *q*", é uma condicional suficiente, ou seja, uma relação de implicação de condição suficiente para a conclusão e conclusão necessária à condição.

A segunda proposição, "Não *q*", é a negação da conclusão.

A terceira proposição, "Portanto: não *p*", é uma conclusão *verdadeira*, pois, quando se nega a conclusão de uma condicional suficiente, tem-se de, necessariamente, negar a sua condição.

EXERCÍCIOS DE FIXAÇÃO – Múltipla escolha

1. (**Inédito**) Ao chegar a uma determinada região, o forasteiro Júlio declara: "De onde eu venho os homens não são covardes, como aqui acontece". Com essa declaração, o forasteiro:

a) se engana e declara o contrário do que queria realmente dizer.
b) se utiliza de um paradoxo para o caso de ser mal interpretado.
c) utiliza uma ambiguidade lógica, o que não deixa claro se "aqui" os homens são ou não são covardes.
d) deixa claro que "aqui" os homens são valentes.
e) deixa claro que "aqui" os homens são covardes.

Dá-se aí o caso de ambiguidade lógica. Não fica claro se o forasteiro quer dizer que "aqui" acontece de os homens serem como os de onde ele vem ou se "aqui" os homens são o contrário daqueles de onde ele vem, ocorrendo aí um sentido dúbio. Portanto, a resposta correta é a "c".

2. (**Inédito**) "Quando fui ao médico, tive um diagnóstico excelente." A declaração dada utilizou:

a) uma ideia de semelhança, ou seja, uma estrutura metonímica.
b) uma falácia, pois trata-se de uma declaração involuntária.
c) uma estrutura em conjunção.
d) um paradoxo.
e) uma figura de linguagem, quando se refere a "um diagnóstico excelente".

A distorção metonímica se dá quando há a substituição de um termo ou de uma palavra, pela simples semelhança daquilo que querem dizer. Nesta questão, houve a substituição do termo "consultório" pelo termo "médico". É claro que não se pode ir à pessoa "médico". Portanto, a resposta correta é a "a".

3. (**Inédito**) "Renata foi à academia e desmaiou. Logo, ir à academia faz Renata desmaiar." Trata-se aí de:
a) uma conclusão verdadeira, pois os acontecimentos foram sucessivos.
b) um paradoxo, pois a ideia é contrária à intuição comum.
c) uma distorção metonímica.
d) uma falácia, pois concluiu-se, erroneamente, que o acontecimento anterior será sempre causa do posterior.
e) um sofisma.

É o caso da falácia do sucessivo: ocorre quando dois ou mais acontecimentos sucessivos são tratados como causa e efeito definitivos. Portanto, a resposta correta é a "d".

4. (**Inédito**) "Se eu pular daqui, então sentirei medo. Assim, não vou pular e, então, não sentirei medo." Essa construção demonstra:
a) uma estrutura condicional de conclusão verdadeira.
b) um paradoxo entre sentir medo ou não sentir medo.
c) um dilema entre não pular e sentir medo.
d) uma falácia, pois a condição negada não pode sustentar a conclusão.
e) uma distorção metonímica.

Trata-se aqui da falácia da negação do antecedente, pois a conclusão descreve uma situação de aceitação intuitiva: "Não pularei, não sentirei medo". Ora, mesmo sem pular, é possível sentir medo por outra coisa qualquer. Portanto, a resposta correta é a "d".

5. (**Inédito**) Ao fazer sua defesa, frente ao juiz de direito, Tatiana declarou: "Senhor juiz, eu sou uma tremenda mentirosa". Assim, a declaração de Tatiana ao juiz é uma estrutura lógica que utiliza a figura:
a) da falácia.
b) da antítese.
c) do paradoxo.
d) da ambiguidade.
e) da verdade.

Quando Tatiana diz que é mentirosa, o que ela diz é verdade ou mentira? Se for verdade, ela estará mentindo; então, não poderia ser verdade. Se for mentira, ela estará falando a verdade; então, não poderia ser mentira. Este é o "paradoxo do mentiroso", proposto pelo filósofo grego Eubulides de Mileto. Portanto, a resposta correta é a "c".

6. (**Inédito**) Dirigindo-se à plateia e em meio ao seu discurso rotineiro, estranhando a manifestação feita pelo público pelo fato de ter se apoiado repentinamente no púlpito, Silvana declarou: "Eu estou bem, apesar do mal-estar de sempre". A declaração de Silvana contém:
a) um paradoxo, por apresentar, em sua estrutura, termos opostos.
b) um reforço na demonstração lógica, tratando-se aí de uma estrutura lógica que se utilizou da figura da antítese.
c) um dilema, pois Silvana não sabe, ao certo, se está bem ou mal.
d) uma ambiguidade, pois a declaração traz um sentido dúbio.
e) um paradoxo, pois pode expressar uma possível verdade.

Quando Silvana utiliza os termos "bem" e "mal" para reforçar a ideia de estar bem ("eu estou bem") sob qualquer tipo de situação ("apesar do mal-estar de sempre"), utiliza uma estrutura lógica baseada na figura da antítese. Portanto, a resposta correta é a "b".

7. (**Inédito**) "Todas as mulheres com quem tive a oportunidade de conversar eram boas pessoas. Portanto, todas as mulheres são boas pessoas." Ocorre nesse argumento:

a) um paradoxo, pois há a indefinição de quais mulheres são boas.
b) uma falácia, pois não se pode concluir a qualidade do coletivo "mulher" pelo particular que são as mulheres com quem a pessoa teve a oportunidade de conversar.
c) um dilema, pois não é possível saber se as outras mulheres são boas ou não.
d) um axioma, pois não há necessidade de provar que as outras mulheres são boas.
e) uma falácia, pois não se pode concluir a qualidade do particular "mulher" a partir do coletivo que são as mulheres com quem a pessoa teve a oportunidade de conversar.

Trata-se da "falácia pelo particular". Não se pode concluir, a partir do particular, algo que seja necessariamente válido para o coletivo. Cuidado nesta questão! Você pode ser levado a crer que a resposta correta é a "e", que trata do inverso ("falácia do coletivo"). Portanto, a resposta correta é a "b".

8. (**Inédito**) "Todo pássaro voa. Portanto, algum pássaro voa." Dá-se aí um processo lógico caracterizado como:

a) inferência mediata.
b) conclusão antecipada.
c) inferência imediata.
d) paradoxo do pássaro.
e) axioma.

Trata-se de uma inferência imediata, isto é, a conclusão dada como consequência à única premissa apresentada. Portanto, a resposta correta é a "c".

9. (**Inédito**) No argumento:

Sílvio e Cláudio são escriturários.
Sílvio e Cláudio são fortes.
Logo, os escriturários são fortes.

A conclusão:
a) é incerta, e chegou-se a ela por meio de um processo sofismático.
b) é apenas provável, e chegou-se a ela por meio de um processo de inferência mediata de indução.
c) é um paradoxo.
d) está certa, e chegou-se a ela por meio de um processo de inferência imediata, em que as premissas puderam esgotar todas as condições possíveis do universo citado.
e) é improvável, e chegou-se a ela por meio de um processo de analogia.

A conclusão é uma inferência mediata do tipo indutivo, em que se parte de uma observação particular para uma conclusão universal. Portanto, a resposta correta é a "b".

10. (**Inédito**) Em silogismos condicionais, o modo de se provar pela afirmação é chamado:
a) *modus tollens*.
b) condicional afirmativa.
c) condicional aditiva.
d) *modus ponens*.
e) proposição.

Quando a primeira proposição é uma condicional suficiente e a segunda proposição é a afirmação da condição, temos o *modus ponens*. Portanto, a resposta correta é a "d".

11. (**Inédito**) Se eu trabalho, então estou produzindo. Não estou produzindo, portanto:
a) não trabalho.
b) posso estar trabalhando.
c) posso estar produzindo.
d) trabalho.
e) trabalho e não estou produzindo.

Toda vez que se nega a conclusão de uma condicional suficiente, deve-se negar também a condição. Trata-se do *modus tollens*. Portanto, a resposta correta é a "a".

12. (**Inédito**) Em uma briga de botequim, Algiodor diz aos ouvintes: "Não tenho papas na língua, como vocês". Com isso, Algiodor:
a) deixou claro que os ouvintes falam o que bem entendem.
b) se enganou e declarou o contrário do que queria realmente dizer.
c) se utilizou de um dilema para o caso de não ser bem interpretado.
d) deixou claro que os ouvintes têm papas na língua.
e) utilizou uma ambiguidade, o que não deixa claro se os ouvintes são como ele ou não.

Dá-se aqui o caso de ambiguidade lógica: a declaração de Algiodor tem sentido dúbio. Portanto, a resposta correta é a "e".

>> Capítulo 3

>> Lógica proposicional e argumentativa

Embora este livro não trate exatamente de Filosofia, no que diz respeito a essa ciência é preciso considerar diferenças conceituais profundas entre a *lógica proposicional* e a *lógica argumentativa*.

A *lógica proposicional ou demonstrativa* permite que o entendimento se dê independentemente da realidade. Partindo de proposições de caráter indiscutível e utilizando-se de uma linguagem predominantemente simbólica, define uma relação binária (**ou V ou F**) específica e predeterminada, sem se preocupar objetivamente com a veracidade da afirmação.

Já a *lógica argumentativa ou argumentação* preocupa-se com a validação, não com a verdade das demonstrações. Assim, não é apenas a afirmação de determinado ponto; ela pode ser ambígua e muitas vezes controversa, com declarações de diversos significados e entendimentos.

Aqui, vamos tratar os dois assuntos o mais próximos possível, utilizando conceitos e ferramentas comuns à resolução de exercícios desses dois assuntos, separando-os apenas quando de interesse do estudo.

Proposições

As proposições são declarações que podem ser classificadas em: *proposições simples* e *proposições compostas*.

Proposições simples

São sentenças declarativas que podem ser validadas (valoradas), ou seja, a elas pode ser atribuído um e somente um valor-verdade: *ou* verdadeiro *ou* falso.

Também chamadas de *átomos* ou *partículas atômicas*, essas proposições são representadas logicamente por letras minúsculas do alfabeto (p, q, r etc.) e são as menores parcelas que podem ser analisadas sob o ponto de vista lógico.

Apenas as sentenças do tipo declarativas fechadas – as que conseguem passar a mensagem de uma situação de forma completa, sem ambiguidades – é que podem ser consideradas proposições lógicas simples.

> O mar fica nas montanhas.
>
> Rita está em casa.
>
> O rato roeu a roupa do rei de Roma.
>
> 2 + 2 = 5

Todas essas declarações, verdadeiras ou não, são sentenças declarativas fechadas, isto é, passam, por si sós, uma ideia de sentido completo.

Não poderão ser consideradas proposições lógicas simples as sentenças às quais não podemos atribuir valor-verdade.

São quatro os tipos dessas sentenças: *exclamativas, interrogativas, imperativas* e *sentenças abertas – aritméticas ou declarativas*.

> Que maravilha de carro! (exclamativa)
>
> Que vidão! (exclamativa)
>
> Hoje é domingo? (interrogativa)
>
> Você foi à praia ontem? (interrogativa)
>
> Saia já daqui. (imperativa)
>
> Estude melhor amanhã. (imperativa)
>
> x + y = 5 (aritmética aberta)
>
> Ele foi o melhor jogador de 2010. (declarativa aberta)

Todas essas declarações são sentenças que não podem ser validadas. Dessa forma, não podem ser consideradas proposições lógicas simples.

A proposição simples só pode assumir o valor-verdade: ou verdadeiro (V), ou falso (F).

Proposições compostas

São proposições formadas por duas ou mais proposições simples, sempre unidas por *um* conectivo lógico chamado de *conectivo dominante*.

Também chamadas de moléculas ou fórmulas moleculares, essas proposições são representadas logicamente por letras maiúsculas do alfabeto (P, Q, R etc.).

> Letícia foi à praia, José foi ao cinema.
> proposição simples *p*   proposição simples *q*
>
> Esta não é uma proposição composta, pois não há um conectivo unindo as proposições simples *p* e *q*.

> Letícia foi à praia **e** José foi ao cinema.
> proposição simples *p*   proposição simples *q*
> proposição composta R
>
> Esta é uma proposição composta pelo conectivo **e**, que pode ser representada logicamente por (p e q). Dizemos que é uma proposição composta por conjunção, devido à presença do conectivo **e**.

> Se Juliana está feliz, então Felipe está feliz.
>   *p*   *q*
> proposição composta R
>
> Esta é uma proposição composta pelo conectivo **se... então**, que pode ser representada logicamente por (se p, então q). Quando este conectivo é o dominante, dizemos que é uma proposição composta por condicional.

> Letícia foi à praia e José foi ao cinema, ou Adriane está em casa.
>   *p*   *q*   *r*
> proposição composta R
> proposição composta Q
>
> Aqui existem uma proposição composta pelo conectivo **ou** formada pela proposição composta R (p e q) e pela proposição simples *r*. Q é uma proposição composta pelo conectivo **ou**, que pode ser representada logicamente por [(p e q) ou r]. O conectivo **ou** forma uma composição composta por disjunção.

> Letícia foi à praia ou José foi ao cinema, e Adriane está em casa e Matheus foi à escola.
>   *p*   *q*   *r*   *z*
> proposição composta R   proposição composta Q
> proposição composta Z
>
> A proposição Z é composta pelo conectivo **e**, e pode ser representada logicamente por [(p ou q) e (r e z)].

Como você pôde reparar, as proposições compostas podem ser formadas tanto por proposições simples quanto por outras compostas. No segundo caso, é preciso ter o cuidado de perceber a pontuação, pois cada proposição composta possui apenas **um** conectivo dominante.

À proposição situada à esquerda do conectivo dominante dá-se o nome de *proposição antecedente* e à proposição localizada à direita do conectivo dominante dá-se o nome de *proposição consequente*.

> (p e q) é uma proposição composta pelo conectivo **e** que une a antecedente *p* à consequente *q*.
>
> [(p e q) **ou** r] é uma proposição composta pelo conectivo **ou** que une a antecedente (p e q) à consequente *r*.
>
> [(p e q) **ou** (r e q)] é uma proposição composta pelo conectivo **ou**, que une a antecedente (p e q) à consequente (r e q).

Redução da representação

Como cada proposição simples pode ser representada por letras minúsculas e cada proposição composta pode ser representada por maiúsculas, poderemos ter várias representações para a mesma proposição composta.

As seguintes proposições simples:

> Adriane está feliz. (*p*)
> A moto de José é nova. (*q*)
> O cinema fechou ao meio-dia. (*r*)
> Faz frio no Alasca. (*z*)

poderão ser utilizadas para compor proposições compostas, as quais, por sua vez, poderão ter as seguintes representações:

- Uma proposição composta representada pelas letras minúsculas de cada proposição simples:

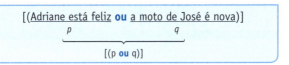

- Uma proposição composta representada por uma única letra maiúscula:

[(Adriane está feliz **ou** a moto de José é nova)]
         p   *q*
                 [Q]

- Uma proposição composta representada pelas letras minúsculas de cada proposição simples:

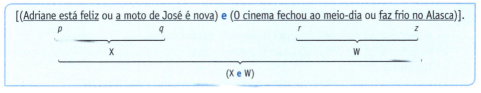

- Uma proposição composta representada por duas letras maiúsculas, que, por sua vez, representam cada uma das proposições compostas componentes, a antecedente e a consequente:

[(Adriane está feliz ou a moto de José é nova) **e** (O cinema fechou ao meio-dia ou faz frio no Alasca)].
    p   *q*   *r*   *z*
       X   W
               (X **e** W)

- Uma proposição composta representada por uma única letra maiúscula:

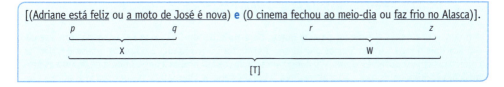

Os exemplos mostram que, a partir de mais de duas proposições simples, componentes de uma composta, a pontuação lógica é imprescindível, feita com o uso de parênteses ( ) e colchetes [ ], para localizar o conectivo dominante da composta principal.

Uma maneira prática de identificar o conectivo dominante da proposição composta é unindo os parênteses aos pares (fechamento), como demonstrado abaixo:

$$[(((p\ e\ q)\ ou\ (r\ e\ z))e\ y)\ ou\ ((x\ e\ f)\ e\ (p\ ou\ d))]$$

Com o fechamento, "revelamos" todos os conectivos, o que torna extremamente fácil identificar o dominante de cada proposição componente (quando composta) e também da própria composta formada por ela(s).

EXERCÍCIOS DE FIXAÇÃO I – Múltipla escolha

1. (Inédito) Quantas das frases abaixo podem ser consideradas proposições lógicas?
   I. Maria está em casa.
   II. Hoje é domingo de Natal?
   III. Vá logo estudar.
   IV. Ela veio de manhã e logo foi embora.
   V. A areia da praia é macia.
   a) Apenas uma.
   b) Apenas duas.
   c) Três.
   d) Quatro.
   e) Todas as cinco.

Apenas as sentenças declarativas fechadas "Maria está em casa" e "A areia da praia é macia" podem ser consideradas proposições lógicas. A sentença II é interrogativa, a III é imperativa e a IV é uma sentença declarativa aberta. Portanto, a resposta correta é a "b".

2. (Inédito) Todas as alternativas estão erradas, exceto:
   a) A proposição simples deverá ter apenas um conectivo lógico.
   b) As proposições compostas são sempre formadas por mais de duas proposições simples.
   c) As proposições simples podem conter outras proposições simples.
   d) Pelo princípio do terceiro excluído, podemos afirmar que uma proposição simples só poderá ser ou verdadeira ou falsa.
   e) "João é feliz ou fique onde está" é uma proposição composta.

A proposição simples é a menor parcela objeto de estudo da lógica e pode ser validada com apenas um dos dois únicos valores lógicos existentes. Assim, ou será verdadeira (V) ou será falsa (F). Não há conectivos em proposições simples; o conectivo só aparece em proposições compostas, unindo as proposições componentes, por isso a alternativa "a" está errada. A alternativa "b", por sua vez, afirma que as proposições compostas são *sempre* formadas por mais de duas proposições simples, quando apenas duas são suficientes. A alternativa "c" contém uma afirmação impossível, pois apenas proposições compostas são formadas por composições simples. Embora a alternativa "e" pareça correta, a sentença "fique onde está", que está no lugar da consequente da proposição composta, é uma sentença imperativa, e não se pode classificar uma sentença imperativa como proposição simples; assim, não podemos formar proposições compostas com esse tipo de sentença. Portanto, a resposta correta é a "d".

3. (**Inédito**) Dada a proposição: "Paulinha já foi jantar e José está com fome, ou vamos todos passear", podemos afirmar que:
a) o conectivo dominante é "e".
b) "José está com fome" é a antecedente da proposição dada.
c) "Vamos todos passear" é a consequente da antecedente da proposição dada.
d) "Paulinha já foi jantar" é a antecedente da antecedente da proposição dada.
e) "Paulinha já foi jantar e José está com fome" é a consequente da proposição dada.

Trata-se de uma proposição composta por disjunção, pois o conectivo dominante é **ou**: [(p e q) ou r]. Como antecedente de *r*, (p e q) é composta por conjunção, pois seu conectivo dominante é **e**, tendo como consequente simples "vamos todos passear". Portanto, a resposta correta é a "d".

4. (**FCC – ICMS/SP**) Das cinco frases abaixo, quatro delas têm uma mesma característica lógica em comum, enquanto uma delas não tem essa característica.
I. Que belo dia!
II. Um excelente livro de raciocínio lógico.
III. O jogo terminou empatado?
IV. Existe vida em outros planetas do universo.
V. Escreva uma poesia.
A frase que não possui essa característica comum é a
a) I.
b) II.
c) III.
d) IV.
e) V.

A frase IV é a única que pode ser considerada uma proposição lógica por ser a única sentença declarativa fechada. A frase I é uma exclamação; a II é uma sentença declarativa aberta, pois está demonstrando uma opinião a respeito de um livro cujo título não se conhece; a III é uma interrogação, e a V é uma sentença imperativa. Portanto, a resposta correta é a "d".

5. (**Inédito**) Quanto à proposição "Se José tem um carro preto e Tatiana é massagista, então todos estão felizes", assinale a alternativa correta:
a) "José tem um carro preto" é a proposição antecedente.
b) "José tem um carro preto" é a proposição consequente.
c) A proposição tem uma antecedente simples.
d) "Tatiana é massagista" é a proposição consequente.
e) "Todos estão felizes" é a proposição consequente.

Trata-se de uma proposição composta por condicional, pois o conectivo dominante é **se... então**. A antecedente da consequente simples "todos estão felizes" é uma proposição composta por conjunção: "José tem um carro preto **e** Tatiana é massagista". Portanto, a resposta correta é a "e".

6. (**FCC – ICMS/SP**) Considere as seguintes frases:

I. Ele foi o melhor jogador de futebol de 2005.

II. $\dfrac{x + y}{5}$ é um número inteiro.

III. João da Silva foi o Secretário da Fazenda do estado de São Paulo em 2000.

É verdade que APENAS:
a) I e II são sentenças abertas.
b) I e III são sentenças abertas.
c) II e III são sentenças abertas.
d) I é uma sentença aberta.
e) II é uma sentença aberta.

As afirmações I e II são consideradas sentenças abertas, pois não passam uma ideia de sentido completo. A sentença I não declara qual o melhor jogador dentre todo o conjunto de jogadores. A frase II não declara o valor nem de *x* nem de *y*, o que torna a sentença aberta no conjunto de todos os números possíveis. Portanto, a resposta correta é a "a".

7. (**Inédito**) Das sentenças abaixo, quantas podem ser consideradas proposições lógicas?

I. Corra já para casa.
II. O carro de José é preto.
III. Hoje é domingo?
IV. Eu acho Maria bonita.
a) Nenhuma.
b) Apenas duas.
c) Apenas uma.
d) Apenas três.
e) Todas.

As sentenças I, III e IV não são proposições lógicas, pois não podem ser validadas. A afirmação I é uma sentença imperativa; a sentença III é interrogativa; e a afirmação IV está expressando uma opinião pessoal, de modo que não podemos saber se é uma opinião verdadeira ou falsa. Assim, apenas a afirmação II é uma sentença declarativa fechada, pois consegue passar uma ideia de sentido completo. Portanto, a resposta correta é a "c".

8. (**Inédito**) Dada a proposição:

[(Adriane está com sono ou o carro de José é preto) **e** (O baile acabou mais cedo ou fez calor no domingo)]

Assinale a alternativa correta:
a) "Adriane está com sono" é a antecedente da proposição dada.
b) A antecedente da proposição dada é uma proposição simples.
c) "fez calor no domingo" é a consequente da proposição dada.
d) A consequente da proposição dada é uma proposição composta.
e) "O baile acabou mais cedo ou fez calor no domingo" é a antecedente da proposição dada.

A proposição dada é formada por duas proposições compostas. Seu conectivo dominante é o **e**. "O baile acabou mais cedo ou fez calor no domingo" é a consequente: uma composição composta por disjunção, cujo conectivo dominante é **ou**. Sua antecedente também é uma composta formada por disjunção: "Adriane está com sono ou o carro de José é preto". Portanto, a resposta correta é a "d".

EXERCÍCIOS DE FIXAÇÃO II – Certo ou errado

1. (**Cespe/UnB – BB**) Na lista de frases apresentadas a seguir, há exatamente três proposições.

I. "A frase dentro destas aspas é uma mentira."
II. A expressão X + Y é positiva.
III. O valor de $\sqrt{4} + 3 = 7$
IV. Pelé marcou dez gols para a seleção brasileira.
V. O que é isto?

Apenas duas das frases apresentadas, a III e a IV, podem ser consideradas proposições. A I autodenomina-se mentirosa; portanto, não se pode atribuir valor-verdade a ela. A II é uma sentença aritmética aberta, pois não sabemos os valores de X e de Y. A V é uma sentença interrogativa e, como tal, não pode ser considerada uma proposição, uma vez que apenas as sentenças declarativas fechadas podem ser validadas, ou seja, podem receber valor-verdade verdadeiro (V) ou falso (F). Portanto, a questão está errada.

2. (**Cespe/UnB – BB**) Há duas proposições no seguinte conjunto de sentenças:

I. O BB foi criado em 1980.
II. Faça seu trabalho corretamente.
III. Manuela tem mais de 40 anos de idade.

As frases I e III são sentenças declarativas fechadas, ou seja, podemos atribuir a elas valor lógico: ou verdadeiro ou falso. Então, podem ser consideradas proposições, o que já não ocorre com a frase II, que é uma sentença imperativa. Portanto, a questão está correta.

3. (**Inédito**) Uma proposição composta poderá ter como consequente da sua antecedente uma proposição simples, desde que sua antecedente seja composta.

Para que uma proposição composta tenha consequente da antecedente [(p ∨ q) ∨ r], esta deverá ter uma antecedente composta.

Na proposição [(p ∨ q) ∨ r]:
(p ∨ q) é a antecedente da proposição composta;
(r) é a consequente da proposição composta;
(q) é a consequente da antecedente da proposição composta.
Portanto, a questão está correta.

4. (**Inédito**) No conjunto de sentenças abaixo, podemos afirmar que existem exatamente três proposições.

I. Meu carro é bonito.
II. Suba já com essa caneca.
III. Juliana fala inglês.
IV. Ontem foi terça-feira.
V. O homem já foi ao espaço sideral.
VI. Que jogo bom!

As sentenças III, IV e V são as únicas declarativas fechadas; assim, as únicas consideradas proposições. Portanto, a questão está correta.

>>Parte I 27

>> Capítulo 4

>> Estruturas fundamentais e tabela-verdade

Composição e número de validações das proposições

Pelo fato de cada proposição simples, componente de proposições compostas, poder receber valor-verdade — ou verdadeiro (V) ou falso (F) —, o número máximo de validações das compostas dependerá sempre do número de proposições simples que as compõem.

Assim, para n proposições simples, o número máximo de validações de uma proposição será dado por 2^n, que será também o número de linhas de sua tabela-verdade, onde 2 é uma base fixa (ou V ou F) e n é o número de proposições simples *diferentes* que compõem a proposição composta.

Com o número máximo de validações, cria-se uma tabela para demonstrar as possibilidades de combinação entre os valores-verdade de cada uma das partículas componentes dentro da composta.

A proposição simples p terá 2^n validações, ou seja, 2^1 validações, que é igual a 2 validações.

Sua tabela demonstrativa de combinações será:

A proposição composta (p e q) terá 2^n validações, ou seja, 2^2 validações, que é igual a 4 validações, ou 4 linhas demonstrativas.

Sua tabela demonstrativa de combinações será:

p	q
V	V
V	F
F	V
F	F

Esta tabela demonstra *todas as possibilidades* de combinação entre V e F, para *duas* proposições simples.

A partir de duas proposições simples, as combinações possíveis tornam-se tantas que é quase impraticável ajustá-las sem a utilização de um método.

Para facilitar a formatação da tabela demonstrativa de combinações, vamos utilizar o seguinte procedimento:

1) Calcular o número máximo de validações 2^n, que indicará o número de linhas da tabela.

2) Na primeira coluna da tabela, metade será V e a outra metade será F.

3) A partir da segunda coluna, a intercalação entre V e F será feita pela metade da coluna anterior.

4) A última coluna da tabela sempre terá intercalação de uma em uma linha, que, de qualquer forma, é a metade da intercalação da coluna anterior.

Assim, se uma proposição tiver 4 partículas componentes diferentes, sua tabela terá 2^4 validações, ou seja, 16 linhas de combinações possíveis.

A primeira coluna terá intercalação, entre V e F, de 8 em 8 linhas, ou seja, metade para os verdadeiros e a outra metade para os falsos.

A segunda coluna terá intercalação pela metade da primeira, ou seja, de 4 em 4 linhas.

A terceira coluna terá intercalação pela metade da segunda, ou seja, de 2 em 2 linhas.

A quarta coluna terá intercalação pela metade da terceira, ou seja, de 1 em 1 linha.

Com base nesse raciocínio, a proposição [(p e q) ou r] terá 2^n validações, ou seja, 2^3 validações, que é igual a 8 validações, ou 8 linhas demonstrativas.

Sua tabela demonstrativa de combinações será:

	p	q	r
linha 1	V	V	V
linha 2	V	V	F
linha 3	V	F	V
linha 4	V	F	F
linha 5	F	V	V
linha 6	F	V	F
linha 7	F	F	V
linha 8	F	F	F

Essa tabela demonstra *todas as possibilidades* de combinações, entre V e F, para *três* proposições simples.

Do mesmo modo, a proposição [(p e q) ou (r e z)] terá 2^n validações, ou seja, 2^4 validações, que é igual a 16 validações, ou 16 linhas demonstrativas.

	p	q	r	z
linha 1	V	V	V	V
linha 2	V	V	V	F
linha 3	V	V	F	V
linha 4	V	V	F	F
linha 5	V	F	V	V
linha 6	V	F	V	F
linha 7	V	F	F	V
linha 8	V	F	F	F
linha 9	F	V	V	V
linha 10	F	V	V	F
linha 11	F	V	F	V
linha 12	F	V	F	F
linha 13	F	F	V	V
linha 14	F	F	V	F
linha 15	F	F	F	V
linha 16	F	F	F	F

Essas combinações são importantes para a validação das proposições compostas, pois, dependendo do conectivo que está unindo as proposições componentes, cada uma das linhas demonstrará, na tabela-verdade, uma validação específica.

Estruturas fundamentais

As proposições compostas são divididas em sete estruturas fundamentais básicas de validações, intituladas pelos diferentes conectivos:
1) conjunção;
2) disjunção;
3) disjunção exclusiva;
4) condicional;
5) bicondicional;
6) negação conjunta (Adaga de Quine);
7) negação disjunta (Conectivo de Sheffer).

Dependendo do valor-verdade das proposições componentes da composta e do conectivo que as une, teremos diferentes validações.

Sentença	Simbologia	Significado
p **e** q	p ∧ q	conjunção
p **ou** q	p ∨ q	disjunção
ou p **ou** q, mas não ambos	p ⊻ q p ⊕ q p ∨∨ q	disjunção exclusiva
se p, **então** q	p → q	condicional
p, **se e somente se**, q	p ↔ q	bicondicional
p **nem** q	p ↓ q	negação conjunta
nem p **nem** q	p ↑ q p | q	negação disjunta

Tabelas-verdade

Aqui, vamos demonstrar as possíveis *validações* das proposições compostas em relação aos *valores-verdade* de suas proposições componentes e aos *conectivos* que estão unindo essas componentes.

Em cada validação poderá ocorrer um e apenas um resultado dentre três possibilidades: ou a *tautologia*, ou a *contradição* ou a *contingência*.

Tautologia

É o resultado da validação de uma proposição quando esta é sempre *verdadeira*.

Contradição

É o resultado da validação de uma proposição quando esta é sempre *falsa*.

Contingência

É o resultado da validação de uma proposição quando esta apresenta uma *dúvida*, ou seja, o resultado não deixa claro se a proposição analisada é necessariamente verdadeira ou se é necessariamente falsa.

Validações

Chamaremos a proposição antecedente de A e a proposição consequente de C, seja qual for o tamanho da proposição composta que estivermos analisando.

$$(p \lor q)$$

É uma proposição composta por disjunção, de antecedente simples p e consequente simples q. Assim, chamaremos p de A (**a**ntecedente) e q de C (**c**onsequente).

$$[(p \lor q) \land r]$$

É uma proposição composta por conjunção, de antecedente composta $(p \lor q)$ e de consequente simples r. Assim, chamaremos $(p \lor q)$ de A (**a**ntecedente) e r de C (**c**onsequente).

$$[(p \land q) \lor (r \land x)]$$

É uma proposição composta por disjunção, de antecedente composta $(p \land q)$ e de consequente composta $(r \land x)$.

Assim, chamaremos $(p \land q)$ de A (**a**ntecedente) e $(r \land x)$ de C (**c**onsequente).

$$[((p \land q) \lor (r \land x)) \to ((p \lor q) \land r)]$$

É uma proposição composta por condicional, de antecedente composta $((p \land q) \lor (r \land x))$ e de consequente composta $((p \lor q) \land r)$.

Assim, chamaremos $((p \land q) \lor (r \land x))$ de A (**a**ntecedente) e $((p \lor q) \land r)$ de C (**c**onsequente).

Portanto, as tabelas-verdade demonstradas a seguir explicarão o comportamento veritativo das proposições compostas quanto à validação da sua antecedente e da sua consequente, dado que, se a antecedente ou a consequente, ou, ainda, as duas, forem também proposições compostas, estas já tiveram sua validação feita seguindo o mesmo critério de validação, ou seja, de acordo com o valor-verdade da própria antecedente e o valor-verdade da própria consequente.

• *Conjunção* (∧)

A	C	A∧C
V	V	V
V	F	F
F	V	F
F	F	F

Na conjunção, a proposição composta só será verdadeira (**V**) se o valor-verdade das componentes, antecedente e consequente, for verdadeiro.

Assim, ao analisar uma proposição composta por conjunção, se uma das componentes (antecedente/consequente) for falsa (**F**), o valor-verdade da composta analisada já será falso (**F**), não sendo necessário observar o valor-verdade da outra componente.

Propriedades da conjunção

Entre as propriedades da conjunção, as mais usuais são:

comutativa
$p \land q \equiv q \land p$

distributiva
$p \land (q \lor r) \equiv (p \land q) \lor (p \land r)$

associativa
$(p \land q) \land r \equiv p \land (q \land r)$

Demonstração na tabela-verdade:
– as colunas **4** e **5** demonstram a propriedade **comutativa**;
– as colunas **6** e **7** demonstram a propriedade **distributiva**;
– as colunas **8** e **9** demonstram a propriedade **associativa**.

p	q	r	p∧q	q∧p	p∧(q∨r)	(p∧q)∨(p∧r)	(p∧q)∧r	p∧(q∧r)
V	V	V	V	V	V V V	V V V	V V V V V	V
V	V	F	V	V	V V V	V V F	V F F V F	F
V	F	V	F	F	V V V	F V V	F F V V F	F
V	F	F	F	F	V F F	F F F	F F F V F	F
F	V	V	F	F	F F F	F F F	F F V F F	V
F	V	F	F	F	F F F	F F F	F F F F F	F
F	F	V	F	F	F F V	F F F	F F V F F	F
F	F	F	F	F	F F F	F F F	F F F F F	F

⎵ comutativa ⎵ distributiva ⎵ associativa

As colunas em **destaque** demonstram o resultado da validação da proposição composta. Perceba que as validações destacadas correspondem ao *conectivo dominante* da proposição, e são elas que nos interessam para a observação das equivalências (≡) de cada propriedade da conjunção.

Equivalências

Entre as equivalências da conjunção, as mais usuais são:

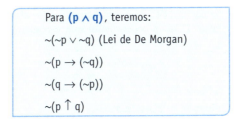

Demonstração na tabela-verdade:

p	~p	q	~q	p ∧ q	~(~p ∨ ~q)	~(p → (~q))	~(q → (~p))	~(p ↑ q)
V	F	V	F	**V**	**V** F	**V** F	**V** F	**V** F
V	F	F	V	**F**	**F** V	**F** V	**F** V	**F** V
F	V	V	F	**F**	**F** V	**F** V	**F** V	**F** V
F	V	F	V	**F**	**F** V	**F** V	**F** V	**F** V

conjunção

As colunas em **destaque** demonstram as equivalências mais usuais da conjunção. Compare cada coluna, onde é demonstrada cada uma das equivalências listadas acima, com a quinta coluna, que é a *coluna da conjunção*.

Relações de mesma partícula

① (p ∧ p) é sempre uma **contingência**.

Substituindo-se a partícula *p* por um verbo — por exemplo: "ir" —, podemos notar a contingência. Assim, teríamos: "fui **e** fui". Ora, e se eu não fui?

Construindo a tabela-verdade, teremos:

p	p ∧ p
V	V
F	F

A tabela apresenta resultado tanto para *verdadeiro* (**V**) como para *falso* (**F**).

Se o *p* antecedente for verdadeiro (**V**), o *p* consequente também será, e a relação será *verdadeira*; mas, se o *p* antecedente for falso (**F**), o *p* consequente também será, e a relação será *falsa* (**F**).

② (p ∧ ~p) é sempre uma **contradição**.

Substituindo-se a partícula *p* por um verbo — por exemplo: "ir" —, podemos notar a contradição. Assim, teríamos: "fui **e** não fui". Ora, não há como ir e não ir ao mesmo tempo.

Construindo a tabela-verdade, teremos:

p	~p	p ∧ ~p
V	F	**F**
F	V	**F**

A tabela apresenta apenas resultado *falso* (**F**).

Se o *p* antecedente for verdadeiro (**V**), o ~*p* consequente será falso (**F**), e a relação será *falsa* (**F**); se o *p* antecedente for falso (**F**), o ~*p* consequente será verdadeiro, mas a relação continuará sendo *falsa* (**F**).

Negações (~ ou ¬)

Entre as negações da conjunção, as mais usuais são:

> Para ~(p ∧ q), teremos:
>
> (~p ∨ ~q) negação básica
>
> (q → (~p)) negação pela condicional
>
> (p ↑ q) negação pela disjuntiva

Demonstração na tabela-verdade:

p	~p	q	~q	p ∧ q	~(p ∧ q)	(~p ∨ ~q)	(q → (~p))	(p ↑ q)
V	F	V	F	V	**F**	**F**	V **F** F	**F**
V	F	F	V	F	**V**	**V**	F **V** F	**V**
F	V	V	F	F	**V**	**V**	V **V** V	**V**
F	V	F	V	F	**V**	**V**	F **V** V	**V**

negação da conjunção

As colunas em **destaque** demonstram as negações mais usuais da conjunção. Compare cada coluna, onde é demonstrada cada uma das negações listadas acima, com a sexta coluna, que é a *coluna da negação da conjunção*.

Vejamos um exemplo de conjunção, partindo da seguinte proposição composta:

> Janice é advogada **e** Renato é advogado.

Essa proposição terá a representação:

> p ∧ q

onde: *p* representa "Janice é advogada" e *q* representa "Renato é advogado".

Construindo a tabela-verdade, teremos:

p	q	p ∧ q
V	V	V
V	F	F
F	V	F
F	F	F

Ou seja: a proposição composta "Janice é advogada **e** Renato é advogado" será *verdadeira* se tanto "Janice é advogada" quanto "Renato é advogado" forem verdade. Em todos os outros casos, será *falsa*.

Uso do "mas" em lugar do "e"

As declarações que fazem uso do mas em lugar do e costumam causar confusão quanto à forma pretendida para se relacionar à antecedente e à consequente.

As proposições compostas:

> Estava tudo bem, **mas** ela estava irritada.
> Está frio, **mas** eu estou com calor.

São equivalentes, respectivamente, a:

> Estava tudo bem **e** ela estava irritada.
> Está frio **e** eu estou com calor.

Perceba que, nesses casos, o uso do mas indica uma relação contraditória entre as proposições antecedente e consequente, ao passo que o e indica uma ideia de adição.

• Disjunção (∨)

A	C	A ∨ C
V	V	V
V	F	V
F	V	V
F	F	F

Na disjunção, a proposição composta só será falsa (**F**) se o valor-verdade das componentes, antecedente e consequente, for falso.

Assim, ao analisar uma proposição composta por disjunção, se uma das componentes for verdadeira (**V**), o valor-verdade da composta analisada já será verdadeiro (**V**), não sendo necessário observar o valor-verdade da outra componente.

Propriedades da disjunção

Entre as propriedades da disjunção, as mais usuais são:

> **comutativa**
> $p \vee q \equiv q \vee p$

> **distributiva**
> $p \vee (q \wedge r) \equiv (p \vee q) \wedge (p \vee r)$

> **associativa**
> $(p \vee q) \vee r \equiv p \vee (q \vee r)$

Demonstração na tabela-verdade:
- as colunas **4** e **5** demonstram a propriedade **comutativa**;
- as colunas **6** e **7** demonstram a propriedade **distributiva**;
- as colunas **8** e **9** demonstram a propriedade **associativa**.

p	q	r	p ∨ q	q ∨ p	p ∨ (q ∧ r)	(p ∨ q) ∧ (p ∨ r)	(p ∨ q) ∨ r	p ∨ (q ∨ r)
V	V	V	**V**	**V**	V **V**	V **V** V	V **V** V **V**	V
V	V	F	**V**	**V**	V **V** F	V **V** V	V **V** F V **V**	V
V	F	V	**V**	**V**	V **V** F	V **V** V	V **V** V **V**	V
V	F	F	**V**	**V**	V **V** F	V **V** V	V **V** F V **V**	F
F	V	V	**V**	**V**	F **V** V	V **V** V	V **V** V F **V**	V
F	V	F	**V**	**V**	F **F** F	V **F** F	V **V** F F **V**	V
F	F	V	**F**	**F**	F **F** F	F **F** V	F **V** V F **V**	V
F	F	F	**F**	**F**	F **F** F	F **F** F	F **F** F F **F**	F

comutativa — distributiva — associativa

As colunas em **destaque** demonstram o resultado da validação da proposição composta. Perceba que essas validações destacadas correspondem ao *conectivo dominante* da proposição, e são elas que nos interessam para a observação das equivalências (≡) de cada propriedade da disjunção.

Equivalências

Entre as equivalências da disjunção, as mais usuais são:

> Para **(p ∨ q)**, teremos:
>
> ~(~p ∧ ~q) (Lei de De Morgan)
>
> (~p → q)
>
> (~q → p)
>
> ~(p ↓ q)

Demonstração na tabela-verdade:

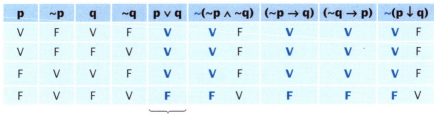

p	~p	q	~q	p ∨ q	~(~p ∧ ~q)	(~p → q)	(~q → p)	~(p ↓ q)
V	F	V	F	**V**	**V** F	**V**	**V**	**V** F
V	F	F	V	**V**	**V** F	**V**	**V**	**V** F
F	V	V	F	**V**	**V** F	**V**	**V**	**V** F
F	V	F	V	**F**	**F** V	**F**	**F**	**F** V

disjunção

As colunas em **destaque** demonstram as equivalências mais usuais da disjunção. Compare cada coluna, onde é demonstrada cada uma das equivalências listadas acima, com a quinta coluna, que é a *coluna da disjunção*.

Relações de mesma partícula

① (p ∨ p) é sempre uma **contingência**.

Substituindo-se a partícula *p* por um verbo — por exemplo: "ir" —, podemos notar a contingência. Assim, teríamos: "fui **ou** fui". Ora, e se eu não fui?
Construindo a tabela-verdade, teremos:

p	p ∨ p
V	**V**
F	**F**

A tabela apresenta resultado tanto para *verdadeiro* (**V**) como para *falso* (**F**).
Se o *p* antecedente for verdadeiro (**V**), o *p* consequente também será, e a relação será *verdadeira* (**V**); mas, se o *p* antecedente for falso (**F**), o *p* consequente também será, e a relação será *falsa* (**F**).

② (p ∨ ~p) é sempre uma **tautologia**.

Substituindo-se a partícula *p* por um verbo — por exemplo: "ir" —, podemos notar a tautologia. Assim, teríamos: "fui **ou** não fui". Ora, com certeza, não há outra hipótese.
Construindo a tabela-verdade, teremos:

p	~p	p ∨ ~p
V	F	**V**
F	V	**V**

A tabela apresenta apenas resultado *verdadeiro* (**V**).
Se o *p* antecedente for verdadeiro (**V**), o ~*p* consequente será falso (**F**), e a relação será *verdadeira* (**V**); se o *p* antecedente for falso (**F**), o ~*p* consequente será verdadeiro (**V**), e a relação também será *verdadeira* (**V**).

Negações (~ ou ¬)

Entre as negações da disjunção, as mais usuais são:

> Para ~(p ∨ q), teremos:
> (~p ∧ ~q) negação básica
> (p ↓ q) negação pela conjuntiva

Demonstração na tabela-verdade:

p	~p	q	~q	p ∨ q	~(p ∨ q)	(~p ∧ ~q)	(p ↓ q)
V	F	V	F	V	F	F	F
V	F	F	V	V	F	F	F
F	V	V	F	V	F	F	F
F	V	F	V	F	V	V	V

negação da disjunção

As colunas em **destaque** demonstram as negações mais usuais da disjunção. Compare cada coluna, onde é demonstrada cada uma das negações listadas acima, com a sexta coluna, que é a *coluna da negação da disjunção*.

Vejamos um exemplo de disjunção, partindo da seguinte proposição composta:

> Danilo é advogado **ou** Fabrício é advogado.

Essa proposição terá a seguinte representação:

> p ∨ q

onde: *p* representa "Danilo é advogado" e *q* representa "Fabrício é advogado".

Construindo a tabela-verdade, teremos:

p	q	p ∨ q
V	V	V
V	F	V
F	V	V
F	F	F

Ou seja: a proposição composta "Danilo é advogado **ou** Fabrício é advogado" só será *falsa* se tanto "Danilo é advogado" quanto "Fabrício é advogado" forem mentira. Em todos os outros casos, será *verdadeira*.

• *Disjunção exclusiva* ($\veebar$)

A	C	A $\veebar$ C
V	V	F
V	F	V
F	V	V
F	F	F

Na disjunção exclusiva, a proposição composta será verdadeira (**V**) se os valores-verdade das componentes, antecedente e consequente, forem diferentes.

Assim, ao analisar uma proposição composta por disjunção exclusiva, se uma das componentes for ou verdadeira (**V**) ou falsa (**F**), o valor-verdade da composta analisada dependerá do valor-verdade da outra componente e vice-versa.

Propriedades da disjunção exclusiva

Entre as propriedades da disjunção exclusiva, as mais usuais são:

comutativa
p $\veebar$ q ≡ q $\veebar$ p

associativa
(p $\veebar$ q) $\veebar$ r ≡ p $\veebar$ (q $\veebar$ r)

Demonstração na tabela-verdade:
- as colunas **4** e **5** demonstram a propriedade **comutativa**;
- as colunas **6** e **7** demonstram a propriedade **associativa**.

p	q	r	p $\veebar$ q	q $\veebar$ p	(p $\veebar$ q) $\veebar$ r	p $\veebar$ (q $\veebar$ r)
V	V	V	F	F	F V V	V V F
V	V	F	F	F	F F F	V F V
V	F	V	V	V	V F V	V F V
V	F	F	V	V	V V F	V V F
F	V	V	V	V	V F V	F F F
F	V	F	V	V	V V F	F V V
F	F	V	F	F	F V V	F V V
F	F	F	F	F	F F F	F F F

comutativa — associativa

As colunas em **destaque** demonstram o resultado da validação da proposição composta. Perceba que essas validações destacadas correspondem ao *conectivo dominante* da proposição, e são elas que nos interessam para a observação das equivalências (≡) de cada propriedade da disjunção exclusiva.

Equivalências

Entre as equivalências da disjunção exclusiva, as mais usuais são:

> Para (p $\underline{\vee}$ q), teremos:
>
> ~(p ↔ q)
>
> (~p ↔ q)
>
> (p ↔ (~q))
>
> (p ∨ q) ∧ ~(p ∧ q)

Demonstração na tabela-verdade:

p	~p	q	~q	p $\underline{\vee}$ q	~(p ↔ q)	(~p ↔ q)	(p ↔ (~q))	(p ∨ q) ∧ ~(p ∧ q)		
V	F	V	F	F	F	V	F	F	V	F	F
V	F	F	V	V	V	F	V	V	V	V	V
F	V	V	F	V	V	F	V	V	V	V	V
F	V	F	V	F	F	V	F	F	F	F	V

disjunção exclusiva

As colunas em **destaque** demonstram as equivalências mais usuais da disjunção exclusiva. Compare cada coluna, onde é demonstrada cada uma das equivalências listadas acima, com a quinta coluna, que é a *coluna da disjunção exclusiva*.

Relações de mesma partícula

> ① (p $\underline{\vee}$ p) é sempre uma **contradição**.

Substituindo-se a partícula *p* por um verbo — por exemplo: "ir" —, podemos notar a contradição. Assim, teríamos: "**ou** fui **ou** fui". Ora, e se eu não fui?

Construindo a tabela-verdade, teremos:

p	p $\underline{\vee}$ p
V	F
F	F

A tabela apresenta apenas resultado *falso* (**F**).

Se o *p* antecedente for verdadeiro (**V**), o *p* consequente também será, e a relação será *falsa* (**F**); mas, se o *p* antecedente for falso (**F**), o *p* consequente também será, e a relação continuará sendo *falsa* (**F**).

> ② (p $\underline{\vee}$ ~p) é sempre uma **tautologia**.

Substituindo-se a partícula *p* por um verbo — por exemplo: "ir" —, podemos notar a tautologia. Assim, teríamos: "**ou** fui **ou** não fui". Ora, com certeza, ou uma hipótese ou outra.

Construindo a tabela-verdade, teremos:

p	~p	p $\vee$ ~p
V	F	V
F	V	V

A tabela apresenta apenas resultado *verdadeiro* (**V**).

Se o *p* antecedente for verdadeiro (**V**), o ~*p* consequente será falso (**F**), e a relação será *verdadeira* (**V**); mas, se o *p* antecedente for falso (**F**), o ~*p* consequente será verdadeiro (**V**), e a relação continuará sendo *verdadeira* (**V**).

Negações (~ ou ¬)

Entre as negações da disjunção exclusiva, as mais usuais são:

> Para ~(p $\underline{\vee}$ q), teremos:
>
> (p ↔ q) negação básica
>
> (~p $\underline{\vee}$ q) pela negação da antecedente
>
> (p $\underline{\vee}$ (~q)) pela negação da consequente

Demonstração na tabela-verdade:

p	~p	q	~q	p $\underline{\vee}$ q	~(p $\underline{\vee}$ q)	(p ↔ q)	(~p $\underline{\vee}$ q)	(p $\underline{\vee}$ (~q))
V	F	V	F	F	V	V	V	V
V	F	F	V	V	F	F	F	F
F	V	V	F	V	F	F	F	F
F	V	F	V	F	V	V	V	V

negação da disjunção exclusiva

As colunas em **destaque** demonstram as negações mais usuais da disjunção exclusiva. Compare cada coluna, onde é demonstrada cada uma das negações listadas acima, com a sexta coluna, que é a *coluna da negação da disjunção exclusiva*.

Vejamos um exemplo de disjunção exclusiva, partindo da seguinte proposição composta:

> **ou** Imperatriz é comerciante **ou** Antonio é carpinteiro, mas não ambos.

Essa proposição terá a seguinte representação:

$$p \underline{\vee} q$$

onde: *p* representa "Imperatriz é comerciante" e *q* representa "Antonio é carpinteiro".

Construindo a tabela-verdade, teremos:

p	q	p $\veebar$ q
V	V	F
V	F	V
F	V	V
F	F	F

Ou seja: a proposição composta "**ou** Imperatriz é comerciante **ou** Antonio é carpinteiro, mas não ambos" será *verdadeira* se "Imperatriz é comerciante" for uma verdade e "Antonio é carpinteiro" for uma mentira, ou vice-versa. Nos outros casos, será *falsa*.

As declarações "A **ou** B" ou "**ou** A **ou** B" têm o mesmo significado lógico, ou seja, ambas são disjunções (A ∨ B). Para que seja uma disjunção exclusiva (A $\veebar$ B), há a necessidade da referência "mas não ambos" ou equivalente. A sentença fica, então: "**ou** A **ou** B, **mas não ambos**", ou seja, a antecedente e a consequente da proposição têm de ser excludentes.

• *Condicional (→)*

A	C	A → C
V	V	V
V	F	F
F	V	V
F	F	V

Na condicional, a proposição composta só será falsa (**F**) se o valor-verdade das componentes for antecedente verdadeira (**V**) e consequente falsa (**F**); em todos os outros casos, a condicional será verdadeira.

Assim, ao analisar uma proposição composta por condicional, se a antecedente for falsa (**F**) ou a consequente for verdadeira (**V**), a condicional já será verdadeira (**V**), não sendo necessária a análise da outra componente.

Propriedades da condicional

Entre as propriedades da condicional, as mais usuais são:

transposição
p → q ≡ ~q → ~p

composição
((p → q) ∧ (p → r)) ≡ (p → (q ∧ r))

reflexiva
p → p

transitiva
[((p → q) ∧ (q → r)) → (p → r)]

Demonstração na tabela-verdade:
- as colunas **4** e **5** demonstram a propriedade da **transposição**;
- as colunas **6** e **7** demonstram a propriedade da **composição**.

p	q	r	p → q	~q → ~p	((p → q) ∧ (p → r))	(p → (q ∧ r))
V	V	V	**V**	**V**	V V V	V **V** V
V	V	F	**V**	**V**	V F F	V **F** F
V	F	V	**F**	**F**	F F V	V **F** F
V	F	F	**F**	**F**	F F F	V **F** F
F	V	V	**V**	**V**	V V V	F **V** V
F	V	F	**V**	**V**	V V V	F **V** F
F	F	V	**V**	**V**	V V V	F **V** F
F	F	F	**V**	**V**	V V V	F **V** F

⎵⎵⎵⎵⎵⎵⎵⎵⎵⎵⎵⎵⎵⎵⎵⎵⎵⎵⎵⎵⎵⎵⎵⎵⎵⎵⎵⎵⎵⎵⎵⎵⎵⎵⎵⎵⎵
      transposição   composição

As colunas em **destaque** demonstram o resultado da validação da proposição composta. Perceba que essas validações destacadas correspondem ao *conectivo dominante* da proposição e são elas que nos interessam para a observação das equivalências (≡) de cada propriedade da condicional.

Já na tabela-verdade a seguir:
- a coluna **4** demonstra a propriedade **reflexiva**;
- a coluna **5** demonstra a propriedade **transitiva**.

p	q	r	p → p	[((p → q) ∧ (q → r)) → (p → r)]
V	V	V	**V**	V **V** V **V** V
V	V	F	**V**	V F F **V** F
V	F	V	**V**	F F V **V** V
V	F	F	**V**	F F V **V** F
F	V	V	**V**	V V V **V** V
F	V	F	**V**	V F F **V** V
F	F	V	**V**	V V V **V** V
F	F	F	**V**	V V V **V** V

                         reflexiva   transitiva

Na tabela acima, está demonstrada a forma tautológica, isto é, todas as validações verdadeiras, das propriedades reflexiva e transitiva.

Equivalências

Entre as equivalências da condicional, as mais usuais são:

> Para **(p → q)**, teremos:
>
> ~p ∨ q
>
> ~(p ∧ (~q))

>>Parte I

Demonstração na tabela-verdade:

p	~p	q	~q	p → q	~p ∨ q	~(p ∧ (~q))
V	F	V	F	**V**	**V**	**V** F
V	F	F	V	**F**	**F**	**F** V
F	V	V	F	**V**	**V**	**V** F
F	V	F	V	**V**	**V**	**V** F

condicional

As colunas em **destaque** demonstram as equivalências mais usuais da condicional. Compare cada coluna, onde é demonstrada cada uma das equivalências listadas acima, com a quinta coluna, que é a *coluna da condicional*.

Relações de mesma partícula

① (p → p) é sempre uma **tautologia**.

Substituindo-se a partícula *p* por um verbo — por exemplo, "ir" —, podemos notar a tautologia. Assim, teríamos: "**se** fui, **então** fui". Claro!

Construindo a tabela-verdade, teremos:

p	p → p
V	**V**
F	**V**

A tabela apresenta apenas resultado *verdadeiro* (**V**).

Se o *p* antecedente for verdadeiro (**V**), o *p* consequente também será, e a relação será *verdadeira* (**V**); se o *p* antecedente for falso (**F**), o *p* consequente também será, mas a relação continuará sendo *verdadeira* (**V**).

② (p → ~p) é sempre uma **contingência**.

Construindo a tabela-verdade, teremos:

p	~p	p → ~p
V	F	**F**
F	V	**V**

A tabela apresenta resultado tanto para *verdadeiro* (**V**) como para *falso* (**F**).

Se o *p* antecedente for verdadeiro (**V**), o ~*p* consequente será falso (**F**), e a relação será *falsa* (**F**); mas, se o *p* antecedente for falso (**F**), o ~*p* consequente será verdadeiro (**V**), e a relação será *verdadeira* (**V**).

Negações (~ ou ¬)

Entre as negações da condicional, as mais usuais são:

> Para ~(p → q), teremos:
>
> (p ∧ (~q)) negação básica
>
> ~(~p ∨ (q))

Demonstração na tabela-verdade:

p	~p	q	~q	p → q	~(p → q)	(p ∧ (~q))	~(~p ∨ (q))
V	F	V	F	V	F	F	F V
V	F	F	V	F	V	V	V F
F	V	V	F	V	F	F	F V
F	V	F	V	V	F	F	F V

negação da condicional

As colunas em **destaque** demonstram as negações mais usuais da condicional. Compare cada coluna, onde é demonstrada cada uma das negações listadas acima, com a sexta coluna, que é a *coluna da negação da condicional*.

Vejamos um exemplo de condicional, partindo da seguinte proposição composta:

> **Se** Albina é jornalista, **então** Alfredo é professor.

Essa proposição terá a seguinte representação:

> p → q

onde: *p* representa "Albina é jornalista" e *q* representa "Alfredo é professor".
Construindo a tabela-verdade, teremos:

p	q	p → q
V	V	V
V	F	F
F	V	V
F	F	V

Ou seja: a proposição composta: "**Se** Albina é jornalista, **então** Alfredo é professor" só será *falsa* se "Albina é jornalista" for uma verdade e "Alfredo é professor" for uma mentira. Nos outros casos, será *verdadeira*.

• *Bicondicional* (↔)

A	C	A ↔ C
V	V	V
V	F	F
F	V	F
F	F	V

Na bicondicional, a proposição composta será verdadeira (**V**) se os valores-verdade das componentes, antecedente e consequente, forem iguais.

Assim, ao analisar uma proposição composta por bicondicional, se uma das componentes for ou verdadeira (**V**) ou falsa (**F**), o valor-verdade da composta analisada dependerá do valor-verdade da outra componente e vice-versa.

Propriedades da bicondicional

Entre as propriedades da bicondicional, as mais usuais são:

comutativa
$p ↔ q \equiv q ↔ p$

associativa
$(p ↔ q) ↔ r \equiv p ↔ (q ↔ r)$

Demonstração na tabela-verdade:
- as colunas **4** e **5** demonstram a propriedade **comutativa**;
- as colunas **6** e **7** demonstram a propriedade **associativa**.

p	q	r	p ↔ q	q ↔ p	(p ↔ q) ↔ r	p ↔ (q ↔ r)
V	V	V	V	V	V V	V V
V	V	F	V	V	F F	V F F
V	F	V	F	F	F F V	V F F
V	F	F	F	F	F V F	V V V
F	V	V	F	F	F F V	F F V
F	V	F	F	F	F V F	F V F
F	F	V	V	V	V V V	F V F
F	F	F	V	V	V F F	F F V

comutativa — associativa

As colunas em **destaque** demonstram o resultado da validação da proposição composta. Perceba que essas validações destacadas correspondem ao *conectivo dominante* da proposição, e são elas que nos interessam para a observação das equivalências (≡) de cada propriedade da bicondicional.

Equivalências

Entre as equivalências da bicondicional, a mais usual é:

> Para **(p ↔ q)**, teremos:
>
> (p → q) ∧ (q → p)

Demonstração na tabela-verdade:

p	q	p ↔ q	(p → q) ∧ (q → p)
V	V	**V**	V **V** V
V	F	**F**	F **F** V
F	V	**F**	V **F** F
F	F	**V**	V **V** V

bicondicional

A coluna destacada (p ↔ q) demonstra a equivalência mais usual da bicondicional. Compare essa coluna, onde é demonstrada a equivalência listada acima, com a terceira coluna, que é a *coluna da bicondicional*.

Relações de mesma partícula

> ① (p ↔ p) é sempre uma **tautologia**.

Substituindo-se a partícula *p* por um verbo — por exemplo, "ir" —, podemos notar a tautologia. Assim, teríamos: "fui, **se e somente se**, fui". Claro!
Construindo a tabela-verdade, teremos:

p	p ↔ p
V	V
F	V

A tabela apresenta apenas resultado *verdadeiro* (**V**).

Se o *p* antecedente for verdadeiro (**V**), o *p* consequente também será, e a relação será *verdadeira* (**V**); se o *p* antecedente for falso (**F**), o *p* consequente também será, mas a relação continuará sendo *verdadeira* (**V**).

> ② (p ↔ ~p) é sempre uma **contradição**.

Construindo a tabela-verdade, teremos:

p	~p	p ↔ ~p
V	F	F
F	V	F

A tabela apresenta apenas resultado *falso* (**F**).

Se o *p* antecedente for verdadeiro (**V**), o ~*p* consequente será falso (**F**), e a relação será *falsa* (**F**); mas, se o *p* antecedente for falso (**F**), o ~*p* consequente será verdadeiro (**V**), e a relação continuará sendo *falsa* (**F**).

Negações (~ ou ¬)

Entre as negações da condicional, as mais usuais são:

> Para ~(**p** ↔ **q**), teremos:
> (p $\veebar$ q) negação básica
> (~p ↔ q) pela negação da antecedente
> (p ↔ ~q) pela negação da consequente

Demonstração na tabela-verdade:

p	~p	q	~q	p ↔ q	~(p ↔ q)	(p $\veebar$ q)	(~p ↔ q)	(p ↔ ~q)
V	F	V	F	V	F	F	F	F
V	F	F	V	F	V	V	V	V
F	V	V	F	F	V	V	V	V
F	V	F	V	V	F	F	F	F

negação da bicondicional

As colunas em **destaque** demonstram as negações mais usuais da bicondicional. Compare cada coluna, onde é demonstrada cada uma das negações listadas acima, com a sexta coluna, que é a *coluna da negação da bicondicional*.

Vejamos um exemplo de bicondicional, partindo da seguinte proposição composta:

> Adriane está feliz **se e somente se** José está de camisa.

Essa proposição terá a seguinte representação:

> p ↔ q

onde: *p* representa "Adriane está feliz" e *q* representa "José está de camisa".
Construindo a tabela-verdade, teremos:

p	q	p ↔ q
V	V	V
V	F	F
F	V	F
F	F	V

Ou seja: a proposição composta: "Adriane está feliz **se e somente se** José está de camisa" será *falsa* se "Adriane está feliz" for uma verdade e "José está de camisa" for uma mentira, ou vice-versa. Nos outros casos, será *verdadeira*.

• *Negação conjunta (Adaga de Quine) (↓)*

É a negação da disjunção ~(∨).

A	C	A↓C
V	V	F
V	F	F
F	V	F
F	F	V

Na negação conjunta (uso do conectivo **nem**), a proposição composta só será verdadeira (**V**) se o valor-verdade das componentes, antecedente e consequente, for falso.

Assim, ao analisar uma proposição composta por negação conjunta, se pelo menos uma das componentes for verdadeira (**V**) o valor-verdade da composta analisada será falso (**F**).

Propriedades da negação conjunta

Entre as propriedades da negação conjunta, a mais usual é:

comutativa
p ↓ q ≡ q ↓ p

Demonstrando na tabela-verdade:
- as colunas **3** e **4** demonstram a propriedade **comutativa**.

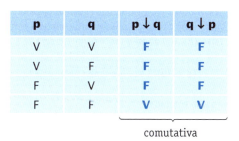

comutativa

As colunas em **destaque** demonstram o resultado da validação da proposição composta. Perceba que essas validações destacadas correspondem ao *conectivo dominante* da proposição, e são elas que nos interessam para a observação das equivalências (≡) de cada propriedade da negação conjunta.

Equivalências

Entre as equivalências da negação conjunta, as mais usuais são:

> Para **(p ↓ p)**, teremos:
> ① p ↓ p ≡ ~p
> Para **(p ↓ q)**, teremos:
> ② (p ↓ q) ↓ (p ↓ q) ≡ p ∨ q

Demonstrando na tabela-verdade:
- as colunas **3** e **4** demonstram a **equivalência** ①.
- as colunas **5** e **6** demonstram a **equivalência** ②.

p	q	p ↓ p	~p	(p ↓ q) ↓ (p ↓ q)	p ∨ q
V	V	F	F	F V F	V
V	F	F	F	F V F	V
F	V	V	V	F V F	V
F	F	V	V	V F V	F

equivalência ①   equivalência ②

Relações de mesma partícula

> ① (p ↓ p) é sempre uma **contingência**.

Construindo a tabela-verdade, teremos:

p	p ↓ p
V	F
F	V

A tabela apresenta resultado tanto para *verdadeiro* (**V**) como para *falso* (**F**).
Se o *p* antecedente for verdadeiro (**V**), o *p* consequente também será, e a relação será *falsa* (**F**); mas, se o *p* antecedente for falso (**F**), o *p* consequente também será, e a relação será *verdadeira* (**V**).

> ② (p ↓ ~p) é sempre uma **contradição**.

Construindo a tabela-verdade, teremos:

p	~p	p ↓ ~p
V	F	F
F	V	F

A tabela apresenta apenas resultado *falso* (**F**).
Se o *p* antecedente for verdadeiro (**V**), o ~*p* consequente será falso (**F**), e a relação será *falsa* (**F**); se o *p* antecedente for falso (**F**), o ~*p* consequente será verdadeiro (**V**), mas a relação continuará sendo *falsa* (**F**).

Negações (~ ou ¬)

Entre as negações da negação conjunta, as mais usuais são:

> Para ~(p ↓ q), teremos:
> (p ∨ q) negação básica
> (~p → q)
> ~(~p ∧ ~q)

Demonstrando na tabela-verdade:

p	~p	q	~q	(p ↓ q)	~(p ↓ q)	(p ∨ q)	(~p → q)	~(~p ∧ ~q)
V	F	V	F	F	V	V	V	V F
V	F	F	V	F	V	V	V	V F
F	V	V	F	F	V	V	V	V F
F	V	F	V	V	F	F	F	F V

negação da negação conjunta

As colunas em **destaque** demonstram as negações mais usuais da negação conjunta. Compare cada coluna, onde é demonstrada cada uma das negações listadas acima, com a sexta coluna, que é a *coluna da negação da negação conjunta*.

Vejamos um exemplo de negação conjunta, partindo da seguinte proposição composta:

> Felipe toca gaita **nem** Lucas toca sanfona.

Essa proposição terá a seguinte representação:

> p ↓ q

onde: *p* representa "Felipe toca gaita" e *q* representa "Lucas toca sanfona".
Construindo a tabela-verdade, teremos:

p	q	p ↓ q
V	V	F
V	F	F
F	V	F
F	F	V

Ou seja: a proposição composta: "Felipe toca gaita **nem** Lucas toca sanfona" será *verdadeira* se tanto "Felipe toca gaita" quanto "Lucas toca sanfona" forem mentira. Nos outros casos, será *falsa*.

• **Negação disjunta (Conectivo de Sheffer) (↑)**

É a negação da conjunção ~(∧)

A	C	A↑C
V	V	F
V	F	V
F	V	V
F	F	V

Na *negação disjunta* (uso dos conectivos **nem ... nem**), a proposição composta só será falsa (**F**) se o valor-verdade das componentes, antecedente e consequente, for verdadeiro.

Assim, ao analisar uma proposição composta por negação disjunta, se pelo menos uma das componentes for falsa (**F**), o valor-verdade da composta analisada será verdadeiro (**V**).

Propriedades da negação disjunta

Entre as propriedades da negação disjunta, a mais usual é:

comutativa
$p \uparrow q \equiv q \uparrow p$

Demonstração na tabela-verdade:
- as colunas **3** e **4** demonstram a propriedade **comutativa**.

p	q	p↑q	q↑p
V	V	F	F
V	F	V	V
F	V	V	V
F	F	V	V

comutativa

As colunas em **destaque** demonstram o resultado da validação da proposição composta. Perceba que essas validações destacadas correspondem ao *conectivo dominante* da proposição, e são elas que nos interessam para a observação das equivalências (≡) de cada propriedade da negação disjunta.

Equivalências

Entre as equivalências da negação disjunta, as mais usuais são:

Para **(p ↑ p)**, teremos:
① $p \uparrow p \equiv \sim p$

Para **(p ↑ q)**, teremos:
② $(p \uparrow q) \uparrow (p \uparrow q) \equiv p \wedge q$
③ $p \uparrow q \equiv (p \rightarrow \sim q)$

Demonstração na tabela-verdade:
- as colunas **4** e **5** demonstram a **equivalência** ①;
- as colunas **6** e **7** demonstram a **equivalência** ②;
- as colunas **8** e **9** demonstram a **equivalência** ③.

p	q	~q	p↑p	~p	(p↑q)↑(p↑q)		p∧q	p↑q	(p → ~q)
V	V	F	F	F	F	V	F	V	F	F
V	F	V	F	F	V	F	V	F	V	V
F	V	F	V	V	V	F	V	F	V	V
F	F	V	V	V	V	F	V	F	V	V

equivalência ①   equivalência ②   equivalência ③

Relações de mesma partícula

> ① (p ↑ p) é sempre uma **contingência**.

Construindo a tabela-verdade, teremos:

p	p↑p
V	F
F	V

A tabela apresenta resultado tanto para *verdadeiro* (**V**) como para *falso* (**F**).
Se o *p* antecedente for verdadeiro (**V**), o *p* consequente também será, e a relação será falsa (**F**); se o *p* antecedente for falso (**F**), o *p* consequente também será, mas a relação continuará sendo *verdadeira* (**V**).

> ② (p ↑ ~p) é sempre uma **tautologia**.

Construindo a tabela-verdade, teremos:

p	~p	p↑~p
V	F	V
F	V	V

A tabela apresenta apenas resultado *verdadeiro* (**V**).
Se o *p* antecedente for verdadeiro (**V**), o ~*p* consequente será falso (**F**), e a relação será *verdadeira* (**V**); se o *p* antecedente for falso (**F**), o ~*p* consequente será verdadeiro (**V**), e a relação continuará sendo *verdadeira* (**V**).

Negações (∼ ou ¬)

Entre as negações da negação disjunta, as mais usuais são:

> Para ∼(p ↑ q), teremos:
> (p ∧ q) negação básica
> ∼(∼p ∨ ∼q)

Demonstração na tabela-verdade:

p	∼p	q	∼q	(p ↑ q)	∼(p ↑ q)	(p ∧ q)	∼(∼p ∨ ∼q)
V	F	V	F	F	V	V	V F
V	F	F	V	V	F	F	F V
F	V	V	F	V	F	F	F V
F	V	F	V	V	F	F	F V

negação da negação disjunta

As colunas em **destaque** demonstram as negações mais usuais da negação disjunta. Compare cada coluna, onde é demonstrada cada uma das negações listadas acima, com a sexta coluna, que é a *coluna da negação da negação disjunta*.

Vejamos um exemplo de negação disjunta, partindo da seguinte proposição composta:

> **Nem** Felipe toca gaita, **nem** Lucas toca sanfona.

Essa proposição terá a seguinte representação:

> p ↑ q

onde: *p* representa "Felipe toca gaita" e *q* representa "Lucas toca sanfona".
Construindo a tabela-verdade, teremos:

p	q	p ↑ q
V	V	F
V	F	V
F	V	V
F	F	V

Ou seja: a proposição composta "**Nem** Felipe toca gaita, **nem** Lucas toca sanfona" será *falsa* se tanto "Felipe toca gaita" como "Lucas toca sanfona" forem verdade. Nos outros casos, será *verdadeira*.

EXERCÍCIOS DE FIXAÇÃO I – Múltipla escolha

1. (**FCC – ICMS/SP**) Considere a proposição "Paula estuda, mas não passa no concurso". Nela, o conectivo lógico é:
a) disjunção inclusiva.
b) conjunção.
c) disjunção exclusiva.
d) condicional.
e) bicondicional.

Trata-se da utilização do "mas" no lugar do "e". Assim, a proposição é composta por conjunção. Portanto, a resposta correta é a "b".

2. (**Inédito**) A negação da afirmação: "Vai fazer frio e vai fazer calor" é:
a) Não vai fazer frio e não vai fazer calor.
b) Vai fazer calor e vai fazer frio.
c) Ou vai fazer frio ou vai fazer calor.
d) Não vai fazer frio ou não vai fazer calor.
e) Ou não vai fazer calor ou não vai fazer frio.

Trata-se da negação-padrão da conjunção. Considere:
p = "Vai fazer frio";
q = "Vai fazer calor";
e = conjunção ($\wedge$).
"Vai fazer frio **e** vai fazer calor" equivale a ($p \wedge q$).
Negando a estrutura, teremos:
$\sim(p \wedge q) = (\sim p \vee \sim q)$. ($\sim p \vee \sim q$) = "Não vai fazer frio **ou** não vai fazer calor".
Portanto, a resposta correta é a "d".

3. (**Esaf – Sefaz/SP**) Assinale a opção verdadeira.
a) $3 = 4$ e $3 + 4 = 9$
b) Se $3 = 3$, então $3 + 4 = 9$
c) Se $3 = 4$, então $3 + 4 = 9$
d) $3 = 4$ ou $3 + 4 = 9$
e) $3 = 3$ se e somente se $3 + 4 = 9$

O enunciado se refere à proposição verdadeira entre as alternativas. Em "a" há uma conjunção (conectivo **e**), cujas partículas componentes são falsas; portanto, a conjunção também é falsa. Em "b", há uma condicional (conectivo **se ... então**) de antecedente verdadeira ($3 = 3$) e consequente falsa ($3 + 4 = 9$); portanto, a condicional é falsa. Em "c", há uma condicional de antecedente falso ($3 = 4$); portanto, verdadeira, pois toda condicional de antecedente falso será verdadeira. Em "d", há uma disjunção (conectivo **ou**), cujas partículas componentes são falsas, única hipótese de uma disjunção ser falsa. Em "e", há uma bicondicional (conectivo **se e somente se**) de antecedente verdadeira ($3 = 3$) e consequente falsa ($3 + 4 = 9$); portanto, de validações diferentes. A bicondicional só será verdadeira se os valores-verdade de suas componentes forem iguais. Portanto, a resposta correta é a "c".

4. (**Inédito**) A negação de "Onofre está feliz e Rita é pobre" é:
a) Onofre não é feliz e Rita não é pobre.
b) Onofre é pobre e Rita é feliz.
c) Onofre não está feliz ou Rita não é pobre.
d) Onofre está pobre ou Rita não é feliz.
e) Onofre é rico e Rita é infeliz.

Trata-se da negação-padrão da conjunção. Considere:
p = "Onofre está feliz";
q = "Rita é pobre";
e = conjunção ($\wedge$).
"Onofre está feliz **e** Rita é pobre" equivale a (p $\wedge$ q).
Negando a estrutura, teremos:
~(p $\wedge$ q) = (~p $\vee$ ~q). (~p **v** ~q) = "Onofre não está feliz **ou** Rita não é pobre".
Portanto, a resposta correta é a "c".

5. (**Inédito**) Negar que "Pedro foi nadar se e somente se Maria estava vestida" equivale a dizer que:

a) Pedro não foi nadar se e somente se Maria não estava vestida.
b) Pedro foi nadar e Maria estava vestida.
c) Pedro estava vestido e Maria estava nadando.
d) Ou Pedro foi nadar ou Maria estava vestida, mas não ambos.
e) Pedro não foi nadar e Maria não estava vestida.

Trata-se da negação-padrão da bicondicional. Considere:
p = "Pedro foi nadar";
q = "Maria estava vestida";
se e somente se = conjunção ($\leftrightarrow$).
"Pedro foi nadar **se e somente se** Maria estava vestida" equivale a (p $\leftrightarrow$ q).
Negando a estrutura, teremos:
~(p $\leftrightarrow$ q) = (p $\underline{\vee}$ q). (p **v** q) = "**Ou** Pedro foi nadar **ou** Maria estava vestida, mas não ambos".
Portanto, a resposta correta é a "d".

6. (**Esaf – AFC**) Dizer que "Não é verdade que Pedro é pobre e Alberto é alto" é logicamente equivalente a dizer que é verdade que:

a) Pedro não é pobre ou Alberto não é alto.
b) Pedro não é pobre e Alberto não é alto.
c) Pedro é pobre ou Alberto não é alto.
d) Se Pedro não é pobre, então Alberto é alto.
e) Se Pedro não é pobre, então Alberto não é alto.

Trata-se da negação-padrão da conjunção. Considere:
p = "Pedro é pobre";
q = "Alberto é alto";
e = conjunção ($\wedge$).
"Pedro é pobre **e** Alberto é alto" equivale a (p $\wedge$ q).
Negando a estrutura, teremos:
~(p $\wedge$ q) = (~p $\vee$ ~q) = "Pedro não é pobre **ou** Alberto não é alto".
Portanto, a resposta correta é a "a".

7. (**Esaf – AFT**) A negação da afirmação condicional "Se estiver chovendo, eu levo o guarda-chuva" é:

a) Se não estiver chovendo, eu levo o guarda-chuva.
b) Não está chovendo e eu levo o guarda-chuva.
c) Não está chovendo e eu não levo o guarda-chuva.
d) Se estiver chovendo, eu não levo o guarda-chuva.
e) Está chovendo e eu não levo o guarda-chuva.

Trata-se da negação-padrão da condicional. Considere:
p = "Estiver chovendo";
q = "Eu levo o guarda-chuva";
se ... então = condicional (→).
"Se estiver chovendo, eu levo o guarda-chuva" equivale a (p → q).
Negando a estrutura, teremos:
~(p → q) = (p ∧ (~q)). (p ∧ (~q)) = "Está chovendo e eu não levo o guarda-chuva".
Portanto, a resposta correta é a "e".

8. (Esaf – MPOG) Dizer que "André é artista ou Bernardo não é engenheiro" é logicamente equivalente a dizer que:

a) André é artista se e somente se Bernardo não é engenheiro.
b) Se André é artista, então Bernardo não é engenheiro.
c) Se André não é artista, então Bernardo é engenheiro.
d) Se Bernardo é engenheiro, então André é artista.
e) André não é artista e Bernardo é engenheiro.

Trata-se de uma equivalência da disjunção. Considere:
p = "André é artista";
q = "Bernardo não é engenheiro";
ou = disjunção (∨).
"André é artista **ou** Bernardo não é engenheiro" equivale a (p ∨ q).
Há várias equivalências para a disjunção, uma delas é (~q → p), ou seja, "Se Bernardo é engenheiro, então André é artista". Veja na tabela-verdade:

p	~p	q	~q	p ∨ q	~q → p
V	F	V	F	V	V
V	F	F	V	V	V
F	V	V	F	V	V
F	V	F	V	F	F

Perceba que as validações das duas últimas colunas são iguais, o que indica que as proposições são equivalentes. Portanto, a resposta correta é a "d".

9. (Esaf – MPOG) A negação de "Maria comprou uma blusa nova e foi ao cinema com José" é:

a) Maria não comprou uma blusa nova ou não foi ao cinema com José.
b) Maria não comprou uma blusa nova e foi ao cinema sozinha.
c) Maria não comprou uma blusa nova e não foi ao cinema com José.
d) Maria não comprou uma blusa nova e não foi ao cinema.
e) Maria comprou uma blusa nova, mas não foi ao cinema com José.

Trata-se da negação-padrão da conjunção. Considere:
p = "Maria comprou uma blusa nova";
q = "foi ao cinema com José";
e = conjunção (∧).
"Maria comprou uma blusa nova **e** foi ao cinema com José" equivale a (p ∧ q).
Negando a estrutura, teremos:
~(p ∧ q) = (~p ∨ ~q) = "Maria não comprou uma blusa nova **ou** não foi ao cinema com José".
Portanto, a resposta correta é a "a".

10. **(Esaf – Gestor/MG)** A afirmação "Não é verdade que, se Pedro está em Roma, então Paulo está em Paris" é logicamente equivalente à afirmação:
a) É verdade que "Pedro está em Roma e Paulo está em Paris".
b) Não é verdade que "Pedro está em Roma ou Paulo não está em Paris".
c) Não é verdade que "Pedro não está em Roma ou Paulo não está em Paris".
d) Não é verdade que "Pedro não está em Roma ou Paulo está em Paris".
e) É verdade que "Pedro está em Roma ou Paulo está em Paris".

Trata-se da negação-padrão da condicional. Considere:
p = "Pedro está em Roma";
q = "Paulo está em Paris";
se ... então = condicional ($\rightarrow$).
"Se Pedro está em Roma, então Paulo está em Paris" equivale a $(p \rightarrow q)$.
Negando a estrutura, teremos: $\sim(p \rightarrow q) = (p \wedge \sim q)$.
É preciso lembrar que a negação da condicional é a afirmação da antecedente (condição) pela conjunção ($\wedge$) da negação da consequente (conclusão), ou seja, afirma o primeiro **e** nega o segundo.
$(p \wedge \sim q)$ = "Pedro está em Roma e Paulo não está em Paris".
Não há entre as alternativas alguma igual a essa proposição; então, é necessário encontrar uma equivalência a essa negação. Em "d", devemos considerar:
$\sim p$ = "Pedro não está em Roma";
q = "Paulo está em Paris";
ou = disjunção ($\vee$);
"Não é verdade que" = negação ($\sim$).
"**Não é verdade que** 'Pedro não está em Roma **ou** Paulo está em Paris'" equivale a $\sim(\sim p \vee q)$.
Perceba que é a negação de uma disjunção. Lembre-se de que a negação da disjunção ($\vee$) é a conjunção ($\wedge$) da negação das partículas. Assim, teremos: $\sim(\sim p \vee q) = (p \wedge \sim q)$, que equivale à proposição $(p \wedge \sim q)$.
Portanto, a resposta correta é a "d".

11. **(FCC – TRT-9ª Região)** Considere a seguinte proposição: "na eleição para a prefeitura, o candidato A será eleito ou não será eleito".
Do ponto de vista lógico, a afirmação da proposição caracteriza:
a) um silogismo.
b) uma tautologia.
c) uma equivalência.
d) uma contingência.
e) uma contradição.

A proposição pode ser representada por $p \vee \sim p$, em que p = "será eleito" e $\sim p$ = "não será eleito" (tema da disjunção – relações de mesma partícula), que é sempre tautologia. Portanto, a resposta correta é a "b".

12. **(Inédito)** Para que: "$((P \wedge \sim P) \leftrightarrow R)$" seja verdadeira, a proposição consequente "R":
a) deverá ser, necessariamente, falsa.
b) não poderá ser falsa.
c) só poderá ser verdadeira.
d) será uma proposição composta.
e) Impossível determinar, pois não sabemos o valor-verdade da antecedente.

Na proposição dada, a antecedente é chamada de *relação de mesma partícula*. Quando há uma relação de mesma partícula em uma proposição composta por conjunção, essa proposição será falsa (**F**). Então, a antecedente da proposição dada é falsa (**F**). Como a proposição dada é uma proposição composta por bicondicional, para ela ser verdadeira é preciso que suas componentes sejam iguais. Assim, com a antecedente falsa (**F**), sua consequente deverá ser, necessariamente, falsa (**F**). Portanto, a resposta correta é a "a".

13. (**Esaf – MPU**) Ricardo, Rogério e Renato são irmãos. Um deles é médico, outro é professor, e o outro é músico. Sabe-se que:

1) ou Ricardo é médico, ou Renato é médico;
2) ou Ricardo é professor, ou Rogério é músico;
3) ou Renato é músico, ou Rogério é músico;
4) ou Rogério é professor, ou Renato é professor.

Portanto, as profissões de Ricardo, Rogério e Renato são, respectivamente:

a) professor, médico, músico.
b) médico, professor, músico.
c) professor, músico, médico.
d) músico, médico, professor.
e) médico, músico, professor.

As quatro sentenças, que dão dicas sobre a pessoa e sua respectiva profissão, são proposições compostas por disjunção exclusiva (**ou ... ou**), pois não há ambiguidade, ou seja, dois deles não podem ter a mesma profissão. A disjunção exclusiva só será verdadeira se as componentes, antecedente e consequente, forem diferentes, ou seja, uma verdadeira (V) e outra falsa (F).
Se considerarmos que Renato é médico, teremos:

1) "ou Ricardo é médico" (F), "ou Renato é médico" (**V**).
   Se Renato for médico (V), teremos:
2) "ou Renato é músico" (F), "ou Rogério é músico" (**V**).
   Se Rogério for músico (V), teremos:
3) "ou Rogério é professor" (F), "ou Renato é professor" (**V**).

Dessa forma, chegamos a uma situação inválida: "Renato é médico" (V) e "Renato é professor" (V), pois uma mesma pessoa não pode ter duas profissões diferentes. Então, consideremos que Ricardo é médico:

1) "ou Ricardo é médico" (**V**), "ou Renato é médico" (F).
   Se Ricardo for médico (V), teremos:
2) "ou Ricardo é professor" (F), "ou Rogério é músico" (**V**).
   Então, se Rogério for músico (V), teremos:
3) "ou Renato é músico" (F), "ou Rogério é músico" (**V**).
   Ainda considerando que Rogério é músico (V), teremos:
4) "ou Rogério é professor" (F), "ou Renato é professor" (**V**).

Agora conseguimos atender aos critérios do enunciado da questão: temos como verdadeiro que "Ricardo é *médico*", "Rogério é *músico*" e "Renato é *professor*". Portanto, a resposta correta é a "e".

14. (**Esaf – Aneel**) Surfo ou estudo. Fumo ou não surfo. Velejo ou não estudo. Ora, não velejo. Assim,

a) estudo e fumo.
b) não fumo e surfo.
c) não velejo e não fumo.
d) estudo e não fumo.
e) fumo e surfo.

Embora parecida com a anterior, esta questão apresenta, em seu enunciado, proposições compostas por disjunção (**ou**). Para uma disjunção ser verdadeira (V), basta que uma de suas componentes, antecedente ou consequente, seja verdadeira (V). Como o enunciado já indica que "velejo" é falso ("Ora não velejo"), é por aí que devemos começar. Com "velejo" (F), temos:
"Velejo" (F) ou "não estudo" (V).
Com "não estudo" (V), temos:
"Surfo" (V) ou "estudo" (F).
Com "surfo" (V), temos:
"Fumo" (V) ou "não surfo" (F).
Assim, temos como verdadeiro: "não estudo", "surfo" e "fumo". Logo, fumo e surfo. Portanto, a resposta correta é a "e".

15. (**Vunesp – ICMS/SP**) Se Francisco desviou dinheiro da campanha assistencial, então ele cometeu um grave delito. Mas Francisco não desviou dinheiro da campanha assistencial. Logo,

a) Francisco desviou dinheiro da campanha assistencial.
b) Francisco não cometeu grave delito.
c) Francisco cometeu grave delito.
d) alguém desviou dinheiro da campanha assistencial.
e) alguém não desviou dinheiro da campanha assistencial.

O enunciado da questão trata de uma estrutura condicional suficiente (**se ... então**). Comumente, o estudante é levado a assinalar a alternativa "b", devido à famosa falácia da negação do antecedente. Isso é uma pegadinha! Sempre tome cuidado com esse tipo de questão. Ao negar o antecedente da condicional "Francisco não desviou dinheiro da campanha assistencial", o enunciado torna a conclusão "ele cometeu um grave delito" contingente, ou seja, "ele pode ter cometido um grave delito" como "pode não ter cometido um grave delito", mas nenhuma das duas está nas alternativas apresentadas. Ora, se Francisco é *alguém* — e é claro que ele é — e se não desviou dinheiro da campanha assistencial, *alguém* não desviou dinheiro da campanha assistencial. Portanto, a resposta correta é a "e".

16. (**Esaf – Sefaz/SP**) A negação de: "Milão é a capital da Itália ou Paris é a capital da Inglaterra" é:

a) Milão não é a capital da Itália e Paris não é a capital da Inglaterra.
b) Paris não é a capital da Inglaterra.
c) Milão não é a capital da Itália ou Paris não é a capital da Inglaterra.
d) Milão não é a capital da Itália.
e) Milão é a capital da Itália e Paris não é a capital da Inglaterra.

Trata-se da negação básica da disjunção (**ou**). Assim, a forma básica da negação de uma disjunção é a conjunção (**e**) da negação das partículas (~p ∧ ~q). Para negar "Milão é a capital da Itália **ou** Paris é a capital da Inglaterra", diremos: "Milão *não é a capital* da Itália **e** Paris *não é a capital* da Inglaterra". Portanto, a resposta correta é a "a".

17. (**Anpad**) Sejam as proposições "p": João é inteligente e "q": Paulo joga tênis. Então, ~(~p ∨ q), em linguagem corrente, é:

a) João é inteligente ou Paulo não joga tênis.
b) João é inteligente e Paulo não joga tênis.
c) João não é inteligente e Paulo não joga tênis.
d) João não é inteligente ou Paulo joga tênis.
e) João é inteligente ou Paulo joga tênis.

Trata-se da negação da estrutura da disjunção ~(∨), ou seja, é a conjunção da negação das partículas. ~(~p ∨ q) = (p ∧ ~q),
em que:
p = "João é inteligente";
q = "Paulo joga tênis".
Traduzindo para linguagem corrente: (p ∧ ~q), pois é o que pede o enunciado da questão, teremos: "João é inteligente **e** Paulo não joga tênis". Portanto, a resposta correta é a "b".

EXERCÍCIOS DE FIXAÇÃO II – Certo ou errado

1. (**Cespe/UnB – Ibama**) Considere a seguinte assertiva: Produção de bens dirigida às necessidades sociais implica na redução das desigualdades sociais.

A negativa lógica dessa assertiva é: A não produção de bens dirigida às necessidades sociais implica na não redução das desigualdades sociais.

Temos aí uma relação de implicação, portanto, uma estrutura em condicional. Se passarmos a assertiva "Produção de bens dirigida às necessidades sociais *implica* a redução das desigualdades sociais" para uma estrutura condicional, teremos: "Se produção de bens dirigida às necessidades sociais, então redução das desigualdades sociais".
Transformando a sentença em uma representação lógica, teremos:
p = "produção de bens dirigida às necessidades sociais";
q = "redução das desigualdades sociais".
Logo, $(p \to q)$, cuja negação é a afirmação da antecedente pela conjunção da negação da consequente, ou seja, afirma o primeiro **e** nega o segundo. Assim, $(p \wedge (\sim q))$. A sentença negada seria: "A produção de bens é dirigida às necessidades sociais **e não** há redução das desigualdades sociais". Portanto, a questão está errada. A título de observação, o correto é "implicar a redução", não "implicar na redução", como publicado pela Cespe/UnB na questão.

2. (**Inédito**) A proposição composta abaixo possui mais de dezesseis validações.

$$(((p \wedge q) \leftrightarrow (p \vee r)) \to x)$$

Apesar de a proposição dada ser formada por cinco proposições simples (p, q, p, r e x), somente quatro delas são diferentes entre si, pois a proposição simples p está repetida, o que dá à proposição composta um máximo de dezesseis validações. O número máximo de validações de uma proposição é sempre igual ao número de linhas de sua tabela-verdade, sendo dada por 2^n, em que 2 é uma base fixa e n é o número de partículas (proposições simples) *diferentes* que compõem a proposição. Portanto, a questão está errada.

3. (**Cespe/UnB – Ibama**) Considere a seguinte proposição: Ocorre conflito ambiental quando há confronto de interesses em torno da utilização do meio ambiente ou há confronto de interesses em torno da gestão do meio ambiente.

A negativa lógica dessa proposição é: Não ocorre conflito ambiental quando não há confronto de interesses em torno da utilização do meio ambiente ou não há confronto de interesses em torno da gestão do meio ambiente.

A princípio parece a negação de uma disjunção, pois o único conectivo aparente é o **ou**, mas trata-se da negação de uma proposição composta por condicional.
Considerando-se a proposição dada: "<u>Ocorre conflito ambiental</u> *quando* **há confronto de interesses em torno da utilização do meio ambiente ou há confronto de interesses em torno da gestão do meio ambiente**", podemos perguntar: "Quando ocorre a parte sublinhada da proposição? A resposta correta é a parte em negrito. Assim, podemos reescrever a sentença da seguinte forma: "Se **há confronto de interesses em torno da utilização do meio ambiente** *ou* **há confronto de interesses em torno da gestão do meio ambiente**, então <u>ocorre conflito ambiental</u>".
Transformando a sentença em uma representação lógica, teremos:
p = "há confronto de interesses em torno da utilização do meio ambiente";
q = "há confronto de interesses em torno da gestão do meio ambiente";
r = "ocorre conflito ambiental".
Tem-se daí a seguinte representação: $[(p \vee q) \to r]$, cuja negação é a afirmação da antecedente pela conjunção da negação da consequente, ou seja, afirma o primeiro **e** nega o segundo. Assim, $[(p \vee q) \wedge (\sim r)]$. A sentença negada seria: "Há confronto de interesses em torno da utilização do meio ambiente **ou** há confronto de interesses em torno da gestão do meio ambiente **e não** ocorre conflito ambiental". Portanto, a questão está errada.

>> Capítulo 5

>> Validação das proposições compostas

A validação das *proposições simples* será sempre feita pelo enunciado dos exercícios, quando afirmadas como verdadeiras (**V**) ou falsas (**F**).

A validação das *proposições compostas*, por sua vez, será feita utilizando-se métodos e ferramentas próprias, que serão demonstradas neste capítulo.

A validação de uma proposição composta é feita sempre na vertical, tomando-se como referência a coluna, na tabela-verdade, de seu conectivo (conectivo dominante).

Se todos os valores-verdade dessa coluna forem *verdadeiros* (**V**), a proposição será uma **tautologia**. Se todos os valores-verdade dessa coluna forem *falsos* (**F**), a proposição será uma **contradição**.

Se pelo menos um dos valores-verdade dessa coluna for diferente dos outros, a proposição será uma **contingência**.

Validando a proposição

Se seguirmos algumas etapas, torna-se mais fácil validar uma proposição. O primeiro passo é reconhecer a tipologia da proposição, isto é, se é simples ou composta; se composta, qual sua classificação, identificando o conectivo, a antecedente e a consequente.

Depois, é preciso montar a tabela-verdade. Monta-se a tabela da antecedente, depois a da consequente. A tabela-verdade da proposição composta será formada pela junção dos valores-verdade das componentes. Analisando-se o resultado dessa última tabela, classificamos a proposição.

Observe a validação das proposições a seguir.

Proposição 1

$$(p \vee q) \rightarrow (p \wedge q)$$

Esta é a tipologia da proposição:
- trata-se de uma proposição composta por condicional (conectivo dominante ($\rightarrow$));
- de antecedente composta por disjunção ($\vee$);
- de consequente composta por conjunção ($\wedge$).

Vamos construir a tabela-verdade da antecedente (p $\vee$ q):

Tabela 1

p	q	p ∨ q
V	V	V
V	F	V
F	V	V
F	F	F

Depois, a tabela-verdade da consequente (p ∧ q):

Tabela 2

p	q	p ∧ q
V	V	V
V	F	F
F	V	F
F	F	F

Para montar a tabela-verdade da proposição dada, basta unir os resultados das tabelas da antecedente e da consequente por meio do conectivo dominante da condicional (→).

p ∨ q	p ∧ q	(p ∨ q) → (p ∧ q)
V	V	**V**
V	F	**F**
V	F	**F**
F	F	**V**

A coluna do conectivo dominante demonstra valores-verdade dos dois tipos: verdadeiro e falso (**V**, **F**). Assim, a proposição dada (p ∨ q) → (p ∧ q) é uma **contingência**.

Proposição 2

$$(p \wedge q) \to (p \vee q)$$

Esta é a tipologia da proposição:
- trata-se de uma proposição composta por condicional (conectivo dominante (→));
- de antecedente composta por conjunção (∧);
- de consequente composta por disjunção (∨).

A tabela-verdade da antecedente (p ∧ q) será:

Tabela 1

p	q	p ∧ q
V	V	V
V	F	F
F	V	F
F	F	F

A tabela-verdade da consequente (p ∨ q) será:

Tabela 2

p	q	p ∨ q
V	V	V
V	F	V
F	V	V
F	F	F

Unindo os resultados das tabelas 1 e 2 por meio do conectivo dominante da condicional (→), montaremos a tabela-verdade da proposição dada:

p ∧ q	p ∨ q	(p ∧ q) → (p ∨ q)
V	V	**V**
F	V	**V**
F	V	**V**
F	F	**V**

A coluna do conectivo dominante demonstra valores-verdade apenas do tipo verdadeiro (**V**). Assim, a proposição dada (p ∧ q) → (p ∨ q) é uma **tautologia**.

Proposição 3

$$(p \rightarrow q) \vee (p \vee q)$$

Esta é a tipologia da proposição:
- trata-se de uma proposição composta por disjunção (conectivo dominante (∨));
- de antecedente composta por condicional (→);
- de consequente composta por disjunção (∨).

A tabela-verdade da antecedente (p → q) será:

Tabela 1

p	q	p → q
V	V	V
V	F	F
F	V	V
F	F	V

A tabela-verdade da consequente (p ∨ q) será:

Tabela 2

p	q	p ∨ q
V	V	V
V	F	V
F	V	V
F	F	F

Validação das proposições compostas

Unindo os resultados das tabelas 1 e 2 por meio do conectivo da disjunção (∨), montaremos a tabela-verdade da proposição dada:

p → q	p ∨ q	(p → q) ∨ (p ∨ q)
V	V	**V**
F	V	**V**
V	V	**V**
V	F	**V**

A coluna do conectivo dominante demonstra valores-verdade apenas do tipo verdadeiro (**V**). Assim, a proposição dada (p → q) ∨ (p ∨ q) é uma **tautologia**.

Proposição 4

$$[((p \rightarrow q) \vee p) \downarrow (p \rightarrow (p \vee q))]$$

Esta é a tipologia da proposição:
- trata-se de uma proposição composta por negação conjunta (conectivo dominante (↓));
- de antecedente composta por uma disjunção (∨), que, por sua vez, é composta de antecedente composta por condicional (p → q) e consequente simples (p);
- de consequente composta por uma condicional (→), que, por sua vez, é composta de antecedente simples (p) e consequente composta por disjunção (∨).

A tabela-verdade da antecedente da antecedente (p → q) será:

Tabela 1

p	q	p → q
V	V	V
V	F	F
F	V	V
F	F	V

A tabela-verdade da antecedente da proposição dada ((p → q) ∨ p) será resultante da união dos resultados da tabela 1 com os valores-verdade da proposição simples p por meio do conectivo da disjunção (∨).

Tabela 2

p → q	p	((p → q) ∨ p)
V	V	V
F	V	V
V	F	V
V	F	V

A tabela-verdade da consequente da consequente (p ∨ q) será:

Tabela 3

p	q	p ∨ q
V	V	V
V	F	V
F	V	V
F	F	F

Para construir a tabela-verdade da consequente da proposição dada (p → (p ∨ q)), é preciso unir os resultados da tabela 3 com os valores-verdade da proposição simples *p* por meio do conectivo da condicional (→).

Tabela 4

p	p ∨ q	(p → (p ∨ q))
V	V	V
V	V	V
F	V	V
F	F	V

Por fim, para montar a tabela-verdade da proposição dada [((p → q) ∨ p) ↓ (p → (p ∨ q))], é preciso unir os resultados das tabelas 2 e 4 por meio do conectivo da negação conjunta (↓).

((p → q) ∨ p)	(p → (p ∨ q))	[((p → q) ∨ p) ↓ (p → (p ∨ q))]
V	V	F
V	V	F
V	V	F
V	V	F

A coluna do conectivo dominante (↓) demonstra valores-verdade apenas do tipo falso (**F**). Assim, a proposição dada [((p → q) ∨ p) ↓ (p → (p ∨ q))] é uma **contradição**.

Proposição 5

> [(p → (q ∧ p)) ⊻ (p ↔ (p → q))]
> E tendo a informação de que "p" é falso (F).

Esta é a tipologia da proposição:
- trata-se de uma proposição composta por disjunção exclusiva (conectivo dominante (⊻));
- de antecedente composta por uma condicional (→), que, por sua vez, é composta de antecedente simples (*p*) e consequente composta por conjunção (q ∧ p);

- de consequente composta por uma bicondicional (↔), que, por sua vez, é composta de antecedente simples (*p*) e consequente composta por condicional (p → q);
- com a proposição simples *p* já validada como falsa (**F**).

Neste caso, não será necessária a construção das tabelas-verdade, pois apenas utilizando os conceitos de validação dos conectivos e partindo da informação de que *p* é uma proposição falsa (**F**), é possível validar a proposição composta.

Note que *p* é uma proposição simples, falsa (**F**), que está presente em várias partes da proposição dada.

Para validar a proposição dada, primeiro vamos validar a antecedente:

> "p → (q ∧ p)" é a antecedente. (**V**)
> "p" é a antecedente da antecedente. (**F**)
> "(q ∧ p)" é a consequente da antecedente.

Na antecedente composta por condicional (→), a antecedente simples (*p*) foi declarada falsa (**F**). Assim, como toda condicional de antecedente falsa sempre é verdadeira, não precisamos nos preocupar com o valor-verdade da consequente da antecedente.

Dessa forma: (p → (q ∧ p)) é *verdadeira* (**V**), pois *p* é *falsa* (**F**).

Segundo passo: validar a consequente:

> (p ↔ (p → q)) é a consequente. (**F**)
> "p" é a antecedente da consequente. (**F**)
> "(p → q)" é a consequente da consequente. (**V**)

Na consequente composta por bicondicional (↔), a antecedente simples (*p*) foi declarada falsa (**F**). Perceba que *p* também compõe a consequente da consequente (p → q). Como a condicional de antecedente falsa (**F**) sempre é verdadeira (**V**), temos aqui uma proposição *p* falsa (**F**) unida a uma proposição (p → q) verdadeira (**V**) pelo conectivo da bicondicional (↔). Dessa forma, (p ↔ (p → q)) é *falsa* (**F**).

Validadas as proposições antecedente (**V**) e consequente (**F**), tem-se que a proposição dada é composta por disjunção exclusiva (**v**), de antecedente verdadeira e consequente falsa. A proposição dada [**(p → (q ∧ p)) ⊻ (p ↔ (p → q))**] é uma **tautologia**.

>>>>> EXERCÍCIOS DE FIXAÇÃO I – Múltipla escolha

1. (FCC – ICMS/SP) Na tabela-verdade abaixo, *p* e *q* são proposições.

p	q	?
V	V	F
V	F	V
F	V	F
F	F	F

A proposição composta que substitui corretamente o ponto de interrogação é:
a) p ∧ q   b) p → q   c) ~(p → q)   d) p ↔ q   e) ~(p ∨ q)

Repare que a segunda linha da tabela-verdade dada no enunciado da questão é a única linha de resultado verdadeiro. Nela, p está afirmado, enquanto q está negado. Isso equivale à negação da condicional, em que se afirma a primeira (condição) e se nega a segunda (conclusão). Vejamos na tabela-verdade.

p	q	p → q	~(p → q) = p ∧ (~q)
V	V	V	F
V	F	F	V
F	V	V	F
F	F	V	F

Portanto, a resposta correta é a "c".

2. (**FCC – ICMS/SP**) Considere as afirmações abaixo.
I. O número de linhas de uma tabela-verdade é sempre um número par.
II. A proposição "$(10 < \sqrt{10}) \leftrightarrow (8 - 3 = 6)$" é falsa.
III. Se p e q são proposições, então a proposição (p → q) ∨ (~q) é uma tautologia.

É verdade o que se afirma APENAS em
a) I.
b) II.
c) III.
d) I e II.
e) I e III.

Como a base para o cálculo do número de linhas de uma tabela-verdade é 2, o número total de linhas será sempre par. Assim, a afirmação I é verdadeira. Vejamos a afirmação III na tabela-verdade.

p	q	(p → q) ∨ (~q)
V	V	V **V** F
V	F	F **V** V
F	V	V **V** F
F	F	V **V** V

Como a coluna que indica o conectivo dominante é uma disjunção, o resultado será verdadeiro quando pelo menos uma das componentes, antecedente ou consequente, for verdadeira. Na proposição dada na afirmação III, a coluna do conectivo dominante demonstra apenas valores verdadeiros, indicando, assim, uma tautologia. Portanto, a resposta correta é a "e".

3. (**Inédito**) "Se Maria é bonita e Carlos foi nadar, então Daniela mentiu." Verificou-se que Carlos não foi nadar. Assim,
a) se Maria é bonita e Carlos foi nadar, então Daniela mentiu é uma disjunção verdadeira.
b) se Maria é bonita e Carlos foi nadar, então Daniela mentiu é uma afirmação condicional de antecedente verdadeiro.
c) se Maria é bonita e Carlos foi nadar, então Daniela mentiu é uma conjunção falsa.
d) se Maria é bonita e Carlos foi nadar, então Daniela mentiu é uma afirmação condicional verdadeira.
e) se Maria é bonita e Carlos foi nadar, então Daniela mentiu é uma afirmação bicondicional.

Toda condicional de antecedente falsa será sempre verdadeira, não importando o valor-verdade da consequente. "Maria é bonita **e** Carlos foi nadar" é a antecedente da condicional, composta por conjunção (∧) = falsa (**F**), pois "Carlos foi nadar" é a consequente da antecedente, também falsa (dado mencionado pelo enunciado). Na conjunção, é preciso apenas uma falsa para que a estrutura em conjunção já seja falsa. Assim, temos a antecedente "Maria é bonita **e** Carlos foi nadar" falsa (**F**), pois a componente "Carlos foi nadar" foi negada pelo exercício. Portanto, a resposta correta é a "d".

4. (**Inédito**) Dadas as proposições: "Maria é inglesa" e "José é trabalhador", que assumem, respectivamente, as partículas "P" e "Q", assinale a alternativa correta:
 a) "Se P, então Q" será necessariamente verdadeira se "Maria é inglesa".
 b) "Ou P, ou Q, mas não ambos" será falsa se "Maria é inglesa" e se "José é trabalhador".
 c) "Ou P, ou Q" será falsa se "Maria não é inglesa" e se "José é trabalhador".
 d) "P ou Q" será verdadeira se "Maria não é inglesa" e se "José não é trabalhador".
 e) "P, se e somente se, Q" será verdadeira se "Maria é inglesa" e se "José não é trabalhador".

"Maria é inglesa" = P = Verdadeira;
"José é trabalhador" = Q = Verdadeira.
Como o exercício não negou nenhuma dessas proposições, vamos considerá-las verdadeiras. Na alternativa "b" temos: "'Ou P, ou Q' é falsa se 'Maria é inglesa' e se 'José é trabalhador'", ou seja, "ou *verdadeiro* ou *verdadeiro*", o que dá *falso*. Trata-se de proposição composta por disjunção exclusiva (ou ... ou), que será *falsa* sempre que suas componentes, antecedente e consequente, tiverem validações iguais. Portanto, a resposta correta é a "b".

5. (**FCC – TRT-2ª Região**) Dadas as proposições simples "p" e "q", tais que "p" é verdadeira e "q" é falsa, considere as seguintes proposições compostas:

① p ∧ q   ② ~p → q   ③ ~(p ∨ ~q)   ④ ~(p ↔ q)

Quantas dessas proposições compostas são verdadeiras?
 a) Nenhuma.
 b) Apenas uma.
 c) Apenas duas.
 d) Apenas três.
 e) Quatro.

Considerando-se que "p" é verdadeira e "q" é falsa, vamos analisar cada uma das proposições compostas dadas pelo enunciado da questão:

① (p ∧ q) é uma proposição composta por conjunção; como uma das componentes é falsa (*q*), a conjunção também é falsa (**F**).
② (~p → q) é uma proposição composta por condicional. Perceba que a negação (~) incide apenas sobre o *p*; portanto, não se trata da negação de uma condicional. Assim, se *p* é verdadeira, ~*p* é falsa. Condicional de antecedente falsa é sempre verdadeira (**V**).
③ ~(p ∨ ~q) é uma negação da proposição composta por disjunção. Como *p* é verdadeira, a disjunção p ∨ ~q já é verdadeira; negando isso, teremos uma proposição falsa (**F**).
④ ~(p ↔ q) é uma negação da proposição composta por bicondicional. Como *p* é verdadeira e *q* é falsa, temos uma bicondicional p ↔ q falsa; negando isso, teremos uma proposição verdadeira (**V**).

Assim, apenas as proposições compostas ② e ④ são verdadeiras. Portanto, a resposta correta é a "c".

6. (**Inédito**) Analise as sentenças abaixo e assinale a alternativa correta.
 I. A proposição condicional "A" existe.
 II. A antecedente da proposição "A" é uma proposição cuja antecedente é falsa.
 III. A consequente da proposição "A" é uma proposição simples.
 IV. A consequente da proposição antecedente está ligada à sua antecedente por condicional.

>>Parte I   69

a) A proposição "A" será necessariamente verdadeira.
b) A antecedente da proposição "A" poderá ser falsa.
c) O valor-verdade da consequente da proposição "A" não influenciará o valor-verdade da proposição "A".
d) A proposição "A" é uma contingência.
e) A proposição "A" só pode ser uma contradição.

Vamos resolver passo a passo:
I. A proposição *condicional* A existe.
II. A *antecedente* da proposição A é uma proposição cuja *antecedente* é falsa (**F**).
Representando essa parte da questão, teremos: (**F** ? CA) → ?, onde:
- (**F** ? CA) → ? = proposição condicional A;
- (**F** ? CA) = antecedente da proposição A;
- **F** = falsa;
- ? = sem informação até aqui;
- CA = consequente da antecedente.
III. A *consequente* da proposição A é uma *proposição simples*.
(**F** ? CA) → **x**, onde *x* é a consequente simples da proposição A.
IV. A *consequente* (CA) da proposição *antecedente* está ligada à sua antecedente por *condicional*.
(**F** → CA) → **x**.
Assim, (**F** → CA) é a antecedente da proposição condicional composta A, que, por sua vez, tem uma antecedente falsa (**F**), o que torna essa proposição verdadeira.

$$(F \to CA) \to x$$
$$\quad V$$

Se *x* for verdadeira (**V**), a proposição composta A será verdadeira (**V**):

$$(F \to CA) \to x$$
$$\quad V \quad\quad V\ V$$

Porém, se *x* for falsa (**F**), a proposição composta A será falsa (**F**):

$$(F \to CA) \to x$$
$$\quad V \quad\quad F\ F$$

Assim, temos o caso de condicional de antecedente verdadeira (**V**), sem a validação da consequente (**x**), o que torna a condicional contingente. Portanto, a resposta correta é a "d".

7. (**Esaf – MPOG**) Entre as opções abaixo, a única com valor lógico verdadeiro é:
a) Se Roma é a capital da Itália, Londres é a capital da França.
b) Se Londres é a capital da Inglaterra, Paris não é a capital da França.
c) Roma é a capital da Itália e Londres é a capital da França ou Paris é a capital da França.
d) Roma é a capital da Itália e Londres é a capital da França ou Paris é a capital da Inglaterra.
e) Roma é a capital da Itália e Londres não é a capital da Inglaterra.

Todas as proposições simples dadas pelo exercício são de conhecimento público, ou seja, considera-se que o estudante saiba a capital da Itália, da Inglaterra e da França. Então, basta validar essas proposições simples para encontrar a composta de valor lógico verdadeiro. Na alternativa "c" temos: "Roma é a capital da Itália (**V**) *e* Londres é a capital da França (**F**) *ou* Paris é a capital da França (**V**)". Perceba que, se fizermos: "Roma é a capital da Itália = p (V)", "Londres é a capital da França = q (F)" e "Paris é a capital da França = r (V)", podemos montar as seguintes proposições compostas:

① (p ∧ q) ∨ **r**: nesta proposição, *r* é verdadeira, o que *já é* suficiente para validar como verdadeira a proposição composta, pois o conectivo dominante é o da disjunção.

② **p** ∧ (q ∨ r): nesta proposição, *p* é verdadeira, o que *ainda não é* suficiente para validar como verdadeira a proposição composta, pois agora o conectivo dominante é o da conjunção.

③ p ∧ (**q** ∨ **r**): observando a consequente (**q** ∨ **r**), notamos que é verdadeira, pois *r* é verdadeira, o que *já é* suficiente para validar como verdadeira a proposição consequente, uma vez que o conectivo dominante é o da disjunção (∨). Assim, com antecedente *p* verdadeira e consequente (**q** ∨ **r**) verdadeira, a conjunção (∧) é verdadeira.

Portanto, a resposta correta é a "c".

8. (**AFC – CGU**) Homero não é honesto, ou Júlio é justo. Homero é honesto, ou Júlio é justo, ou Beto é bondoso. Beto é bondoso, ou Júlio não é justo. Beto não é bondoso, ou Homero é honesto. Logo,

a) Beto é bondoso, Homero é honesto, Júlio não é justo.
b) Beto não é bondoso, Homero é honesto, Júlio não é justo.
c) Beto é bondoso, Homero é honesto, Júlio é justo.
d) Beto não é bondoso, Homero não é honesto, Júlio não é justo.
e) Beto não é bondoso, Homero é honesto, Júlio é justo.

Nesse tipo de questão, você deve escolher uma das proposições dadas para iniciar o raciocínio. A melhor hipótese é iniciar por aquelas com apenas um tipo de conectivo. Todas as proposições compostas do enunciado são disjunções que devem ser consideradas verdadeiras, pois nada mais foi dito sobre cada uma. Na disjunção, basta que uma das componentes seja verdadeira para que a disjunção seja verdadeira. Assim, em cada uma das proposições dadas temos de encontrar pelo menos uma partícula verdadeira. Vamos atribuir uma representação para cada proposição simples, a saber:

p	"Homero é honesto"
~p	"Homero não é honesto"
q	"Júlio é justo"
~q	"Júlio não é justo"
r	"Beto é bondoso"
~r	"Beto não é bondoso"

Então, teremos:

(~p ∨ q)	"Homero não é honesto, ou Júlio é justo"
(p ∨ q ∨ r)	"Homero é honesto, ou Júlio é justo, ou Beto é bondoso"
(r ∨ ~q)	"Beto é bondoso, ou Júlio não é justo"
(~r ∨ p)	"Beto não é bondoso, ou Homero é honesto"

Perceba que, na segunda proposição (p ∨ q ∨ r), não há partícula negada. Assim, se considerarmos todas as partículas verdadeiras, essa proposição será verdadeira. Mas será que as outras também serão? Vejamos. Temos:
q afirmado na primeira (~p ∨ **q**);
r afirmado na terceira (**r** ∨ ~q);
p afirmado na quarta (~r ∨ **p**).
Dessa forma, se considerarmos as partículas *p*, *q* e *r*, da segunda proposição, verdadeiras, estaremos validando como verdadeiras todas as proposições dadas. É isso que está demonstrado na alternativa "Beto é bondoso (**r** (**V**)), Homero é honesto (**p** (**V**)), Júlio é justo (**q** (**V**))". Portanto, a resposta correta é a "c".

9. (**Ipad – Delegado de polícia/PE**) A sentença "penso, logo existo" é logicamente equivalente a:

a) Penso e existo.
b) Nem penso, nem existo.
c) Não penso ou existo.
d) Penso ou não existo.
e) Existo, logo penso.

A sentença "Penso, logo existo", atribuída a Descartes, significa: "*Se* penso, *então* existo". Assim, o enunciado da questão está pedindo a *equivalência* de uma *condicional suficiente*. Vamos montar uma tabela-verdade com uma coluna para cada alternativa da questão:

>>Parte I 71

p	~p	q	~q	p→q	p∧q	p↑q	~p∨q	p∨~q	q→p
V	F	V	F	**V**	V	F	**V**	V	V
V	F	F	V	**F**	F	V	**F**	V	V
F	V	V	F	**V**	F	V	**V**	F	F
F	V	F	V	**V**	F	V	**V**	V	V
"penso"	"não penso"	"existo"	"não existo"	"penso, logo existo" (enunciado)	"penso e existo" (alternativa a)	"nem penso nem existo" (alternativa b)	"não penso ou existo" (alternativa c)	"penso ou não existo" (alternativa d)	"existo, logo penso" (alternativa e)

Perceba que a coluna 5, que representa o enunciado, e a coluna 8, que representa a alternativa "c", têm validações iguais, por isso, são equivalentes. Portanto, a resposta correta é a "c".

10. **(Esaf – MPOG)** Suponha que um pesquisador verificou que um determinado defensivo agrícola em uma lavoura A produz o seguinte resultado: "Se o defensivo é utilizado, as plantas não ficam doentes", enquanto que o mesmo defensivo em uma lavoura distinta B produz outro resultado: "Se e somente se o defensivo é utilizado, as plantas não ficam doentes". Sendo assim, se as plantas de uma lavoura A e de uma lavoura B não ficaram doentes, pode-se concluir apenas que:

a) o defensivo foi utilizado em A e em B.
b) o defensivo foi utilizado em A.
c) o defensivo foi utilizado em B.
d) o defensivo não foi utilizado em A e foi utilizado em B.
e) o defensivo não foi utilizado nem em A nem em B.

Temos primeiro a indicação de uma *condicional* referente à lavoura A: "Se o defensivo é utilizado, as plantas não ficam doentes", isto é, a condição equivale a "o defensivo é utilizado" = *p*, e a conclusão é "as plantas não ficam doentes" = *q*. Lembre-se de que o enunciado pede para considerar a alternativa correta no caso de *q* ser verdadeiro: "se as plantas de uma lavoura A e de uma lavoura B *não ficaram doentes*". A tabela-verdade da condicional é:

p	q	p→q
V	V	V
V	F	F
F	V	V
F	F	V

Nesse caso, com *q* (as plantas não ficam doentes) verdadeiro (**V**), não podemos afirmar coisa alguma sobre *p* (o defensivo é utilizado), que poderá ser tanto verdadeiro (**V**) como falso (**F**), pois qualquer dos dois não mudaria a validação da condicional. A segunda indicação do enunciado, referente à lavoura B, é uma bicondicional: "*Se e somente se* o defensivo é utilizado, as plantas não ficam doentes". Aqui, a condição é "o defensivo é utilizado" = *p*, e a conclusão, "as plantas não ficam doentes" = *q*. Novamente lembrando que o enunciado da questão pede para considerar a alternativa correta no caso de *q* ser verdadeiro, a tabela-verdade da bicondicional é:

p	q	p↔q
V	**V**	V
V	F	F
F	**V**	F
F	F	V

Nesse caso, se *q* é verdadeiro (**V**), para que a bicondicional seja verdadeira o *p* também deverá ser verdadeiro (**V**). Apesar de as plantas das duas lavouras não terem ficado doentes, só podemos afirmar que o defensivo foi utilizado na lavoura B. Portanto, a resposta correta é a "c".

11. (**Inédito**) Dona Aurora, ao fazer o jantar, comentou com a filha: "Carlos virá para o jantar e Manuel irá se atrasar". Mas Manuel não se atrasou. Assim, do ponto de vista lógico:
  a) o comentário feito por dona Aurora mostrou-se verdadeiro.
  b) o comentário feito por dona Aurora mostrou-se contingente.
  c) o comentário feito por dona Aurora só seria verdadeiro se Carlos não viesse para o jantar.
  d) mesmo que Carlos venha para o jantar, o comentário feito por dona Aurora será falso.
  e) o comentário feito por dona Aurora seria verdadeiro se Manoel realmente chegasse atrasado.

Na proposição composta dada pelo enunciado "Carlos virá para o jantar **e** Manoel irá se atrasar", "Carlos virá para o jantar" = *p*; "Manoel irá se atrasar" = *q*; "e" = conjunção. A estrutura lógica do enunciado é de uma conjunção. Sabemos que na conjunção basta que uma de suas componentes seja falsa para que a conjunção também seja falsa. Assim, mesmo que Carlos (antecedente) venha para o jantar, o comentário feito por dona Aurora será falso, pois Manoel (consequente) não se atrasou. A representação dessa estrutura na tabela-verdade é:

p	q	p ∧ q
V	V	V
V	F	F
F	V	F
F	F	F

Como *q* (Manoel irá se atrasar) é falso, pois o enunciado da questão afirma que Manoel não se atrasou, podemos perceber na tabela-verdade que, mesmo *p* sendo verdadeiro, o comentário feito por dona Aurora seria falso. Por isso, a resposta correta é a "d".

12. (**FCC – TRT-2ª Região**) A negação da sentença "A Terra é chata e a Lua é um planeta" é:
  a) Se a Lua não é um planeta, então a Terra não é chata.
  b) Se a Terra é chata, então a Lua não é um planeta.
  c) A Terra não é chata e a Lua não é um planeta.
  d) A Terra não é chata ou a Lua é um planeta.
  e) A Terra não é chata se a Lua não é um planeta.

O enunciado pede a negação de uma conjunção: "A Terra é chata **e** a Lua é um planeta". A negação-padrão dessa sentença seria: "A Terra não é chata **ou** a Lua não é um planeta", mas essa sentença não está entre as alternativas. Assim, vamos montar a tabela-verdade para cada alternativa, buscando uma proposição que seja sua equivalente lógica:

p	~p	q	~q	p ∧ q	~(p ∧ q)	~q → ~p	p → ~q
V	F	V	F	V	F	V	F
V	F	F	V	F	V		V
F	V	V	F	F	V	V	V
F	V	F	V	F	V	V	V

A Terra é chata	A Terra não é chata	A Lua é um planeta	A Lua não é um planeta	A Terra é chata e a Lua é um planeta	negação de p ∧ q	alternativa a	alternativa b

Validação das proposições compostas

Por meio dessa tabela, buscamos uma proposição equivalente à proposição que representa a negação da conjunção dada, o que encontramos na oitava coluna que representa a alternativa "b". Note que na sétima coluna não houve a necessidade de continuar a validação além da primeira linha, pois logo de início já é possível notar que não era o que procurávamos. Esperávamos um F, não um V. Portanto, a resposta correta é a "b".

13. (**Inédito**) Dizer que "Minha mãe foi à feira, se e somente se, não choveu" é logicamente equivalente a dizer que:

a) Se minha mãe foi à feira, então não choveu.
b) Ou minha mãe foi à feira ou não choveu.
c) Não choveu, se e somente se, minha mãe foi à feira.
d) Se minha mãe foi à feira, então choveu.
e) Choveu, se e somente se, minha mãe foi à feira.

Trata-se da propriedade comutativa da estrutura bicondicional. As proposições compostas: "p, se e somente se, q" e "q, se e somente se, p" são equivalentes. Deve-se considerar: P = "Minha mãe foi à feira"; Q = "não choveu"; "se, e somente se" = bicondicional. Assim, "Minha mãe foi à feira, se e somente se, não choveu" = (p ↔ q) e "Não choveu, se e somente se, minha mãe foi à feira" = (q ↔ p).

p	q	p ↔ q	q ↔ p
V	V	V	V
V	F	F	F
F	V	F	F
F	F	V	V

Perceba que as validações das duas últimas colunas (p ↔ q) e (q ↔ p) são iguais, o que indica que as proposições são equivalentes. Portanto, a resposta correta é a "c".

▶▶▶ EXERCÍCIOS DE FIXAÇÃO II – Certo ou errado

1. (**Cespe/UnB – BR**) Julgue os itens que se seguem.
Considere as proposições abaixo:
p: 4 é um número par;
q: A Petrobras é a maior exportadora de café do Brasil.
Nesse caso, é possível concluir que a proposição p ∨ q é verdadeira.

A primeira proposição simples "4 é um número par" é verdadeira e a segunda proposição simples: "A Petrobras é a maior exportadora de café do Brasil" é falsa, pois a Petrobras está associada ao petróleo, não ao café. Com essas duas proposições simples, o enunciado formou uma proposição composta por disjunção: p ∨ q. Assim, como a proposição composta formada é uma disjunção e uma de suas componentes, neste caso a antecedente, é verdadeira, então a proposição composta também será verdadeira. Veja a tabela-verdade:

p	q	p ∨ q
V	V	V
V	F	V
F	V	V
F	F	F

A segunda linha de validações da tabela representa a proposição composta dada no enunciado da questão. Portanto, a questão está correta.

2. (Cespe/UnB – Polícia Federal) Considere que as letras P, Q, R e T representem proposições e que os símbolos ¬, ∧, ∨ e → sejam operadores lógicos que constroem novas proposições e significam "não", "e", "ou" e "então", respectivamente. Na lógica proposicional, cada proposição assume um único valor (valor-verdade), que pode ser ou verdadeiro (V) ou falso (F), mas nunca ambos. Assim, com base nas informações apresentadas, julgue os itens a seguir.

I. Se as proposições P e Q são ambas verdadeiras, então a proposição (¬ P) ∨ (¬ Q) também é verdadeira.

II. Se a proposição T é verdadeira e a proposição R é falsa, então a proposição R → (¬ T) é falsa.

III. Se as proposições P e Q são verdadeiras e a proposição R é falsa, então a proposição (P ∧ R) → (¬Q) é verdadeira.

Análise do item I: com a proposição P e a proposição Q verdadeiras, a disjunção P ∨ Q é verdadeira, mas o enunciado dá a disjunção (¬ P) ∨ (¬ Q), ou seja, uma disjunção entre duas partículas falsas, o que é *falso* (**F**) e indica que este item está errado. Veja a tabela-verdade:

P	¬P	Q	¬Q	P ∨ Q	(¬ P) ∨ (¬ Q)
V	F	V	F	V	F
V	F	F	V		
F	V	V	F		
F	V	F	V		

Análise do item II: A proposição composta R → (¬ T) já se torna verdadeira devido à declaração "R é falsa", pois toda proposição condicional de *antecedente falsa* será sempre *verdadeira*. Veja a tabela-verdade:

R	T	¬T	R → T	R → (¬T)
V	V	F	V	F
V	F	V	F	V
F	V	F	V	V
F	F	V	V	V

Perceba que R → T ou R → (¬ T) são proposições verdadeiras, pois a antecedente R é falsa. Então, o item II está errado.

Análise do item III: a proposição composta (P ∧ R) → (¬ Q) tem antecedente composta por conjunção. Basta uma componente falsa para que a conjunção seja falsa; portanto, temos novamente o caso de proposição condicional de antecedente falsa, o que torna a condicional *verdadeira*. Veja a tabela-verdade.

P	Q	¬Q	R	P ∧ R	(P ∧ R) → ¬Q
V	V	F	V	V	
V	V	F	F	F	V
V	F	V	V	V	
V	F	V	F	F	V
F	V	F	V	F	
F	V	F	F	F	V
F	F	V	V	F	
F	F	V	F	F	V

>> Parte I 75

Perceba que em qualquer situação em que a proposição R é falsa, a proposição composta (P ∧ R) → ¬Q é verdadeira. Assim, o item III está correto.

Portanto, os itens I e II estão errados e o item III está correto.

3. (**Cespe/UnB – Sefaz/ES**) Considerando os símbolos lógicos ¬ (negação), ∧ (conjunção), ∨ (disjunção), → (condicional) e as proposições

S: (p ∧ ¬ q) ∨ (¬ p ∧ r) → q ∨ r e
T: ((p ∧ ¬ q) ∨ (¬ p ∧ r)) ∧ (¬ q ∧ ¬ r),

Julgue os itens que se seguem.

I. As tabelas-verdade de S e de T possuem, cada uma, 16 linhas.
II. A proposição T → S é uma tautologia.
III. As proposições compostas ¬S e T são equivalentes, ou seja, têm a mesma tabela-verdade, independentemente dos valores lógicos das proposições simples p, q, e r que as constituem.

Análise do item I: o número de linhas das proposições S e T é 8, não 16. Lembre-se de que o número de linhas de uma tabela-verdade é dado por 2^n, sendo 2 uma base fixa e n o número de átomos *diferentes* que compõem a proposição. No caso deste exercício, o número de átomos diferentes que compõem as proposições dadas, em cada uma, é 3, o que daria uma tabela-verdade de 8 linhas. Assim, o item I está errado.

Análise do item II: é preciso montar as tabelas-verdade das proposições S e T.

Proposição S

p	¬p	q	¬q	r	¬r	(p ∧ ¬q) ∨ (¬p ∧ r)	→	q ∨ r
V	F	V	F	V	F	F F F	**V**	V
V	F	V	F	F	V	F F F	**V**	V
V	F	F	V	V	F	V V F	**V**	V
V	F	F	V	F	V	V V F	**F**	F
F	V	V	F	V	F	F V V	**V**	V
F	V	V	F	F	V	F F F	**V**	V
F	V	F	V	V	F	F V V	**V**	V
F	V	F	V	F	V	F F F	**V**	F

Esta tabela-verdade valida a proposição S na oitava coluna.

Proposição T

p	¬p	q	¬q	r	¬r	(p ∧ ¬q) ∨ (¬p ∧ r)	∧	¬q ∧ ¬r
V	F	V	F	V	F	F F F	**F**	F
V	F	V	F	F	V	F F F	**F**	F
V	F	F	V	V	F	V V F	**F**	F
V	F	F	V	F	V	V V F	**V**	V
F	V	V	F	V	F	F V V	**F**	F
F	V	V	F	F	V	F F F	**F**	F
F	V	F	V	V	F	F V V	**F**	F
F	V	F	V	F	V	F F F	**F**	V

Esta tabela-verdade valida a proposição T na oitava coluna.

Agora que já temos as tabelas das proposições S e T, vamos montar uma tabela-verdade apenas com as colunas que interessam ao item II.

T						S			
(p ∧ ¬q) ∨ (¬p ∧ r)			∧	¬q ∧ ¬r	(p ∧ ¬q) ∨ (¬p ∧ r)			→	q ∨ r	T → S
F	F	F	F	F	F	F	F	V	V	V
F	F	F	F	F	F	F	F	V	V	V
V	V	F	F	F	V	V	F	V	V	V
V	V	F	V	V	V	V	F	F	F	F
F	V	V	F	F	F	V	V	V	V	V
F	F	F	F	F	F	F	F	V	V	V
F	V	V	F	F	F	V	V	V	V	V
F	F	F	F	V	F	F	F	V	F	V

A tabela-verdade demonstra que a proposição T → S não é uma tautologia, e sim uma contingência. Observe a coluna de número 7: todas as linhas são verdadeiras, exceto a quarta, o que caracteriza uma contingência (pelo menos uma das validações é diferente das outras). Isso evidencia que o item II está errado.
Análise do item III: vamos comparar apenas duas colunas, ~S e T.

S	¬S	T
V	F	F
V	F	F
V	F	F
F	V	V
V	F	F
V	F	F
V	F	F
V	F	F

As proposições compostas ~S e T são equivalentes, ou seja, têm a mesma tabela-verdade, pois a segunda e terceira colunas da tabela acima têm as mesmas validações.
Portanto, os itens I e II desta questão estão errados e o item III está correto.

4. (**Inédito**) Dada uma proposição composta, sua proposição antecedente e sua proposição consequente são condicionais diferentes, unidas por uma disjunção exclusiva. Assim, se a proposição antecedente da proposição antecedente da composta for falsa, para que a proposição composta seja verdadeira, sua proposição consequente deverá ser, obrigatoriamente, falsa.

Vamos resolver a questão passo a passo.
I – "Dada uma proposição composta, sua proposição antecedente e sua proposição consequente são condicionais diferentes, unidas por uma disjunção exclusiva". Este enunciado pode ser representado por: [(p → q) ⊻ (r → x)]. Temos, então:
- a proposição composta por disjunção exclusiva: [(p → q) ⊻ (r → x)];
- a proposição antecedente, que é uma condicional: (p → q);
- a proposição consequente, que é uma condicional diferente da condicional antecedente: (r → x).
II – "Assim, se a proposição antecedente da proposição antecedente da composta for falsa [...]". Como a antecedente da antecedente da composta é *falsa* (*p*), e sabendo-se que condicional de antecedente falsa é sempre *verdadeira*, essa parte do enunciado pode ser representada por:

[(p → q) ⊻ (r → x)]
F ↓
V

III – "[...] para que a proposição composta seja verdadeira, sua proposição consequente deverá ser, obrigatoriamente, falsa". Pela demonstração do item II já sabemos que a antecedente da disjunção exclusiva (p → q) é verdadeira (**V**). Assim, como a disjunção exclusiva só é verdadeira se suas componentes forem diferentes, já podemos concluir que a consequente (r → x) da composta deverá ser, necessariamente, *falsa* (**F**):

$$[(p \to q) \veebar (r \to x)]$$
$$\quad\;\; \mathbf{F} \quad\;\; \mathbf{V} \quad\;\; \mathbf{F}$$
$$\qquad \mathbf{V}$$

Portanto, a questão está correta.

5. (**Inédito**) "Ou Pedro é pobre ou José está feliz, mas nunca as duas hipóteses" é uma proposição verdadeira desde que Pedro seja pobre e José esteja feliz.

A proposição dada é uma disjunção exclusiva "*Ou* Pedro é pobre *ou* José está feliz, mas nunca as duas hipóteses". Se considerarmos as partículas componentes, antecedente e consequente, *verdadeiras* (**V**), então a proposição composta dada será *falsa* (**F**). Portanto, a questão está errada.

>> Capítulo 6

>> Silogismos categórico e hipotético

Introdução

Regras gerais do silogismo

A validade do argumento no silogismo segue algumas regras. Quatro delas são relativas aos termos componentes do argumento e outras quatro são relativas às proposições. (Sobre a tipologia das premissas utilizada a seguir — A, E, I, O, veja a página 85.)

Regra 1 - Dos três termos que compõem o argumento, o termo menor será sempre o sujeito da conclusão; o termo maior, o predicado da conclusão; e o termo médio nunca fará parte da conclusão.

Regra 2 - Os termos na conclusão nunca terão extensão maior que nas premissas.

Regra 3 - Como o termo médio sempre estará nas duas premissas, menor e maior, e como sempre é necessária uma premissa universal (**A** ou **E**) para se chegar a uma conclusão, então o termo médio será, pelo menos uma vez, universal.

Regra 4 - O termo médio nunca será componente da conclusão.

Regra 5 - Se as duas premissas dadas forem negativas (**E** e **O**), nada se poderá concluir.

Regra 6 - Se as duas premissas dadas forem afirmativas (**A** e **I**), não poderá ocorrer conclusão negativa.

Regra 7 - A tendência da conclusão é sempre seguir a premissa mais fraca.

Regra 8 - Nada se pode concluir no caso de as duas premissas dadas serem do tipo particular (**I** e **O**).

Quanto à força da premissa, as universais (**A** e **E**) são mais fortes que as particulares (**I** e **O**), e as premissas de afirmação (**A** e **I**) são mais fortes que as de negação (**E** e **O**).

Assim, as premissas mais fracas são as particulares e as de negação.

>>Parte I 79

Princípio geral do silogismo

• *Quanto à compreensão*

Baseia-se na relação entre dois termos e um terceiro, em que, se os dois são idênticos ao terceiro, serão também idênticos entre si.

> X e Y são idênticos a W.
> Portanto, X e Y são idênticos entre si.

• *Quanto à extensão*

Baseia-se na declaração em relação ao sujeito como um todo.
Se *afirmarmos* o "todo" (sujeito), afirmamos também o que dele se compreende ou participa, ou, ainda, o que estiver contido nele; ou seja, quando afirmamos universalmente, afirmamos também particularmente.
O mesmo ocorre com a negação: se *negarmos* o "todo" (sujeito), negamos também o que dele se compreende ou participa, ou, ainda, o que estiver contido nele; ou seja, quando negamos universalmente, negamos também particularmente.
Assim, o que é dito de um universo é dito para cada elemento desse universo, e o que é negado a um universo é negado a cada elemento desse universo. Observe os exemplos.

> **Todos** os homens são mamíferos.
> Pedro é homem.
> Portanto, Pedro é mamífero.

Se afirmarmos que todo homem é mamífero, estaremos afirmando que cada um desses homens é mamífero.

> **Nenhum** homem é vegetariano.
> Pedro é homem.
> Portanto, Pedro não é vegetariano.

Neste outro exemplo, se afirmarmos que nenhum homem é vegetariano (negação), estaremos excluindo cada um dos homens do universo vegetariano.

Silogismo categórico

Para entender a definição de silogismo categórico, é essencial saber o significado da palavra "categórico". Algo categórico é algo indiscutível, que não admite dúvidas. Assim, por exemplo, se alguém, confrontado por uma pergunta que você fizer, lhe der uma "resposta categórica", significa que essa resposta é clara e bem definida.

Então, o silogismo chamado *categórico* é um silogismo que não deixa dúvidas: tem por premissas proposições categóricas, isto é, caracterizadas pela simples afirmação ou negação de algo.

Nos silogismos categóricos, o argumento será sempre formado por premissas e por uma conclusão.

Neste tópico, você vai estudar os quantificadores, os argumentos e as figuras mais utilizados nesse tipo de silogismo.

Quantificadores

São termos utilizados nas proposições para dar ideia de quantidade, ou seja, da parte do universo em questão.

• Todo

Indica que toda uma determinada *indicação* está contida em uma determinada *referência*. Todo elemento do primeiro, *se houver*, também é elemento do segundo. Indica uma *proposição universal afirmativa*.

Atenção: destacamos "se houver", pois pode-se determinar que todo A é B e A ser um conjunto vazio.

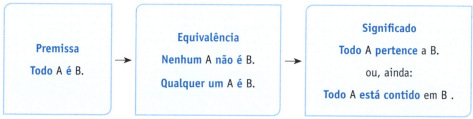

Para a negação do *todo*, **não se utiliza** o *nenhum*, pois o *nenhum* é o quantificador que, por vezes, quantifica a proposição formada pela negação do *todo*, ou seja, utilizar o *nenhum* não indica a negação, mas, sim, a quantificação de uma proposição.

A negação-padrão do *todo* é **pelo menos um**, equivalente a **algum não é**.

Veja a negação da premissa "Todo cidadão vota":

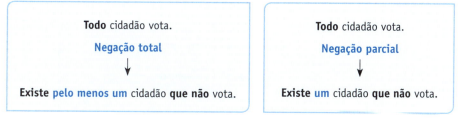

Para as duas situações podemos utilizar o **pelo menos um**.

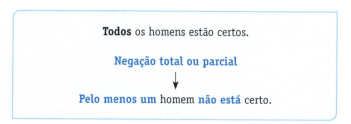

Imagine um grupo de 10 homens no qual *todos* estão fazendo determinada ação. Se dissermos que *pelo menos um* deles não está fazendo essa ação, esse *pelo menos um* servirá para 1 homem, 2 homens, 3 homens etc. e até para os 10 homens.

• *Nenhum*

Indica que nenhuma determinada *indicação* está contida em uma determinada *referência*. Nenhum elemento do primeiro está contido no segundo. Indica uma proposição *universal negativa*.

Para a negação do *nenhum*, **não** se utiliza o *todo*, pois o *todo* é o quantificador que, por vezes, quantifica a proposição formada pela negação do *nenhum*, ou seja, utilizar o *todo* não indica a negação, mas, sim, a quantificação de uma proposição.

Veja a negação da premissa "Nenhum cidadão vota":

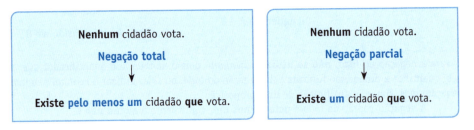

Para as duas situações utiliza-se o **pelo menos um**.

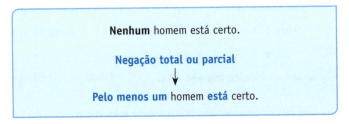

Imagine um grupo de 10 homens no qual *nenhum* está fazendo determinada ação. Se dissermos que *pelo menos um* deles está fazendo essa ação, esse *pelo menos um* servirá para 1 homem, 2 homens, 3 homens etc. e até para os 10 homens.

Na dupla negação, **cuidado** com o reforço de linguagem **não ... nenhum** frequentemente utilizado. Por exemplo: do ponto de vista lógico, quando dizemos "**Não** emprestei **nenhum** objeto à Maria", **não ... nenhum** significa **algum**, ou seja, significa que emprestei algum objeto à Maria. (veja exercício 20 na página 106).

- ## *Algum é*

Pelo menos uma parte de uma determinada *indicação* está contida em uma determinada *referência*. Pelo menos um elemento do primeiro está contido no segundo. Indica uma proposição *particular afirmativa*.

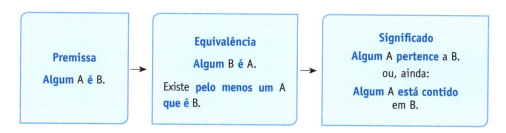

Há duas maneiras de definir a negação do *algum é*; porém, elas são equivalentes, ou seja, apresentam o mesmo resultado.

Como vimos, a negação do *nenhum* é equivalente a *algum é*, portanto, o inverso é válido: a negação do *algum é* será o *nenhum* ou, ainda, *todo não é*, pois são equivalentes.

Veja a negação da premissa "Algum A é B":

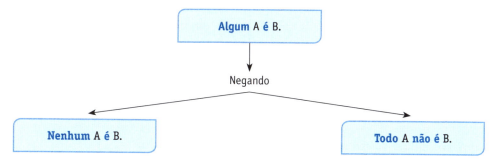

Vamos analisar o *algum é*, sendo A a indicação e B a referência.

- ## *Algum não é*

Pelo menos uma parte de uma determinada indicação *não* está contida em uma determinada referência. Pelo menos um elemento do primeiro *não* está contido no segundo. Indica uma proposição *particular negativa*.

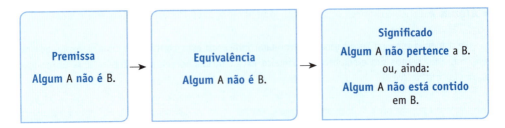

 **Cuidado** com a "tentativa", por parte dos enunciados das questões, de mostrar uma equivalência do tipo "Algum A não é B, portanto, algum B não é A", pois essas duas proposições **não têm** o mesmo significado; portanto, não são equivalentes.

Há duas maneiras de definir a negação do *algum não é*; porém, elas são equivalentes, ou seja, apresentam resultados iguais.

Como vimos, a negação do *todo* equivale a *algum não é*, portanto, o inverso é válido: a negação do *algum não é* será *todo* ou, ainda, *nenhum não é*, pois são equivalentes.

Veja a negação da premissa "Algum A não é B":

Vamos analisar o *algum não é*, sendo A a indicação e B a referência.

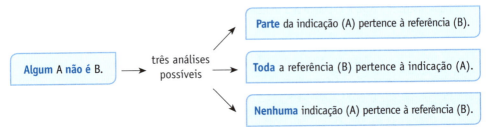

Por ser tema muito cobrado em provas, esses quantificadores serão abordados novamente no capítulo 7.

Argumentos

Aqui trataremos o *argumento* como a estrutura utilizada pelo *silogismo* para, a partir de premissas, chamadas de proposições, chegarmos a uma determinada conclusão, que poderá ser verdadeira ou falsa.

No caso de uma conclusão verdadeira, o argumento será válido; no caso de uma conclusão falsa, o argumento será inválido.

Nessas estruturas, podemos encontrar quatro tipos de proposições: *universal afirmativa*, *universal negativa*, *particular afirmativa* e *particular negativa*.

Por convenção, cada um desses tipos de proposições tem uma representação:

Quando relacionadas entre si, essas proposições podem ser: *contraditórias*, *subalternas*, *contrárias* ou *subcontrárias*.

• Proposições contraditórias

São as proposições em que uma delas é a negação da outra, ou seja, as duas não podem ser, ao mesmo tempo, verdadeiras ou falsas. Esses tipos de proposição apresentam, entre si, diferenças qualitativas e quantitativas.

São exemplos de proposições contraditórias as proposições dos tipos **A e O** e **E e I**.

Enquanto **A** demonstra *todos são*, **O** demonstra *algum não é*. Enquanto **E** demonstra *nenhum é*, **I** demonstra *alguns são*.

Assim, dadas as proposições:

> **Todo** x **é** y. → proposição **universal afirmativa** (tipo **A**)
>
> **Algum** x **não é** y. → proposição **particular negativa** (tipo **O**)

Podemos perceber que, se todo x é y, é contraditório dizer que haja x que não seja y. Do mesmo modo, dadas as proposições:

> **Nenhum** x **é** y. → proposição **universal negativa** (tipo **E**)
>
> **Algum** x **é** y. → proposição **particular afirmativa** (tipo **I**)

Podemos perceber que, se nenhum x é y, é contraditório dizer que haja x que seja y.

• Proposições subalternas

São as proposições que apresentam, entre si, diferenças quantitativas, ou seja, diferem em relação à *quantidade* demonstrada.

São proposições subalternas as proposições dos tipos **A e I** e **E e O**.

Enquanto **A** demonstra *todos são*, **I** demonstra *alguns são*. Enquanto **E** demonstra *nenhum é*, **O** demonstra *algum não é*.

Assim, podem ser as duas verdadeiras, as duas falsas, ou, ainda, dependendo da combinação subalterna e da validação da proposição, enquanto uma for verdadeira a outra será contingente ou enquanto uma for falsa a outra será contingente.

Deste modo, dadas as proposições:

> **Todo** x é y. → proposição **universal afirmativa** (tipo **A**)
>
> **Algum** x é y. → proposição **particular afirmativa** (tipo **I**)

Podemos perceber que, se todo x é y, algum também será, pois se algum não for, o todo também não será: **A** verdadeira, **I** verdadeira.

Note que, para as proposições acima, poderíamos ter a negação da primeira (**A**) — "Pelo menos um x não é y"—, o que tornaria a segunda (**I**) contingente, pois, ao negar o todo (**A**), podemos criar tanto o *algum* (**I**) como o *nenhum* (**E**).

Vejamos a outra combinação de subalternas, dadas as proposições:

> **Nenhum** x é y. → proposição **universal negativa** (tipo **E**)
>
> **Algum** x não é y. → proposição **particular negativa** (tipo **O**)

Podemos perceber que, se nenhum x é y, algum também não será, pois, se algum for, o nenhum não será.

• *Proposições contrárias*

São as proposições que apresentam, entre si, diferenças qualitativas universais, ou seja, diferem em relação à *qualidade universal* demonstrada.

São proposições contrárias as proposições dos tipos **A e E**.

Enquanto **A** demonstra *todo é*, **E** demonstra *nenhum é*.

Assim, as duas *não* podem ser, ao mesmo tempo, verdadeiras, mas poderão ser ao mesmo tempo falsas *apenas no caso* de **I** e **O** serem *ambas* verdadeiras.

Há também o caso em que a primeira proposição dada é falsa e a segunda é contingente.

Deste modo, considerando as proposições:

> **Todo** x é y. → proposição **universal afirmativa** (tipo **A**)
>
> **Nenhum** x é y. → proposição **universal negativa** (tipo **E**)

Podemos perceber que, se todo x é y, não faz sentido algum dizer que nenhum x é y; por isso, o fato de as duas serem verdadeiras ao mesmo tempo é impossível.

Note que, para as proposições acima, poderíamos ter a negação da primeira (**A**) — "Pelo menos um x não é y" —, o que tornaria a segunda (**E**) contingente, pois, ao negar o todo (**A**), podemos criar tanto o *nenhum* (**E**) como o *algum* (**I**).

• *Proposições subcontrárias*

São as proposições que apresentam, entre si, diferenças qualitativas particulares, ou seja, diferem em relação à *qualidade particular* demonstrada.

São proposições subcontrárias as proposições dos tipos **I e O**.
Enquanto **I** demonstra *algum é*, **O** demonstra *algum não é*.
Assim, as duas *não* podem ser, ao mesmo tempo, falsas, mas poderão ser ao mesmo tempo verdadeiras, *apenas no caso* em que **A** e **E** forem *ambas* falsas.
Há também o caso em que a primeira proposição dada é verdadeira e a segunda é contingente. Então, considerando-se as proposições:

> **Algum** *x* **é** *y*. → proposição **particular afirmativa** (tipo **I**)
>
> **Algum** *x* **não é** *y*. → proposição **particular negativa** (tipo **O**)

É possível perceber que, para as proposições acima, poderíamos ter a afirmação da primeira (**I**) — "Algum *x* é *y*", ou, ainda, "Todo *x* é *y*" —, o que tornaria a segunda (**O**) contingente, pois, ao afirmar o algum (**I**), pode-se estar afirmando que *algum* (no caso de ser parte de) *não é* (**O**), ou, ainda, que *todo é* (**A**). Veja esse caso no capítulo 7.

O esquema abaixo demonstra as possíveis relações entre as proposições presentes no argumento, quanto a seus *tipos*.

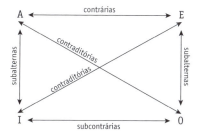

A tabela abaixo demonstra as possíveis relações entre as proposições presentes no argumento, quanto às suas *validações*.

	A	**E**	**I**	**O**
Se **A** é **V** Se **A** é **F**	Verdadeira Falsa	Falsa Contingente	Verdadeira Contingente	Falsa Verdadeira
Se **E** é **V** Se **E** é **F**	Falsa Contingente	Verdadeira Falsa	Falsa Verdadeira	Verdadeira Contingente
Se **I** é **V** Se **I** é **F**	Contingente Falsa	Falsa Verdadeira	Verdadeira Falsa	Contingente Verdadeira
Se **O** é **V** Se **O** é **F**	Falsa Verdadeira	Contingente Falsa	Contingente Verdadeira	Verdadeira Falsa

- ## Conversão

A conversão, na estrutura do argumento, permite que sejam criadas algumas situações, umas válidas (lícitas) e outras inválidas (ilícitas).

O que torna a estrutura lícita ou ilícita é o fator *quantificador* do tipo da proposição. Veja os exemplos.

Conversões lícitas	Conversões ilícitas
Universal negativa (**E**): **Nenhum** *x* é *y*.	Particular negativa (**O**): **Algum** *x* **não é** *y*.
Portanto: Nenhum *y* é *x*.	Portanto: Algum *y* não é *x*.
Particular afirmativa (**I**): **Algum** *x* é *y*.	Universal afirmativa (**A**): **Todo** *x* é *y*.
Portanto: Algum *y* é *x*.	Portanto: Todo *y* é *x*.

Cuidado com as proposições universais afirmativas que se referem, com o *todo*, à unidade de alguma coisa ou quando estiverem se referindo a um conceito. Veja:

> Universal afirmativa (**A**): Todo morcego é um mamífero que voa.
> Logo: Todo mamífero que voa é morcego.

Perceba que, *nesse caso*, a conversão é válida, pois o *único* mamífero que voa é o morcego.

> Universal afirmativa (**A**): Todo homem é animal.
> Logo: Todo animal é homem.

Já *nesse caso*, a universal afirmativa teria uma *conversão não válida* (ilícita) para "Todo animal é homem".

O perigo do argumento falacioso

Ocorre quando há um conjunto vazio na proposição universal afirmativa (**A**). Assim, dada a proposição:

> Universal afirmativa (**A**): Todo *x* é *y*.

Conclui-se que algum *y* é *x*. Ora, isso é o que se espera, mas perceba que, se *x* for vazio, não haverá elemento algum contido nele, inclusive "algum *y*".

Figuras do silogismo

Para entendermos as figuras do silogismo, é preciso relembrar sua estrutura, formada por:
1) **termo maior**: encontrado na premissa maior e na conclusão;

2) **termo médio**: encontrado nas duas premissas, mas nunca na conclusão; utilizado para "ligar" o termo menor ao termo maior;
3) **termo menor**: encontrado na premissa menor e também na conclusão.

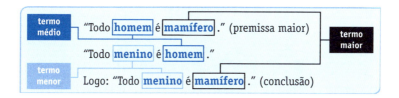

As figuras do silogismo demonstram todas as combinações válidas entre as premissas e a conclusão. Para facilitar a memorização, são representadas por nomes ou palavras, atribuídos a Pedro Abelardo, um filósofo da Idade Média. Nesses nomes ou palavras, as vogais utilizadas são as vogais que representam os tipos de proposição.

A diferença entre sujeito e predicado

Outra característica importante que difere as quatro figuras do silogismo é a função que o termo médio tem na premissa maior e na premissa menor: ele pode ser sujeito ou predicado.

Será sujeito quando protagonizar a ação. Por exemplo: "Todo ser humano é mortal". A ação de "ser mortal" é protagonizada por "ser humano", portanto, sujeito da oração.

O termo médio será predicado quando não protagonizar a ação, isto é, quando não exercer a função de sujeito e fizer parte do restante da oração. No exemplo dado, a palavra "mortal" é o predicado.

Assim, se tomarmos as orações "Todo ser humano é mortal" e "Eduardo é um ser humano", na primeira "ser humano" tem a função de sujeito; na segunda, de predicado.

O esquema a seguir demonstra as diferenças entre as quatro figuras do silogismo com base na função do termo médio nas premissas maior e menor:

	Função do termo médio	
	na premissa maior	na premissa menor
primeira figura	sujeito	predicado
segunda figura	predicado	predicado
terceira figura	sujeito	sujeito
quarta figura	predicado	sujeito

• *Primeira figura*

Caracteriza-se pelo termo médio na função de *sujeito* na *premissa maior* e de *predicado* na *premissa menor*, nunca aparecendo na conclusão.

As palavras que representam a primeira figura do silogismo são:

> BARBARA
> CELARENT
> DARII
> FERIO

A tabela abaixo demonstra a classificação das premissas e da conclusão para cada palavra da primeira figura do silogismo. Note que o termo médio, nos exemplos, está destacado.

palavra	estrutura	exemplo	tipo	classificação
BARBARA	1ª premissa	Toda **pedra** é dura.	A	todas universais afirmativas
	2ª premissa	Toda rocha é **pedra**.	A	
	conclusão	Portanto: Toda rocha é dura.	A	
CELARENT	1ª premissa	Nenhum **felino** é peixe.	E	universal negativa
	2ª premissa	Todo tigre é **felino**.	A	universal afirmativa
	conclusão	Portanto: Nenhum tigre é peixe.	E	universal negativa
DARII	1ª premissa	Todo **pato** é bípede.	A	universal afirmativa
	2ª premissa	Algum animal de estimação é **pato**.	I	ambas particulares afirmativas
	conclusão	Portanto: Algum animal de estimação é bípede.	I	
FERIO	1ª premissa	Nenhum **animal** é objeto.	E	universal negativa
	2ª premissa	Algum ser é **animal**.	I	particular afirmativa
	conclusão	Portanto: Algum ser não é objeto.	O	particular negativa

(primeira figura do silogismo)

• **Segunda figura**

Caracteriza-se pelo termo médio com a função de *predicado* tanto na *premissa maior* quanto na *menor*, nunca aparecendo na conclusão.

As palavras que representam a segunda figura do silogismo são:

> CESARE
> FESTINO
> CAMESTRES
> BAROCO

Na tabela a seguir, damos a classificação das premissas e da conclusão para cada palavra da segunda figura do silogismo. Note que o termo médio, nos exemplos, está destacado.

	palavra	estrutura	exemplo	tipo	classificação
segunda figura do silogismo	CESARE	1ª premissa	Nenhum macaco é **cereal**.	E	universal negativa
		2ª premissa	Todo grão de soja é **cereal**.	A	universal afirmativa
		conclusão	Portanto: Nenhum grão de soja é macaco.	E	universal negativa
	FESTINO	1ª premissa	Nenhum gato é **vegetal**.	E	universal negativa
		2ª premissa	Alguma comida verde é **vegetal**.	I	particular afirmativa
		conclusão	Portanto: Alguma comida verde não é gato.	O	particular negativa
	CAMESTRES	1ª premissa	Todo elefante é **mamífero**.	A	universal afirmativa
		2ª premissa	Nenhuma galinha é **mamífero**.	E	ambas universais negativas
		conclusão	Portanto: Nenhuma galinha é elefante.	E	
	BAROCO	1ª premissa	Toda beterraba é **roxa**.	A	universal afirmativa
		2ª premissa	Algum legume não é **roxo**.	O	ambas particulares negativas
		conclusão	Portanto: Algum legume não é beterraba.	O	

• **Terceira figura**

Caracteriza-se pelo termo médio com a função de *sujeito* tanto na *premissa maior* quanto na *menor*, nunca aparecendo na conclusão.

As palavras que representam a terceira figura do silogismo são:

BOCARDO
FERISON
DISAMIS
DATISI
DARAPTI
FELAPTON

Na tabela a seguir, está a classificação das premissas e da conclusão para cada palavra da terceira figura do silogismo. Note que o termo médio, nos exemplos, está destacado.

3 terceira figura do silogismo

palavra	estrutura	exemplo	tipo	classificação
BOCARDO	1ª premissa	Alguns **filhotes** não são pardos.	O	particular negativa
	2ª premissa	Todos os **filhotes** são ovíparos.	A	universal afirmativa
	conclusão	Portanto: Alguns ovíparos não são pardos.	O	particular negativa
FERISON	1ª premissa	Nenhum **escritor** é analfabeto.	E	universal negativa
	2ª premissa	Algum **escritor** é lúdico.	I	particular afirmativa
	conclusão	Portanto: Algum lúdico não é analfabeto.	O	particular negativa
DISAMIS	1ª premissa	Algum **homem** é forte.	I	particular afirmativa
	2ª premissa	Todo **homem** é valente.	A	universal afirmativa
	conclusão	Portanto: Algum valente é forte.	I	particular afirmativa
DATISI	1ª premissa	Todo **leão** é feroz.	A	universal afirmativa
	2ª premissa	Algum **leão** é ligeiro.	I	ambas particulares afirmativas
	conclusão	Portanto: Algum ligeiro é feroz.	I	
DARAPTI	1ª premissa	Todo **computador** é um equipamento útil.	A	ambas universais afirmativas
	2ª premissa	Todo **computador** é um equipamento caro.	A	
	conclusão	Portanto: Algum equipamento caro é equipamento útil.	I	particular afirmativa
FELAPTON	1ª premissa	Nenhum **cachorro** é cetáceo.	E	universal negativa
	2ª premissa	Todo **cachorro** é quadrúpede.	A	universal afirmativa
	conclusão	Portanto: Algum quadrúpede não é cetáceo.	O	particular negativa

- *Quarta figura*

Considerada por alguns lógicos como *primeira figura indireta*, caracteriza-se pelo termo médio na função de *predicado* na *premissa maior* e de *sujeito* na *premissa menor*, nunca aparecendo na conclusão.

As palavras que representam a quarta figura do silogismo são:

> CALEMES
> FRESISON
> DIMATIS
> BAMALIP
> FESAPO

A tabela a seguir classifica as premissas e a conclusão de cada palavra da quarta figura do silogismo. Note que o termo médio, nos exemplos, está destacado.

palavra	estrutura	exemplo	tipo	classificação
CALEMES	1.ª premissa	Todo cantor é **humano**.	A	universal afirmativa
	2.ª premissa	Nenhum **humano** é extraterrestre.	E	ambas universais negativas
	conclusão	Portanto: Nenhum extraterrestre é cantor.	E	
FRESISON	1.ª premissa	Nenhuma criança é **adulto**.	E	universal negativa
	2.ª premissa	Algum **adulto** é doutor.	I	particular afirmativa
	conclusão	Portanto: Algum doutor não é criança.	O	particular negativa
DIMATIS	1.ª premissa	Algum doce é **chocolate**.	I	particular afirmativa
	2.ª premissa	Todo **chocolate** é delicioso.	A	universal afirmativa
	conclusão	Portanto: Algum delicioso é doce.	I	particular afirmativa
BAMALIP	1.ª premissa	Todo dançarino é **elegante**.	A	ambas universais afirmativas
	2.ª premissa	Todo **elegante** é rico.	A	
	conclusão	Portanto: Algum rico é dançarino.	I	particular afirmativa
FESAPO	1.ª premissa	Nenhuma coruja é **esquilo**.	E	universal negativa
	2.ª premissa	Todo **esquilo** é roedor.	A	universal afirmativa
	conclusão	Portanto: Algum roedor não é coruja.	O	particular negativa

Silogismo hipotético

Nos silogismos hipotéticos, a premissa menor sempre afirma ou nega, em parte ou na sua totalidade, a *premissa hipotética*, que é a premissa maior.

Os silogismos hipotéticos são classificados em *condicionais*, *conjuntivos* e *disjuntivos*, dependendo da abordagem da premissa maior. Assim:
- se a premissa maior for uma *condicional* (Se... então ($\rightarrow$)), configurará um *silogismo condicional*, chamado de relação de implicação, ou seja, a condição implica a conclusão;
- se a premissa maior for uma *conjunção* (e ($\wedge$)), configurará um *silogismo conjuntivo*;
- se a premissa maior for uma *disjunção* (ou ($\vee$) (**dilema**) (ou... ou ($\oplus$)), configurará um *silogismo disjuntivo*.

Antes de discorrermos sobre esses tipos de silogismo hipotético, vamos desenvolver o tema "condicionais".

Silogismo condicional

Para entendermos o silogismo hipotético condicional, é preciso compreender primeiro as condicionais. Há dois tipos de condicional: a suficiente, formada pela declaração **Se... então**, e a necessária, para a qual utilizamos **Somente se... então**.

Pelo fato de as condicionais serem tema muito cobrado em provas, abordaremos o assunto novamente no capítulo 7.

• Condicional suficiente (Se... então)

É uma relação de implicação. Sua estrutura é condicional, de modo que a condição é suficiente para a ocorrência da conclusão, mas **não é** necessária.

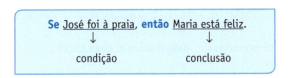

No exemplo acima, a *condição* "José foi à praia" é *suficiente* para que a *conclusão* "Maria está feliz" ocorra.

A condicional suficiente apresenta quatro situações:

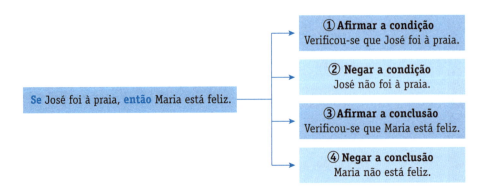

94   >>Parte I

Cada situação, por sua vez, apresenta uma ocorrência:

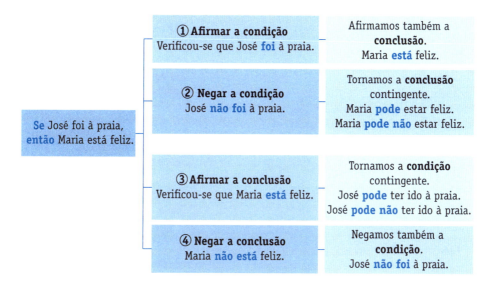

Perceba, na ocorrência da segunda e terceira situações, quando tornamos a conclusão e a condição, respectivamente, contingentes, a utilização do *pode não* como indicador de contingência, ou seja, o *pode não* está indicando, ao mesmo tempo, a possibilidade e a não possibilidade de algo.

Cuidado para não confundir *não pode* com *pode não*. Para indicar contingência, deve-se utilizar sempre *pode* e *pode não*.
Não pode → indica a negação da possibilidade.
Pode não → indica tanto a possibilidade de não ocorrência como a possibilidade de ocorrência.

• Condicional necessária (Somente se... então)

É uma relação de implicação. Sua estrutura é condicional, em que a condição é necessária para a ocorrência da conclusão, mas *não é* suficiente.

Cuidado para não confundir a condicional necessária com a bicondicional. Fazemos a indicação da condicional necessária com *Somente se... então*, enquanto a indicação da bicondicional é feita pela declaração *Se e somente se*.

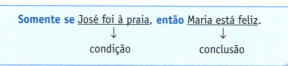

No exemplo dado, a *condição* "José foi à praia" é *necessária* para que a *conclusão* "Maria está feliz" ocorra.

A condicional necessária apresenta quatro situações:

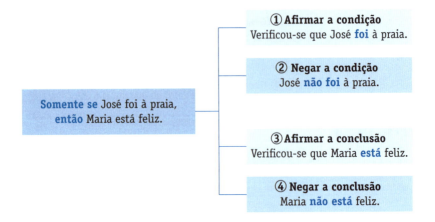

Cada situação, por sua vez, apresenta uma ocorrência:

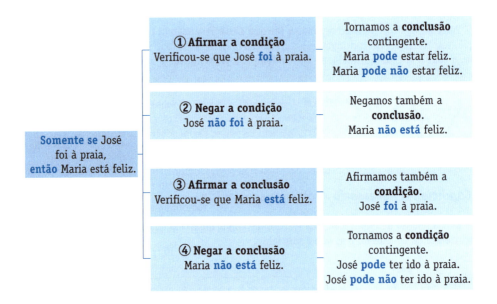

Na ocorrência da primeira e da última situação, lembre-se de não confundir *pode não* com *não pode* (veja a advertência no item anterior).

No silogismo hipotético condicional, a premissa maior apresenta uma estrutura condicional em que duas proposições simples estão ligadas pelo conectivo **se... então**.

Lembre-se de que, se a condição vier precedida por **somente se...**, a condicional utilizada para a construção da estrutura do silogismo será a *condicional necessária*.

Portanto, a estrutura de silogismo formada por "**se** Maria foi à feira, **então** José está em casa" é diferente da estrutura de silogismo formada por "**somente se** Maria foi à feira, **então** José está em casa".

• *Estrutura com condicional suficiente (Se... então)*

> **Se** José adormeceu, **então** Denise está brincando. (premissa maior)
> Denise não está brincando. (premissa menor)
> Portanto: José não adormeceu. (conclusão)

Neste caso, a premissa menor está negando parte da premissa maior, ou seja, está negando a *conclusão* da condicional. Quando negamos a *conclusão* da condicional suficiente, negamos também a condição: "José não adormeceu".

> **Se** José adormeceu, **então** Denise está brincando. (premissa maior)
> José adormeceu. (premissa menor)
> Portanto: Denise está brincando. (conclusão)

Aqui, a premissa menor está afirmando parte da premissa maior, ou seja, está afirmando a *condição* da condicional. Quando afirmamos a *condição* da condicional suficiente, afirmamos também a conclusão: "Denise está brincando".

> **Se** José adormeceu, **então** Denise está brincando. (premissa maior)
> José não adormeceu. (premissa menor)
> Portanto: Denise pode estar brincando ou não. (conclusão)

No exemplo acima, a premissa menor está negando parte da premissa maior, ou seja, está negando a *condição* da condicional. Quando negamos a *condição* da condicional suficiente, tornamos contingente a conclusão da condicional: "Denise pode estar brincando ou não".

> **Se** José adormeceu, **então** Denise está brincando. (premissa maior)
> Denise está brincando. (premissa menor)
> Portanto: José pode ter adormecido ou não. (conclusão)

Já nesse exemplo, a premissa menor está afirmando parte da premissa maior, ou seja, está afirmando a *conclusão* da condicional. Quando afirmamos a *conclusão* da condicional suficiente, tornamos contingente a condição: "José pode ter adormecido ou não".

Perceba que nos dois últimos exemplos não se pôde concluir coisa alguma a respeito do que foi proposto, apenas conseguimos especificar o que *pode* ou o que *pode não* ocorrer.

Embora essas duas últimas formações não sejam consideradas formas clássicas de silogismos hipotéticos, estão aqui citadas por serem comuns em provas de concursos públicos.

• **_Estrutura com condicional necessária (Somente se... então)_**

> **Somente se** José adormeceu, **então** Denise está brincando. (premissa maior)
>
> José não adormeceu. (premissa menor)
>
> Portanto: Denise não está brincando. (conclusão)

Nesse caso, a premissa menor está negando parte da premissa maior, ou seja, está negando a *condição* da condicional. Quando negamos a condição da condicional necessária, negamos também a conclusão: "Denise não está brincando".

> **Somente se** José adormeceu, **então** Denise está brincando. (premissa maior)
>
> Denise está brincando. (premissa menor)
>
> Portanto: José adormeceu. (conclusão)

Aqui, a premissa menor está afirmando parte da premissa maior, ou seja, está afirmando a *conclusão* da condicional. Quando afirmamos a *conclusão* da condicional necessária, afirmamos também a condição: "José adormeceu".

> **Somente se** José adormeceu, **então** Denise está brincando. (premissa maior)
>
> Denise não está brincando. (premissa menor)
>
> Portanto: José pode ter adormecido ou não. (conclusão)

Já no exemplo acima, a premissa menor está negando parte da premissa maior, ou seja, está negando a *conclusão* da condicional. Quando negamos a *conclusão* da condicional necessária, tornamos contingente a condição da condicional: "José pode ter adormecido" como "José pode não ter adormecido".

> **Somente se** José adormeceu, **então** Denise está brincando. (premissa maior)
>
> José adormeceu. (premissa menor)
>
> Portanto: Denise pode estar brincando ou não. (conclusão)

Por fim, a premissa menor do exemplo acima está afirmando parte da premissa maior, ou seja, está afirmando a *condição* da condicional. Quando afirmamos a *condição* da condicional necessária, a conclusão da condicional se torna contingente: "Denise pode estar brincando" como "Denise pode não estar brincando".

Perceba que, assim como ocorre com a condicional suficiente, nos dois últimos exemplos de estrutura com condicional necessária não se pôde concluir coisa alguma a respeito do que foi proposto, apenas conseguimos especificar o que *pode* ou o que *pode não* ocorrer.

Assim, apesar de essas duas últimas formações não serem consideradas formas clássicas de silogismos hipotéticos, estão aqui citadas por serem um tipo de estrutura comum em provas de concursos públicos.

Silogismo conjuntivo

Neste tipo de silogismo hipotético, a premissa maior apresenta uma estrutura de *conjunção* em que duas proposições simples estão ligadas pelo conectivo **e**.

A estrutura da premissa maior é composta por duas declarações em relação a um mesmo sujeito. Tais declarações devem estar ligadas pela conjunção **e**. Dessa forma os predicados da premissa maior devem ser contraditórios, nunca de valores-verdade verdadeiros (**V**) iguais.

> Nenhuma pessoa pode, ao mesmo tempo, subir **e** descer. (premissa maior)
>
> A pessoa agora está subindo. (premissa menor)
>
> Portanto: A pessoa não está descendo. (conclusão)

> André não consegue escrever **e** andar, ao mesmo tempo. (premissa maior)
>
> André anda. (premissa menor)
>
> Portanto: André não escreve. (conclusão)

Silogismo disjuntivo

Por último, nesta forma de silogismo hipotético, a premissa maior apresenta uma estrutura de *disjunção*, em que duas proposições simples estão ligadas pelo conectivo **ou**, ou, ainda, **ou... ou**.

No caso de os predicados serem contraditórios, a utilização do **ou** implica uma premissa maior de disjunção exclusiva; porém, se os predicados não forem contraditórios, a utilização do **ou** como conectivo de ligação implicará uma premissa maior de um dilema.

> Subo **ou** desço. (premissa maior)
>
> Não subo. (premissa menor)
>
> Portanto: Desço. (conclusão)

> **Ou** caso **ou** entro para o clube. (premissa maior)
>
> Não caso. (premissa menor)
>
> Portanto: Entro para o clube. (conclusão)

Perceba que, nesses dois exemplos, um com a utilização do *ou* e outro com a utilização do **ou... ou**, a conclusão é formada por parte do predicado não negado. Isso já não ocorre nos exemplos a seguir. Veja:

> Pedro fica feliz quando vai à praia **ou** ao cinema. (premissa maior)
>
> Pedro foi à praia. (premissa menor)
>
> Portanto: Pedro fica feliz. (conclusão)

> Pedro fica feliz quando vai à praia **ou** ao cinema. (premissa maior)
> Pedro foi ao cinema. (premissa menor)
> Portanto: Pedro fica feliz. (conclusão)

> Pedro fica feliz quando vai à praia **ou** ao cinema. (premissa maior)
> Pedro foi à praia e ao cinema. (premissa menor)
> Portanto: Pedro fica feliz. (conclusão)

Aqui, não importa qual parte do predicado é afirmada, pois a conclusão será a mesma.

EXERCÍCIOS DE FIXAÇÃO I – Múltipla escolha

Neste capítulo resolveremos os exercícios utilizando os conhecimentos adquiridos até aqui. Para ampliar as chances de resolução por parte do aluno leitor, em outros capítulos resolveremos exercícios desse mesmo tipo de outras maneiras e utilizando outras ferramentas.

1. (**Inédito**) Todo homeopata é médico. Todo médico é responsável. Portanto,
a) todo responsável é médico.
b) todo responsável é homeopata.
c) nenhum homeopata é responsável.
d) algum responsável é homeopata.
e) algum homeopata não é responsável.

Se a primeira e a segunda premissas são universais afirmativas (A) e o termo médio "médico" é predicado na primeira premissa (premissa maior), mas sujeito na segunda (premissa menor), estamos diante de uma quarta figura do silogismo. Nela, a única palavra de estrutura AA nas duas premissas é B**AMA**-LIP; assim, a conclusão precisa ser do tipo I, particular afirmativa. Portanto, a resposta correta é a "d".

2. (**Inédito**) A estrutura do silogismo é configurada por três termos: o termo maior, o termo médio e o termo menor. Desses três podemos afirmar que o termo que nunca aparece na conclusão dessas estruturas é o
a) antecedente do termo médio.
b) termo menor.
c) termo maior.
d) termo médio.
e) consequente do termo maior.

O termo médio é encontrado nas duas premissas, mas **nunca** na conclusão. Portanto, a resposta correta é a "d".

3. (**Inédito**) As figuras do silogismo demonstram todas as combinações válidas possíveis entre as premissas e conduzem a uma conclusão precisa. Assim, quanto à primeira figura do silogismo, podemos afirmar que:
a) se caracteriza pelo termo maior.
b) é aquela em que o predicado da premissa menor é o termo menor.
c) é a figura organizada em duas premissas e uma conclusão, em que o sujeito da premissa maior é o termo maior.
d) se caracteriza por demonstrar duas premissas e uma conclusão, sendo o termo médio o sujeito da premissa maior.
e) é a figura em que o termo menor é encontrado nas três premissas.

Na primeira figura do silogismo, o termo médio tem a função de *sujeito* da premissa maior e de *predicado* na menor. Portanto, a resposta correta é a "d".

4. (**FCC – Bacen**) Assinale a frase que contradiz a seguinte sentença: Nenhum pescador é mentiroso.
a) Algum pescador é mentiroso.
b) Nenhum mentiroso é pescador.
c) Todo pescador não é mentiroso.
d) Algum mentiroso não é pescador.
e) Algum pescador não é mentiroso.

A proposição "*Nenhum* pescador é mentiroso" é universal negativa (tipo E). De acordo com o esquema de relações entre proposições da página 87, sua contraditória é a proposição particular afirmativa (tipo I): "*Algum* pescador é mentiroso". Portanto, a resposta correta é a "a".

5. (**Vunesp – ICMS/SP**) Assinale a alternativa que apresenta uma contradição.
a) Todo espião não é vegetariano e algum vegetariano é espião.
b) Todo espião é vegetariano e algum vegetariano não é espião.
c) Nenhum espião é vegetariano e algum espião não é vegetariano.
d) Algum espião é vegetariano e algum espião não é vegetariano.
e) Todo vegetariano é espião e algum espião não é vegetariano.

Na primeira alternativa, "Todo espião não é vegetariano" é uma proposição universal negativa (E), pois "Todo não é" equivale a "nenhum é". Assim, sua contraditória é a proposição particular afirmativa (I) que está na segunda parte da sentença: "algum vegetariano é espião", que equivale a "algum espião é vegetariano". Então, podemos ler a alternativa "a" como: "Todo espião não é vegetariano e algum espião é vegetariano", o que demonstra a contradição. Portanto, a resposta correta é a "a".

6. (**FCC – TRE/MS**) Considere que as seguintes afirmações são verdadeiras:

"Alguma mulher é vaidosa."
"Toda mulher é inteligente."

Assim sendo, qual das afirmações seguintes é certamente verdadeira?
a) Alguma mulher inteligente é vaidosa.
b) Alguma mulher vaidosa não é inteligente.
c) Alguma mulher não vaidosa não é inteligente.
d) Toda mulher inteligente é vaidosa.
e) Toda mulher vaidosa não é inteligente.

O termo médio das premissas apresentadas é "mulher" e, em ambas, tem a função de sujeito, o que significa que se trata de um argumento da terceira figura. Então, se a primeira premissa é particular afirmativa (I) e a segunda é universal afirmativa (A), a única palavra da terceira figura com estrutura IA nas duas premissas é D**IS**AM**IS**, que indica que a conclusão deve ser do tipo I, particular afirmativa: "Alguma mulher inteligente é vaidosa". Portanto, a resposta correta é a "a".

7. (**FCC – TRF-3ª Região**) Considerando "todo livro é instrutivo" uma proposição verdadeira, é correto inferir que:

a) "nenhum livro é instrutivo" é uma proposição necessariamente verdadeira.
b) "algum livro não é instrutivo" é uma proposição verdadeira ou falsa.
c) "algum livro é instrutivo" é uma proposição verdadeira ou falsa.
d) "algum livro é instrutivo" é uma proposição necessariamente verdadeira.
e) "algum livro não é instrutivo" é uma proposição necessariamente verdadeira.

Se afirmarmos o "todo", afirmamos também o que dele se compreende, ou, ainda, o que nele estiver contido. Ou seja, quando afirmamos universalmente, afirmamos também particularmente. Dentre as alternativas, a única que corresponde a uma particular afirmativa é "algum livro é instrutivo", que é necessariamente verdadeira. Portanto, a resposta correta é a "d".

8. (**Vunesp – Nossa Caixa**) "Todos os estudantes de medicina são estudiosos. Alguns estudantes de medicina são corintianos." Baseando-se apenas nessas duas afirmações, pode-se concluir que:

a) nenhum estudioso é corintiano.
b) nenhum corintiano é estudioso.
c) todos os corintianos são estudiosos.
d) todos os estudantes de medicina são corintianos.
e) existem estudiosos que são corintianos.

O termo médio das premissas do enunciado é "estudantes" e, em ambas, tem a função de sujeito, o que demonstra tratar-se de um argumento da terceira figura. A primeira premissa é universal afirmativa (A) e a segunda é particular afirmativa (I). A única palavra representativa desse tipo de argumento é D**A**T**I**S**I**, que indica que a conclusão deve ser também uma proposição particular afirmativa (I). Uma proposição desse tipo não se constrói com "todo" nem com "nenhum". Logo, a alternativa que resta, condizente com esse raciocínio, é "existem estudiosos que são corintianos", ou seja, "alguns estudiosos são corintianos". Portanto, a resposta correta é a "e".

9. (**Inédito**) Em uma determinada promoção de Natal, uma loja de artigos escolares declarou que "Todos os estudantes serão beneficiados". Diante disso, podemos afirmar que:

a) os beneficiados serão todos estudantes.
b) alguns estudantes serão beneficiados.
c) apenas os estudantes serão beneficiados.
d) nenhum beneficiado será estudante.
e) alguns estudantes não serão beneficiados.

Se afirmarmos o "todo", afirmamos também o que dele se compreende, ou, ainda, o que nele estiver contido. Ou seja, quando afirmamos universalmente, afirmamos também particularmente. Dentre as alternativas, a única proposição particular afirmativa é "alguns estudantes serão beneficiados". Portanto, a resposta correta é a "b".

10. (**Esaf – MPOG**) Entre as opções abaixo, qual exemplifica uma contradição formal?

a) Sócrates não existiu ou Sócrates existiu.
b) Sócrates era ateniense ou Sócrates era espartano.
c) Todo filósofo era ateniense e todo ateniense era filósofo.
d) Todo filósofo era ateniense ou todo ateniense era filósofo.
e) Todo filósofo era ateniense e algum filósofo era espartano.

"Todo filósofo era ateniense" é uma proposição universal afirmativa (A). Conforme estudamos em "Proposições contraditórias", o que contradiz uma proposição tipo A é uma tipo O, isto é, uma particular negativa. Assim, a proposição contraditória equivalente a "Todo filósofo era ateniense" seria "Algum filósofo não é ateniense", mas não há essa proposição em nenhuma das alternativas. Entretanto, no contexto das proposições apresentadas, dizer que alguém não é ateniense equivale a dizer que esse alguém é espartano" – pois se é espartano não pode ser ateniense. Assim, "algum filósofo era espartano" é a contradição formal de "todo filósofo era ateniense". Portanto, a resposta correta é a "e".

11. **(FCC – TRT-9ª Região)** A correta negação da proposição "todos os cargos deste concurso são de analista judiciário" é:
a) alguns cargos deste concurso são de analista judiciário.
b) existem cargos deste concurso que não são de analista judiciário.
c) existem cargos deste concurso que são de analista judiciário.
d) nenhum dos cargos deste concurso não é de analista judiciário.
e) os cargos deste concurso são ou de analista, ou no judiciário.

A negação de "todos os cargos deste concurso são de analista judiciário" é "pelo menos um cargo deste concurso não é de analista judiciário", o que equivale a dizer que "existem cargos deste concurso que não são de analista judiciário". Portanto, a resposta correta é a "b".

12. **(FCC – TJ/PE)** Todas as estrelas são dotadas de luz própria. Nenhum planeta brilha com luz própria. Logo,
a) todos os planetas são estrelas.
b) nenhum planeta é estrela.
c) todas as estrelas são planetas.
d) todos os planetas são planetas.
e) todas as estrelas são estrelas.

O termo médio das proposições apresentadas no enunciado é "luz própria". Tanto na primeira premissa, universal afirmativa (A), quanto na segunda, universal negativa (E), "luz própria" tem a função de predicado, o que caracteriza um argumento da segunda figura do silogismo. Ora, nessa figura, a única palavra representativa de argumento com proposições AE é C**A**ME**S**TR**E**S, que indica que a conclusão deve ser também uma universal negativa (E): "nenhum planeta é estrela". Portanto, a resposta correta é a "b".
Porém, duas alternativas frequentemente assinaladas como corretas são a "d" ("todos os planetas são planetas") e a "e" ("todas as estrelas são estrelas"), pois atendem ao *princípio da identidade*: "Cada coisa é aquilo que é e nada mais". Assim, **cuidado**: quando a questão utiliza os termos "logo", "portanto", "assim", entre outros de mesmo significado, está se referindo à conclusão do raciocínio.

13. **(FCC – TRT-9ª Região)** Observe a construção de um argumento:
Premissas:
Todos os cachorros têm asas.
Todos os animais de asas são aquáticos.
Existem gatos que são cachorros.
Conclusão:
Existem gatos que são aquáticos.
Sobre o argumento A, as premissas P e a conclusão C, é correto dizer que:
a) A não é válido, P é falso e C é verdadeiro.
b) A não e válido, P e C são falsos.
c) A é válido, P e C são falsos.
d) A é válido, P ou C são verdadeiros.
e) A é válido se P é verdadeiro e C é falso.

A partir de "Todos os cachorros têm asas" e "Todos os animais de asas são aquáticos", é possível concluir que "Todos os cachorros são aquáticos". Deste modo, teremos um argumento mais fácil de demonstrar:
"Todos os cachorros são aquáticos" (primeira premissa – universal afirmativa – A);
"*Existem* gatos que são cachorros" (segunda premissa – particular afirmativa – I);
"*Existem* gatos que são aquáticos" (conclusão – particular afirmativa – I).
No silogismo categórico, a expressão "existem" equivale a "alguns". Analisando esse argumento, constatamos tratar-se da primeira figura do silogismo, pois o termo médio "cachorros" tem a função de sujeito na premissa maior e de predicado na menor, e não aparece na conclusão. A palavra que caracteriza tal estrutura é D**A**R**II**; logo, o argumento seria construído da seguinte forma:

"Todos os cachorros são aquáticos" (primeira premissa A);
"Alguns gatos são cachorros" (segunda premissa I) e
"Alguns gatos são aquáticos" (conclusão I).
Perceba que a questão explora a ideia de *verdade* e *validade*. Claro que tanto as premissas "Todos os cachorros têm asas", "Todos os animais de asas são aquáticos" e "Existem gatos que são cachorros", como a conclusão "Existem gatos que são aquáticos" são *todas falsas*, mas o encadeamento das premissas que leva à conclusão (argumento) é logicamente *válido*.
Portanto, a resposta correta é a "c". (Outra forma de resolução – por diagramas – deste mesmo exercício será mostrada nos próximos capítulos.)

14. (**Inédito**) Um pesquisador da vida selvagem, ao se referir a certa espécie de vírus, fez as seguintes declarações: "Nenhum portador desse vírus foi registrado no ano passado" e "Alguns macacos são portadores desse vírus". Logo, podemos afirmar que:

a) alguns macacos não foram pesquisados no ano passado.
b) todos os macacos foram pesquisados no ano passado.
c) nenhum portador desse vírus é macaco.
d) algum portador desse vírus, que é macaco, foi pesquisado no ano passado.
e) todo portador desse vírus, que é macaco, foi pesquisado no ano passado.

O enunciado deixa claro que se trata da primeira figura do silogismo, em que o termo médio ("portador desse vírus") tem a função de sujeito na premissa maior e de predicado na menor, sem aparecer na conclusão. "Nenhum portador desse vírus foi registrado no ano passado" é uma proposição universal negativa (E) e "Alguns macacos são portadores desse vírus" é uma proposição particular afirmativa (I). A palavra F**E**R**I**O, da primeira figura, contém as proposições EI como premissas e indica que a conclusão deve ser uma particular negativa (O): "alguns macacos não foram pesquisados no ano passado".
Portanto, a resposta correta é a "a".

15. (**FCC – TRF-1ª Região**) Algum x é y. Todo x é z. Logo,

a) algum z é y.
b) algum x é z.
c) todo z é x.
d) todo z é y.
e) algum x é y.

As premissas apresentadas no enunciado indicam tratar-se de um argumento da terceira figura do silogismo, em que o termo médio (no caso, *x*) é sujeito tanto na premissa maior como na menor, mas não aparece na conclusão. Se "Algum *x* é *y*" é uma particular afirmativa (I) e "Todo *x* é *z*" uma universal afirmativa (A), a palavra que representa tal estrutura é D**I**S**A**M**I**S, que indica que a conclusão deve ser também uma particular afirmativa (I): "Algum *z* é *y*". Portanto, a resposta correta é a "a".
Atenção: a alternativa "e", apesar de afirmação correta por ser parte do próprio enunciado, não participa da conclusão do argumento.

16. (**FCC – TRT/PR**) Sabe-se que existem pessoas desonestas e que existem corruptos. Admitindo-se verdadeira a frase "Todos os corruptos são desonestos", é correto concluir que

a) quem não é corrupto é honesto.
b) existem corruptos honestos.
c) alguns honestos podem ser corruptos.
d) existem mais corruptos do que desonestos.
e) existem desonestos que são corruptos.

A proposição do enunciado "Todos os corruptos são desonestos" é universal afirmativa (A). De acordo com o esquema de possíveis relações entre as proposições (ver página 87), sabemos que a subalterna à A é uma particular afirmativa I. Então, se a universal afirmativa (A) é verdadeira, a subalterna particular afirmativa (I) "existem desonestos que são corruptos" também será verdadeira. Essa particular afirmativa equivale a "alguns desonestos são corruptos", que, por conversão, equivale a "alguns corruptos são desonestos" (conversão lícita). Portanto, a resposta correta é a "e".

17. (**Esaf – TCU**) Se é verdade que "Alguns escritores são poetas" e que "Nenhum músico é poeta", então, também é necessariamente verdade que
   a) nenhum músico é escritor.
   b) algum escritor é músico.
   c) algum músico é escritor.
   d) algum escritor não é músico.
   e) nenhum escritor é músico.

Se há escritores que são poetas, esses escritores não poderão ser músicos, pois não há músicos que são poetas. Portanto, a resposta correta é a "d".

18. (**Esaf – TTN**) Se é verdade que "Algum A é R" e que "Nenhum G é R", então é necessariamente verdadeiro que:
   a) algum A não é G.
   b) algum A é G.
   c) nenhum A é G.
   d) algum G é A.
   e) nenhum G é A.

Se há A que é R, esse A não poderá ser G, pois não há G que seja R.
Vamos resolver de outra forma, fazendo uma inversão das premissas e uma conversão lícita da proposição particular afirmativa:
"Algum A é R": particular afirmativa (I);
"Nenhum G é R": universal negativa (E);
R: termo médio.
Considerando-se as figuras do silogismo, não há nenhuma palavra que represente proposições nessa ordem IE, mas, se invertermos a ordem das premissas, teremos um argumento formado por premissas EI. Fazendo a conversão lícita da particular afirmativa, teremos um argumento da quarta figura do silogismo, representado pela palavra FR**ESI**SO**N, em que "Nenhum G é R" é a primeira premissa (E), "Algum R é A" é a segunda (I) e "Algum A não é G" a conclusão (O).
Portanto, a resposta correta é a "a".

19. (**Esaf – MPOG**) A negação de "À noite, todos os gatos são pardos" é:
   a) De dia, todos os gatos são pardos.
   b) De dia, nenhum gato é pardo.
   c) De dia, existe pelo menos um gato que não é pardo.
   d) À noite, existe pelo menos um gato que não é pardo.
   e) À noite, nenhum gato é pardo.

Lembrando a negação do "todo", fica fácil assinalar a alternativa correta. A negação do "todo" é "pelo menos um"; assim, a negação de "À noite, todos os gatos são pardos" é "À noite, existe pelo menos um gato que não é pardo". Cuidado com a pegadinha nesta questão: as alternativas que contêm "de dia". O estudante pode ser levado a crer que "dia", por ser o oposto de "noite", é uma forma de negação, marcando, então, a alternativa "c" como correta. Nada disso! A marca temporal, neste caso, não interfere na negação. Portanto, a resposta correta é a "d".

20. (FCC – TRT/PR) Em uma declaração ao tribunal, o acusado de um crime diz: "**No dia do crime, não fui a lugar nenhum. Quando ouvi a campainha e percebi que era o vendedor, eu disse a ele: — hoje não compro nada. Isso posto, não tenho nada a declarar sobre o crime**".

Embora a dupla negação seja utilizada com certa frequência na língua portuguesa como um reforço da negação, do ponto de vista puramente lógico ela equivale a uma afirmação. Então, do ponto de vista lógico, o acusado afirmou, em relação ao dia do crime, que:
a) não foi a lugar algum, não comprou coisa alguma do vendedor e não tem coisas a declarar sobre o crime.
b) não foi a lugar algum, comprou alguma coisa do vendedor e tem coisas a declarar sobre o crime.
c) foi a algum lugar, comprou alguma coisa do vendedor e tem coisas a declarar sobre o crime.
d) foi a algum lugar, não comprou coisa alguma do vendedor e não tem coisas a declarar sobre o crime.
e) foi a algum lugar, comprou alguma coisa do vendedor e não tem coisas a declarar sobre o crime.

O enunciado está tratando do reforço de linguagem na dupla negação, utilizado erroneamente do ponto de vista lógico: "não nenhum". Assim, vamos "traduzir" para o ponto de vista lógico as afirmações dadas pelo acusado:
1) "No dia do crime, não fui a lugar nenhum" equivalente a "No dia do crime fui a algum lugar";
2) "Quando ouvi a campainha (...) hoje não compro nada" equivalente a "hoje compro alguma coisa";
3) "Isso posto, não tenho nada a declarar sobre o crime" equivalente a "Tenho coisas a declarar sobre o crime".
Assim, o acusado afirmou que: "Foi a algum lugar, comprou alguma coisa do vendedor e tem coisas a declarar sobre o crime". Portanto, a resposta correta é a "c".

21. (FCC – Alesp) Durante uma sessão no plenário da Assembleia Legislativa, o presidente da mesa fez a seguinte declaração, dirigindo-se às galerias da casa:

"Se as manifestações desrespeitosas não forem interrompidas, então eu não darei início à votação".

Esta declaração é logicamente equivalente à afirmação:
a) se o presidente da mesa deu início à votação, então as manifestações desrespeitosas foram interrompidas.
b) se o presidente da mesa não deu início à votação, então as manifestações desrespeitosas não foram interrompidas.
c) se as manifestações desrespeitosas forem interrompidas, então o presidente da mesa dará início à votação.
d) se as manifestações desrespeitosas continuarem, então o presidente da mesa começará a votação.
e) se as manifestações desrespeitosas não continuarem, então o presidente da mesa não começará a votação.

"As manifestações desrespeitosas não forem interrompidas" = p;
"Eu não darei início à votação" = q;
"Se as manifestações desrespeitosas não forem interrompidas, então eu não darei início à votação" = $(p \rightarrow q)$.

Na primeira alternativa, "o presidente da mesa *deu* início à votação" = ~q e "as manifestações desrespeitosas *foram* interrompidas" = ~p. Então, "Se o presidente da mesa *deu* início à votação, então as manifestações desrespeitosas *foram* interrompidas" = (~q → ~p).
Demonstrando na tabela-verdade:

p	q	~p	~q	p → q	(~q → ~p)
V	V	F	F	V	V
V	F	F	V	F	F
F	V	V	F	V	V
F	F	V	V	V	V

A coluna que representa o enunciado (5ª coluna) demonstra a mesma validação da coluna que representa a alternativa "a" (6ª coluna), o que indica serem equivalentes. Negando a conclusão, negamos também a condição. Trata-se de uma equivalência da condicional: (p → q) ≡ (~q → ~p). Portanto, a resposta correta é a "a".

22. (FCC – TRF-3ª Região) Se Lucia é pintora, então ela é feliz. Portanto:
a) Se Lucia não é feliz, então ela não é pintora.
b) Se Lucia é feliz, então ela é pintora.
c) Se Lucia é feliz, então ela não é pintora.
d) Se Lucia não é pintora, então ela é feliz.
e) Se Lucia é pintora, então ela não é feliz.

"Lucia é pintora" = *p*;
"ela é feliz" = *q*;
"Se Lucia é pintora, então ela é feliz" = (p → q).
Na primeira alternativa, "Lucia não é feliz" (equivalente a "ela não é feliz") = ~q e "ela não é pintora" (equivalente a "Lucia não é pintora") = ~p. Portanto, "Se Lucia não é feliz, então ela não é pintora" = = (~q → ~p).
Demonstrando na tabela-verdade:

p	q	~p	~q	p → q	(~q → ~p)
V	V	F	F	V	V
V	F	F	V	F	F
F	V	V	F	V	V
F	F	V	V	V	V

A coluna que representa o enunciado (5ª coluna) demonstra a mesma validação da coluna que representa a alternativa "a" (6ª coluna), o que indica serem equivalentes. Negando a conclusão, negamos também a condição. Trata-se de uma equivalência da condicional: (p → q) ≡ (~q → ~p). Portanto, a resposta correta é a "a".

23. (FCC – TRF-1ª Região) Se todos os nossos atos têm causa, então não há atos livres. Se não há atos livres, então todos os nossos atos têm causa. Logo,
a) alguns atos não têm causa se não há atos livres.
b) todos os nossos atos têm causa se e somente se há atos livres.
c) todos os nossos atos têm causa se e somente se não há atos livres.
d) todos os nossos atos não têm causa se e somente se não há atos livres.
e) alguns atos são livres se e somente se todos os nossos atos têm causa.

O enunciado demonstra, em primeiro lugar, uma condicional do tipo suficiente, isto é, aquela em que a condição é suficiente para a ocorrência da conclusão: "**Se** todos os nossos atos têm causa, **então** não há atos livres". Depois demonstra, **com os mesmos termos, embora invertidos**, outra condicional

Silogismos categórico e hipotético

>>Parte I 107

do tipo suficiente, ou seja, o que era condição passou a ser conclusão e vice-versa: "**Se** não há atos livres, **então** todos os nossos atos têm causa". Assim, temos um caso em que tanto condição como conclusão são, ao mesmo tempo, suficientes e necessárias. Isso é a demonstração de uma bicondicional: "todos os nossos atos têm causa *se e somente se* não há atos livres". Portanto, a resposta correta é a "c".

24. (**Esaf – AFC**) Ou Lógica é fácil, ou Artur não gosta de Lógica. Por outro lado, se Geografia não é difícil, então Lógica é difícil. Daí segue-se que, se Artur gosta de Lógica, então:
a) Se Geografia é difícil, então Lógica é difícil.
b) Lógica é fácil e Geografia é difícil.
c) Lógica é fácil e Geografia é fácil.
d) Lógica é difícil e Geografia é difícil.
e) Lógica é difícil ou Geografia é fácil.

O enunciado trata de duas estruturas diferentes: a estrutura condicional suficiente e a estrutura da disjunção.
Primeiro, temos uma disjunção que, se nada mais for dito sobre ela, deverá ser considerada verdadeira.
Sabemos que, para a disjunção ser verdadeira, basta que *pelo menos uma* das componentes seja verdadeira.
Ou seja, se negarmos a antecedente "Lógica é fácil", teremos de afirmar a consequente "Artur não gosta de Lógica" e vice-versa.
Em segundo lugar, temos uma condicional suficiente: "se Geografia não é difícil, então Lógica é difícil".
Afirmar a condição da condicional suficiente significa afirmar também a conclusão; negar a conclusão da condicional suficiente significa negar também a condição.
Desse modo, se "Geografia não é difícil" (condição) for afirmada, "Lógica é difícil" (conclusão), necessariamente, também será afirmada. Se "Lógica é difícil" (conclusão) for negada, "Geografia não é difícil" (condição), necessariamente, também será negada.
Por fim, o enunciado pergunta o que deve ocorrer no caso de Artur gostar de Lógica. Vejamos: se *Artur gosta de Lógica*, estaremos negando a consequente da disjunção: "Ou Lógica é fácil, ou *Artur não gosta de Lógica*". Tem-se daí que "Lógica é fácil", pois, em uma disjunção verdadeira, se a consequente for falsa, a antecedente deve ser verdadeira. Agora estaremos negando a segunda parte da condicional: "Se Geografia não é difícil, então *Lógica é difícil*". Tem-se daí que "Geografia é difícil". Logo, "Lógica é fácil e Geografia é difícil". Portanto, a resposta correta é a "b".

25. (**Inédito**) Bernardo será aprovado quando estudar ou deixar de passear. Se Bernardo deixar de passear,
a) não será aprovado, pois faltará estudar.
b) deixará, também, de estudar.
c) terá, necessariamente, que estudar.
d) será aprovado.
e) não deixará de estudar.

Trata-se do *silogismo disjuntivo*, em que, afirmada qualquer parte do predicado, a conclusão será a mesma, ou seja, basta que uma das condições "estudar" ou "deixar de passear" seja aceita para que a aprovação de Bernardo aconteça. Portanto, a resposta correta é a "d".

26. (**Inédito**) Vítor não consegue assobiar e chupar cana ao mesmo tempo. Se Vítor está assobiando,
a) também está chupando cana.
b) não está chupando cana.
c) pode estar chupando cana.
d) só pode estar chupando cana.
e) não podemos negar que esteja chupando cana.

Trata-se do *silogismo conjuntivo*, em que a estrutura da premissa maior — "Vítor não consegue assobiar *e* chupar cana ao mesmo tempo" — é composta por duas declarações em relação a um mesmo sujeito ligadas pelo conectivo *e*. Nesse tipo de silogismo os predicados devem ter validações diferentes, ou seja, se um ocorrer, o outro, necessariamente, não ocorre. Assim, "se Vítor está assobiando", com certeza não está chupando cana. Portanto, a resposta correta é a "b".

 27. **(FCC – ICMS/SP)** Uma empresa mantém a seguinte regra em relação a seus funcionários:

Se um funcionário tem mais de 45 anos de idade, então ele deverá, todo ano, realizar pelo menos um exame médico e tomar a vacina contra a gripe.

Considerando que essa regra seja sempre cumprida, é correto concluir que, necessariamente, se um funcionário dessa empresa

a) anualmente realiza um exame médico e toma a vacina contra a gripe, então ele tem mais de 45 anos de idade.
b) tem 40 anos de idade, então ele não realiza exames médicos anualmente ou não toma a vacina contra a gripe.
c) não realizou nenhum exame médico nos últimos dois anos, então ele não tem 50 ou mais anos de idade.
d) tem entre 55 e 60 anos de idade, então ele realiza um único exame médico por ano, além de tomar a vacina contra a gripe.
e) tomou a vacina contra a gripe ou realizou exames médicos nos últimos dois anos, então ele tem pelo menos 47 anos de idade.

A questão emprega a estrutura da condicional, mas apela mais para o livre raciocínio do que para uma resolução formal.
De acordo com a ressalva do enunciado — "considerando que essa regra seja sempre cumprida" —, devemos considerar verdade que "Se um funcionário tem mais de 45 anos de idade, então ele deverá, todo ano, realizar pelo menos um exame médico" é a condicional. Nela, quando negamos a conclusão, negamos também a condição. Assim, quando, na alternativa "c", é dito "não realizou nenhum exame médico nos últimos dois anos", a conclusão — "então ele deverá, todo ano, realizar pelo menos um exame médico" — está sendo negada. Portanto, a condição "se um funcionário tem mais de 45 anos de idade" também deverá ser negada. Tem-se daí que o funcionário da empresa "*não* tem mais de 45 anos", muito menos 50 ou mais de 50 anos. A alternativa "d" causa muitas dúvidas, mas o erro está em limitar o número de exames "então ele realiza *um* único exame médico por ano". Ora, se a empresa exige que ele faça *pelo menos um* exame, não se pode afirmar que ele faça *exatamente um único*.
Atenção: apesar de confirmar a alternativa "c" como a resposta considerada correta pela organizadora, não concordo com ela, pois, se dissermos "*não* realizou *nenhum* exame", do ponto de vista lógico estaremos dizendo algo equivalente a "realizou algum exame", o que invalidaria a alternativa e a questão.

 28. **(Esaf – Gestor/MG)** Considere a afirmação P:

P: "A ou B"

onde A e B, por sua vez, são as seguintes afirmações:

A: "Carlos é dentista."
B: "Se Enio é economista, então Juca é arquiteto."

Ora, sabe-se que a afirmação P é falsa. Logo,

a) Carlos não é dentista; Enio não é economista; Juca não é arquiteto.
b) Carlos não é dentista; Enio é economista; Juca não é arquiteto.
c) Carlos não é dentista; Enio é economista; Juca é arquiteto.
d) Carlos é dentista; Enio não é economista; Juca não é arquiteto.
e) Carlos é dentista; Enio é economista; Juca não é arquiteto.

A questão trata de uma estrutura disjuntiva "A ou B" e, depois, de uma estrutura condicional suficiente "Se Enio é economista, então Juca é arquiteto". Para a estrutura disjuntiva ser falsa, as componentes, antecedente e consequente, têm de ser falsas; para a estrutura condicional suficiente ser falsa, a antecedente precisa ser verdadeira e a consequente, falsa. Visto isso, torna-se simples a resolução da questão: o enunciado *nega* as duas estruturas quando declara: "Ora, sabe-se que a afirmação P é falsa". Ao negar a afirmação P, negamos tanto A quanto B. Assim, como B é a condicional, também está sendo negada. Negando-se A — "Carlos é dentista" —, temos "Carlos *não* é dentista". Negando-se B — "Se Enio é economista, então Juca é arquiteto" —, temos: "Enio é economista **e** Juca não é arquiteto". Portanto, a resposta correta é a "b".

29. (**FCC – Bacen**) Sejam as proposições:

p: atuação compradora de dólares por parte do Banco Central.
q: fazer frente ao fluxo positivo.
Se p implica em q, então
a) a atuação compradora de dólares por parte do Banco Central é condição necessária para fazer frente ao fluxo positivo.
b) fazer frente ao fluxo positivo é condição suficiente para a atuação compradora de dólares por parte do Banco Central.
c) a atuação compradora de dólares por parte do Banco Central é condição suficiente para fazer frente ao fluxo positivo.
d) fazer frente ao fluxo positivo é condição necessária e suficiente para a atuação compradora de dólares por parte do Banco Central.
e) a atuação compradora de dólares por parte do Banco Central não é condição suficiente e nem necessária para fazer frente ao fluxo positivo.

Trata-se da estrutura da condicional suficiente (relação de implicação), em que a condição *p* implica uma conclusão *q*. "Se *p* implica *q*" significa "Se *p*, então *q*". Portanto, a resposta correta é a "c".

30. (**Inédito**) Somente se o galo estiver cantando, então Jorceu já acordou. Verificou-se que Jorceu já acordou. Portanto:
a) Jorceu ainda está dormindo.
b) Jorceu escutou o galo cantando.
c) O galo pode não estar cantando.
d) O galo está cantando.
e) O galo não está cantando.

Trata-se da estrutura da condicional necessária: "o galo está cantando" é a condição e "Jorceu já acordou" é a conclusão. No caso de a estrutura do silogismo se utilizar da condicional necessária, ao afirmar a conclusão, afirma-se também a condição. Assim, "o galo está cantando". Portanto, a resposta correta é a "d".

31. (**FCC – TJ/PE**) Aquele policial cometeu homicídio. Mas centenas de outros policiais cometeram homicídios, se aquele policial cometeu. Logo,
a) centenas de outros policiais cometeram homicídios.
b) centenas de outros policiais não cometeram homicídios.
c) aquele policial cometeu homicídio.
d) aquele policial não cometeu homicídio.
e) nenhum policial cometeu homicídio.

Primeiro, temos uma proposição simples: "Aquele policial cometeu homicídio"; depois, uma estrutura condicional: "centenas de outros policiais cometeram homicídios, se aquele policial cometeu", que pode ser escrita deste modo: "Se aquele policial cometeu homicídio, então centenas de outros policiais cometeram homicídios". Como o enunciado da questão não faz mais nenhuma referência sobre a proposição inicial "Aquele policial cometeu homicídio", temos de considerá-la verdadeira e assim, ao afirmar a condição da condicional ("Se aquele policial cometeu homicídio"), temos de afirmar também sua conclusão ("centenas de outros policiais cometeram homicídios"). Portanto, a resposta correta é a "a".

32. **(FCC – TCI/RJ)** Duas pessoas que sabiam lógica, um estudante e um garçom, tiveram o seguinte diálogo numa lanchonete:

Garçom: O que deseja?
Estudante: Se eu comer um sanduíche, então não comerei salada, mas tomarei sorvete.

A situação que torna a declaração do estudante **FALSA** é:
a) O estudante não comeu salada, mas tomou sorvete.
b) O estudante comeu sanduíche, não comeu salada e tomou sorvete.
c) O estudante não comeu sanduíche.
d) O estudante comeu sanduíche, mas não tomou sorvete.
e) O estudante não comeu sanduíche, mas comeu salada.

O enunciado contém uma condicional suficiente de antecedente simples ("eu comer um sanduíche") e de consequente composta por conjunção (∧) ("não comerei salada, *mas* tomarei sorvete"). Uma conjunção será falsa quando *pelo menos uma* das suas componentes, antecedente ou consequente, for falsa. Uma condicional será falsa quando sua antecedente for verdadeira e sua consequente for falsa. Em "O estudante comeu sanduíche, mas não tomou sorvete", há duas declarações: a primeira afirma a antecedente da condicional ("O estudante comeu sanduíche") e a segunda nega uma das componentes da consequente da condicional ("não tomou sorvete"). Temos antecedente da condicional verdadeira (**V**) e *consequente* da condicional falsa (**F**).
Outra forma de resolver a questão é lembrar a negação da estrutura condicional: "Afirma o primeiro *e* nega o segundo". É exatamente isso que a penúltima alternativa faz: "O estudante comeu sanduíche" (afirmou o primeiro), "*mas* (equivalente a **e**) não tomou sorvete" (negou o segundo).
Portanto, a resposta correta é a "d".

33. **(FCC – TRF-3ª Região)** Considere que as sentenças abaixo são verdadeiras.

Se a temperatura está abaixo de 5 ºC, há nevoeiro. Se há nevoeiro, os aviões não decolam.

Assim sendo, também é verdadeira a sentença:
a) Se não há nevoeiro, os aviões decolam.
b) Se não há nevoeiro, a temperatura está igual a ou acima de 5 ºC.
c) Se os aviões não decolam, então há nevoeiro.
d) Se há nevoeiro, então a temperatura está abaixo de 5 ºC.
e) Se a temperatura está igual a ou acima de 5 ºC, os aviões decolam.

Condição: "Se a temperatura está abaixo de 5 ºC"; conclusão da condicional suficiente: "há nevoeiro". Se negamos a conclusão ("*não* há nevoeiro"), negamos também a condição ("a temperatura está *igual a ou acima de* 5 ºC"), pois *igual ou acima de* é o mesmo que *não abaixo de*. Trata-se da segunda situação da condicional suficiente: negar a conclusão.
Note que, apesar de o enunciado conter duas condicionais suficientes, a alternativa correta utiliza apenas a primeira "Se a temperatura está abaixo de 5 ºC". Portanto, a resposta correta é a "b".

34. **(FCC – TRT-9ª Região)** Um economista deu a seguinte declaração em uma entrevista:

"Se os juros bancários são altos, então a inflação é baixa".

Uma proposição logicamente equivalente à do economista é:
a) se a inflação não é baixa, então os juros bancários não são altos.
b) se a inflação é alta, então os juros bancários são altos.
c) se os juros bancários não são altos, então a inflação não é baixa.
d) os juros bancários são baixos e a inflação é baixa.
e) ou os juros bancários, ou a inflação é baixa.

Outra questão que trata da segunda situação da condicional suficiente: negar a conclusão. "Se os juros bancários são altos" é a condição; "a inflação é baixa" é a conclusão da condicional suficiente. Ao negarmos a conclusão ("a inflação *não* é baixa"), negamos também a condição ("os juros bancários *não* são altos"). Portanto, a resposta correta é a "a".

35. (**Esaf – MPOG**) Admita que, em um grupo: "se algumas pessoas não são honestas, então algumas pessoas são punidas". Desse modo, pode-se concluir que, nesse grupo:
a) as pessoas honestas nunca são punidas.
b) as pessoas desonestas sempre são punidas.
c) se algumas pessoas são punidas, então algumas pessoas não são honestas.
d) se ninguém é punido, então não há pessoas desonestas.
e) se todos são punidos, então todos são desonestos.

O enunciado propõe uma condicional formada por "algumas pessoas não são honestas" (condição, antecedente) e "algumas pessoas são punidas" (conclusão, consequente). Dentre as alternativas, a única que atende a uma das situações da condicional é a penúltima (quarta situação da condicional suficiente), pois, negando a conclusão ("*ninguém* é punido"), negamos também a condição ("*não há* pessoas desonestas"). Perceba que "algumas pessoas" equivale a "há pessoas", cuja negação é "não há pessoas". Portanto, a resposta correta é a "d".

36. (**Esaf – Sefaz/SP**) Se Maria vai ao cinema, Pedro ou Paulo vão ao cinema. Se Paulo vai ao cinema, Teresa e Joana vão ao cinema. Se Pedro vai ao cinema, Teresa e Ana vão ao cinema. Se Teresa não foi ao cinema, pode-se afirmar que:
a) Ana não foi ao cinema.
b) Paulo não foi ao cinema.
c) Pedro não foi ao cinema.
d) Maria não foi ao cinema.
e) Joana não foi ao cinema.

A questão propõe o encadeamento de condicionais e, por fim, nega que Teresa tenha ido ao cinema. Assim, nega todas as conjunções de que Teresa faz parte e, consequentemente, nega todas as condições das condicionais de que Teresa faz parte. Deste modo, Pedro e Paulo não vão ao cinema, o que, por sua vez, nega a condição da primeira condicional.
Vamos resolver passo a passo (inicialmente com as condicionais de que Teresa faz parte):
"Teresa não foi ao cinema" (V).
1) "Se Pedro vai ao cinema (F), Teresa **e** Ana vão ao cinema (F)".
Quando negamos a conclusão, negamos também a condição: "Pedro vai ao cinema" (F).
2) "Se Paulo vai ao cinema (F), Teresa **e** Joana vão ao cinema (F)".
Novamente, ao negar a conclusão, negamos também a condição: "Paulo vai ao cinema" (F).
3) "Se Maria vai ao cinema (F), Pedro **ou** Paulo vão ao cinema (F)".
Negando: "Maria vai ao cinema" (F).
Conclui-se, assim, que Maria não foi ao cinema. Portanto, a resposta correta é a "d".

37. (**FCC – TRF-3ª Região**) Se Rodolfo é mais alto que Guilherme, então Heloísa e Flávia têm a mesma altura. Se Heloísa e Flávia têm a mesma altura, então Alexandre é mais baixo que Guilherme. Se Alexandre é mais baixo que Guilherme, então Rodolfo é mais alto que Heloísa. Ora, Rodolfo não é mais alto que Heloísa. Logo,

a) Rodolfo não é mais alto que Guilherme, e Heloísa e Flávia não têm a mesma altura.
b) Rodolfo é mais alto que Guilherme, e Heloísa e Flávia têm a mesma altura.
c) Rodolfo não é mais alto que Flávia, e Alexandre é mais baixo que Guilherme.
d) Rodolfo e Alexandre são mais baixos que Guilherme.
e) Rodolfo é mais alto que Guilherme, e Alexandre é mais baixo que Heloísa.

O enunciado, muito parecido com o da questão anterior, propõe um encadeamento de condicionais, pois o resultado de uma interfere no das outras.
Vamos resolver passo a passo:
"Rodolfo não é mais alto que Heloísa" (V).
1) "Se Alexandre é mais alto que Guilherme, então Rodolfo é mais alto que Heloísa" (F).
Quando se nega a conclusão, nega-se também a condição: "Alexandre *é mais baixo* que Guilherme" (F).
2) "Se Heloísa e Flávia têm a mesma altura, então Alexandre é mais baixo que Guilherme" (F).
Novamente, a mesma negação da conclusão e da condição: "Heloísa e Flávia *têm a mesma altura*" (F).
3) "Se Rodolfo é mais alto que Guilherme, então Heloísa e Flávia têm a mesma altura" (F).
Outra negação: "Rodolfo *não é mais alto* que Guilherme" (F).
Conclui-se, assim, que Rodolfo não é mais alto que Guilherme, e Heloísa e Flávia não têm a mesma altura. Portanto, a resposta correta é a "a".

EXERCÍCIOS DE FIXAÇÃO II – Certo ou errado

1. (**Inédito**) As proposições "Todo atleta tem boa forma física" e "Nenhum atleta tem boa forma física" são proposições contrárias.

"Todo atleta tem boa forma física" é uma proposição universal afirmativa (A) e "Nenhum atleta tem boa forma física" é uma proposição universal negativa (E). Observando o esquema de possíveis relações entre proposições da página 87, é fácil perceber que elas são proposições contrárias. Portanto, a questão está correta.

2. (**Inédito**) Sabe-se que alguns momotargos não são momorengos, mas que todos os momotargos são chelupis. Logo, podemos concluir que "Alguns chelupis não são momorengos".

O termo médio das premissas é "momotargos", que ocupa função de sujeito. Se a primeira premissa é particular negativa (O) e a segunda premissa é universal afirmativa (A), trata-se da terceira figura do silogismo. Nela, a palavra B**O**CARD**O** indica que a conclusão deve ser uma proposição particular negativa (O): "Alguns chelupis não são momorengos". Portanto, a questão está correta.

3. (**Inédito**) Somente se João casou com Dirce, então Dirce ficou feliz. Mas Dirce não ficou feliz. Portanto é correto afirmar que João não casou com Dirce.

Trata-se da estrutura da condicional necessária, em que a condição (*somente se...*) é necessária para a ocorrência da conclusão, mas não é suficiente. Se a estrutura do silogismo utilizar a condicional necessária, ao negar a conclusão, torna a condição contingente. Portanto, "João *pode* ter casado com Dirce" como "João *pode não* ter casado com Dirce". Portanto, a questão está errada.

4. (**Cespe/UnB – BR**) Uma proposição é uma afirmação que pode ser julgada como *verdadeira* (**V**) ou *falsa* (**F**), mas não como ambas. As proposições são simbolizadas por letras maiúsculas do alfabeto, como A, B, C etc., que podem ser conectadas por símbolos lógicos. A expressão A → B é uma proposição lida como "A implica B", ou "A somente se B", ou "A é condição suficiente para B", ou "B é condição necessária para A", entre outras. A valoração de A → B é F quando A é V e B é F, e nos demais casos é V. A expressão ¬A é uma proposição lida como "não A" e tem valoração V quando A é F, e tem valoração F quando A é V. Então, julgue o item a seguir.

1. A proposição "O piloto vencerá a corrida somente se o carro estiver bem preparado" pode ser corretamente lida como "O carro estar bem preparado é condição necessária para que o piloto vença a corrida".

Trata-se da estrutura da condicional necessária, em que a condição (**somente se...**) é necessária para a ocorrência da conclusão. Assim, o enunciado dá "somente se o carro estiver bem preparado" como condição da estrutura condicional e "o piloto vencerá a corrida" como conclusão. Portanto, a questão está correta.

5. (**Cespe/UnB – Sefaz/ES**) Considere as proposições a seguir:

P_1: "5 não é par";
P_2: "5 é um número ímpar";
P_3: "5 é um número primo";
P_4: "Todo número ímpar é primo".

Com base nessas informações, julgue os itens seguintes.

1. $P_1 \to P_2$ é uma contradição.
2. $P_2 \wedge P_3 \to P_4$ é uma tautologia.

Podemos substituir $P_1 \to P_2$ por "Se 5 não é par, então 5 é um número ímpar", que é uma condicional de antecedente e consequente verdadeiras; portanto, é uma condicional verdadeira, não uma contradição. Podemos substituir $P_2 \wedge P_3 \to P_4$ por "Se 5 é um número ímpar e 5 é um número primo, então todo número ímpar é primo", que é uma condicional de antecedente verdadeira e consequente falsa, o que indica tratar-se de uma condicional falsa, não de uma tautologia. Portanto, tanto o item 1 quanto o item 2 estão errados.

>> Capítulo 7

>> Diagramas lógicos e gráficos de Euler-Venn

Neste capítulo, vamos interpretar os silogismos categóricos e hipotéticos por meio dos *diagramas lógicos*, um método prático para a solução desses problemas.

Para isso, vamos, em primeiro lugar, descrever o comportamento dos *quantificadores* quanto a sua interpretação nos diagramas.

Quantificadores: todo, nenhum e algum

Todo (universal afirmativa)

Indica que todo o primeiro termo citado está contido em outro. A **indicação** (termo próximo ao quantificador) está *incluída* na **referência** (termo distante do quantificador).

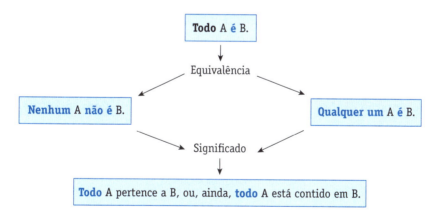

O diagrama lógico que representa essa indicação é:

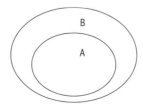

>>Parte I 115

Ao observar o gráfico, notamos que:

São válidos	São inválidos
• Todo A é B.	• Nenhum A é B.
• Nenhum A não é B.	• Algum A não é B.
• Algum B é A.	• Nenhum B é A.

Cuidado com as conversões "ilícitas"!

> Todo A é B.
> Portanto: Todo B é A. ("ilícito")

Todos os humanos são mortais.
Portanto: O conjunto dos mortais é "do tamanho" do conjunto dos humanos. (ilícito)
Ou, ainda:
Portanto: Todos os mortais são humanos. ("ilícito")

Esse tipo de conversão só poderá ocorrer quando os elementos de B se esgotarem em A.

> Todo morcego é mamífero que voa.
> Portanto: Todo mamífero que voa é morcego.

Nesse exemplo, a conversão é possível, pois não existe outro mamífero que voa a não ser o morcego.

Veja mais exemplos:

Todo peixe é nadador.		
Representação gráfica	São válidos	Conversão "ilícita"
(peixe dentro de nadador)	• Todo peixe é nadador. • Nenhum peixe não é nadador. • Algum nadador é peixe.	Todo nadador é peixe.

Nenhum metal não é duro. (pela equivalência do *todo*)		
Representação gráfica	São válidos	Conversão "ilícita"
(metal dentro de duro)	• Todo metal é duro. • Nenhum metal não é duro. • Algum duro é metal.	Todo duro é metal.

Nenhum (universal negativa)

Indica que nenhuma parte do primeiro termo citado está contida no outro. A **indicação** (termo próximo ao quantificador) está *excluída* da **referência** (termo distante do quantificador).

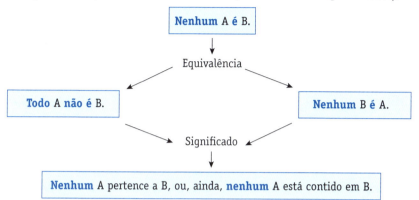

O diagrama lógico que representa essa indicação é:

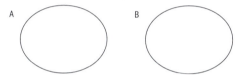

Ao observar o gráfico, notamos que:

São válidos	São inválidos
• Nenhum A é B.	
• Algum A não é B.	• Todo A é B.
• Todo A não é B.	• Todo B é A.
• Nenhum B é A.	• Algum A é B.
• Algum B não é A.	• Algum B é A.
• Todo B não é A.	

Veja estes exemplos.

Nenhum pássaro é mamífero.		
Representação gráfica	São válidos	São inválidos
pássaro mamífero	• Nenhum pássaro é mamífero. • Algum pássaro não é mamífero. • Todo pássaro não é mamífero. • Nenhum mamífero é pássaro. • Algum mamífero não é pássaro. • Todo mamífero não é pássaro.	• Todo pássaro é mamífero. • Todo mamífero é pássaro. • Algum pássaro é mamífero. • Algum mamífero é pássaro.

>>Parte I 117

Todo bípede não é quadrúpede (pela equivalência do *nenhum*)		
Representação gráfica	**São válidos**	**São inválidos**
bípede / quadrúpede	• Nenhum bípede é quadrúpede. • Algum bípede não é quadrúpede. • Todo bípede não é quadrúpede. • Nenhum quadrúpede é bípede. • Algum quadrúpede não é bípede. • Todo quadrúpede não é bípede.	• Todo bípede é quadrúpede. • Todo quadrúpede é bípede. • Algum bípede é quadrúpede. • Algum quadrúpede é bípede.

Algum é (particular afirmativa)

Indica que parte ou todo do primeiro termo citado está contido ou contém o outro. A **indicação** (termo próximo ao quantificador) *exclui* parte da referência e, ainda, ora *inclui* e ora está *incluída* nessa mesma referência (termo distante do quantificador).

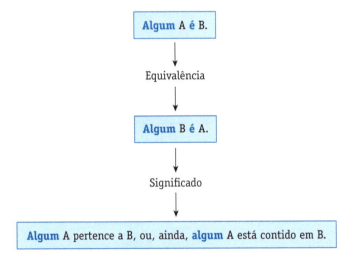

Os diagramas lógicos que representam essa indicação são:

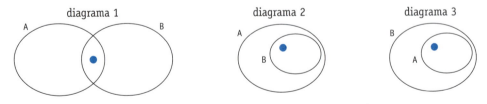

O ponto em **destaque** demonstra que pelo menos uma parte de A é B. É a representação gráfica da proposição "algum A é B".

Observando os diagramas notamos que:

São válidos	São inválidos	São indeterminados (contingentes)
• Algum A é B. • Algum B é A.	• Nenhum A é B. • Nenhum B é A.	• Todo A é B. (Só o terceiro diagrama aceita essa indicação.) • Todo B é A. (Só o segundo diagrama aceita essa indicação.) • Algum B não é A. (O segundo diagrama não aceita essa indicação.) • Algum A não é B. (O terceiro diagrama não aceita essa indicação.)

Algum menino é loiro.
Representação gráfica

diagrama 1 — menino, loiro

diagrama 2 — menino, loiro

diagrama 3 — loiro, menino

São válidos	São inválidos	São indeterminados (contingentes)
• Algum menino é loiro. • Algum loiro é menino.	• Nenhum menino é loiro. • Nenhum loiro é menino.	• Todo menino é loiro. (O terceiro diagrama aceita essa indicação.) • Todo loiro é menino. (O segundo diagrama aceita essa indicação.) • Algum loiro não é menino. (O segundo diagrama não aceita essa indicação.) • Algum menino não é loiro. (O terceiro diagrama não aceita essa indicação.)

Algum não é (particular negativa)

Pelo menos uma parte de uma determinada indicação *não* está contida em uma determinada referência. Pelo menos um elemento do primeiro *não* pertence ao segundo. Indica uma proposição *particular negativa*.

>>Parte I 119

Os diagramas lógicos que representam essa indicação são:

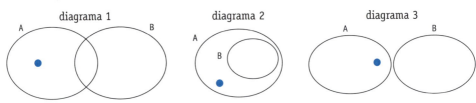

O ponto em **destaque** demonstra que pelo menos uma parte de A não é B. É a representação gráfica da proposição "algum A não é B".

Ao observar o gráfico, notamos que:

É válido	É inválido	São indeterminados (contingentes)
• Algum A não é B.	• Todo A é B.	• Algum B não é A. (O segundo diagrama não aceita essa indicação.) • Algum A é B. (O terceiro diagrama não aceita essa indicação.) • Algum B é A. (O terceiro diagrama não aceita essa indicação.) • Todo B é A. (Só o segundo diagrama aceita essa indicação.) • Nenhum A é B. (Só o terceiro diagrama aceita essa indicação.) • Nenhum B é A. (Só o terceiro diagrama aceita essa indicação.)

Algum menino não é loiro.		
Representação gráfica		
diagrama 1	diagrama 2	diagrama 3
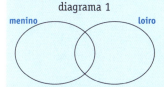		
É válido	**É inválido**	**São indeterminados (contingentes)**
• Algum menino não é loiro.	• Todo menino é loiro.	• Algum loiro não é menino. (O segundo diagrama não aceita essa indicação.) • Algum menino é loiro. (O terceiro diagrama não aceita essa indicação.) • Algum loiro é menino. (O terceiro diagrama não aceita essa indicação.) • Todo loiro é menino. (Só o segundo diagrama aceita essa indicação.) • Nenhum menino é loiro. (Só o terceiro diagrama aceita essa indicação.) • Nenhum loiro é menino. (Só o terceiro diagrama aceita essa indicação.)

Silogismo categórico

Quanto à interseção

> Todo humano é mortal.
> Renato é humano.
> Portanto, Renato é mortal.

Em primeiro lugar, atribuímos para cada termo do silogismo um conjunto diferente. Assim, chamaremos o termo maior de A, o termo menor de B e o termo médio de C.

> A = "mortal"
> B = "Renato"
> C = "humano"

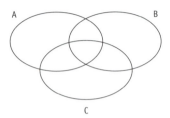

Substituindo os termos nas premissas e conclusão:

> Todo C é A.
> B é C.
> Portanto, B é A.

Da primeira premissa, marcaremos com X no gráfico todo C que **não seja** A.

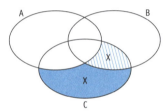

Da segunda premissa, marcaremos com X no gráfico a parte de B que **não está contida em** C.

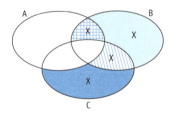

Portanto, percebemos que todo B que **sobrou sem marcação** está, todo ele, contido em A.

Quanto à inclusão

> Todo humano é mortal.
> Renato é humano.
> Portanto, Renato é mortal.

Em primeiro lugar, atribuímos para cada termo do silogismo um conjunto diferente. Assim, chamaremos o termo maior de A, o termo menor de B e o termo médio de C.

A = "mortal"
B = "Renato"
C = "humano"

Perceba que a relação de inclusão entre os conjuntos é dada por:

C ⊂ A (Todo humano (**C**) é mortal (**A**)).

B ⊂ C (Renato (**B**) é humano (**C**)).

Portanto: **B ⊂ A** (Renato é mortal).

Pela montagem dos conjuntos, teremos:

a) representação da primeira premissa: "Todo C é A" ("todo humano é mortal"). Assim, colocaremos todo o conjunto C dentro do conjunto A;

b) representação da segunda premissa: "B é C" ("Renato é humano"). Deste modo, colocaremos todo o conjunto B dentro do conjunto C; porém, como o conjunto C já está dentro do conjunto A, o diagrama da segunda premissa carrega o que já tínhamos da primeira.

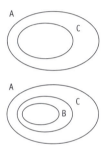

Portanto, a conclusão "Renato é mortal" é *verdadeira*, o que torna o argumento *válido*.

Silogismo hipotético

Condicionais

Como já vimos, a condicional se divide em *condicional suficiente* e *condicional necessária*.

• Condicional suficiente (Se... então)

O "se" indica a *condição da condicional* e o "então", a *conclusão da condicional*. Neste método, vamos tratar essa estrutura (condicional suficiente) da seguinte forma:

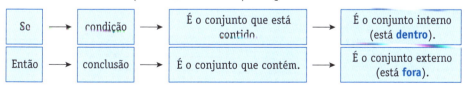

Assim,

Se A, então B.

A **conclusão (B)** contém a **condição (A)**.

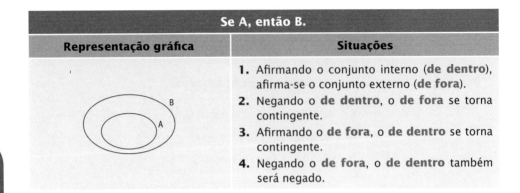

Nos exemplos utilizaremos a indicação **V** para a confirmação, **F** para a negação e **V F** para a contingência.

Veja este exemplo.

Se fui à praia, então fui ao mar.

Situações

1)

Afirmando o de dentro (V), afirmaremos o de fora (V): "Fui à praia" (V), "Fui ao mar" (V).

2)

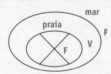

Negando o de dentro (F), podemos ou não negar o de fora: "Fui à praia" (F), "Posso ter ido ao mar" (V), "Posso não ter ido ao mar" (V).

3)

Afirmando o de fora (V), podemos ou não afirmar o de dentro: "Fui ao mar" (V), "Posso ter ido à praia" (V), "Posso não ter ido à praia" (V).

4)

Negando o de fora (F), negaremos o de dentro: "Fui ao mar" (F), "Fui à praia" (F).

• *Condicional necessária (Somente se... então)*

O "somente se" indica a *condição da condicional* e o "então", a *conclusão da condicional*. Neste método, vamos tratar essa estrutura (condicional necessária) da seguinte forma:

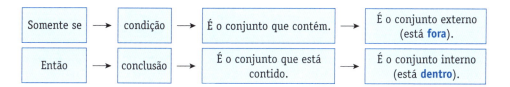

Perceba que, da condicional suficiente para a condicional necessária, invertemos a inclusão dos conjuntos.

Depois de os diagramas montados, a análise continuará a mesma.

Assim,

> Somente se A, então B.
>
> A **condição (A)** contém a **conclusão (B)**.

Somente se A, então B.	
Representação gráfica	**Situações**
(diagrama: B dentro de A)	1. Afirmando o **de dentro**, afirma-se o **de fora**. 2. Negando o **de dentro**, o **de fora** se torna contingente. 3. Afirmando o **de fora**, o **de dentro** se torna contingente. 4. Negando o **de fora**, o **de dentro** também será negado.

Observe este exemplo:

Somente se corri, então fiquei cansado.
(diagrama: cansado dentro de corri)

>>Parte I 125

Situações	
1)  Afirmando o de dentro (V), afirmaremos o de fora (V): "Fiquei cansado" (V), "Corri" (V).	2)  Negando o de dentro (F), podemos ou não negar o de fora: "Fiquei cansado" (F), "Posso ter corrido" (V), "Posso não ter corrido" (V).
3)  Afirmando o de fora (V), podemos ou não afirmar o de dentro: "Corri" (V), "Posso ter ficado cansado" (V), "Posso não ter ficado cansado" (V).	4)  Negando o de fora (F), negaremos o de dentro: "Corri" (F), "Fiquei cansado" (F).

Interseções Euler-Venn

Nos problemas que envolvem várias informações, as quais, por sua vez, envolvem variadas quantidades e interseções, os *diagramas lógicos* de Euler-Venn são muito úteis.

Neles, podemos perceber, com facilidade, a repartição das quantidades mencionadas, distribuídas pelas variáveis, de acordo com o problema dado.

Cada região em que se reparte o diagrama tem especificidade em relação à quantidade que ali deve ser colocada.

No diagrama abaixo, vamos nomear cada uma dessas regiões.

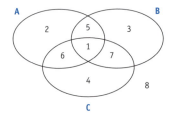

As letras **A**, **B** e **C** representam as variáveis dadas pelo problema, e os números de **1** a **8** representam cada uma das regiões em que está organizado o diagrama:
1 - Seus elementos pertencem à região dos três conjuntos.
2 - Seus elementos pertencem **apenas** à região do conjunto A.
3 - Seus elementos pertencem **apenas** à região do conjunto B.
4 - Seus elementos pertencem **apenas** à região do conjunto C.
5 - Seus elementos pertencem **apenas** às regiões dos conjuntos A e B.

6 - Seus elementos pertencem **apenas** às regiões dos conjuntos A e C.
7 - Seus elementos pertencem **apenas** às regiões dos conjuntos B e C.
8 - Seus elementos pertencem **apenas** ao conjunto universo.

E ainda podemos ter as seguintes combinações:
2e5e6e1 - Seus elementos pertencem à região do conjunto A.
3e5e7e1 - Seus elementos pertencem à região do conjunto B.
4e6e7e1 - Seus elementos pertencem à região do conjunto C.
5e1 - Seus elementos pertencem às regiões dos conjuntos A e B.
6e1 - Seus elementos pertencem às regiões dos conjuntos A e C.
7e1 - Seus elementos pertencem às regiões dos conjuntos B e C.

Perceba a diferença entre 5 e 5e1, 6 e 6e1, 7 e 7e1. Essas diferenças devem-se à palavra "apenas", que limita a região onde será inserido o valor dado.

Se a informação estiver se referindo ao conjunto A, por exemplo, o elemento poderá pertencer a *qualquer região* do conjunto A, podendo ou não pertencer, também, a outros conjuntos; mas, se a informação estiver se referindo *apenas* ao conjunto A, o valor estará com certeza *apenas* em A. Observe os exemplos.

1 - Em uma sala estão reunidas 30 mulheres dispostas em dois grupos: as costureiras e as bordadeiras. Dez dessas mulheres são, ao mesmo tempo, costureiras e bordadeiras. Vinte e cinco delas são bordadeiras. Assim, quantas são as mulheres que pertencem apenas ao grupo das costureiras?

Chamaremos o conjunto das costureiras de C e o das bordadeiras, de B. Assim, montando o diagrama, teremos:

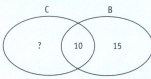

Perceba que, atendendo ao enunciado, que diz "10 são costureiras *e* bordadeiras", ao colocar a informação **dez** no diagrama, não poderemos esquecer que esse número faz parte da segunda informação do enunciado: "vinte e cinco são bordadeiras".

Portanto, para colocar as vinte e cinco dentro do conjunto das bordadeiras, devemos perceber que lá já estão 10, provenientes da primeira informação.

Assim, quantas são as mulheres que pertencem apenas ao grupo das costureiras?

Se o total de mulheres é 30 e já há 25 no diagrama, então o total das mulheres que são *apenas* costureiras é a diferença entre essas quantidades, ou seja, 5.

2 - Em um clube foram reunidas 50 pessoas. Foi feita uma pesquisa com todas elas, para saber sua preferência em relação a três esportes oferecidos pelo clube. Os resultados foram os seguintes:

I. Dez gostam apenas de futebol.
II. Vinte e cinco gostam de natação.
III. Trinta gostam de capoeira.
IV. Doze gostam dos três esportes.
V. Cinco gostam apenas de futebol e natação.
VI. Quinze gostam de natação e capoeira.
VII. Nove gostam apenas de futebol e capoeira.

Assim, qual a quantidade de pessoas que gostam *apenas* de capoeira?

Vamos desenvolver a resolução passo a passo.

Neste caso, como na maioria dos problemas que aparecem em concursos públicos, teremos a representação de três conjuntos, um para cada tipo de esporte oferecido pelo clube, e, após a montagem do diagrama, o valor que estiver na região que representa os que gostam *apenas* de capoeira será a resposta da questão.

Chamaremos de:

F - conjunto dos que gostam de futebol.

N - conjunto dos que gostam de natação.

C - conjunto dos que gostam de capoeira.

Como há a informação de que algumas pessoas gostam dos três esportes, o diagrama que será montado terá a interseção entre os conjuntos:

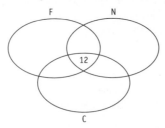

Já colocamos no diagrama a informação "Doze gostam dos três esportes", pois essa quantidade *nunca* sofrerá interferência das demais informações.

Preste atenção ao limitador *apenas* nas afirmações I, V e VII. Ele indica se os elementos relativos à informação ligada ao limitador pertencem *apenas* àquela região do diagrama ou, pela falta dele, se pertencem *também* àquela região do diagrama.

Vamos então separar as informações que contenham o *apenas*, que também não sofrerão, *nunca*, interferência das demais informações; portanto, são as quantidades que devem ser colocadas no diagrama *antes* das outras.

I. Dez gostam apenas de futebol.

V. Cinco gostam apenas de futebol e natação.

VII. Nove gostam apenas de futebol e capoeira.

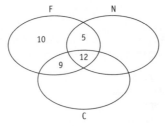

Observando-se o diagrama, é possível perceber a diferença que faz o *apenas*. Quantos gostam *apenas* de futebol?

Resposta: **10**, que é o número de elementos que não pertencem a nenhum outro conjunto.

Mas se a pergunta fosse:

Quantos gostam de futebol? (sem o *apenas*)

Resposta: **36**, pois teríamos a soma da quantidade de todos os elementos que pertencem ao conjunto **F**.

Agora, vamos tratar as outras informações: primeiro a informação da interseção (**N** e **C**), depois a dos conjuntos **N** e **C** propriamente ditos.

VI. Quinze gostam de natação e capoeira.

Temos aí uma informação sobre os que gostam, ao mesmo tempo, de natação e capoeira, mas perceba a *falta* do *apenas*; isto indica que na informação já estão incluídos *todos os que devem estar na interseção do diagrama*. Como já temos **12** pessoas nessa interseção, colocaremos agora apenas a diferença (3 elementos).

II. Vinte e cinco gostam de natação.

Igualmente ao item anterior, colocaremos no diagrama apenas a diferença entre a informação dada (**25**) e os que já estão no conjunto **N** (**20**).

III. Trinta gostam de capoeira.

Da mesma forma, colocaremos no diagrama apenas a diferença entre a informação dada (**30**) e os que já estão no conjunto **C** (**24**).

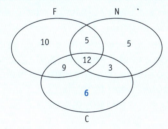

Com todas as lacunas do diagrama preenchidas, podemos responder à questão dada.

A resposta será o valor que estiver na região que representa os que gostam *apenas* de capoeira: **6**.

EXERCÍCIOS DE FIXAÇÃO I – Múltipla escolha

Neste capítulo vamos desenvolver exercícios parecidos e até mesmo iguais a alguns que já foram resolvidos em outros capítulos, mas de maneira diferente, mostrando mais uma forma de resolução, aqui por **diagramas lógicos**.

1. (Esaf – MPOG) Considerando as seguintes proposições: "Alguns filósofos são matemáticos" e "não é verdade que algum poeta é matemático", pode-se concluir apenas que:

a) algum filósofo é poeta.
b) algum poeta é filósofo.
c) nenhum poeta é filósofo.
d) nenhum filósofo é poeta.
e) algum filósofo não é poeta.

Como há interseção entre o conjunto dos filósofos e o conjunto dos matemáticos e não há interseção entre o conjunto dos poetas e o conjunto dos matemáticos, os elementos que pertencem apenas aos dois primeiros conjuntos (filósofos e matemáticos) não pertencerão à interseção (poetas e matemáticos).

Demonstrando pelos diagramas e considerando que "não é verdade que algum poeta é matemático" é equivalente a "nenhum poeta é matemático", teremos:

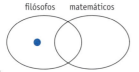

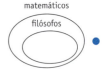

Ao considerar ● como o conjunto dos poetas, podemos perceber que nos três diagramas possíveis há a hipótese de *uma parte* ou até de *todo* o conjunto dos **filósofos** *não fazer parte* do conjunto dos **poetas**. Portanto, a resposta correta é a "e".

2. (Esaf – TCU) O rei ir à caça é condição necessária para o duque sair do castelo, e é condição suficiente para a duquesa ir ao jardim. Por outro lado, o conde encontrar a princesa é condição necessária e suficiente para o barão sorrir e é condição necessária para a duquesa ir ao jardim. O barão não sorriu. Logo:

a) A duquesa foi ao jardim ou o conde encontrou a princesa.
b) Se o duque não saiu do castelo, então o conde encontrou a princesa.
c) O rei não foi à caça e o conde não encontrou a princesa.
d) O rei foi à caça e a duquesa não foi ao jardim.
e) O duque saiu do castelo e o rei não foi à caça.

O enunciado utiliza três estruturas diferentes: a condicional suficiente, a condicional necessária e a bicondicional.
Vamos montar os diagramas passo a passo.
"O rei ir à caça é **condição necessária** para o duque sair do castelo, e é **condição suficiente** para a duquesa ir ao jardim".
Aqui, temos uma indicação de condicional necessária e uma de condicional suficiente. Na necessária, como vimos, o conjunto relativo à condição fica por fora e o conjunto relativo à conclusão fica por dentro do diagrama. Já na suficiente, o conjunto relativo à condição fica por dentro e o conjunto relativo à conclusão fica por fora.

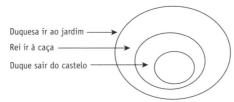

Por outro lado, "o conde encontrar a princesa é **condição necessária e suficiente** para o barão sorrir e é **condição necessária** para a duquesa ir ao jardim".

Aqui temos a indicação de uma bicondicional (condição necessária e suficiente) e de uma condicional necessária.
Veja a representação da bicondicional:

Conde Encontrar a Princesa ↔ Barão Sorrir

Como "o conde encontrar a princesa" é condição necessária para "a duquesa ir ao jardim", vamos completar o diagrama com essa informação. Assim, "conde encontrar a princesa" vai fora do diagrama. Lembre-se de que, se já existir um conjunto com um determinado nome, não podemos representar outro conjunto com esse mesmo nome.

Como já existe o conjunto "duquesa ir ao jardim", vamos continuar a representação utilizando o diagrama que já está montado.

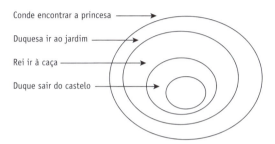

Por fim, o enunciado afirma que "o **B**arão não **S**orriu", o que nega a consequente da bicondicional dada (**CEP** ↔ **BS**). Sabemos que, para uma bicondicional ser verdadeira, suas componentes, antecedente e consequente, devem ser iguais. Assim, se a consequente "**BS** (**B**arão **S**orriu)" é falsa, então a antecedente "**CEP** (**C**onde **E**ncontrar a **P**rincesa)" também deverá ser falsa.
Perceba que "Conde Encontrar a Princesa" é o conjunto mais externo do nosso diagrama e ele está sendo negado; portanto, teremos de negar todos os outros.
Lembre-se de que, na análise do diagrama, quando se nega a proposição relativa ao conjunto externo, devem-se negar todas as proposições relativas aos conjuntos internos também.

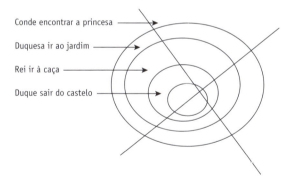

Pela bicondicional, temos:
O Conde Encontrar a Princesa é *falso*.
O barão sorrir é *falso*.

Pelo diagrama temos:
O Conde não encontrou a princesa.
A duquesa não foi ao jardim.
O Rei não foi à caça.
O Duque não saiu do castelo.

Portanto, a resposta correta é a "c".

3. (**Esaf – ICMS/SP**) Todo A é B, e todo C não é B, portanto:
a) algum A é C.
b) algum B é C.
c) nenhum B é A.
d) nenhum A é C.
e) nenhum A é B.

O conjunto A está contido em B e o conjunto C está excluído de B.

Montagem do diagrama:

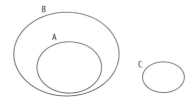

Portanto, a resposta correta é a "d".

4. (**Esaf – MPOG**) Considere que: "se o dia está bonito, então não chove". Desse modo:
a) não chover é condição necessária para o dia estar bonito.
b) não chover é condição suficiente para o dia estar bonito.
c) chover é condição necessária para o dia estar bonito.
d) o dia estar bonito é condição necessária e suficiente para chover.
e) chover é condição necessária para o dia não estar bonito.

O enunciado nos dá uma condicional do tipo suficiente, em que a condição é *suficiente* para a ocorrência da conclusão e a conclusão é *necessária* para a ocorrência da condição.
Lembre-se: se afirmarmos a condição, afirmamos também a conclusão; portanto, é *suficiente* que a condição ocorra para que a conclusão também ocorra.
Se negarmos a conclusão, negamos também a condição; portanto, a conclusão é *necessária* para a ocorrência da condição.
Vejamos no diagrama:

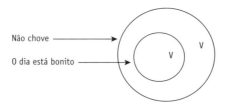

Se afirmarmos o de dentro, afirmamos o de fora. De dentro para fora, é *suficiente* a ocorrência de um para a ocorrência do outro.

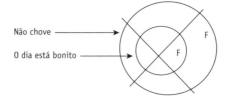

Se negarmos o de fora, negamos o de dentro. De fora para dentro é *necessária* a existência de um para a existência do outro.
Portanto, a reposta correta é a "a".

5. (**FCC – TRF-3ª Região**) Se Lúcia é pintora, então ela é feliz. Portanto:
a) Se Lúcia não é feliz, então ela não é pintora.
b) Se Lúcia é feliz, então ela é pintora.
c) Se Lúcia é feliz, então ela não é pintora.
d) Se Lúcia não é pintora, então ela é feliz.
e) Se Lúcia é pintora, então ela não é feliz.

Chamando "Lúcia é pintora" de A e "ela é feliz" de B, podemos perceber que A está contido em B. Assim, se negamos B, negamos também A.
Vejamos no diagrama ao lado.
Como a condicional é do tipo suficiente, o conjunto da condição está contido no conjunto da conclusão.

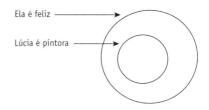

Na alternativa "a": "Se Lúcia não é feliz, então ela não é pintora".

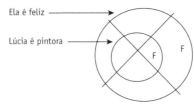

Pelo diagrama fica claro que, ao negar o conjunto de fora, temos de, necessariamente, negar o de dentro.
Portanto, a resposta correta é a "a".

6. (**Esaf – MPOG**) Numa empresa de nanotecnologia, sabe-se que todos os mecânicos são engenheiros e que todos os engenheiros são pós-graduados. Se alguns administradores da empresa também são engenheiros, pode-se afirmar que, nessa empresa:
a) todos os administradores são pós-graduados.
b) alguns administradores são pós-graduados.
c) há mecânicos não pós-graduados.
d) todos os trabalhadores são pós-graduados.
e) nem todos os engenheiros são pós-graduados.

O conjunto dos mecânicos está contido no conjunto dos engenheiros, que, por sua vez, está contido no conjunto dos pós-graduados. Como uma parte desses engenheiros (alguns engenheiros) são administradores, estes, por sua vez, serão pós-graduados.
Vamos fazer a demonstração pelo diagrama.

A alternativa "a" é aceita pelo segundo diagrama, mas não pelo primeiro; portanto, "todos os administradores são pós-graduados" é uma contingência (dúvida).
Podemos perceber claramente que, tanto no primeiro quanto no segundo gráfico, "alguns administradores são pós-graduados".
No primeiro diagrama, *alguns são* e alguns não são.
No segundo, todos são e, assim, *alguns são*, pois se alguns não forem o todo também não será.
Portanto, a resposta correta é a "b".

7. (**Vunesp – ICMS/SP**) Se Rodrigo mentiu, então ele é culpado. Logo,
   a) se Rodrigo não é culpado, então ele não mentiu.
   b) Rodrigo é culpado.
   c) se Rodrigo não mentiu, então ele não é culpado.
   d) Rodrigo mentiu.
   e) se Rodrigo é culpado, então ele mentiu.

Lembre-se de que, quando no enunciado encontramos "logo", "então", "portanto", "assim" e suas equivalências, a questão está pedindo a conclusão do raciocínio proposto. Aqui, temos que "Se Rodrigo mentiu, então ele é culpado"; portanto, "se Rodrigo não é culpado, então ele não mentiu". Negando o de fora, nega-se também o de dentro. As alternativas "b" e "d" já podem ser descartadas, pois nada se afirmou sobre ele ser culpado ou ter mentido.
A alternativa "c", "se Rodrigo **não mentiu**, então ele não é culpado", está negando a condição (o de dentro).

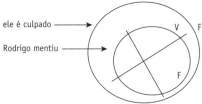

Quando se nega o de dentro, o de fora se torna contingente; portanto, nesse caso, tanto ele pode ser culpado como pode não ser.
A alternativa "e", "se Rodrigo **é culpado**, então ele mentiu", está afirmando a conclusão (o de fora).

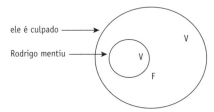

Quando se afirma o de fora, o de dentro se torna contingente; portanto, nesse caso, tanto ele pode ter mentido como ele pode não ter mentido.
Vejamos agora como fica no diagrama a alternativa "a", "se Rodrigo **não é culpado**, então ele não mentiu", que está negando a conclusão (o de fora).

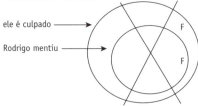

Quando se nega o de fora, nega-se também o de dentro; assim, nesse caso, ele não mentiu.
Portanto, a resposta correta é a "a".

8. (**Ipad – PC/PE**) Se Izabel está em casa, então nem Lucas estuda, nem Serginho ouve música. Se Serginho não ouve música, então Érico não vai ao concerto. Se Érico não vai ao concerto, então ele fica triste. Érico não está triste. Logo:
a) Izabel não está em casa e Érico foi ao concerto.
b) Izabel está em casa e Serginho ouve música.
c) Érico não foi ao concerto e Serginho não ouve música.
d) Izabel não está em casa e Serginho não ouve música.
e) Serginho não ouve música e Érico foi ao concerto.

Todas as condicionais dadas pelo enunciado são condicionais suficientes; portanto, nesta forma de resolução, com diagramas lógicos, a *condição* vai dentro e a *conclusão* vai fora.
Para facilitar a montagem dos diagramas, vamos atribuir variáveis às sentenças e utilizá-las nos conjuntos.

1- **Se** Izabel está em casa (IC), **então** nem Lucas estuda nem Serginho ouve música (L~E-S~M).
2- **Se** Serginho não ouve música (S~M), **então** Érico não vai ao concerto (E~C).
3- **Se** Érico não vai ao concerto (E~C), **então** ele fica triste (ET).

"Érico não está triste" ~(ET).

Note que, na primeira condicional, a conclusão "nem Lucas estuda nem Serginho ouve música" é equivalente a "Lucas não estuda **e** Serginho não ouve música" (L~E-S~M).

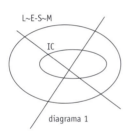
diagrama 1

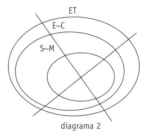
diagrama 2

Quando o enunciado declara que "Érico não está triste", nega a conclusão da condicional 3 (ET). Assim, está negando o de fora do diagrama 2 e, com isso, também todos os de dentro.
Então, temos:
"Serginho não ouve música" é falso, pois está negado.
"Lucas não estuda **e** *Serginho não ouve música*" (F) é falsa, pois na conjunção basta que uma de suas componentes seja falsa para que a conjunção (**e**) seja falsa. Tem-se daí a negação do de fora do diagrama 1 e, consequentemente, a negação também do de dentro.
Ao analisar os diagramas, temos:

IC = Izabel está em casa.
~(IC) = **Izabel não está em casa** (diagrama 1).
E~C = Érico não vai ao concerto.
~(E~C) = **Érico vai ao concerto** (diagrama 2).

Conclusão: Izabel não está em casa e Érico vai ao concerto. Portanto, a resposta correta é a "a".

9. (**FCC – TRF-3ª Região**) Se Rodolfo é mais alto que Guilherme, então Heloísa e Flávia têm a mesma altura. Se Heloísa e Flávia têm a mesma altura, então Alexandre é mais baixo que Guilherme. Se Alexandre é mais baixo que Guilherme, então Rodolfo é mais alto que Heloísa. Ora, Rodolfo não é mais alto que Heloísa. Logo,
a) Rodolfo não é mais alto que Guilherme, e Heloísa e Flávia não têm a mesma altura.

b) Rodolfo é mais alto que Guilherme, e Heloísa e Flávia têm a mesma altura.
c) Rodolfo não é mais alto que Flávia, e Alexandre é mais baixo que Guilherme.
d) Rodolfo e Alexandre são mais baixos que Guilherme.
e) Rodolfo é mais alto que Guilherme, e Alexandre é mais baixo que Heloísa.

A questão propõe um encadeamento de condicionais, porque o resultado de uma interfere no resultado das outras.
Todas as condicionais dadas pelo enunciado são condicionais *suficientes*; portanto, nesta forma de resolução, com diagramas lógicos, a *condição* vai dentro e a *conclusão* vai fora.
Para facilitar a montagem dos diagramas, vamos atribuir variáveis às sentenças e utilizá-las nos conjuntos.

1- **Se** Rodolfo é mais alto que Guilherme (R > G), **então** Heloísa e Flávia têm a mesma altura (H = F).
2- **Se** Heloísa e Flávia têm a mesma altura (H = F), **então** Alexandre é mais baixo que Guilherme (A < G).
3- **Se** Alexandre é mais baixo que Guilherme (A < G), **então** Rodolfo é mais alto que Heloísa (R > H).

"Rodolfo não é mais alto que Heloísa" ~(R > H).

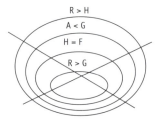

Ao observar o diagrama, podemos perceber que, como R > H é o conjunto mais externo e foi negado ("Rodolfo não é mais alto que Heloísa"), temos de negar todos os conjuntos de dentro (quando se nega o de fora, nega-se também o de dentro). Assim:

R > G	está negado	falso
H = F	está negado	falso
A < G	está negado	falso
R > H	está negado	falso

Rodolfo não é mais alto que Guilherme, e Heloísa e Flávia não têm a mesma altura. Portanto, a resposta correta é a "a".

10. (**Inédito**) Em uma reunião anual de videntes, três possíveis fenômenos foram analisados. Dezessete videntes optaram por dizer que os três fenômenos aconteceriam. Quatorze deles só acreditam na ocorrência dos fenômenos A e B. Vinte e dois videntes acreditam na ocorrência dos fenômenos B e C. Cinco videntes acreditam que somente os fenômenos A e C acontecerão. O total de videntes que optaram pela ocorrência exclusiva do fenômeno A e do fenômeno B é, respectivamente, treze e dez. Nenhum vidente acredita na ocorrência exclusiva do fenômeno C.

Com base nesses dados, podemos afirmar que os números de videntes que optaram apenas pelo fenômeno C, que optaram apenas pelos fenômenos A e B e que optaram pela ocorrência exclusiva dos fenômenos B e C são, respectivamente:

a) 14, 12 e 5.
b) 0, 14 e 10.
c) 0, 14 e 5.
d) 14, 0 e 5.
e) 17, 13 e 0.

Neste caso, faremos a representação de *três* conjuntos, um para cada tipo de fenômeno analisado pelos videntes. Após a montagem do diagrama, os valores contidos nas regiões que representam as afirmações "apenas o fenômeno C", "apenas os fenômenos A e B" e "apenas os fenômenos B e C" serão a resposta da questão.

Em primeiro lugar, vamos organizar os dados da questão.

Optaram...	Quantidade de videntes
pelos três fenômenos	17
apenas pelos fenômenos A e B	14
pelos fenômenos B e C	22
apenas pelos fenômenos A e C	5
apenas pelo fenômeno A	13
apenas pelo fenômeno B	10
apenas pelo fenômeno C	0

Com isso, montamos o diagrama:

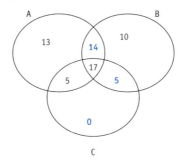

Com o diagrama totalmente preenchido, temos, nas regiões solicitadas pela questão, os seguintes valores:

Optaram...	Quantidade de videntes
apenas pelo fenômeno C	0
apenas pelos fenômenos A e B	14
apenas pelos fenômenos B e C	5

Portanto, a resposta correta é a "c".

11. (**FCC – TRT-9ª Região**) Observe a construção de um argumento:

Premissas: Todos os cachorros têm asas.
Todos os animais de asas são aquáticos.
Existem gatos que são cachorros.
Conclusão: Existem gatos que são aquáticos.

Sobre o argumento A, as premissas P e a conclusão C, é correto dizer que:
a) A não é válido, P é falso e C é verdadeiro.
b) A não é válido, P e C são falsos.
c) A é válido, P e C são falsos.
d) A é válido, P ou C são verdadeiros.
e) A é válido se P é verdadeiro e C é falso.

Trata-se da construção de um silogismo categórico. Apenas pela leitura das premissas (P) e da conclusão (C) já sabemos que elas são falsas, pois "Cachorros não têm asas", "Animais de asas não são aquáticos", "Gatos não são cachorros" e "Não podem existir gatos que são aquáticos"; portanto, vamos julgar o outro item pedido: argumento (A).

Organizando os dados do problema, temos:

Elementos	Representação
Cachorros	X
Animais de asas	Y
Aquáticos	Z
Gatos	G

Premissas	Conclusão
Todos os cachorros têm asas.	
Todos os animais de asas são aquáticos.	Existem gatos que são aquáticos.
Existem gatos que são cachorros.	

Assim, é possível montar os diagramas:

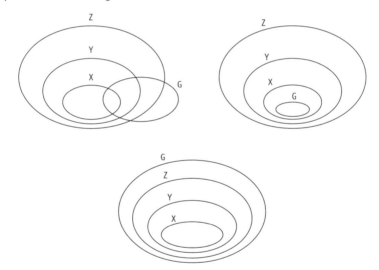

Pelas três possibilidades de diagramas, podemos perceber que, apesar de tanto a conclusão quanto as premissas serem falsas (do ponto de vista real), o argumento formado pelas premissas e pela conclusão é válido (do ponto de vista lógico), pois em todos eles temos que "Alguns G são Z". Portanto, a resposta correta é a "c".

12. **(FCC – TRT/PR)** Sabe-se que existem pessoas desonestas e que existem corruptos. Admitindo-se verdadeira a frase "Todos os corruptos são desonestos", é correto concluir que

a) quem não é corrupto é honesto.
b) existem corruptos honestos.
c) alguns honestos podem ser corruptos.
d) existem mais corruptos do que desonestos.
e) existem desonestos que são corruptos.

Entre o enunciado e a alternativa "e", notamos que há uma diferença apenas em relação à quantidade demonstrada. Lembre-se de que, na utilização do quantificador *todo*, a *indicação* (termo próximo ao quantificador) está *incluída* na *referência* (termo distante do quantificador).
Organizando os dados do problema para a montagem do diagrama, temos:

Elementos	Representação
Corruptos	C
Desonestos	D
"Todos os corruptos são desonestos"	"Todo C é D."

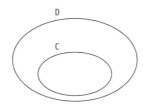

Pelo diagrama, concluímos que "algum D é C", ou seja, "existem desonestos que são corruptos". Portanto, a resposta correta é a "e".

13. **(FCC – TRF-3ª Região)** Se Lucia é pintora, então ela é feliz. Portanto:
a) Se Lucia não é feliz, então ela não é pintora.
b) Se Lucia é feliz, então ela é pintora.
c) Se Lucia é feliz, então ela não é pintora.
d) Se Lucia não é pintora, então ela é feliz.
e) Se Lucia é pintora, então ela não é feliz.

Trata-se da quarta situação da condicional: negando-se o de fora, o de dentro também será negado. Eis a organização dos dados do problema para a montagem do diagrama:

Afirmações	Representação
Lucia é pintora	A
Ela é feliz	B
"Se Lucia é pintora, então ela é feliz"	"Se A, então B."

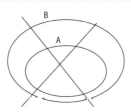

Pelo diagrama, podemos perceber que "se não **B**, então não **A**", ou seja, "Se Lucia não é feliz, então ela não é pintora". Portanto, a resposta correta é a "d".

14. **(Inédito)** Em um grupo de 35 pessoas, todas falam inglês, ou francês, ou alemão. Sabe-se também que 2 falam os três idiomas, 6 apenas francês e 10 nem francês nem alemão. Outra informação é que 5 falam inglês e francês, mas não falam alemão, e, dentre as que falam alemão, 4 não falam inglês, mas falam francês, e 5 pessoas do grupo falam apenas alemão. Nessas condições, pergunta-se: quantas falam inglês?
a) 10   b) 17   c) 20   d) 18   e) 15

Diagramas lógicos e gráficos de Euler-Venn

Faremos a representação de *três* conjuntos, um para cada idioma. Após a montagem do diagrama, a soma dos valores contidos na região que representa "aqueles que falam inglês" será a resposta da questão.

Primeiro, vamos organizar os dados do problema:

Falam...	Quantidade de pessoas
os três idiomas	2
apenas francês	6
nem francês nem alemão (*apenas inglês*)	10
inglês e francês, mas não falam alemão (*apenas inglês e francês*)	5
dentre as que falam alemão, não falam inglês, mas falam francês (*apenas alemão e francês*)	4
apenas alemão	5

Línguas	Representação
inglês	I
francês	F
alemão	A

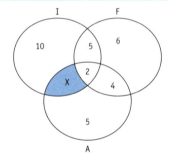

Perceba que uma lacuna (X) – daqueles que falam apenas inglês e alemão – não foi preenchida. Por isso, corremos o risco de assinalar a alternativa errada (a "b"), pois, adicionando a quantidade de elementos do conjunto I, teremos o valor 17. Assim, precisamos preencher o conjunto I, que representa a pergunta da questão, ou seja, todos que falam inglês. Sabemos que todas as 35 pessoas falam pelo menos um dos três idiomas; portanto, como temos apenas 32 pessoas distribuídas pelos três conjuntos, faltam 3 para serem representadas no diagrama. Temos então que X vale 3, pois esta é a única região do diagrama que podemos preencher com esse valor sem alterar as informações anteriores.

Agora, com o diagrama totalmente preenchido, temos, na região solicitada pela pergunta da questão (conjunto I), os seguintes valores: 10 + 5 + 2 + **3** = 20. Portanto, a resposta correta é a "c".

15. (FCC – TRT/MT) Em uma pesquisa sobre hábitos alimentares realizada com empregados de um Tribunal Regional, verificou-se que todos se alimentam ao menos uma vez ao dia, e que os únicos momentos de alimentação são: manhã, almoço e jantar. Alguns dados tabelados dessa pesquisa são:

- 5 se alimentam <u>apenas</u> pela manhã;
- 12 se alimentam <u>apenas</u> no jantar;
- 53 se alimentam no almoço;
- 30 se alimentam pela manhã e no almoço;
- 28 se alimentam pela manhã e no jantar;
- 26 se alimentam no almoço e no jantar;
- 18 se alimentam pela manhã, no almoço e no jantar.

Dos funcionários pesquisados, o número daqueles que se alimentam apenas no almoço é
a) 80% dos que se alimentam apenas no jantar.
b) o triplo dos que se alimentam apenas pela manhã.
c) a terça parte dos que fazem as três refeições.
d) a metade dos funcionários pesquisados.
e) 30% dos que se alimentam no almoço.

Faremos a representação de **três** conjuntos, um para cada horário de alimentação. Após a montagem do diagrama, os valores contidos na região que representa "*aqueles que se alimentam apenas no almoço*" serão a resposta da questão.
Como as informações já estão organizadas pelo enunciado, vamos direto à construção do diagrama.
Manhã = M
Almoço = A
Jantar = J
No diagrama, podemos perceber a região que representa "aqueles que se alimentam apenas pela manhã" com 5 empregados e a região que representa "aqueles que se alimentam apenas no almoço" com 15 empregados, ou seja, a segunda é o *triplo* da primeira. Portanto, a resposta correta é a "b".

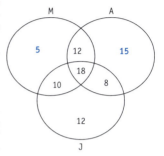

16. (**Inédito**) Em uma determinada pesquisa eleitoral, foram entrevistados 500 eleitores, obtendo-se os seguintes resultados:

• 260 eleitores votam no candidato Julião.
• 290 eleitores votam no candidato Salomão.
• 200 eleitores votam no candidato Solimão.
• 50 eleitores votam nos três candidatos.
• 70 eleitores votam apenas nos candidatos Julião e Salomão.
• 90 eleitores votam nos candidatos Julião e Solimão.
• 100 eleitores votam nos candidatos Solimão e Salomão.

Com base nesses resultados, assinale a alternativa que contenha, respectivamente:

I. O número de eleitores que votam apenas no candidato Julião.
II. O número de eleitores que votam apenas nos candidatos Solimão e Julião.
III. O número de eleitores que não votam no candidato Salomão.

a) 260, 40 e 200
b) 100, 40 e 210
c) 100, 90 e 200
d) 100, 40 e 200
e) 260, 22 e 200

Faremos a representação de **três** conjuntos, um para cada candidato. Após a montagem do diagrama, os valores contidos nas regiões "aqueles que votam apenas em Julião" e "aqueles que votam apenas em Solimão e Julião" e também os valores que não estiverem contidos na região "aqueles que votam em Salomão" serão a resposta da questão.
Como as informações já estão organizadas pelo enunciado, vamos direto à construção do diagrama.
Julião = J
Salomão = SAL
Solimão = SOL

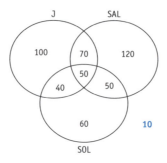

A quantidade **10**, fora dos três conjuntos, completa o número de 500 eleitores entrevistados, dado pelo enunciado. A resposta de cada item é:
I. 100
II. 40
III. 210 *são todos* os que estão fora do conjunto SAL.

Portanto, a resposta correta é a "b".

17. (**FCC – TJ/PE**) Aquele policial cometeu homicídio. Mas centenas de outros policiais cometeram homicídios, se aquele policial cometeu. Logo,

a) centenas de outros policiais cometeram homicídios.
b) centenas de outros policiais não cometeram homicídios.
c) aquele policial cometeu homicídio.
d) aquele policial não cometeu homicídio.
e) nenhum policial cometeu homicídio.

Temos uma estrutura condicional, e o enunciado está **afirmando a condição** dessa condicional: "Aquele policial cometeu homicídio". Assim, vejamos como ficaria nos diagramas, considerando:
Aquele policial cometeu homicídio = P
Centenas de outros policiais cometeram homicídios = Q

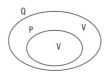

Quando se afirma o de dentro, afirma-se também o de fora. Portanto, a resposta correta é a "a".

18. (**Inédito**) Sessenta e três pessoas estão juntas em um salão, quando a elas é perguntado sobre a ocorrência de um determinado evento. As respostas resultaram na seguinte contagem:

I. Trinta e uma pessoas optaram pela ocorrência do evento A.
II. Quinze pessoas optaram apenas pela ocorrência do evento B.
III. Trinta e duas pessoas optaram pela ocorrência do evento C.
IV. Cinco pessoas optaram pela ocorrência dos três eventos.
V. Onze pessoas optaram pela ocorrência dos eventos A e B.
VI. Sete pessoas optaram apenas pela ocorrência dos eventos B e C.
VII. Quinze pessoas optaram pela ocorrência dos eventos A e C.

Assim, a quantidade de pessoas que optaram apenas pela ocorrência dos eventos A e C e apenas pela ocorrência do evento C é:
a) 10 e 10.
b) 10 e 20.
c) 10 e 32.
d) 31 e 32.
e) 15 e 32.

Faremos a representação de *três* conjuntos, um para cada evento. Após a montagem do diagrama, as quantidades referentes aos elementos contidos nas regiões "aqueles que optaram apenas pelos eventos A e C" e "aqueles que optaram apenas pelo evento C" serão a resposta da questão.
Como as informações já estão organizadas pelo enunciado, vamos direto à construção do diagrama, considerando:
Evento A = A
Evento B = B
Evento C = C
Os que optaram apenas pela ocorrência dos eventos A e C = 10
Os que optaram apenas pela ocorrência do evento C = 10
Portanto, a resposta correta é a "a".

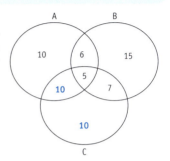

EXERCÍCIOS DE FIXAÇÃO II – Certo ou errado

1. (**Cespe/UnB – TCE-ES**) Julgue o item a seguir:
a) A seguinte argumentação é inválida.

Premissa 1: Todo funcionário que sabe lidar com orçamento conhece contabilidade.
Premissa 2: João é funcionário e não conhece contabilidade.
Conclusão: João não sabe lidar com orçamento.

O argumento dado é válido e o enunciado afirma que a argumentação é inválida.
Construção do diagrama:

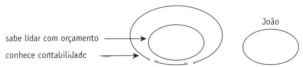

Como a segunda premissa afirma que "João não conhece contabilidade", a parte do diagrama relativa a ele (João) deve ficar fora dos conjuntos "conhece contabilidade" e "sabe lidar com orçamento". Assim, João não sabe lidar com orçamento. Portanto, o item está errado.

2. (**Inédito**) Para contradizer que "nenhum jogador é mandrião", diremos que "todo mandrião não é jogador".

No que diz respeito ao enunciado, não há contradição em "todo mandrião não é jogador", e sim uma equivalência. Veja o diagrama na próxima página.
"Nenhum jogador é mandrião": "jogador" é a indicação (está próximo ao quantificador) e "mandrião" é a referência (está distante do quantificador). Nesse caso, a indicação está excluída da referência.

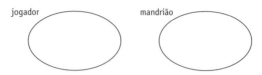

Podemos perceber que "todo mandrião não é jogador", pois todo o conjunto "mandrião" está fora do conjunto "jogador". Portanto, a questão está errada.

3. (**Inédito**) "Todo mutema é sacomã." "Todo sacomã é tratadilho." Concluir que "nenhum mutema é tratadilho" será inválido.

O conjunto "mutema" está contido no conjunto "sacomã", que, por sua vez, está contido no conjunto "tratadilho". Assim, o conjunto "mutema" está contido no conjunto "tratadilho".

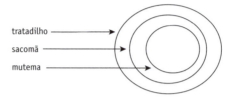

Pelo diagrama, podemos perceber facilmente que o conjunto "mutema" está contido no conjunto "tratadilho". Deste modo, "todo mutema é tratadilho". Portanto, a questão está correta.

EXERCÍCIO DE FIXAÇÃO III – Questão aberta

1. (**FGV**) Uma pesquisa de mercado sobre o consumo de três marcas, A, B e C, de um determinado produto, apresentou os seguintes resultados: A, 48%; B, 45%; C, 50%; A e B, 18%; B e C, 25%; A e C, 15%; nenhuma das três, 5%. Portanto:
a) Qual a porcentagem dos entrevistados que consomem as três marcas?
b) Qual a porcentagem dos entrevistados que consomem uma e apenas uma das três marcas?

Vamos organizar os dados do problema:

Conjunto	Representação
Apenas A	R_1
Apenas B	R_2
Apenas C	R_3
Apenas A e B	R_4
Apenas A e C	R_5
Apenas B e C	R_6
As três juntas	R_7
Nenhuma das três	R_8

Para esta resolução, vamos utilizar os diagramas de Euler-Venn a fim de identificar cada uma das possíveis variáveis que compõem a questão.

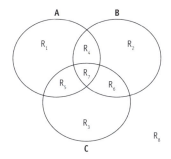

Fazendo os cálculos:

A e B = 18%
$R_4 = (A \text{ e } B) - R_7$
$R_4 = 18 - R_7$
$A \text{ e } B = R_7 + R_4$
$A \text{ e } B = R_7 + 18 - R_7$

A e C = 15%
$R_5 = (A \text{ e } C) - R_7$
$R_5 = 15 - R_7$
$A \text{ e } C = R_7 + R_5$
$A \text{ e } C = R_7 + 15 - R_7$

B e C = 25%
$R_6 = (B \text{ e } C) - R_7$
$R_6 = 25 - R_7$
$B \text{ e } C = R_7 + R_6$
$B \text{ e } C = R_7 + 25 - R_7$

A = 48%
Apenas $A = R_1$
$R_1 = A - (R_4 + R_5 + R_7)$
$R_1 = 48 - [(18 - R_7) + (15 - R_7) + R_7]$
$R_1 = 48 - (18 - R_7 + 15 - R_7 + R_7)$
$\mathbf{R_1 = 15\% + R_7}$

B = 45%
Apenas $B = R_2$
$R_2 = B - (R_4 + R_6 + R_7)$
$R_2 = 45 - [(18 - R_7) + (25 - R_7) + R_7]$
$R_2 = 45 - (18 - R_7 + 25 - R_7 + R_7)$
$\mathbf{R_2 = 2\% + R_7}$

Ao isolar $\mathbf{R_7}$, podemos responder o item "a".

a) Qual a porcentagem dos entrevistados que consomem as três marcas? (R_7)

Como o enunciado informa que a porcentagem de consumo de C é 50% e que a porcentagem de consumo de "nenhuma das três marcas" (R_8) é 5%, temos:

$C + R_1 + R_4 + R_2 + R_8 = 100\%$
$50 + (15 + R_7) + (18 - R_7) + (2 + R_7) + 5 = 100$
$50 + 40 + R_7 = 100$
$R_7 = 100 - 40 - 50$
$R_7 = 100 - 90$
$\mathbf{R_7 = 10\%}$

Agora vamos resolver o item "b".

b) Qual a porcentagem dos entrevistados que consomem uma e apenas uma das três marcas ($R_1 + R_2 + R_3$)?
Este item pede a porcentagem dos entrevistados que consomem (apenas **A**) + (apenas **B**) + (apenas **C**). Primeiro vamos calcular R_3.

$R_3 = C - (R_5 + R_6 + R_7)$
$R_3 = 50 - [(15 - R_7) + (25 - R_7) + R_7]$
Como já sabemos que $R_7 = 10\%$:
$R_3 = 50 - [(15 - 10) + (25 - 10) + 10]$
$R_3 = 50 - 30$
$R_3 = 20\%$

Assim:

Apenas $\mathbf{A} = R_1 = (15\% + R_7) = (15\% + 10\%) = 25\%$
Apenas $\mathbf{B} = R_2 = (2\% + R_7) = (2\% + 10\%) = 12\%$
Apenas $\mathbf{C} = R_3 = 20\%$

$R_1 + R_2 + R_3 = 25\% + 12\% + 20\% = \mathbf{57\%}$

Portanto, as respostas são: a) 10%; b) 57%.

>> Capítulo 8

>> Ferramentas para a resolução de problemas

Tabela de hipóteses

As tabelas de hipóteses são algoritmos construídos segundo determinados padrões, que ajudam a identificar, entre várias sentenças, qual é a verdadeira e quais são as falsas.

Essas tabelas são compostas por um eixo vertical e outro horizontal. No **eixo vertical** colocamos "Quem diz" ou "O que diz". No **eixo horizontal** colocamos "De quem se fala" ou "Do que se fala".

A interseção das informações (vertical × horizontal) apresentará um resultado para cada sentença, e o julgamento do conjunto de informações obtidas em cada teste validará (como V ou F) as sentenças testadas. Veja o exemplo.

> Considerando três caixas, sendo uma de cada formato — redonda, quadrada e triangular —, qual das sentenças abaixo é a verdadeira?
>
> I. A caixa 1 é quadrada.
>
> II. A caixa 2 não é redonda.
>
> III. A caixa 3 não é quadrada.

Neste exemplo, "Quem diz", ou seja, quem está dando as informações, são as frases; portanto, as "frases" devem ficar na **vertical** da tabela, e "Do que se fala", ou seja, a respeito do que as "frases" estão falando — as caixas —, deve ficar na **horizontal** da tabela. Como queremos saber qual sentença é a verdadeira, vamos montar a tabela e considerar as hipóteses possíveis.

Cada uma das considerações gera um teste, que deve ser repetido até que os resultados se mostrem possíveis.

Dentro da tabela, devemos atribuir um formato a cada uma das caixas, que dependerá do valor-verdade (ou V ou F) atribuído a cada uma das sentenças.

Gerando o primeiro teste, vamos considerar a sentença I a verdadeira (V); portanto, as outras duas são falsas (F).

- Assim, a *primeira sentença* afirma que "A caixa 1 é quadrada"; como estamos considerando isso uma verdade (V), o formato atribuído à caixa 1 deverá ser "**Q**uadrada".

- A *segunda sentença* afirma que "A caixa 2 não é redonda"; como estamos considerando isso falso (F), o formato atribuído à caixa 2 deverá ser "**R**edonda".

- A *terceira sentença* afirma que "A caixa 3 não é quadrada"; como estamos considerando isso falso (F), o formato atribuído à caixa 3 deverá ser "**Q**uadrada".

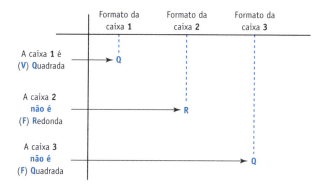

Neste primeiro teste, os resultados não são possíveis, uma vez que apresentam formatos *iguais* para as caixas 1 (**Q**) e 3 (**Q**), sendo que o enunciado afirma que as caixas têm formatos *diferentes*.

Para gerar o segundo teste, vamos considerar que a sentença II é a verdadeira (V); portanto, as outras duas são falsas (F).

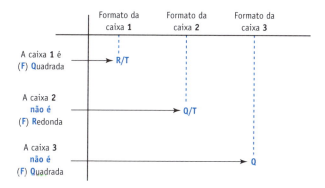

Neste segundo teste, os resultados são possíveis, pois apresentaram formatos diferentes para cada uma das caixas, de acordo com o enunciado. Assim:

- A caixa 1 pode ser "**R**etangular" ou "**T**riangular".

- A caixa 2 pode ser "**Q**uadrada" ou "**T**riangular".

- A caixa 3 só pode ser "**Q**uadrada".

Pelo formato da caixa 3, podemos chegar ao formato das outras duas caixas.

- Se a caixa 3 só pode ser "**Q**uadrada", a caixa 2 não poderá ter esse formato; portanto, sobraria para a caixa 2 o formato "**T**riangular".
- Então, se a caixa 2 é "**T**riangular", a caixa 1 não poderá ter esse formato; portanto, sobraria para a caixa 1 o formato "**R**etangular".

Assim, a sentença verdadeira, entre as três, é a sentença II.

Após o segundo teste, se os resultados **não** fossem possíveis, teríamos de partir para um terceiro teste, apesar de que, se nem a sentença I nem a II são verdadeiras, obviamente que a sentença verdadeira só poderia ser a III. É bom lembrar, porém, que, em alguns exercícios, a pergunta poderia ser: "Qual o formato de cada caixa?". Nessa situação, o terceiro teste seria necessário.

Tabelas multicritério

As tabelas multicritério relacionam seres ou coisas e seus diversos atributos, selecionando e atribuindo a cada um as corretas ligações dadas pela questão. Nessas tabelas, geralmente são colocados na vertical os seres ou coisas que fazem as declarações a serem julgadas. Veja o exemplo:

> Um analista de lógica está tentando desvendar um problema no qual três pessoas — Matheus, Letícia e Adriane — estão envolvidas. Para isso, ele tem de responder, com exatidão, a cidade onde cada um reside — Campinas, Santos ou São Paulo — e a profissão de cada um — dentista, professor ou segurança —, contando, apenas, com as seguintes informações:
>
> I. Adriane trabalha como dentista em uma clínica particular.
>
> II. A pessoa que mora em Campinas trabalha como professor.
>
> III. Matheus não mora em São Paulo e não trabalha como professor.
>
> Assim, qual o local de residência e a profissão de cada um deles?

Com a primeira informação, podemos associar o ser "Adriane" ao seu atributo "dentista" (●). E, se ela é dentista, ela é *só* dentista, e nenhum dos outros seres terá essa profissão (■).

	Campinas	Santos	São Paulo	dentista	professor	segurança
Matheus				■		
Letícia				■		
Adriane				●	■	■

Com a terceira informação, podemos desassociar o ser "Matheus" dos atributos "São Paulo" e "professor", sobrando para ele o atributo "segurança". Então, se ele é segurança, ele *só* é segurança e nenhum dos outros seres terá essa profissão.

	Campinas	Santos	São Paulo	dentista	professor	segurança
Matheus			■	■	■	●
Letícia				■		■
Adriane				●	■	■

Com a segunda informação, fechamos a tabela, pois a única profissão que sobrou para o ser "Letícia" foi "professor"; assim, fica associado a ela também o atributo "Campinas".

	Campinas	Santos	São Paulo	dentista	professor	segurança
Matheus			■	■	■	●
Letícia	●			■	●	■
Adriane				●	■	■

Se Letícia mora em Campinas, ela *só* mora em Campinas e os outros seres não moram.

	Campinas	Santos	São Paulo	dentista	professor	segurança
Matheus	■		■	■	■	●
Letícia	●	■	■	■	●	■
Adriane	■			●	■	■

Sobra, portanto, o atributo "Santos" para o ser "Matheus". E, se ele mora em Santos, os outros não moram nessa cidade.

	Campinas	Santos	São Paulo	dentista	professor	segurança
Matheus	■	●	■	■	■	●
Letícia	●	■	■	■	●	■
Adriane	■	■		●	■	■

Desta forma, sobra o atributo "São Paulo" para o ser "Adriane".

	Campinas	Santos	São Paulo	dentista	professor	segurança
Matheus	■	●	■	■	■	●
Letícia	●	■	■	■	●	■
Adriane	■	■	●	●	■	■

>>Parte I

Com as relações da tabela fechada, temos:

Matheus — Santos — segurança	→	Matheus mora em Santos e é segurança.
Letícia — Campinas — professor	→	Letícia mora em Campinas e é professora.
Adriane — São Paulo — dentista	→	Adriane mora em São Paulo e é dentista.

Verdades e mentiras

Nas questões que tratam de verdades e mentiras, frequentemente chamadas de "encontre o culpado", devemos levar em consideração, para o julgamento das informações dadas, *cinco aspectos fixos*.

1.	Quando perguntado a alguém se ele mente...	este só poderá responder **não**.
2.	Quando perguntado a alguém se ele fala a verdade...	este só poderá responder **sim**.
3.	Se há uma acusação de mentiroso...	um dos dois será o mentiroso (ou quem acusa é o mentiroso ou quem é acusado é o mentiroso, não havendo chance de outra combinação).
4.	Se há uma declaração de veracidade (verdade)...	ou os dois são verazes (verdadeiros) ou os dois são mentirosos (falsos) (ou quem acusa e quem é acusado é verdadeiro, ou quem acusa e quem é acusado é mentiroso, não havendo chance de outra combinação).
5.	Se não for verdadeiro...	não sendo verdadeiro, será mentiroso, pois não há terceira opção. (atendendo ao princípio do terceiro excluído).

Vejamos alguns exemplos.

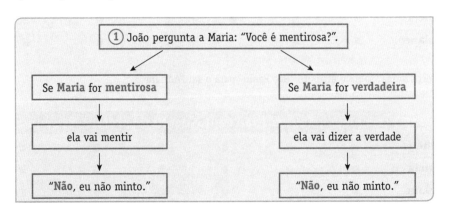

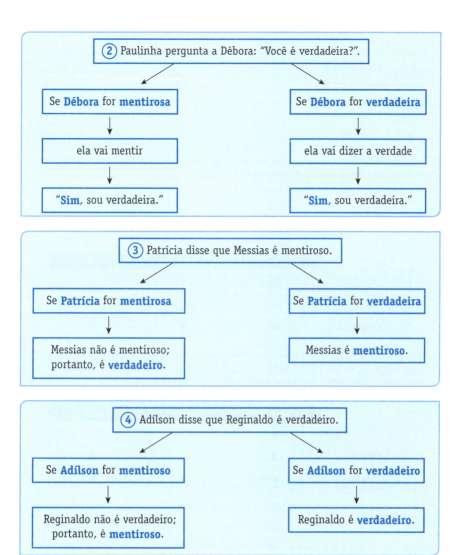

EXERCÍCIOS DE FIXAÇÃO – Múltipla escolha

1. (**Esaf – AFT**) Maria tem três carros: um Gol, um Corsa e um Fiesta. Um dos carros é branco, o outro é preto, e o outro é azul. Sabe-se que:

I. ou o Gol é branco, ou o Fiesta é branco,
II. ou o Gol é preto, ou o Corsa é azul,
III. ou o Fiesta é azul, ou o Corsa é azul,
IV. ou o Corsa é preto, ou o Fiesta é preto.

Portanto, as cores do Gol, do Corsa e do Fiesta são, respectivamente,

a) branco, preto, azul.
b) preto, azul, branco.
c) azul, branco, preto.
d) preto, branco, azul.
e) branco, azul, preto.

Temos quatro proposições compostas por disjunção exclusiva (v), pois não há dúvida de que os carros têm cores diferentes; então temos de lembrar que, para esse tipo de estrutura ser verdadeira, apenas uma das componentes deve ser verdadeira.

1ª hipótese: vamos considerar que na sentença I a componente verdadeira é "O Fiesta é branco" e, sendo este o carro branco, ele *só* é o branco e os outros não são dessa cor.

	branco	preto	azul
Gol	■		
Corsa	■		
Fiesta	●	■	■

Agora, vamos procurar uma informação conflitante com o que já temos. Se já sabemos, pela tabela, que o Fiesta é branco, então, na sentença III vamos considerar a componente verdadeira "O Corsa é azul". Sendo este o carro azul, ele *só* é azul e os outros não são dessa cor.

	branco	preto	azul
Gol	■		■
Corsa	■	■	●
Fiesta	●	■	■

Sobra assim apenas "preto" para o Gol, o que atende a sentença IV, mas não a sentença II. Assim, este teste mostrou-se **falso**.

Sentença IV: "ou o Corsa é preto, ou o Fiesta é preto". Pela tabela, constatamos que é possível atender a sentença IV, pois o Gol pode ser preto (verdadeiro) e, assim, com o Fiesta branco (conforme a tabela), a outra componente dessa sentença — "O Fiesta é preto" — seria falsa.

Sentença II: "ou o Gol é preto, ou o Corsa é azul". Pela tabela, é impossível atender a essa sentença, porque, como o Corsa já é azul, o Gol não pode ser preto. Teríamos aí as duas componentes verdadeiras, o que não pode ocorrer em uma disjunção exclusiva.

2ª hipótese: vamos considerar que na sentença I a componente verdadeira é "O Gol é branco" e, sendo ele o carro branco, ele *só* é o branco e os outros não são.

	branco	preto	azul
Gol	●	■	■
Corsa	■		
Fiesta	■		

Vamos procurar uma informação conflitante com o que já temos. Se já temos na tabela que o "Gol é branco", então, na sentença II vamos considerar a componente verdadeira "O Corsa é azul". Sendo o Corsa "o carro azul", ele *só* é o azul e os outros não são dessa cor.

	branco	preto	azul
Gol	●	■	■
Corsa	■	■	●
Fiesta	■		■

Desta forma, sobra apenas a cor preta para o Fiesta, o que atende tanto a sentença III quanto a IV. Este teste mostrou-se **verdadeiro**.
Assim, o Gol é branco, o Corsa é azul e o Fiesta é preto. Portanto, a resposta correta é a "e".

2. (**Esaf – CVM**) Cinco colegas foram a um parque de diversões e um deles entrou sem pagar. Apanhados por um funcionário do parque, que queria saber qual deles entrou sem pagar, eles informaram:

— Não fui eu, nem o Manuel — disse Marcos.
— Foi o Manuel ou a Maria — disse Mário.
— Foi a Mara — disse Manuel.
— O Mário está mentindo — disse Mara.
— Foi a Mara ou o Marcos — disse Maria.

Sabendo-se que um e somente um dos cinco colegas mentiu, conclui-se logicamente que quem entrou sem pagar foi:

a) Mário.
b) Marcos.
c) Mara.
d) Manuel.
e) Maria.

Temos aí um verdadeiro "encontre o culpado" ou, nesse caso, "encontre o caloteiro". Lembrando dos aspectos fixos para o julgamento em verdades e mentiras, ficará fácil resolver esta questão.
Perceba que o enunciado, após ter apresentado as declarações dos envolvidos, afirma que "um e somente um dos cinco colegas mentiu", ou seja, *todos os outros* falaram a *verdade*.
Utilizaremos aqui o terceiro aspecto de julgamento em "verdades e mentiras": "Se há uma acusação de mentiroso, um dos dois será o mentiroso", ou seja, quem acusa é o mentiroso ou quem é acusado é o mentiroso, não havendo chance de outra combinação.
Quando Mara diz que "Mário está mentindo", já fornece uma pista do mentiroso, pois, ao se acusar alguém de mentiroso, um dos dois é o mentiroso. Portanto, ou Mara ou Mário será o único mentiroso entre os cinco.
Assim, se todos os outros falaram a verdade, quando Manuel diz que foi a Mara, temos de acreditar nele.
Portanto, a resposta correta é a "c".

3. (**Inédito**) Em uma rua reta estão, lado a lado, uma padaria, uma joalheria, uma banca de jornal e um distrito policial, não necessariamente nessa ordem e disposição. O distrito policial ou não tem vizinho à esquerda ou não tem vizinho à direita. A padaria não está à esquerda do distrito policial e, imediatamente à sua esquerda, está a banca de jornal. O dono da joalheria se sente seguro por ser vizinho do distrito policial. Com essas informações, podemos concluir que:

a) as relações dadas são impossíveis.
b) o distrito policial está à direita da padaria.
c) a padaria está à esquerda do distrito policial.
d) a banca de jornal está à direita da joalheria.
e) a padaria está entre a banca de jornal e o distrito policial.

Este é um exercício do tipo multicritério, mas não vamos utilizar tabelas para sua resolução. São quatro as possíveis posições.

Vamos começar pelo distrito policial, que só poderá estar na extrema esquerda ou na extrema direita, pois ele não tem vizinho ou à esquerda ou à direita.

Vamos colocar a joalheria nos possíveis lugares: ao lado do distrito policial, conforme o enunciado.

A padaria, por não estar à esquerda do distrito policial, só poderá estar à sua direita, com a banca de jornal à sua esquerda.

Assim, a banca de jornal está à direita da joalheria. Portanto, a resposta correta é a "d".

4. (**Esaf – AFC**) Um agente de viagens atende três amigas. Uma delas é loura, outra é morena e a outra é ruiva. O agente sabe que uma delas se chama Bete, outra se chama Elza e a outra se chama Sara. Sabe, ainda, que cada uma delas fará uma viagem a um país diferente da Europa: uma delas irá à Alemanha, outra irá à França e a outra irá à Espanha. Ao agente de viagens, que queria identificar o nome e o destino de cada uma, elas deram as seguintes informações:

- A loura: "Não vou à França nem à Espanha".
- A morena: "Meu nome não é Elza nem Sara".
- A ruiva: "Nem eu nem Elza vamos à França".

O agente de viagens concluiu, então, acertadamente, que:
a) A loura é Sara e vai à Espanha.
b) A ruiva é Sara e vai à França.
c) A ruiva é Bete e vai à Espanha.
d) A morena é Bete e vai à Espanha.
e) A loura é Elza e vai à Alemanha.

Este é um exercício do tipo multicritério. Assim, vamos utilizar uma tabela multicritério.
Iniciando a montagem da tabela pela primeira declaração, já podemos atribuir à "loura" o destino "Alemanha", pois ela diz que não vai à França nem à Espanha. E se a loura vai à Alemanha, ela *só* vai à Alemanha e as outras não vão.

	Bete	Elza	Sara	Alemanha	França	Espanha
loura				●	■	■
morena				■		
ruiva				■		

Utilizando a segunda declaração, já podemos atribuir à "morena" o nome "Bete", pois ela diz que seu nome não é Elza nem Sara. Se a morena é a Bete, ela *só* é a Bete e as outras não.

	Bete	Elza	Sara	Alemanha	França	Espanha
loura	■		■	●	■	■
morena	●	■	■	■		
ruiva	■			■		

Com a terceira declaração, quando a ruiva diz "Nem eu nem Elza vamos à França", fechamos a tabela; se a ruiva está dizendo "nem eu nem Elza", isso significa que ela, a ruiva, não é a Elza, portanto podemos atribuir à "ruiva" o nome "Sara" e à "loura" o nome "Elza".

	Bete	Elza	Sara	Alemanha	França	Espanha
loura	■	●	■	●	■	■
morena	●	■	■	■		
ruiva	■	■	●	■		

Com essa mesma terceira declaração, podemos atribuir à "ruiva" o destino "Espanha". Se ela vai à Espanha, ela *só* vai à Espanha, e as outras não vão. Assim, sobra para a "morena" apenas o destino "França".

	Bete	Elza	Sara	Alemanha	França	Espanha
loura	■	●	■	●	■	■
morena	●	■	■	■	●	■
ruiva	■	■	●	■	■	●

Assim, Sara é ruiva e viajará para a Espanha; Elza é loura e irá para a Alemanha e Bete é morena e terá a França como destino. Portanto, a resposta correta é a "e".

Cuidado na aplicação do vocábulo **só** (limitador). Para a questão que acabamos de resolver, a posição do **só** não alteraria a resposta, mas vale lembrar que "Ela **só** vai à Espanha" é diferente de "**Só** ela vai à Espanha".

Vejamos outras comparações:

Só os músicos limparão os instrumentos amanhã (e nenhuma outra pessoa).
Os músicos, amanhã, **só** limparão os instrumentos (não farão outra coisa).
Os músicos, amanhã, limparão **só** os instrumentos (não limparão outra coisa).
Os músicos limparão os instrumentos **só** amanhã (não limparão hoje).

5. (**Inédito**) João perguntou a Marcelo se ele estava mentindo. Como não entendeu a resposta, perguntou a Júlio o que Marcelo havia respondido. Júlio respondeu: "Sim". Lá da sala, Maria gritou: "Se Júlio estiver dizendo a verdade, eu sou mentirosa, mas, de qualquer forma, Marcelo é um cara verdadeiro". Assim:

a) Marcelo é mentiroso.
b) Maria é mentirosa.
c) João é mentiroso.
d) Maria é verdadeira.
e) Júlio é verdadeiro.

O enunciado se vale de três dos quatro aspectos fixos de verdades e mentiras.
O primeiro aspecto é utilizado quando João pergunta se Marcelo está mentindo. Daí conclui-se que a resposta só pode ser "não". Por isso, já podemos afirmar que Júlio é mentiroso, pois ele disse a João que Marcelo respondera "sim".
O segundo aspecto é utilizado quando Maria grita "Se Júlio estiver dizendo a verdade, eu sou mentirosa". Daí conclui-se que um dos dois tem de ser mentiroso. Já sabemos que entre os dois o mentiroso é o Júlio. Portanto, Maria é verdadeira.
O terceiro aspecto é utilizado quando Maria diz "de qualquer forma, Marcelo é um cara verdadeiro". Daí conclui-se que ou os dois são verdadeiros ou os dois são mentirosos. Como já se sabe que Maria é verdadeira, então Marcelo é verdadeiro.
Conclusão:
Júlio é mentiroso.
Maria é verdadeira.
Marcelo é verdadeiro.
Portanto, a resposta correta é a "d".

6. (**Esaf – AFT**) De três irmãos — José, Adriano e Caio —, sabe-se que ou José é o mais velho, ou Adriano é o mais moço. Sabe-se, também, que ou Adriano é o mais velho, ou Caio é o mais velho. Então, o mais velho e o mais moço dos três irmãos são, respectivamente:

a) Caio e José.
b) Caio e Adriano.
c) Adriano e Caio.
d) Adriano e José.
e) José e Adriano.

Temos duas proposições compostas por disjunção exclusiva (v), pois não há dúvida de que os irmãos não têm a mesma idade. Sabemos que, para esse tipo de estrutura ser verdadeiro, apenas uma das componentes deve ser verdadeira.
Destacando as proposições, fica subentendida a idade do meio (nem mais velho, nem mais novo).
I. "ou José é o mais velho, ou Adriano é o mais moço."
II. "ou Adriano é o mais velho, ou Caio é o mais velho."

1ª hipótese: vamos montar a tabela multicritério.

Primeiro vamos considerar que na sentença I a componente verdadeira seja "José é o mais velho"; portanto, Adriano não é o mais moço, sobrando apenas a idade do meio para ele.

	mais velho	do meio	mais moço
José	●	■	■
Adriano	■	●	■
Caio			

Com a segunda sentença, podemos perceber que **este teste mostrou-se falso**, pois as duas componentes apontam para uma pessoa mais velha (ou Adriano, ou Caio), enquanto a tabela aponta José como mais velho.

2ª hipótese: agora, vamos considerar que na sentença I a componente verdadeira é "Adriano é o mais moço"; portanto, José não poderá ser o mais velho, sobrando apenas a idade do meio para ele.

	mais velho	do meio	mais moço
José	■	●	■
Adriano	■	■	●
Caio		■	■

Como sobra apenas a característica "mais velho" para Caio, não precisaríamos da sentença II, mas, de qualquer forma, "ou Adriano é o mais velho, ou Caio é o mais velho".
Uma das duas componentes tem de ser verdadeira. Como a primeira ("Adriano é o mais velho") é falsa, pois já temos Adriano como o mais moço, a verdadeira é a segunda ("Caio é o mais velho"), como a tabela já tinha demonstrado.

	mais velho	do meio	mais moço
José	■	●	■
Adriano	■	■	●
Caio	●	■	■

Portanto, a resposta correta é a "b".

7. **(Esaf – AFT/MTE)** Três amigos — Luís, Marcos e Nestor — são casados com Teresa, Regina e Sandra (não necessariamente nesta ordem). Perguntados sobre os nomes das respectivas esposas, os três fizeram as seguintes declarações:

Nestor: "Marcos é casado com Teresa".
Luís: "Nestor está mentindo, pois a esposa de Marcos é Regina".
Marcos: "Nestor e Luís mentiram, pois a minha esposa é Sandra".

Sabendo-se que o marido de Sandra mentiu e que o marido de Teresa disse a verdade, segue-se que as esposas de Luís, Marcos e Nestor são, respectivamente:

a) Sandra, Teresa, Regina.
b) Sandra, Regina, Teresa.
c) Regina, Sandra, Teresa.
d) Teresa, Regina, Sandra.
e) Teresa, Sandra, Regina.

A questão utiliza o terceiro aspecto fixo de verdades e mentiras.
Quando Luís afirma que Nestor está mentindo, ou ele ou Nestor é mentiroso, nunca os dois. Isso invalida o que Marcos disse; portanto, já sabemos que Marcos mentiu e, por isso, não pode ser marido de Teresa, pois o enunciado diz que o marido de Teresa disse a verdade.
Assim, já sabemos que a esposa de Marcos não pode ser nem Sandra nem Teresa, sobrando apenas Regina. Portanto, Marcos e Regina formam um casal.
Nestor mentiu, pois ele disse que Teresa é esposa de Marcos, mas já vimos que Marcos não pode ser marido de Teresa. Como Nestor mentiu, sua esposa tem de ser Sandra, uma vez que o enunciado diz que o marido de Sandra mentiu. Assim, Nestor e Sandra formam um casal.
Luís disse a verdade, pois entre ele e Nestor já descobrimos que o mentiroso é o Nestor. Como Luís disse a verdade, a esposa dele tem de ser Teresa, pois o enunciado diz que o marido de Teresa disse a verdade. Concluímos também que Luís e Teresa formam um casal.
Portanto, a resposta correta é a "d".

8. (**Inédito**) Dentro de uma caixa existem três bolas: A, B e C. Uma delas é vermelha, uma é azul e outra é branca. Leia as afirmações:

I. A bola A é vermelha.
II. A bola B não é vermelha.
III. A bola C não é azul.

Considerando que apenas uma dessas frases é verdadeira, assinale a alternativa correta.

a) A bola C é verde.
b) A bola C é vermelha.
c) A bola A é azul e a C é branca.
d) A bola B é azul.
e) A bola B é branca e a A é vermelha.

O enunciado apresenta três sentenças e afirma que apenas uma é verdadeira. Assim, vamos utilizar a tabela de hipóteses para a resolução.
Dentro da tabela devemos atribuir uma cor a cada uma das bolas, dependendo do valor-verdade (ou V ou F) atribuído a cada uma das sentenças.
Para gerar o primeiro teste, vamos considerar que a sentença I é a verdadeira (V); portanto, as outras duas são falsas (F).
Assim:
A primeira sentença afirma que "A bola A é vermelha". Como a estamos considerando uma verdade (V), a cor atribuída à bola A deverá ser "vermelha".
A segunda sentença afirma que "A bola B não é vermelha". Como a estamos considerando falsa (F), a cor atribuída à bola B deverá ser "vermelha".
A terceira sentença afirma que "A bola C não é azul". Como a estamos considerando também falsa (F), a cor atribuída à bola C deverá ser "azul".
Neste primeiro teste, os resultados não são possíveis, pois apresentam cores *iguais* para as bolas A (Vermelha) e B (Vermelha), enquanto o enunciado informa que as bolas têm cores *diferentes*.

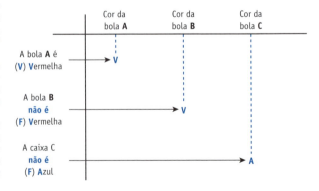

Para gerar o segundo teste, vamos considerar que a sentença II é a verdadeira (V); portanto, as outras duas são falsas (F).

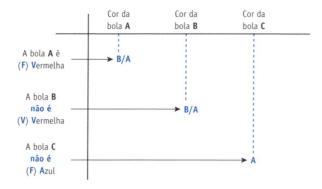

Neste segundo teste, os resultados também não são possíveis, porque, se a bola C é "azul", as outras duas não podem ser dessa cor. Assim, sobram cores *iguais* para as bolas A (Branca) e B (Branca), conclusão que contraria o que o enunciado informa: as bolas têm cores *diferentes*.
Para gerar o terceiro teste, vamos considerar a sentença III como a verdadeira (V); portanto, as outras duas são falsas (F).

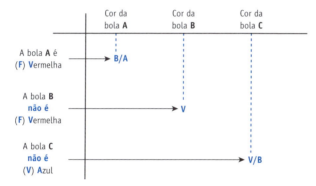

Neste terceiro teste, os resultados são possíveis, porque, se a bola B é vermelha, a bola C não é dessa cor, sobrando para ela a cor branca. Se a bola C é branca, então a bola A não é dessa cor, sobrando para ela a cor azul.
Assim, temos:
A bola A é azul.
A bola B é vermelha.
A bola C é branca.
Portanto, a resposta correta é a "c".

9. (**Esaf – TTN**) Quatro amigos, André, Beto, Caio e Dênis, obtiveram os quatro primeiros lugares em um concurso de oratória julgado por uma comissão de três juízes. Ao comunicarem a classificação final, cada juiz anunciou duas colocações, sendo uma delas verdadeira e a outra falsa:

Juiz 1: "André foi o primeiro; Beto foi o segundo".
Juiz 2: "André foi o segundo; Dênis foi o terceiro".
Juiz 3: "Caio foi o segundo; Dênis foi o quarto".

Sabendo que não houve empates, o primeiro, o segundo, o terceiro e o quarto colocados foram, respectivamente:

a) André, Caio, Beto, Dênis.
b) André, Caio, Dênis, Beto.
c) Beto, André, Dênis, Caio.
d) Beto, André, Caio, Dênis.
e) Caio, Beto, Dênis, André.

Nesta questão, vamos utilizar uma variante da tabela de hipóteses. Como cada juiz anunciou duas colocações, sendo uma verdadeira e uma falsa, temos de julgar o que é verdadeiro (V) e o que é falso (F) dentro da tabela, em vez de nos basearmos na coluna vertical externa, como fizemos até agora. Primeiro, vamos colocar na tabela, de uma só vez, todos os anúncios feitos pelos juízes.
Como sabemos que cada juiz fez uma declaração verdadeira e outra falsa, vamos começar julgando que a primeira declaração do primeiro juiz é a verdadeira, o que deixa André em 1º lugar.

	1º lugar	2º lugar	3º lugar	4º lugar
Juiz 1	André (V)	Beto (F)		
Juiz 2		André (F)	Dênis (V)	
Juiz 3		Caio		Dênis

Como André está em 1º lugar, ele próprio não pode estar em 2º. Assim, André em 2º lugar é a mentira do segundo juiz; portanto, a outra é a verdade.

	1º lugar	2º lugar	3º lugar	4º lugar
Juiz 1	André (V)	Beto (F)		
Juiz 2		André (F)	Dênis (V)	
Juiz 3		Caio (V)		Dênis (F)

Como Dênis está em 3º lugar, ele próprio não pode estar em 4º. Assim, Dênis em 4º lugar é a mentira do terceiro juiz; portanto, a outra é a verdade.

	1º lugar	2º lugar	3º lugar	4º lugar
Juiz 1	André (V)	Beto (F)		
Juiz 2		André	Dênis	
Juiz 3		Caio		Dênis

Ao observar a última tabela, podemos perceber que não há conflitos entre o que julgamos verdadeiro (V) e o que julgamos falso (F).
André ficou em 1º lugar.
Caio ficou em 2º lugar.
Dênis ficou em 3º lugar.
Beto (o que sobrou) ficou em 4º lugar.
Portanto, a resposta correta é a "b".

10. (**Olimpíada de Matemática/RJ**) Alice, Beatriz, Célia e Dora apostaram uma corrida. Quando perguntado quem ganhou, algumas delas responderam:

Alice: Célia ganhou e Beatriz chegou em segundo.
Beatriz: Célia chegou em segundo e Dora em terceiro.
Célia: Dora foi a última e Alice a segunda.
Sabendo-se que cada uma das meninas disse uma verdade e uma mentira, pergunta-se: quem foi a vencedora?

a) Beatriz
b) Célia
c) Lúcia
d) Alice
e) Dora

Esta questão é muito parecida com a anterior, então, vamos utilizar a mesma variante da tabela de hipótese. Cada menina anunciou duas colocações, sendo uma verdadeira e uma falsa. Primeiro, vamos colocar na tabela, de uma só vez, todas as declarações feitas pelas meninas.

Como sabemos que cada menina fez uma declaração verdadeira e outra falsa, vamos começar julgando que a primeira declaração da Alice é a verdadeira, o que classifica Célia em 1º lugar.

	1º lugar	2º lugar	3º lugar	4º lugar
Alice	Célia (V)	Beatriz (F)		
Beatriz		Célia	Dora	
Célia		Alice		Dora

Como Célia está em 1º lugar, ela não pode estar em 2º. Assim, Célia em 2º lugar é a mentira da Beatriz; portanto, a outra é a sua verdade.

	1º lugar	2º lugar	3º lugar	4º lugar
Alice	Célia (V)	Beatriz (F)		
Beatriz		Célia (F)	Dora (V)	
Célia		Alice		Dora

Como Dora está em 3º lugar, ela própria não pode estar em 4º. Assim, Dora em 4º lugar é a mentira da Célia; portanto, a outra é a sua verdade.

	1º lugar	2º lugar	3º lugar	4º lugar
Alice	Célia (V)	Beatriz (F)		
Beatriz		Célia (F)	Dora (V)	
Célia		Alice (V)		Dora (F)

Observando a última tabela, podemos perceber que não há conflitos entre o que julgamos verdadeiro (V) e o que julgamos falso (F).
Célia ficou em 1º lugar.
Alice ficou em 2º lugar.
Dora ficou em 3º lugar.
Beatriz (a que sobrou) ficou em 4º lugar.
Portanto, a resposta correta é a "b".

11. (**Inédito**) Dias, Souza e Macedo nasceram em cidades diferentes: um deles nasceu em Brasília, outro em Recife e o outro em São Paulo. Sabe-se ainda que apenas uma das informações abaixo é verdadeira.
I. Dias nasceu em Brasília.
II. Souza não nasceu em Brasília.
III. Macedo não nasceu em Recife.
Nessas condições, assinale a alternativa correta.
a) Souza nasceu em Brasília e Macedo em São Paulo.
b) Dias nasceu em Recife e Souza em São Paulo.
c) Dias nasceu em São Paulo e Macedo em Brasília.
d) Dias nasceu em Brasília e Souza em Recife.
e) Souza nasceu em São Paulo e Macedo em Recife.

No enunciado, há três sentenças, das quais apenas uma é verdadeira. Assim, vamos utilizar a tabela de hipóteses para a resolução.
Na tabela, devemos atribuir uma cidade a cada uma das pessoas, o que dependerá do valor-verdade (ou V ou F) atribuído a cada sentença.
Ao gerar o primeiro teste, vamos considerar a primeira sentença a verdadeira (V); portanto, as outras duas são falsas (F).

Assim, na primeira sentença afirma-se que "Dias nasceu em Brasília". Como a estamos considerando uma verdade (V), a cidade atribuída ao Dias deverá ser "Brasília".
Na segunda, afirma-se que "Souza não nasceu em Brasília". Como a estamos considerando falsa (F), a cidade atribuída ao Souza deverá ser "Brasília".
Na terceira sentença, afirma-se que "Macedo não nasceu em Recife". Como também a estamos considerando falsa (F), a cidade atribuída ao Macedo deverá ser "Recife".

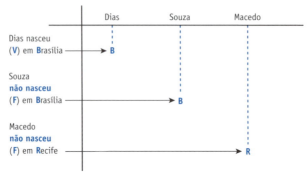

Neste primeiro teste, os resultados não são possíveis, pois apresentam cidades *iguais* para **Dias** (**B**) e **Souza** (**B**), quando o enunciado informa que eles nasceram em cidades *diferentes*.
Ao gerar o segundo teste, vamos considerar a segunda sentença a **verdadeira** (**V**); portanto, as outras duas são falsas (**F**).

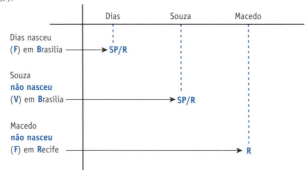

Neste segundo teste, os resultados também não são possíveis, porque, se Macedo nasceu em Recife, os outros dois não podem ter nascido na mesma cidade, sobrando, assim, cidades *iguais* para Dias (SP) e Souza (SP), o que contraria o que o enunciado informa: que as pessoas nasceram em cidades *diferentes*.
Gerando o terceiro teste, vamos considerar então a terceira sentença a verdadeira (V); portanto, as outras duas são falsas (F).

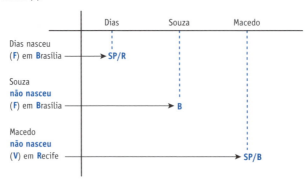

Neste terceiro teste, os resultados são possíveis, porque, se Souza nasceu em Brasília, Macedo não nasceu nessa cidade, sobrando para ele a cidade de São Paulo. Se Macedo nasceu em São Paulo, então Dias não nasceu aí, sobrando para ele a cidade de Recife.

Assim, temos:
Dias nasceu em Recife.
Souza nasceu em Brasília.
Macedo nasceu em São Paulo.
Portanto a alternativa correta é a "a".

Nas tabelas de hipótese, se o 1º teste se mostrar falso, os outros testes necessários (2º e/ou 3º) poderão ser resolvidos pelas respostas já obtidas no 1º.
Se já atribuímos a uma ou mais linhas um valor-verdade qualquer (ou V ou F) e vamos atribuir a essa mesma linha o mesmo valor-verdade, o resultado para a linha será o mesmo já obtido, bastando repeti-lo.

Se já consideramos verdadeira (V) uma linha qualquer e agora vamos considerá-la falsa (F), e vice-versa, é só lembrar que falso é o inverso do verdadeiro e atribuir a cada linha o inverso do resultado atribuído antes, evitando, com isso, a releitura do enunciado.

O inverso do resultado da linha deve seguir as possibilidades da questão. Assim, se a questão apresenta como possibilidades, por exemplo, os formatos triangular, quadrado e redondo, o inverso de cada um desses formatos será os outros dois formatos restantes.

Por exemplo: se, no 1º teste, considero como verdadeiro (V) "O formato 1 é triangular", "triangular" ocupará a posição **1** da tabela.
Então, se "triangular" está nessa posição da tabela e temos de testar essa hipótese agora como falsa, passaremos a ter, na posição **1**, "quadrado/redondo".

12. **(Cespe/UnB – TCE/AC)** Leonardo, Caio e Márcio são considerados suspeitos de praticar um crime. Ao serem interrogados por um delegado, Márcio disse que era inocente e que Leonardo e Caio não falavam a verdade. Leonardo disse que Caio não falava a verdade, e Caio disse que Márcio não falava a verdade.

A partir das informações dessa situação hipotética, é correto afirmar que

a) os três rapazes mentem.
b) dois rapazes falam a verdade.
c) nenhuma afirmação feita por Márcio é verdadeira.
d) Márcio mente, e Caio fala a verdade.
e) Márcio é inocente e fala a verdade.

O enunciado utiliza o terceiro aspecto fixo de verdades e mentiras.
Primeiro, vamos organizar as declarações:
I. "Leonardo disse que Caio não falava a verdade."
II. "Caio disse que Márcio não falava a verdade."
III. "Márcio disse que era inocente e que Leonardo e Caio não falavam a verdade."
Da declaração I, concluímos que ou Leonardo é mentiroso, ou Caio é mentiroso, pois Leonardo acusou Caio de não falar a verdade. Isso invalida a declaração de Márcio, porque, se ele estiver falando a verdade, os outros dois têm de ser mentirosos. Consequentemente, temos:
Márcio não é inocente, pois está mentindo.
Caio é verdadeiro, pois acusou Márcio de mentiroso e ele realmente é.
Leonardo é mentiroso, pois entre ele e Caio, como já vimos, um dos dois tem de ser mentiroso.
Portanto, a resposta correta é a "d".

13. (**Inédito**) Três jornais noticiaram o resultado de uma determinada corrida entre três atletas de uma mesma cidade. O primeiro jornal publicou: Juca, nosso ilustre corredor, foi o campeão da corrida. A notícia no segundo jornal foi: Desta vez Nilo não foi o último colocado. O terceiro jornal publicou: Mais uma vez o corredor Beco ficou sem levar o título. Sabendo-se que apenas um dos jornais publicou a matéria **corretamente** e que não houve empate entre os três atletas, assinale a alternativa correta:

a) Nilo foi o segundo e Jonas foi o sexto.
b) Beco foi o terceiro ou Nilo foi o primeiro.
c) Jonas foi o terceiro ou Beco foi o primeiro.
d) Beco foi o segundo e Juca foi o terceiro.
e) Juca foi o segundo ou Nilo foi o primeiro.

O enunciado apresenta três declarações, das quais apenas uma é verdadeira. Assim, vamos utilizar a tabela de hipóteses para sua resolução.
Primeiro, vamos destacar as declarações dos jornais:

Jornal	Declaração
primeiro	Juca, nosso ilustre corredor, foi o campeão da corrida.
segundo	Desta vez Nilo não foi o último colocado.
terceiro	Mais uma vez o corredor Beco ficou sem levar o título.

Na tabela, devemos atribuir uma posição a cada um dos atletas, que dependerá do valor-verdade (ou V ou F) atribuído a cada sentença.
Gerando o primeiro teste, vamos considerar a sentença I como a verdadeira (V); portanto, as outras duas são falsas (F).

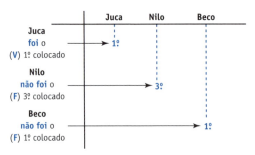

O primeiro teste mostra resultados impossíveis, pois apresenta posições *iguais* para Juca (1º) e Beco (1º), quando o enunciado afirma que não houve empate.
Gerando o segundo teste, vamos considerar a sentença II a verdadeira (V); portanto, as outras duas são falsas (F).

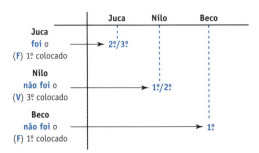

164 >>Parte I

Neste segundo teste, os resultados são possíveis, porque, se Beco ficou em 1º lugar, Nilo não obteve essa classificação, sobrando para ele o 2º lugar. Se Nilo ficou em 2º lugar, Juca não ocupou essa posição, sobrando para ele o 3º lugar.
Observando a terceira alternativa, podemos perceber que se trata de uma disjunção e, apesar de a primeira componente ser falsa, a segunda garante a validação da alternativa por ser verdadeira.
Portanto, a resposta correta é a "c".

14. (**Esaf – AFT**) Um crime foi cometido por uma e apenas uma pessoa de um grupo de cinco suspeitos: Armando, Celso, Edu, Juarez e Tarso. Perguntados sobre quem era o culpado, cada um deles respondeu:

Armando: "Sou inocente".
Celso: "Edu é o culpado".
Edu: "Tarso é o culpado".
Juarez: "Armando disse a verdade".
Tarso: "Celso mentiu".

Sabendo-se que apenas um dos suspeitos mentiu e que todos os outros disseram a verdade, pode-se concluir que o culpado é:

a) Armando.
b) Celso.
c) Edu.
d) Juarez.
e) Tarso.

O enunciado utiliza o terceiro aspecto fixo de verdades e mentiras. Como Tarso acusou Celso de mentiroso, o único mentiroso entre os cinco suspeitos está entre esses dois personagens (Tarso ou Celso). Assim, se todos os outros disseram a verdade, o que Edu disse tem de ser verdade. Ele disse: "Tarso é o culpado". Então, o culpado é mesmo Tarso. Portanto, a resposta correta é a "e".

15. (**Esaf – CVM**) Percival encontra-se à frente de três portas, numeradas de 1 a 3, cada uma das quais conduz a uma sala diferente. Em uma das salas, encontra-se uma linda princesa; em outra, um valioso tesouro; finalmente, na outra, um feroz dragão. Em cada uma das portas encontra-se uma inscrição:

Porta 1: "Se procuras a linda princesa, não entres; ela está atrás da porta 2."

Porta 2: "Se aqui entrares, encontrarás um valioso tesouro; mas cuidado: não entres na porta 3 pois atrás dela encontra-se um feroz dragão."

Porta 3: "Podes entrar sem medo pois atrás desta porta não há dragão algum."

Alertado por um mago de que uma e somente uma dessas inscrições é falsa (sendo as duas outras verdadeiras), Percival conclui, então, corretamente, que atrás das portas 1, 2 e 3 encontram-se, respectivamente:

a) o feroz dragão, o valioso tesouro, a linda princesa.
b) a linda princesa, o valioso tesouro, o feroz dragão.
c) o valioso tesouro, a linda princesa, o feroz dragão.
d) a linda princesa, o feroz dragão, o valioso tesouro.
e) o feroz dragão, a linda princesa, o valioso tesouro.

A questão utiliza uma *variação* do terceiro aspecto fixo de verdades e mentiras: quando se acusa alguém de mentiroso, um dos dois é mentiroso, mas nunca os dois.
A inscrição da porta 3 ("não há dragão algum") é o mesmo que dizer que na porta 2 está escrita uma mentira ("encontra-se um feroz dragão"); portanto, ou a inscrição da porta 2 ou a inscrição da porta 3 é falsa. Assim, a inscrição da porta 1 terá de ser, necessariamente, verdadeira.
Já sabemos então que atrás da porta 2 está "a linda princesa", conforme inscrição da porta 1, que é verdadeira. Então, a falsa é a inscrição da porta 2, pois atrás dela não está "o valioso tesouro", e, consequentemente, não há dragão atrás da porta 3, mas, sim, "o valioso tesouro".

Sobrou apenas o dragão para a porta 1. Vamos colocar as informações na ordem solicitada:
Porta 1: dragão
Porta 2: princesa
Porta 3: tesouro
Portanto, a resposta correta é a "e".

16. (**Esaf – MPU**) Uma empresa de alta tecnologia produz androides de dois tipos: os de tipo V, que sempre dizem a verdade, e os de tipo M, que sempre mentem. Dr. Turing, um especialista em inteligência artificial, está examinando um grupo de cinco androides, rotulados de Alfa, Beta, Gama, Delta e Épsilon, fabricados por essa empresa, para determinar quantos entre esses cinco são do tipo V. Ele pergunta para Alfa: "Você é do tipo M?". Alfa responde, mas o Dr. Turing, distraído, não ouve a resposta. Os androides restantes fazem, então, as seguintes declarações:

Beta diz: "Alfa respondeu que sim".
Gama diz: "Beta está mentindo".
Delta diz: "Gama está mentindo".
Épsilon diz: "Alfa é do tipo M".
Com essas informações o Dr. Turing:
a) pode concluir corretamente que o número de androides do tipo M era 4.
b) só pode concluir corretamente o número de androides do tipo M.
c) pode concluir corretamente que o número de androides do tipo V era 2.
d) pode concluir corretamente que o número de androides do tipo V era 3.
e) não pode concluir o número correto de androides do tipo V.

A questão utiliza o primeiro e o terceiro aspectos fixos de verdades e mentiras.
Vamos considerar cada uma das declarações:

Alfa responde: "não", pois foi perguntado se ele era mentiroso.

Beta diz: "Alfa respondeu que sim" → Mentiroso

Gama diz: "Beta está mentindo" → Verdadeiro

Delta diz: "Gama está mentindo" → Mentiroso

Épsilon diz: "Alfa é do tipo M".

Perceba que Épsilon está acusando Alfa de mentiroso, então um dos dois é mentiroso e um dos dois é verdadeiro; assim, entre Épsilon e Alfa, consideramos um deles como verdadeiro e um como mentiroso. Deste modo, chegamos à conclusão de 2 verdadeiros e 3 mentirosos.
Portanto, a resposta correta é a "c".

17. (**Esaf – AFC**) Cinco aldeões foram trazidos à presença de um velho rei, acusados de haver roubado laranjas do pomar real. Abelim, o primeiro a falar, falou tão baixo que o rei, que era um pouco surdo, não ouviu o que ele disse. Os outros quatro acusados disseram:

Bebelim: "Cebelim é inocente".
Cebelim: "Dedelim é inocente".
Dedelim: "Ebelim é culpado".
Ebelim: "Abelim é culpado".

O mago Merlim, que vira o roubo das laranjas e ouvira as declarações dos cinco acusados, disse então ao rei: "Majestade, apenas um dos cinco acusados é culpado, e ele disse a verdade; os outros quatro são inocentes e todos os quatro mentiram".

O velho rei, que embora um pouco surdo era muito sábio, logo concluiu corretamente que o culpado era:
a) Abelim.
b) Bebelim.
c) Cebelim.
d) Dedelim.
e) Ebelim.

Vamos resolver a questão interpretando as declarações dos aldeões.

Como apenas o culpado falou a verdade, Abelim só pode ter dito que é culpado, mas pode ter mentido ou não. Assim: se Abelim for verdadeiro, ele é culpado e diria: "Sou culpado". Se for mentiroso, não é culpado e diria: "Sou culpado". Então, não podemos concluir coisa alguma sobre Abelim, por enquanto.

Vamos então às outras declarações:

Ebelim: "Abelim é culpado". Se Ebelim está acusando outro, então ele é *inocente*, porque, se fosse culpado — e o culpado não mentiu —, teria dito: "Sou eu o culpado". Ebelim não é culpado.

Dedelim: "Ebelim é culpado". Se Dedelim está acusando outro, então ele é *inocente*, porque, se fosse culpado — e o culpado não mentiu —, teria dito: "Sou eu o culpado". Dedelim não é culpado.

Bebelim: "Cebelim é inocente". Se essa declaração é verdade, Bebelim é culpado, pois está dizendo a verdade, e o culpado foi o único que não mentiu. Mas a declaração de Bebelim *não pode ser verdadeira*, porque, se Cebelim é inocente, está mentindo (todos os inocentes mentiram) quando diz que Dedelim é inocente; portanto, Dedelim seria culpado, o que já vimos não ser verdade. Assim, se a declaração de Bebelim não pode ser verdadeira, ele está mentindo. Bebelim não é culpado.

Cebelim: "Dedelim é inocente". Essa sim é uma declaração verdadeira; portanto Cebelim está dizendo a verdade e, segundo o enunciado, quem disse a verdade é o culpado. Cebelim é culpado.
Portanto, a resposta correta é a "c".

18. (**Esaf – Serpro**) Depois de um assalto a um banco, quatro testemunhas deram quatro diferentes descrições do assaltante segundo quatro características, a saber: estatura, cor de olhos, tipo de cabelos e usar ou não bigode.

Testemunha 1: "Ele é alto, olhos verdes, cabelos crespos e usa bigode".

Testemunha 2: "Ele é baixo, olhos azuis, cabelos crespos e usa bigode".

Testemunha 3: "Ele é de estatura mediana, olhos castanhos, cabelos lisos e usa bigode".

Testemunha 4: "Ele é alto, olhos negros, cabelos crespos e não usa bigode".

Cada testemunha descreveu corretamente uma e apenas uma das características do assaltante, e cada característica foi corretamente descrita por uma das testemunhas. Assim, o assaltante é:
a) baixo, olhos azuis, cabelos lisos e usa bigode.
b) alto, olhos azuis, cabelos lisos e usa bigode.
c) baixo, olhos verdes, cabelos lisos e não usa bigode.
d) estatura mediana, olhos verdes, cabelos crespos e não usa bigode.
e) estatura mediana, olhos negros, cabelos crespos e não usa bigode.

Vamos utilizar a tabela multicritério.

testemunha	estatura	olhos	cabelos	bigode
1	alto	verdes	crespos	usa
2	baixo	azuis	crespos	usa
3	mediana	castanhos	lisos	usa
4	alto	negros	crespos	não usa

Como cada característica foi corretamente descrita apenas por uma testemunha, podemos deduzir que o assaltante não usa bigode, pois três testemunhas (1, 2 e 3) disseram que ele usa. Além disso, o assaltante não tem cabelos crespos, porque também três testemunhas (1, 2 e 4) disseram que ele tem.

testemunha	estatura	olhos	cabelos	bigode
1	alto	verdes	~~crespos~~	~~usa~~
2	baixo	azuis	~~crespos~~	~~usa~~
3	mediana	castanhos	**lisos**	~~usa~~
4	alto	negros	~~crespos~~	**não usa**

A testemunha 4 já acertou dizendo que o assaltante "não usa bigode"; então, todas as outras descrições dessa testemunha estão erradas, o que permite afirmar que o assaltante *não é alto* e *não tem olhos negros*.
Da mesma forma, a testemunha 3 já acertou ao declarar que o assaltante "tem cabelos lisos"; então, todas as outras descrições dessa testemunha estão erradas, o que permite afirmar que o assaltante *não tem olhos castanhos* e *não tem estatura mediana*.

testemunha	estatura	olhos	cabelos	bigode
1	~~alto~~	verdes	~~crespos~~	~~usa~~
2	**baixo**	azuis	~~crespos~~	~~usa~~
3	~~mediana~~	~~castanhos~~	**lisos**	~~usa~~
4	~~alto~~	~~negros~~	~~crespos~~	**não usa**

Ficamos apenas com a estatura "baixo", o que torna errada a descrição "olhos azuis" dessa testemunha.

testemunha	estatura	olhos	cabelos	bigode
1	~~alto~~	**verdes**	~~crespos~~	~~usa~~
2	**baixo**	~~azuis~~	~~crespos~~	~~usa~~
3	~~mediana~~	~~castanhos~~	**lisos**	~~usa~~
4	~~alto~~	~~negros~~	~~crespos~~	**não usa**

Assim, o assaltante tem estatura baixa, olhos verdes, cabelos lisos e não usa bigode. Portanto, a resposta correta é a "c".

Questões de provas comentadas

Reunimos aqui uma bateria de questões retiradas de provas de concursos públicos e algumas de vestibulares sobre toda a parte de Lógica estudada. Todas essas questões têm a resolução comentada.

A exemplo dos exercícios de fixação ao final de cada capítulo, aqui os testes de múltipla escolha ou de julgamento (certo ou errado) estão separados; entretanto, não estão na ordem do conteúdo apresentado, para que você, leitor, ao estudar, também treine sua capacidade de distinguir a habilidade que cada questão exige e qual parte da matéria exposta é necessária para resolvê-la. Boa sorte!

>>> Múltipla escolha

1. (**Esaf – AFC/CGU**) Ana é prima de Bia, ou Carlos é filho de Pedro. Se Jorge é irmão de Maria, então Breno não é neto de Beto. Se Carlos é filho de Pedro, então Breno é neto de Beto. Ora, Jorge é irmão de Maria. Logo:
a) Carlos é filho de Pedro ou Breno é neto de Beto.
b) Breno é neto de Beto e Ana é prima de Bia.
c) Ana não é prima de Bia e Carlos é filho de Pedro.
d) Jorge é irmão de Maria e Breno é neto de Beto.
e) Ana é prima de Bia e Carlos não é filho de Pedro.

A questão apresenta estruturas de disjunção e de condicional. Vamos utilizar os diagramas lógicos para as condicionais e analisar, posteriormente, a disjunção.
Vamos representar logicamente os dados do problema.
Ana é prima de Bia = A
Carlos é filho de Pedro = B
Jorge é irmão de Maria = C
Breno não é neto de Beto = D
Breno é neto de Beto = F
Jorge é irmão de Maria = Verdadeiro
I. Se Jorge é irmão de Maria, então Breno não é neto de Beto.
II. Se Carlos é filho de Pedro, então Breno é neto de Beto.
Portanto, Jorge é irmão de Maria.

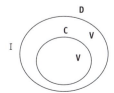 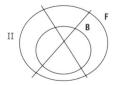

No diagrama I, a sentença "Ora, Jorge é irmão de Maria" afirma a proposição de dentro; assim, temos de afirmar também a de fora.
Perceba que a afirmação de D ("Breno não é neto de Beto") é a negação de F ("Breno é neto de Beto"); portanto, no diagrama II, foi negada a de fora. Assim, temos de negar também a de dentro.
Para finalizar, temos de julgar a disjunção: A ∨ B. Sabemos que, para a disjunção ser verdadeira, pelo menos uma de suas partículas tem de ser verdadeira. Sabemos que B é falsa, pois está negada no diagrama II. Então, A deverá ser verdadeira.
Assim, observando os diagramas I e II e a análise da disjunção, podemos afirmar que Jorge é irmão de Maria, Breno não é neto de Beto, Carlos não é filho de Pedro e Ana é prima de Bia.
Portanto, a resposta correta é a "e".

2. (**Esaf – MPOG**) Cinco amigas, Ana, Bia, Cati, Dida e Elisa, são tias ou irmãs de Zilda. As tias de Zilda sempre contam a verdade e as irmãs de Zilda sempre mentem. Ana diz que Bia é tia de Zilda. Bia diz que Cati é irmã de Zilda. Cati diz que Dida é irmã de Zilda. Dida diz que Bia e Elisa têm diferentes graus de parentesco com Zilda, isto é: se uma é tia a outra é irmã. Elisa diz que Ana é tia de Zilda. Assim, o número de irmãs de Zilda neste conjunto de cinco amigas é dado por:

a) 1.   b) 2.   c) 3.   d) 4.   e) 5.

A questão apresenta verdades e mentiras, e seu enunciado explora apenas o quinto aspecto fixo de verdades e mentiras.
Para começar, vamos identificar os elementos verdadeiros e os mentirosos do enunciado.
Verdade (V) = tias
Mentira (M) = irmãs
Consideremos Ana como tia, portanto, verdadeira.
Ana (V): Bia é tia de Zilda. Ana está falando a verdade, portanto Bia é tia de Zilda e também fala a verdade.
Bia (V): Cati é irmã de Zilda. Bia está falando a verdade, portanto Cati é irmã de Zilda e, assim, fala mentira.
Cati (M): Dida é irmã de Zilda.
Cati está mentindo, portanto Dida não é irmã de Zilda e sim tia, e fala a verdade.
Dida (V): Bia e Elisa têm diferentes graus de parentesco com Zilda. Dida está falando a verdade, portanto, se são diferentes e Bia é tia de Zilda, Elisa é irmã e fala mentira.
Elisa (M): Ana é tia de Zilda. Elisa está mentindo, portanto Ana não é tia e sim *irmã* de Zilda.
Começamos com Ana como tia e terminamos com Ana como irmã, o que demonstra que esse primeiro teste não é válido.
Agora, vamos considerar Ana como irmã, portanto, mentirosa.
Ana (M): Bia é tia de Zilda. Ana está mentindo, portanto Bia é irmã de Zilda e por isso é mentirosa.
Bia (M): Cati é irmã de Zilda. Bia está mentindo, portanto Cati é tia de Zilda e por isso fala a verdade.
Cati (V): Dida é irmã de Zilda. Cati está falando a verdade, portanto Dida é irmã de Zilda e por isso é mentirosa.
Dida (M): Bia e Elisa têm diferentes graus de parentesco com Zilda. Dida está mentindo, portanto Bia e Elisa estão na mesma condição e, se Bia é irmã de Zilda, Elisa também é, e por isso é mentirosa.
Elisa (M): Ana é tia de Zilda. Elisa está mentindo, portanto Ana é irmã de Zilda.
Começamos com Ana como irmã e terminamos com Ana como irmã, o que demonstra que esse segundo teste é válido. As irmãs de Zilda são: Ana, Bia, Dida e Elisa.
Portanto, a resposta correta é a "d".

3. (**FCC – TRF**) Sejam as declarações: Se o governo é bom então não há desemprego. Se não há desemprego então não há inflação. Ora, se há inflação podemos concluir que:

a) A inflação não afeta o desemprego.
b) Pode haver inflação independente do governo.
c) O governo é bom e há desemprego.
d) O governo é bom e não há desemprego.
e) O governo não é bom e há desemprego.

A questão apresenta a estrutura de condicional encadeada. Vamos resolvê-la por diagramas lógicos.
O governo é bom = p
Não há desemprego = q
Não há inflação = r
Há inflação = $\sim r$

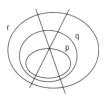

No diagrama, a conclusão da primeira condicional é também condição para a segunda proposição, por isso essa estrutura é chamada de *condicionais encadeadas*.
Sabemos que, quando negamos o de fora, a proposta do enunciado, negamos também todas as proposições de dentro. Assim, "O governo não é bom" e "Há desemprego". Portanto, a resposta correta é a "e".

4. (**Esaf – MPU**) Sabe-se que João estar feliz é condição necessária para Maria sorrir e condição suficiente para Daniela abraçar Paulo. Sabe-se, também, que Daniela abraçar Paulo é condição necessária e suficiente para a Sandra abraçar Sérgio. Assim, quando Sandra não abraça Sérgio:

a) João está feliz, e Maria não sorri, e Daniela abraça Paulo.
b) João não está feliz, e Maria sorri, e Daniela não abraça Paulo.
c) João está feliz, e Maria sorri, e Daniela não abraça Paulo.
d) João não está feliz, e Maria não sorri, e Daniela não abraça Paulo.
e) João não está feliz, e Maria sorri, e Daniela abraça Paulo.

A questão apresenta três tipos de estruturas: uma condicional necessária, uma condicional suficiente e uma bicondicional.
Vamos montar as condicionais em ordem inversa à ordem proposta pelo enunciado. Vale lembrar que o enunciado termina com "Sandra não abraça Sérgio".

bicondicional	condicional suficiente	condicional necessária
Daniela abraça Paulo, **se e somente se** Sandra abraça Sérgio.	**Se** João está feliz, **então** Daniela abraça Paulo.	**Somente se** João está feliz, **então** Maria sorri.
↓	↓	↓
Para a bicondicional ser verdadeira, as componentes devem ser iguais. Como "Sandra abraça Sérgio" é falsa, "Daniela abraça Paulo" também deve ser falsa. Assim, "Daniela não abraça Paulo".	Nesse caso, se negamos a conclusão, temos de negar também a condição. Portanto: "João não está feliz".	Nesse caso, se negamos a condição, temos de negar também a conclusão. Portanto: "Maria não sorri".
↓	↓	↓
Daniela não abraça Paulo.	João não está feliz.	Maria não sorri.

Portanto, a resposta correta é a "d".

5. (**PUC-RS**) Sejam **p** e **q** duas proposições. A negação de $p \wedge q$ equivale a:

a) $\sim p \vee \sim q$ c) $\sim p \vee q$ e) $p \wedge \sim q$
b) $\sim p \wedge \sim q$ d) $\sim p \wedge q$

O enunciado pede a negação padrão da conjunção, que é a disjunção da negação das partículas: $\sim(p \wedge q) \equiv (\sim p \vee \sim q)$. Portanto, a resposta correta é a "a".

6. (**Esaf – AFC**) Se Carlos é mais velho do que Pedro, então Maria e Júlia têm a mesma idade. Se Maria e Júlia têm a mesma idade, então João é mais moço do que Pedro. Se João é mais moço do que Pedro, então Carlos é mais velho do que Maria. Ora, Carlos não é mais velho do que Maria. Então,
   a) Carlos não é mais velho do que Júlia, e João é mais moço do que Pedro.
   b) Carlos é mais velho do que Pedro, e Maria e Júlia têm a mesma idade.
   c) Carlos e João são mais moços do que Pedro.
   d) Carlos é mais velho do que Pedro, e João é mais moço do que Pedro.
   e) Carlos não é mais velho do que Pedro, e Maria e Júlia não têm a mesma idade.

A questão trata do encadeamento de condicionais em que a conclusão de uma condicional é condição para a próxima.
Vamos resolvê-la utilizando os diagramas lógicos.
Carlos é mais velho do que Pedro = p
Maria e Júlia têm a mesma idade = q
João é mais moço do que Pedro = r
Carlos é mais velho do que Maria = z
Carlos não é mais velho do que Maria = $\sim z$ = Verdade

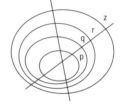

Sabemos que, quando negamos a proposição de fora, que é a proposta do enunciado ("Carlos não é mais velho do que Maria"), negamos também todas as proposições de dentro. Assim: Carlos não é mais velho do que Pedro; Maria e Júlia não têm a mesma idade; João não é mais moço do que Pedro; Carlos não é mais velho do que Maria.
Portanto, a resposta correta é a "e".

7. (**Esaf – AFT**) Sabe-se que a ocorrência de **B** é condição necessária para a ocorrência de **C** e condição suficiente para a ocorrência de **D**. Sabe-se, também, que a ocorrência de **D** é condição necessária e suficiente para a ocorrência de **A**. Assim, quando **C** ocorre,
   a) **D** ocorre e **B** não ocorre.
   b) **D** não ocorre ou **A** não ocorre.
   c) **B** e **A** ocorrem.
   d) nem **B** nem **D** ocorrem.
   e) **B** não ocorre ou **A** não ocorre.

O enunciado apresenta três tipos de estrutura: uma condicional necessária, uma condicional suficiente e uma bicondicional.
Vamos montar as condicionais e a bicondicional. Vale lembrar que o enunciado termina com "**C** ocorre".

condicional necessária	condicional suficiente	bicondicional
Somente se B, **então** C.	**Se** B, **então** D.	A ocorrência de D é condição *necessária e suficiente* para a ocorrência de A, ou seja, "D se e somente se A".
No caso da condicional necessária, se afirmamos a conclusão, temos de afirmar também a condição; assim: "B ocorre".	No caso da condicional suficiente, se afirmamos a condição, temos de afirmar também a conclusão; portanto: "D ocorre".	Para a bicondicional ser verdadeira, as componentes devem ter o mesmo valor lógico. Se um ocorrer, o outro também deverá ocorrer. Como sabemos que "D ocorre", então "A ocorre".

Portanto, a resposta correta é a "c".

8. (**Esaf – AFTN**) Sabe-se que na equipe do X Futebol Clube (XFC), há um atacante que sempre mente, um zagueiro que sempre fala a verdade e um meio-campista que às vezes fala a verdade e às vezes mente. Na saída do estádio, dirigindo-se a um torcedor que não sabia o resultado do jogo que terminara, um deles declarou "Foi empate", o segundo disse "Não foi empate" e o terceiro falou "Nós perdemos". O torcedor reconheceu somente o meio-campista, mas pôde deduzir o resultado do jogo com certeza. A declaração do meio-campista e o resultado do jogo foram, respectivamente,
a) "Foi empate"/o XFC venceu.
b) "Não foi empate"/empate.
c) "Nós perdemos"/o XFC perdeu.
d) "Não foi empate"/o XFC perdeu.
e) "Foi empate"/empate.

Outra questão sobre verdades e mentiras, mas esta apresenta alto nível de dificuldade.
Lembre-se de que o torcedor reconheceu o meio-campista e que o meio-campista às vezes mente e às vezes fala a verdade. Visto isso:
Podemos afirmar que o meio-campista não poderia ter dito "Nós perdemos", porque, se isso fosse verdade, não sobraria para o zagueiro uma frase verdadeira entre as outras e, se fosse mentira, significaria vitória. Mais uma vez, não sobraria para o zagueiro uma frase verdadeira entre as outras. Logo, o meio-campista não disse "Nós perdemos".
Podemos afirmar que o meio-campista não poderia, no contexto da questão, ter dito "Não foi empate" e, ao mesmo tempo, ter dado a dica ao torcedor, porque, se estivesse falando a verdade, sobraria "vitória" ou "derrota" ao time, e o torcedor não saberia por qual opinar. Logo, o meio-campista não disse "Não foi empate".
Sobrou apenas "Foi empate" para o meio-campista. O meio-campista disse "Foi empate".
Sabendo disso, podemos afirmar que o atacante não disse "Não foi empate", pois isso seria mentira, e o resultado seria empate, não sobrando frase verdadeira para o zagueiro (a única frase que sobraria seria "Nós perdemos").
Com isso, podemos afirmar que quem disse "Não foi empate" foi o zagueiro.
Agora, podemos chegar a uma conclusão, pois a única frase que sobrou para o atacante foi "Nós perdemos" e, como ele é mentiroso, significa que o XFC venceu. O meio-campista disse "Foi empate" e o XFC venceu. Portanto, a resposta correta é a "a".

9. (**Esaf – MPOG**) Em um grupo de 1 800 entrevistados sobre três canais de televisão aberta, verificou-se que $\frac{3}{5}$ dos entrevistados assistem ao canal A e $\frac{2}{3}$ assistem ao canal B. Se metade dos entrevistados assiste a pelo menos 2 canais e se todos os que assistem ao canal C assistem também ao canal A, mas não assistem ao canal B, quantos entrevistados assistem apenas ao canal A?
a) 1 080   c) 360   e) 108
b) 180   d) 720

O enunciado apresenta a interseção entre conjuntos; assim, vamos utilizar o diagrama de Euler-Venn. Vamos organizar os dados em uma tabela.

Total de telespectadores: 1 800		
Emissoras	Número de entrevistados	Representação
Canal A	$\frac{3}{5} \cdot 1800 = 1080$	$x + y + z$
Canal B	$\frac{2}{3} \cdot 1800 = 1200$	$r + z$
Pelo menos 2 canais	900	$y + z$

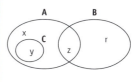

Região do diagrama	contém...
x	apenas espectadores do canal A.
y	espectadores dos canais C e A, pois todos os que assistem ao canal C assistem também ao canal A.
z	espectadores dos canais A e B.
r	apenas espectadores do canal B.

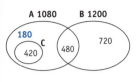

Ou, ainda:
x + y + z = 1080
y + z = 900
Assim, x + 900 = 1080
x = 180.
Portanto, a resposta correta é a "b".

10. (**Esaf – Eng. Trabalho**) Se o jardim não é florido, então o gato mia. Se o jardim é florido, então o passarinho não canta. Ora, o passarinho canta. Logo:
a) o jardim é florido e o gato mia.
b) o jardim é florido e o gato não mia.
c) o jardim não é florido e o gato mia.
d) o jardim não é florido e o gato não mia.
e) se o passarinho canta, então o gato não mia.

Esta é uma questão em que duas condicionais diferentes são dependentes, ou seja, as ocorrências da segunda condicional dada interferem no comportamento da primeira. Geralmente, isso pode ser reconhecido quando são dadas duas condicionais, em que uma componente de uma delas é a negação de uma componente da outra.
Na primeira: "O jardim *não é* florido". Na segunda: "O jardim *é* florido".
Resolvendo por diagramas lógicos:
Ora, o passarinho canta. Se o jardim é florido, então o passarinho não canta.

Perceba que o enunciado termina afirmando que "o passarinho canta"; então, temos de negar o conjunto de fora. Negando o de fora, temos de negar também o de dentro. Assim:
"O passarinho canta" e "O jardim não é florido". Se o jardim não é florido, então o gato mia.

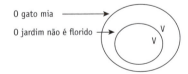

Se afirmarmos a proposição de dentro, temos de afirmar a de fora.
Ao analisar os dois diagramas, percebemos a dependência do segundo em relação ao primeiro e, também, que o passarinho canta, o jardim não é florido e que o gato mia. Portanto, a resposta correta é a "c".

11. (**Esaf – AFT**) Ou A = B, ou B = C, mas não ambos. Se B = D, então A = D. Ora, B = D. Logo:
a) B ≠ C.
b) B ≠ A.
c) C = A.
d) C = D.
e) D ≠ A.

A questão apresenta a ideia de uma disjunção exclusiva — perceba a referência "mas não ambos" — dependente de uma condicional. Primeiro, vamos montar o diagrama da condicional:
Ora, se B = D, então A = D.

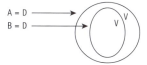

Se afirmarmos a proposição de dentro, temos de afirmar a de fora; assim: B = D e A = D; portanto, A = B.
Agora vamos representar a disjunção exclusiva:
A = B $\veebar$ B = C (V)
Para que a disjunção exclusiva seja verdadeira, os valores-verdade das componentes têm de ser diferentes. Então, B = C tem de ser falso. Assim: se B = C é falso, significa que B ≠ C.
Portanto, a resposta correta é a "a".

12. (**Esaf – MPU**) Ana, Bia, Clô, Déa e Ema estão sentadas, nessa ordem e em sentido horário, em torno de uma mesa redonda. Elas estão reunidas para eleger aquela que, entre elas, passará a ser a representante do grupo. Feita a votação, verificou-se que nenhuma fora eleita, pois cada uma delas havia recebido exatamente um voto. Após conversarem sobre tão inusitado resultado, concluíram que cada uma havia votado naquela que votou na sua vizinha da esquerda (isto é, Ana votou naquela que votou na vizinha da esquerda de Ana, Bia votou naquela que votou na vizinha da esquerda de Bia, e assim por diante). Os votos de Ana, Bia, Clô, Déa e Ema foram, respectivamente, para,
a) Ema, Ana, Bia, Clô, Déa.
b) Déa, Ema, Ana, Bia, Clô.
c) Clô, Bia, Ana, Ema, Déa.
d) Déa, Ana, Bia, Ema, Clô.
e) Clô, Déa, Ema, Ana, Bia.

Vamos resolver esta questão utilizando uma ilustração, que situará cada uma das meninas na mesa. Ana, Bia, Clô, Déa e Ema estão sentadas, nessa ordem e em sentido horário, em torno de uma mesa redonda. Portanto, Bia está à esquerda de Ana, Clô está à esquerda de Bia, Déa está à esquerda de Clô, Ema está à esquerda de Déa e Ana está à esquerda de Ema. Assim, Ana votou em quem votou em Bia, Bia votou em quem votou em Clô, Clô votou em quem votou em Déa, Déa votou em quem votou em Ema e Ema votou em quem votou em Ana, ou seja, cada uma pulou a colega que estava imediatamente à direita.
Iniciando por Ana e terminando nela mesma, fechamos o círculo da mesa e teremos apenas uma forma de representação:

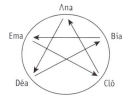

Chegamos à conclusão de que Ana votou em Déa, Bia votou em Ema, Clô votou em Ana, Déa votou em Bia, Ema votou em Clô. Portanto, a resposta correta é a "b".

13. (**Esaf – AFT**) Investigando uma fraude bancária, um famoso detetive colheu evidências que o convenceram da verdade das seguintes afirmações:

I. Se Homero é culpado, então João é culpado.
II. Se Homero é inocente, então João ou Adolfo são culpados.
III. Se Adolfo é inocente, então João é inocente.
IV. Se Adolfo é culpado, então Homero é culpado.

As evidências colhidas pelo famoso detetive indicam, portanto, que:
a) Homero, João e Adolfo são inocentes.
b) Homero, João e Adolfo são culpados.
c) Homero é culpado, mas João e Adolfo são inocentes.
d) Homero e João são inocentes, mas Adolfo é culpado.
e) Homero e Adolfo são culpados, mas João é inocente.

São quatro condicionais dependentes verdadeiras, pois o enunciado apresenta evidências que convenceram o detetive da verdade das afirmações (que são as condicionais). Assim, teremos de testar cada uma delas e analisar suas dependências.
Lembre-se de que uma condicional só será falsa se a antecedente for verdadeira e a consequente falsa. Vamos localizar componentes discordantes. Começamos testando "Homero é culpado" como verdadeira.

① Se Homero é culpado, então João é culpado.
　　　V　　　　　　　　　　V

② Se Homero é inocente, então João ou Adolfo são culpados.
　　　F

Para que a condicional acima *não* seja falsa, "João ou Adolfo são culpados" pode assumir qualquer valor lógico (ou V ou F). Porém, na condicional seguinte (③), a consequente "João é inocente" é falsa, pois já vimos que ele é culpado.
Então, para que a condicional ③ não seja falsa, "Adolfo é inocente" deverá ser falsa; portanto, João e Adolfo são culpados.

② Se Homero é inocente, então João ou Adolfo são culpados.
　　　F　　　　　　　　　　　　V

③ Se Adolfo é inocente, então João é inocente.
　　　F　　　　　　　　　　F

④ Se Adolfo é culpado, então Homero é culpado.
　　　V　　　　　　　　　　V

Homero, João e Adolfo são culpados. Portanto, a resposta correta é a "b".

14. (**Esaf – AFC**) Ana é artista ou Carlos é compositor. Se Mauro gosta de música, então Flávia não é fotógrafa. Se Flávia não é fotógrafa, então Carlos não é compositor. Ana não é artista e Daniela não fuma. Pode-se, então, concluir corretamente que:
a) Ana não é artista e Carlos não é compositor.
b) Carlos é compositor e Flávia é fotógrafa.
c) Mauro gosta de música e Daniela não fuma.
d) Ana não é artista e Mauro gosta de música.
e) Mauro não gosta de música e Flávia não é fotógrafa.

São quatro proposições compostas interrelacionadas. Lembramos que todas as proposições dadas têm de ser consideradas verdadeiras, desde que nada mais seja dito sobre elas.
O enunciado *termina* com uma conjunção, que só será verdadeira se suas componentes forem verdadeiras.

Ana não é artista e Daniela não fuma.
　　V　　　　　　　　V

A questão *inicia* com uma disjunção, que será verdadeira quando pelo menos uma das suas componentes for verdadeira. A conjunção da página anterior classifica "Ana não é artista" como verdadeira; então, na disjunção a seguir, "Carlos é compositor" deverá ser verdadeira.

Ana é artista ou Carlos é compositor.
    F   V

Agora já podemos analisar as condicionais. Lembre-se de que uma proposição condicional só será falsa se a antecedente for verdadeira e a consequente for falsa.
A disjunção classifica "Carlos é compositor" como verdadeira; então, na condicional abaixo, "Flávia não é fotógrafa" deverá ser falsa.

Se Flávia não é fotógrafa, então Carlos não é compositor.
        F   F

Consequentemente, "Mauro gosta de música" deverá ser falsa.

Se Mauro gosta de música, então Flávia não é fotógrafa.
      F   F

Portanto, a resposta correta é a "b".

15. (**Esaf – CGU/AFC**) Três meninos estão andando de bicicleta. A bicicleta de um deles é azul, a do outro é preta, a do outro é branca. Eles vestem bermudas dessas mesmas três cores, mas somente Artur está com bermuda de mesma cor que sua bicicleta. Nem a bermuda nem a bicicleta de Júlio são brancas. Marcos está com bermuda azul. Desse modo,
a) a bicicleta de Júlio é azul e a de Artur é preta.
b) a bicicleta de Marcos é branca e sua bermuda é preta.
c) a bermuda de Júlio é preta e a bicicleta de Artur é branca.
d) a bermuda de Artur é preta e a bicicleta de Marcos é branca.
e) a bicicleta de Artur é preta e a bermuda de Marcos é azul.

O enunciado descreve vários critérios para a combinação entre as cores das bicicletas e das bermudas; portanto, vamos utilizar a tabela multicritério.
Nem a bermuda nem a bicicleta de Júlio são brancas.

	bicicleta azul	bicicleta preta	bicicleta branca	bermuda azul	bermuda preta	bermuda branca
Artur						
Júlio			■			■
Marcos						

Marcos está com bermuda azul.

	bicicleta azul	bicicleta preta	bicicleta branca	bermuda azul	bermuda preta	bermuda branca
Artur				■		
Júlio			■	■		■
Marcos				●	■	■

Desta forma, sobra a bermuda preta para o Júlio e a branca para o Artur.

	bicicleta azul	bicicleta preta	bicicleta branca	bermuda azul	bermuda preta	bermuda branca
Artur				■	■	●
Júlio			■	■	●	■
Marcos				●	■	■

Somente Artur está com bermuda de mesma cor que sua bicicleta.

	bicicleta azul	bicicleta preta	bicicleta branca	bermuda azul	bermuda preta	bermuda branca
Artur	■	■	●	■	■	●
Júlio	●	■	■	■	●	■
Marcos	■	●	■	●	■	■

Conclusão:

	bicicleta	bermuda
Artur	branca	branca
Júlio	azul	preta
Marcos	preta	azul

Portanto, a resposta correta é a "c".

16. (**Esaf – Afre/MG**) Se André é culpado, então Bruno é inocente. Se André é inocente, então Bruno é culpado. Se André é culpado, Leo é inocente. Se André é inocente, então Leo é culpado. Se Bruno é inocente, então Leo é culpado. Logo, André, Bruno e Leo são, respectivamente:

a) culpado, culpado, culpado.
b) inocente, culpado, culpado.
c) inocente, culpado, inocente.
d) inocente, inocente, culpado.
e) culpado, culpado, inocente.

O enunciado apresenta várias condicionais. Devemos considerá-las verdadeiras; não podemos considerar nenhuma delas com antecedente verdadeira e consequente falsa.
Vamos localizar componentes discordantes: "André é culpado" e "André é inocente".
Começamos testando "André é culpado" como verdadeira.

① Se André é culpado, então Bruno é inocente.
     V

Para que a condicional acima *não* seja falsa, "Bruno é inocente" tem de ser verdadeira.

① Se André é culpado, então Bruno é inocente.
     V   V

② Se André é inocente, então Bruno é culpado.
     F   F

③ Se André é culpado, Leo é inocente.
     V

Para que a condicional acima *não* seja falsa, "Leo é inocente" tem de ser verdadeira.

③ Se André é culpado, Leo é inocente.
     V   V

④ Se André é inocente, então Leo é culpado.
            F   F

⑤ Se Bruno é inocente, então Leo é culpado.
            V   F

Esse teste mostrou-se falso, porque, com a hipótese "André é culpado" considerada verdadeira, a última condicional ficou falsa.

Agora vamos testar "André é culpado" como falsa.

① Se André é culpado, então Bruno é inocente.
            F   F

Para que a condicional acima seja verdadeira, não importa o valor-verdade de "Bruno é inocente", pois qualquer condicional será verdadeira.

O que valida "Bruno é inocente" como falsa é a próxima condicional (②), pois sua antecedente já é verdadeira, forçando a consequente "Bruno é culpado" a ser também verdadeira.

② Se André é inocente, então Bruno é culpado.
            V   V

③ Se André é culpado, Leo é inocente.
            F   F

Para que a condicional acima seja verdadeira, não importa o valor-verdade de "Leo é inocente", pois qualquer condicional será verdadeira.

O que valida "Leo é inocente" como falsa é a próxima condicional (④), pois sua antecedente já é verdadeira, forçando a consequente "Leo é culpado" a ser também verdadeira.

④ Se André é inocente, então Leo é culpado.
            V   V

⑤ Se Bruno é inocente, então Leo é culpado.
            F   V

Assim, André é inocente; Bruno é culpado e Leo é culpado. Portanto, a resposta correta é a "b".

17. (**Esaf – ATA**) Na Antiguidade, consta que um rei consultou três oráculos para tentar saber o resultado de uma batalha que ele pretendia travar contra um reino vizinho. Ele sabia apenas que dois oráculos nunca erravam e um sempre errava.

Consultados os oráculos, dois falaram que ele perderia a batalha e um falou que ele a ganharia. Com base nas respostas dos oráculos, pode-se concluir que o rei:

a) certamente ganharia a batalha.
b) certamente perderia a batalha.
c) teria uma probabilidade de 33,3% de ganhar a batalha.
d) teria uma probabilidade de 44,4% de ganhar a batalha.
e) teria uma probabilidade de 66,6% de ganhar a batalha.

Mais uma questão em que se explora um dos aspectos fixos de verdades e mentiras.
São três oráculos, sendo que dois deles nunca erram e o outro sempre erra. Assim, se dois falaram que o rei perderia a batalha, esses dois têm de ser os que nunca erram, porque, se não erram, fazem sempre a mesma previsão.
Se uma das duas previsões que dizia que o rei perderia a batalha fosse feita pelo oráculo que sempre erra, sobraria uma previsão com "perderia" e outra com "ganharia", que seriam previsões conflitantes e não poderiam ser dadas por oráculos que sempre fazem a mesma previsão.
Portanto, a resposta correta é a "b".

18. (**Esaf – ATA**) Entre os membros de uma família existe o seguinte arranjo: Se Márcio vai ao *shopping*, Marta fica em casa. Se Marta fica em casa, Martinho vai ao *shopping*. Se Martinho vai ao *shopping*, Mário fica em casa. Dessa maneira, se Mário foi ao *shopping*, pode-se afirmar que:

>>Parte I 179

a) Márcio não foi ao *shopping* e Marta não ficou em casa.
b) Martinho foi ao *shopping*.
c) Márcio não foi ao *shopping* e Martinho foi ao *shopping*.
d) Márcio e Martinho foram ao *shopping*.
e) Marta ficou em casa.

A questão encadeia várias condicionais suficientes e depois nega a última conclusão. Como as condicionais estão todas encadeadas de maneira sequencial, ou seja, a conclusão de uma se torna a condição da próxima, a última conclusão se torna conclusão de todas as outras condicionais.
Assim, pelo silogismo hipotético, em condicionais suficientes, quando se nega a conclusão nega-se também a condição, que, no caso do enunciado, são todas as outras além da última conclusão. Portanto, todas estão negadas.
Cuidado com esse tipo de negação. Dizer que "Mário foi ao *shopping*" não quer dizer que ele não tenha ficado em casa, mas a questão começa informando que "Entre os membros de uma família existe o seguinte *arranjo*" e esse *arranjo*, percebe-se pelo texto, implica "**se um vai** ao *shopping*, **o outro fica** em casa".
Podemos também resolver esta questão pelos diagramas lógicos.
1ª condicional: "Se Márcio vai ao *shopping*, Marta fica em casa".

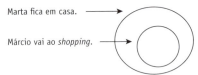

2ª condicional: "Se Marta fica em casa, Martinho vai ao *shopping*".
Como a condição desta condicional é a conclusão da condicional anterior — e, por isso, já temos um conjunto representando "Marta fica em casa" —, temos de utilizar o mesmo diagrama, apenas acrescentando a ele a nova conclusão.

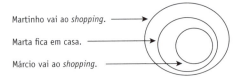

3ª condicional: "Se Martinho vai ao *shopping*, Mário fica em casa".

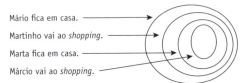

Dessa maneira, se "Mário foi ao *shopping*", essa última sentença do enunciado, de acordo com o arranjo feito pela família mencionada, está **negando** que "Mário tenha ficado em casa". Assim:

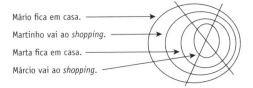

Negando a condição de fora, temos de negar também todas as de dentro; por isso, todas as condições e conclusões de todas as condicionais dadas estão negadas. Portanto, a resposta correta é a "a".

19. (**Esaf – ATA**) A negação de "Ana ou Pedro vão ao cinema e Maria fica em casa" é:
a) Ana e Pedro não vão ao cinema ou Maria fica em casa.
b) Ana ou Pedro não vão ao cinema e Maria não fica em casa.
c) Ana ou Pedro vão ao cinema ou Maria não fica em casa.
d) Ana e Pedro não vão ao cinema e Maria fica em casa.
e) Ana e Pedro não vão ao cinema ou Maria não fica em casa.

A questão solicita a negação de uma estrutura de conjunção que tem como antecedente uma estrutura de disjunção.

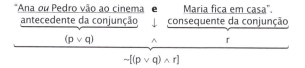

Sabemos que a negação básica de uma conjunção (∧) é a disjunção da negação de suas partículas. Assim, [~(p ∨ q) ∨ ~r] é a negação da proposição acima.
Perceba que temos agora, na antecedente da proposição ~(p ∨ q), uma *nova* negação: a negação da estrutura da disjunção. Como a negação básica da estrutura da disjunção (∨) é a conjunção da negação de suas partículas, a proposição final ficaria: [(~p ∧ ~q) ∨ ~r], isto é, "Ana **e** Pedro não vão ao cinema **ou** Maria não fica em casa". Portanto, a resposta correta é a "e".

20. (**FCC – ICMS/SP**) Seis pessoas, entre elas Marcos, irão se sentar ao redor de uma mesa circular, nas posições indicadas pelas letras do esquema abaixo. Nesse esquema, dizemos que a posição A está à frente da posição D, a posição B está entre as posições A e C e a posição E está à esquerda da posição F.

Sabe-se que:
• Pedro não se sentará à frente de Bruno.
• Bruno ficará à esquerda de André e à direita de Sérgio.
• Luís irá se sentar à frente de Sérgio.

Nessas condições, é correto afirmar que
a) Pedro ficará sentado à esquerda de Luís.
b) Luís se sentará entre André e Marcos.
c) Bruno ficará à frente de Luís.
d) Pedro estará sentado à frente de Marcos
e) Marcos se sentará entre Pedro e Sérgio.

Esta é uma questão que explora a ideia de visão espacial pela localização de algumas pessoas em relação a outras.
Por meio da descrição do enunciado, "à esquerda" refere-se ao sentido horário; "à direita", ao sentido anti-horário.
Vamos montar os diagramas passo a passo e de acordo com as informações de posicionamento dadas. Como a questão informa que "a posição A está *à frente* da posição D", vamos começar pela terceira declaração: "**L**uís irá se sentar à frente de **S**érgio".

O pontilhado indica os outros dois lugares onde Luís e Sérgio poderiam estar sentados.
Agora vamos para a segunda declaração: "**B**runo ficará à esquerda de **A**ndré e à direita de **S**érgio".

Montando a figura para representar a terceira e última declaração, teremos: "**P**edro não se sentará à frente de **B**runo". Se Pedro não se sentará à frente de Bruno, vamos colocá-lo à frente de André. Desta forma, haverá apenas uma posição para **M**arcos.

Portanto, a resposta correta é a "b".

21. (**Esaf – ATA**) Em um determinado curso de pós-graduação, $\frac{1}{4}$ dos participantes são graduados em Matemática, $\frac{2}{5}$ dos participantes são graduados em Geologia, $\frac{1}{3}$ dos participantes são graduados em Economia, $\frac{1}{4}$ dos participantes são graduados em Biologia e $\frac{1}{3}$ dos participantes são graduados em Química. Sabe-se que não há participantes do curso com outras graduações além dessas e que não há participantes com três ou mais graduações. Assim, qual é o número mais próximo da porcentagem de participantes com duas graduações?
a) 40%
b) 33%
c) 57%
d) 50%
e) 25%

Questão interpretativa em que, por apresentar todas as alternativas em percentuais, requer que as frações dadas no enunciado também sejam transformadas em percentuais. Assim teremos:
$\frac{2}{5} = 0,4$ ou 40%
$\frac{1}{3} = 0,33$ ou $\cong 33,3\%$
$\frac{1}{4} = 0,25$ ou 25%

Como a porcentagem total de participantes corresponde sempre a 100%, basta adicionar os percentuais dados e considerar que o valor que ultrapassar 100% será o percentual dos participantes com duas graduações.
40% + 2(33,3%) + 2(25%) = 40% + 66,6% + 50% = **156,6%**
Como não há participantes com três ou mais graduações, **56,6%** é o valor percentual dos participantes com duas graduações. Portanto, por aproximação, a resposta correta é a "c".

22. (FCC – ICMS/SP) Considere a afirmação:

Pelo menos um ministro participará da reunião ou nenhuma decisão será tomada.

Para que essa afirmação seja FALSA:
a) é suficiente que nenhum ministro tenha participado da reunião e duas decisões tenham sido tomadas.
b) é suficiente que dois ministros tenham participado da reunião e alguma decisão tenha sido tomada.
c) é necessário e suficiente que alguma decisão tenha sido tomada, independentemente da participação de ministros na reunião.
d) é necessário que nenhum ministro tenha participado da reunião e duas decisões tenham sido tomadas.
e) é necessário que dois ministros tenham participado da reunião e nenhuma decisão tenha sido tomada.

Questão interessante, pois apresenta a negação padrão da estrutura da disjunção (**ou**) e também a negação dos quantificadores "algum" e "nenhum".
É importante lembrar que a negação da disjunção é a conjunção da negação das partículas. Assim: "Pelo menos um ministro participará da reunião *ou* nenhuma decisão será tomada".
"Pelo menos um ministro participará da reunião" = "Algum ministro participará da reunião" = *p*
"Nenhuma decisão será tomada" = *q*
A representação simbólica é (p ∨ q). Ao negá-la, temos a sentença declarativa: ~(p ∨ q) = (~p ∧ ~q), que, traduzida, significa: "Nenhum ministro participará da reunião **e** pelo menos uma decisão não será tomada".
Perceba que, na alternativa "a", afirma-se que "*duas decisões* tenham sido tomadas", o que é correto, pois "pelo menos uma" significa no mínimo uma. E, pelo mesmo motivo, a alternativa "d" é errada, pois nela afirma-se que é *necessário* que "*duas decisões* tenham sido tomadas", quando *apenas uma* já seria o suficiente para negar "nenhuma decisão será tomada". Portanto, a resposta correta é a "a".

23. (FCC – ICMS/SP) O setor de fiscalização da secretaria de meio ambiente de um município é composto por seis fiscais, sendo três biólogos e três agrônomos. Para cada fiscalização, é designada uma equipe de quatro fiscais, sendo dois biólogos e dois agrônomos. São dadas a seguir as equipes para as três próximas fiscalizações que serão realizadas.

Fiscalização 1	Fiscalização 2	Fiscalização 3
Celina	Tânia	Murilo
Valéria	Valéria	Celina
Murilo	Murilo	Rafael
Rafael	Pedro	Tânia

Sabendo que Pedro é biólogo, é correto afirmar que, necessariamente,
a) Valéria é agronoma.
b) Tânia é bióloga.
c) Rafael é agrônomo.
d) Celina é bióloga.
e) Murilo é agrônomo.

O enunciado apresenta uma variação de multicritério, por isso, vamos julgar cada critério separadamente e também em conjunto.
1º critério: Devem existir 3 biólogos e 3 agrônomos.
2º critério: Em cada equipe de 4 fiscais, 2 são biólogos e 2 são agrônomos.
3º critério: A tabela da questão.
4º critério: Pedro é biólogo.

O elemento comum às três equipes é Murilo. De início, vamos considerá-lo biólogo (B). Nesse caso, pela equipe de fiscalização 2, Tânia e Valéria seriam agrônomas (A).

Fiscalização 1	Fiscalização 2	Fiscalização 3
Celina	Tânia (A)	Murilo (B)
Valéria (A)	Valéria (A)	Celina
Murilo (B)	Murilo (B)	Rafael
Rafael	Pedro (B)	Tânia (A)

Perceba que não é possível determinar a profissão de Celina e Rafael. Desta forma:
Biólogos: Murilo, Pedro e/ou Celina ou Rafael.
Agrônomos: Valéria, Tânia e/ou Celina ou Rafael.
Portanto, a resposta correta é a "a".

24. (**Esaf – AFC/SFC**) Os cursos de Márcia, Berenice e Priscila são, não necessariamente nesta ordem, Medicina, Biologia e Psicologia. Uma delas realizou seu curso em Belo Horizonte, a outra em Florianópolis, e a outra em São Paulo. Márcia realizou seu curso em Belo Horizonte. Priscila cursou Psicologia. Berenice não realizou seu curso em São Paulo e não fez Medicina. Assim, cursos e respectivos locais de estudo de Márcia, Berenice e Priscila são, pela ordem:

a) Medicina em Belo Horizonte, Psicologia em Florianópolis, Biologia em São Paulo.
b) Psicologia em Belo Horizonte, Biologia em Florianópolis, Medicina em São Paulo.
c) Medicina em Belo Horizonte, Biologia em Florianópolis, Psicologia em São Paulo.
d) Biologia em Belo Horizonte, Medicina em São Paulo, Psicologia em Florianópolis.
e) Medicina em Belo Horizonte, Biologia em São Paulo, Psicologia em Florianópolis.

Outra questão que explora o conceito de multicritério, o que evidencia tratar-se de assunto muito cobrado em concursos.

Dados	Critérios
Pessoas: Márcia, Berenice e Priscila. Cursos: Medicina, Biologia e Psicologia. Locais: Belo Horizonte, Florianópolis e São Paulo.	Márcia realizou seu curso em Belo Horizonte. Priscila cursou Psicologia. Berenice não realizou seu curso em São Paulo e não fez Medicina.

Montagem da tabela:
Desta forma, sobram apenas os critérios Florianópolis e Biologia para Berenice e, em razão disso, apenas São Paulo para Priscila e Medicina para Márcia.
Márcia realizou seu curso em Belo Horizonte.

	BH	Florianópolis	SP	Medicina	Biologia	Psicologia
Márcia	●	■	■			
Berenice	■					
Priscila	■					

Priscila cursou Psicologia.

	BH	Florianópolis	SP	Medicina	Biologia	Psicologia
Márcia	●	■	■			■
Berenice	■					■
Priscila	■			■	■	●

Berenice não realizou seu curso em São Paulo e não fez Medicina.

	BH	Florianópolis	SP	Medicina	Biologia	Psicologia
Márcia	●	■	■			■
Berenice	■			■		■
Priscila	■			■	■	●

Sobram apenas Florianópolis e Biologia para Berenice e, em razão disso, apenas São Paulo para Priscila e Medicina para Márcia.

	BH	Florianópolis	SP	Medicina	Biologia	Psicologia
Márcia	●	■	■	●	■	■
Berenice	■	●	■	■	●	■
Priscila	■	■	●	■	■	●

Conclusão:

personagem	curso	lugar
Márcia	Medicina	Belo Horizonte
Berenice	Biologia	Florianópolis
Priscila	Psicologia	São Paulo

Portanto, a resposta correta é a "c".

25. (**Esaf – CVM**) Dizer que a afirmação "todos os economistas são médicos" é falsa, do ponto de vista lógico, equivale a dizer que a seguinte afirmação é verdadeira:
a) pelo menos um economista não é médico.
b) nenhum economista é médico.
c) nenhum médico é economista.
d) pelo menos um médico não é economista.
e) todos os não médicos são não economistas.

A questão trata da contradição da proposição universal afirmativa "todo". Para uma resolução rápida, podemos utilizar o quadro lógico.
A negação de uma proposição universal afirmativa (A) "todo" é uma proposição particular negativa (O) "algum não é" ou "pelo menos um não é".
A universal afirmativa (A) dada é: "todos os economistas são médicos".
Perceba no esquema de possíveis relações entre proposições (ver página 87) que a contraditória de A é O. Com isso, temos "algum economista não é médico" ou "pelo menos um economista não é médico".
Portanto, a resposta correta é a "a".

26. (**Esaf – AFT**) Sabe-se que existe pelo menos um A que é B. Sabe-se, também, que todo B é C. Segue-se, portanto, necessariamente que
a) todo C é B.
b) todo C é A.
c) algum A é C.
d) nada que não seja C é A.
e) algum A não é C.

Questão sobre silogismo categórico que utiliza a ideia do quantificador "algum" (pelo menos um A) encadeado ao quantificador "todo".
"Existe *pelo menos um A que é B*" equivale a "algum A é B".

Assim, teremos três hipóteses de montagem do diagrama, e a alternativa correta terá de atender aos três simultaneamente.

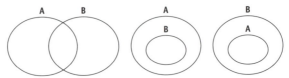

Ao inserir "todo B é C" nos diagramas, teremos:

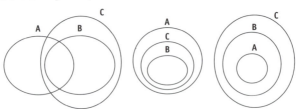

A única alternativa que atende as três possibilidades de diagramas simultaneamente é a que diz "algum A é C"; portanto, a última. Porém, perceba que o terceiro diagrama não atende a essa declaração.

Os diagramas lógicos são a maneira mais rápida e fácil de resolver questões desse tipo; entretanto, isso depende de como o aluno se identifica com o método. Então, demonstraremos aqui outro tipo de resolução:

Algum A é B	Todo B é C	Algum A é C
1ª premissa	2ª premissa	Conclusão
Particular afirmativa **I**	Universal afirmativa **A**	Particular afirmativa **I**

Fazendo a conversão na conclusão, teremos:

Algum A é B	Todo B é C	Algum C é A
1ª premissa	2ª premissa	Conclusão
Particular afirmativa **I**	Universal afirmativa **A**	Particular afirmativa **I**

O que leva à palavra "D**I**M**A**T**I**S", pertencente à quarta figura do silogismo (veja a tabela na página 93). Portanto, a resposta correta é a "c".

27. (**Esaf – Serpro**) Todos os alunos de matemática são também alunos de inglês, mas nenhum aluno de inglês é aluno de história. Todos os alunos de português são também alunos de informática, e alguns alunos de informática são também alunos de história. Como nenhum aluno de informática é aluno de inglês, e como nenhum aluno de português é aluno de história, então:

a) pelo menos um aluno de português é aluno de inglês.
b) pelo menos um aluno de matemática é aluno de história.
c) nenhum aluno de português é aluno de matemática.
d) todos os alunos de informática são alunos de matemática.
e) todos os alunos de informática são alunos de português.

A questão trata de vários quantificadores encadeados e alguns não encadeados. Vamos resolvê-la com diagramas lógicos.
Primeiro, temos de organizar as informações:
1 - Todos os alunos de matemática são alunos de inglês.
2 - Nenhum aluno de inglês é aluno de história.
3 - Todos os alunos de português são alunos de informática.
4 - Alguns alunos de informática são alunos de história.

5 - Nenhum aluno de informática é aluno de inglês.
6 - Nenhum aluno de português é aluno de história.

Diagramas

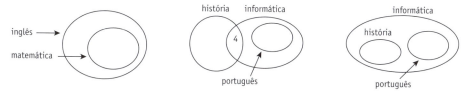

O terceiro diagrama relacionado ao quantificador "algum" não cabe nesta questão, pois "Nenhum aluno de português é aluno de história" e, desta forma, o terceiro diagrama teria o conjunto "informática" **todo** contido no conjunto "história", inclusive a parte que contém o conjunto "português".
A alternativa correta deverá atender todos os diagramas. Então, a única que atende todos é a que afirma que "nenhum aluno de português é aluno de matemática".
Portanto, a resposta correta é a "c".

28. (**Esaf – MRE**) No final de semana, Chiquita não foi ao parque. Ora, sabe-se que, sempre que Didi estuda, Didi é aprovado. Sabe-se, também, que, nos finais de semana, ou Dadá vai à missa ou vai visitar tia Célia. Sempre que Dadá vai visitar tia Célia, Chiquita vai ao parque, e sempre que Dadá vai à missa, Didi estuda. Então, no final de semana,

a) Dadá foi à missa e Didi foi aprovado.
b) Didi não foi aprovado e Dadá não foi visitar tia Célia.
c) Didi não estudou e Didi foi aprovado.
d) Didi estudou e Chiquita foi ao parque.
e) Dadá não foi à missa e Didi não foi aprovado.

A questão apresenta três condicionais e uma disjunção. As condicionais, no enunciado, são todas as sentenças que começam com "sempre que", pois toda relação de implicação é uma relação condicional.

Relação de implicação	Relação condicional
Sempre que Didi estuda, Didi é aprovado.	① Se Didi estuda, então Didi é aprovado.
Sempre que Dadá vai visitar tia Célia, Chiquita vai ao parque.	② Se Dadá vai visitar tia Célia, então Chiquita vai ao parque.
Sempre que Dadá vai à missa, Didi estuda.	③ Se Dadá vai à missa, então Didi estuda.

Com a afirmação inicial, "Chiquita *não foi* ao parque", nega-se a conclusão em ②; então, nega-se também a condição.
Assim, "Dadá *não vai* visitar tia Célia", o que afirma, na disjunção, que "Dadá vai à missa".
Temos aí a afirmação da condição da condicional em ③, o que confirma também a conclusão "Didi estuda" e a condição de outra condicional, a ①, "Didi é aprovado".
Assim, temos:
"Chiquita não foi ao parque".
"Dadá não vai visitar tia Célia".
"Dadá vai à missa".
"Didi estuda".
"Didi é aprovado".
Portanto, a resposta correta é a "a".

29. (**UFPB**) Os 40 alunos de uma turma da 4ª série de uma escola de Ensino Fundamental foram a um supermercado fazer compras. Após 30 minutos no supermercado, a professora reuniu os alunos e percebeu que exatamente:
- 19 alunos compraram biscoitos.
- 24 alunos compraram refrigerantes.
- 7 alunos não compraram nem refrigerantes.

O número de alunos que compraram biscoitos e refrigerantes foi:
a) 17.   b) 15.   c) 12.   d) 10.   e) 7.

Outra questão que trata da interseção entre conjuntos, mas este utiliza apenas duas variáveis, portanto, apenas dois conjuntos. Assim, teremos: R (Refrigerante) e B (Biscoitos).

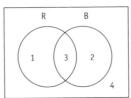

região 1: Apenas refrigerantes.
região 2: Apenas biscoitos.
região 3: Refrigerantes e biscoitos.
região 4: Nenhum dos dois, ou seja, nem refrigerantes nem biscoitos.

O total de alunos é 40, então, esta deve ser a soma do número de alunos de cada região do diagrama. Como a soma do número de alunos das regiões 1, 2 e 4 é igual a 50, a diferença de 10 alunos está na região que sobrou, ou seja, a 3.
Portanto, a resposta correta é a "d".

30. (**PM – Tibaú do Sul/RN**) Um grupo de pesquisadores da área do turismo veio ao Nordeste para levantar dados sobre suas potencialidades turísticas e, para tal, foi feita uma escala de visitas às cidades de Natal, Fortaleza e Aracaju. Nesse trabalho, 25 pessoas visitaram Natal; 12 visitaram Natal, mas não visitaram Fortaleza; 36 visitaram Fortaleza ou Aracaju; 6 visitaram Natal e Aracaju, mas não visitaram Fortaleza; 5 visitaram Natal, Fortaleza e Aracaju; e 4 visitaram Fortaleza e Aracaju, mas não visitaram Natal. Pela escala de visitas apresentada, pode-se concluir que o número de pesquisadores era de:
a) 33.   b) 30.   c) 36.   d) 47.   e) 42.

O enunciado informa sobre a visitação de três locais diferentes; portanto, na resolução, usaremos os diagramas de Euler-Venn com três conjuntos: N (Natal), F (Fortaleza), A (Aracaju). Como os três conjuntos têm interseção, teremos o seguinte diagrama:

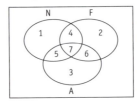

1 - Somente Natal.
2 - Somente Fortaleza.
3 - Somente Aracaju.

4 - Somente Natal e Fortaleza.
5 - Somente Natal e Aracaju.
6 - Somente Fortaleza e Aracaju.
7 - Natal, Fortaleza e Aracaju.
7+4 - Natal e Fortaleza.
7+5 - Natal e Aracaju.
7+6 - Fortaleza e Aracaju.
4+7+2+6+5+3 - Fortaleza ou Aracaju.
De acordo com as informações do enunciado, podemos montar o diagrama.
- 5 pessoas visitaram Natal, Fortaleza e Aracaju. Isso quer dizer que 5 pessoas têm de estar na região 7.
- 6 pessoas visitaram Natal e Aracaju, mas não visitaram Fortaleza, o que significa apenas Natal e Aracaju. Esta é a região 5.
- 4 pessoas visitaram Fortaleza e Aracaju, mas não visitaram Natal, o que significa que visitaram apenas Fortaleza e Aracaju. Esta é a região 6.
- 12 pessoas visitaram Natal, mas não visitaram Fortaleza. Estas são as regiões 1 e 5. Como na região 5 há 6 elementos, sobram 6 elementos para a região 1.
- 25 pessoas visitaram Natal. Este é o conjunto N. Como já temos 17 elementos em N, sobram 8 elementos, que deverão ser colocados na região 4.
- 36 pessoas visitaram Fortaleza ou Aracaju. Estas são as regiões contidas em F ou em A, que são as regiões 4, 7, 2, 6, 5 e 3. Como nas regiões 4, 7, 6 e 5 já temos 23 elementos, sobram 13 elementos para as áreas 2 ou 3, ou seja, no diagrama a seguir X ∪ Y.

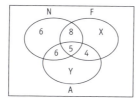

Para responder à questão, teremos de somar os elementos de todas as regiões do diagrama.

N ∪ (região "6") ∪ (**X** ∪ **Y**) ⇒ 25 + 4 + 13 = 42

Portanto, a resposta correta é a "e".

31. (**Esaf – CGU**) Márcia não é magra ou Renata é ruiva. Beatriz é bailarina ou Renata não é ruiva. Renata não é ruiva ou Beatriz não é bailarina. Se Beatriz não é bailarina então Márcia é magra. Assim,
a) Márcia não é magra, Renata não é ruiva, Beatriz é bailarina.
b) Márcia é magra, Renata não é ruiva, Beatriz é bailarina.
c) Márcia é magra, Renata não é ruiva, Beatriz não é bailarina.
d) Márcia não é magra, Renata é ruiva, Beatriz é bailarina.
e) Márcia não é magra, Renata é ruiva, Beatriz não é bailarina.

A questão apresenta três proposições compostas por disjunção e uma proposição composta por condicional suficiente que estão encadeadas. Assim, temos de julgar cada uma seguindo os critérios que as tornam verdadeiras.

1º julgamento:
Vamos começar considerando que a condição da condicional é verdadeira, assim, sua conclusão também será verdadeira. Lembre-se de que, quando se afirma a condição, afirma-se também a conclusão.

Se Beatriz não é bailarina então Márcia é magra.
         V   V

Temos que: "Beatriz não é bailarina" é verdadeiro e "Márcia é magra" também é verdadeiro; portanto:

Márcia não é magra ou Renata é ruiva.
　　　　　F

Beatriz é bailarina ou Renata não é ruiva.
　　　　　F

Se "Márcia não é magra" é falso, então "Renata é ruiva" tem de ser verdadeiro.

Márcia não é magra ou Renata é ruiva.
　　　　　F　　　　　　　V

Se "Renata é ruiva" é verdadeiro, então "Renata não é ruiva" tem de ser falso.

Beatriz é bailarina ou Renata não é ruiva.
　　　　　F　　　　　　　F

Assim, o primeiro julgamento mostrou-se *falso*, pois a proposição acima não pode assumir o valor-verdade como verdadeiro.

2º julgamento:
Vamos agora considerar que a conclusão da condicional é falsa; assim, temos de considerar sua condição também falsa. Lembre-se: quando se nega a conclusão, nega-se também a condição.

Se Beatriz não é bailarina então Márcia é magra.
　　　　F　　　　　　　　　　F

Temos que: "Beatriz não é bailarina" é falso e "Márcia é magra" também é falso, portanto:

Renata não é ruiva ou Beatriz não é bailarina.
　　　　　　　　　　　　　F

Se "Beatriz não é bailarina" é falso, então "Renata não é ruiva" tem de ser verdadeiro.

Renata não é ruiva ou Beatriz não é bailarina.
　　　V　　　　　　　　　F

Se "Renata não é ruiva" é verdadeiro, então "Renata é ruiva" tem de ser falso.

Márcia não é magra ou Renata é ruiva.
　　　V　　　　　　　　F

Beatriz é bailarina ou Renata não é ruiva.
　　　V　　　　　　　　V

Concluímos que Márcia não é magra, Renata não é ruiva e Beatriz é bailarina. Portanto, a resposta correta é a "a".

32. **(Esaf – MRE)** Quatro meninas que formam uma fila estão usando blusas de cores diferentes, amarelo, verde, azul e preto. A menina que está imediatamente antes da menina que veste blusa azul é menor do que a que está imediatamente depois da menina de blusa azul. A menina que está usando blusa verde é a menor de todas e está depois da menina de blusa azul. A menina de blusa amarela está depois da menina que veste blusa preta. As cores das blusas da primeira e da segunda menina da fila são, respectivamente:

a) amarelo e verde.
b) azul e verde.
c) preto e azul.
d) verde e preto.
e) preto e amarelo.

Uma questão de interpretação que explora a ideia de ordem e posição. Tome sempre o cuidado de diferenciar "antes" e "imediatamente antes", "depois" e "imediatamente depois". A utilização do "imediatamente" indica *vizinhança*.

① A menina que está *imediatamente antes* da menina que veste blusa azul é menor do que a que está *imediatamente depois* da menina de blusa azul.
Deste critério, concluímos que a menina de blusa azul **não pode** estar em nenhuma das pontas da fila, pois há uma menina antes e outra depois dela.

blusa azul

② A menina que está usando blusa verde é a menor de todas e está depois da menina de blusa azul. Deste critério, concluímos que a menina de blusa azul **não pode** ser a terceira da fila, pois há duas meninas à sua frente: a menina do critério ① e a do critério ②, que não podem ser a mesma pessoa, pois ela é a menor de todas; portanto, não será maior que aquela descrita no critério ① e que está antes da menina de blusa azul.

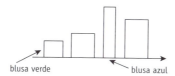

blusa verde   blusa azul

③ A menina de blusa amarela está depois da menina que veste blusa preta.
Dizer que está depois não quer dizer que está *imediatamente depois*; portanto, as duas únicas meninas ainda sem identificação de cor da blusa, no esquema acima, são a menina de blusa preta imediatamente antes da de blusa azul e a menina de blusa amarela imediatamente antes da de blusa verde.

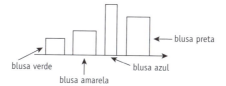

blusa verde   blusa azul   blusa preta
blusa amarela

Portanto, a resposta correta é a "c".

33. (**Anpad**) Se "Alguns profissionais são administradores" e "Todos os administradores são pessoas competentes", então, necessariamente, com as proposições apresentadas, pode-se inferir:
a) Algum profissional é uma pessoa competente.
b) Toda pessoa competente é administradora.
c) Todo administrador é profissional.
d) Nenhuma pessoa competente é profissional.
e) Nenhum profissional não é competente.

Questão sobre silogismo categórico que utiliza a ideia do quantificador "algum" encadeado ao quantificador "todo". Vamos organizar os dados da questão:

Atributo	Representação
profissionais	A
administradores	B
pessoas competentes	C
Alguns profissionais são administradores.	Algum A é B.
Todos os administradores são pessoas competentes.	Todo B é C.

Teremos três hipóteses de montagem do diagrama, e a alternativa correta terá de atender aos três diagramas simultaneamente.

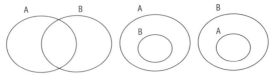

Vamos representar "Todo B é C" nos diagramas.

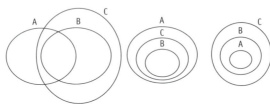

A única alternativa que atende os três diagramas simultaneamente é a que diz "Algum profissional é uma pessoa competente", ou seja, "Algum A é C". Portanto, a resposta correta é a "a".

34. **(Cesgranrio – BB)** Qual a negação da proposição "Algum funcionário da agência P do Banco do Brasil tem menos de 20 anos"?
a) Todo funcionário da agência P do Banco do Brasil tem menos de 20 anos.
b) Não existe funcionário da agência P do Banco do Brasil com 20 anos.
c) Algum funcionário da agência P do Banco do Brasil tem mais de 20 anos.
d) Nem todo funcionário da agência P do Banco do Brasil tem menos de 20 anos.
e) Nenhum funcionário da agência P do Banco do Brasil tem menos de 20 anos.

Trata-se da negação do quantificador "algum é". Como vimos em "Silogismo categórico", a negação do quantificador "algum é" pode ser feita de duas formas: "nenhum é" ou "todo não é". Então, para negar "Algum funcionário da agência P do Banco do Brasil tem menos de 20 anos", podemos dizer: "*Todo* funcionário da agência P do Banco do Brasil *não tem* menos de 20 anos" ou "*Nenhum* funcionário da agência P do Banco do Brasil *tem* menos de 20 anos". Portanto, a resposta correta é a "e".

35. **(Esaf – MPOG)** Sejam F e G duas proposições e ~F e ~G suas respectivas negações. Marque a opção que equivale logicamente à proposição composta: F se e somente se G.
a) F implica G e ~G implica F.
b) F implica G e ~F implica ~G.
c) Se F então G e se ~F então G.
d) F implica G e ~G implica ~F.
e) F se e somente se ~G.

A questão apresenta uma equivalência da bicondicional.
Para **p ↔ q**, teremos como equivalência (p → q) ∧ (q → p).
Para q → p, teremos como equivalência (~p → ~q).
Portanto:
Para F ↔ G, teremos como equivalência (F → G) ∧ (G → F).
Para G → F, teremos como equivalência (~F → ~G).

Decorre que: (F → G) ∧ (G → F) ≡ (F → G) ∧ (~F → ~G).

Portanto, a resposta correta é a "b".

36. (**Esaf – TCU**) Três suspeitos de haver roubado o colar da rainha foram levados à presença de um velho e sábio professor de Lógica. Um dos suspeitos estava de camisa azul, outro de camisa branca e o outro de camisa preta. Sabe-se que um e apenas um dos suspeitos é culpado e que o culpado às vezes fala a verdade e às vezes mente. Sabe-se, também, que dos outros dois (isto é, dos suspeitos que são inocentes), um sempre diz a verdade e o outro sempre mente. O velho e sábio professor perguntou, a cada um dos suspeitos, qual entre eles era o culpado. Disse o de camisa azul: "Eu sou o culpado". Disse o de camisa branca, apontando para o de camisa azul: "Sim, ele é o culpado". Disse, por fim, o de camisa preta: "Eu roubei o colar da rainha; o culpado sou eu". O velho e sábio professor de Lógica, então, sorriu e concluiu corretamente que:

a) O culpado é o de camisa azul e o de camisa preta sempre mente.
b) O culpado é o de camisa branca e o de camisa preta sempre mente.
c) O culpado é o de camisa preta e o de camisa azul sempre mente.
d) O culpado é o de camisa preta e o de camisa azul sempre diz a verdade.
e) O culpado é o de camisa azul e o de camisa azul sempre diz a verdade.

Relembre os aspectos fixos de verdades e mentiras. Aqui, vamos utilizar o quarto aspecto fixo: acusando alguém de ser verdadeiro, ou os dois são verdadeiros ou os dois são mentirosos.

Personagem de	Declarações
camisa azul	"Eu sou o culpado."
camisa branca	"Sim, ele é o culpado."
camisa preta	"O culpado sou eu."

Repare que o personagem de camisa branca disse que o de camisa azul disse a verdade, então ou os dois estão dizendo a verdade ou os dois estão mentindo.
No caso de os dois terem mentido, o de camisa preta disse a verdade e é o culpado, mas isso é impossível, pois o que fala a verdade, segundo o enunciado, é inocente.
Podemos concluir que os personagens de camisa azul e de camisa branca estão falando a verdade e, assim, o culpado é o de camisa azul (às vezes mente, às vezes fala a verdade), o de camisa branca é o veraz (sempre diz a verdade) e o de camisa preta é o mentiroso (sempre mente). Portanto, a resposta correta é a "a".

37. (**Esaf – MPU**) Você está à frente de duas portas. Uma delas conduz a um tesouro; a outra, a uma sala vazia. Cosme guarda uma das portas, enquanto Damião guarda a outra. Cada um dos guardas sempre diz a verdade ou sempre mente, ou seja, ambos os guardas podem sempre mentir, ambos podem sempre dizer a verdade, ou um sempre dizer a verdade e o outro sempre mentir. Você não sabe se ambos são mentirosos, se ambos são verazes, ou se um é veraz e o outro é mentiroso. Mas, para descobrir qual das portas conduz ao tesouro, você pode fazer três (e apenas três) perguntas aos guardas, escolhendo-as da seguinte relação:

P1. O outro guarda é da mesma natureza que você (isto é, se você é mentiroso ele também o é, e se você é veraz ele também o é)?
P2: Você é o guarda da porta que leva ao tesouro?
P3: O outro guarda é mentiroso?
P4: Você é veraz?

Então, uma possível sequência de três perguntas que é logicamente suficiente para assegurar, seja qual for a natureza dos guardas, que você identifique corretamente a porta que leva ao tesouro, é

a) P2 a Cosme, P2 a Damião, P3 a Damião.
b) P3 a Damião, P2 a Cosme, P3 a Cosme.
c) P3 a Cosme, P2 a Damião, P4 a Cosme.
d) P1 a Cosme, P1 a Damião, P2 a Cosme.
e) P4 a Cosme, P1 a Cosme, P2 a Damião.

Utilizando os conceitos de verdades e mentiras, não precisamos fazer três perguntas, mas apenas duas. Bastaria fazer a pergunta P1 a um deles e, conforme a resposta, já saberíamos a natureza do outro.
O enunciado informa que você *pode* (mas não diz que *deve*) fazer três e apenas três perguntas das quatro disponíveis.

Hipóteses:
① Se o primeiro guarda responder "sim" e for mentiroso, os dois são diferentes e o segundo é verdadeiro.
② Se o primeiro guarda responder "sim" e for verdadeiro, os dois são iguais e o segundo é verdadeiro.
Assim, nos dois casos, o segundo guarda é verdadeiro.

③ Se o primeiro guarda responder "não" e for mentiroso, os dois são iguais e o segundo é mentiroso.
④ Se o primeiro guarda responder "não" e for verdadeiro, os dois são diferentes e o segundo é mentiroso.
Assim, nos dois casos, o segundo guarda é mentiroso.

Sabendo-se a natureza do segundo guarda, bastaria fazer a pergunta P2 a ele.

Outra resolução, utilizando as três perguntas:

Fazendo a P1 a:

Cosme	Damião	Conclusão
Sim	Sim	Os dois guardas são verdadeiros.
Não	Não	Os dois guardas são mentirosos.
Sim	Não	Cosme é mentiroso e Damião é veraz.
Não	Sim	Cosme é veraz e Damião é mentiroso.

Sabendo a natureza dos dois, bastaria fazer a P2 a qualquer um deles. Na questão, a única possibilidade é fazer a pergunta P2 a Cosme, porque uma das alternativas aponta essa possibilidade. Portanto, a resposta correta é a "d".

38. (**FCC – MPE/AP**) Francisco, Carlos e Roberto são os únicos funcionários de um escritório, sendo um deles digitador, outro montador de computadores e o outro programador. A ficha de trabalho mostra que um dos funcionários tem 28 anos, outro 30 anos e outro 35 anos. O programador, que é amigo de Carlos, não é o mais velho de todos. Roberto mexe em seu trabalho com parafusos, placas, fontes, gabinetes e fios. Sabe-se ainda que o funcionário mais novo é digitador.

Nas condições dadas, é correto afirmar que

a) Francisco tem 30 anos e é digitador.
b) Carlos tem 28 anos e é montador de computadores.
c) Roberto tem 30 anos e é montador de computadores.
d) Francisco tem 35 anos e é programador.
e) Carlos tem 28 anos e é digitador.

Outra questão de aplicação de tabelas de multicritério. Vamos organizar os dados do problema:

Dados	Critérios
Nomes: Francisco, Carlos e Roberto. **Funções:** Digitador, montador e programador. **Idades:** 28 anos, 30 anos e 35 anos.	① "O programador, que é amigo de Carlos, não é o mais velho de todos." ② "Roberto mexe em seu trabalho com parafusos, placas, fontes, gabinetes e fios." ③ "O funcionário mais novo é digitador."

De ①, concluímos que o programador não tem 35 anos e não é Carlos, pois é amigo de Carlos.

	Francisco	Carlos	Roberto	28	30	35
digitador						
montador						
programador		■				■

De ②, concluímos que Roberto é o montador de computadores. Sobram apenas as funções "digitador" para Carlos e "programador" para Francisco.
De ③, concluímos que o digitador tem 28 anos, pois é o mais novo.

	Francisco	Carlos	Roberto	28	30	35
digitador	■	●	■	●	■	■
montador	■	■	●		■	
programador	●	■	■	■		■

Sobram apenas "30 anos" para o programador e "35 anos" para o montador.

	Francisco	Carlos	Roberto	28	30	35
digitador	■	●	■	●	■	■
montador	■	■	●	■	■	●
programador	●	■	■	■	●	■

Conclusão:

nome	profissão	idade
Francisco	programador	30 anos
Carlos	digitador	28 anos
Roberto	montador	35 anos

Portanto, a resposta correta é a "e".

39. (**Esaf – AFTN**) Das premissas:

A: "Nenhum herói é covarde."

B: "Alguns soldados são covardes."

Pode-se corretamente concluir que:
a) alguns heróis são soldados.
b) alguns soldados não são heróis.
c) nenhum herói é soldado.
d) alguns soldados não são heróis.
e) nenhum soldado é herói.

Questão que aplica o conceito de silogismo categórico. Trata-se da sexta palavra (F**ESTINO**) da segunda figura do silogismo (veja a tabela da página 91), em que o termo médio ocupa a posição de predicado tanto na premissa maior quanto na menor, nunca aparecendo na conclusão. Veja:
Nenhum herói é *covarde*.
Alguns soldados são *covardes*.
Portanto: Alguns soldados não são heróis.
Aqui, a primeira premissa é universal negativa (E), a segunda é particular afirmativa (I) e a conclusão é uma particular negativa (O). Portanto, a resposta correta é a "b".

40. (**FCC – TRF-4ª Região**) Considere que as seguintes proposições são verdadeiras:
- Se um Analista é competente, então ele não deixa de fazer planejamento.
- Se um Analista é eficiente, então ele tem a confiança de seus subordinados.
- Nenhum Analista incompetente tem a confiança de seus subordinados.

De acordo com essas proposições, com certeza é verdade que:
a) Se um Analista deixa de fazer planejamento, então ele não é eficiente.
b) Se um Analista não é eficiente, então ele não deixa de fazer planejamento.
c) Se um Analista tem a confiança de seus subordinados, então ele é eficiente.
d) Se um Analista tem a confiança de seus subordinados, então ele é incompetente.
e) Se um Analista não é eficiente, então ele não tem a confiança de seus subordinados.

Questão bem formulada, pois apresenta um encadeamento de condicionais de forma "disfarçada". Atribuição de partículas a cada uma das proposições simples:

Proposição	Representação
Analista é competente.	AC
Analista é incompetente.	~AC
Ele não deixa de fazer planejamento. = Ele faz planejamento.	FP
Analista é eficiente.	AE
Tem a confiança dos subordinados.	CS
Não tem a confiança dos subordinados.	~CS

Representação das proposições compostas:

Proposição	Representação
"Se um Analista é competente, então ele não deixa de fazer planejamento."	AC → FP
"Se um Analista é eficiente, então ele tem a confiança de seus subordinados."	AE → CS
"Nenhum Analista incompetente tem a confiança de seus subordinados." = Se um analista é incompetente, então ele não tem a confiança de seus subordinados.	~AC → ~CS

Pela propriedade da transposição da condicional (ver página 42), podemos fazer: (~AC → ~CS) ≡ (CS → → AC). Assim, teremos as proposições:
AC → **FP**
AE → **CS**
CS → **AC**

Desta forma, podemos encadear as condicionais e construir os diagramas correspondentes.
AE → CS
CS → AC
AC → FP

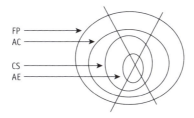

A alternativa "a" está negando FP ("*Se* um analista deixa de fazer planejamento" = ~FP). Observando o diagrama, percebemos que FP é o de fora e, quando negamos o de fora, temos de negar também o(s) de dentro, concordando, assim, com o restante da alternativa ("*então* ele não é eficiente" = ~AE). Portanto, a resposta correta é a "a".

41. (**Cespe/UnB – TRE/MA**) Gilberto, gerente de sistemas do TRE de determinada região, após reunir-se com os técnicos judiciários Alberto, Bruno, Cícero, Douglas e Ernesto para uma prospecção a respeito do uso de sistemas operacionais, concluiu que:

I. Se Alberto usa o *Windows*, então Bruno usa o *Linux*.
II. Se Cícero usa o *Linux*, então Alberto usa o *Windows*.
III. Se Douglas não usa o *Windows*, então Ernesto também não o faz.
IV. Se Douglas usa o *Windows*, então Cícero usa o *Linux*.

Com base nessas conclusões e sabendo que Ernesto usa o *Windows*, é correto concluir que

a) Cícero não usa o *Linux*.
b) Douglas não usa o *Linux*.
c) Ernesto usa o *Linux*.
d) Alberto usa o *Linux*.
e) Bruno usa o *Linux*.

Nesta questão de condicionais encadeadas, vamos utilizar os diagramas de silogismo hipotético, para que o aluno leitor conheça mais uma forma de resolução desse tipo de questão.

Proposições	Representação
Alberto usa o *Windows*.	A
Bruno usa o *Linux*.	B
Cícero usa o *Linux*.	C
Douglas usa o *Windows*.	D
Douglas não usa o *Windows*.	~D
Ernesto não usa o *Windows*.	~E

Montagem das condicionais pela ordem de entrada nos diagramas:

III. ~D → ~E
IV. D → C
II. C → A
I. A → B

Montagem dos diagramas:
III. ~D → ~E e, conforme o enunciado: "sabendo que Ernesto usa o *Windows*".

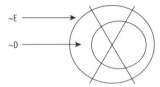

Negando o de fora, nega-se também o de dentro. Assim, temos que, se ~D foi negado, então D está afirmado.

IV. D → C
II. C → A
I. A → B

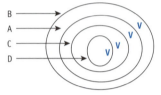

Afirmando o de dentro, afirma(m)-se também o(s) de fora. Desta forma, Douglas usa o *Windows*, Cícero usa o *Linux*, Alberto usa o *Windows* e Bruno usa o *Linux*. Portanto, a resposta correta é a "e".

42. (**FGV**) Quando se afirma que P → Q (P implica Q) então:
a) Q é condição suficiente para P.
b) P é condição necessária para Q.
c) Q não é condição necessária para P.
d) P é condição suficiente para Q.
e) P não é condição suficiente nem necessária para Q.

Trata-se de uma condicional do tipo suficiente; assim, a condição P é suficiente para a ocorrência da conclusão Q. Portanto, a resposta correta é a "d".

43. (**FGV**) Analise o seguinte argumento: Todas as proteínas são compostos orgânicos; em consequência, todas as enzimas são proteínas, uma vez que todas as enzimas são compostos orgânicos.
a) O argumento é válido, uma vez que suas premissas são verdadeiras, bem como sua conclusão.
b) O argumento é válido apesar de conter uma premissa falsa.
c) Mesmo sem saber se as premissas são verdadeiras ou falsas, podemos garantir que o argumento não é válido.
d) Nenhuma das alternativas.

Perceba que, no contexto da questão, para as enzimas serem compostos orgânicos, não é necessário que sejam proteínas.

Representação por diagrama:

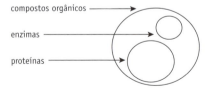

Portanto, a resposta correta é a "c".

44. (**Cespe/UnB – TRT-1ª Região**) Uma sentença que possa ser julgada como verdadeira — V — ou falsa — F — é denominada proposição. Para facilitar o processo dedutivo, as proposições são frequentemente simbolizadas. Considere como proposições básicas as proposições simbolizadas por letras maiúsculas do alfabeto, tais como A, B, P, Q etc. Proposições compostas são formadas usando-se símbolos lógicos. São proposições compostas expressões da forma P ∧ Q que têm valor lógico V somente quando P e Q são V, caso contrário vale F, e são lidas como "P e Q"; expressões da forma P ∨ Q têm valor lógico F somente quando P e Q são F, caso contrário valem V, e são lidas como "P ou Q"; expressões da forma P → Q têm valor lógico F somente quando P é V e Q é F, caso contrário valem V, e são lidas como "se P então Q". Expressões da forma ¬ P simbolizam a negação de P, e são F quando P é V, e são V quando P é F.

Com base nas informações do texto, é correto afirmar que, para todos os possíveis valores lógicos, V ou F, que podem ser atribuídos a P e a Q, uma proposição simbolizada por ¬[P → (¬Q)] possui os mesmos valores lógicos que a proposição simbolizada por

a) (¬P) ∨ Q.   b) (¬Q) → P.   c) ¬[(¬P)∧ (¬Q)].   d) ¬[¬(P→Q)].   e) P∧Q.

Trata-se da negação básica (padrão) da estrutura condicional [∼(p → q)] ≡ (p ∧ ∼q). A negação de uma condicional é a afirmação da condição pela conjunção da negação da conclusão, ou seja, afirmamos o primeiro (condição) **e** (∧) negamos o segundo (conclusão). Desta forma, ¬[P → (¬Q)] ≡ (P ∧ Q). Portanto, a resposta correta é a "e".

45. (**Cespe/UnB – TRE/MG**) Considere as sentenças apresentadas a seguir.

G – O preço do combustível automotivo é alto.
M – Os motores dos veículos são econômicos.
I – Há inflação geral de preços.
C – O preço da cesta básica é estável.

Admitindo que os valores lógicos das proposições compostas [(M ∨ ¬G) → (C ∧ ¬I)], [I → (¬C ∧ G)], [G → M] e [¬C ∨ M] são verdadeiros, assinale a opção correta, considerando que, nessas proposições, os símbolos (∨) e (∧) representam os conectivos "ou" e "e", respectivamente, e o símbolo ¬ denota o modificador negação.

a) Os motores dos veículos são econômicos e não há inflação geral de preços.
b) O preço da cesta básica não é estável e há inflação geral de preços.
c) O preço do combustível automotivo é alto e os motores dos veículos não são econômicos.
d) Os motores dos veículos são econômicos e o preço da cesta básica não é estável.
e) O preço da cesta básica é estável e o preço do combustível automotivo é alto.

O enunciado indica que todas as proposições dadas são verdadeiras. Assim, o ideal é começar considerando o valor-verdade do maior número possível de proposições simples, que classificam como verdadeiras as proposições compostas.
Vamos começar colocando as proposições em ordem de validação, seguindo o critério acima.

1º teste:
Na proposição a seguir, se considerarmos I falsa, o valor-verdade da consequente – para que a condicional seja verdadeira – poderá ser falso ou verdadeiro, o que não ajuda muito. Então, vamos começar considerando I verdadeira, pois, assim, a consequente deverá ser verdadeira também. Como essa consequente é uma estrutura de conjunção, para que ela seja verdadeira, suas partículas deverão ser verdadeiras.

$$[I \rightarrow (\neg C \wedge G)]$$
$$\text{V} \quad \text{V} \downarrow \text{V}$$
$$\text{V}$$

Perceba que a melhor forma para iniciar a resolução foi validar I como verdadeira, pois, assim, conseguimos validar um grande número de partículas ao mesmo tempo. Desta forma, mesmo que o teste não seja válido, já eliminamos várias tentativas.
Na proposição a seguir, levando-se em consideração que a condicional é verdadeira e que G é verdadeira, pela validação anterior, então M deverá ser verdadeira.

$$[G \rightarrow M]$$
$$\text{V} \quad \text{V}$$

Na próxima proposição, veremos que o teste se mostrou **inválido**, pois a condicional, com os valores-verdade adotados até aqui, **não** seria verdadeira.

$$[(M \vee \neg G) \rightarrow (C \wedge \neg I)]$$
$$\text{V} \downarrow \quad \text{F} \downarrow \quad \text{F} \downarrow$$
$$\text{V} \qquad \text{F} \qquad \text{F}$$

2º teste:
Vamos agora considerar todos os valores da primeira condicional testada falsos, porque, se considerarmos a consequente verdadeira, o que é possível, iremos pelo mesmo caminho do teste anterior.

$$[I \rightarrow (\neg C \wedge G)]$$
$$\text{F} \qquad \text{F} \downarrow \text{F}$$
$$\text{F}$$

Na proposição seguinte, levando-se em consideração que a disjunção é verdadeira e que ¬C é falsa, M deverá ser verdadeira.

$$[\neg C \vee M]$$
$$\text{F} \quad \text{V}$$

Por validarmos M como verdadeira, a proposição a seguir também será verdadeira, pois já sabemos que G é falsa.

$$[G \vee M]$$
$$\text{F} \quad \text{V}$$

Assim, com os valores-verdade obtidos até aqui, a proposição seguinte será considerada verdadeira.

$$[(M \vee \neg G) \rightarrow (C \wedge \neg I)]$$
$$\text{V} \downarrow \quad \text{V} \downarrow \quad \text{V} \downarrow \text{V}$$
$$\text{V} \qquad \text{V} \qquad \text{V}$$

Com isso, o teste mostrou-se *válido*.
G – O preço do combustível automotivo é alto. (?)
M – Os motores dos veículos são econômicos. (V)
I – Há inflação geral de preços. (F)
C – O preço da cesta básica é estável. (V)

Perceba que, validando G como verdadeira, no início do 2º teste, este também se mostraria *válido*, por isso o valor de G é indeterminado, ou seja, nada se pode afirmar sobre o preço do combustível automotivo.
Apenas a título de ilustração, a seguir estão as "traduções" das proposições dadas pelo enunciado para as sentenças declarativas.

1ª proposição: [(M ∨ ¬G) → (C ∧ ¬I)] "**Se** os motores dos veículos são econômicos **ou** o preço do combustível automotivo *não* (¬) é alto, **então** O preço da cesta básica é estável **e** *não* (¬) há inflação geral de preços".
2ª proposição: [I → (¬C ∧ G)] "**Se** há inflação geral de preços, **então** o preço da cesta básica *não* (¬) é estável **e** o preço do combustível automotivo é alto".

3ª proposição: [G → M] "**Se** o preço do combustível automotivo é alto, **então** os motores dos veículos são econômicos".
4ª proposição: [¬C ∨ M] "O preço da cesta básica não (¬) é estável **ou** os motores dos veículos são econômicos".

Portanto, a resposta correta é a "a".

46. (**Cesgranrio – Petrobras**) Considere as premissas:

Premissa 1: as premissas 2 e 3 são verdadeiras.

Premissa 2: das premissas 3 e 4, uma delas é verdadeira e a outra, falsa.

Premissa 3: as premissas 1 e 4 são ambas verdadeiras ou ambas falsas.

Premissa 4: as premissas 1 e 3 são ambas falsas.

Sabendo-se que cada premissa acima é exclusivamente verdadeira ou exclusivamente falsa, são verdadeiras **APENAS** as premissas

a) 1 e 2.
b) 1 e 3.
c) 2 e 3.
d) 2 e 4.
e) 3 e 4.

O enunciado afirma, *indiretamente*, que são *duas* as premissas *verdadeiras*, ao colocar apenas duas opções em todas as alternativas. Vamos considerar cada uma delas.
Se a primeira for verdadeira, todas serão verdadeiras, pois a premissa 1 valida como verdadeiras as premissas 2 e 3, e a premissa 3 valida a premissa 4 como verdadeira, porque a premissa 1 já é verdadeira.
Podemos notar que haverá um conflito dessa validação com a premissa 2, pois, se todas são verdadeiras, não se pode validar, entre 3 e 4, uma verdadeira e outra falsa. Portanto, já sabemos que a premissa 1 tem de ser falsa.
Com a premissa 1 validada como falsa, temos que as premissas 2 e 3 *não são verdadeiras*, o que resulta em três possibilidades: as premissas 2 e 3 serem falsas, a premissa 2 ser falsa e a 3 ser verdadeira ou a premissa 2 ser verdadeira e a 3 falsa.

1ª possibilidade: As premissas 2 e 3 serem falsas, o que *não é possível*, porque, se as duas forem falsas, teremos três premissas falsas (1, 2 e 3) e sabemos que apenas duas são falsas, pois duas têm de ser verdadeiras.
2ª possibilidade: A premissa 2 ser falsa e a 3 ser verdadeira, o que também *não é possível*, uma vez que, se a premissa 3 for verdadeira, a 4 será falsa (pela premissa 3, a 1 e a 4 sempre *são iguais*) e assim, teremos outra vez três premissas falsas.
3ª possibilidade: Como esta é a única possibilidade que restou, deverá ser a correta. A premissa 2 *é verdadeira* e a 3 *é falsa*. Com isso, a premissa 4 tem de ser verdadeira, porque, pela premissa 2, a 3 e a 4 têm de ser diferentes.

Concluímos que a premissa 1 é falsa; a 2 é verdadeira; a 3 é falsa e a 4 é verdadeira. Portanto, a resposta correta é a "d".

47. (**Cesgranrio – Funasa**) Se Marcos levanta cedo, então Júlia não perde a hora. É possível sempre garantir que

a) se Marcos não levanta cedo, então Júlia perde a hora.
b) se Marcos não levanta cedo, então Júlia não perde a hora.
c) se Júlia perde a hora, então Marcos levantou cedo.
d) se Júlia perde a hora, então Marcos não levantou cedo.
e) se Júlia não perde a hora, então Marcos levantou cedo.

A proposição dada pelo enunciado, "Se Marcos levanta cedo, então Júlia não perde a hora", é uma *condicional suficiente*. Nesse tipo de condicional, ao se negar a conclusão, nega-se também a condição.

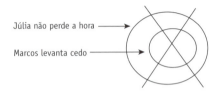

Assim, "Se Júlia perde a hora, então Marcos não levantou cedo". Portanto, a resposta correta é a "d".

48. (**Cesgranrio – Bacen**) Num famoso *talk-show*, o entrevistado faz a seguinte afirmação: "Toda pessoa gorda não tem boa memória". Ao que o entrevistador contrapôs: "Eu tenho boa memória. Logo, não sou gordo". Supondo que a afirmação do entrevistado seja verdadeira, a conclusão do entrevistador é:
a) falsa, pois o correto seria afirmar que, se ele não fosse gordo, então teria uma boa memória.
b) falsa, pois o correto seria afirmar que, se ele não tem uma boa memória, então ele tanto poderia ser gordo como não.
c) falsa, pois o correto seria afirmar que ele é gordo e, portanto, não tem boa memória.
d) verdadeira, pois todo gordo tem boa memória.
e) verdadeira, pois, caso contrário, a afirmação do entrevistado seria falsa.

Se "Toda pessoa gorda não tem boa memória" é uma afirmação *verdadeira*, significa que "ser pessoa gorda" *implica* "não ter boa memória"; portanto, se "a pessoa tem boa memória", "ela não pode ser gorda".
Representando esse silogismo categórico pelos diagramas, teremos:

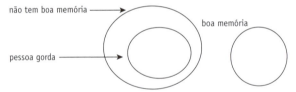

Perceba que não pode haver "pessoa gorda" no conjunto "boa memória", pois todas as "pessoas gordas" estão contidas em outro conjunto, o conjunto "*não* tem boa memória". Portanto, a resposta correta é a "e".

49. (**Cespe/UnB – TCE/AC**) Considere que as seguintes afirmações sejam verdadeiras:
- Se é noite e não chove, então Paulo vai ao cinema.
- Se não faz frio ou Paulo vai ao cinema, então Márcia vai ao cinema.

Considerando que, em determinada noite, Márcia não foi ao cinema, é correto afirmar que, nessa noite,
a) não fez frio, Paulo não foi ao cinema e choveu.
b) fez frio, Paulo foi ao cinema e choveu.
c) fez frio, Paulo não foi ao cinema e choveu.
d) fez frio, Paulo não foi ao cinema e não choveu.
e) não fez frio, Paulo foi ao cinema e não choveu.

São duas condicionais suficientes *verdadeiras* de antecedentes compostas. A primeira tem como antecedente uma estrutura de conjunção (**e**) e a segunda, uma de disjunção (**ou**).

O enunciado informa que "em determinada noite, Márcia *não* foi ao cinema". Pela segunda condicional, temos:

Se não faz frio **ou** Paulo vai ao cinema, **então** <u>Márcia vai ao cinema</u>.
                                                              F

Para a condicional acima ser verdadeira, sua antecedente deverá ser falsa, pois sua consequente já é falsa. Para isso, como a antecedente é uma disjunção, suas partículas terão de ser falsas:

Se <u>não faz frio</u> **ou** <u>Paulo vai ao cinema</u>, **então** <u>Márcia vai ao cinema</u>.
         F   ↓   F   ↓   F
         F   V

Pela primeira condicional, temos:

Se é noite e não chove, **então** <u>Paulo vai ao cinema</u>.
                                              F

Para que a condicional acima seja verdadeira, sua antecedente deverá ser falsa, pois sua consequente já é falsa. Para isso, como a antecedente é uma conjunção, basta que uma das partículas seja falsa. Mas como saber qual delas? Esta é a grande "sacada" da questão, por meio da qual o examinador mostra como desenvolver um enunciado — que de imediato se mostra comum — com inteligência.

Perceba que na proposição "em determinada noite, Márcia *não* foi ao cinema" o enunciado diz "em determinada noite", portanto: "*é noite*" e, assim, a partícula falsa da conjunção deverá ser "não chove".

Se <u>é noite</u> **e** <u>não chove</u>, **então** <u>Paulo vai ao cinema</u>.
         V   ↓   F   ↓   F
         F   V

Conclusão: faz frio, Paulo não vai ao cinema, é noite e chove. Portanto, a resposta correta é a "c".

50. **(FCC – TJ/PE)** Considere a afirmação: Existem funcionários públicos que não são eficientes. Se essa afirmação é FALSA, então é verdade que:

a) nenhum funcionário público é eficiente.
b) nenhuma pessoa eficiente é funcionário público.
c) todo funcionário público é eficiente.
d) nem todos os funcionários públicos são eficientes.
e) todas as pessoas eficientes são funcionários públicos.

A proposição "*Existem funcionários* públicos que não são eficientes" pode ser lida como: "*Alguns* funcionários públicos *não são* eficientes", que é uma proposição particular negativa.
Assim, negando o "algum não é" teremos o "todo é", ou seja, "*Todo* funcionário público *é* eficiente", que é uma proposição universal afirmativa.
Portanto, a resposta correta é a "c".

51. **(Cespe/UnB – TRT-1ª Região)** Considere que as proposições a seguir têm valores lógicos verdadeiros.
- Catarina é ocupante de cargo em comissão CJ.3 ou CJ.4.
- Catarina não é ocupante de cargo em comissão CJ.4 ou Catarina é juíza.
- Catarina não é juíza.

Assinale a opção correspondente à proposição que, como consequência da veracidade das proposições acima, tem valoração VERDADEIRA.

a) Catarina ocupa cargo em comissão CJ.3.
b) Catarina não ocupa cargo em comissão CJ.4 e Catarina é juíza.
c) Catarina não é juíza, mas ocupa cargo em comissão CJ.4.
d) Catarina é juíza ou Catarina ocupa cargo em comissão CJ.4.
e) Catarina não ocupa cargo em comissão CJ.3 nem CJ.4.

A questão apresenta duas proposições com estrutura de disjunção (**ou**) e uma proposição simples "Catarina não é juíza", que nega a consequente da segunda proposição composta "Catarina é juíza". Assim, se a consequente de uma proposição composta por disjunção *verdadeira* foi negada, sua antecedente "Catarina não é ocupante de cargo em comissão CJ.4" deverá ser *verdadeira*, o que nega a consequente da primeira proposição composta "CJ.4". Da mesma forma, se a consequente de uma proposição composta por disjunção verdadeira foi negada, sua antecedente "Catarina é ocupante de cargo em comissão CJ.3" deverá ser *verdadeira*. Temos então: "Catarina *não é* ocupante de cargo em comissão CJ.4" e "Catarina *é* ocupante de cargo em comissão CJ.3". Portanto, a resposta correta é a "a".

52. (**Cespe/UnB – TRT-1.ª Região**) Considere que são verdadeiras as seguintes proposições: – "Se Joaquim é desembargador ou Joaquim é ministro, então Joaquim é bacharel em direito"; – "Joaquim é ministro". Nessa situação, conclui-se que também é V a proposição:
a) Joaquim não é desembargador.
b) Joaquim não é desembargador, mas é ministro.
c) Se Joaquim é bacharel em direito então Joaquim é desembargador.
d) Se Joaquim não é desembargador nem ministro, então Joaquim não é bacharel em direito.
e) Joaquim é bacharel em direito.

A questão apresenta uma proposição condicional de antecedente, composta por disjunção "Joaquim é desembargador **ou** Joaquim é ministro" e uma proposição simples "Joaquim é ministro", que afirma a consequente dessa disjunção. Ao afirmar uma componente da disjunção "Joaquim é ministro", a própria disjunção fica afirmada como verdadeira, mas nada se pode afirmar quanto à outra componente "Joaquim é desembargador".
Dessa forma, a consequente da condicional dada, "Joaquim é bacharel em direito", é verdadeira, porque, se a antecedente dessa condicional, "Joaquim é desembargador ou Joaquim é ministro", é verdadeira, sua consequente também deverá ser.
As valorações da condicional são:
Se verdadeiro, então verdadeiro (verdadeiro).
Se verdadeiro, então falso (falso – único caso).
Se falso, então verdadeiro (verdadeiro).
Se falso, então falso (verdadeiro).
Portanto, a resposta correta é a "e".

53. (**Cesgranrio – Termomacaé**) A negação da proposição "Se o candidato estuda, então passa no concurso" é
a) o candidato não estuda e passa no concurso.
b) o candidato estuda e não passa no concurso.
c) se o candidato estuda, então não passa no concurso.
d) se o candidato não estuda, então passa no concurso.
e) se o candidato não estuda, então não passa no concurso.

Trata-se da negação padrão da estrutura da condicional. Para negar uma condicional, afirma-se o primeiro (condição) e nega-se o segundo (conclusão): ~(p → q) = (p ∧ (~q)).
Pela tabela-verdade, temos:

p	q	~q	p → q	~(p → q)	(p ∧ (~q))
V	V	F	V	F	F
V	F	V	F	V	V
F	V	F	V	F	F
F	F	V	V	F	F

Portanto, a resposta correta é a "b".

54. (**FGV**) Considere os dois seguintes argumentos:

ARGUMENTO 1. Alguns automóveis são verdes e algumas coisas verdes são comestíveis. Logo, alguns automóveis verdes são comestíveis.

ARGUMENTO 2. Alguns brasileiros são ricos e alguns ricos são desonestos. Logo, alguns brasileiros são desonestos.

Compare os 2 argumentos e assinale a alternativa correta.
a) Apenas o argumento 2 é válido.
b) Apenas o argumento 1 é válido.
c) Os dois argumentos não são válidos.
d) Os dois argumentos são válidos.

Os dois argumentos são idênticos, desconsiderando-se os termos utilizados. Ao considerar o primeiro argumento, não encontramos essa formação em nenhuma figura válida do silogismo. Podemos deduzir que os dois argumentos são inválidos. Portanto, a resposta correta é a "c".

55. (**FGV**) Os habitantes de certo país podem ser classificados em políticos e não políticos. Todos os políticos sempre mentem e todos os não políticos sempre falam a verdade. Um estrangeiro, em visita ao referido país, encontra-se com 3 nativos, I, II e III. Perguntando ao nativo I se ele é político, o estrangeiro recebe uma resposta que não consegue ouvir direito. O nativo II informa, então, que I negou ser um político. Mas o nativo III afirma que I é realmente um político. Quantos dos 3 nativos são políticos?

a) Zero.
b) Um.
c) Dois.
d) NDA.

A questão trata do tema verdades e mentiras. Ao perguntar ao nativo se ele é político, levando-se em consideração que todos os políticos mentem, foi o mesmo que perguntar se ele é mentiroso. Pelo primeiro aspecto fixo de verdades e mentiras, perguntado a alguém se ele mente, este só poderá responder não.
Analisando cada resposta, teremos:
Dessa forma é claro que o nativo I respondeu: "Não".
Nada podemos afirmar sobre ele, a não ser que disse "não".
O nativo II diz: "O nativo I disse 'não'".
O nativo II é verdadeiro.
O nativo III diz: "O nativo I é político, ou seja, mentiroso".
Assim, de acordo com o terceiro aspecto fixo de verdades e mentiras, um dos dois está mentindo, enquanto o outro diz a verdade.
Podemos concluir que o nativo II é verdadeiro e que entre o nativo I e o nativo III temos mais um verdadeiro. Assim, apenas um é mentiroso, ou seja, apenas um é político.
Portanto, a resposta correta é a "b".

56. (**Esaf – CGU**) Uma professora de matemática faz as três seguintes afirmações:

"X > Q e Z < Y";

"X > Y e Q > Y, se e somente se Y > Z";

"R ≠ Q, se e somente se Y = X".

Sabendo-se que todas as afirmações da professora são verdadeiras, conclui-se corretamente que:

a) X > Y > Q > Z
b) X > R > Y > Z
c) Z < Y < X < R
d) X > Q > Z > R
e) Q < X < Z < Y

O enunciado apresenta uma conjunção e duas bicondicionais. Para que a conjunção **e** seja verdadeira, suas componentes têm de ser verdadeiras; para que a bicondicional **se e somente se** seja verdadeira, suas componentes deverão ser verdadeiras ou falsas.
Assim, teremos que:
I. "X > Q **e** Z < Y" apresenta duas afirmações verdadeiras, pois trata-se de uma conjunção.
II. "X > Y **e** Q > Y, se e somente se Y > Z" apresenta de início uma consequente (Y > Z) verdadeira, pois de acordo com a análise I, Z < Y é verdadeira.
Isso valida a antecedente "X > Y **e** Q > Y" como verdadeira, pois estamos em uma bicondicional. Como essa antecedente é uma conjunção (**e**), suas componentes X > Y e Q > Y devem ser verdadeiras.
Até aqui temos que: X > Q > Y > Z.
III. "R ≠ Q, **se e somente se** Y = X" apresenta, de início, uma consequente (Y = X) falsa, pois já temos que Y é menor que X, e não igual a X.
Isso valida a antecedente R ≠ Q como falsa, pois estamos em uma bicondicional.
Assim, R será igual a Q.
Agora, como R = Q, basta substituir Q por R na relação de grandeza que já tínhamos:
X > **Q** > Y > Z
X > **R** > Y > Z
Portanto, a resposta correta é a "b".

57. (**Esaf – MPOG**) Se M = 2x + 3y, então M = 4p + 3r. Se M = 4p + 3r, então M = 2w – 3r. Por outro lado, M = 2x + 3y, ou M = 0. Se M = 0, então M + H = 1. Ora, M + H ≠ 1. Logo,
a) 2w – 3r = 0
b) 4p + 3r ≠ 2w – 3r
c) M ≠ 2x + 3y
d) 2x + 3y ≠ 2w – 3r
e) M = 2w – 3r

Das várias proposições dadas temos três condicionais, uma disjunção e uma proposição simples. Lembre-se de que, como não houve validação dessas *proposições* na questão, *o padrão é considerá-las verdadeiras*.
Vamos colocar as proposições em ordem de resolução:

Proposições	Análise
M + H ≠ 1	Como isso é *verdade*, a *consequente* M + H = 1 da condicional a seguir é *falsa*.
Se M = 0, então M + H = 1	Como estamos analisando uma condicional verdadeira, sua antecedente M = 0 deverá ser *falsa* (note que a consequente já é falsa).
M = 2x + 3y, ou M = 0	Como estamos analisando uma disjunção verdadeira, sua antecedente M = 2x + 3y deverá ser *verdadeira* (note que a consequente já é falsa).
Se M = 2x + 3y, então M = 4p + 3r	Como estamos analisando uma condicional verdadeira, sua consequente M = 4p + 3r deverá ser *verdadeira* (note que a antecedente já é verdadeira).
Se M = 4p + 3r, então M = 2w – 3r	Como estamos analisando uma condicional verdadeira, sua consequente M = 2w – 3r deverá ser *verdadeira* (note que a antecedente já é verdadeira).

Conclusão:
M ≠ 0
M = 2x + 3y
M = 4p + 3r
M = 2w – 3r
Portanto, a resposta correta é a "e".

58. (**FCC – TCE/SP**) Considere as seguintes afirmações:
- Todo escriturário deve ter noções de Matemática.
- Alguns funcionários do Tribunal de Contas do Estado de São Paulo são escriturários.

Se as duas afirmações são verdadeiras, então é correto afirmar que:
a) Se Joaquim é escriturário, então ele é funcionário do Tribunal de Contas do Estado de São Paulo.
b) Alguns funcionários do Tribunal de Contas do Estado de São Paulo podem não ter noções de Matemática.
c) Todo funcionário do Tribunal de Contas do Estado de São Paulo deve ter noções de Matemática.
d) Se Joaquim tem noções de Matemática, então ele é escriturário.
e) Se Joaquim é funcionário do Tribunal de Contas do Estado de São Paulo, então ele é escriturário.

O enunciado apresenta um silogismo categórico, mas nenhuma das figuras do silogismo se encaixa nas alternativas dadas. Desse modo, a única que podemos considerar correta é a que inclui o "podem não" (indicador de contingência) na conclusão.
Vejamos pelos diagramas lógicos, considerando:
"Todo escriturário" = A
"Noções de Matemática" = B
"Alguns funcionários do Tribunal de Contas do Estado de São Paulo são escriturários" = C

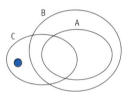

O ponto azul demonstra que "Alguns funcionários do Tribunal de Contas do Estado de São Paulo podem não ter noções de Matemática". Portanto, a resposta correta é a "b".

59. (**FCC – TCE/SP**) A seguinte sequência de palavras foi escrita obedecendo a um padrão lógico:

PATA – REALIDADE – TUCUPI – VOTO – ?

Considerando que o alfabeto é o oficial, a palavra que, de acordo com o padrão estabelecido, poderia substituir o ponto de interrogação é:
a) XAMPU.
b) YESTERDAY.
c) QUALIDADE.
d) SADIA.
e) WAFFLE.

Questão puramente interpretativa em que se deve observar a lógica proposta na sequência de palavras e aplicá-la para substituir o símbolo "?".
São dois critérios que devem ser observados nessa sequência de palavras: a letra inicial da palavra e a letra final da palavra.

PATA – **REALIDAD**E – **TUCUP**I – **VOT**O – ?

Vamos lembrar a ordem das letras em nosso alfabeto:
A B C D E F G H I J K L M N O P Q R S T ? V W ? Y Z

Pelas letras *iniciais* das palavras, temos uma **distância de duas letras** no alfabeto e pelas letras *finais* das palavras temos as **vogais** em ordem crescente.

Assim, a palavra que substitui o símbolo "?" será iniciada pela letra X (segunda letra após a letra V) e terminar com U (última vogal). A única palavra dentre as alternativas que apresenta essas características é **X**AMP**U**.
Portanto, a resposta correta é a "a".

60. (FCC –TCE/SP) Considere que os números inteiros e positivos que aparecem no quadro abaixo foram dispostos segundo determinado critério. Completando corretamente esse quadro de acordo com tal critério, a soma dos números que estão faltando é:

1	1	3	1	5	1
2	2	2	4	2	5
1	3	3	3	4	
4	2	4	3		
1	5	2			
6	1				

a) menor que 14.
b) 14.
c) 16.
d) 19.
e) maior que 19.

Outra questão puramente interpretativa na qual devemos observar a lógica proposta na disposição dos números no quadro e completar os espaços vazios, utilizando o critério lógico.
Perceba as *diagonais* da direita para a esquerda. Iniciando na segunda coluna, a diagonal é crescente; depois, iniciando na terceira, é decrescente, e assim por diante. Então, para completar os espaços vazios, teremos:

1	1	3	1	5	1
2	2	2	4	2	5
1	3	3	3	4	**1**
4	2	4	3	**2**	**3**
1	5	2	**3**	**2**	**1**
6	1	**4**	**1**	**2**	**1**

Desse modo, a soma dos valores que completam o quadro é igual a 20. Portanto, a resposta correta é a "e".

61. (Cesgranrio – Termomacaé) Maria é mãe de Júlio e irmã de Márcia que, por sua vez, é mãe de Jorge. Conclui-se que

a) Jorge é irmão de Júlio.
b) Júlio é primo de Jorge.
c) Márcia é irmã de Júlio.
d) Maria é prima de Jorge.
e) Maria é irmã de Jorge.

A questão utiliza relações de *parentesco* para formular a relação de lógica interpretativa. Assim:
Se "Maria é mãe de Júlio e irmã de Márcia", então "Márcia é tia de Júlio".
Se "Márcia é mãe de Jorge" e já sabemos que ela é tia de Júlio, então "Júlio é primo de Jorge".
Portanto, a resposta correta é a "b".

62. (**Cesgranrio – Termomacaé**) A negação da proposição "Alberto é alto e Bruna é baixa" é

a) Alberto é baixo e Bruna é alta.
b) Alberto é baixo e Bruna não é alta.
c) Alberto é alto ou Bruna é baixa.
d) Alberto não é alto e Bruna não é baixa.
e) Alberto não é alto ou Bruna não é baixa.

A questão apresenta uma conjunção (**e**) e sua negação. A negação básica da conjunção (**e**) é a disjunção da negação das partículas (~ **ou** ~). Dessa forma, ~(Alberto é alto **e** Bruna é baixa) ≡ (~(Alberto é alto) ou (~(Bruna é baixa))), ou seja, Alberto não é alto ou Bruna não é baixa. Portanto, a resposta correta é a "e".

63. (**Cesgranrio – Termomacaé**) Rivaldo é primo dos irmãos Nivaldo e Osvaldo. Sobre eles, considere verdadeiras as proposições abaixo.

- Se Nivaldo casar, seu irmão Osvaldo será convidado.
- Osvaldo não fala com Rivaldo. Por isso, se Rivaldo for convidado para o casamento de Nivaldo, Osvaldo não irá.
- Rivaldo é orgulhoso e, por isso, só comparece em casamentos quando é convidado.

Se Rivaldo compareceu ao casamento de Nivaldo, conclui-se que

a) Osvaldo não foi ao casamento de seu irmão, mesmo tendo sido convidado.
b) Osvaldo foi ao casamento, mesmo não tendo sido convidado.
c) Osvaldo não foi ao casamento de Nivaldo, por não ter sido convidado.
d) Osvaldo foi ao casamento de Nivaldo, mas não falou com Rivaldo.
e) Rivaldo foi ao casamento, mesmo não tendo sido convidado.

A última sentença do enunciado é a chave para resolver a questão. Se Rivaldo *compareceu* ao casamento de Nivaldo, significa que o casamento de Nivaldo aconteceu e que Rivaldo foi convidado, pois "Rivaldo é orgulhoso e, por isso, só comparece em casamentos quando é convidado".
Pela primeira sentença dada, "Se Nivaldo casar, seu irmão Osvaldo será convidado", temos que Osvaldo foi convidado, pois já sabemos que o casamento aconteceu.
Assim, se Rivaldo foi convidado e se Osvaldo foi convidado, Osvaldo não foi ao casamento de seu irmão, pois "se Rivaldo for convidado para o casamento de Nivaldo, Osvaldo não irá". Portanto, a resposta correta é a "a".

64. (**Cesgranrio – Termomacaé**) Considere a proposição composta "Se o mês tem 31 dias, então não é setembro". A proposição composta equivalente é

a) "O mês tem 31 dias e não é setembro".
b) "O mes tem 30 dias e é setembro".
c) "Se é setembro, então o mês não tem 31 dias".
d) "Se o mês não tem 31 dias, então é setembro".
e) "Se o mês não tem 31 dias, então não é setembro".

A questão pede uma equivalência da estrutura condicional.

Se o mês tem 31 dias, **então** não é setembro.
       p   *q*

A questão apresenta p → q e pede sua equivalência. Pela propriedade da *transposição*, teremos ~q → ~p. Assim, "Se o mês tem 31 dias, então não é setembro" equivale a "Se é setembro, então o mês não tem 31 dias". Portanto, a resposta correta é a "c".

65. (**Cesgranrio – Bacen**) Analise as afirmativas abaixo.
I. A parte sempre cabe no todo.
II. O inimigo do meu inimigo é meu amigo.
III. Um professor de matemática afirma que todos os professores de matemática são mentirosos.

Do ponto de vista da lógica, é (são) sempre verdadeira(s) somente a(s) afirmativa(s)
a) I.
b) II.
c) III.
d) I e II.
e) I e III.

Só podemos considerar verdadeira a afirmativa I: "A parte sempre cabe no todo". É correta porque o todo é composto de partes.
Não podemos admitir a afirmativa II como verdadeira *nem como falsa*, pois ela é uma *contingência* (dúvida). O inimigo do meu inimigo pode ser meu inimigo também.
Por fim, não podemos admitir a afirmativa III como verdadeira porque, se todos são mentirosos, um professor de matemática também é e, assim, estaria dizendo a verdade. Isso é um paradoxo.
Portanto, a resposta correta é a "a".

66. (**Cesgranrio – Bacen**) Quatro casais divertem-se em uma casa noturna. São eles: Isabel, Joana, Maria, Ana, Henrique, Pedro, Luís e Rogério. Em determinado momento, está ocorrendo o seguinte:

- a esposa de Henrique não dança com o seu marido, mas com o marido de Isabel;
- Ana e Rogério conversam sentados à beira do bar;
- Pedro toca piano acompanhando Maria que canta sentada ao seu lado;
- Maria não é a esposa de Pedro.

Considere a(s) afirmativa(s) a seguir.
I. Rogério é o marido de Ana.
II. Luís é o marido de Isabel.
III. Pedro é o marido de Joana.

Está(ão) correta(s) somente a(s) afirmativa(s):
a) I.
b) II.
c) III.
d) I e II.
e) II e III.

A questão trata das relações multicritério. Vamos analisar os dados fornecidos pelo enunciado. Se a esposa de Henrique não dança com o marido, mas com o marido de Isabel, o marido de Isabel está dançando e, por isso, não pode ser Rogério nem Pedro. Sobra apenas Luís como opção para marido de Isabel.

	Henrique	Pedro	Luís	Rogério
Isabel	■	■	●	■
Joana			■	
Maria			■	
Ana			■	

Se Pedro toca piano acompanhando Maria, que canta sentada a seu lado, Maria não está dançando e, assim, não pode ser esposa de Henrique.

Como Maria não é a esposa de Pedro, sobra apenas Rogério para ser marido dela.

	Henrique	Pedro	Luís	Rogério
Isabel	■	■	●	■
Joana			■	■
Maria	■	■	■	●
Ana			■	■

A esposa de Henrique está dançando com Luís (ele é o marido de Isabel), por isso Ana não pode ser a esposa de Henrique, pois esta está sentada com Rogério à beira do bar. Sobra apenas Joana como opção para esposa de Henrique.

	Henrique	Pedro	Luís	Rogério
Isabel	■	■	●	■
Joana	●	■	■	■
Maria	■	■	■	●
Ana	■	●	■	■

Conclusão:
A esposa de Henrique é Joana.
A esposa de Pedro é Ana.
A esposa de Luís é Isabel.
A esposa de Rogério é Maria.
Portanto, a resposta correta é a "b".

67. (**Cesgranrio – Bacen**) André organizou 25 cartas de baralho como ilustra a Figura 1.

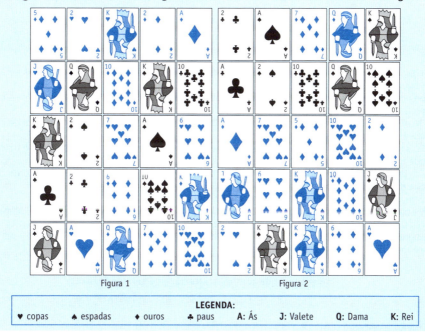

Figura 1   Figura 2

LEGENDA:
♥ copas   ♠ espadas   ♦ ouros   ♣ paus   A: Ás   J: Valete   Q: Dama   K: Rei

Luiza escolheu uma das cartas, mas não disse a André qual foi a escolhida. Disse-lhe apenas que a carta escolhida está na terceira linha.

André retirou todas as cartas e as reorganizou, como ilustrado na Figura 2.

Em seguida, André perguntou a Luiza em que linha, nessa nova arrumação, estava a carta escolhida. Luiza respondeu que, desta vez, a carta estava na quarta linha.

Qual foi a carta escolhida por Luiza?

a) 6 de copas.
b) 7 de copas.
c) Ás de espadas.
d) Rei de espadas.
e) 2 de espadas.

A questão exige a capacidade de observação dos candidatos. Basta comparar as linhas 3 e 4 das duas figuras para perceber que a única carta que se repete é o 6 de copas. Portanto, a resposta correta é a "a".

68. (**FCC – Bacen**) Na sequência de quadriculados abaixo, as células pretas foram colocadas obedecendo a um determinado padrão.

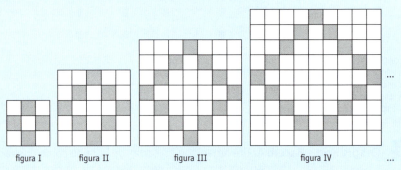

figura I   figura II   figura III   figura IV   ...

Mantendo esse padrão, o número de células brancas na Figura V será

a) 101.   b) 99.   c) 97.   d) 83.   e) 81.

A chave da questão está na possibilidade de comparar a evolução lógica das células pretas e os lados da figura.
- De uma figura para a outra, temos um aumento de 2 células em seus lados e um aumento de 4 células pretas.
- Da primeira para a segunda figura, o número de células pretas aumenta de 4 para 8, e o de células que formam os lados aumenta de 3 para 5.
- Da segunda para a terceira figura, o número de células pretas aumenta de 8 para 12, e o de células que formam os lados aumenta de 5 para 7.
- Da terceira para a quarta figura, o número de células pretas aumenta de 12 para 16, e o de células que formam os lados aumenta de 7 para 9.

Assim, seguindo-se esse mesmo padrão lógico, teremos:
- Da quarta para a quinta figura, o número de células pretas aumentará de 16 para 20, e o número de células que formam seus lados aumentará de 9 para 11.

O número de células brancas (pergunta da questão) será dado pelo número total de células subtraído do número de células pretas.

Número total de células	Número de células brancas
11 × 11 = 121	121 − 20 = **101**

Portanto, a resposta correta é a "a".

69. (**FCC – Bacen**) Considere a figura abaixo.

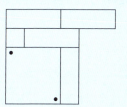

Supondo que as figuras apresentadas nas alternativas abaixo possam apenas ser deslizadas sobre o papel, aquela que coincidirá com a figura dada é

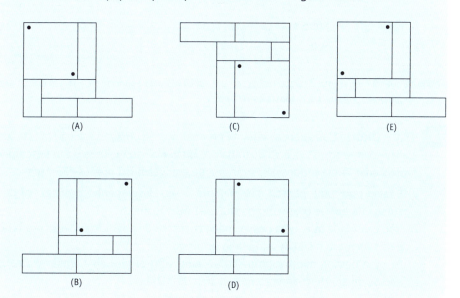

O problema exige do candidato a capacidade de observação (visão espacial). A chave para resolvê-lo é observar a posição dos dois pontinhos pretos nas figuras.

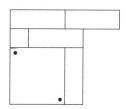

Perceba que, na segunda linha da figura, o quadradinho menor está imediatamente acima de um dos dois pontinhos pretos que está abaixo do lado inferior esquerdo do quadradinho. Com isso, já podemos eliminar as três primeiras alternativas, pois nas figuras nelas apresentadas o pontinho preto está ligado ao retângulo da segunda linha, não ao quadradinho. Restam apenas as duas últimas alternativas. A figura da alternativa "e", depois de girada, ficará invertida e não coincidirá com a figura dada. Cuidado, pois o tombamento da figura da alternativa "e" coincidirá com a figura do enunciado, mas a questão só permite o deslizamento da figura sobre o papel. Portanto, a resposta correta é a "d".

70. (**FCC – Bacen**) Das 5 figuras abaixo, 4 delas têm uma característica geométrica em comum, enquanto uma delas não tem essa característica.

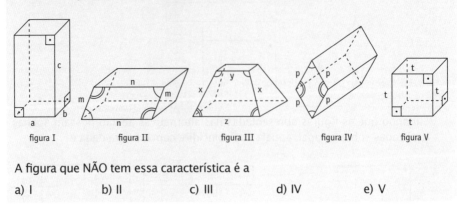

A figura que NÃO tem essa característica é a
a) I   b) II   c) III   d) IV   e) V

A figura que não apresenta a característica comum solicitada pelo enunciado é a III, em que as arestas não são paralelas. Portanto, a resposta correta é a "c".

71. (**FCC – Dnocs**) Considere a seguinte proposição: "Se uma pessoa não faz cursos de aperfeiçoamento na sua área de trabalho, então ela não melhora o seu desempenho profissional." Uma proposição logicamente equivalente à proposição dada é:

a) É falso que, uma pessoa não melhora o seu desempenho profissional ou faz cursos de aperfeiçoamento na sua área de trabalho.
b) Não é verdade que, uma pessoa não faz cursos de aperfeiçoamento profissional e não melhora o seu desempenho profissional.
c) Se uma pessoa não melhora seu desempenho profissional, então ela não faz cursos de aperfeiçoamento na sua área de trabalho.
d) Uma pessoa melhora o seu desempenho profissional ou não faz cursos de aperfeiçoamento na sua área de trabalho.
e) Uma pessoa não melhora seu desempenho profissional ou faz cursos de aperfeiçoamento na sua área de trabalho.

A proposição dada pelo enunciado é uma condicional suficiente $p \rightarrow q$, que tem como equivalência $\sim p \vee q$, que, por sua vez, é equivalente à alternativa "e": $q \vee \sim p$.
Podemos demonstrar a validade dessa afirmação na tabela-verdade:

p	~p	q	~q	p → q	~p ∨ q	q ∨ ~p
V	F	V	F	V	V	V
V	F	F	V	F	F	F
F	V	V	F	V	V	V
F	V	F	V	V	V	V

Portanto, a resposta correta é a "e".

72. **(FGV – Codesp)** Se A não é azul, então B é amarelo. Se B não é amarelo, então C é verde. Se A é azul, então C não é verde. Logo, tem-se obrigatoriamente que
a) A é azul.
b) B é amarelo.
c) C é verde.
d) A não é azul.
e) B não é amarelo.

Temos de julgar as componentes das condicionais dadas, lembrando que as condicionais (**se... então**) devem ser consideradas todas verdadeiras, pois nada ao contrário foi dito sobre elas.
Sabendo-se que uma estrutura condicional só será falsa quando sua antecedente for verdadeira e sua consequente for falsa, em todos os outros casos a condicional será verdadeira.

Avaliação das componentes:

1ª hipótese:

Se <u>A não é azul</u>, então <u>B é amarelo</u>.
    V   V

Como "B é amarelo" é verdadeira, "B não é amarelo" tem de ser falsa; assim, a consequente da próxima condicional poderá ser verdadeira ou falsa.

Se <u>B não é amarelo</u>, então <u>C é verde</u>.
    V   V ou F

Como "A não é azul" é verdadeira, "A é azul" tem de ser falsa; assim, a consequente da próxima condicional poderá ser verdadeira ou falsa.

Se <u>A é azul</u>, então <u>C não é verde</u>.
    F   V ou F

2ª hipótese:

Se <u>A é azul</u>, então <u>C não é verde</u>.
    V   V

Como "C não é verde" é verdadeira, "C é verde" tem de ser falsa, o que obriga a antecedente da próxima condicional a ser falsa.

Se <u>B não é amarelo</u>, então <u>C é verde</u>.
    F   F

Como "B não é amarelo" é falsa, "B é amarelo" tem de ser verdadeira. Se já temos "A é azul" verdadeira, "A não é azul" tem de ser falsa.

Se <u>A não é azul</u>, então <u>B é amarelo</u>.
    F   V

Perceba que, em qualquer uma das duas hipóteses, temos como *verdadeiro* que "B é amarelo". Portanto, a resposta correta é a "b".

73. **(FCC – TJ/SE)** Considere as seguintes premissas:
p: Trabalhar é saudável
q: O cigarro mata.
A afirmação "Trabalhar não é saudável" ou "o cigarro mata" é FALSA se
a) p é falsa e ~q é falsa.
b) p é falsa e q é falsa.
c) p e q são verdadeiras.
d) p é verdadeira e q é falsa.
e) ~p é verdadeira e q é falsa.

Para que a proposição composta por disjunção "Trabalhar não é saudável" **ou** "o cigarro mata" seja falsa, suas componentes, antecedente e consequente, terão de ser falsas.
Se "Trabalhar não é saudável" tem de ser falsa, "Trabalhar é saudável" (*p*) é verdadeira. Então, "O cigarro mata" tem de ser falsa.
Conclusão: *p* é verdadeira e *q* é falsa. Portanto, a resposta correta é a "d".

74. (**FCC – TCE/GO**) São dadas as afirmações:
- Toda cobra é um réptil.
- Existem répteis venenosos.

Se as duas afirmações são verdadeiras, então, com certeza, também é verdade que
a) Se existe uma cobra venenosa, então ela é um réptil.
b) Toda cobra é venenosa.
c) Algum réptil venenoso é uma cobra.
d) Qualquer réptil é uma cobra.
e) Se existe um réptil venenoso, então ele é uma cobra.

Podemos resolver esta questão utilizando diagramas lógicos do silogismo categórico, mas não há necessidade, pois se "toda cobra é um réptil", é claro que, seja ela venenosa ou não, ela será um réptil. Portanto, a resposta correta é a "a".

75. (**Cesgranrio – Petrobras**) $X \leftrightarrow Y$ possui a mesma tabela-verdade que
a) $\sim X \rightarrow Y$
b) $\sim X \rightarrow \sim Y$
c) $(X \rightarrow Y) \vee Y$
d) $(X \rightarrow Y) \wedge (Y \rightarrow X)$
e) $(X \rightarrow Y) \vee (\sim Y \rightarrow X)$

Para que tenham a mesma tabela-verdade, duas proposições têm de ser equivalentes. Lembrando de equivalências no capítulo 4, quando tratamos de bicondicionais, a proposição composta equivalente a $p \leftrightarrow q$ é $(p \rightarrow q) \wedge (q \rightarrow p)$. Pela tabela-verdade, temos:

p	q	p ↔ q	(p → q) ∧ (q → p)
V	V	**V**	V **V** V
V	F	**F**	F **F** V
F	V	**F**	V **F** F
F	F	**V**	V **V** V

equivalência

Portanto, a resposta correta é a "d".

76. (**Esaf – PMN/RN**) X, Y e Z são números inteiros. Um deles é par, outro é ímpar, e o outro é negativo. Sabe-se que: ou X é par, ou Z é par; ou X é ímpar, ou Y é negativo; ou Z é negativo, ou Y é negativo; ou Y é ímpar, ou Z é ímpar. Assim:
a) X é par, Y é ímpar e Z é negativo.
b) X é par, Y é negativo e Z é ímpar.
c) X é par, Y é negativo e Z é par.
d) X é negativo, Y é par e Z é ímpar.
e) X é ímpar, Y é par e Z é negativo.

A questão solicita a avaliação de quatro disjunções exclusivas.
A estrutura da disjunção exclusiva (**ou... ou**) só será verdadeira se suas componentes tiverem validações diferentes. Se uma for verdadeira, a outra será, necessariamente, falsa.

Vamos considerar que "X é par" é verdadeira. Assim, "Z é par" será falsa:
ou <u>X é par</u>, ou <u>Z é par</u>.
      V   F

Se "X é par" é verdadeira, "X é ímpar" é falsa. Assim, "Y é negativo" será verdadeira:
ou <u>X é ímpar</u>, ou <u>Y é negativo</u>.
    F   V

>>Parte I

Como "Y é negativo" é verdadeira, "Z é negativo" deverá ser falsa:
ou Z é negativo, ou Y é negativo.
      F   V

Já temos que X é par e que Y é negativo; então, Z só poderá ser ímpar:
ou Y é ímpar, ou Z é ímpar.
    F   V

Conclusão: X é par, Y é negativo e Z é ímpar. Portanto, a resposta correta é a "b".

77. **(Esaf – PMN/RN)** Durante uma prova de matemática, Joãozinho faz uma pergunta para a professora. Mariazinha – que precisa obter nota alta e, portanto, qualquer informação na hora da prova lhe será muito valiosa – não escutou a pergunta de Joãozinho. Contudo, ela ouviu quando a professora respondeu para Joãozinho afirmando que: se $X \neq 2$, então $Y = 3$. Sabendo que a professora sempre fala a verdade, então Mariazinha conclui corretamente que:

a) se $X = 2$, então $Y \neq 3$.
b) $X \neq 2$ e $Y = 3$.
c) $X = 2$ ou $Y = 3$.
d) Se $Y = 3$, então $X \neq 2$.
e) Se $X \neq 2$, então $Y \neq 3$.

Trata-se de uma equivalência da estrutura condicional. Observe as equivalências-padrão da estrutura condicional.
Para (p → q), teremos:
① ~p ∨ q
② ~(p ∧ (~q))

Na condicional dada pelo enunciado temos: "se $X \neq 2$, então $Y = 3$". Seguindo a primeira equivalência (①) demonstrada acima, teremos: "$X = 2$ ou $Y = 3$".
Observe a tabela-verdade.

X≠2	~(X≠2)	Y=3	X≠2 → Y=3	~(X≠2) ∨ Y=3
V	F	V	V	V
V	F	F	F	F
F	V	V	V	V
F	V	F	V	V

Portanto, a resposta correta é a "c".

78. **(FCC – Oficial de defensoria/SP)** Observe a sequência de contas:

Linha	Conta
1	$2 + 3 \cdot 5 - 1 = 16$
2	$2 - 4 \cdot 5 - 2 = -20$
3	$2 + 5 \cdot 5 - 3 = 24$
4	$2 - 6 \cdot 5 - 4 = -32$
5	$2 + 7 \cdot 5 - 5 = 32$
⋮	⋮

Mantendo-se o padrão indicado, o resultado da conta correspondente à linha 437 será
a) –2630   b) 1750   c) 1760   d) 1782   e) 1934

A conta mostrada dentro da tabela é composta por 2 + (nº da linha + 2) · 5 – (nº da linha). Assim, o resultado da conta solicitado pela questão será:

2 + (437 + 2) · 5 – 437
2 + 2195 – 437
2195 – 435 = 1760

Portanto, a resposta correta é a "c".

79. (**Esaf – AFTN**) Se Nestor disse a verdade, Júlia e Raul mentiram. Se Raul mentiu, Lauro falou a verdade. Se Lauro falou a verdade, há um leão feroz nesta sala. Ora, não há um leão feroz nesta sala. Logo:

a) Nestor e Júlia disseram a verdade.
b) Nestor e Lauro mentiram.
c) Raul e Lauro mentiram.
d) Raul mentiu ou Lauro disse a verdade.
e) Raul e Júlia mentiram.

Várias condicionais encadeadas são apresentadas no enunciado, ou seja, a conclusão de uma é a condição da outra. Perceba que a última proposição dada, "não há um leão feroz nesta sala", é uma proposição simples e está negando a conclusão da última condicional dada, "Se Lauro falou a verdade, há um leão feroz nesta sala". Assim, como as condicionais estão encadeadas, todas as componentes das condicionais ficam negadas.
Conclusão: Nestor mentiu, Raul disse a verdade, Lauro mentiu. Portanto, a resposta correta é a "b".

80. (**Esaf – TCE/RN**) Maria é magra ou Bernardo é barrigudo. Se Lúcia é linda, então César não é careca. Se Bernardo é barrigudo, então César é careca. Ora, Lúcia é linda. Logo:

a) Maria é magra e Bernardo não é barrigudo.
b) Bernardo é barrigudo ou César é careca.
c) César é careca e Maria é magra.
d) Maria não é magra e Bernardo é barrigudo.
e) Lúcia é linda e César é careca.

A questão faz um encadeamento entre uma disjunção, duas condicionais e uma proposição simples.
A proposição simples, "Lúcia é linda", afirma a condição da condicional, "Se Lúcia é linda, então César não é careca"; portanto, afirma também sua conclusão, "César não é careca".
A conclusão, "César não é careca", nega a conclusão da condicional, "Se Bernardo é barrigudo; então, César é careca". Desse modo, nega também a sua condição, "Bernardo é barrigudo".
A condição negada, "Bernardo é barrigudo", nega a consequente da disjunção, "Maria é magra ou Bernardo é barrigudo"; então, afirma a sua antecedente, "Maria é magra".
Assim, Maria é magra e Bernardo não é barrigudo. Portanto, a resposta correta é a "a".

81. (**Esaf – TCE/RN**) Três amigos, Mário, Nilo e Oscar, juntamente com suas esposas, sentaram-se, lado a lado, à beira do cais, para apreciar o pôr do sol. Um deles é flamenguista, outro é palmeirense, e outro vascaíno. Sabe-se, também, que um é arquiteto, outro é biólogo, e outro é cozinheiro. Nenhum deles sentou-se ao lado da esposa, e nenhuma pessoa sentou-se ao lado de outra do mesmo sexo. As esposas chamam-se, não necessariamente nesta ordem, Regina, Sandra e Tânia. O arquiteto sentou-se em um dos dois lugares do meio, ficando mais próximo de Regina do que de Oscar ou do que do flamenguista. O vascaíno está sentado em uma das pontas, e a esposa do cozinheiro está sentada à sua direita. Mário está sentado entre Tânia, que está à sua esquerda, e Sandra. As esposas de Nilo e de Oscar são, respectivamente:

a) Regina e Sandra.
b) Tânia e Sandra.
c) Sandra e Tânia.
d) Regina e Tânia.
e) Tânia e Regina.

A questão trata de multicritérios, mas avalia também a lógica interpretativa por meio de posicionamentos.
Em primeiro lugar, lembre-se de que nenhum deles sentou-se ao lado da esposa e nenhuma pessoa sentou-se ao lado de outra do mesmo sexo. Assim, teremos duas hipóteses iniciais:

| 1ª | homem | mulher | homem | mulher | homem | mulher |
| 2ª | mulher | homem | mulher | homem | mulher | homem |

O vascaíno está sentado em uma das pontas, e a esposa do cozinheiro está sentada à direita do vascaíno. Assim, a segunda hipótese já pode ser eliminada. Se o vascaíno está sentado em uma das pontas, só pode ser a ponta da primeira hipótese, porque, se fosse a outra, não haveria como sentar-se alguém à sua direita. Como a esposa do cozinheiro está sentada à direita do vascaíno, o cozinheiro só pode ser o terceiro homem.

| vascaíno | mulher | homem | mulher | cozinheiro | mulher |

O arquiteto sentou-se em um dos dois lugares do meio, ficando mais próximo de Regina do que de Oscar ou do que do flamenguista.

| vascaíno | mulher | arquiteto | mulher | cozinheiro | mulher |

Perceba que o flamenguista não pode ser Oscar nem o próprio arquiteto e que só sobrou a profissão de biólogo para o vascaíno.
Mário está sentado entre Tânia, que está à sua esquerda, e Sandra.

Como o arquiteto está sentado mais próximo de Regina, o único homem que pode estar sentado **entre** outras duas mulheres é o cozinheiro.

biólogo	mulher	arquiteto	mulher	cozinheiro	mulher
Oscar		Nilo		Mário	
vascaíno		palmeirense		flamenguista	
	Regina		Tânia		Sandra

Portanto, a resposta correta é a "c".

82. (**Esaf – Serpro**) Considere o seguinte argumento: "Se Soninha sorri, Sílvia é miss simpatia". Ora, Soninha não sorri. Logo, Sílvia não é miss simpatia. Este não é um argumento logicamente válido, uma vez que:

a) a conclusão não é decorrência necessária das premissas.
b) a segunda premissa não é decorrência lógica da primeira.
c) a primeira premissa pode ser falsa, embora a segunda possa ser verdadeira.
d) a segunda premissa pode ser falsa, embora a primeira possa ser verdadeira.
e) o argumento só é válido se Soninha na realidade não sorri.

Temos uma questão de silogismo hipotético. Lembrando que, quando se nega a condição, *não necessariamente* tem-se de negar a conclusão. A proposição simples, "Soninha não sorri", está negando a condição da condicional, "Se *Soninha sorri*, Sílvia é miss simpatia". Assim, sua conclusão, "Sílvia é miss simpatia", será uma dúvida (contingente), ou seja, Sílvia *poderá ser ou não* miss simpatia.
Portanto, a resposta correta é a "a".

83. (**Esaf – MRE**) Se a professora de matemática foi à reunião, nem a professora de inglês nem a professora de francês deram aula. Se a professora de francês não deu aula, a professora de português foi à reunião. Se a professora de português foi à reunião, todos os problemas foram resolvidos. Ora, pelo menos um problema não foi resolvido. Logo,
a) a professora de matemática não foi à reunião e a professora de francês não deu aula.
b) a professora de matemática e a professora de português não foram à reunião.
c) a professora de francês não deu aula e a professora de português não foi à reunião.
d) a professora de francês não deu aula ou a professora de português foi à reunião.
e) a professora de inglês e a professora de francês não deram aula.

A questão apresenta várias condicionais encadeadas e uma proposição simples negando a conclusão da última condicional. Assim, a proposição simples "Pelo menos um problema não foi resolvido", que é a *negação* de "todos os problemas foram resolvidos", está negando a conclusão da condicional, "Se a professora de português foi à reunião, todos os problemas foram resolvidos". Portanto, a condição "a professora de português foi à reunião" também ficará negada. A professora de português não foi à reunião.
Com a negação da condição da condicional anterior, temos a negação da conclusão da condicional "Se a professora de francês não deu aula, *a professora de português foi à reunião*"; desse modo, a condição "a professora de francês não deu aula" também ficará negada. A professora de francês deu aula.
Com a negação da condição da condicional anterior, temos a negação da conclusão da condicional "Se a professora de matemática foi à reunião, nem a professora de inglês nem *a professora de francês deram aula*" (a professora de inglês não deu aula **e** a professora de francês não deu aula); assim, a condição "a professora de matemática foi à reunião" também ficará negada. A professora de matemática não foi à reunião.
Portanto, a resposta correta é a "b".

84. (**Esaf – AFT**) Um professor de Lógica percorre uma estrada que liga, em linha reta, as vilas Alfa, Beta e Gama. Em Alfa, ele avista dois sinais com as seguintes indicações: "Beta a 5 km" e "Gama a 7 km". Depois, já em Beta, encontra dois sinais com as indicações: "Alfa a 4 km" e "Gama a 6 km". Ao chegar a Gama, encontra mais dois sinais: "Alfa a 7 km" e "Beta a 3 km". Soube, então, que, em uma das três vilas, todos os sinais têm indicações erradas; em outra, todos os sinais têm indicações corretas; e na outra um sinal tem indicação correta e outro sinal tem indicação errada (não necessariamente nesta ordem). O professor de Lógica pode concluir, portanto, que as verdadeiras distâncias, em quilômetros, entre Alfa e Beta, e entre Beta e Gama, são, respectivamente:
a) 5 e 3.
b) 5 e 6.
c) 4 e 6.
d) 4 e 3.
e) 5 e 2.

Questão de resolução interpretativa. Vamos analisar as possibilidades por meio da observação das placas.

Em Alfa:
Beta a 5 km e Gama a 7 km.
↓
De Alfa até Beta: 5 km.
De Alfa até Gama: 7 km.

Em Beta:
Alfa a 4 km e Gama a 6 km.
↓
De Beta até Alfa: 4 km.
De Beta até Gama: 6 km.

Em Gama:
Alfa a 7 km e Beta a 3 km.
↓
De Gama até Alfa: 7 km.
De Gama até Beta: 3 km.

Temos 3 situações:
• As **duas** placas estão **corretas**.
• As **duas** placas estão **erradas**.
• **Uma** placa está **correta** e **uma** placa está **errada**.

As placas que apresentam as mesmas distâncias entre pelo menos duas cidades são as placas em Alfa, "Gama a 7 km", e em Gama, "Alfa a 7 km".

```
        5 km      2 km
   ○────────○────────○
  Alfa      Beta    Gama
```

A partir disso, podemos concluir que a única combinação possível seria:
• As placas de Alfa estão corretas.
• As placas de Beta estão erradas.
• As placas de Gama estão uma correta e outra errada.

Portanto, a resposta correta é a "e".

85. (**Esaf – AFT**) Fernando, João Guilherme e Bruno encontram-se perdidos, uns dos outros, no meio da floresta. Cada um está parado em um ponto, gritando o mais alto possível, para que os outros possam localizá-lo. Há um único ponto em que é possível ouvir simultaneamente Fernando e Bruno, um outro único ponto (diferente daquele) em que é possível ouvir simultaneamente Bruno e João Guilherme, e há ainda um outro único ponto (diferente dos outros dois) em que é possível ouvir simultaneamente João Guilherme e Fernando. Bruno encontra-se, em linha reta, a 650 metros do ponto onde se encontra Fernando. Fernando, por sua vez, está a 350 metros, também em linha reta, do ponto onde está João Guilherme. Fernando grita o suficiente para que seja possível ouvi-lo em qualquer ponto até uma distância de 250 metros de onde ele se encontra. Portanto, a distância em linha reta, em metros, entre os pontos em que se encontram Bruno e João Guilherme é:
a) 650.
b) 600.
c) 500.
d) 700.
e) 720.

Questão que avalia o raciocínio interpretativo. Vamos utilizar três circunferências, sendo o centro de cada uma delas a representação de cada um dos três pontos citados na questão.

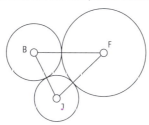

A distância entre Bruno e Fernando (BF) é de 650 metros.
Como o alcance da voz de Fernando é de 250 metros, o alcance da voz de Bruno é a diferença entre o total da distância e a distância do alcance de sua voz (BF – F), ou seja, 400 metros.
A distância entre Fernando e João (FJ) é de 350 metros.
Como o alcance da voz de Fernando é de 250 metros, então o alcance da voz de João pode ser calculado pela subtração 350 – 250 = 100 (FJ – J).
Como o alcance da voz de Bruno é de 400 metros e o alcance da voz de João é de 100 metros, a distância entre os dois será a soma dos alcances de suas vozes, ou seja, 400 + 100 = 500 metros.
Portanto, a resposta correta é a "c".

86. (**Esaf – ATA-MF**) X e Y são números tais que: Se X ⩽ 4, então Y > 7. Sendo assim:
   a) Se Y ⩽ 7, então X > 4.
   b) Se Y > 7, então X ⩾ 4.
   c) Se X ⩾ 4, então Y < 7.
   d) Se Y < 7, então X ⩾ 4.
   e) Se X < 4, então Y ⩾ 7.

Temos de encontrar uma equivalência condicional para a condicional dada pelo enunciado.
Pela propriedade da transposição, temos: p → q ≡ ~q → ~p. Então:

X ⩽ 4 → Y > 7 ≡ ~(Y > 7) → ~(X ⩽ 4) ≡ **Se Y ⩽ 7, então X > 4**.

Portanto, a resposta correta é a "a".

87. (**Esaf – Sefaz/SP**) Assinale a opção verdadeira.
   a) 3 = 4 e 3 + 4 = 9.
   b) Se 3 = 3, então 3 + 4 = 9.
   c) Se 3 = 4, então 3 + 4 = 9.
   d) 3 = 4 ou 3 + 4 = 9.
   e) 3 = 3 se e somente se 3 + 4 = 9.

A questão apresenta várias proposições simples, componentes de proposições compostas. Sabemos que, dependendo da validação das proposições simples e do conectivo, teremos a validação da proposição composta.
Podemos perceber que a única alternativa que apresenta uma proposição composta verdadeira é a terceira, pois é uma proposição em condicional, cuja condição 3 = 4 e conclusão 3 + 4 = 9, são *falsas*, o que dá à condicional a validação *verdadeira*. Portanto, a resposta correta é a "c".

CERTO OU ERRADO

1. (**Cespe/UnB – EGP/ES**) Considere-se que a proposição simples "Michele mora na praia da Costa" e a proposição composta "Se Josué não é capixaba então Michele não mora na praia da Costa" sejam verdadeiras. Nesse caso, é correto afirmar que a proposição "Josué é capixaba" é também verdadeira.

A proposição simples apresentada no enunciado está negando a conclusão da condicional. Assim, temos de negar também sua condição.
Resolvendo a questão por diagramas lógicos, temos:

① **Condicional suficiente:** "Se Josué não é capixaba então Michele não mora na praia da Costa".

② **Proposição simples:** "Michele mora na praia da Costa".
Essa proposição simples está negando a conclusão da condicional.

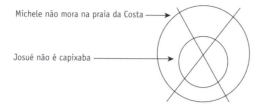

Quando se nega o de fora, nega-se também o de dentro.

③ **Proposição simples:** "Josué é capixaba".
Essa proposição simples é verdadeira, pois é a negação da condição da condicional.

Portanto, a afirmação está certa.

Texto para questões 2 a 9.

> Uma proposição é uma frase afirmativa que pode ser julgada como verdadeira (V) ou falsa (F), mas não como ambos. As proposições são frequentemente colocadas em forma simbólica usando-se as letras maiúsculas do alfabeto, tais como A, B, C etc. A partir de proposições conhecidas, podem ser compostas novas proposições. São proposições compostas expressões da forma A → B, A ∨ B, A ∧ B e ¬ A.
>
> Uma proposição na forma A → B, lida como "se A então B", é F quando A é V e B é F e, nos demais casos, é V; uma proposição na forma A ∨ B, lida como "A ou B", é F quando A e B são F, nos demais casos é V; uma proposição da forma A ∧ B, lida como "A e B", é V quando A e B são V e, nos demais casos, é F; e uma proposição na forma ¬ A, lida como "não A", é F quando A é V, e é V quando A é F. Também são chamadas proposições compostas todas as construções que preservam essas formas de expressão.
>
> Duas proposições são equivalentes quando têm exatamente as mesmas valorações V e F.
>
> Considere a forma de raciocínio constituído por uma sequência de três proposições, em que as duas primeiras são chamadas premissas e a terceira é chamada conclusão. Um raciocínio é válido quando se consideram verdadeiras as premissas e, como consequência, pode-se garantir que a conclusão é também verdadeira.

A partir das definições apresentadas no texto, julgue os itens subsequentes.

2. (**Cespe/UnB – MPE/AM**) Considere que as proposições "Se João é o pai de Ana então João é o pai de Beatriz" e "João não é o pai de Ana" sejam verdadeiras. Nesse caso, conclui-se que a proposição "Ana não é irmã de Beatriz" é verdadeira.

Nesta questão, é negada a condição da condicional; assim, a conclusão ficará contingente, ou seja, apresenta uma dúvida.
Vamos resolvê-la com a aplicação de diagramas lógicos.

① **Condicional suficiente:** "Se João é o pai de Ana então João é o pai de Beatriz".

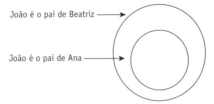

② **Proposição simples:** "João não é o pai de Ana".
Essa proposição simples está negando a condição da condicional.

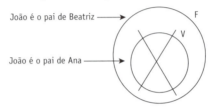

Quando se nega o de dentro, o de fora se torna contingente. Assim, "João poderá *ser ou não* pai de Beatriz". Concluímos que "Ana não é irmã de Beatriz" é uma dúvida, ou seja, uma contingência. Portanto, a proposição está errada.

3. (**Cespe/UnB – MPE/AM**) A proposição composta (¬A) ∨ (¬B) tem valorações contrárias às valorações da proposição A ∧ B, independentemente das possíveis valorações V e F dadas às proposições básicas A e B.

A primeira proposição dada (¬A) ∨ (¬B) é a negação da segunda A ∧ B; então, seja qual for o valor-verdade das proposições básicas, elas terão valorações contrárias.
Vamos aplicar a tabela-verdade.

A	B	~A	~B	A ∧ B	(~A) ∨ (~B)
V	V	F	F	V	F
V	F	F	V	F	V
F	V	V	F	F	V
F	F	V	V	F	V

Portanto, a afirmação está correta.

4. (**Cespe/UnB – MPE/AM**) Considere as seguintes proposições:

I. Mariana fica zangada ou ela não acorda cedo.
II. Mariana não fica zangada.
Nessa situação, o raciocínio que tem como premissas a proposição I e a proposição "ela não acorda cedo", e tem por conclusão a proposição II, é válido.

De acordo com a segunda premissa dada pela questão — "ela não acorda cedo" —, a consequente da disjunção "Mariana fica zangada ou *ela não acorda cedo*" foi afirmada; portanto, a disjunção já é verdadeira, e nada se pode afirmar sobre sua antecedente "Mariana fica zangada". Vamos montar o argumento.
1ª premissa: "Mariana fica zangada **ou** ela não acorda cedo".
2ª premissa: "Ela não acorda cedo".
Conclusão: "Mariana não fica zangada".

Essa estrutura argumentativa é a do *silogismo hipotético disjuntivo* (**ou**).
A primeira premissa é uma disjunção (**ou**). Nesse tipo de estrutura, basta que uma das suas componentes seja verdadeira para que a disjunção seja verdadeira.
A segunda premissa afirma a consequente da primeira. Assim, torna a disjunção verdadeira sem exigir que validemos a antecedente.
Como não houve necessidade de validação da antecedente "Mariana fica zangada", nada se pode *concluir* sobre ela. Portanto, a afirmação está errada.

5. (**Cespe/UnB – MPE/AM**) Considere que as proposições "Se o ladrão deixou pistas então o ladrão não é profissional" e "O ladrão não deixou pistas" sejam premissas e a proposição "O ladrão é profissional" seja a conclusão. Então é correto afirmar que essas proposições constituem um raciocínio válido.

Trata-se de uma falácia da negação do antecedente. Em uma relação de implicação, ao se negar a antecedente (condição), a consequente (conclusão) será contingente, ou seja, uma dúvida; portanto, nada se pode afirmar sobre ela. Vamos montar o argumento.

1ª premissa: "**Se** o ladrão deixou pistas **então** o ladrão não é profissional".
2ª premissa: "O ladrão não deixou pistas".
Conclusão: "O ladrão é profissional".

Essa estrutura argumentativa é do tipo *silogismo hipotético condicional* na forma *suficiente* (**Se... então**). Aqui, a primeira premissa é uma condicional suficiente, que tem sua antecedente "o ladrão deixou pistas" negada pela segunda premissa "O ladrão não deixou pistas".
Desse modo, ao negarmos a condição, a conclusão torna-se contingente, ou seja, uma dúvida. Assim: o ladrão poderá *ser ou não* profissional. Portanto, a afirmação está errada.

6. (**Cespe/UnB – MPE/AM**) Suponha verdadeiras as três proposições seguintes:
I. Se as vendas aumentaram, então os preços vão baixar.
II. O salário aumentou ou os preços não vão baixar.
III. As vendas aumentaram.

Nessa situação, tomando-se como premissa a conclusão do raciocínio válido que usa como premissas as proposições I e III, é correto concluir que "O salário aumentou".

A segunda premissa, "As vendas aumentaram", do argumento montado pelo enunciado está afirmando a condição da condicional, que é a primeira premissa do argumento montado. Assim, ao se afirmar a condição, afirma-se também a conclusão "os preços vão baixar", fato que nega a consequente da premissa "O salário aumentou" ou "os preços não vão baixar", validando como verdadeira a antecedente "O salário aumentou". Vamos montar o argumento.

1ª premissa: "**Se** as vendas aumentaram, **então** os preços vão baixar".
2ª premissa: "As vendas aumentaram".
Conclusão: "O salário aumentou ou os preços não vão baixar".

A primeira premissa é uma condicional suficiente e, nesse tipo de estrutura, quando se afirma a condição, afirma-se também sua conclusão.

Como a segunda premissa está afirmando a condição da primeira, a conclusão da primeira "os preços vão baixar" fica também afirmada.
Assim, temos que "os preços não vão baixar", consequente na conclusão, é falsa.

A conclusão é uma disjunção e, nesse tipo de estrutura, basta que uma componente seja verdadeira para que a disjunção seja verdadeira.
Assim, se "os preços não vão baixar" é falsa, "o salário aumentou" é verdadeira. Portanto, a afirmação está correta.

7. (Cespe/UnB – MPE/AM) Simbolizando-se adequadamente, pode-se garantir que a proposição "Se o caminhão atropelou o tamanduá então Ana foi lavar roupas" é equivalente à proposição "Se Ana não foi lavar roupas então o caminhão não atropelou o tamanduá".

Nesta resolução, podemos aplicar a propriedade da transposição: p → q ≡ ~q → ~p. Vamos utilizar a tabela-verdade.

"o caminhão atropelou o tamanduá"	"Ana foi lavar roupas"	"o caminhão não atropelou o tamanduá"	"Ana não foi lavar roupas"	"Se o caminhão atropelou o tamanduá então Ana foi lavar roupas."	"Se Ana não foi lavar roupas então o caminhão não atropelou o tamanduá."
p	q	~p	~q	p → q	(~q) → (~p)
V	V	F	F	V	V
V	F	F	V	F	F
F	V	V	F	V	V
F	F	V	V	V	V

Perceba que, na tabela-verdade, as duas últimas colunas apresentam o mesmo resultado de valorações, o que indica que as proposições são equivalentes. Portanto, a afirmação está correta.

8. (Cespe/UnB – MPE/AM) As proposições (¬A) ∨ B e (¬B) ∨ A são equivalentes.

Para que duas proposições compostas sejam equivalentes, deverão apresentar a mesma valoração na tabela-verdade. Vamos demonstrar com a aplicação desta tabela.

A	B	~A	~B	~A ∨ B	(~B) ∨ A
V	V	F	F	V	V
V	F	F	V	F	V
F	V	V	F	V	F
F	F	V	V	V	V

Perceba na tabela-verdade que as duas últimas colunas não apresentam o mesmo resultado de valorações; desse modo, as proposições *não* são equivalentes. Portanto, a afirmação está errada.

9. (Cespe/UnB – MPE/AM) Considere que Sara, Mara e Lara pratiquem ou alpinismo ou judô ou ciclismo, não necessariamente nessa ordem. Uma delas é brasileira, outra é espanhola e a outra é portuguesa. Sabe-se que Mara é a alpinista, Lara não é a ciclista, que a ciclista é portuguesa e que a judoca não é brasileira. Nessa situação, conclui-se que Lara é espanhola, Mara é brasileira e Sara é portuguesa.

O enunciado apresenta várias informações associadas entre si; portanto, é indicada a utilização de tabelas multicritério.

Dados	Critérios
Pessoas: Sara, Mara e Lara Esportes: alpinismo, judô, ciclismo Nacionalidades: brasileira, espanhola, portuguesa	Mara é a alpinista. Lara não é a ciclista. A ciclista é portuguesa. A judoca não é brasileira.

226 >>Parte I

Critérios: Mara é a alpinista /Lara não é a ciclista.
Dessa forma, sobra apenas judô para Lara e apenas ciclismo para Sara. Se a ciclista é portuguesa e a judoca não é brasileira, concluímos que sobra apenas espanhola para Lara e apenas brasileira para Mara.

	alpinismo	judô	ciclismo	brasileira	espanhola	portuguesa
Sara	■	■	●	■	■	●
Mara	●	■	■	●	■	■
Lara	■	●	■	■	●	■

Conclusão: Sara pratica ciclismo e é portuguesa; Mara pratica alpinismo e é brasileira e Lara pratica judô e é espanhola. Portanto, a afirmação está correta.

10. **(Cespe/UnB – DPF)** Uma noção básica da lógica é a de que um argumento é composto de um conjunto de sentenças denominadas premissas e de uma sentença denominada conclusão. Um argumento é válido se a conclusão é necessariamente verdadeira sempre que as premissas forem verdadeiras. Com base nessas informações, julgue os itens que se seguem.

1. Toda premissa de um argumento válido é verdadeira.
2. Se a conclusão é falsa, o argumento não é válido.
3. Se a conclusão é verdadeira, o argumento é válido.
4. É válido o seguinte argumento: todo cachorro é verde, e tudo que é verde é vegetal, logo todo cachorro é vegetal.

Cuidado para não confundir, nesse tipo de assunto, "verdade" com "validade" (veja a página 2).

Item	Avaliação	Justificativa	Exemplo
1	errado	Toda premissa de um argumento válido é verdadeira. O argumento pode ser válido sem que exista verdade em suas premissas, basta que logicamente o argumento seja aceito.	Todo peixe é macaco. Todo macaco é voador. Portanto: Todo peixe é voador. O argumento é válido, mas nota-se com clareza que as premissas não são verdadeiras.
2	errado	Se a conclusão é falsa, o argumento não é válido. O argumento pode ser válido mesmo com uma conclusão falsa.	É o caso do exemplo anterior.
3	errado	Se a conclusão é verdadeira, o argumento é válido. Assim como se pode chegar a argumentos inválidos com conclusões verdadeiras, pode-se também chegar a argumentos válidos com conclusões falsas.	
4	correto	É válido o seguinte argumento: todo cachorro é verde, e tudo que é verde é vegetal, logo todo cachorro é vegetal.	O item 4 é também exemplo para os outros itens. Perceba que as duas premissas e a conclusão são falsas, mas o perfeito encadeamento do argumento obedece às regras do silogismo categórico, o que torna o argumento válido.

Portanto, as afirmações 1, 2 e 3 estão erradas e a 4 está correta.

11. (**Cespe/UnB – MPS**) A negação da proposição "Pedro não sofreu acidente de trabalho ou Pedro está aposentado" é "Pedro sofreu acidente de trabalho ou Pedro não está aposentado".

O enunciado solicita a negação de uma disjunção (**ou**). A negação básica da disjunção é a conjunção da negação das suas partículas. Assim, a negação de p ∨ q será ~p ∧ ~q. Concluímos que a negação de "Pedro não sofreu acidente de trabalho **ou** Pedro está aposentado" será "Pedro sofreu acidente de trabalho **e** Pedro não está aposentado". A afirmação está errada.

12. (**Cespe/UnB – MPS**) A negação da proposição "O cartão de Joana tem final par ou Joana não recebe acima do salário mínimo" é "O cartão de Joana tem final ímpar e Joana recebe acima do salário mínimo".

O enunciado solicita a avaliação da negação de uma disjunção (**ou**). A negação de uma proposição composta por disjunção (**ou**) é uma proposição composta pela conjunção (**e**) da negação das partículas. Assim:
"O cartão de Joana tem final par **ou** Joana não recebe acima do salário mínimo".
~(O cartão de Joana **tem** final par) = "O cartão de Joana **não** tem final par", ou seja, "O cartão de Joana tem final ímpar".
~(Joana **não** recebe acima do salário mínimo) = "Joana recebe acima do salário mínimo".
Conclusão: "O cartão de Joana tem final ímpar **e** Joana recebe acima do salário mínimo".
Portanto, a afirmação está correta.

13. (**Cespe/UnB – Serpro**) Em relação às proposições A: $\sqrt{16} = \pm 4$ e B: 9 é par, a proposição composta A → B é uma contradição.

O enunciado apresenta duas proposições simples, A e B, falsas. Na formação da condicional A → B, a antecedente e a consequente são falsas, o que demonstra uma tautologia e não uma contradição. Lembre-se de que toda condicional cuja antecedente (condição) é falsa será verdadeira. A "pegadinha" da questão está na proposição A, pois $\sqrt{16} = \pm 4$ é falso. Raiz quadrada de um número não negativo é um valor real, também, não negativo. Portanto, a proposição está errada.

14. (**Cespe/UnB – TRT-17ª Região**) Para todos os possíveis valores lógicos atribuídos às proposições simples A e B, a proposição composta [A ∧ (~B)] ∨ B tem exatamente 3 valores lógicos V e um F.

Por meio da tabela-verdade, vamos testar a proposição dada, para verificar suas possíveis validações.

A	B	~B	A ∧ ~B	[A ∧ (~B)] ∨ B
V	V	F	F	V
V	F	V	V	V
F	V	F	F	V
F	F	V	F	F

Na quinta coluna da tabela, temos exatamente a quantidade de menções verdadeiras (V) e falsas (F) que o enunciado descreve. Portanto, a afirmação está correta.

15. (Cespe/UnB – TRT-17ª Região) Considere que uma proposição Q seja composta apenas das proposições simples A e B e cujos valores lógicos V ocorram somente nos casos apresentados na tabela abaixo.

A	B	Q
V	F	V
F	F	V

Nessa situação, uma forma simbólica correta para Q é

[A ∧ (~B)] ∨ [(~A) ∧ (~B)].

Ao observar a tabela, podemos perceber que, na primeira linha, A tem valor-verdade verdadeiro (V) e, na segunda, falso (F); portanto, não podem ocorrer simultaneamente (**e**). Assim, a ocorrência dada é da primeira **ou** da segunda linha.
Visto isso, basta descrever as ocorrências em cada linha da tabela para cada proposição simples.
Primeira linha: Afirma-se A, portanto: A; **e** nega-se B, portanto: ~B.
ou
Segunda linha: Nega-se A, portanto: ~A; **e** nega-se B, portanto: ~B.
Assim, temos:
Na primeira linha: A **e** ~B; **ou** na segunda linha: ~A **e** ~B: [A ∧ (~B)] ∨ [(~A) ∧ (~B)].
Portanto, a afirmação está correta.

16. (Cespe/UnB – TRT-17ª Região) A sequência de frases a seguir contém exatamente duas proposições.
- A sede do TRT/ES localiza-se no município de Cariacica.
- Por que existem juízes substitutos?
- Ele é um advogado talentoso.

Só podemos considerar uma proposição quando há sentenças declarativas fechadas, ou seja, aquelas que passam uma ideia de sentido completo.
Assim, apenas a primeira frase pode ser considerada proposição. A segunda é uma sentença interrogativa e a terceira é uma sentença declarativa aberta. Portanto, a afirmação está errada.

17. (Cespe/UnB – TRT-5ª Região) Julgue o item seguinte, a respeito dos conceitos básicos de lógica e tautologia.

A proposição "Se 2 for ímpar, então 13 será divisível por 2" é valorada como F.

A estrutura apresentada no enunciado é uma condicional, ou seja, a condição implica a conclusão. Assim, se a condição for falsa (F), a condicional já será verdadeira (V).
"Se 2 for ímpar" = condição = p = falsa (F)
"Então 13 será divisível por 2" = q = falsa (F)

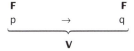

Montagem da tabela-verdade:

p	q	p → q
V	V	V
V	F	F
F	V	V
F	F	V

A última linha da tabela descreve a situação dada na questão, em que *p* e *q* são falsos (F), mas a condicional é verdadeira (V). Portanto, a afirmação está errada.

18. (**Cespe/UnB – TRT-5ª Região**) Julgue o item seguinte, a respeito dos conceitos básicos de lógica e tautologia.
Se A, B, C e D forem proposições simples e distintas, então o número de linhas da tabela-verdade da proposição (A → B) ↔ (C → D) será superior a 15.

Trata-se da análise do número máximo de validações de uma proposição, ou seja, o número de linhas da tabela-verdade dessa proposição, que é dado por 2^n, sendo 2 a base fixa e *n* o número de proposições simples (partículas) *diferentes* que compõem a proposição composta.
A questão apresenta quatro proposições simples: A, B, C e D, que formam a proposição composta (A → B) ↔ (C → D). Assim, o número de linhas de sua tabela-verdade será $2^4 = 16$.
Portanto, a afirmação está correta.

19. (**Cespe/UnB – BB**) A frase "Quanto subiu o percentual de mulheres assalariadas nos últimos 10 anos?" não pode ser considerada uma proposição.

Para uma sentença ser considerada uma proposição, deverá ser uma sentença declarativa fechada, ou seja, passar a ideia de sentido completo. As sentenças interrogativas não podem ser consideradas proposições lógicas. Portanto, a afirmação está correta.

20. (**Cespe/UnB – BB**) Considerando-se como V a proposição "Sem linguagem, não há acesso à realidade", conclui-se que a proposição "Se não há linguagem, então não há acesso à realidade" é também V.

A proposição "Sem linguagem, não há acesso à realidade" pode ser interpretada como uma condicional necessária, ou seja, "**Somente se** há linguagem, **então** haverá acesso à realidade".
Ao montar o diagrama para essa condicional necessária, teremos:

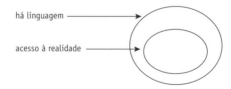

Assim: "Se não há linguagem, então não há acesso à realidade".
A proposição dada pelo enunciado está negando a *condição* da condicional necessária, então, está negando também sua conclusão.

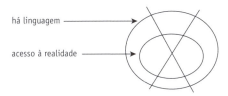

Portanto, a afirmação está correta.

21. (**Cespe/UnB – TRT-5ª Região**) Considerando a proposição "Nesse processo, três réus foram absolvidos e os outros dois prestarão serviços à comunidade", simbolizada na forma A ∧ B, em que A é a proposição "Nesse processo, três réus foram absolvidos" e B é a proposição "Nesse processo, dois réus prestarão serviços à comunidade", julgue o item seguinte.

A proposição (¬A) → A pode ser assim traduzida: Se, nesse processo, três réus foram condenados, então três réus foram absolvidos.

Como A representa "Nesse processo, três réus foram absolvidos", ¬A representa a negação de A e, para isso, não é necessário que todos os réus sejam condenados, ou seja, se *pelo menos um réu não for absolvido*, já será a negação de A.
A tradução correta para (¬A) → A é: "Se nesse processo, **pelo menos um** réu não foi absolvido, então nesse processo, três réus foram absolvidos". Portanto, a afirmação está errada.

22. (**Cespe/UnB – BB**) "Se *x* é um número par, então *y* é um número primo" é equivalente à proposição "Se *y* não é um número primo, então *x* não é um número par".

Trata-se da primeira propriedade da estrutura da condicional: propriedade da transposição.

<u>Se *x* é um número par</u>, então <u>*y* é um número primo</u>. ≡ <u>Se *y* não é um número primo</u>, então <u>*x* não é um número par</u>.
      p   →   q   ~q   →   ~p

Portanto, a afirmação está correta.

23. (**Cespe/UnB – MRE**) Considere como premissas de um argumento as seguintes proposições.
I. Se a Secretaria de Recursos Hídricos e Ambiente Urbano do MMA não coordenasse o Programa de Água Doce, então não haveria gestão dos sistemas de dessalinização.
II. Há gestão dos sistemas de dessalinização.
Nesse caso, ao se considerar como conclusão a proposição "A Secretaria de Recursos Hídricos e Ambiente Urbano do MMA coordena o Programa Água Doce", obtém-se um argumento válido.

A questão trata da estrutura do silogismo hipotético, utilizando uma condicional suficiente.
A premissa I é: "**Se** a Secretaria de Recursos Hídricos e Ambiente Urbano do MMA *não coordenasse o Programa* de Água Doce, **então** *não haveria gestão* dos sistemas de dessalinização". Perceba que a condição é "não coordenasse o Programa" e a conclusão é "não haveria gestão".
A premissa II informa: "*Há gestão* dos sistemas de dessalinização". Dessa forma, nega a conclusão da condicional suficiente da premissa I e, por consequência, está negando também sua condição. Portanto, a afirmação está correta.

24. (**Cespe/UnB – BB**) A negação da proposição "Existe banco brasileiro que fica com mais de 32 dólares de cada 100 dólares investidos" pode ser assim redigida: "Nenhum banco brasileiro fica com mais de 32 dólares de cada 100 dólares investidos".

A proposição "*Existe banco* brasileiro que fica com mais de 32 dólares de cada 100 dólares investidos" pode ser lida como "**Algum** banco brasileiro que fica com mais de 32 dólares de cada 100 dólares investidos", que é uma proposição particular afirmativa. Assim, negando o "algum é" teremos o "nenhum", ou seja, "**Nenhum** banco brasileiro fica com mais de 32 dólares de cada 100 dólares investidos", que é uma proposição universal negativa. Portanto, a afirmação está correta.

25. (**Cespe/UnB – TRT-17ª Região**)

Nos diagramas acima, estão representados dois conjuntos de pessoas que possuem o diploma do curso superior de direito, dois conjuntos de juízes e dois elementos desses conjuntos: Mara e Jonas. Julgue o item seguinte tendo como referência esses diagramas e o texto.

A proposição "Mara é formada em direito e é juíza" é verdadeira.

A proposição "Mara é formada em direito **e** é juíza" é uma conjunção e, para uma estrutura de conjunção ser verdadeira, é necessário que suas componentes, antecedente e consequente, sejam ao mesmo tempo verdadeiras.
No diagrama da esquerda, o conjunto externo é o conjunto das pessoas formadas em Direito, onde Mara está incluída; portanto, "Mara é formada em Direito", mas, por não estar incluída no conjunto interno, que é o conjunto dos juízes, "Mara não é juíza".
Assim, a antecedente da conjunção "Mara é formada em Direito" é verdadeira e a consequente "é juíza" é falsa, o que transforma a conjunção dada pelo enunciado falsa. Portanto, a proposição está errada.

26. (**Cespe/UnB – TRT-17ª Região – adapt.**) Considerando os diagramas e o texto da questão anterior, julgue o item seguinte:

A proposição "Se Jonas não é um juiz, então Mara e Jonas são formados em direito" é falsa.

A proposição "**Se** Jonas não é um juiz, **então** Mara e Jonas são formados em direito" é uma condicional suficiente de **antecedente falsa**, pois, se Jonas está incluído no conjunto "juízes", Jonas **é** juiz.
Condicional de antecedente falsa é sempre verdadeira, não importando o valor-verdade da sua consequente.

A	C	A → C
V	V	V
V	F	F
F	V	V
F	F	V

Assim, a proposição "Se Jonas não é um juiz, então Mara e Jonas são formados em direito", dada pelo enunciado, é verdadeira. Portanto, a proposição está errada.

27. (**Cespe/UnB – MPE/TO**) Não é possível interpretar como verdadeira a proposição (P → Q) ∧ (P ∧ ¬Q).

A *consequente* da proposição dada pelo enunciado (P ∧ ¬Q) é a negação padrão da antecedente dessa mesma proposição; portanto, se a antecedente for falsa, a consequente será verdadeira; se a antecedente for verdadeira, a consequente será falsa.
Em qualquer um dos dois casos, a estrutura da conjunção (∧) é falsa; assim, não é possível interpretá-la como verdadeira. Vejamos na tabela-verdade:

P	Q	¬Q	P → Q	P ∧ ¬Q	(P → Q) ∧ (P ∧ ¬Q)
V	V	F	V	F	F
V	F	V	F	V	F
F	V	F	V	F	F
F	F	V	V	F	F

A última coluna dessa tabela-verdade mostra que, para a proposição dada, só são possíveis validações falsas (F). Portanto, a afirmação está correta.

28. (**Cespe/UnB – Secont/ES – adapt.**) Julgue o item a seguir.
Considere que sejam valoradas como V as duas seguintes proposições: "Todo candidato ao cargo de auditor tem diploma de engenheiro"; e "Josué é engenheiro". Nesse caso, como consequência da valoração V dessas proposições, é correto afirmar que também será valorada como V a proposição "Josué é candidato ao cargo de auditor".

A questão apresenta uma conversão ilícita, ou seja, "Todo A é B"; então, "Todo B é A".
"Todo candidato ao cargo de auditor tem diploma de engenheiro" não quer dizer que "Todo engenheiro seja candidato ao cargo de auditor". Assim, se Josué é engenheiro, ele pode ou não ser candidato ao cargo de auditor. Portanto, o item está errado.

29. (**Cespe/UnB – BB – adapt.**) A negação da proposição A → B possui os mesmos valores lógicos que a proposição A ∧ (¬B).

A proposição A ∧ (¬B) é a negação da condicional A → B; assim, essas proposições não podem ter os mesmos valores lógicos. Observe a tabela-verdade.

A	B	¬B	A → B	(A ∧ (¬B))
V	V	F	V	F
V	F	V	F	V
F	V	F	V	F
F	F	V	V	F

Portanto, a afirmação está correta.

30. (**Cespe/UnB – MPS**) Considerando as proposições P e Q e os símbolos lógicos: ~ (negação); ∨ (ou); ∧ (e); → (se... então), é correto afirmar que a proposição (~P) ∧ Q → (~P) ∨ Q é uma tautologia.

A condicional entre uma conjunção (∧) e uma disjunção (∨), nessa ordem, de proposições iguais, sempre será uma tautologia. Observe a tabela-verdade.

>>Parte I

P	~P	Q	(~P) ∧ Q	(~P) ∨ Q	(~P) ∧ Q → (~P) ∨ Q
V	F	V	F	V	V
V	F	F	F	F	V
F	V	V	V	V	V
F	V	F	F	V	V

Perceba que todas as linhas da última coluna (proposição dada pela questão) são verdadeiras, o que indica uma tautologia.
Portanto, a afirmação está correta.

31. **(Cespe/UnB – PF)** Considere as proposições A, B e C a seguir.

A: Se Jane é policial federal ou procuradora de justiça, então Jane foi aprovada em concurso público.

B: Jane foi aprovada em concurso público.

C: Jane é policial federal ou procuradora de justiça.

Nesse caso, se A e B forem V, então C também será V.

Na proposição A, temos uma condicional cuja consequente, "Jane foi aprovada em concurso público", é afirmada pela proposição B. Nesse caso, ao se afirmar a conclusão de uma condicional suficiente, sua condição tornar-se-á contingente, ou seja, uma dúvida: nada pode ser afirmado sobre ela. Ou seja, Jane *poderá* ser policial federal ou *poderá* ser procuradora de justiça. Portanto, a afirmação está errada.

32. **(Cespe/UnB – PF)** Considere que um delegado, quando foi interrogar Carlos e José, já sabia que, na quadrilha à qual estes pertenciam, os comparsas ou falavam sempre a verdade ou sempre mentiam. Considere, ainda, que, no interrogatório, Carlos disse: José só fala a verdade, e José disse: Carlos e eu somos de tipos opostos. Nesse caso, com base nessas declarações e na regra da contradição, seria correto o delegado concluir que Carlos e José mentiram.

O enunciado explora o quarto aspecto fixo de verdades e mentiras: quando se acusa alguém de verdadeiro, ou os dois são verdadeiros ou os dois são mentirosos.
Carlos disse: "José só fala a verdade"; José disse: "Carlos e eu somos de tipos opostos".
Já se sabe, pelo quarto aspecto fixo citado acima, que os dois não podem ser opostos, o que indica que José está mentindo. Como Carlos disse que José só fala a verdade, então os dois estão mentindo. Outra forma de resolução é a simples interpretação do enunciado. O delegado sabe que os comparsas ou sempre falam a verdade ou sempre mentem. Então, os dois não poderiam ser opostos como declarou José.
Assim, sabendo que José mentiu e que Carlos chamou José de verdadeiro, conclui-se que os dois mentiram.
Portanto, a conclusão do delegado está correta.

33. **(Cespe/UnB – PF)** Se A for a proposição "Todos os policiais são honestos", então a proposição ¬A estará enunciada corretamente por "Nenhum policial é honesto".

A negação do "todo" não é "nenhum", mas *pelo menos um*, ou, ainda, *existe pelo menos um*. Assim, a negação de "Todos os policiais são honestos" seria "*Pelo menos um* policial não é honesto". Portanto, a questão está errada.

34. **(Cespe/UnB – PF)** A sequência de proposições a seguir constitui uma dedução correta.
- Se Carlos não estudou, então ele fracassou na prova de Física.
- Se Carlos jogou futebol, então ele não estudou.
- Carlos não fracassou na prova de Física.
- Carlos não jogou futebol.

No silogismo hipotético, a condicional que tem sua conclusão negada terá também sua condição negada. Assim:

① Se Carlos **não** estudou, então ele fracassou na prova de Física.
② Se Carlos jogou futebol, então ele não estudou.
③ Carlos não fracassou na prova de Física.
④ Carlos não jogou futebol.

A proposição ③ nega a conclusão da proposição ①, o que faz a condição ser negada também. Assim, Carlos estudou.
"Carlos estudou" nega a conclusão da proposição ②, o que faz a condição ser negada também. Desse modo, Carlos não jogou futebol, o que coincide com a proposição ④.
Portanto, a questão está correta.

(Adapt.) A partir das definições a seguir, julgue as questões 36 a 39.

Como sabemos, proposições são declarações que podem ser julgadas como verdadeiras (V) ou falsas (F), mas em que não cabem ambos os julgamentos de forma simultânea. Uma proposição é usualmente simbolizada por letras maiúsculas do alfabeto: A, B, C, (...). A partir de proposições previamente construídas e de alguns símbolos lógicos, são formadas as proposições compostas. Uma proposição simbolizada por A → B ("se A, então B"), terá valor lógico falso quando A for verdadeira e B for falsa; nos demais casos, o valor lógico será verdadeiro. A proposição ~A simboliza a negação de A e tem valor lógico verdadeiro, quando A for falsa, e F, quando A for verdadeira.

35. **(Cespe/UnB – Seplag/DF)** Julgando-se como verdadeira a proposição "Alguns textos contêm erros de impressão", então também será julgada como verdadeira a proposição "Todos os textos contêm erros de impressão".

O quantificador "algum" sugere a hipótese de aceitar o quantificador "todo" como afirmação, mas é apenas uma hipótese. No caso, se "Alguns textos contêm erros de impressão", *pode ser que* todos os textos contenham erros de impressão, mas não é correto fazer essa afirmação. Portanto, a questão está errada.

36. **(Cespe/UnB – Seplag/DF)** A proposição simbolizada por "(~A) → (~B)" terá 3 valores lógicos verdadeiros (V) e 1 valor lógico falso (F), para todos os possíveis valores lógicos V e F atribuídos a A e a B.

Para verificar os possíveis valores lógicos (possíveis validações) das proposições, utilizamos a tabela-verdade.

A	~A	B	~B	(~A) → (~B)
V	F	V	F	V
V	F	F	V	V
F	V	V	F	F
F	V	F	V	V

A última coluna, que representa a proposição dada pela questão, demonstra haver três validações verdadeiras e uma falsa. Portanto, a questão está correta.

37. (**Cespe/UnB – Seplag/DF**) Considere como verdadeiras (V) as proposições "Carla é mais alta que Janice" e "Janice foi escolhida para o time de basquete". Nesse caso, a proposição "Se Carla não é mais alta que Janice, então Janice não foi escolhida para o time de basquete" também será V.

A condicional tem, em suas componentes, duas proposições, que são as negações das proposições simples também dadas pela questão. Se essas proposições simples são verdadeiras, suas negações são falsas. Com isso, teremos uma condicional de antecedente e consequente falsas, o que torna a condicional verdadeira. Portanto, a questão está correta.

38. (**Cespe/UnB – Seplag/DF**) Se forem verdadeiras (V) as proposições "Todos os assistentes de educação auxiliam os professores" e "João e Aline auxiliam os professores", então a proposição "João e Aline são assistentes de educação" também será V.

Só poderíamos considerar a proposição "João e Aline auxiliam os professores" verdadeira se a primeira proposição afirmasse: "*Apenas* os assistentes de educação auxiliam os professores". Assim, todos os que auxiliam os professores teriam de ser assistentes de educação. Nesta questão, João e Aline podem auxiliar os professores, mas não podemos afirmar coisa alguma sobre eles *serem ou não* assistentes de educação. Portanto, a questão está errada.

Questões de provas com gabarito

Agora que você já treinou bastante fazendo os exercícios de fixação ao final de cada capítulo e resolvendo todas as questões comentadas da seção anterior, reunimos 50 questões retiradas de provas de concursos públicos sobre toda a parte de Lógica estudada. Porém, aqui, as questões não têm a resolução comentada. É um teste para valer!

Além de as questões não obedecerem a ordem dos capítulos estudados, não estão separadas em seções.

Você não só vai treinar sua capacidade de distinguir a habilidade que cada questão exige e qual parte da matéria exposta é necessária para resolvê-la, como também poderá avaliar se absorveu o que estudou e se é capaz de chegar, sozinho, à resolução das questões.

O gabarito para a conferência das respostas está no final do livro.

Boa sorte!

Julgue as questões 1 a 6 como certas ou erradas.

1. (Cespe/UnB – PF) As proposições "Se o delegado não prender o chefe da quadrilha, então a operação agarra não será bem-sucedida" e "Se o delegado prender o chefe da quadrilha, então a operação agarra será bem-sucedida" são equivalentes.

2. (Cespe/UnB – PF) Considere que as proposições da sequência a seguir sejam verdadeiras.
- Se Fred é policial, então ele tem porte de arma. Fred mora em São Paulo ou ele é engenheiro.
- Se Fred é engenheiro, então ele faz cálculos estruturais. Fred não tem porte de arma.
- Se Fred mora em São Paulo, então ele é policial.

Nesse caso, é correto inferir que a proposição "Fred não mora em São Paulo" é uma conclusão verdadeira com base nessa sequência.

3. (Cespe/UnB – TRT-17ª Região – adapt.) A proposição "Carlos é juiz e é muito competente" tem como negação a proposição "Carlos não é juiz nem é muito competente".

Texto para as questões 4, 5 e 6:

Considere que cada uma das proposições seguintes tenha valor lógico V.

I. Tânia estava no escritório ou Jorge foi ao centro da cidade.
II. Manuel declarou o imposto de renda na data correta e Carla não pagou o condomínio.
III. Jorge não foi ao centro da cidade.

A partir dessas proposições, é correto afirmar que:

4. (Cespe/UnB – TRT-17ª Região) "Carla pagou o condomínio" tem valor lógico F.

5. (Cespe/UnB – TRT-17ª Região) "Manuel declarou o imposto de renda na data correta e Jorge foi ao centro da cidade" tem valor lógico V.

6. (Cespe/UnB – TRT-17ª Região) "Tânia não estava no escritório" tem, obrigatoriamente, valor lógico V.

7. (FCC – Bacen) Alfredo é pelo menos tão alto quanto João. Pedro é no máximo tão alto quanto Marcelo. Alfredo não é tão alto quanto Marcelo. Portanto:

>>Parte I | 237

a) João não é tão alto quanto Alfredo.
b) Marcelo é pelo menos tão alto quanto João.
c) Marcelo não é tão alto quanto Alfredo.
d) Alfredo é pelo menos tão alto quanto Pedro.
e) João é pelo menos tão alto quanto Pedro.

8. (**Vunesp – ICMS/SP**) Marta corre tanto quanto Rita e menos do que Juliana. Fátima corre tanto quanto Juliana. Logo:
a) Fátima corre menos do que Rita.
b) Fátima corre mais do que Marta.
c) Juliana corre menos do que Rita.
d) Marta corre mais do que Juliana.
e) Juliana corre menos do que Marta.

9. (**FCC – Bacen**) Na figura abaixo tem-se um conjunto de ruas paralelas às direções I e II indicadas.

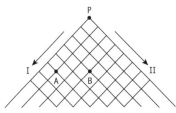

Sabe-se que 64 pessoas partem de P: metade delas na direção I, a outra metade na direção II. Continuam a caminhada e, em cada cruzamento, todos os que chegam se dividem prosseguindo metade na direção I e metade na direção II. O número de pessoas que chegarão nos cruzamentos A e B são, respectivamente,
a) 15 e 20.   d) 1 e 15.
b) 6 e 20.   e) 1 e 6.
c) 6 e 15.

10. (**FCC – Bacen**) Analise a figura abaixo:

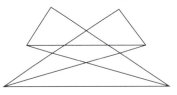

O maior número de triângulos distintos que podem ser vistos nessa figura é
a) 20.   d) 14.
b) 18.   e) 12.
c) 16.

11. (**Inédito**) Três pessoas apostaram uma corrida. Adriane foi no máximo tão rápida quanto Andrade. Letícia foi tão rápida quanto Adriane. Andrade foi no máximo tão rápida quanto Letícia. Portanto:
a) Andrade chegou em segundo lugar.
b) Letícia e Adriane chegaram em segundo lugar.
c) Houve empate entre as três.
d) Quem ganhou a corrida foi Letícia.
e) Andrade chegou em terceiro lugar.

12. (**Inédito**) Em um grupo de 35 pessoas, todas falam inglês, ou francês ou alemão. Sabe-se que 2 delas falam os três idiomas, 6 falam apenas francês e 10, nem francês nem alemão. 5 pessoas falam inglês e francês, mas não falam alemão e 5 pessoas do grupo falam apenas alemão. Dentre as que falam alemão, 4 não falam inglês, mas falam francês. Pergunta-se: Quantas falam inglês?
a) 10   d) 18
b) 17   e) 15
c) 20

13. (**Vunesp – ICMS**) O carro de Jonas não é tão rápido quanto o carro de João. Portanto:
a) O carro de João é mais rápido que o de Jonas.
b) O carro de Jonas é mais lento que o de João.
c) Os dois carros têm a mesma velocidade.
d) O carro de João é mais lento que o de Jonas.
e) Os dois carros têm velocidades diferentes.

14. (**Inédito**) Três jornais noticiaram o resultado de uma determinada corrida entre três atletas de uma mesma cidade. O primeiro jornal publicou: Juca, nosso ilustre corredor, foi o campeão da corrida. O segundo publicou: Desta vez Nilo não foi o último colocado. O terceiro publicou: Mais uma vez o corredor Beco ficou sem levar o título. Sabendo-se que apenas um dos jornais publicou a matéria **corretamente**, assinale a alternativa correta:
a) Nilo foi o segundo e Jonas foi o sexto.
b) Beco foi o terceiro ou Nilo foi o primeiro.

c) Jonas foi o terceiro ou Beco foi o primeiro.
d) Beco foi o segundo e Juca foi o terceiro.
e) Juca foi o segundo ou Nilo foi o primeiro.

15. (**Vunesp – ICMS/SP**) Todo cavalo é um animal. Logo,
a) toda cabeça de animal é cabeça de cavalo.
b) toda cabeça de cavalo é cabeça de animal.
c) todo animal é cavalo.
d) nem todo cavalo é animal.
e) nenhum animal é cavalo.

16. (**Vunesp – ICMS/SP**) Todos os marinheiros são republicanos. Assim,
a) o conjunto dos marinheiros contém o conjunto dos republicanos.
b) todos os republicanos são marinheiros.
c) o conjunto dos republicanos contém o conjunto dos marinheiros.
d) algum marinheiro não é republicano.
e) nenhum marinheiro é republicano.

17. (**Esaf – TTN**) Uma pesquisa entre 800 consumidores – sendo 400 homens e 400 mulheres – mostrou os seguintes resultados:
do total de pessoas entrevistadas,
• 500 assinam o jornal X.
• 350 têm curso superior.
• 250 assinam o jornal X e têm curso superior.
do total de mulheres entrevistadas,
• 200 assinam o jornal X.
• 150 têm curso superior.
• 50 assinam o jornal X e têm curso superior.
O número de homens entrevistados que não assinam o jornal X e não têm curso superior é, portanto, igual a
a) 50.   d) 100.
b) 200.   e) 25.
c) 0.

18. (**Vunesp – ICMS/SP**) Todas as plantas verdes têm clorofila. Algumas plantas que têm clorofila são comestíveis. Logo,
a) algumas plantas verdes são comestíveis.
b) algumas plantas verdes não são comestíveis.
c) algumas plantas comestíveis têm clorofila.
d) todas as plantas que têm clorofila são comestíveis.
e) todas as plantas verdes são comestíveis.

19. (**Vunesp – ICMS/SP**) Utilizando-se de um conjunto de hipóteses, um cientista deduz uma predição sobre a ocorrência de um certo eclipse solar. Todavia, sua predição mostra-se falsa. O cientista deve logicamente concluir que:
a) todas as hipóteses desse conjunto são falsas.
b) a maioria das hipóteses desse conjunto são falsas.
c) pelo menos uma hipótese desse conjunto é falsa.
d) pelo menos uma hipótese desse conjunto é verdadeira.
e) a maioria das hipóteses desse conjunto é verdadeira.

20. (**Vunesp – ICMS/SP**) Todo A é B e todo C não é B, portanto,
a) algum A é C.
b) nenhum A é B.
c) nenhum A é C.
d) algum B é C.
e) nenhum B é A.

21. (**Inédito**) Dentro de uma caixa há três bolas: A, B e C. Uma é vermelha, outra é azul e outra é branca. Considere as seguintes afirmações:
I. A bola A é vermelha.
II. A bola B não é vermelha.
III. A bola C não é azul.
Sabendo-se que apenas uma das proposições anteriores é verdadeira, assinale a alternativa correta.
a) A bola C é verde.
b) A bola C é vermelha.
c) A bola B é azul.
d) A bola A é azul e a C é branca.
e) A bola B é branca e a A é vermelha.

22. (**Esaf – AFTN**) Considere as afirmações:
A) se Patrícia é uma boa amiga, Vítor diz a verdade;
B) se Vítor diz a verdade, Helena não é uma boa amiga;
C) se Helena não é uma boa amiga, Patrícia é uma boa amiga.
A análise do encadeamento lógico dessas três afirmações permite concluir que elas:

a) são equivalentes a dizer que Patrícia é uma boa amiga.
b) implicam necessariamente que Patrícia é uma boa amiga.
c) implicam necessariamente que Vítor diz a verdade e que Helena não é uma boa amiga.
d) são consistentes entre si, quer Patrícia seja uma boa amiga, quer Patrícia não seja uma boa amiga.
e) são inconsistentes entre si.

23. (**Esaf – AFTN**) Há três suspeitos de um crime: o cozinheiro, a governanta e o mordomo. Sabe-se que o crime foi efetivamente cometido por um ou por mais de um deles, já que podem ter agido individualmente ou não. Sabe-se, ainda, que:
A) se o cozinheiro é inocente, então a governanta é culpada;
B) ou o mordomo é culpado ou a governanta é culpada, mas não os dois;
C) o mordomo não é inocente.
Logo:
a) a governanta e o mordomo são os culpados.
b) o cozinheiro e o mordomo são os culpados.
c) somente a governanta é culpada.
d) somente o cozinheiro é inocente.
e) somente o mordomo é culpado.

24. (**Esaf – TCE/RN**) As seguintes afirmações, todas elas verdadeiras, foram feitas sobre a ordem de chegada dos convidados a uma festa:
(a) Gustavo chegou antes de Alberto e depois de Danilo.
(b) Gustavo chegou antes de Beto e Beto chegou antes de Alberto se e somente se Alberto chegou depois de Danilo.
(c) Carlos não chegou junto com Beto se e somente se Alberto chegou junto com Gustavo.
Logo,
a) Carlos chegou antes de Alberto e depois de Danilo.
b) Gustavo chegou junto com Carlos.
c) Alberto chegou junto com Carlos e depois de Beto.
d) Alberto chegou depois de Beto e junto com Gustavo.
e) Beto chegou antes de Alberto e junto com Danilo.

25. (**Esaf – Serpro**) Cícero quer ir ao circo, mas não tem certeza se o circo ainda está na cidade. Suas amigas, Cecília, Célia e Cleusa, têm opiniões discordantes sobre se o circo está na cidade. Se Cecília estiver certa, então Cleusa está enganada. Se Cleusa estiver enganada, então Célia está enganada. Se Célia estiver enganada, então o circo não está na cidade. Ora, ou o circo está na cidade, ou Cícero não irá ao circo. Verificou-se que Cecília está certa. Logo,
a) O circo está na cidade.
b) Célia e Cleusa não estão enganadas.
c) Cleusa está enganada, mas não Célia.
d) Célia está enganada, mas não Cleusa.
e) Cícero não irá ao circo.

26. (**Vunesp – ICMS/SP**) Continuando a sequência 47, 42, 37, 33, 29, 26, ..., temos
a) 21.   d) 24.
b) 22.   e) 25.
c) 23.

27. (**Esaf – Serpro**) No último domingo, Dorneles não saiu para ir à missa. Ora, sabe-se que sempre que Denise dança, o grupo de Denise é aplaudido de pé. Sabe-se, também, que, aos domingos, ou Paula vai ao parque ou vai pescar na praia. Sempre que Paula vai pescar na praia, Dorneles sai para ir à missa, e sempre que Paula vai ao parque, Denise dança. Então, no último domingo,
a) Paula não foi ao parque e o grupo de Denise foi aplaudido de pé.
b) o grupo de Denise não foi aplaudido de pé e Paula não foi pescar na praia.
c) Denise não dançou e o grupo de Denise foi aplaudido de pé.
d) Denise dançou e seu grupo foi aplaudido de pé.
e) Paula não foi ao parque e o grupo de Denise não foi aplaudido de pé.

28. (**Esaf – CGU**) Ana é prima de Bia, ou Carlos é filho de Pedro. Se Jorge é irmão de Maria, então Breno não é neto de Beto. Se Carlos é filho de Pedro, então Breno é neto de Beto. Ora, Jorge é irmão de Maria. Logo:
a) Carlos é filho de Pedro ou Breno é neto de Beto.
b) Breno é neto de Beto e Ana é prima de Bia.

c) Ana não é prima de Bia e Carlos é filho de Pedro.
d) Jorge é irmão de Maria e Breno é neto de Beto.
e) Ana é prima de Bia e Carlos não é filho de Pedro.

29. (**Inédito**) Se chover, eu vou à praia. Não fui à praia. Logo,
a) Não choveu.
b) Fui à praia.
c) Choveu, mas não fui à praia.
d) Não choveu e fui à praia.
e) Só choveu na praia.

30. (**Esaf – CGU**) Três homens são levados à presença de um jovem lógico. Sabe-se que um deles é um honesto marceneiro, que sempre diz a verdade. Sabe-se, também, que um outro é um pedreiro, igualmente honesto e trabalhador, mas que tem o estranho costume de sempre mentir, de jamais dizer a verdade. Sabe-se, ainda, que o restante é um vulgar ladrão que ora mente, ora diz a verdade. O problema é que não se sabe quem, entre eles, é quem. À frente do jovem lógico, esses três homens fazem, ordenadamente, as seguintes declarações:
O primeiro diz: "Eu sou o ladrão".
O segundo diz: "É verdade; ele, o que acabou de falar, é o ladrão".
O terceiro diz: "Eu sou o ladrão".
Com base nestas informações, o jovem lógico pode, então, concluir corretamente que:
a) O ladrão é o primeiro e o marceneiro é o terceiro.
b) O ladrão é o primeiro e o marceneiro é o segundo.
c) O pedreiro é o primeiro e o ladrão é o segundo.
d) O pedreiro é o primeiro e o ladrão é o terceiro.
e) O marceneiro é o primeiro e o ladrão é o segundo.

31. (**Inédito**) Se "A" então "B", mas não "A", portanto:
a) Não pode existir B.
b) Pode existir A.
c) Podem existir A e B.
d) Só é possível a existência de A.
e) É possível a existência de B.

32. (**Inédito**) Se 2 + 2 é igual a 4, então Mário está de castigo, mas Mário não está de castigo, então:
a) 2 + 2 não é igual a cinco.
b) 2 + 2 pode ser igual a vinte e cinco.
c) Mário já voltou da escola.
d) Mário não existe.
e) 2 + 2 é igual a quatro.

33. (**Inédito**) As ruas onde moram Lídia e Marcela estão entre si como as ruas onde moram Renata e Flávia. Se a rua de Flávia não é tão comprida quanto a rua de Renata, podemos afirmar que:
a) todas moram na mesma rua.
b) todas moram na rua de Renata.
c) a rua onde mora Marcela tem um comprimento diferente da rua onde mora Lídia.
d) a rua onde mora Flávia tem um comprimento menor que a rua onde mora Renata.
e) as três ruas estão entre si como 21 está para 2.

34. (**Inédito**) Se Mirtes é inglesa, então Matilde está no vento. Se Matilde está no vento, então Mirtes está com febre. Por outro lado, Mirtes é inglesa, ou Mirtes é japonesa. Se Mirtes for japonesa, então Matilde e Mirtes são casadas. Ora, Matilde e Mirtes não são casadas, portanto:
a) Mirtes não está no vento e Mirtes está com febre.
b) Mirtes é inglesa e Mirtes está no frio.
c) Está vento e Matilde está com febre.
d) Mirtes é japonesa ou Mirtes está com febre.
e) Matilde é inglesa ou Mirtes está no vento.

35. (**Vunesp – ICMS/SP**) O paciente não pode estar bem e ainda ter febre. O paciente está bem. Logo, o paciente:
a) tem febre e não está bem.
b) tem febre ou não está bem.
c) tem febre.
d) não tem febre.
e) não está bem.

36. (**Esaf – Aneel**) Se não leio, não compreendo. Se jogo, não leio. Se não desisto, compreendo. Se é feriado, não desisto. Então,
a) se jogo, não é feriado.
b) se não jogo, é feriado.

>>Parte I 241

c) se é feriado, não leio.
d) se não é feriado, leio.
e) se é feriado, jogo.

37. (**Esaf – Aneel**) Fátima, Beatriz, Gina, Sílvia e Carla são atrizes de teatro infantil e vão participar de uma peça em que representarão, não necessariamente nesta ordem, os papéis de fada, bruxa, rainha, princesa e governanta. Como todas são atrizes versáteis, o diretor da peça realizou um sorteio para determinar a qual delas caberia cada papel. Antes de anunciar o resultado, o diretor reuniu-as e pediu que cada uma desse seu palpite sobre qual havia sido o resultado do sorteio.
Disse Fátima: "Acho que eu sou a governanta, Beatriz é a fada, Sílvia é a bruxa e Carla é a princesa".
Disse Beatriz: "Acho que Fátima é a princesa ou a bruxa".
Disse Gina: "Acho que Sílvia é a governanta ou a rainha".
Disse Sílvia: "Acho que eu sou a princesa".
Disse Carla: "Acho que a bruxa sou eu ou Beatriz".
Neste ponto, o diretor falou: "Todos os palpites estão completamente errados; nenhuma de vocês acertou sequer um dos resultados do sorteio!".
Um estudante de Lógica, que a tudo assistia, concluiu então, corretamente, que os papéis sorteados para Fátima, Beatriz, Gina e Sílvia foram, respectivamente,
a) rainha, bruxa, princesa, fada.
b) rainha, princesa, governanta, fada.
c) fada, bruxa, governanta, princesa.
d) rainha, princesa, bruxa, fada.
e) fada, bruxa, rainha, princesa.

38. (**Inédito**) Se Julião casou-se com Mirthes, então Julião e Mirthes tiveram muitos filhos. Mas Julião só se casou com Andressa. Portanto:
a) Julião tem filhos com Andressa.
b) Julião pode ter casado com Mirthes.
c) Mirthes pode ter filhos de Julião.
d) Só Andressa pode ter filhos de Julião.
e) Julião não tem filhos.

39. (**Esaf – STN**) Se Marcos não estuda, João não passeia. Logo,
a) Marcos estudar é condição necessária para João não passear.
b) Marcos estudar é condição suficiente para João passear.
c) Marcos não estudar é condição necessária para João não passear.
d) Marcos não estudar é condição suficiente para João passear.
e) Marcos estudar é condição necessária para João passear.

40. (**Inédito**) Considerando uma caixa de cada formato, quadrado, redondo e triangular, qual sentença abaixo é verdadeira?
I. A caixa um é quadrada.
II. A caixa dois não é quadrada.
III. A caixa três não é redonda.
a) Impossível determinar.
b) A frase II.
c) A frase I.
d) A frase III.
e) A frase I e a frase III.

41. (**Inédito**) Das 60 crianças que são sócias de um clube, 40 praticam futebol, 30 praticam basquetebol e 20 voleibol. Das crianças que praticam futebol, 10 não praticam algum outro esporte, 3 praticam os três esportes e 14 praticam também basquetebol mas não praticam voleibol. Sabendo-se que há apenas uma criança que pratica basquetebol e voleibol, mas que não pratica futebol, pergunta-se: o número de crianças que não praticam esses esportes é:
a) igual a sete.
b) menor que o número de crianças que só praticam voleibol.
c) igual ao número de crianças que praticam os três esportes.
d) aproximadamente sete.
e) igual ao quociente entre o número de crianças que praticam apenas basquetebol e o número de crianças que praticam apenas voleibol, respectivamente.

42. (**Esaf – STN**) A afirmação "Alda é alta, ou Bino não é baixo, ou Ciro é calvo" é falsa. Segue-se, pois, que é verdade que:
a) se Bino é baixo, Alda é alta, e se Bino não é baixo, Ciro não é calvo.
b) se Alda é alta, Bino é baixo, e se Bino é baixo, Ciro é calvo.
c) se Alda é alta, Bino é baixo, e se Bino não é baixo, Ciro não é calvo.
d) se Bino não é baixo, Alda é alta, e se Bino é baixo, Ciro é calvo.
e) se Alda não é alta, Bino não é baixo, e se Ciro é calvo, Bino não é baixo.

43. **(Esaf – STN)** Se Pedro não bebe, ele visita Ana. Se Pedro bebe, ele lê poesias. Se Pedro não visita Ana, ele não lê poesias. Se Pedro lê poesias, ele não visita Ana. Segue-se, portanto, que Pedro:
a) bebe, visita Ana, não lê poesias.
b) não bebe, visita Ana, não lê poesias.
c) bebe, não visita Ana, lê poesias.
d) não bebe, não visita Ana, não lê poesias.
e) não bebe, não visita Ana, lê poesias.

44. **(Esaf – MPOG)** Carlos não ir ao Canadá é condição necessária para Alexandre ir à Alemanha. Helena não ir à Holanda é condição suficiente para Carlos ir ao Canadá. Alexandre não ir à Alemanha é condição necessária para Carlos não ir ao Canadá. Helena ir à Holanda é condição suficiente para Alexandre ir à Alemanha. Portanto:
a) Helena não vai à Holanda, Carlos não vai ao Canadá, Alexandre não vai à Alemanha.
b) Helena vai à Holanda, Carlos vai ao Canadá, Alexandre não vai à Alemanha.
c) Helena não vai à Holanda, Carlos vai ao Canadá, Alexandre não vai à Alemanha.
d) Helena vai à Holanda, Carlos não vai ao Canadá, Alexandre vai à Alemanha.
e) Helena vai à Holanda, Carlos não vai ao Canadá, Alexandre não vai à Alemanha.

45. **(Esaf – MPOG)** O sultão prendeu Aladim em uma sala. Na sala há três portas. Delas, uma e apenas uma conduz à liberdade; as duas outras escondem terríveis dragões. Uma porta é vermelha, outra é azul e a outra branca. Em cada porta há uma inscrição. Na porta vermelha está escrito: "esta porta conduz à liberdade". Na porta azul está escrito: "esta porta não conduz à liberdade". Finalmente, na porta branca está escrito: "a porta azul não conduz à liberdade". Ora, a princesa – que sempre diz a verdade e que sabe o que há detrás de cada porta – disse a Aladim que pelo menos uma das inscrições é verdadeira, mas não disse nem quantas, nem quais. E disse mais a princesa: que pelo menos uma das inscrições é falsa, mas não disse nem quantas nem quais. Com tais informações, Aladim concluiu corretamente que:
a) a inscrição na porta branca é verdadeira e a porta vermelha conduz à liberdade.
b) a inscrição na porta vermelha é falsa e a porta azul conduz à liberdade.
c) a inscrição na porta azul é verdadeira e a porta vermelha conduz à liberdade.
d) a inscrição na porta branca é falsa e a porta azul conduz à liberdade.
e) a inscrição na porta vermelha é falsa e a porta branca conduz à liberdade.

46. **(Esaf – AFT)** Ana encontra-se à frente de três salas cujas portas estão pintadas de verde, azul e rosa. Em cada uma das três salas encontra-se uma e somente uma pessoa – em uma delas encontra-se Luís; em outra, encontra-se Carla; em outra, encontra-se Diana. Na porta de cada uma das salas existe uma inscrição, a saber:
Sala verde: "Luís está na sala de porta rosa"
Sala azul: "Carla está na sala de porta verde"
Sala rosa: "Luís está aqui"
Ana sabe que a inscrição na porta da sala onde Luís se encontra pode ser verdadeira ou falsa. Sabe, ainda, que a inscrição na porta da sala onde Carla se encontra é falsa, e que a inscrição na porta da sala em que Diana se encontra é verdadeira. Com tais informações, Ana conclui corretamente que nas salas de portas verde, azul e rosa encontram-se, respectivamente,
a) Diana, Luís e Carla.
b) Luís, Diana e Carla.
c) Diana, Carla e Luís.
d) Carla, Diana e Luís.
e) Luís, Carla e Diana.

47. **(Esaf – CGU)** Pedro encontra-se à frente de três caixas, numeradas de 1 a 3. Cada uma das três caixas contém um e somente um objeto. Uma delas contém um livro; outra, uma caneta; outra, um diamante. Em cada uma das caixas existe uma inscrição, a saber:
Caixa 1: "O livro está na caixa 3".
Caixa 2: "A caneta está na caixa 1".
Caixa 3: "O livro está aqui".
Pedro sabe que a inscrição da caixa que contém o livro pode ser verdadeira ou falsa. Sabe, ainda, que a inscrição da caixa que contém a caneta é falsa, e que a inscrição da caixa que contém o diamante é verdadeira. Com tais informações, Pedro conclui corretamente que nas caixas 1, 2 e 3 estão, respectivamente,

a) a caneta, o diamante, o livro.
b) o livro, o diamante, a caneta.
c) o diamante, a caneta, o livro.
d) o diamante, o livro, a caneta.
e) o livro, a caneta, o diamante.

48. (**Esaf – CGU**) Se X está contido em Y, então X está contido em Z. Se X está contido em P, então X está contido em T. Se X não está contido em Y, então X está contido em P. Ora, X não está contido em T. Logo:
a) Z está contido em T e Y está contido em X.
b) X está contido em Y e X não está contido em Z.
c) X está contido em Z e X não está contido em Y.
d) Y está contido em T e X está contido em Z.
e) X não está contido em P e X está contido em Y.

49. (**Esaf – CGU**) Amigas desde a infância, Beatriz, Dalva e Valna seguiram diferentes profissões e hoje uma delas é arquiteta, outra é psicóloga, e outra é economista. Sabe-se que ou Beatriz é a arquiteta ou Dalva é a arquiteta. Sabe-se, ainda, que ou Dalva é a psicóloga ou Valna é a economista. Sabe-se, também, que ou Beatriz é a economista ou Valna é a economista. Finalmente, sabe-se que ou Beatriz é a psicóloga ou Valna é a psicóloga. As profissões de Beatriz, Dalva e Valna são, pois, respectivamente,
a) psicóloga, economista, arquiteta.
b) arquiteta, economista, psicóloga.
c) arquiteta, psicóloga, economista.
d) psicóloga, arquiteta, economista.
e) economista, arquiteta, psicóloga.

50. (**Esaf – CGU**) Perguntado sobre as notas de cinco alunas (Alice, Beatriz, Cláudia, Denise e Elenise), um professor de Matemática respondeu com as seguintes afirmações:
1. "A nota de Alice é maior do que a de Beatriz e menor do que a de Cláudia";
2. "A nota de Alice é maior do que a de Denise e a nota de Denise é maior do que a de Beatriz, se e somente se a nota de Beatriz é menor do que a de Cláudia";
3. "Elenise e Denise não têm a mesma nota, se e somente se a nota de Beatriz é igual à de Alice".

Sabendo-se que todas as afirmações do professor são verdadeiras, conclui-se corretamente que a nota de:
a) Alice é maior do que a de Elenise, menor do que a de Cláudia e igual à de Beatriz.
b) Elenise é maior do que a de Beatriz, menor do que a de Cláudia e igual à de Denise.
c) Beatriz é maior do que a de Cláudia, menor do que a de Denise e menor do que a de Alice.
d) Beatriz é menor do que a de Denise, menor do que a de Elenise e igual à de Cláudia.
e) Denise é maior do que a de Cláudia, maior do que a de Alice e igual à de Elenise.

Parte II

Matemática

Capítulo 1
Conjuntos, intervalos e operações numéricas

Capítulo 2
Frações

Capítulo 3
Equação, sistema, inequação de 1º grau, razão e proporção

Capítulo 4
Divisão proporcional e regra de três

Capítulo 5
Equação e inequação de 2º grau

Capítulo 6
Progressão aritmética e geométrica

Capítulo 7
Porcentagem e juros

Capítulo 8
Medidas, geometria básica e trigonometria

Capítulo 9
Logaritmos e funções

Capítulo 10
Matrizes e determinantes

Capítulo 11
Análise combinatória e noções de probabilidade

>> Capítulo 1

>> Conjuntos, intervalos e operações numéricas

Conjuntos

Antes de definirmos conjunto, é preciso entender a simbologia utilizada:

P = {a, b, c, ...}: conjunto P	**⇒**: implica que
{ } ou ∅: conjunto vazio	**⇔**: se, e somente se
∞: infinito	**∃**: existe
∈: pertence	**∀**: qualquer que seja
∉: não pertence	**R**: conjunto dos números reais
∪: união	**N**: conjunto dos números naturais
∩: interseção	**Z**: conjunto dos números inteiros
⊂: está contido	**Q**: conjunto dos números racionais
⊄: não está contido	**I**: conjunto dos números irracionais
⊃: contém	**i**: conjunto dos números imaginários
|: tal que	**C**: conjunto dos números complexos

Por se tratar de um conceito primitivo, não há definição sobre conjunto, mas sua ideia remete a "coisas" agrupadas em um mesmo espaço, sem repetição. Segundo o dicionário, a melhor definição seria: "junto simultaneamente". Veja um exemplo de conjunto:

Conjunto dos números pares positivos:
C = {0; 2; 4; 6; 8; 10; 12...}

Relação de pertinência

Sendo x um elemento do conjunto C, temos a notação **x ∈ C**; sendo y um elemento que não pertence a C, temos a notação **y ∉ C**, onde ∈ significa "pertence a" e ∉, "não pertence a".

Se um x qualquer é um dos elementos do conjunto C, podemos representá-lo da seguinte forma:

C = {x ∈ ℝ | x é par}
lê-se: x pertence ao conjunto dos números reais, tal que x é par.

Ao conjunto que *não* possui elementos damos o nome de **conjunto vazio** e o representamos por ∅.

Para o conjunto vazio, podemos ter, ainda, outras duas representações:

$$C = \{x \mid x \neq x\} \qquad C = \{\ \}$$

De maneira oposta, temos o conjunto de *todos os elementos pertencentes a um conjunto de uma dada situação*. Esse conjunto, chamado de **conjunto universo**, é representado pelo símbolo $\mathbb{U}$.

Subconjuntos

São conjuntos que representam a repartição de um conjunto dado.
Para que um conjunto A seja subconjunto de outro B, todos os elementos de A devem pertencer também ao conjunto B. Assim, note que:
I. O conjunto vazio é subconjunto de qualquer conjunto.
II. Todo conjunto é subconjunto de si mesmo.
III. Um subconjunto de outro é também chamado de **parte** do conjunto.
IV. Sendo um conjunto tal, então ele **possui subconjuntos**.

Igualdade e desigualdade

Um conjunto A é igual a outro B se, e somente se, o conjunto A estiver contido em B e o conjunto B estiver contido em A. Nesse caso, usamos a notação A = B (lê-se: A é igual a B).

Quando a condição acima não for satisfeita, dizemos que os conjuntos são diferentes. Nesse caso, usamos a notação A ≠ B (lê-se: A é diferente de B).

$$A = \{X, Y, Z\} \text{ e } B = \{Y, Z, X\} \rightarrow$$ Nesse caso, **todos** os elementos de A pertencem a B e vice-versa; portanto, **A = B**.

$$A = \{1, 2, X\} \text{ e } B = \{1, 2, 3, Y\} \rightarrow$$ Nesse caso, **nem todos** os elementos coincidem; portanto **A ≠ B**.

Operações fundamentais

• *União* (∪)

Sendo dois conjuntos, A e B, o **conjunto união** é definido por A ∪ B = {x | x ⊂ A **ou** x ∈ B}.

diagrama de Venn

Observe o exemplo:

$$\{0, 1, 3\} \cup \{3, 4, 5\} = \{0, 1, 3, 4, 5\}$$

Ou seja: o conjunto união acima contempla todos os elementos do conjunto A **ou** do conjunto B.

Propriedades:

① A ∪ ∅ = A e ∅ ∪ A = A (onde ∅, conjunto vazio, é o **elemento neutro** da operação união)
② A ∪ A = A (reflexiva)
③ A ∪ 𝕌 = 𝕌 (onde 𝕌 é o conjunto universo)
④ A ∪ B = B ∪ A (comutativa)
⑤ A ∪ (B ∩ C) = (A ∪ B) ∩ (A ∪ C) (distributiva)
⑥ A ∪ (A ∩ B) = A (lei da absorção)

• *Interseção (∩)*

Sendo dois conjuntos, A e B, o **conjunto interseção** é definido por A ∩ B = {x | x ∈ A **e** x ∈ B}.

diagrama de Venn

Observe o exemplo:

{0, 2, 4, 5} ∩ {4, 6, 7} = {4}

Ou seja: o conjunto interseção acima contempla os elementos comuns aos conjuntos A **e** B.

Propriedades:

① A ∩ ∅ = ∅
② A ∩ A = A (reflexiva)
③ A ∩ B = B ∩ A (comutativa)
④ A ∩ 𝕌 = A e 𝕌 ∩ A = A (onde 𝕌, conjunto universo, é o **elemento neutro**)
⑤ A ∩ (B ∪ C) = (A ∩ B) ∪ (A ∩ C) (distributiva)
⑥ A ∩ (A ∪ B) = A (lei da absorção)

O número de elementos pertencentes a um conjunto é chamado de **cardinal do conjunto**.

Agora, conhecendo-se o conjunto interseção, podemos calcular o cardinal da união de dois conjuntos da seguinte forma: Sejam A e B dois conjuntos tais que o número de elementos de **A** seja representado por n(A) e o número de elementos de B por n(B), então:

n(A ∪ B) = n(A) + n(B) − n(A ∩ B)

• *Diferença (A − B)*

Os elementos do **conjunto diferença** são os elementos que pertencem ao primeiro conjunto, mas não ao segundo conjunto dado. Observe:

{0, 4, 7} − {0, 3, 7} = {4}
{1, 2, 4, 6} − {1, 2, 3} = {4, 6}

Propriedades:

① $A - \varnothing = A$

② $\varnothing - A = \varnothing$

③ $A - A = \varnothing$

④ $A - B \neq B - A$ (a diferença entre conjuntos não é uma operação comutativa)

• *Diferença simétrica (A △ B)*

É o conjunto formado pelos elementos que pertencem à união dos conjuntos envolvidos na operação e que não pertencem à interseção desses mesmos conjuntos. Sua representação é:

$$A \triangle B = \{x \mid x \in A \cup B \text{ e } x \notin A \cap B\}$$

Complementar

No caso da diferença entre dois conjuntos A e B, onde $B \subset A$, a diferença $A - B$ chama-se **complementar de B em relação a A**. Sua representação é:

$$C_A^B = A - B = \{x \mid x \in A \text{ e } x \notin B\}$$

Veja um exemplo:

$$\{0, 4, 7, 8\} - \{0, 7\} = \{4, 8\}$$

Dessa forma, um caso particular da diferença de conjuntos dá-se no complementar de um conjunto qualquer em relação ao conjunto universo. Sendo B o primeiro conjunto e $\mathbb{U}$ o conjunto universo, representaremos o complementar de B em relação a $\mathbb{U}$ por B_c, obtendo as possíveis relações:

$$B \cup B_c = \mathbb{U} \qquad B \cap B_c = \varnothing$$

Observe que, como o conjunto B está contido, necessariamente, em $\mathbb{U}$, os elementos de B_c serão os que não pertencem a B. Assim:

$$B_c = \{x \mid x \notin B\}$$

• Leis de De Morgan

① O complementar da união ($\cup$) de dois ou mais conjuntos é a interseção dos complementares desses mesmos conjuntos.

$$(A \cup B)_c = (A_c \cap B_c)$$

② O complementar da interseção ($\cap$) de dois ou mais conjuntos é a união dos complementares desses mesmos conjuntos.

$$(A \cap B)_c = (A_c \cup B_c)$$

Conjuntos numéricos

Conjunto numérico é todo conjunto em que todos os elementos são números. Portanto, existem *infinitos* conjuntos numéricos; entre eles estão os **conjuntos numéricos fundamentais**.

• *Conjunto dos números naturais* (ℕ)

São os números que servem para realizar contagens ou ordenações. O conjunto dos números naturais tem como primeiro elemento o número zero.

$$\mathbb{N} = \{0, 1, 2, 3, 4, 5, 6, 7, 8, 9...\}$$

No exemplo acima, as reticências indicam ser esse um conjunto infinito.

Temos também o conjunto dos números naturais não nulos, representado por ℕ*. Nesse caso, *o zero é excluído* da representação do conjunto.

$$\mathbb{N} = \{1, 2, 3, 4, 5, 6, 7, 8, 9...\}$$

Operações fechadas em ℕ

São as operações em que o número que representa o resultado da operação pertence ao conjunto dos valores envolvidos nela; neste caso, no conjunto dos números naturais (ℕ).

• Adição

Propriedades:

① Elemento neutro: o elemento neutro da adição é o **zero** (**0**), pois somado com qualquer número natural tem como resultado o próprio número e vice-versa.

$$2 + \mathbf{0} = 2 \text{ e } \mathbf{0} + 2 = 2$$

② Associativa: não importa o modo com que se associam os números naturais de uma adição, pois sempre se obtém o mesmo resultado.

$$1 + 2 + 3 \quad = \quad (1 + 2) + 3 \quad = \quad 1 + (2 + 3)$$

③ Comutativa: não importa a ordem dos elementos envolvidos na adição para obtermos o mesmo resultado, ou seja, podemos adicionar o primeiro ao segundo ou vice-versa.

$$1 + 2 \quad = \quad 2 + 1$$

• Multiplicação

Propriedades:

① Elemento neutro: o elemento neutro da multiplicação é o **um** (**1**), pois multiplicado por qualquer número natural tem como produto o próprio número e vice-versa.

$$2 \cdot 1 = 2 \quad e \quad 1 \cdot 2 = 2$$

② Associativa: não importa o modo com que se associam os números naturais envolvidos em uma multiplicação, pois sempre se obtém o mesmo produto.

$$1 \cdot 2 \cdot 3 = (1 \cdot 2) \cdot 3 = 1 \cdot (2 \cdot 3)$$

③ Comutativa: não importa a ordem dos elementos envolvidos em uma multiplicação para obtermos o mesmo produto.

$$2 \cdot 4 = 4 \cdot 2$$

④ Distributiva: o produto entre um valor e a adição entre outros dois será igual à soma entre os produtos desses mesmos valores.

$$3 \cdot (2 + 3) = (3 \cdot 2 + 3 \cdot 3) \text{ ou } 3 \cdot 5$$

Operações não fechadas em $\mathbb{N}$

São as operações em que o valor do resultado pode não pertencer ao conjunto dos valores envolvidos na operação; nesse caso, ao conjunto dos números naturais ($\mathbb{N}$).

- **Subtração**

A diferença (resultado da subtração) entre dois números naturais só pertence ao conjunto dos números naturais quando for **positiva**.

$$10 - 5 = 5 \ (5 \in \mathbb{N}) \qquad 10 - 15 = -5 \ (-5 \notin \mathbb{N})$$

- **Divisão**

O quociente (resultado da divisão) entre dois números naturais só pertence ao conjunto dos números naturais ($\mathbb{N}$) quando a divisão for **exata**.

$$32 \div 8 = 4 \ (4 \in \mathbb{N}) \qquad 10 \div 4 = 2{,}5 \ (2{,}5 \notin \mathbb{N})$$

Note que, no conjunto dos números naturais ($\mathbb{N}$), o produto entre o quociente e o divisor sempre será igual ao dividendo.

$$32 \div 8 = 4, \text{ então } 4 \cdot 8 = 32$$

• Conjunto dos números inteiros ($\mathbb{Z}$)

Também chamado de conjunto dos números inteiros relativos, é a reunião do conjunto dos números naturais $\mathbb{N}$ (incluindo o zero) e seus simétricos (números negativos). A origem do símbolo $\mathbb{Z}$ vem da palavra alemã *zahl*, que significa "número". Assim:

$\mathbb{Z} = \{...-3, -2, -1, 0, 1, 2, 3...\}$	conjunto dos números inteiros
$\mathbb{Z}^* = \{...-3, -2, -1, 1, 2, 3...\}$	conjunto dos números inteiros não nulos
$\mathbb{Z}_+ = \{0, 1, 2, 3, 4...\} = \mathbb{N}$	conjunto dos números inteiros não negativos
$\mathbb{Z}_- = \{...-3, -2, -1, 0\}$	conjunto dos números inteiros não positivos
$\mathbb{Z}_+^* = \{1, 2, 3, 4...\} = \mathbb{N}^*$	conjunto dos números inteiros positivos
$\mathbb{Z}_-^* = \{...-3, -2, -1\}$	conjunto dos números inteiros negativos

Como todo número natural é também um número inteiro, temos que o conjunto dos números naturais ($\mathbb{N}$) está contido no conjunto dos números inteiros ($\mathbb{Z}$): $\mathbb{N} \subset \mathbb{Z}$ ou $\mathbb{Z} \supset \mathbb{N}$. Dessa forma, é correto afirmar que o conjunto $\mathbb{N}$ é um subconjunto de $\mathbb{Z}$.

Operações fechadas em $\mathbb{Z}$

São as operações em que o valor do resultado pertence ao conjunto dos valores envolvidos na operação; nesse caso, ao conjunto dos números inteiros ($\mathbb{Z}$).

- **Adição**

Propriedades:

① Elemento neutro: o elemento neutro da adição é o número **zero (0)**, pois qualquer número inteiro somado a 0 tem como total o próprio número e vice-versa.

$$1 + 2 = 3 \quad = \quad 1 + 2 + 0 = 3 \quad = \quad 0 + 1 + 2 = 3$$

② Associativa: não importa a organização das parcelas de números inteiros, pois sempre se obtém o mesmo resultado.

$$1 + 2 + 3 \quad = \quad (1 + 2) + 3 \quad \text{ou} \quad 1 + (2 + 3)$$

③ Comutativa: não importa a ordem das parcelas de uma dada adição, pois obteremos sempre o mesmo resultado.

$$1 + 2 \quad = \quad 2 + 1$$

- **Subtração**

Ao contrário do universo dos números naturais, a subtração que envolve números inteiros é uma operação *fechada* em $\mathbb{Z}$, pois todos os resultados possíveis de subtrações entre números inteiros pertencem ao conjunto.

$$10 - 2 = \mathbf{8} \ (8 \in \mathbb{Z}) \qquad 2 - 10 = \mathbf{-8} \ (-8 \in \mathbb{Z})$$

Note que $10 - 2 = 10 + (-2)$.

- **Multiplicação**

Propriedades:

① Elemento neutro: o elemento neutro da multiplicação é o número **um** (**1**), pois quando multiplicado por qualquer número inteiro ou quando multiplicar qualquer número inteiro tem como produto esse mesmo número.

$$2 \cdot 4 = 8 \quad \text{ou} \quad 2 \cdot 4 \cdot 1 = 8$$

② Associativa: não importa a organização dos fatores de números inteiros, pois sempre se obtém o mesmo resultado.

$$1 \cdot 2 \cdot 3 = (1 \cdot 2) \cdot 3 \quad \text{ou} \quad (1 \cdot 3) \cdot 2$$

$$3 \cdot (-2) \cdot (-4) = 24 \quad \text{ou} \quad -2 \cdot 3 \cdot (-4) = 24$$

③ Comutativa: não importa a ordem dos fatores de uma dada multiplicação, obteremos sempre o mesmo resultado.

$$2 \cdot 4 = 4 \cdot 2 \quad \text{ou} \quad -2 \cdot 4 = 4 \cdot (-2)$$

④ Distributiva: o produto entre um número inteiro e a adição (ou subtração) entre outros dois números inteiros será igual à soma (ou subtração) entre os produtos desses mesmos valores.

$$3 \cdot (2 + 3) = (3 \cdot 2 + 3 \cdot 3) \quad \text{ou} \quad 3 \cdot 5$$

$$3 \cdot (2 - 3) = (3 \cdot 2 + 3 \cdot (-3)) \quad \text{ou} \quad 3 \cdot (-1)$$

Note que a segunda operação só é fechada, pois trata-se aqui do conjunto dos números inteiros ($\mathbb{Z}$), que aceita tanto os valores positivos como seus simétricos negativos.

Operações não fechadas em $\mathbb{Z}$

São as operações em que o valor do resultado não pertence ao conjunto dos valores envolvidos na operação; nesse caso, ao conjunto dos números inteiros ($\mathbb{Z}$).

- **Divisão**

O quociente (resultado da divisão) entre dois números inteiros só pertencerá ao conjunto dos números inteiros ($\mathbb{Z}$) quando a divisão for exata.

$$32 \div (-8) = \mathbf{-4} \, (-4 \in \mathbb{Z}) \qquad 10 \div 4 = 2{,}5 \, (2{,}5 \notin \mathbb{Z})$$

Note que, no conjunto dos números inteiros ($\mathbb{Z}$), o produto entre o quociente e o divisor sempre será igual ao dividendo.

$$32 \div (-8) = -4, \text{ então } (-4) \cdot (-8) = 32$$

• Conjunto dos números racionais (ℚ)

É o conjunto dos números quocientes (resultados) de divisões entre números inteiros (sendo o divisor diferente de zero), daí a origem do símbolo ℚ, inicial da palavra inglesa *quotient*, que significa "quociente".

Estão entre os números racionais os números inteiros, as frações, os números decimais exatos e as dízimas periódicas. Assim:

$\mathbb{Q} = \{x \mid x = \frac{a}{b}, \text{onde } a \text{ e } b \in \mathbb{Z} \text{ com } b \neq 0\}$	conjunto dos números racionais
$\mathbb{Q}^* = \{x \in \mathbb{Q} \mid x \neq 0\}$	conjunto dos números racionais não nulos
$\mathbb{Q}_+ = \{x \in \mathbb{Q} \mid x \geq 0\}$	conjunto dos números racionais não negativos
$\mathbb{Q}_- = \{x \in \mathbb{Q} \mid x \leq 0\}$	conjunto dos números racionais não positivos
$\mathbb{Q}^*_+ = \{x \in \mathbb{Q} \mid x > 0\}$	conjunto dos números racionais positivos
$\mathbb{Q}^*_- = \{x \in \mathbb{Q} \mid x < 0\}$	conjunto dos números racionais negativos

Operações fechadas em ℚ

São as operações cujo resultado pertence ao conjunto dos valores envolvidos na operação; nesse caso, o conjunto dos números racionais (ℚ).

• **Adição**

Propriedades:

① Elemento neutro: o elemento neutro da adição é o número **zero** (**0**), pois qualquer número racional somado a 0, ou 0 somado a qualquer número racional, tem como total o próprio número.

$$3 + 0 = 3 \text{ e } 0 + 3 = 3$$

② Associativa: não importa a organização das parcelas de números racionais, pois sempre se obtém o mesmo resultado.

$$\frac{1}{2} + 2 + \frac{3}{2} = \left(\frac{1}{2} + 2\right) + \frac{3}{2} \text{ ou } \frac{1}{2} + \left(2 + \frac{3}{2}\right)$$

$$2{,}5 + 3{,}4 + 5{,}1 = (2{,}5 + 3{,}4) + 5{,}1 \text{ ou } 2{,}5 + (3{,}4 + 5{,}1)$$

③ Comutativa: não importa a ordem das parcelas de uma dada adição de números racionais, obteremos sempre o mesmo resultado.

$$1 + 2 = 2 + 1$$

$$\frac{1}{3} + \frac{2}{3} = 1 \text{ ou } \frac{2}{3} + \frac{1}{3} = 1$$

$$\frac{5}{4} + \frac{3}{6} = \frac{21}{12} \text{ ou } \frac{3}{6} + \frac{5}{4} = \frac{21}{12}$$

- **Subtração**

A subtração que envolve os números racionais é uma operação fechada em ℚ, pois todos os resultados possíveis farão parte desse conjunto.

$$10 - 2 = 8 \;(8 \in \mathbb{Q})\qquad 2 - 10 = -8 \;(-8 \in \mathbb{Q})$$

$$0{,}3333 - 0{,}2525 = 0{,}0808 \;(0{,}0808 \in \mathbb{Q})\qquad 0{,}2727 - 0{,}5252 = -0{,}2525 \;(-0{,}2525 \in \mathbb{Q})$$

- **Multiplicação**

A multiplicação que envolve os números racionais é uma operação fechada em ℚ, pois todos os resultados possíveis farão parte desse conjunto.

Nessa operação, devemos multiplicar numerador por numerador e denominador por denominador.

$$3 \cdot 4 = 12 \;(12 \in \mathbb{Q})\qquad -3 \cdot 4 = -12 \;(-12 \in \mathbb{Q})\qquad \frac{3}{4} \cdot \frac{1}{2} = \frac{3}{8} \;\left(\frac{3}{8} \in \mathbb{Q}\right)$$

- **Divisão**

A divisão que envolve os números racionais é uma operação fechada em ℚ, pois todos os resultados possíveis farão parte desse conjunto.

Nessa operação, devemos multiplicar a primeira fração pelo inverso da segunda.

$$32 \div -8 = -4 \;(-4 \in \mathbb{Q})\qquad 10 \div 4 = 2{,}5 \;(2{,}5 \in \mathbb{Q})\qquad 10 \div 3 = 3{,}3333\ldots \;(3{,}3333\ldots \in \mathbb{Q})$$

$$\frac{3}{4} \div \frac{1}{2} = \frac{3}{4} \cdot 2 = \frac{6}{4} = 1{,}5 \;(1{,}5 \in \mathbb{Q})\qquad \frac{3}{4} \div \frac{1}{4} = \frac{3}{4} \cdot 4 = \frac{12}{4} = 3 \;(3 \in \mathbb{Q})$$

Dízima periódica

Uma dízima periódica é um número racional que pode ser escrito na forma decimal, utilizando-se uma série infinita de algarismos decimais que, a partir de um certo algarismo, se repetem, sempre na mesma ordem. Esses algarismos são chamados de *período*.

A dízima periódica pode ser classificada como dízima periódica *simples* ou *composta*.

- **Dízima periódica simples**

Apresenta *um período logo após a vírgula*, sem interpor qualquer outro algarismo entre o período e a vírgula.

$$\frac{9}{99} = 0{,}090909\ldots \quad \rightarrow \quad \frac{9}{99} \text{ é a fração geratriz e } \mathbf{09} \text{ é o } \mathbf{período}.$$

$$\frac{7}{3} = 2{,}3333333\ldots \quad \rightarrow \quad \frac{7}{3} \text{ é a fração geratriz e } \mathbf{3} \text{ é o } \mathbf{período}.$$

$$\frac{2}{11} = 0{,}181818\ldots \quad \rightarrow \quad \frac{2}{11} \text{ é a fração geratriz e } \mathbf{18} \text{ é o } \mathbf{período}.$$

Cálculo da fração geratriz de dízima periódica simples

A fração terá como *numerador* o número formado pelo período e como *denominador* o número formado por tantos algarismos 9 quantos forem os algarismos do período.

0,**09**090909... → o período é **09** e contém 2 algarismos; portanto, sua fração geratriz será $\frac{9}{99}$.

0,**213**213213... → o período é **213** e contém 3 algarismos; portanto, sua fração geratriz será $\frac{213}{999}$.

2,**3**333333... → o período é **3** e contém 1 algarismo; portanto, sua fração geratriz será $2\frac{3}{9}$.

No terceiro exemplo acima, como temos parte inteira 2 e parte decimal 0,3333..., destacamos a parte inteira (2) e calculamos a parte decimal, como já foi explicado. Note que temos como resultado uma *fração mista* (parte inteira e parte fracionária), que pode ser transformada em uma *fração imprópria* (numerador maior que denominador). Observe:

$2\frac{3}{9} = \frac{21}{9}$ (÷3) → dividindo-se o numerador e o denominador (simplificação) por **3**, teremos $\frac{7}{3}$.

Veja agora o último exemplo de cálculo de fração geratriz de dízima periódica.

0,**2523**2523... → o período é **2523** e contém 4 algarismos; sua fração geratriz será $\frac{2523}{9999}$.

- **Dízima periódica composta**

Apresenta uma parte não periódica, ou seja, um ou mais algarismos que não se repetem (*anteperíodo*), entre a vírgula e o início do período.

0,173**25**2525... → $\frac{17152}{99000}$ é a fração geratriz, **173** é o anteperíodo e **25** é o período.

0,173**21**2121... → $\frac{17148}{99000}$ é a fração geratriz, **173** é o anteperíodo e **21** é o período.

0,27**316**316... → $\frac{27289}{99900}$ é a fração geratriz, **27** é o anteperíodo e **316** é o período.

3,2714**81**8181... → $\frac{3238767}{990000}$ é a fração geratriz, **3** é a parte inteira, **2714** é o anteperíodo e **81** é o período.

Cálculo da fração geratriz de dízima periódica composta

A fração terá como numerador o número formado pelo anteperíodo e pelo período, subtraído do anteperíodo, e como denominador um número formado por tantos algarismos 9 quantos forem os algarismos do período, seguidos de tantos algarismos 0 quantos forem os algarismos do anteperíodo.

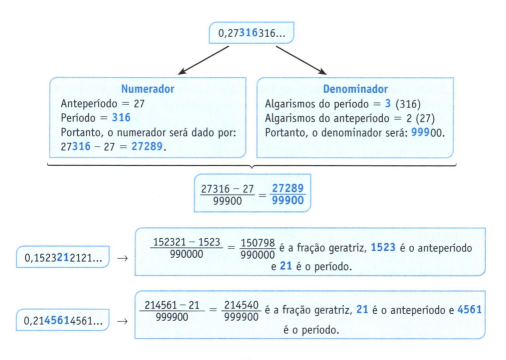

• **Conjunto dos números irracionais (𝕀)**

Como não há uma simbologia padrão para representar o conjunto dos números irracionais, aqui vamos representá-lo por 𝕀. Os números irracionais são os números que não podem ser colocados sob a forma de fração, com numerador e denominador pertencentes ao conjunto dos números inteiros e com o denominador diferente de zero. São as dízimas **não** periódicas, números com infinitas casas após a vírgula, que não se repetem periodicamente.

$$\sqrt{5} = 2{,}2360679\ldots \qquad \pi\ (\text{pi}) = 3{,}1415\ldots$$

• **Conjunto dos números reais (ℝ)**

É o conjunto união do conjunto dos números racionais (ℚ) com o conjunto dos números irracionais (𝕀). Assim:

$\mathbb{R} = \{x \in \mathbb{R} \mid x = \mathbb{Q} \text{ ou } x = \mathbb{I}\}$	conjunto dos números reais
$\mathbb{R}^* = \mathbb{R} - \{0\}$	conjunto dos números reais não nulos
$\mathbb{R}_+ = \{x \in \mathbb{R} \mid x \geq 0\}$	conjunto dos números reais não negativos
$\mathbb{R}_- = \{x \in \mathbb{R} \mid x \leq 0\}$	conjunto dos números reais não positivos
$\mathbb{R}_+^* = \{x \in \mathbb{R} \mid x > 0\}$	conjunto dos números reais positivos
$\mathbb{R}_-^* = \{x \in \mathbb{R} \mid x < 0\}$	conjunto dos números reais negativos

• Conjunto dos números imaginários (i)

Como não há uma simbologia padrão para representar o conjunto dos números imaginários, aqui vamos representá-lo por i. É o conjunto que contém apenas os números que não pertencem ao conjunto dos números reais. Os números deste conjunto são chamados de números imaginários. Por convenção, todos são escritos na forma bi, em que i é um valor igual a $\sqrt{-1}$ e, por consequência, $i^2 = -1$.

$$i, 8i, -50i$$

• Conjunto dos números complexos ($\mathbb{C}$)

É conjunto união entre o conjunto dos números reais e o conjunto dos números imaginários. Todo número complexo pode ser escrito na forma $z = $ **a + bi**, sendo:

- a a **parte real** que assume qualquer valor real;
- b o **coeficiente** da parte imaginária que assume qualquer valor real;
- i a **unidade imaginária**, sempre igual a $\sqrt{-1}$.

Quando o número complexo tem b = 0, este é um número *real*.
Quando o número complexo tem a = 0, este é um número *imaginário puro*.

> 5 é um número real, pois é um número complexo com b = 0.
>
> 4i é um número imaginário puro, pois é um número complexo com a = 0.
>
> 3 + 2i é um número complexo, com a = 3 e b = 2.

Assim:
- todo número real é número complexo, mas nem todo número complexo é número real;
- todo número imaginário é número complexo, mas nem todo número complexo é número imaginário.

Relações e operações elementares

• Igualdade

Dois números complexos só são iguais se, e somente se, suas partes reais e suas partes imaginárias forem, respectivamente, iguais.

> 3 + 2i = x + yi se, e somente se, x = 3 e y = 2
>
> a + 4i = 7 + bi se, e somente se, a = 7 e b = 4
>
> (a + bi) = (6 − 2i) se, e somente se, a = 6 e b = −2

• Oposto

É um número que, adicionado a um número complexo, terá sempre **zero** como resultado da adição. Portanto, para encontrar o oposto de um número complexo, basta inverter os sinais da parte real e do coeficiente da parte imaginária.

| O oposto de **8 + 5i** é **−8 − 5i**. | Assim: | $\begin{array}{r} 8 + 5i \\ -8 - 5i \\ \hline 0 \end{array} +$ |

| O oposto de **−4 + 2i** é **4 − 2i**. | Assim: | $\begin{array}{r} -4 + 2i \\ 4 - 2i \\ \hline 0 \end{array} +$ |

• **Conjugado**

É um número que, adicionado a um número complexo, tem sempre como resultado da adição um número real, ou seja, o resultado da adição de um número complexo com seu conjugado será sempre um número complexo com b = 0.

Assim, podemos dizer que, para se encontrar o conjugado de um número complexo, basta inverter o sinal do coeficiente da parte imaginária desse número complexo.

| O conjugado de **5 + 2i** é **5 − 2i**. | Assim: | $\begin{array}{r} 5 + 2i \\ 5 - 2i \\ \hline 10 \end{array} +$ |

| O conjugado de **−4 + 2i** é **−4 − 2i**. | Assim: | $\begin{array}{r} -4 + 2i \\ -4 - 2i \\ \hline -8 \end{array} +$ |

• **Adição e subtração**

Basta adicionar ou subtrair as partes reais e os coeficientes das partes imaginárias, respectivamente, dos complexos envolvidos nas operações.

$$(a + bi) + (a + bi) \qquad (a + bi) - (a + bi)$$

Assim, por exemplo:

$$(2 + 8i) + (3 + 2i) = 5 + 10i$$
$$(3 - 4i) + (7 + 3i) = 10 - i$$
$$(4 + 9i) - (3 + 2i) = 1 - 7i$$

• **Multiplicação**

Basta proceder como na multiplicação de binômios:
- parte real do primeiro complexo multiplica a parte real do segundo complexo;
- parte real do primeiro complexo multiplica o coeficiente da parte imaginária do segundo complexo;
- coeficiente da parte imaginária do primeiro complexo multiplica a parte real do segundo complexo;
- coeficiente da parte imaginária do primeiro complexo multiplica o coeficiente da parte imaginária do segundo complexo.

Importante: Não se esqueça de que $i \cdot i = i^2 = -1$.

Observe:

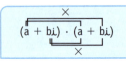

$(2 + 6i) \cdot (3 + 2i) =$
$= 6 + 4i + 18i + 12i^2 =$
$= 6 + 22i + 12(-1) =$
$= 6 + 22i - 12 =$
$= -6 + 22i$

$(3 + 4i) \cdot (4 - 6i) =$
$= 12 - 18i + 16i - 24i^2 =$
$= 12 - 2i - 24(-1) =$
$= 12 - 2i + 24 =$
$= 36 - 2i$

- **Norma**

É o produto de um número complexo pelo seu conjugado.

$$(a + bi) \cdot (a - bi)$$

Veja os exemplos:

Qual a norma de (**3 + 6i**)?
$(3 + 6i) \cdot (3 - 6i) =$
$= 9 - 18i + 18i - 36i^2 =$
$= 9 - 36(-1) =$
$= 9 + 36 =$
$= 45$

Qual a norma de (**2 − 8i**)?
$(2 - 8i) \cdot (2 + 8i) =$
$= 4 + 16i - 16i - 64i^2 =$
$= 4 - 64(-1) =$
$= 4 + 64 =$
$= 68$

Perceba que na multiplicação de um número complexo pelo seu número conjugado (norma), a parte imaginária *sempre é anulada*, sobrando apenas a parte real. Assim, podemos dizer que a norma de um número complexo é sempre um número real.

Uma forma prática de chegar ao valor da norma de um número complexo é fazermos $a^2 + b^2$.

Qual a norma de (**3 + 6i**)?
$a^2 + b^2$
$3^2 + 6^2 =$
$= 9 + 36 =$
$= 45$

Qual a norma de (**2 − 8i**)?
$a^2 + b^2$
$2^2 + 8^2 =$
$= 4 + 64 =$
$= 68$

- **Divisão**

Após colocarmos a divisão na forma de fração, procederemos como na racionalização de denominadores, multiplicando o numerador e o denominador pelo conjugado do denominador.

$$(a + bi) \div (a + ci)$$

$$\frac{(a + bi)(a - ci)}{(a + ci)(a - ci)}$$

Perceba que a multiplicação do denominador pelo seu conjugado é igual ao quadrado da norma do complexo; portanto, para a parte de baixo (denominador) da divisão, é só proceder como no cálculo da norma ($a^2 + b^2$).

$(3 + 3i) \div (4 - 2i)$

$$\frac{3 + 3i}{4 - 2i} \cdot \frac{4 + 2i}{4 + 2i}$$

$$\frac{12 + 6i + 12i + 6i^2}{a^2 + b^2}$$

$$\frac{12 + 18i + 6(-1)}{4^2 + 2^2}$$

$$\frac{12 + 18i - 6}{16 + 4}$$

$$\frac{6 + 18i}{20} = \frac{6}{20} + \frac{18i}{20}$$

$$\frac{3 + 9i}{10}$$

$(4 - 7i) \div (2 - 4i)$

$$\frac{4 - 7i}{2 - 4i} \cdot \frac{2 + 4i}{2 + 4i} = \frac{8 + 16i - 14i - 28i^2}{a^2 + b^2} = \frac{8 + 2i - 28(-1)}{2^2 + 4^2} =$$

$$= \frac{8 + 2i + 28}{4 + 16} = \frac{36 + 2i}{20} = \frac{36}{20} + \frac{2i}{20} = \frac{18 + i}{10}$$

- **Potência de i**

É o resultado da potenciação do número imaginário i.
Repare nas regularidades desta exponenciação.

$$i^0 = 1$$
$$i^1 = i$$
$$i^2 = -1$$
$$i^3 = i^1 \cdot i^2 = i \cdot (-1) = -i$$
$$i^4 = i^2 \cdot i^2 = -1 \cdot (-1) = 1$$
$$i^5 = i^1 \cdot i^4 = i \cdot 1 = i$$
$$i^6 = i^2 \cdot i^4 = -1 \cdot 1 = -1$$
$$i^7 = i^1 \cdot i^6 = i \cdot (-1) = -i$$

Como os resultados se repetem de quatro em quatro expoentes (1, i, −1, −i), basta dividir o expoente da unidade imaginária i por quatro e utilizar o resto da divisão como novo expoente. Assim, como em qualquer divisão por quatro, o resto será sempre 0, 1, 2 ou 3; basta memorizar apenas os quatro primeiros resultados da sequência das potências.

$$i^0 = 1$$
$$i^1 = i$$
$$i^2 = -1$$
$$i^3 = -i$$

Observe:

i^{59}
$59 \div 4 = 14$,
com resto igual a **3**.
$i^{59} = i^3 = -i$

i^{221}
$221 \div 4 = 55$,
com resto igual a **1**.
$i^{221} = i^1 = i$

i^{316}
$316 \div 4 = 79$,
com resto igual a **0**.
$i^{316} = i^0 = 1$

• **Afixo**

O afixo de um número complexo é a representação geométrica do número complexo no plano cartesiano (aqui, chamado de plano de Argand-Gauss), dada pela interseção dos pares ordenados (a, b) do complexo: $a + bi$.

O eixo das abscissas no campo dos complexos denomina-se *eixo real* e o eixo das ordenadas denomina-se *eixo imaginário*.

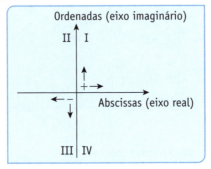

No plano cartesiano acima, estão representados:
- os quadrantes I, II, III e IV;
- os sinais de seus pontos (I) + +; (II) – +; (III) – – e (IV) + –;
- o eixo real (abscissas);
- o eixo imaginário (ordenadas).

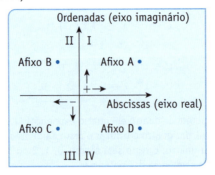

Nesse plano cartesiano, temos a representação de quatro afixos, um para cada tipo de número complexo:

- **afixo A** (primeiro quadrante), para um número complexo com parte real e imaginária positivas, por exemplo: $3 + 2i$ ($+$ $+$).
- **afixo B** (segundo quadrante), para um número complexo com parte real negativa e parte imaginária positiva, por exemplo: $-3 + 2i$ ($-$ $+$).
- **afixo C** (terceiro quadrante), para um número complexo com parte real e parte imaginária negativas, por exemplo: $-3 - 2i$ ($-$ $-$).
- **afixo D** (quarto quadrante), para um número complexo com parte real positiva e parte imaginária negativa, por exemplo: $3 - 2i$ ($+$ $-$).

A reta que liga o afixo de um número complexo ao afixo de seu *oposto* sempre passa pela origem do plano de Argand-Gauss. Assim:
- se o afixo do complexo está localizado no 1º quadrante, o afixo do seu oposto estará representado no 3º quadrante e vice-versa;
- se o afixo do complexo está localizado no 2º quadrante, o afixo do seu oposto estará representado no 4º quadrante e vice-versa.

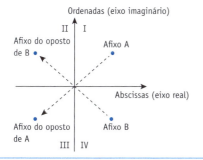
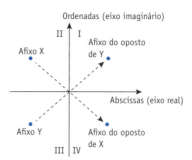

A reta que liga o afixo de um número complexo ao afixo de seu *conjugado* sempre passa pelo eixo real (eixo das abscissas). Assim:
- se o afixo do complexo está localizado no 1º quadrante, o afixo do seu conjugado estará representado no 4º quadrante e vice-versa;
- se o afixo do complexo está localizado no 2º quadrante, o afixo do seu conjugado estará representado no 3º quadrante e vice-versa.

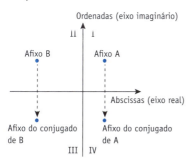
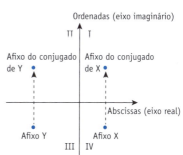

A reta que liga o afixo de um número complexo ao afixo do **oposto de seu conjugado** sempre passa pelo eixo imaginário (eixo das ordenadas). Assim:
- se o afixo do complexo está localizado no 1º quadrante, o afixo do oposto do seu conjugado estará representado no 2º quadrante e vice-versa;
- se o afixo do complexo está localizado no 3º quadrante, o afixo do oposto do seu conjugado estará representado no 4º quadrante e vice-versa.

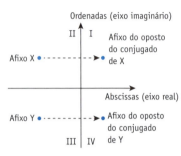

Perceba que oposto do conjugado e conjugado do oposto têm sempre o mesmo valor.

• **Módulo**

É a raiz quadrada da norma do número complexo; portanto, é sempre um número real positivo.

$$|C| = \sqrt{a^2 + b^2}$$

O módulo do número complexo **3 + 2i**
$|3 + 2i| = \sqrt{3^2 + 2^2}$
$|3 + 2i| = \sqrt{9 + 4}$
$|3 + 2i| = \sqrt{13}$
$|3 + 2i| \cong 3,6$

O módulo do número complexo **4 − 3i**
$|4 - 3i| = \sqrt{4^2 + 3^2}$
$|4 - 3i| = \sqrt{16 + 9}$
$|4 - 3i| = \sqrt{25}$
$|4 - 3i| = 5$

Utilizando o teorema de Pitágoras (veja "Trigonometria"), podemos representar o módulo de um número complexo no plano cartesiano como a distância entre o afixo do número complexo (a, b) e a origem (0, 0).

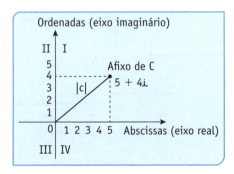

No plano cartesiano anterior, o afixo do número complexo **5 + 4i** está representado no 1º quadrante. A distância entre esse afixo (5, 4) e a origem (0, 0) é o módulo do número complexo e vale aproximadamente 6,4.

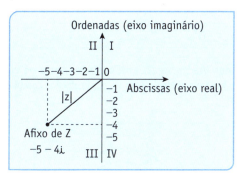

No plano cartesiano acima, o afixo do número complexo **−5 − 4i** está representado no 3º quadrante. A distância entre esse afixo (−5, −4) e a origem (0, 0) é o módulo do número complexo e *também* vale aproximadamente 6,4.

• **Argumento (ω)**

É o ângulo, no sentido *anti-horário*, entre o eixo das abscissas (eixo real) positivo e a semirreta que contém o módulo do número complexo em questão.
O valor do argumento principal de um número complexo sempre estará no intervalo:

$$0 \leq \omega < 2\pi$$
(O argumento principal de um número complexo é maior ou igual a zero e menor do que 2π)

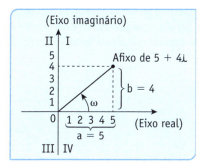

Nesse plano cartesiano, podemos notar que a tangente (cateto oposto sobre cateto adjacente – veja "Trigonometria") do argumento do complexo **5 + 4i** (tgω) é $\frac{b}{a}$ ou $\frac{4}{5}$.

Assim, podemos definir que o argumento de um número complexo a + bi é o ângulo cuja tangente é $\frac{b}{a}$.

Apesar de o número 0 ser um número real, e, por isso, um número complexo, **não se define argumento (ω) para o número 0**.

>>Parte II

Conjuntos - conclusões

Podemos concluir que:

$$((\mathbb{N} \subset \mathbb{Z} \subset \mathbb{Q} \subset \mathbb{R} \supset \mathbb{I}) \subset \mathbb{C} \supset i)$$

Note que o conjunto dos irracionais ($\mathbb{I}$) está contido apenas no conjunto dos reais ($\mathbb{R}$) e o conjunto dos imaginários (i) está contido apenas no conjunto dos complexos ($\mathbb{C}$), que, por sua vez, contém todos os conjuntos.

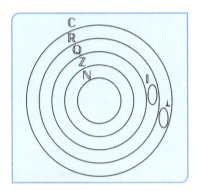

Intervalos numéricos

Sejam dois números reais a e b, define-se como intervalo o conjunto de todos os números reais que estejam no domínio do intervalo, sendo que esse intervalo pode ser *aberto* (quando os extremos a e b não fazem parte do domínio) ou *fechado* (quando os extremos a e b fazem parte do domínio).

É chamada de amplitude (h) a diferença entre os extremos do intervalo ($b - a$), para $a < b$.

Veja a seguir exemplos de diferentes tipos de intervalos numéricos.

- **Intervalo aberto**

$]a; b[= \{x \in \mathbb{R} \mid a < x < b\}$

$]2; +\infty[$

$]-\infty; -2[$

- **Intervalo fechado**

$[a; b] = \{x \in \mathbb{R} \mid a \leq x \leq b\}$

$[2; 5]$

$[-3; 0]$

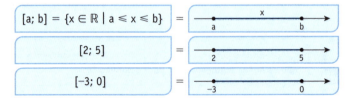

- **Intervalo fechado à direita**

$]a; b] = \{x \in \mathbb{R} \mid a < x \leqslant b\}$

$]2; 5]$

$]-3; 0]$

- **Intervalo fechado à esquerda**

$[a; b[= \{x \in \mathbb{R} \mid a \leqslant x < b\}$

$[2; 5[$

$[-3; 0[$

- **Outras representações**

$\{x \in \mathbb{R} \mid -2 < x < 1\}$

$\{x \in \mathbb{R} \mid x < 3\}$

$\{x \in \mathbb{R} \mid -1 < x \leqslant 3\}$

$\{x \in \mathbb{R} \mid x \geqslant -2\}$

$\{x \in \mathbb{R} \mid x \geqslant -1 \text{ e } x < 3\}$

$\{x \in \mathbb{R} \mid x \leqslant -1 \text{ ou } x > 3\}$

Interseção de intervalos (∩)

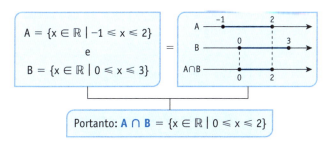

$A = \{x \in \mathbb{R} \mid -1 \leqslant x \leqslant 2\}$
e
$B = \{x \in \mathbb{R} \mid 0 \leqslant x \leqslant 3\}$

Portanto: $A \cap B = \{x \in \mathbb{R} \mid 0 \leqslant x \leqslant 2\}$

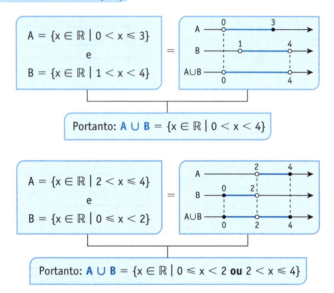

União de intervalos (∪)

Operações numéricas

Além das operações apresentadas em Conjuntos (adição, subtração, multiplicação e divisão), existem outras operações e ferramentas que serão mostradas aqui.

Ordem das operações

Quando duas ou mais operações aritméticas são propostas em uma mesma expressão, há uma ordem de execução que deve ser obedecida.

1º potenciação ou radiciação

2º multiplicação ou divisão

3º adição ou subtração

Regras de sinais

Nas operações aritméticas, devemos observar os sinais (indicação de positivos e negativos) antes de executar as operações propostas.

- **Na adição ou subtração:** somam-se (sinais iguais) ou subtraem-se (sinais diferentes) as partes e conserva-se o sinal do maior.

$$(-5) + (-3) = -8$$
$$(-5) - (-3) = (-5) + (+3) = -2$$

- **Na multiplicação ou divisão:** se os sinais forem iguais, o produto será positivo; se forem diferentes, será negativo. Observe:

							equivale a	
+	·	+	=	+	$5 \cdot 6 = 30$	equivale a	$(+5) \cdot (+6) = +30$
−	·	−	=	+	$-5 \cdot (-6) = 30$	equivale a	$(-5) \cdot (-6) = +30$
+	·	−	=	−	$-5 \cdot 6 = -30$	equivale a	$(-5) \cdot (+6) = -30$
−	·	+	=	−	$5 \cdot (-6) = -30$	equivale a	$(+5) \cdot (-6) = -30$

+	÷	+	=	+	$12 \div 4 = 3$	equivale a	$(+12) \div (+4) = +3$
−	÷	−	=	+	$-12 \div (-4) = +3$	equivale a	$(-12) \div (-4) = +3$
+	÷	−	=	−	$12 \div (-4) = -3$	equivale a	$(+12) \div (-4) = -3$
−	÷	+	=	−	$-12 \div 4 = -3$	equivale a	$(-12) \div (+4) = -3$

Potenciação

- *Expoente inteiro*

- **Expoente positivo:** multiplica-se a base quantas vezes for o valor do expoente.

$$x^n = x \cdot x \cdot x \ldots x = x \text{ multiplicado por si próprio } n \text{ vezes.}$$

$$3^5 = 3 \cdot 3 \cdot 3 \cdot 3 \cdot 3 = 243$$
$$-3^3 = -3 \cdot (-3) \cdot (-3) = -27$$
$$-3^4 = -3 \cdot (-3) \cdot (-3) \cdot (-3) = 81$$

- **Expoente negativo:** inverte-se a base e eleva-se a nova base ao mesmo expoente, só que agora positivo.

$$\left(\frac{2}{3}\right)^{-3} = \left(\frac{3}{2}\right)^{3} = \frac{27}{8} \qquad 5^{-2} = \left(\frac{1}{5}\right)^{2} = \frac{1}{25}$$

Propriedades:

① Potência de potência: conserva-se a base e multiplicam-se os expoentes.

$$(x^a)^b = x^{a \cdot b} \quad \rightarrow \quad (5^2)^3 = 5^{2 \cdot 3} = 5^6 = 5 \cdot 5 \cdot 5 \cdot 5 \cdot 5 \cdot 5 = 15625$$

② Divisão de potências de bases diferentes e expoentes iguais: conserva-se o quociente entre as bases e eleva-o ao mesmo expoente.

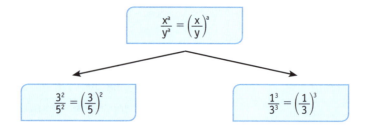

$$\frac{x^a}{y^a} = \left(\frac{x}{y}\right)^a$$

$$\frac{3^2}{5^2} = \left(\frac{3}{5}\right)^2 \qquad \frac{1^3}{3^3} = \left(\frac{1}{3}\right)^3$$

③ Multiplicação de potências de bases diferentes e expoentes iguais: conserva-se o produto entre as bases e eleva-o ao mesmo expoente.

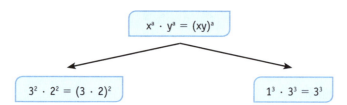

$$x^a \cdot y^a = (xy)^a$$

$$3^2 \cdot 2^2 = (3 \cdot 2)^2 \qquad 1^3 \cdot 3^3 = 3^3$$

④ Multiplicação de potências de bases iguais: conserva-se a base e adicionam-se os expoentes.

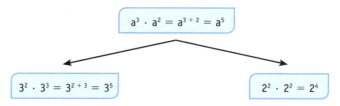

$$a^3 \cdot a^2 = a^{3+2} = a^5$$

$$3^2 \cdot 3^3 = 3^{2+3} = 3^5 \qquad 2^2 \cdot 2^2 = 2^4$$

⑤ Divisão de potências de bases iguais: conserva-se a base e subtraem-se os expoentes.

$$\frac{a^5}{a^3} = a^{5-3} = a^2 \quad \rightarrow \quad 5^5 \div 5^2 = 5^{5-2} = 5^3$$

- **Expoente nulo:** qualquer valor *não nulo* elevado a expoente nulo tem sua potência sempre igual a 1. Não se define a potência 0^0.

$$5^0 = 1 \qquad 10^0 = 1 \qquad -19^0 = 1$$

Podemos explicar o caso do expoente zero pelas propriedades da divisão de potências de mesma base. Assim:

$$\frac{a^3}{a^3} = 1 \qquad \text{ou aplicando a propriedade, teríamos:} \qquad a^3 \div a^3 = a^{3-3} = a^0 = 1$$

• *Expoente racional*

A base torna-se o radicando, o numerador do expoente torna-se o expoente do radicando, o denominador do expoente torna-se o índice do radical.

$$a^{\frac{x}{y}} = \sqrt[y]{a^x} \quad \rightarrow \quad 4^{\frac{2}{3}} = \sqrt[3]{4^2}$$

As propriedades do expoente racional são as mesmas utilizadas para os expoentes inteiros.

Radiciação

• *Elementos de uma raiz*

$$\sqrt[n]{\mathbb{Z}^x} \begin{cases} \sqrt{} = \text{radical} \\ \mathbb{Z} = \text{radicando} \\ n = \text{índice do radical} \\ x = \text{expoente do radicando} \end{cases}$$

Propriedades:

① A raiz do produto de n elementos é sempre igual ao produto das raízes desses mesmos elementos.

$$\sqrt[n]{xy} = \sqrt[n]{x} \cdot \sqrt[n]{y}$$

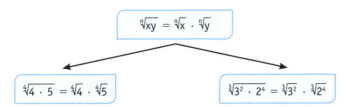

>>Parte II 271

② A raiz do quociente entre dois elementos é sempre igual ao quociente entre as raízes desses mesmos elementos.

$$\sqrt[n]{\frac{x}{y}} = \frac{\sqrt[n]{x}}{\sqrt[n]{y}} \quad \rightarrow \quad \sqrt[4]{\frac{16}{25}} = \frac{\sqrt[4]{16}}{\sqrt[4]{25}}$$

③ Dividindo-se o índice do radical e o expoente do radicando por um mesmo número, o resultado da radiciação não se altera.

$$\sqrt[n]{x^b} = \sqrt[n \div r]{x^{b \div r}} \quad \rightarrow \quad \sqrt[8]{4^6} = \sqrt[8 \div 2]{4^{6 \div 2}} = \sqrt[4]{4^3}$$

④ Multiplicando-se o índice do radical e o expoente do radicando por um mesmo número, o resultado da radiciação não se altera.

$$\sqrt[n]{x^b} = \sqrt[n \cdot r]{x^{b \cdot r}} \quad \rightarrow \quad \sqrt[3]{4^2} = \sqrt[3 \cdot 2]{4^{2 \cdot 2}} = \sqrt[6]{4^4}$$

⑤ A potência de um radical é igual à potência do radicando de mesmo radical.

$$\left(\sqrt[n]{x}\right)^b = \sqrt[n]{x^b} \quad \rightarrow \quad \left(\sqrt[3]{4}\right)^4 = \sqrt[3]{4^4}$$

⑥ A raiz de uma raiz é igual à raiz do mesmo radicando, em que o índice será o produto entre os índices anteriores.

$$\sqrt[a]{\sqrt[b]{x}} = \sqrt[a \cdot b]{x} \quad \rightarrow \quad \sqrt[2]{\sqrt[3]{729}} = \sqrt[2 \cdot 3]{729}$$

Operações algébricas

- **Produtos notáveis**
  - **Quadrado da soma:**

  $$(x + y)^2 = x^2 + 2xy + y^2 \quad \rightarrow \quad \left(\sqrt{9} + \sqrt{4}\right)^2 = \left(\sqrt{9}\right)^2 + 2\left(\sqrt{9}\sqrt{4}\right) + \left(\sqrt{4}\right)^2$$

  - **Quadrado da diferença:**

  $$(x - y)^2 = x^2 - 2xy + y^2 \quad \rightarrow \quad \left(\sqrt{9} - \sqrt{4}\right)^2 = \left(\sqrt{9}\right)^2 - 2\left(\sqrt{9}\sqrt{4}\right) + \left(\sqrt{4}\right)^2$$

  - **Produto da soma pela diferença:**

  $$(x + y)(x - y) = x^2 - y^2 \quad \rightarrow \quad \left(\sqrt{9} + \sqrt{4}\right)\left(\sqrt{9} - \sqrt{4}\right) = \left(\sqrt{9}\right)^2 - \left(\sqrt{4}\right)^2$$

  - **Cubo da soma:**

  $$(x + y)^3 = x^3 + 3x^2y + 3xy^2 + y^3$$

  - **Cubo da diferença:**

  $$(x - y)^3 = x^3 - 3x^2y + 3xy^2 - y^3$$

Fatoração

Significa *decompor* um determinado valor em valores (fatores) que o compõem, ou, ainda, reduzir um produto a seus menores fatores primos.

• *Fatoração de um número*

Fatoramos um número dividindo seu valor pelo menor fator que seja divisor desse número. Assim, para descobrir os valores que compõem um determinado produto, devemos fatorar esse produto, utilizando a ferramenta abaixo:

> Os fatores que compõem o número **42**
>
> | 42 | 2 |
> |----|---|
> | 21 | 3 |
> | 7 | 7 |
> | 1 | |
>
> são 2, 3 e 7, além do número **1**, divisor de todos os produtos.

• *Fatoração de um polinômio*

Para fatorar um polinômio, as seguintes situações são possíveis:

- **Fator em evidência:** consiste em identificar os fatores comuns presentes no polinômio e colocá-los em evidência. Consulte "Potenciação" neste capítulo e observe o exemplo abaixo:

$$15a^2 - 9a^3$$

Aqui, há dois tipos de fatores comuns para isolar: primeiro o fator numérico e depois o fator algébrico (letras ou variáveis). Assim, faremos:

> **15** e **9** têm como divisor comum **3**.
>
> **a²** e **a³** têm como divisor comum **a²**.

Colocando-se esses fatores comuns em evidência, teremos:

$$3a^2(5 - 3a)$$

- **Diferença de dois quadrados:** consiste em isolar, da expressão, o produto da soma pela diferença.

$$x^2 - y^2 = (x + y)(x - y)$$

- **Agrupamento:** consiste em isolar os fatores comuns em duas ou mais partes do polinômio.

$$x^2 - 2x + yx - 2y$$

Perceba que entre x² e 2x temos um fator comum *x*; entre yx e 2y temos um fator comum *y*.

Fatorando passo a passo, teremos:

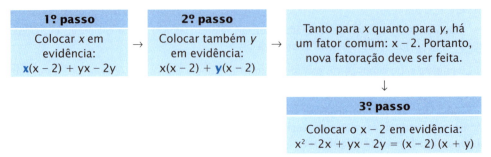

Mínimo Múltiplo Comum (M.M.C.)

Utilizado para encontrar o menor múltiplo comum a todos os valores envolvidos no processo proposto, por meio de divisões inteiras consecutivas e sempre pelo menor fator primo entre um ou mais valores que possam ser divididos.

De forma prática, fatoram-se os valores envolvidos e multiplicam-se os fatores de maior expoente, presentes em cada uma das fatorações. O resultado dessa multiplicação será o M.M.C. entre esses números. Veja um exemplo:

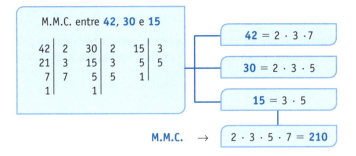

Outra maneira de calcular o M.M.C. é por meio da decomposição simultânea dos valores envolvidos. Dividem-se um ou mais números, sempre pelo menor fator pelo qual ele ou eles sejam divisíveis. O produto entre os fatores encontrados será o M.M.C. entre os valores.

M.M.C. entre 3, 5, 6 e 7	
3 5 6 7	2
3 5 3 7	3
1 5 1 7	5
1 1 1 7	7
1 1 1 1	210

M.M.C. → 210

Após as divisões, multiplicam-se os divisores e o resultado será o M.M.C.

Propriedades do M.M.C.:

① O M.M.C. entre dois números primos sempre será igual ao produto entre esses números.

② O M.M.C. entre dois números consecutivos sempre será igual ao produto entre esses números.

③ O produto entre dois números será sempre igual ao produto entre o M.M.C. e o M.D.C. desses dois números.

④ O M.M.C. entre dois ou mais números, sendo o maior deles múltiplo de todos os outros, será esse maior número.

⑤ Multiplicando-se ou dividindo-se os números envolvidos no M.M.C. por um número diferente de zero, o M.M.C. desses números ficará multiplicado ou dividido por esse mesmo número diferente de zero.

Módulo

Na reta dos reais ($\mathbb{R}$), o ponto de origem (zero) está distante dos outros pontos da reta na proporção dos valores de cada um desses pontos. Ao valor dessa distância dá-se o nome de *módulo*.

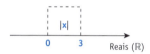

$|x|$ significa "módulo de *x*" e, neste caso, é igual a 3, pois a distância, na reta, que equivale a *x*, **entre 3 e a origem 0**, é igual a 3. Dessa forma, podemos escrever que $|4| = 4$ e que $|-4| = 4$, pois os dois valores (– 4 e 4) estão, na reta dos reais, a uma mesma distância da origem zero.

Podemos pensar então que considerar um valor em módulo significa considerá-lo sempre como valor positivo.

Divisibilidade

Propriedades:

① Não existe divisão por 0 (zero).

> Tenho 10 balinhas para dividir entre zero criança, quantas balinhas cada criança levará?
> Resposta: Não é possível efetuar a divisão, pois não há crianças envolvidas no problema.

② Para que um número seja considerado *divisor* de um outro, tem de dividir esse outro de forma inteira, sempre com resto 0 (zero).

> 12 ÷ 4 = 3 com resto 0 (a divisão foi feita de forma inteira; portanto, 4 é divisor de 12).
> 12 ÷ 6 = 2 com resto 0 (a divisão foi feita de forma inteira; portanto, 6 é divisor de 12).
> 12 ÷ 5 = 2 com resto 2 (a divisão não foi feita de forma inteira; portanto, 5 não pode ser divisor de 12).

• Critérios de divisibilidade

① O número **2** é divisor de qualquer número par.

② O número **3** é divisor de um número quando for também divisor da soma dos valores absolutos dos algarismos desse número.

> Para o número **513**, temos: 5 + 1 + 3 = **9**
> Como 9, a soma dos algarismos do número 513, tem como divisor **3**, o número 3 também é divisor de 513.

> Para o número **6213**, temos: 6 + 2 + 1 + 3 = **12**
> Então o número **3** também é divisor de 6213, pois também é divisor de 12, que é a soma dos algarismos de 6213.

③ O número **4** é divisor de todo número terminado em 00 e também dos números em que os dois últimos algarismos formam um número que tenha 4 como divisor.

> **4** é divisor de **1200**, pois 1200 termina em **00**.
> **4** é divisor de **3216**, pois os dois últimos algarismos desse número (1 e 6) formam **16**, que tem 4 como divisor.

④ O número **5** é divisor de todo número terminado em 0 ou em 5.

⑤ O número **6** é divisor de todo número que também tenha 2 e 3 como divisores.

⑥ O número **7** é divisor de todo número cujo resultado da operação a seguir seja divisível por 7. Subtraímos do número, sem o seu último algarismo, o dobro do seu último algarismo.

> **7** é divisor de **22792**, porque, retirando-se desse número o último algarismo (2), teremos 2279 e subtraindo desse resultado o dobro do último algarismo do número original (2 · 2 = 4), teremos 2279 − 4 = 2275.
> Como o número ainda é alto, repetimos a operação: 2275 sem o último algarismo (5) = 227, do qual subtraímos o dobro de 5: 227 − 10 = 217.
> Podemos continuar com esse processo até que o número calculado seja suficiente para, apenas por meio da observação, concluirmos se é ou não divisível por 7.

⑦ O número **8** é divisor de todo número terminado em 000 e também dos números em que os três últimos algarismos formam um número que tenha 8 como divisor.

> **8** é divisor de **1000**, pois 1000 termina em **000**.
> **8** é divisor de **3216**, pois os três últimos algarismos desse número (2, 1 e 6) formam **216**, que tem 8 como divisor.

⑧ O número **9** é divisor de um número quando também for divisor da soma dos valores absolutos dos algarismos desse número.

> **9** é divisor de **3672**, pois 3 + 6 + 7 + 2 = **18**.
> Como 18, a soma dos algarismos de 3672, tem como divisor 9, o número 9 também é divisor de 3672.

⑨ O número **10** é divisor de todos os números terminados em 0.

⑩ O número **11** é divisor de todo número cuja diferença entre as somas dos valores absolutos dos algarismos de ordem ímpar e a soma dos valores absolutos de ordem par tiver também o número 11 como divisor.

Para **64768**, temos:
- 6 como algarismo de 1ª ordem;
- 4 como algarismo de 2ª ordem;
- 7 como algarismo de 3ª ordem;
- 6 como algarismo de 4ª ordem;
- 8 como algarismo de 5ª ordem.

→

Adicionamos os algarismos de ordem ímpar:
6 + 7 + 8 = 21
Adicionamos os algarismos de ordem par: 4 + 6 = 10
Subtraímos a primeira da segunda soma: 21 − 10 = 11

↓

Como o número 11 é divisor do resultado, será também divisor de 64768.

⑪ O número **12** é divisor de todo número que também tenha 3 e 4 como divisores.

⑫ O número **15** é divisor de todo número que também tenha 3 e 5 como divisores.

⑬ O número **25** é divisor de todo número terminado em 00, 25, 50 ou 75.

Máximo Divisor Comum (M.D.C.)

É o maior número que divide, com resto zero, dois ou mais números; portanto, é o maior divisor comum entre dois ou mais números.

• Cálculo do M.D.C. por divisões consecutivas

Efetua-se a divisão entre os números envolvidos. Se for exata, o menor deles é o M.D.C. Se não for exata, divide-se o menor deles pelo resto obtido. Prossegue-se do mesmo modo até que se obtenha uma divisão exata, sendo o último divisor considerado o M.D.C.

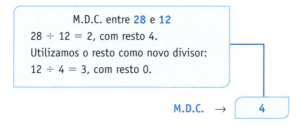

M.D.C. entre **28** e **12**
28 ÷ 12 = 2, com resto 4.
Utilizamos o resto como novo divisor:
12 ÷ 4 = 3, com resto 0.

M.D.C. → 4

• **Cálculo do M.D.C. por dispositivo prático**

Veja a seguir uma prática ferramenta para efetuar o mesmo cálculo. O último divisor utilizado será o M.D.C. entre os números.

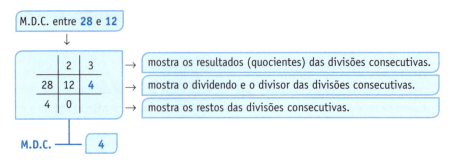

Perceba que, no dispositivo prático acima, o resto passa à linha do meio para continuar como divisor. O processo deve se repetir até que o resto seja 0.

Se o M.D.C. entre dois ou mais números for 1, os números serão considerados *primos entre si*. Por exemplo, se efetuarmos o M.D.C. entre 42, 20 e 15, como são mais de dois números, temos de escolher dois deles para o cálculo inicial. Vamos utilizar o 42 e o 15, embora seja possível valer-se de qualquer outra combinação entre dois dos números dados.

Entre os números utilizados (42 e 15), o M.D.C. é 3, mas ainda precisamos considerar o 20. Assim, vamos utilizá-lo junto com o resultado 3 do primeiro cálculo.

Portanto, o M.D.C. entre os números 42, 20 e 15 é **1** e *os números são primos entre si*.

	2	1	4
42	15	12	3
12	3	0	

	6	1	2
20	3	2	1
2	1	0	

M.D.C. → 1

Veja agora o M.D.C. entre 126, 90, 66 e 33.

Vamos calcular o M.D.C. entre 126 e 90.		1	2	2
	126	90	36	18
	36	18	0	
Agora, calculamos o M.D.C. entre 66 e 18.		3	1	2
	66	18	12	6
	12	6	0	
Por último, calculamos o M.D.C. entre 33 e 6.		5	2	
	33	6	3	
	3	0	0	
Portanto, o M.D.C. entre 126, 90, 66 e 33 é **3**.				

Propriedades do M.D.C.:

① Se todos os números envolvidos no processo do M.D.C. forem múltiplos uns dos outros, o M.D.C. entre eles será o menor deles.

② O produto entre *dois* números será sempre igual ao produto entre o M.M.C. e o M.D.C. desses dois mesmos números.

③ Multiplicando-se ou dividindo-se os números envolvidos no processo de M.D.C. por um número diferente de zero, o M.D.C. desses números ficará multiplicado ou dividido por esse mesmo número.

Divisores de um número

Por meio de ferramentas próprias, podemos saber *quantos* e *quais* são os divisores de um determinado número.

• **Quantos são os divisores de um número?**

Vamos usar a ferramenta para o número 56.

1º passo	2º passo	3º passo
Fatorar o número. $\begin{array}{r\|l}56 & 2\\28 & 2\\14 & 2\\7 & 7\\1 & \end{array}$	Representar cada fator com seu expoente. $2^3 \cdot 7^1$	Adicionar 1 a cada um dos expoentes e fazer o produto dessas somas. $(3 + 1) \cdot (1 + 1) = \mathbf{8}$

Portanto, a quantidade de divisores do número 56 é 8.
Observe outro exemplo, agora para descobrirmos quantos divisores têm o número 360.

1º passo	2º passo	3º passo
$\begin{array}{r\|l}360 & 2\\180 & 2\\90 & 2\\45 & 3\\15 & 3\\5 & 5\\1 & \end{array}$	$2^3 \cdot 3^2 \cdot 5^1$	$(3 + 1) \cdot (2 + 1) \cdot (1 + 1) =$ $= 4 \cdot 3 \cdot 2 =$ $= \mathbf{24}$

Assim, a quantidade de divisores do número 360 é 24.

• **Quais são os divisores de um número?**

Vamos usar a ferramenta para o número 56.

Fatorar o número.
$\begin{array}{r|l|l}
 & & 1 \\
56 & 2 & 2 \\
28 & 2 & 4 \\
14 & 2 & 8 \\
7 & 7 & 7 \ 14 \ 28 \ 56 \\
1 & &
\end{array}$ →

Na terceira coluna estarão os divisores do número dado, obtidos pela multiplicação de cada um dos fatores pelo seu anterior, sem repetição.

Observe que o 1 está na terceira coluna, porque, apesar de ser divisor de qualquer número, nunca aparecerá em uma fatoração.

Portanto, os divisores de 56 são 1, 2, 4, 7, 8, 14, 28 e 56.
Observe outro exemplo, agora para descobrirmos quais são os divisores do número 360.

```
      | 1
360 | 2 | 2
180 | 2 | 4
 90 | 2 | 8
 45 | 3 | 3  6  12  24
 15 | 3 | 9  18  36  72
  5 | 5 | 5  10  20  40  15  30  60  120  45  90  180  360
  1 |
```

EXERCÍCIOS DE FIXAÇÃO – Múltipla escolha

1. (**PUC-Rio**) Considere dois conjuntos de números reais A e B com 12 e 15 elementos, respectivamente. Então, sempre se pode afirmar que
a) A ∩ B terá, no mínimo, 12 elementos.
b) A ∪ B terá, no mínimo, 15 elementos.
c) o número máximo de elementos de A ∪ B é igual ao número máximo de elementos de A ∩ B.
d) o número mínimo de elementos de A ∪ B é igual ao número máximo de elementos de A ∩ B.

Mesmo que todos os elementos de A sejam iguais aos de B, o número de elementos em A ∪ B será 15.
O número de elementos de A ∪ B será dado por: n(A ∪ B) = n(A) + n(B) − n(A ∩ B).
Como n(A ∩ B) será no máximo 12, pois o conjunto A com menor número de elementos possui 12 elementos, n(A ∪ B) terá, *no mínimo*, 15 elementos.
Portanto, a resposta correta é a "b".

2. (**UFPE**) Um cubo tem a aresta $2^3 \times 3^2$. Para quantos naturais *n* este cubo pode ser dividido em (mais de um) cubos congruentes de aresta *n*?
a) 7   b) 9   c) 11   d) 12

Basta aplicar a ferramenta "quantos são os divisores?".
Como a questão já informa o resultado da fatoração, ou seja, a aresta é 72, cuja forma fatorada é $2^3 \times 3^2$, basta adicionar 1 aos expoentes e depois multiplicar os resultados. Assim, (3 + 1) · (2 + 1) = 12.
Retirando-se o próprio 72 como divisor teremos 11 possíveis divisores dessa aresta.
Portanto, a resposta correta é a "c".

3. (**Epcar**) Se o mínimo múltiplo comum entre os inteiros $a = 16 \cdot 3^k$ e $b = 2^p \cdot 21$, com **K diferente de zero**, for 672, então, pode-se concluir que:
a) p é divisor de 2p · 21.   c) pk é múltiplo de 3.
b) 3k é divisível por 2p.   d) p − k = 4k.

280 >>Parte II

Para encontrar o M.M.C. entre dois ou mais números, fazemos a decomposição dos valores envolvidos e multiplicamos os fatores de maior expoente presentes nas fatorações. Assim, se o produto entre os fatores de maior expoente, presentes nas fatorações, for igual a 672, basta fatorar o 672 para descobrir quais são os fatores que resultam nesse produto: $672 = 2^5 \cdot 3 \cdot 7$.
Portanto, no número b, o valor de p é 5 e, no número a, o valor de k é 1.
$a = 16 \cdot 3^k = 2^4 \cdot 3^k$
$b = 2^p \cdot 21 = 2^p \cdot 3 \cdot 7$
Perceba que:
• em a, o expoente do número 2 é igual a 4, menor que 2^5, e, então, 5 deve ser o expoente de b. Isso faz com que o valor de p seja 5;
• na fatoração do número 672, o expoente de 3 é igual a 1. Isso faz com que k, expoente do número 3 em a, seja igual a 1.
Portanto, a resposta correta é a "d".

4. (**FCC – TRF-1ª Região**) Um auxiliar judiciário foi incumbido de arquivar 360 documentos: 192 unidades de um tipo e 168 unidades de outro. Para a execução dessa tarefa, recebeu as seguintes instruções:

• todos os documentos arquivados deverão ser acomodados em caixas, de modo que todas fiquem com a mesma quantidade de documentos;
• cada caixa deverá conter apenas documentos de um único tipo.

Nessas condições, se a tarefa for cumprida de acordo com as instruções, a maior quantidade de documentos que poderá ser colocada em cada caixa é

a) 8.
b) 12.
c) 24.
d) 36.
e) 48.

A questão pede que se repartam as quantidades de documentos apresentados de modo a resultar em uma mesma quantidade de documentos de um único tipo (em comum) em cada caixa e de forma a obter o maior número possível de documentos em cada caixa.
Para resolver o problema, vamos utilizar a ideia de M.D.C. Se o M.D.C. entre os valores informados (192 e 168) é 24, esta será a maior quantidade de documentos a ser colocada em cada caixa.
Portanto, a resposta correta é a "c".

5. (**Ufal**) Se A e B são dois conjuntos não vazios, tais que A ∪ B = (1, 2, 3, 4, 5, 6, 7, 8), A − B = (1, 3, 6, 7) e B − A = (4, 8), então A ∩ B é o conjunto:

a) ∅.
b) {1, 4}.
c) {2, 5}.
d) {6, 7, 8}.
e) {1, 3, 4, 6, 7, 8}.

O conjunto diferença é formado pelos elementos que pertencem ao primeiro e não pertencem ao segundo conjunto. Assim, em A − B estão os elementos exclusivos de A — {1, 3, 6, 7}; e em B − A estão os elementos exclusivos de B — {4, 8}. Deste modo, A ∩ B é o conjunto dos elementos que estão em A ∪ B = {1, 2, 3, 4, 5, 6, 7, 8} que não sejam exclusivos de A nem de B, ou seja, A ∩ B = {2, 5}.
Portanto, a resposta correta é a "c".

6. (**Unesp**) Três viajantes partem num mesmo dia de uma cidade A. Cada um desses três viajantes retorna à cidade A exatamente a cada 30, 48 e 72 dias, respectivamente. O número mínimo de dias transcorridos para que os três viajantes estejam juntos novamente na cidade A é:

a) 480.
b) 240.
c) 144.
d) 720.

Sempre que o enunciado solicitar que se calcule o primeiro (próximo) encontro numérico entre dois ou mais valores, a ferramenta a ser utilizada deve ser o M.M.C. Assim, o M.M.C. entre os valores dados na questão, 30, 48 e 72, é 720.
Portanto, a resposta correta é a "d".

7. (**Fuvest**) No alto de uma torre de uma emissora de televisão duas luzes "piscam" com frequências diferentes. A primeira "pisca" 15 vezes por minuto e a segunda "pisca" 10 vezes por minuto. Se num certo instante as luzes piscam simultaneamente, após quantos segundos elas voltarão a piscar simultaneamente?
a) 12　　　b) 10　　　c) 20　　　d) 15　　　e) 30

Cuidado com esta questão, pois o enunciado informa o número de piscadas por minutos e depois pergunta "*após* quantos segundos elas voltarão a piscar simultaneamente?". Assim, a primeira luz pisca em um intervalo de 4 segundos e a segunda, em um intervalo de 6 segundos, o que indica que devemos calcular o M.M.C. entre 4 e 6, que é 12. Portanto, a resposta correta é a "a".

8. (**Fuvest**) Se A e B são dois conjuntos não vazios e $\emptyset$ é o conjunto vazio, é verdade que, das afirmações:
I. $A \cap \emptyset = \{\emptyset\}$
II. $(A - B) \cup (B - A) = (A \cup B) - (A \cap B)$
III. $\{A \cup B\} = \{A\} \cup \{B\}$
IV. $\emptyset \in \{\emptyset, A, B\}$
são verdadeiras somente:
a) I e II.　　　c) II e IV.　　　e) I, III e IV.
b) II e III.　　　d) III e IV.

No item II, $(A - B) \cup (B - A)$ é a união ($\cup$) dos elementos exclusivos de A com os de B, ou seja, $A \cup B$. Deste modo, $(A - B) \cup (B - A)$ tem de ser igual a $(A \cup B) - (A \cap B)$, pois $(A \cup B) - (A \cap B)$ são os elementos exclusivos de $A \cup B$.
No item IV, o conjunto vazio ($\emptyset$) é subconjunto de qualquer conjunto.
Portanto, a resposta correta é a "c".

9. (**FCC – TRE/AM**) Um auxiliar de enfermagem pretende usar a menor quantidade possível de gavetas para acomodar 120 frascos de um tipo de medicamento, 150 frascos de outro tipo e 225 frascos de um terceiro tipo. Se ele colocar a mesma quantidade de frascos em todas as gavetas, e medicamentos de um único tipo em cada uma delas, quantas gavetas deverá usar?
a) 33　　　b) 48　　　c) 75　　　d) 99　　　e) 165

Calculando o M.D.C. entre os números de frascos de cada tipo, encontramos o maior número de frascos de cada tipo que deverá estar em cada gaveta. Assim, devemos calcular o M.D.C. entre 225, 150 e 120.
Iniciamos calculando o M.D.C. entre 225 e 150.

	1	2
225	150	**75**
75	0	0

Agora, vamos calcular o M.D.C. entre 75 (primeiro resultado) e 120.

	1	1	1	2
120	75	45	30	**15**
45	30	15	0	

Deste modo, o máximo divisor comum entre 225, 150 e 120 é 15.
225 frascos ÷ 15 = 15 gavetas.
150 frascos ÷ 15 = 10 gavetas.
120 frascos ÷ 15 = 8 gavetas.
Teremos 33 gavetas com 15 frascos em cada uma.
Portanto, a resposta correta é a "a".

10. (**Mackenzie-SP**) Se A = {x ∈ ℕ | x é múltiplo de 11} e B = {x ∈ ℕ | 15 ≤ x ≤ 187}, o número de elementos de A ∩ B é:

a) 16.   b) 17.   c) 18.   d) 19.   e) 20.

A questão solicita o cálculo do número de elementos do conjunto A ∩ B, ou seja, {x ∈ ℕ | x é múltiplo de 11 e 15 ≤ x ≤ 187}. Então, teremos de calcular o número de múltiplos de 11 presentes no intervalo 15 ≤ x ≤ 187.
O conjunto dos múltiplos de 11 entre 15 e 187 é: {22, 33, 44, 55, 66, 77, 88, 99} = 8 elementos; > 99 ≤ 187 = {110, 121, 132, 143, 154, 165, 176, 187} = 8 elementos. Assim, A ∩ B = 16 elementos.
Portanto, a alternativa correta é a "a".

11. (**Inédito**) Em uma pista circular, ocorre uma competição entre três ciclistas. O primeiro dá a volta completa na pista em 10 segundos, o segundo em 11 segundos e o terceiro faz o mesmo percurso em 12 segundos. Saindo ao mesmo tempo da linha de partida, após quantas voltas o segundo ciclista se encontrará, nessa mesma linha, com os outros dois?

a) 66 voltas   c) 10 voltas   e) 60 voltas
b) 54 voltas   d) 11 voltas

Como o tempo de cada um dos ciclistas é de 10, 11 e 12 segundos, respectivamente, temos de calcular o M.M.C. entre esses números.

10	11	12	2
5	11	6	2
5	11	3	3
5	11	1	5
1	11	1	11
1	1	1	660 segundos

Então, os três ciclistas levarão 660 segundos para voltar a se encontrar, mas cada um estará em uma volta diferente dos outros dois, pois eles têm velocidades diferentes. Assim, basta dividir o total de segundos pelo tempo de uma volta do segundo ciclista: 660 ÷ 11 = 60 voltas.
Portanto, a resposta correta é a "e".

12. (**Acadepol-SP**) Um carpinteiro recebeu a incumbência de cortar 40 toras de madeira de 8 metros cada uma e 60 toras da mesma madeira de 6 metros cada uma, em toras do mesmo comprimento, sendo o comprimento o maior possível. Nessas condições, quantas toras deverão ser obtidas, ao todo, pelo carpinteiro?

a) 200   c) 680   e) 1800
b) 340   d) 1360

Pelo enunciado podemos perceber que é preciso dividir as toras em pedaços do mesmo tamanho, sendo o comprimento de cada uma o maior possível. Então, temos de calcular o máximo divisor comum (M.D.C.) entre os comprimentos das toras 8 e 6.

		1	3
8	6	2	
2	0		

O M.D.C. entre 8 e 6 é **2**.
Em seguida, precisamos encontrar a metragem total, que deve ser dividida em toras de 2 metros cada.
40 toras · 8 metros = 320 metros de toras.
60 toras · 6 metros = 360 metros de toras.
360 metros de toras + 320 metros de toras = 680 metros de toras.
680 metros de toras ÷ 2 metros de cada tora = 340 toras.
Portanto, a resposta correta é a "b".

13. (**Fuvest**) O número x não pertence ao intervalo aberto de extremos −1 e 2. Sabe-se que x < 0 ou x > 3. Pode-se então concluir que:
a) x ≤ −1 ou x > 3.
b) x ≥ 2 ou x < 0.
c) x ≥ 2 ou x ≤ −1.
d) x > 3.
e) x < 2.

Se x fosse um número pertencente ao intervalo aberto de extremos −1 e 2, teríamos −1 < x < 2. Como x **não** pertence a esse intervalo, temos o inverso: x **não é** maior que −1 e **não é** menor que 2; então, x só pode ser menor ou igual (≤) a −1 ou maior ou igual a (≥) 2. Podemos fazer a representação na reta real.

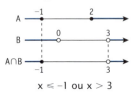

x ≤ −1 ou x > 3

Portanto, a resposta correta é a "a".

14. (**FCC − TRT-2ª Região**) Dispõe-se de dois lotes de boletins informativos distintos: um com 336 unidades e outro com 432 unidades. Um técnico judiciário foi incumbido de empacotar todos os boletins dos lotes, obedecendo às seguintes instruções:
I. todos os pacotes devem conter a mesma quantidade de boletins;
II. cada pacote deve ter um único tipo de boletim.
Nessas condições, o menor número de pacotes que ele poderá obter é:
a) 12
b) 16
c) 18
d) 24
e) 32

Como "todos os pacotes devem conter a mesma quantidade de boletins" e "cada pacote deve ter um único tipo de boletim", o técnico terá de fazer uma *divisão em comum* e, se ele tem de obter "o menor número de pacotes", deverá encontrar o *maior divisor*. Assim, o técnico deverá encontrar o maior divisor comum (M.D.C.) entre o número de unidades dos lotes de boletins: 432 e 336.

	1	3	2
432	336	96	**48**
96	48	0	

O M.D.C. entre 432 e 336 é **48**.
432 unidades ÷ 48 = 9 pacotes.
336 unidades ÷ 48 = 7 pacotes.
Assim, teremos 16 pacotes com 48 unidades em cada um.
Portanto, a resposta correta é a "b".

15. (**Uern**) Dos conjuntos abaixo, aquele que possui precisamente dois divisores de 15 e três múltiplos de 15 é:
a) {1, 3, 5, 15, 30}.
b) {1, 3, 15, 30}.
c) {1, 15, 30, 45}.
d) {3, 5, 30, 45}.
e) {3, 5, 15, 30, 45}.

Os dois divisores de 15 são 1 e 15, e os três múltiplos de 15 são 15, 30 e 45.
Portanto, a resposta correta é a "c".

>> Capítulo 2

>> Frações

Partes de uma fração

Na fração $\frac{n}{d}$, n é o numerador e d é o denominador ($d \neq 0$).

O numerador indica quantas partes se tomou do inteiro, ao passo que o denominador expressa o total de partes em que o inteiro foi dividido, sempre diferente de zero.

Se uma *pizza* for dividida em 8 partes e alguém comer duas, a fração que representa o que a pessoa comeu é $\frac{2}{8}$ ou, simplificando o numerador e o denominador por 2: $\frac{1}{4}$.

A fração que representa o que restou da *pizza* é $\frac{6}{8}$ ou, simplificando o numerador e o denominador por 2: $\frac{3}{4}$.

Note que o que restou da *pizza* $\left(\frac{6}{8} \text{ ou } \frac{3}{4}\right)$ é a diferença entre o total da *pizza* (dividida em 8 pedaços) e a quantidade de partes consumidas: $\frac{8}{8} - \frac{2}{8} = \frac{6}{8}$ ou, ainda: $\frac{8}{8} - \frac{1}{4} = \frac{3}{4}$.

Assim:

> A fração $\frac{2}{3}$ indica que foram tomadas duas partes de um total de três.
>
> $\frac{1}{5}$ indica que, de um total de cinco partes, a fração se refere a apenas uma.

Noções de fração

Um inteiro

Um inteiro dividido em 5 partes = $\frac{5}{5}$

▸ Uma parte do inteiro = $\frac{1}{5}$

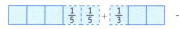 + $\frac{1}{5}$ → Um inteiro mais uma parte de outro inteiro que foi dividida na mesma quantidade de partes (5) = $\frac{6}{5}$

$\frac{1}{5}$ $\frac{1}{5}$ + $\frac{1}{3}$ → Duas partes de um inteiro, dividido em cinco partes, mais uma parte de outro inteiro, dividido em três partes = $\frac{11}{15}$

>>Parte II 285

$\frac{2}{5} + \frac{1}{3} = \boxed{\frac{11}{15}}$ Onze partes de quinze partes possíveis

Classificação

Frações próprias

São aquelas em que o numerador é menor que o denominador. A quantidade de partes, indicadas pela fração, tomadas para a representação da parte do total não excede a quantidade total de partes em que foi dividido o inteiro. Ou seja, é próprio de uma fração, como o nome já diz, representar uma parte do inteiro.

> $\frac{1}{3}$ → a quantidade de partes que se tomou do inteiro (1) não excedeu a quantidade total de partes em que foi dividido o inteiro (3).

- *Frações decimais*

São frações próprias com denominador na base dez (10).

$$\frac{1}{10} \qquad \frac{72}{100} \qquad -\frac{423}{1000}$$

- *Frações ordinárias*

São as frações próprias que não sejam decimais.

$$\frac{1}{5} \qquad \frac{72}{350} \qquad -\frac{423}{500}$$

Frações impróprias

São aquelas em que o numerador é maior que o denominador. A quantidade de partes, indicadas pela fração, tomadas para a representação de parte do total excede a quantidade total de partes em que foi dividido o inteiro. Ou seja, é impróprio a uma fração, como o nome já diz, representar mais do que um inteiro.

> $\frac{6}{5}$ → a quantidade de partes que se tomou do inteiro (6) excedeu a quantidade total de partes em que foi dividido o inteiro (5). Isso quer dizer que a fração representa um valor maior que um inteiro.

Frações aparentes

O numerador é múltiplo do denominador. Aparenta ser uma fração, mas representa um número inteiro.

$$\frac{6}{3} = 2 \qquad \frac{8}{2} = 4 \qquad \frac{10}{2} = 5$$

Frações percentuais

São as frações que têm como denominador o número 100.

$$25\% = \frac{25}{100} = 0{,}25 \qquad 32\% = \frac{32}{100} = 0{,}32$$

Frações equivalentes

São as frações que, apesar de diferentes, representam o mesmo valor.

$$\frac{6}{5} = \frac{12}{10} \qquad \frac{8}{32} = \frac{4}{16} = \frac{2}{8} = \frac{1}{4} \qquad \frac{5}{15} = \frac{1}{3}$$

Simplificação

Simplificar uma fração significa reduzir seus elementos, numerador e denominador, proporcionalmente. Assim, para simplificar uma fração, basta dividir o numerador e o denominador por um mesmo valor que divida os dois de forma inteira.

$$\frac{22 \div 2}{10 \div 2} = \frac{11}{5} \qquad \frac{10 \div 5}{25 \div 5} = \frac{2}{5} \qquad \frac{9 \div 3}{15 \div 3} = \frac{3}{5}$$

Operações com frações

Adição e subtração

Com frações de *denominadores iguais*, basta adicionar ou subtrair os numeradores mantendo o denominador.

$$\frac{2}{5} + \frac{1}{5} = \frac{3}{5} \qquad \frac{3}{8} + \frac{4}{8} = \frac{7}{8}$$

Com frações de *denominadores diferentes*, primeiro é preciso transformá-las em frações de mesmo denominador utilizando o processo de mínimo múltiplo comum (M.M.C.).

$$\frac{2}{3} + \frac{3}{5} + \frac{1}{2} - \frac{1}{4} = \frac{40 + 36 + 30 - 15}{60} = \frac{91}{60}$$

O M.M.C. entre 2, 3, 4 e 5 — os denominadores das frações — é 60. Após encontrá-lo, atribui-se esse valor como denominador comum a todas as frações, o que originará novas frações possíveis de serem adicionadas.

Em seguida, basta dividir o novo denominador (neste exemplo, o 60) por cada um dos denominadores originais (aqui, 3, 5, 2 e 4) e multiplicar cada resultado pelo numerador da fração correspondente (neste caso, 2, 3, 1 e 1).

Assim, temos:

$$60 \div 3 = 20;\ 20 \cdot 2 = 40$$
$$60 \div 5 = 12;\ 12 \cdot 3 = 36$$
$$60 \div 2 = 30;\ 30 \cdot 1 = 30$$
$$60 \div 4 = 15;\ 15 \cdot (-1) = -15$$

Multiplicação

Para efetuar o produto entre frações, basta que se multipliquem os numeradores e os denominadores, respectivamente, obedecendo sempre à regra dos sinais para a multiplicação (veja "Ordem das operações" e "Regras de sinais", no capítulo anterior).

$$\frac{2}{7} \cdot \frac{1}{7} \cdot \frac{3}{7} = \frac{6}{343}$$

$$\frac{2}{3} \cdot \frac{2}{5} \cdot \left(-\frac{3}{4}\right) = -\frac{12}{60} = \left(-\frac{1}{5}\right)$$

Divisão

Para efetuar uma divisão de frações, basta manter a fração que está no numerador (primeira) e multiplicá-la pelo inverso da fração que está no denominador (segunda).

$$\frac{\frac{2}{3}}{\frac{4}{5}} = \frac{2}{3} \cdot \frac{5}{4} = \frac{10}{12} = \frac{5}{6}$$

$$\frac{\frac{7}{2}}{\frac{1}{5}} = \frac{7}{2} \cdot 5 = \frac{35}{2}$$

Operações com frações algébricas

Adição e subtração

Para efetuar adição ou subtração de frações com *denominadores iguais*, basta adicionar ou subtrair os numeradores, mantendo o denominador.

$$\frac{x}{y} + \frac{z}{y} = \frac{(x+z)}{y}$$

$$\frac{a+b}{z} + \frac{a+b}{z} = \frac{2a+2b}{z}$$

Para efetuar adição ou subtração de frações com *denominadores diferentes*, em primeiro lugar é necessário reduzi-las ao mesmo denominador, utilizando o processo de mínimo múltiplo comum (M.M.C.).

$$\frac{3x+y}{4} + \frac{2x+3y}{6} = \frac{3(3x+y)}{12} + \frac{2(2x+3y)}{12} = \frac{9x+3y+4x+6y}{12} = \frac{13x+9y}{12}$$

O M.M.C. entre 4 e 6 — os denominadores das frações — é 12. Após encontrá-lo, atribui-se esse valor como denominador comum a todas as frações, o que dará origem a novas frações, agora possíveis de serem adicionadas.

Em seguida, basta dividir o novo denominador (neste exemplo, 12) por cada um dos denominadores originais (aqui, 4 e 6) e multiplicar cada resultado pelo numerador correspondente (neste caso, 3x + y e 2x + 3y).

Observe outros exemplos.

$$\frac{x}{z} + \frac{x}{y} = \frac{yx}{zy} + \frac{zx}{zy} = \frac{yx + zx}{zy}$$

$$\frac{2a}{z} - \frac{2a + b}{y} = \frac{y(2a)}{zy} - \frac{z(2a + b)}{zy} = \frac{y(2a) - z(2a + b)}{zy}$$

$$\frac{2z + 3k}{2} - \frac{z + k}{5} = \frac{5(2z + 3k) - 2(z + k)}{10} = \frac{10z + 15k - 2z - 2k}{10} = \frac{8z + 13k}{10}$$

Multiplicação

Para efetuar a multiplicação de frações algébricas, basta que se multipliquem os numeradores e os denominadores, respectivamente, obedecendo sempre à regra dos sinais para a multiplicação.

Observe que, em alguns exemplos, para multiplicarmos letras com expoentes, usaremos as regras da potenciação, como a multiplicação e a divisão de mesma base.

$$\frac{a}{b} \cdot \frac{c}{d} = \frac{ac}{bd} \qquad \frac{2a}{b} \cdot \frac{c}{2d} = \frac{2ac}{2db} \qquad \frac{2a}{3b} \cdot \frac{a}{2b} = \frac{2a^2}{6b^2}$$

$$\frac{x^3y}{4z} \cdot \frac{4z^3}{x^3} = \frac{1y}{4z} \cdot \frac{4z^3}{1} = \frac{y \cdot 4z^3}{4z} = \frac{yz^3}{z} = yz^2$$

Divisão

Para efetuar uma divisão de frações algébricas, basta manter a fração que está no numerador (primeira) e multiplicá-la pelo inverso da fração que está no denominador (segunda).

$$\frac{\frac{a}{4b}}{\frac{2a}{2b}} = \frac{a}{4b} \cdot \frac{2b}{2a} = \frac{a}{2b} \cdot \frac{b}{2a} = \frac{a}{2} \cdot \frac{1}{2a} = \frac{1a}{4a} = \frac{1}{4}$$

Simplificação de frações algébricas

Simplificar frações algébricas significa reduzir seus componentes com o propósito de obter um resultado mais simples de ser trabalhado.

Veja um exemplo de simplificação.

$$\frac{x^5 \cdot y^4}{x^2 \cdot y^2} = \frac{xxxxx \cdot yyyy}{xx \cdot yy} = x^3 \cdot y^2$$

$$\frac{x(a-b) + y(a+b)}{(a+b)(a-b)} = \frac{x\cancel{(a-b)}}{\cancel{(a+b)}(a-b)} + \frac{y\cancel{(a+b)}}{(a+b)\cancel{(a-b)}} = \frac{x}{(a-b)} + \frac{y}{(a+b)}$$

Racionalização de frações

Quando o denominador de uma fração for número irracional, utiliza-se a racionalização para facilitar os cálculos a serem realizados com essa fração.

A seguir, apresentamos alguns casos de racionalização.

① Denominador do tipo $x\sqrt{y}$: multiplique o numerador e o denominador da fração pelo fator de racionalização, que é $\sqrt{y}$.

$\frac{1}{\sqrt{3}}$ → multiplique o numerador e o denominador por $\sqrt{3}$ → $\frac{1}{\sqrt{3}} \cdot \frac{\sqrt{3}}{\sqrt{3}} = \frac{\sqrt{3}}{3}$

$\frac{1}{2\sqrt{5}}$ → multiplique o numerador e o denominador por $\sqrt{5}$ → $\frac{1}{2\sqrt{5}} \cdot \frac{\sqrt{5}}{\sqrt{5}} = \frac{\sqrt{5}}{10}$

② Denominador do tipo $\sqrt[a]{x^b}$: multiplique o numerador e o denominador pelo fator de racionalização, que é $\sqrt[a]{x^{a-b}}$.

$\frac{2}{\sqrt[3]{5}}$ → multiplique o numerador e o denominador por $\sqrt[3]{5^{3-1}}$ → $\frac{2}{\sqrt[3]{5}} \cdot \frac{\sqrt[3]{5^{3-1}}}{\sqrt[3]{5^{3-1}}} = \frac{2}{\sqrt[3]{5}} \cdot \frac{\sqrt[3]{5^2}}{\sqrt[3]{5^2}} = \frac{2\sqrt[3]{5^2}}{\sqrt[3]{5 \cdot 5^2}} = \frac{2\sqrt[3]{5^2}}{\sqrt[3]{5^3}} = \frac{2\sqrt[3]{5^2}}{5}$

③ Denominador do tipo $\sqrt{x} + \sqrt{y}$, $\sqrt{x} - \sqrt{y}$ ou $\sqrt{x} + y$: multiplique o numerador e o denominador pelo fator de racionalização, que, neste caso, é o conjugado do denominador, a saber:

- O conjugado de $\sqrt{x} + \sqrt{y}$ é $\sqrt{x} - \sqrt{y}$.
- O conjugado de $\sqrt{x} - \sqrt{y}$ é $\sqrt{x} + \sqrt{y}$.
- O conjugado de $\sqrt{x} + y$ é $\sqrt{x} - y$.

$\frac{3}{\sqrt{5} + \sqrt{3}}$ → multiplique o numerador e o denominador por $\sqrt{5} - \sqrt{3}$ → $\frac{3}{\sqrt{5} + \sqrt{3}} \cdot \frac{\sqrt{5} - \sqrt{3}}{\sqrt{5} - \sqrt{3}} = \frac{3(\sqrt{5} - \sqrt{3})}{(5-3)} = \frac{3(\sqrt{5} - \sqrt{3})}{2}$

$\frac{5}{\sqrt{7} + 2}$ → multiplique o numerador e o denominador por $\sqrt{7} - 2$ → $\frac{5}{\sqrt{7} + 2} \cdot \frac{\sqrt{7} - 2}{\sqrt{7} - 2} = \frac{5(\sqrt{7} - 2)}{(7-4)} = \frac{5\sqrt{7} - 10}{3}$

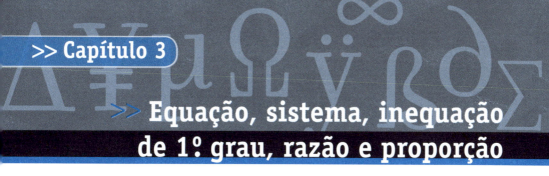

>> Capítulo 3
>> Equação, sistema, inequação de 1º grau, razão e proporção

Equação de 1º grau

Equação é uma sentença aberta que apresenta uma igualdade. Uma sentença aberta é aquela que apresenta pelo menos um valor desconhecido e que deve ser calculado. O valor desconhecido recebe o nome de *incógnita*.

Há vários tipos de equação. A equação de 1º grau é toda equação na forma:

$$ax + b = 0$$

onde:

- a é o coeficiente do termo do primeiro grau (variável com expoente 1), pertencente aos números reais e sempre diferente de zero;

- b é o coeficiente independente ou valor do termo do grau zero (variável, subentendida, com expoente zero); pertencente aos reais, assume qualquer valor desse domínio.

Resolução

Resolver uma equação, qualquer que seja ela, significa encontrar o valor que, colocado no lugar da variável, torna válida (verdadeira) a igualdade.

> ① De uma incógnita (variável):
> $8x - 4 = 12$

Perceba que, para tornarmos o primeiro membro (à esquerda da igualdade) igual ao segundo membro (à direita da igualdade), é necessário encontrar o valor da variável do primeiro grau (x).

Para a resolução do problema, podemos adicionar ou subtrair, multiplicar ou dividir os dois membros da igualdade (equação) por um mesmo valor.

> $a = b$ se, e somente se, $a + x = b + x$
> $a = b$ se, e somente se, $a - x = b - x$
> $a = b$ se, e somente se, $a \cdot x = b \cdot x$
> $a = b$ se, e somente se, $\dfrac{a}{x} = \dfrac{b}{x}$

Assim:

8x − 4 = 12
8x − 4 + **4** = 12 + **4**
8x = 16
8x ÷ **8** = 16 ÷ **8**
x = 2

$\begin{cases} \text{Substituindo o valor encontrado} \\ \text{para } x \text{ (2) na equação inicial, tere-} \\ \text{mos uma igualdade verdadeira.} \\ 8 \cdot \mathbf{2} - 4 = 12 \\ 16 - 4 = 12 \\ 12 = 12 \end{cases}$ → S = {2}

Perceba que, ao efetuarmos a mesma operação com o mesmo valor nos dois membros da equação, teremos como efeito o "desaparecimento" de um número ou da variável em um dos membros. Claro que a simples transposição de valores ou variáveis de um lado para outro da igualdade resolveria o problema de forma mais simplificada, mas o importante, para tanto, é entender o que ocorre "por trás" dessa simplificação.

Na simples transposição de valores ou variáveis, invertem-se as operações presentes no membro de origem.

8x − **4** = 12   8x = 16
8x = 12 + **4**   x = $\frac{16}{8}$

PREGUE O OLHO! Cuidado para não confundir inversão de operação com inversão de sinal. Na transposição, o sinal (− ou +) continua o mesmo. Se em um dos membros tivermos um número negativo **multiplicando a incógnita**, passaremos esse número, como valor negativo **dividindo o número ou a expressão** que estiver no outro lado.

Vejamos dois exemplos:

4x − 3 = 13 ⇒ 4x = 13 + 3 ⇒
⇒ 4x = 16 ⇒ x = $\frac{16}{4}$ ⇒ x = 4 ⇒
⇒ S = {4}

x − 1 = 2
x = 2 + 1
x = 3
S = {3}

Podemos ter equações do 1º grau com duas variáveis. Elas terão *infinitas soluções*.
Vejamos a solução da equação a + b = 3.
Com dois pares ordenados, válidos para a equação, podemos representar a reta que será o conjunto das possíveis soluções, dessa equação, no plano cartesiano. Cada *ponto dessa reta* é a representação de um *par ordenado solução* da equação.

(a, b) = (0, 3), pois 0 + 3 = 3.
(a, b) = (3, 0), pois 3 + 0 = 3.

S = {(3, 0); (0, 3); ...}

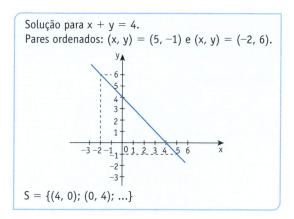

Sistema de equações de 1º grau

Sabendo-se que a soma de duas variáveis (a, b) é igual a 15 e que a diferença entre elas é igual a 5, podemos representar essa situação por duas equações do 1º grau:

$$\begin{cases} a + b = 15 \quad ① \\ a - b = 5 \quad ② \end{cases}$$

Temos aí um sistema de equações do 1º grau de duas incógnitas, cuja solução será um par ordenado (a, b) que satisfaça as duas equações.

Note que o par ordenado (10, 5) satisfaz as duas equações, pois:

① $10 + 5 = 15$ e ② $10 - 5 = 5$

Assim, a solução para este sistema será *um único par ordenado*: (10, 5).

$$S = \{(10, 5)\}$$

Há alguns métodos de resolução de sistemas de 1º grau com duas incógnitas. Vejamos dois deles.

Resolução de sistemas por substituição

Consiste em isolar uma das variáveis, em uma das equações, e substituí-la na outra pelo valor encontrado.

$$\begin{cases} a + b = 10 \quad ① \\ a - b = 4 \quad ② \end{cases}$$

Isolando uma das variáveis na primeira equação, temos:

$$a = 10 - b \quad \text{(mudamos } b \text{ para o outro lado da igualdade)} \quad \text{①}$$

Substituindo o valor de *a* na segunda equação, teremos:

$$
\begin{aligned}
&\text{②}\\
&(\mathbf{10 - b}) - b = 4\\
&10 - 2b = 4\\
&-2b = 4 - 10\\
&-2b = -6\\
&b = \frac{-6}{-2}\\
&b = 3
\end{aligned}
$$

Como a informação inicial era que a + b = 10 e chegamos à solução de b = 3, então o valor de *a* só poderá ser 7, pois 7 + 3 = 10.

Assim, o único par ordenado válido para esse sistema é: (a, b) = (7, 3).
S = {(7, 3)}

Dados:

$$\begin{cases} x + y = 18 & \text{①} \\ x - y = 12 & \text{②} \end{cases}$$

Resolvendo, teremos:

$\mathbf{x = 18 - y}$ (com *y* mudando de membro)

$(\mathbf{18 - y}) - y = 12$ (substituindo *x* pelo valor encontrado)
$18 - 2y = 12$
$-2y = 12 - 18$
$y = \frac{-6}{-2}$
$\mathbf{y = 3}$; portanto, $\mathbf{x = 15}$
S = {(15, 3)}

Resolução de sistemas por adição

Basta reduzir o sistema a uma equação do 1º grau com uma incógnita, eliminando uma das variáveis.

$$\begin{cases} Z + K = 14 & \text{①} \\ Z - K = 6 & \text{②} \end{cases}$$

Perceba que K e −K são números opostos. Assim, se adicionarmos as duas equações, obteremos:

$$\begin{aligned} Z + K &= 14 \\ \underline{Z - K = 6} &+ \\ 2Z &= 20 \\ Z &= \frac{20}{2} \\ Z &= 10 \end{aligned}$$
$\begin{cases} \text{Veja que:} \\ Z + Z = 2Z \\ K + (-K) = 0K \\ 14 + 6 = 20 \end{cases}$

Se $Z = 10$, basta substituir o valor encontrado em qualquer uma das duas equações para achar o valor de $K = 4$.

$S = \{(4, 10)\}$

Dados:

$\begin{cases} A + B = 21 \text{①} \\ -A + B = 10 \text{②} \end{cases}$

Perceba que A e −A são números opostos. Assim, se adicionarmos as duas equações, obteremos:

$$\begin{aligned} A + B &= 21 \\ \underline{-A + B = 10} &+ \\ 2B &= 31 \\ B &= \frac{31}{2} \\ B &= 15{,}5 \end{aligned}$$
$\begin{cases} \text{Veja que:} \\ B + B = 2B \\ -A + A = 0A \\ 21 + 10 = 31 \end{cases}$

Se $B = 15{,}5$, basta substituir o valor encontrado em qualquer uma das duas equações para achar o valor de $A = 5{,}5$.

Dados:

$\begin{cases} X - Y = 17 \text{①} \\ X + Y = 24 \text{②} \end{cases}$

Perceba que Y e −Y são números opostos. Assim, se adicionarmos as duas equações, obteremos:

$$\begin{aligned} X - Y &= 17 \\ \underline{X + Y = 24} &+ \\ 2X &= 41 \\ X &= \frac{41}{2} \\ X &= 20{,}5 \end{aligned}$$
$\begin{cases} \text{Veja que:} \\ X + X = 2X \\ -Y + Y = 0Y \\ 17 + 24 = 41 \end{cases}$

Se $X = 20{,}5$, basta substituir em qualquer uma das duas equações para encontrar o valor de $Y = 3{,}5$.

$S = \{(20{,}5;\, 3{,}5)\}$

Inequação de 1º grau

Assim como as equações são caracterizadas pelas igualdades, as inequações são caracterizadas pelas *desigualdades*.

Essas desigualdades apresentam uma relação de ordem do tipo $>$ ou $\geq$ ou $<$ ou $\leq$.

$$-6 + 3x \geq 4 - 2x$$

Propriedades e operações

- **Propriedade 1:** quaisquer que sejam os números reais: A, B e X, temos:

$$A > B \leftrightarrow A + X > B + X$$

Lê-se: "A é maior do que B se, e somente se, a adição de A e X for maior do que a adição de B e X".

Podemos então **adicionar** ou **subtrair** uma constante (mesmo valor) nos dois membros da desigualdade sem alterar o seu valor-verdade.

$$7 > 2 \leftrightarrow 7 + X > 2 + X$$

Assim, se atribuirmos a X uma constante qualquer, por exemplo: X = 5, teremos:

$$7 + 5 > 2 + 5$$

Dessa forma, a resolução da inequação poderá ser feita, na **adição** e na **subtração**, por meio da simples transposição de um valor de um lado da desigualdade para o outro lado, sem alterar o seu valor-verdade, da seguinte forma:

$$X - 4 > 5$$
$$X > 5 + 4$$
$$X > 9$$

Assim, qualquer valor maior do que 9 poderá substituir a variável X, mantendo o valor-verdade da inequação. Por exemplo, se X = 11, teríamos: 11 – 4 > 5, pois 11 – 4 = 7.

Vamos aplicar a propriedade.

Adicionando uma constante aos dois lados da desigualdade:

$$X - 4 > 5$$
$$X - 4 + 4 > 5 + 4$$

teríamos o mesmo resultado encontrado no exemplo acima, pela transposição.

$$X > 9$$
$$S = \{X \in \mathbb{R} \mid X > 9\}$$

Vejamos um exemplo:

$$Y + 2 < 7$$
$$Y < 7 - 2$$
$$Y < 5$$
$$S = \{Y \in \mathbb{R} \mid Y < 5\}$$

Assim, qualquer valor menor do que 5 poderá substituir a variável Y, mantendo o valor-verdade da inequação. Por exemplo, se Y = 3, teríamos: 3 + 2 < 7, pois 3 + 2 = 5.

Vamos aplicar a propriedade.

Subtraindo uma constante aos dois lados da desigualdade:

$$Y + 2 < 7$$
$$Y + 2 - 2 < 7 - 2$$

teríamos o mesmo resultado encontrado no exemplo acima, pela transposição.

$$Y < 5$$

- **Propriedade 2:** podemos **multiplicar** ou **dividir** os dois membros da desigualdade por um número *positivo* sem alterar o valor-verdade da inequação.

Para x > 0

$$A > B \Leftrightarrow Ax > Bx$$

$$A > B \Leftrightarrow \frac{A}{x} > \frac{B}{x}$$

Vejamos alguns exemplos:

5 > 2 (**verdadeiro**); então 5 · 7 > 2 · 7, pois 35 > 14 (**verdadeiro**).

7 > 12 (**falso**); então 7 · 3 > 12 · 3, pois 21 > 36 (**falso**).

3x < 12 (**verdadeiro para qualquer x < 4**); então $\frac{3x}{3} < \frac{12}{3}$, pois x < 4.

4x ⩾ 20; então $\frac{4x}{4} \geqslant \frac{20}{4}$, pois x ⩾ 5 (**verdadeiro para qualquer x ⩾ 5**).

- **Propriedade 3:** se **multiplicamos** ou **dividimos** os dois membros da desigualdade por um número *negativo*, devemos *inverter o sentido do sinal* que compara os dois membros (>; ⩾; <; ⩽) para manter o valor-verdade da inequação.

Para x < 0

$$A > B \Leftrightarrow Ax < Bx$$

$$A > B \Leftrightarrow \frac{A}{x} < \frac{B}{x}$$

Equação, sistema, inequação de 1º grau, razão e proporção

>>Parte II 297

Vejamos alguns exemplos:

> 3 > −1 (**verdadeiro**) ⇔ −2 · 3 < −2 · (−1), pois −6 < 2 (**verdadeiro**).
>
> 2 < 5 (**verdadeiro**) ⇔ −1 · 2 > −1 · 5, pois −2 > −5 (**verdadeiro**).

Razão e proporção

Razão

A razão entre dois números é o quociente (resultado da divisão) entre eles. Assim, a razão entre os números a e b, nessa ordem, com $b \neq 0$, pode ser representada como $a \div b$ ou $\frac{a}{b}$, onde a é o antecedente e b o consequente da razão.

Dizer que "a razão entre dois números é x" significa dizer, sendo a e b os números dados, que $\frac{a}{b} = x$.

Observe os exemplos:

> Sabe-se que a razão entre o salário de João e o salário de Abreu é 25.
> Portanto, sabe-se que $\frac{\text{salário de João}}{\text{salário de Abreu}} = 25$.

> A razão entre 16 e 12 é $\frac{16 \div 4}{12 \div 4} = \frac{4}{3}$.

> A razão entre 9 e 3, nessa ordem, é $\frac{9}{3} = 3$ ou $\frac{3}{1}$.

> A razão entre 8 e 6, nessa ordem, é $\frac{8}{6} = \frac{4}{3}$.

Proporção

Chamamos de proporção à igualdade entre *razões*.

Entre quatro valores, x, y, z e k, nessa ordem, há uma proporção quando a razão entre os dois primeiros for igual à razão entre os dois últimos.

Portanto, x, y, z e k são proporcionais se, e somente se, $\frac{x}{y} = \frac{z}{k}$, onde x e k são chamados de **extremos** (1º e 4º termos da proporção) e y e z são chamados de **meios** (2º e 3º termos da proporção), sendo $y \neq 0$ e $k \neq 0$.

- *Tipos de proporção*

- **Proporção contínua:** é aquela em que os meios são sempre iguais, ou seja, o consequente da primeira razão é igual ao antecedente da segunda.

$$\frac{x}{y} = \frac{z}{k}$$
$$\frac{2}{4} = \frac{4}{8}$$

- **Proporção múltipla:** é a proporção simultânea entre três ou mais razões.

$$\frac{x}{y} = \frac{z}{k} = \frac{a}{b} = \frac{c}{d}$$
$$\frac{10}{4} = \frac{15}{6} = \frac{25}{10} = \frac{5}{2}$$

- *Propriedades das proporções*

- **Propriedade fundamental:** o produto dos meios é igual ao produto dos extremos.

Para $\frac{x}{y} = \frac{z}{k}$, temos que: $x \cdot k = y \cdot z$.
Para $\frac{9}{6} = \frac{3}{2}$, temos que: $9 \cdot 2 = 6 \cdot 3$.

- **Propriedade da soma ou da diferença:** a soma ou a diferença entre o primeiro e o segundo termo de uma proporção *está para* o primeiro *ou* para o segundo termo, *assim como* a soma ou a diferença entre o terceiro e o quarto termos *está para* o terceiro *ou* para o quarto termo.

Para a **soma** $\frac{x}{y} = \frac{z}{k}$, temos: $\frac{x+y}{x} = \frac{z+k}{z}$ ou $\frac{x+y}{y} = \frac{z+k}{k}$.
$\frac{9}{6} = \frac{3}{2}$ Propriedade da **soma**: $\frac{9+6}{9} = \frac{3+2}{3}$ ou $\frac{9+6}{6} = \frac{3+2}{2}$.

Para a **diferença** $\frac{x}{y} = \frac{z}{k}$, temos: $\frac{x-y}{x} = \frac{z-k}{z}$ ou $\frac{x-y}{y} = \frac{z-k}{k}$.
$\frac{9}{6} = \frac{3}{2}$ Propriedade da **diferença**: $\frac{9-6}{9} = \frac{3-2}{3}$ ou $\frac{9-6}{6} = \frac{3-2}{2}$.

- **Propriedade da soma ou diferença dos antecedentes e consequentes:** a soma ou a diferença entre os antecedentes está para a soma ou a diferença entre os consequentes de uma mesma proporção assim como a razão de cada antecedente está para o seu consequente.

Para a **soma** $\frac{x}{y} = \frac{z}{k}$, temos: $\frac{x+z}{y+k} = \frac{x}{y}$ ou $\frac{x+z}{y+k} = \frac{z}{k}$.
$\frac{9}{6} = \frac{3}{2}$ na **soma**: $\frac{9+3}{6+2} = \frac{9}{6}$ ou $\frac{9+3}{6+2} = \frac{3}{2}$.

Há duas possibilidades de leitura:

| $(9 + 3) \div (6 + 2) = 1,5$ **assim como** $9 \div 6 = 1,5.$ | → | Nove mais três **está para** seis mais dois **assim como** nove está para seis. |

| $(9 + 3) \div (6 + 2) = 1,5$ **assim como** $3 \div 2 = 1,5.$ | → | Nove mais três **está para** seis mais dois **assim como** três está para dois. |

Para a **diferença** $\frac{x}{y} = \frac{z}{k}$, temos: $\frac{x-z}{y-k} = \frac{x}{y}$ ou $\frac{x-z}{y-k} = \frac{z}{k}$.

$\frac{9}{6} = \frac{3}{2}$ na **diferença**: $\frac{9-3}{6-2} = \frac{9}{6}$ ou $\frac{9-3}{6-2} = \frac{3}{2}$.

Há duas possibilidades de leitura:

| $(9 - 3) \div (6 - 2) = 1,5$ **assim como** $9 \div 6 = 1,5.$ | → | Nove menos três **está para** seis menos dois **assim como** nove está para seis. |

| $(9 - 3) \div (6 - 2) = 1,5$ **assim como** $3 \div 2 = 1,5.$ | → | Nove menos três **está para** seis menos dois **assim como** três está para dois. |

Terceira proporcional

Em uma proporção, em que os meios são iguais, um dos extremos é a terceira proporcional do outro extremo. Assim, dados dois números a e b e simbolizando a terceira proporcional por x, teremos a seguinte representação:

$$\frac{a}{b} = \frac{b}{x}$$

Portanto, a terceira proporcional entre a e b é x.

> A terceira proporcional entre os números 6 e 9, respectivamente, será: $\frac{6}{9} = \frac{9}{x}$.
>
> Aplicando a primeira propriedade:
>
> $6x = 9 \cdot 9$
>
> $6x = 81$
>
> $x = \frac{81}{6}$
>
> $x = 13,5$

Portanto, a terceira proporcional entre 6 e 9 é 13,5.
Perceba que a terceira proporcional entre 6 e 9 **é diferente** da terceira proporcional entre 9 e 6.

Quarta proporcional

Dados três números, k, y e z **não nulos**, chamamos de quarta proporcional o quarto número x que junto a eles formam a proporção.

$$\frac{k}{y} = \frac{z}{x}$$

A quarta proporcional, entre os números 5, 2 e 15, nessa ordem, será: $\frac{5}{2} = \frac{15}{x}$.

Aplicando a primeira propriedade:

$$5x = 2 \cdot 15$$
$$5x = 30$$
$$x = \frac{30}{5}$$
$$x = 6$$

Portanto, a quarta proporcional entre 5, 2 e 15 é 6.

Média proporcional

Também chamada de *média geométrica*, é o valor do consequente da primeira razão *ou* do antecedente da segunda razão, em uma proporção contínua, que, como já vimos, são iguais entre si.

Para $\frac{x}{y} = \frac{y}{k}$, y é a média proporcional entre x e k.

A média proporcional positiva entre 8 e 32, respectivamente, será: $\frac{8}{y} = \frac{y}{32}$.

Aplicando a primeira propriedade:

$$y \cdot y = 8 \cdot 32$$
$$y^2 = 256$$
$$y = \sqrt{256}$$
$$y = 16$$

Portanto, a média proporcional positiva entre 8 e 32 é 16.

>>> EXERCÍCIOS DE FIXAÇÃO – Múltipla escolha

1. (**Esaf – MPU**) Ana e Júlia, ambas filhas de Márcia, fazem aniversário no mesmo dia. Ana, a mais velha, tem olhos azuis; Júlia, a mais nova, tem olhos castanhos. Tanto o produto como a soma das idades de Ana e Júlia, consideradas as idades em número de anos completados, são iguais a números primos. Segue-se que a idade de Ana – a filha de olhos azuis –, em número de anos completados, é igual

a) à idade de Júlia mais 7 anos.
b) ao triplo da idade de Júlia.
c) à idade de Júlia mais 5 anos.
d) ao dobro da idade de Júlia.
e) à idade de Júlia mais 11 anos.

Se multiplicarmos as idades, encontraremos um número primo, o que também ocorre se adicionarmos essas mesmas idades.

Ana = A (a mais velha)

Júlia = J (a mais nova)

① $A \cdot J$ = número primo

② $A + J$ = número primo

A única forma de obter um número primo como produto é *multiplicando* um número primo por 1. Então, em ① teremos uma das idades igual a 1, ou seja, $J = 1$, pois Júlia é mais nova que Ana. Daí, concluímos que a idade de Ana é um número primo e a idade de Júlia é 1 ano.

Se em ② temos $A + J$ = número primo, então, temos $A + 1$ = número primo, pois já vimos que $J = 1$. Perceba agora que a idade de Ana, que é um número primo, adicionada ao número 1 *tem de ter como resultado um número primo*.

Todo número *adicionado* ao número 1 apresenta como resultado o seu consecutivo, e só há um caso em que primos são consecutivos: o 2 e o 3. Assim, Ana tem 2 anos.

Portanto, a resposta correta é a "d".

2. **(Esaf – TTN)** Pedro e José têm juntos R$ 450,00. O primeiro gastou $\frac{1}{6}$ do que possuía e o segundo ganhou de seu pai $\frac{1}{4}$ do que tinha. Sabendo-se que, após essas ocorrências, ambos passaram a ter a mesma importância, José ganhou de seu pai a quantia de

a) R$ 180,00.
b) R$ 65,00.
c) R$ 45,00.
d) R$ 160,00.
e) R$ 60,00.

Vamos montar uma equação de 1º grau de duas variáveis, uma representando a quantia de Pedro e outra a quantia de José.

Pedro = P
José = J

$P + J = 450$

Vamos às ocorrências:

$P - \frac{1}{6}P = \frac{5}{6}P \qquad J + \frac{1}{4}J = \frac{5}{4}J$

Após as ocorrências, ambos passaram a ter a mesma importância, então, os dois passaram a ter valores *iguais*.

$\frac{5}{6}P = \frac{5}{4}J$

Com a transposição de lado da igualdade, o número que está *dividindo* um membro da equação passa *multiplicando* o outro membro. Assim, teremos:

$4 \cdot 5P = 6 \cdot 5J$
$20P = 30J \; (\div 10)$
$2P = 3J$

Substituindo uma das variáveis pelo seu valor na equação inicial:

$2(450 - J) = 3J$
$900 - 2J = 3J$
$900 = 3J + 2J$
$900 = 5J$
$J = \frac{900}{5} = 180$

Sabemos, assim, que o valor que José (J) tinha era R$ 180,00. Porém, a questão quer saber o valor que ele *ganhou* do pai. Então: $\frac{1}{4} \cdot 180,00 =$ R$ 45,00.

Portanto, a resposta correta é a "c".

3. (**UFPE**) Em um teste de 16 questões, cada acerto adiciona 5 pontos e cada erro subtrai 1 ponto. Se um estudante respondeu a todas as questões e obteve um total de 38 pontos, quantas questões ele errou?

a) 4   b) 5   c) 6   d) 7   e) 8

Considerando o número de questões que o estudante errou igual a x, se o número total de questões é 16, o número de questões que ele acertou é 16 − x. Se cada uma das questões que ele acertou vale 5 pontos, as questões que ele acertou valem 5 (16 − x). Como ele obteve um total de 38 pontos, isso equivale a todas as questões que ele acertou menos as que ele errou: 5 (16 − x) − x.

$5(16 - x) - x = 38$
$80 - 5x - x = 38$
$-6x = 38 - 80$
$-6x = -42$
$x = \dfrac{-42}{-6}$
$x = 7$

Portanto, a resposta correta é a "d".

4. (**FCC – TRT-24.ª Região**) Josué foi incumbido de tirar cópias de um conjunto de informações sobre legislação trabalhista, que deverão ser entregues a 11 pessoas. Se 8 dessas pessoas deverão receber apenas um conjunto e as restantes solicitaram dois conjuntos a mais do que elas, a quantidade exata de conjuntos de que Josué deverá tirar cópias é um número compreendido entre

a) 30 e 35.   c) 20 e 25.   e) 10 e 15.
b) 25 e 30.   d) 15 e 20.

Uma questão interessante que parece ter seu foco em equação de 1º grau, mas é totalmente interpretativa.
Seu enunciado apresenta dois grupos: no grupo A, composto de 8 pessoas, cada uma fica com apenas um conjunto; assim, o grupo inteiro fica com 8 conjuntos. O grupo B, formado por 3 pessoas, ficará com *2 conjuntos a mais* que o grupo A; então, ficará com 10 conjuntos.
Deste modo, a união do grupo A com o grupo B terá 8 + 10 = 18 conjuntos.
Portanto, a resposta correta é a "d".

5. (**FCC – TRF-1.ª Região**) Um auxiliar judiciário foi incumbido de encadernar um certo número de livros. Sabe-se que, no primeiro dia de execução da tarefa, ele encadernou a metade do total de livros e, no segundo, a terça parte dos livros restantes. Se no terceiro dia ele encadernou os últimos 12 livros, então o total inicial era

a) 32.   b) 36.   c) 38.   d) 40.   e) 42.

Questão bastante simples quando comparada às de resolução por equação de 1º grau que costumam aparecer em provas. Aqui, temos uma equação de 1º grau com uma variável.
Vamos chamar o total de livros de x.
Trabalho realizado:

Dia	Número de livros
1º	$\dfrac{1}{2}x$ (portanto, resta a outra metade: $\dfrac{1}{2}$)
2º	$\dfrac{1}{3} \cdot \dfrac{1}{2}x = \dfrac{1}{6}x$
3º	12 livros

Equação, sistema, inequação de 1º grau, razão e proporção

Assim, *adicionando* todo o trabalho realizado e *igualando* o resultado ao total de livros, teremos:

$\frac{1}{2}x + \frac{1}{6}x + 12 = x$

$\frac{3x + x + 72}{6} = x$

$4x + 72 = 6x$
$72 = 6x - 4x$
$72 = 2x$
$x = \frac{72}{2}$
$x = 36$

Como x representa o total de livros, esse total é 36. Portanto, a resposta correta é a "b".

6. (**FCC – MPU**) Ao preparar o relatório das atividades que realizou em novembro de 2006, um motorista viu que, nesse mês, utilizara um único carro para percorrer 1875 km, a serviço do Ministério Público da União. Curiosamente, ele observou que, ao longo de todo esse percurso, havia usado os quatro pneus e mais o estepe de tal carro e que todos estes cinco pneus haviam rodado a mesma quilometragem. Diante disso, quantos quilômetros cada um dos cinco pneus percorreu?

a) 375
b) 750
c) 1125
d) 1500
e) 1750

A tendência é dividirmos o total percorrido por 5, mas perceba que o carro sempre roda com 4 pneus enquanto o estepe está parado.
Como o motorista utilizou o estepe da mesma forma que os outros 4 pneus, cada um dos pneus rodou $\frac{4}{5}$ do total percorrido.

Assim, cada pneu = $\frac{4}{5} \cdot 1875 = 1500$.

Portanto, a resposta correta é a "d".

7. (**Fuvest-SP**) Os estudantes de uma classe organizaram sua festa de final de ano, sendo que cada um deveria contribuir com R$ 135,00 para as despesas. Como 7 alunos deixaram a escola antes da arrecadação e as despesas permaneceram as mesmas, cada um dos estudantes restantes teria de pagar R$ 27,00 a mais do que antes. No entanto, o diretor, para ajudar, contribuiu com R$ 630,00. Quanto pagou cada aluno participante da festa?

a) R$ 136,00
b) R$ 138,00
c) R$ 140,00
d) R$ 142,00
e) R$ 144,00

Vamos representar o total de alunos por *a*; assim, o total de alunos que contribuíram com a festa foi de a – 7. Como as despesas *não* foram alteradas, o que os alunos iam arrecadar ficou *igual* ao que os alunos restantes arrecadaram.

$135a = (135 + 27)(a - 7)$

$135a = 162(a - 7)$
$135a = 162a - 1134$
$-27a = -1134$
$a = \frac{-1134}{-27}$
$a = 42$

Encontramos o total de alunos que dividiriam, inicialmente, o total das despesas; esse total é igual a 42 · R$ 135,00 = R$ 5.670,00.
Como o diretor contribuiu com R$ 630,00, essa despesa diminuiu para R$ 5.040,00, montante que deverá ser dividido entre os alunos restantes, ou seja, 42 – 7 = 35 alunos.

$$\frac{R\$ \ 5.040,00}{35} = R\$ \ 144,00$$

Portanto, a resposta correta é a "e".

8. **(FCC – TRF-5ª Região)** Os salários de dois funcionários A e B, nessa ordem, estão entre si assim como 3 está para 4. Se o triplo do salário de A somado com o dobro do salário de B é igual a R$ 6.800,00, qual é a diferença positiva entre os salários dos dois?

a) R$ 200,00
b) R$ 250,00
c) R$ 300,00
d) R$ 350,00
e) R$ 400,00

A questão inicia com a citação de uma proporção e depois faz uma comparação da grandeza de dois salários, o que permite montar um sistema de 1º grau com duas equações.

Montando a proporção, temos: $\frac{A}{B} = \frac{3}{4}$.

Aplicando a propriedade fundamental: 3B = 4A (1ª equação)
O triplo do salário de A somado ao dobro do salário de B é igual a R$ 6.800,00. Assim:
3A + 2B = R$ 6.800,00 (2ª equação).
Como queremos saber o valor dos dois salários, podemos substituir, na segunda equação, qualquer uma das variáveis.

3A + 2B = 6800

$3A + 2\left(\frac{4A}{3}\right) = 6800$

$3A + \frac{8A}{3} = 6800$

$\frac{9A + 8A}{3} = 6800$

Substituímos na 2ª equação a variável B pelo valor dela na 1ª equação.

$B = \frac{4A}{3}$

$17A = 6800 \cdot 3 \Rightarrow 17A = 20400 \Rightarrow A = \frac{20400}{17} \Rightarrow A = 1200$

Conclui-se que o salário de A é R$ 1.200,00 e, como sabemos que $B = \frac{4A}{3}$, o salário de B é R$ 1.600,00.

Assim, a diferença positiva (tomada em módulo) entre os salários é de R$ 400,00. Portanto, a resposta correta é a "e".

9. **(Fuvest-SP)** Duas garotas realizam um serviço de datilografia. A mais experiente consegue fazê-lo em 2 horas, a outra em 3 horas. Se dividirmos esse serviço de modo que as duas juntas possam fazê-lo no menor tempo possível, esse tempo será:

a) 1,5 h
b) 2,5 h
c) 72 min
d) 1 h
e) 9,5 min

Considerando como variáveis os tempos gastos para a realização do trabalho das duas garotas, notamos que são variáveis diferentes, pois cada uma tem um rendimento diferente. Como precisamos adicionar as duas (variáveis), pois elas têm de trabalhar juntas, é necessário, primeiro, equiparar as duas.

A garota A faz *todo* o trabalho em 2 horas; em uma hora, fará metade $\left(\frac{1}{2}\right)$ do trabalho, e a garota B faz *todo* o trabalho em 3 horas; em uma hora fará um terço $\left(\frac{1}{3}\right)$ do trabalho.

Então, vamos *equiparar* as duas em relação a uma hora de trabalho.

$\frac{1}{2}t + \frac{1}{3}t = \frac{5}{6}t$

As duas juntas fazem, em uma hora, $\frac{5}{6}$ do trabalho.

$\dfrac{\frac{5}{6}}{\frac{6}{6}} = \dfrac{1h}{x}$

Aplicando a propriedade fundamental das proporções, teremos:

$\frac{5}{6}x = 1 \Rightarrow x = 1 \cdot \frac{6}{5} \Rightarrow x = \frac{6}{5}h$

Podemos dizer que as duas juntas levariam $\frac{6}{5}$h para fazer todo o trabalho.

Calculando-se o valor de $\frac{6}{5}$h, teremos: $\frac{6}{5}$h = 1,2 horas ou 1 hora e mais 0,2 hora.

0,2 hora = 0,2 · 60 = 12 minutos.

Portanto: $\frac{6}{5}$h = 1 hora e 12 minutos, ou seja, 72 minutos.

Portanto, a resposta correta é a "c".

10. (**Unicamp-SP**) Duas torneiras são abertas juntas, a primeira enchendo um tanque em 5 horas, a segunda enchendo um outro tanque de igual volume em 4 horas. Em quantos minutos, a partir do momento em que as torneiras são abertas, o volume que falta para encher o segundo tanque é $\frac{1}{4}$ do volume que falta para encher o primeiro tanque?

a) 180   b) 225   c) 245   d) 275   e) 300

As vazões das duas torneiras são diferentes, mas o tempo é igual para as duas, ou seja, se passar 2 horas para a primeira, passará 2 horas para a segunda; portanto, podemos chamar o tempo de cada uma de *h* e o tempo total de H. Assim:

$H - \frac{h}{4} = \frac{1}{4}\left(H - \frac{h}{5}\right)$

$\frac{4H - h}{4} = \frac{1}{4}\left(\frac{5H - h}{5}\right)$

$\frac{4H - h}{4} = \frac{5H - h}{20}$

20(4H − h) = 4(5H − h)
80H − 20h = 20H − 4h
60H = 16h

$h = \frac{60}{16}H$

h = 3 horas e 45 minutos

Sabemos que 3 horas e 45 minutos correspondem a 225 minutos. Portanto, a resposta correta é a "b".

11. (**Unicamp-SP – adapt.**) Roberto disse a Valéria: "pense em um número, dobre esse número, some 12 ao resultado; divida o novo resultado por 2. Quanto deu?". Valéria disse: "15", ao que Roberto imediatamente revelou o número original ao que Valéria havia pensado. Qual é esse número?

a) 10   b) 12   c) 9   d) 15   e) 8

Atribuindo ao número procurado a variável x, podemos representar algumas informações do enunciado do problema em linguagem algébrica:

Dobre o número: $2x$
Adicione 12: $2x + 12$
Divida por 2: $\dfrac{2x + 12}{2}$
Quanto deu? $\dfrac{2x + 12}{2} = 15$
Então,
$\dfrac{2x + 12}{2} = 15$
$2x + 12 = 2 \cdot 15$
$2x = 30 - 12$
$x = \dfrac{18}{2}$
$x = 9$

Portanto, a resposta correta é a "c".

12. **(UFRJ – adapt.)** Maria faz hoje 44 anos e tem dado um duro danado para sustentar suas três filhas: Marina, de 10 anos; Marisa, de 8 anos; e Mara, de 2 anos. Maria decidiu que fará uma viagem ao Nordeste para visitar seus pais, no dia do seu aniversário, quando sua idade for igual à soma das idades de suas três filhas. Com que idade Maria pretende fazer a viagem?

a) 66   b) 48   c) 58   d) 56   e) 60

Vamos considerar a quantidade de anos como x. Desta forma, podemos representar:
Maria: 44 anos → Maria na época da viagem: $44 + x$.
Marina: 10 anos → Marina na época da viagem: $10 + x$.
Marisa: 8 anos → Marisa na época da viagem: $8 + x$.
Mara: 2 anos → Mara na época da viagem: $2 + x$.

$44 + x = 10 + x + 8 + x + 2 + x$
$44 + x = 20 + 3x$
$3x = x + 24$
$3x - x = 24$
$2x = 24$
$x = \dfrac{24}{2}$
$x = 12$

Maria terá 56 anos, ou seja, 44 anos somados aos 12 anos até a época da viagem. Portanto, a resposta correta é a "d".

13. **(FCC – TRF-2ª Região)** Pelo controle de entrada e saída de pessoas em uma Unidade do Tribunal Regional Federal, verificou-se em certa semana que o número de visitantes na segunda-feira correspondeu a $\dfrac{3}{4}$ do da terça-feira e este correspondeu a $\dfrac{2}{3}$ do da quarta-feira. Na quinta-feira e na sexta-feira houve igual número de visitantes, cada um deles igual ao dobro do da segunda-feira. Se nessa semana, de segunda à sexta-feira, o total de visitantes foi 750, o número de visitantes na

a) segunda-feira foi 120.
b) terça-feira foi 150.
c) quarta-feira foi igual ao da quinta-feira.
d) quinta-feira foi igual ao da terça-feira.
e) sexta-feira foi menor do que o da quarta-feira.

Substituindo os dias da semana pelos valores propostos:

Segunda-feira → $\frac{3}{4}$ de terça-feira → $\frac{3}{4} \cdot \frac{2}{3}$ de quarta-feira → $\frac{1}{2}$ quarta-feira

Terça-feira → $\frac{2}{3}$ de quarta-feira

Quinta e sexta-feira → dobro de segunda-feira

Como o número de visitas às quintas e sextas-feiras é igual ao dobro do número da segunda-feira, é igual ao dobro da metade da quantidade das quartas-feiras.
O dobro da metade do número de visitas das quartas-feiras é igual ao número de visitas das quartas-feiras. Então, os números de visitas das quintas e sextas-feiras são iguais ao das quartas-feiras.
Portanto, a resposta correta é a "c".

14. (**Unicamp-SP – adapt.**) As pessoas A, B, C e D possuem, juntas, R$ 2.718,00. Se A tivesse o dobro do que tem, B tivesse a metade do que tem, C tivesse R$ 10,00 a mais do que tem e, finalmente, D tivesse R$ 10,00 a menos do que tem, todos teriam a mesma importância. Quanto possui, respectivamente, cada uma das quatro pessoas?

a) R$ 604,00, R$ 512,00, R$ 281,00 e R$ 301,00.
b) R$ 1.082,00, R$ 1.000,00, R$ 308,00 e R$ 328,00.
c) R$ 302,00, R$ 1.208,00, R$ 594,00 e R$ 614,00.
d) R$ 282,00, R$ 1.228,00, R$ 584,00 e R$ 604,00.
e) R$ 302,00, R$ 494,00, R$ 1.308,00 e R$ 614,00.

Passando as informações do enunciado para a linguagem algébrica, temos: $2A = \frac{B}{2} = C + 10 = D - 10$.
Vamos escrever todas as variáveis em função de A.

① $B = 2 \cdot 2A = 4A$
② $C = 2A - 10$
③ $D = 2A + 10$

Sabemos também que $A + B + C + D = R\$ 2.718,00$ ④.

Substituindo ①, ② e ③ em ④, temos:
$A + 4A + 2A - 10 + 2A + 10 = 2718$
$9A = 2718$
$A = \frac{2718}{9}$
$A = 302 \therefore B = 1208, C = 594$ e $D = 614$
Portanto, a resposta correta é a "c".

15. (**FCC – TRT-23ª Região**) Três Auxiliares Judiciários – X, Y e Z – dividiram entre si a tarefa de entregar 120 documentos em algumas Unidades do Tribunal Regional do Trabalho. Sabe-se que X entregou 25% do número de documentos entregues por Y, que, por sua vez, entregou 40% da quantidade entregue por Z. Com base nesses dados, é correto concluir que o número de documentos que um dos três entregou é

a) 18   b) 20   c) 24   d) 32   e) 36

Substituindo todas as quantidades pela proporção da quantidade de Z, teremos:
$Y = 40\%$ de $Z \to Y = 0,4Z$
$X = 25\%$ de $Y \to 0,25 \cdot 0,4Z = 0,1Z$
$X + Y + Z = 120$
$0,1Z + 0,4Z + Z = 120$
$1,5Z = 120$
$Z = \frac{120}{1,5}$
$Z = 80$
Se $Z = 80$, $Y = 0,4$ de $80 = 32$ e $X = 0,1$ de $80 = 8$. Portanto, a resposta correta é a "d".

>> Capítulo 4

>>Divisão proporcional e regra de três

Divisão proporcional

Consiste em dividir determinados valores em certas quantidades de partes em que cada uma delas terá direito a uma quantidade de parcelas.

Essas divisões podem ser feitas de forma *diretamente proporcional* ou *inversamente proporcional* às parcelas a que cada uma das partes tem direito. Existe ainda uma terceira forma de divisão proporcional, chamada de *conceito misto*, em que os valores serão divididos, **ao mesmo tempo**, de forma direta e inversamente proporcional a outros.

Divisão diretamente proporcional

Utilizando os conceitos de razão e proporção, vamos dividir o número 120 em duas partes *diretamente proporcionais*: a 3 e a 5. Vamos chamá-las, respectivamente, de A e B.

Como o número 120 será dividido totalmente entre A e B, podemos afirmar que:

$$A + B = 120$$

Pelos dados do problema, sabemos que A está para B assim como 3 está para 5.

$$\frac{A}{3} = \frac{B}{5} = \frac{A+B}{3+5} = \frac{120}{8} = 15$$

O número encontrado, 15, é chamado de *constante de proporcionalidade* (K), que é o valor de cada parcela em que estamos dividindo o inteiro.

Perceba que estamos utilizando a propriedade da soma dos antecedentes e consequentes, estudada no capítulo anterior.

Assim,

$$\frac{A}{3} = 15 \Rightarrow A = 15 \cdot 3 \Rightarrow A = 45$$
$$\frac{B}{5} = 15 \Rightarrow B = 15 \cdot 5 \Rightarrow B = 75$$

Nessa divisão, A receberá 45 unidades e B receberá 75 unidades das 120 unidades.

Podemos montar a mesma resolução utilizando um *algoritmo* de organização dos dados, que facilitará o procedimento.

Um algoritmo representa os passos necessários para realizar uma tarefa.

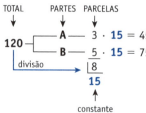

Após encontrar a *constante* de proporcionalidade, basta multiplicá-la pela quantidade de parcelas de cada parte.

Agora vamos dividir o número 976 em três partes diretamente proporcionais aos números 7, 4 e 5.

Utilizando a propriedade da soma dos antecedentes e consequentes:

$$\frac{A}{7} = \frac{B}{4} = \frac{C}{5} = \frac{A + B + C}{7 + 4 + 5} = \frac{976}{16} = 61$$

A constante de proporcionalidade é 61.

$$\frac{A}{7} = 61 \Rightarrow A = 61 \cdot 7 \Rightarrow A = 427$$
$$\frac{B}{4} = 61 \Rightarrow B = 61 \cdot 4 \Rightarrow B = 244$$
$$\frac{C}{5} = 61 \Rightarrow C = 61 \cdot 5 \Rightarrow C = 305$$

Nessa divisão, A receberá 427 unidades, B, 244 unidades e C, 305 unidades das 976 unidades.

Perceba que, se adicionarmos os valores que cabem a cada parte, teremos o valor inteiro que acabou de ser dividido.

Utilizando o algoritmo, teremos:

$$976 \begin{cases} A \longrightarrow 7 \cdot 61 = 427 \\ B \longrightarrow 4 \cdot 61 = 244 \\ C \longrightarrow \underline{5} \cdot 61 = 305 \\ \underline{|16} \\ 61 \end{cases}$$

Divisão inversamente proporcional

A diferença entre a divisão diretamente proporcional e a inversamente proporcional é que nesta temos de utilizar, como quantidade de parcelas a que cada parte tem direito, o inversamente proporcional do valor atribuído à parte.

Assim:

Se a quantidade de parcelas for 3, à parte caberá $\frac{1}{3}$.

Se a quantidade de parcelas for $\frac{1}{3}$, à parte caberão 3.

Vamos dividir o número 120 em duas partes inversamente proporcionais aos números 3 e 5.

Utilizando a propriedade da soma dos antecedentes e consequentes: vamos chamar as partes de A e B. Como o número 120 será dividido totalmente entre A e B, podemos afirmar que:

$$A + B = 120$$

A está para B assim como 3 $\left(\frac{1}{3}\right)$ está para 5 $\left(\frac{1}{5}\right)$.

$$\frac{A}{\frac{1}{3}} = \frac{B}{\frac{1}{5}} = \frac{A+B}{\frac{1}{3}+\frac{1}{5}} = \frac{120}{\frac{8}{15}} = 120 \cdot \frac{15}{8} = 225$$

A constante de proporcionalidade é 225. Assim:

$$\frac{A}{\frac{1}{3}} = 225 \Rightarrow A = 225 \cdot \frac{1}{3} = 75$$

$$\frac{B}{\frac{1}{5}} = 225 \Rightarrow B = 225 \cdot \frac{1}{5} = 45$$

Nessa divisão, A receberá 75 unidades e B, 45 unidades das 120 unidades.

Perceba que os resultados estão invertidos em relação ao processo da divisão diretamente proporcional feito anteriormente.

Na divisão diretamente proporcional, a parte que tem direito ao *menor* número de parcelas fica com a *menor* parte da divisão; já na divisão inversamente proporcional, a parte que tem direito ao *maior* número de parcelas é que fica com a *menor* parte da divisão.

Utilizando o algoritmo, teremos:

$$120 \begin{cases} A \not\!\!- 3\left(\frac{1}{3}\right) 5 \cdot \mathbf{15} = 75 \\ B \not\!\!- 5\left(\frac{1}{5}\right) 3 \cdot \mathbf{15} = 45 \end{cases}$$

Parcelas transformadas

$$\boxed{\frac{8}{15}}$$

Como fica muito mais fácil adicionar números inteiros do que números fracionários, transformamos as frações do inteiro, a que cada parte tem direito, em números inteiros equivalentes, ou seja, devemos reduzi-las ao mesmo denominador (calcular o mínimo múltiplo comum — M.M.C. — entre os denominadores e depois dividi-lo pelo denominador e multiplicá-lo pelo numerador de cada fração).

Agora vamos dividir o número 976 em três partes inversamente proporcionais aos números 7, 4 e 5.

Utilizando a propriedade da soma dos antecedentes e consequentes:

$$\frac{A}{\frac{1}{7}} = \frac{B}{\frac{1}{4}} = \frac{C}{\frac{1}{5}} = \frac{A+B+C}{\frac{1}{7}+\frac{1}{4}+\frac{1}{5}} = \frac{976}{\frac{20+35+28}{140}} = \frac{976}{\frac{83}{140}} \cong 1646,3$$

A constante de proporcionalidade é, aproximadamente, 1646,3.

$$\frac{A}{\frac{1}{7}} \cong 1646{,}3 \Rightarrow A \cong 1646{,}3 \cdot \frac{1}{7} \Rightarrow A \cong 235$$

$$\frac{B}{\frac{1}{4}} \cong 1646{,}3 \Rightarrow B \cong 1646{,}3 \cdot \frac{1}{4} \Rightarrow B \cong 412$$

$$\frac{C}{\frac{1}{5}} \cong 1646{,}3 \Rightarrow C \cong 1646{,}3 \cdot \frac{1}{5} \Rightarrow C \cong 329$$

Nessa divisão, A receberá 235 unidades; B, 412 e C, 329 das 976 unidades. Utilizando o algoritmo:

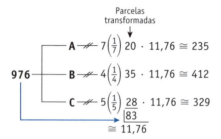

Conceito misto – divisão direta e inversamente proporcional

Dividir um número, **ao mesmo tempo**, de forma direta e inversamente proporcional a outros significa dividi-lo de forma *diretamente proporcional* ao produto entre as parcelas diretas e as parcelas inversas de cada uma das partes.

Vamos dividir o número 160 em duas partes que sejam, ao mesmo tempo, diretamente proporcionais aos números 6 e 10 e inversamente proporcionais aos números 2 e 5.

Utilizando a propriedade da soma dos antecedentes e consequentes: vamos chamar as partes de A e B. Como o número 160 será dividido totalmente entre A e B, podemos afirmar que:

$$A + B = 160$$

Em primeiro lugar, tratamos os inversamente proporcionais:

$$2 = \frac{1}{2} \text{ e } 5 = \frac{1}{5}$$

Agora, fazemos o produto entre as parcelas diretas e as parcelas inversas de cada parte.

$$\mathbf{A} = 6 \cdot \frac{1}{2} = 3 \text{ e } \mathbf{B} = 10 \cdot \frac{1}{5} = 2$$

Assim, teremos uma divisão diretamente proporcional aos números 3 e 2.

$$\frac{A}{3} = \frac{B}{2} = \frac{A + B}{3 + 2} = \frac{160}{5} = 32$$

A constante de proporcionalidade é 32.

$$\frac{A}{3} = 32 \Rightarrow A = 32 \cdot 3 \Rightarrow A = 96$$
$$\frac{B}{2} = 32 \Rightarrow B = 32 \cdot 2 \Rightarrow B = 64$$

Nessa divisão, A receberá 96 unidades e B, 64 unidades das 160 unidades.
Utilizando o algoritmo, teremos:

$$160 \begin{cases} A \longrightarrow 6 \not\longrightarrow 2\left(\frac{1}{2}\right) & 6 \cdot \frac{1}{2} = 3 \cdot 32 = 96 \\ B \longrightarrow 10 \not\longrightarrow 5\left(\frac{1}{5}\right) & 10 \cdot \frac{1}{5} = 2 \cdot 32 = 64 \end{cases}$$
$$\underline{5}$$
$$32$$

Agora, vamos dividir o número 312 em três partes que sejam, ao mesmo tempo, diretamente proporcionais aos números 8, 6 e 3 e inversamente proporcionais aos números $\frac{2}{3}$, 2 e $\frac{1}{3}$.

Utilizando a propriedade da soma dos antecedentes e consequentes, primeiro tratamos os inversamente proporcionais:

$$\frac{2}{3} = \frac{3}{2}, \ 2 = \frac{1}{2} \ e \ \frac{1}{3} = 3$$

Agora fazemos o produto entre as parcelas diretas e as parcelas inversas de cada parte.

$$A = 8 \cdot \frac{3}{2} = 12, \ B = 6 \cdot \frac{1}{2} = 3 \ e \ C = 3 \cdot 3 = 9$$

Assim, teremos uma divisão diretamente proporcional aos números 12, 3 e 9.

$$\frac{A}{12} = \frac{B}{3} = \frac{C}{9} = \frac{A + B + C}{12 + 3 + 9} = \frac{312}{24} = 13$$

A constante de proporcionalidade é 13.

$$\frac{A}{12} = 13 \Rightarrow A = 13 \cdot 12 \Rightarrow A = 156$$
$$\frac{B}{3} = 13 \Rightarrow B = 13 \cdot 3 \Rightarrow B = 39$$
$$\frac{C}{9} = 13 \Rightarrow C = 13 \cdot 9 \Rightarrow C = 117$$

Nessa divisão, A receberá 156 unidades dos 312; B, 39 e C, 117 das 312 unidades.
Utilizando o algoritmo, teremos:

$$312 \begin{cases} A \longrightarrow 8 \not\longrightarrow \left(\frac{2}{3}\right)\left(\frac{3}{2}\right) & 8 \cdot \frac{2}{3} = 12 \cdot 13 = 156 \\ B \longrightarrow 6 \not\longrightarrow 2 \left(\frac{1}{2}\right) & 6 \cdot \frac{1}{2} = \ 3 \cdot 13 = \ 39 \\ C \longrightarrow 3 \not\longrightarrow \left(\frac{1}{3}\right) \ 3 & 3 \cdot 3 = \underline{9} \cdot 13 = 117 \end{cases}$$
$$\underline{24}$$
$$13$$

Regra de sociedade

Apesar de seguir o mesmo conceito da divisão proporcional, o número de parcelas a que cada sócio tem direito é informada de uma entre três formas possíveis:

> ① capital
> ② tempo
> ③ capital e tempo (o produto entre os dois)

Divisão proporcional e regra de três

① **Capital:** João, Abelardo e Claudiano aplicaram em sua empresa R$ 12.000,00, R$ 4.000,00 e R$ 3.000,00, respectivamente. Agora vão dividir entre eles o lucro de R$ 60.990,00.
Utilizando o algoritmo:

$$60.990 \begin{cases} J \longrightarrow 12 \cdot \mathbf{3.210} = 38.520 \\ A \longrightarrow 4 \cdot \mathbf{3.210} = 12.840 \\ C \longrightarrow 3 \cdot \mathbf{3.210} = 9.630 \end{cases}$$

$$\frac{60.990}{19} = \mathbf{3.210}$$

Portanto, João receberá R$ 38.520,00, Abelardo, R$ 12.840,00 e Claudiano, R$ 9.630,00.
Perceba que o valor de *cada capital* foi *dividido por 1000* para facilitar a divisão proporcional.

② **Tempo:** André, Roberto e Paulinho são sócios de uma empresa há 10, 8 e 4 anos, respectivamente. Agora vão dividir entre eles o lucro de R$ 26.620,00.
Utilizando o algoritmo:

$$26.620 \begin{cases} A \longrightarrow 10 \cdot \mathbf{1.210} = 12.100 \\ R \longrightarrow 8 \cdot \mathbf{1.210} = 9.680 \\ P \longrightarrow 4 \cdot \mathbf{1.210} = 4.840 \end{cases}$$

$$\frac{26.620}{22} = \mathbf{1.210}$$

Portanto, André receberá R$ 12.100,00, Roberto, R$ 9.680,00 e Paulinho R$ 4.840,00.

③ **Capital e tempo:** Matheus, Bernardo e Lúcio investiram seus capitais em uma mesma sociedade. O primeiro contribuiu com R$ 4.000,00, o segundo com R$ 3.000,00 e o terceiro com R$ 2.000,00. O capital da primeira pessoa ficou empregado por 4 anos e o da segunda e o da terceira por igual período de 3 anos. Agora vão dividir um lucro de R$ 35.402,00.
Primeiro vamos obter as parcelas a que cada um dos sócios tem direito fazendo a multiplicação entre capital e tempo de cada um deles.

> Matheus = R$ 4.000,00 (**4**) · 4 anos (**4**) = **16** parcelas
> Bernardo = R$ 3.000,00 (**3**) · 3 anos (**3**) = **9** parcelas
> Lúcio = R$ 2.000,00 (**2**) · 3 anos (**3**) = **6** parcelas

314 >>Parte II

Utilizando o algoritmo:

$$35.402 \begin{cases} M \longrightarrow 16 \cdot \mathbf{1.142} = 18.272 \\ B \longrightarrow 9 \cdot \mathbf{1.142} = 10.278 \\ L \longrightarrow \underline{6} \cdot \mathbf{1.142} = 6.852 \\ \overline{|31|} \\ \mathbf{1.142} \end{cases}$$

Portanto, Matheus receberá R$ 18.272,00, Bernardo, R$ 10.278,00 e Lúcio, R$ 6.852,00.

Regra de três

Regra de três é um processo de resolução de problemas que envolvem três valores relacionados com uma variável, com o objetivo de determinar o valor dessa variável.

Há dois tipos de regra de três: a *simples* e a *composta*.

Em qualquer das duas, devemos:

(1) agrupar as informações em um algoritmo, chamado de espelho da regra de três, que identifica cada grandeza ligada a um valor, bem como esse próprio valor. Tal algoritmo serve para organizar os dados que constam do problema;

(2) verificar as grandezas em relação à grandeza da variável, identificando se são direta ou inversamente proporcionais;

(3) inverter os valores das grandezas inversamente proporcionais à grandeza da variável, *se for o caso*;

(4) aplicar as propriedades das proporções, escrever a equação e resolvê-la.

São grandezas diretamente proporcionais aquelas que, aumentando-se ou diminuindo-se uma delas, a outra ficará, nessa ordem, aumentada ou diminuída na mesma razão.

Um exemplo de grandezas diretamente proporcionais é a quantidade de produção *em relação* ao tempo gasto nessa mesma produção. Se aumentarmos o tempo de produção, aumentará também a produção.

São grandezas inversamente proporcionais aquelas que, aumentando-se ou diminuindo-se uma delas, a outra ficará, nessa ordem, diminuída ou aumentada na mesma razão.

Um exemplo de grandezas inversamente proporcionais é a quantidade de mão de obra *em relação* à jornada de trabalho. Se aumentarmos a quantidade de mão de obra, poderemos diminuir a jornada de trabalho para obtenção do mesmo resultado.

Para a resolução de qualquer um dos dois tipos de regra de três, utilizaremos um método bastante simplificado que economiza algo muito precioso em uma prova: tempo.

Regra de três simples

Para produzir 2 lotes de mercadorias, um trabalhador demora 3 dias.
Para produzir 4 lotes dessa mesma mercadoria, quanto o trabalhador demorará?

(1) Monte o espelho da regra de três.

lotes	dias
2	3
4	x

② Verifique a proporcionalidade das grandezas. Aumentando os lotes a serem produzidos, aumentará também o tempo necessário para produzi-los; deste modo, as grandezas são diretamente proporcionais.

③ Não há valores para inverter.

④ Aplique as propriedades das proporções e resolva a equação correspondente.

$$2x = 4 \cdot 3$$
$$2x = 12$$
$$x = \frac{12}{2}$$
$$x = 6$$

Desta forma, temos a resposta para o problema: o trabalhador demorará 6 dias para produzir 4 lotes de mercadoria.

Ao testar a proporcionalidade das grandezas, não precisamos utilizar os valores apresentados; basta testar o aumento de uma grandeza em relação ao aumento *ou não* da outra.

Perceba que, para saber a proporcionalidade entre as grandezas "trabalho" e "tempo", não é necessário saber a quantidade de trabalho feito nem a quantidade de tempo gasto, basta perguntar: "Se aumenta o trabalho, aumenta ou diminui o tempo gasto?".

> 4 empregados produzem um lote de mercadorias em 5 dias, então em quanto tempo 5 empregados produzirão esse mesmo lote de mercadorias?

①
empregados	dias
4	5
5	x

② Aumentando o número de empregados que produzem o lote de mercadorias, diminuirá o tempo gasto na produção. Assim, se enquanto um aumenta o outro diminui, as grandezas são inversamente proporcionais.

③ Nesse caso, inverta os valores da grandeza "número de empregados".

empregados	dias
5	5
4	x

④ Aplique as propriedades das proporções e resolva a equação correspondente.

$$5x = 4 \cdot 5$$
$$5x = 20$$
$$x = \frac{20}{5}$$
$$x = 4$$

Desta forma, temos a resposta para o problema: 5 empregados produzirão o mesmo lote de mercadorias em 4 dias.

Regra de três composta

Segue o mesmo conceito da regra de três simples, mudando apenas a quantidade de grandezas envolvidas no problema.

> 4 empregados produzem um lote de mercadorias em 5 dias, então em quanto tempo 5 empregados produzirão 3 lotes de mercadorias?

①
empregados	lotes	dias
4	1	5
5	3	x

② Número de empregados em relação ao número de dias: inversamente proporcionais; número de lotes em relação ao número de dias: diretamente proporcionais.

③ Nesse caso, inverta apenas os valores da grandeza "número de empregados".

empregados	lotes	dias
5	1	5
4	3	x

④
$$5x = 4 \cdot 3 \cdot 5$$
$$5x = 60$$
$$x = \frac{60}{5}$$
$$x = 12$$

Desta forma, temos a resposta para o problema: 5 empregados produzirão 3 lotes de mercadorias em 12 dias. Perceba que as grandezas "número de empregados" e "número de dias" serão sempre *inversamente proporcionais* e os termos "produção" e "número de dias" sempre *diretamente proporcionais*.

> 4 empregados produzem 2 lotes de mercadorias em 5 dias, trabalhando 6 horas por dia, então quantos lotes 5 empregados, trabalhando 8 horas por dia, em 6 dias, produzirão?

①
empregados	lotes	dias	horas
4	2	5	6
5	x	6	8

② Número de empregados em relação ao número de lotes: diretamente proporcionais; número de dias em relação ao número de lotes: diretamente proporcionais; número de horas em relação ao número de lotes: diretamente proporcionais.

③ Nesse caso, como todas as grandezas são diretamente proporcionais em relação à variável, não é necessário inverter nenhuma delas.

empregados	lotes	dias	horas
4	2	5	6
5	x	6	8

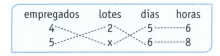

④
$$x \cdot 4 \cdot 5 \cdot \cancel{6} = 5 \cdot 2 \cdot \cancel{6} \cdot 8$$
$$x \cdot 4 \cdot \cancel{5} = \cancel{5} \cdot 2 \cdot 8$$
$$x \cdot \cancel{4} = 2 \cdot \cancel{8}_2$$
$$x = 2 \cdot 2$$
$$x = 4$$

Desta forma, temos a resposta para o problema: em 6 dias e trabalhando 8 horas por dia, 5 empregados produzirão 4 lotes de mercadorias.

EXERCÍCIOS DE FIXAÇÃO I – Múltipla escolha

1. **(FCC – TRT-5.ª Região)** Três funcionários, A, B e C, decidem dividir entre si a tarefa de conferir o preenchimento de 420 formulários. A divisão deverá ser feita na razão inversa de seus respectivos tempos de serviço no Tribunal. Se A, B e C trabalham há 3, 5 e 6 anos, respectivamente, o número de formulários que B deverá conferir é:

a) 100.
b) 120.
c) 200.
d) 240.
e) 250.

A divisão será feita pelo algoritmo da divisão inversamente proporcional:

$$420 \begin{cases} A \rightarrow 3\left(\frac{1}{3}\right) 10 \cdot 20 = 200 \\ B \rightarrow 5\left(\frac{1}{5}\right) \boxed{6 \cdot 20 = 120} \\ C \rightarrow 6\left(\frac{1}{6}\right) \underline{5 \cdot 20 = 100} \\ \frac{|21}{20} \end{cases}$$

O funcionário B deverá conferir 120 documentos. Portanto, a resposta correta é a "b".

2. **(FCC – TRT-4.ª Região)** Dois analistas judiciários devem emitir pareceres sobre 66 pedidos de desarquivamento de processos. Eles decidiram dividir os pedidos entre si, em quantidades que são, ao mesmo tempo, diretamente proporcionais às suas respectivas idades e inversamente proporcionais aos seus respectivos tempos de serviço no Tribunal Regional do Trabalho. Se um deles tem 32 anos e trabalha há 4 anos no Tribunal, enquanto que o outro tem 48 anos e lá trabalha há 16 anos, o número de pareceres que o mais jovem deverá emitir é

a) 18.
b) 24.
c) 32.
d) 36.
e) 48.

A divisão será feita pelo conceito misto, ou seja, direta e inversamente proporcional, ao mesmo tempo. Utilizando o algoritmo:

$$66 \begin{cases} A - 32 \rightarrow 4\left(\frac{1}{4}\right) 32 \cdot \frac{1}{4} = 8 \cdot 6 = \boxed{48} \\ B - 48 \rightarrow 16\left(\frac{1}{16}\right) 48 \cdot \frac{1}{16} = \underline{3} \cdot 6 = 18 \\ \frac{|11}{6} \end{cases}$$

O mais jovem A (32 anos) deverá emitir 48 pareceres. Portanto, a resposta correta é a "e".

3. (FCC – TRT-4ª Região) Um motorista fez um certo percurso em 6 dias, viajando 8 horas por dia com a velocidade média de 70 km/h. Se quiser refazer esse percurso em 8 dias, viajando 7 horas por dia, deve manter a velocidade média de:
a) 55 km/h.
b) 57 km/h.
c) 60 km/h.
d) 65 km/h.
e) 68 km/h.

A resolução será dada por uma regra de três composta por três grandezas. Repare na ordem da resolução.

① dias   horas   km/h
    6   8   70
    8   7   x

② Número de dias em relação à velocidade: inversamente proporcionais; número de horas em relação à velocidade: inversamente proporcionais.

③ Nesse caso, inverta as duas grandezas de "período".
   dias   horas   km/h
    8 ------- 7 70
    6 ------- 8 x

④ $\cancel{8} \cdot \cancel{7} \cdot x = 6 \cdot \cancel{8} \cdot \cancel{70}^{10}$
   $x = 6 \cdot 10$
   $x = 60$

Ele deve manter a velocidade média de 60 km/h. Portanto, a resposta correta é a "c".

4. (Fuvest-SP) Uma família composta de 6 pessoas consome em 2 dias 3 kg de pão. Quantos quilos de pão serão necessários para alimentá-la durante 5 dias, estando ausentes 2 pessoas?
a) 3
b) 2
c) 4
d) 6
e) 5

A resolução será dada por uma regra de três composta por três grandezas.

① pessoas   dias   pão (kg)
     6   2   3
     4   5   x

② Número de pessoas em relação aos quilos de pão: diretamente proporcionais; número de dias de consumo em relação aos quilos de pão: diretamente proporcionais.

③ Nesse caso, como as grandezas são diretamente proporcionais em relação à grandeza da variável, não é necessário invertê-las.
   pessoas   dias   pão (kg)
     6 --------- 2 3
     4 --------- 5 x

④ $x \cdot 2 \cdot 6 = 4 \cdot 5 \cdot 3$
   $x \cdot \cancel{12} = \cancel{12} \cdot 5$
   $x = 5$

Serão necessários 5 kg de pão. Portanto, a resposta correta é a "e".

5. (UFPA) Para asfaltar 1 km de estrada, 30 homens gastaram 20 dias trabalhando 8 horas por dia. 20 homens, para asfaltar 2 km da mesma estrada, trabalhando 12 horas por dia gastaram quantos dias?
a) 6
b) 12
c) 24
d) 36
e) 40

A resolução será dada por uma regra de três composta por quatro grandezas.

① km/estrada   homens   dias   horas
      1   30   20   8
      2   20   x   12

② km/estrada em relação ao número de dias: diretamente proporcionais; número de homens em relação ao número de dias: inversamente proporcionais; número de horas em relação ao número de dias: inversamente proporcionais.
③ Nesse caso, temos de inverter os valores das grandezas "número de homens" e "número de horas".

```
km/estrada   homens    dias    horas
   1 ----------- 20 ------- 20      12
   2 ----------- 30 ------- x        8
```

④ x · 12 · 20 = 2 · 30 · 20 · 8
x · 12_6 = 2 · 30 · 8
x · 6 = 30_5 · 8
x = 5 · 8
x = 40

Gastaram 40 dias. Portanto, a resposta correta é a "e".

6. (Santa Casa – SP) Sabe-se que 4 máquinas, operando 4 horas por dia, durante 4 dias, produzem 4 toneladas de certo produto. Quantas toneladas do mesmo produto seriam produzidas por 6 máquinas daquele tipo, operando 6 horas por dia, durante 6 dias?

a) 8
b) 15
c) 10,5
d) 13,5
e) 12,5

A resolução será dada por uma regra de três composta por quatro grandezas.

①
```
máquinas   horas   dias   toneladas
   4         4       4        4
   6         6       6        x
```

② Máquinas em relação às toneladas produzidas: diretamente proporcionais; número de horas em relação às toneladas produzidas: diretamente proporcionais; número de dias em relação às toneladas produzidas: diretamente proporcionais.
③ Nesse caso, como as grandezas são diretamente proporcionais em relação à grandeza da variável, não é necessário invertê-las.

```
máquinas   horas     dias    toneladas
   4 ----------- 4 --------- 4        4
   6 ----------- 6 --------- 6        x
```

④ x · 4 · 4 · 4 = 6 · 6 · 6 · 4
x · 4 · 4 = 6 · 6 · 6
x · 16 = 216
x = $\frac{216}{16}$
x = 13,5

Seriam produzidas 13,5 toneladas do produto. Portanto, a resposta correta é a "d".

7. (Inédito) Antônio e Bernardo compraram uma loja de verduras e frutas, contribuindo o primeiro com R$ 12.000,00 e o segundo com R$ 8.000,00. Após trabalharem por três anos e onze meses, resolveram vender o comércio e dividir a quantia recebida, proporcionalmente às quantias que investiram. Assim, se o comércio foi vendido por R$ 16.000,00, a diferença positiva entre as quantias que receberam na hora da venda foi:

a) R$ 9.600,00.
b) R$ 2.400,00.
c) R$ 1.350,00.
d) R$ 3.200,00.
e) R$ 2.750,00.

Trata-se de uma regra de sociedade, em que a quantidade de parcelas a que cada sócio tem direito é dada pelo capital aplicado na empresa. O tempo que eles têm de trabalho, neste caso, não interfere na divisão proporcional.
A divisão será feita pelo algoritmo da divisão diretamente proporcional.

```
         ┌─ A ── 12 · 800 = 9.600
16.000 ──┤
         └─ B ──  8 · 800 = 6.400
            └────→ |20
                   800
```

Assim, a diferença positiva (em módulo) entre as quantias recebidas é de: R$ 9.600,00 – R$ 6.400,00 =
= R$ 3.200,00. Portanto, a resposta correta é a "d".

8. (**UFSM**) Um trabalhador gasta 3 horas para limpar um terreno circular de 5 metros de raio. Se o terreno tivesse 15 metros de raio, em horas, ele gastaria:
  a) 6.   b) 9.   c) 18.   d) 27.   e) 45.

Temos aqui uma "pegadinha", pois, pelo enunciado, parece que basta utilizar os valores dados para montar uma regra de três simples, mas, neste caso, primeiro temos de calcular a área de cada terreno. Vamos calcular a área da circunferência (veja "Geometria básica", no capítulo 8).
Área da circunferência = πR^2.
Considerando-se $\pi = 3,14$, teremos:
Área com 5 metros de raio = $3,14 \cdot 25 = 78,5$
Área com 15 metros de raio = $3,14 \cdot 225 = 706,5$

① horas   metros
     3   78,5
     x   706,5

② Metros em relação ao número de horas: diretamente proporcionais.

③ horas   metros
     3 ╲ ╱ 78,5
     x ╱ ╲ 706,5

④ $x \cdot 78,5 = 3 \cdot 706,5$
   $x \cdot 78,5 = 2119,5$
   $x = \dfrac{2119,5}{78,5}$
   $x = 27$

O trabalhador gastaria 27 horas. Portanto, a resposta correta é a "d".

9. (**FCC – TRT-22ª Região**) Certo mês, o dono de uma empresa concedeu a dois de seus funcionários uma gratificação no valor de R$ 500,00. Essa quantia foi dividida entre eles, em partes que eram diretamente proporcionais aos respectivos números de horas de plantões que cumpriram no mês e, ao mesmo tempo, inversamente proporcionais a suas respectivas idades. Se um dos funcionários tinha 36 anos e cumpriu 24 horas de plantões e o outro, de 45 anos, cumpriu 18 horas, coube ao mais jovem receber:
  a) R$ 302,50.   c) R$ 312,50.   e) R$ 342,50.
  b) R$ 310,00.   d) R$ 325,00.

A questão será resolvida pelo algoritmo misto da divisão proporcional.

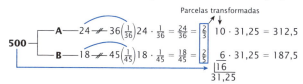

Como já vimos, quando as parcelas estão representadas em frações, para facilitar a divisão proporcional basta transformá-las em números inteiros equivalentes, reduzindo-as ao mesmo denominador. Portanto, a resposta correta é a "c".

10. (FCC – TRT-3ª Região) Quatro técnicos em contabilidade, A, B, C e D, vão repartir entre si um total de 220 processos trabalhistas, para conferir os cálculos. Os dois primeiros receberam $\frac{2}{5}$ do total de processos e os repartiram em partes inversamente proporcionais às suas respectivas idades. Os dois últimos repartiram o restante dos processos em partes diretamente proporcionais às suas respectivas idades. Se as idades de A, B, C e D são, respectivamente, 24, 20, 34 e 32 anos, o número de processos recebidos por

a) A foi 44.
b) B foi 48.
c) C foi 58.
d) D foi 60.
e) D foi 68.

A questão será resolvida por duas divisões proporcionais independentes: a primeira de forma inversamente proporcional e a segunda de forma diretamente proporcional.

O total de processos para a primeira divisão é de $\frac{2}{5}$ do total, ou seja, os dois primeiros técnicos vão dividir entre si, inversamente proporcionais às suas idades, $\frac{2}{5} \cdot 220 = 88$ processos.

Utilizando o algoritmo:

Parcelas transformadas

$$88 \begin{cases} A \longrightarrow 24\left(\frac{1}{24}\right) \; 5 \cdot 8 = 40 \\ B \longrightarrow 20\left(\frac{1}{20}\right) \; \underline{6} \cdot 8 = 48 \end{cases}$$

$\underline{|11|}$
$\;\;\;8$

O funcionário A receberá 40 processos e o B, 48.
Apenas com essa primeira parte da questão, já podemos identificar a alternativa correta, mas vamos completar a resolução.
Se os dois primeiros receberam 88 processos, os outros dois receberam 220 – 88 = 132 processos, os quais serão divididos entre eles diretamente proporcionais a suas idades — 34 e 32 anos. Utilizando o algoritmo:

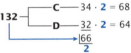

O funcionário C receberá 68 processos e o D, 64.
Portanto, a resposta correta é a "b".

11. (Faap – SP) Numa campanha de divulgação do vestibular, o diretor mandou confeccionar cinquenta mil folhetos. A gráfica realizou o serviço em cinco dias, utilizando duas máquinas de mesmo rendimento, oito horas por dia. O diretor precisou fazer nova encomenda. Desta vez, sessenta mil folhetos. Nessa ocasião, uma das máquinas estava quebrada. Para atender ao pedido, a gráfica prontificou-se a trabalhar 12 horas por dia, executando o serviço em:

a) 5 dias.
b) 8 dias.
c) 10 dias.
d) 12 dias.

Trata-se de uma regra de três composta por quatro grandezas.

① folhetos   dias   máquinas   horas
   50000   5   2   8
   60000   x   1   12

② Número de folhetos em relação ao número de dias: diretamente proporcionais; número de máquinas em relação ao número de dias: inversamente proporcionais; número de horas em relação ao número de dias: inversamente proporcionais.

③ Neste caso, temos de inverter as grandezas "número de máquinas" e "número de horas".
folhetos   dias   máquinas   horas
 5̶0̶0̶0̶0̶   5   1   12
 6̶0̶0̶0̶0̶   x   2   8

④ $x \cdot 5̶ \cdot 1̶2̶ = 6̶ \cdot 5̶ \cdot 2̶ \cdot 8$
  $x = 8$

Portanto, a resposta correta é a "b".

12. (**Colégio Naval**) Se K abelhas, trabalhando K meses do ano, durante K dias do mês, durante K horas por dia, produzem K litros de mel, então o número de litros de mel produzidos por W abelhas, trabalhando W horas por dia, em W dias e em W meses do ano será:

a) $\dfrac{K^3}{W^2}$. b) $\dfrac{W^5}{K^3}$. c) $\dfrac{K^4}{W^3}$. d) $\dfrac{W^3}{K^4}$. e) $\dfrac{W^4}{K^3}$.

Uma regra de três diferente, com variáveis (letras) no lugar de valores (números). Assim, basta assumir cada uma das variáveis como se fossem valores, relacionando-as a suas devidas grandezas. Será uma regra de três de cinco grandezas.

①
abelhas	meses	dias	horas	litros/mel
K	K	K	K	K
W	W	W	W	x

② Número de abelhas em relação aos litros de mel: diretamente proporcionais; número de meses em relação aos litros de mel: diretamente proporcionais; número de dias em relação aos litros de mel: diretamente proporcionais; número de horas em relação aos litros de mel: diretamente proporcionais.

③ Neste caso, não é necessário inverter nenhuma grandeza.

abelhas	meses	dias	horas	litros/mel
K	K	K	K	K
W	W	W	W	x

④ $x \cdot K \cdot K \cdot K \cdot K = W \cdot W \cdot W \cdot W \cdot K$

$x \cdot K^3 = W^4$

$x = \dfrac{W^4}{K^3}$

Portanto, a resposta correta é a "e".

13. (**Esaf – RF/ATA**) Com 50 trabalhadores, com a mesma produtividade, trabalhando 8 horas por dia, uma obra ficaria pronta em 24 dias. Com 40 trabalhadores, trabalhando 10 horas por dia, com uma produtividade 20% menor que os primeiros, em quantos dias a mesma obra ficaria pronta?

a) 24
b) 16
c) 30
d) 15
e) 20

Regra de três composta por quatro grandezas.

①
trabalhadores	horas	dias	produtividade
50	8	24	1
40	10	x	0,8

② Número de trabalhadores em relação ao número de dias: inversamente proporcionais; número de horas em relação ao número de dias: inversamente proporcionais; produtividade em relação ao número de dias: inversamente proporcionais.

③ Neste caso, temos de inverter as três grandezas.

trabalhadores	horas	dias	produtividade
40	10	24	0,8
50	8	x	1

④ $x \cdot 0{,}8 \cdot 10 \cdot 40 = 50 \cdot 8 \cdot 24$

$x \cdot 40_4 = 50_5 \cdot 24$

$x \cdot 4 = 5 \cdot 24_6$

$x = 5 \cdot 6$

$x = 30$

Portanto, a resposta correta é a "c".

EXERCÍCIO DE FIXAÇÃO II – Problema

1. **(UFG)** João fundou uma empresa em 1º de janeiro de 1993, com o capital de US$ 1,500.00; em 1º de março, Carlos tornou-se sócio da empresa empregando US$ 1,000.00. Para que a firma crescesse, os dois sócios convidaram Geraldo para participar da sociedade. Geraldo investiu a quantia de US$ 1,200.00, em 1º de maio. Em 1º de setembro, os sócios fizeram um balanço da firma e verificaram um rendimento de US$ 7,980.00. Se os sócios dividiram o lucro proporcionalmente ao número de meses de participação na sociedade e ao capital empregado, qual foi o lucro de cada sócio?

Trata-se de uma regra de sociedade, em que a quantidade de parcelas a que cada sócio tem direito será informada pelo *capital* e pelo *tempo* de aplicação de cada um; portanto, pelo *produto* entre os dois.
Vamos calcular a quantidade de parcelas de cada um.
João: US$ 1,500.00 por 8 meses → $1{,}5 \cdot 8 = 12$
Carlos: US$ 1,000.00 por 6 meses → $1 \cdot 6 = 6$
Geraldo: US$ 1,200.00 por 4 meses → $1{,}2 \cdot 4 = 4{,}8$
Utilizando o algoritmo:

$$7980 \begin{cases} J \longrightarrow 12 \cdot 350 = 4\,200 \\ C \longrightarrow 6 \cdot 350 = 2\,100 \\ G \longrightarrow 4{,}8 \cdot 350 = 1\,680 \end{cases}$$

$$\frac{22{,}8}{350}$$

Portanto, João receberá US$ 4,200.00; Carlos, US$ 2,100.00 e Geraldo, US$ 1,680.00.

EXERCÍCIO DE FIXAÇÃO III – Certo ou errado

1. **(Cespe/UnB – Anac – adapt.)** Acerca de grandezas proporcionais julgue o item a seguir:

Considerando que, no hangar de uma companhia de aviação, 20 empregados, trabalhando 9 horas por dia, façam a manutenção dos aviões em 6 dias, então, nessas mesmas condições, 12 empregados, trabalhando com a mesma eficiência 5 horas por dia, farão a manutenção do mesmo número de aviões em menos de 2 semanas.

①
empregados	horas	dias
20	9	6
12	5	x

② Número de empregados em relação ao número de dias: inversamente proporcionais; número de horas em relação ao número de dias: inversamente proporcionais.

③ Precisamos inverter os valores das duas grandezas.
empregados   horas   dias
   12 -------------- 5 -------- 6
   20 -------------- 9 -------- x

④ $x \cdot \cancel{5} \cdot \cancel{12}_2 = \cancel{20}_4 \cdot 9 \cdot \cancel{6}$
$x \cdot \cancel{2} = \cancel{4}_2 \cdot 9$
$x = 2 \cdot 9$
$x = 18$

Portanto, a questão está errada, pois 12 empregados, trabalhando com a mesma eficiência 5 horas por dia, farão a manutenção em 18 dias, ou seja, mais de 2 semanas.

>> Capítulo 5

>> Equação e inequação de 2º grau

Equação de 2º grau

É toda equação que pode ser reduzida à forma:

$$ax^2 + bx + c = 0$$

em que:

- é o coeficiente do termo do 2º grau ou valor que multiplica a incógnita x que está elevada ao quadrado (x^2);
- é um número real, sempre diferente de zero (0).

- é o coeficiente do termo do 1º grau ou valor que multiplica a incógnita x que está elevada ao expoente 1 (x);
- assume qualquer valor real.

- é o coeficiente do termo de grau zero ou valor que multiplica a incógnita x (subentendida) que está elevada ao expoente 0, ou, ainda, é o termo independente;
- assume qualquer valor real.

Há dois tipos de equação do segundo grau: as *completas* e as *incompletas*.

Equações de 2º grau incompletas

Para que uma equação de 2º grau seja considerada incompleta, é necessário que pelo menos um dos termos não apareça na equação, exceto se esse termo for o do 2º grau (*a*).

Assim, teremos três tipos de equações de 2º grau incompletas:

1º tipo	2º tipo	3º tipo
B = 0	C = 0	B = C = 0

- *Resolução para B = 0 (1º tipo)*

$$Ax^2 + C = 0$$

>>Parte II 325

Vejamos quatro exemplos:

① A = 2 e C = 2

② A = −2 e C = −2

③ A = 2 e C = −2

④ A = −2 e C = 2

Perceba que, em ① e ②, A e C têm sinais iguais e, em ③ e ④, têm sinais diferentes.

No caso de o coeficiente que não aparece ser o B (coeficiente do termo do 1º grau), basta utilizar o método de transposição de valor.

$$Ax^2 + C = 0$$

① A = 2 e C = 2

↓

$2x^2 + 2 = 0$
$2x^2 = -2$
$x^2 = \dfrac{-2}{2}$
$x^2 = -1$
$x = \pm\sqrt{-1}$

Assim, o conjunto-solução é vazio, pois não encontramos, nos reais, solução para raiz de índice par, de número negativo.

$$Ax^2 + C = 0$$

② A = −2 e C = −2

↓

$-2x^2 - 2 = 0$
$-2x^2 = 2$
$x^2 = \dfrac{2}{-2}$
$x = \pm\sqrt{-1}$

Assim, o conjunto-solução é vazio, pois não encontramos, nos reais, solução para raiz de índice par, de número negativo.

$$\boxed{Ax^2 + C = 0}$$

$$\boxed{③ \; A = 2 \text{ e } C = -2}$$
↓
$$\boxed{\begin{array}{l} 2x^2 - 2 = 0 \\ 2x^2 = 2 \\ x^2 = \dfrac{2}{2} \\ x = \pm\sqrt{1} \end{array}}$$

Assim, o conjunto-solução é $S = \{-\sqrt{1}, \sqrt{1}\}$.

$$\boxed{Ax^2 + C = 0}$$

$$\boxed{④ \; A = -2 \text{ e } C = 2}$$
↓
$$\boxed{\begin{array}{l} -2x^2 + 2 = 0 \\ -2x^2 = -2 \\ x^2 = \dfrac{-2}{-2} \\ x = \pm\sqrt{1} \end{array}}$$

Assim, a solução também é $S = \{-\sqrt{1}, \sqrt{1}\}$.

Observando essas resoluções, podemos perceber que só encontraremos solução, no conjunto dos números reais, quando os **sinais** dos coeficientes (A e C) forem **diferentes**.

• *Resolução para C = 0 (2º tipo)*

$$\boxed{Ax^2 + Bx = 0}$$

Vejamos dois exemplos:

$$\boxed{① \; A = 2 \text{ e } B = 2}$$

$$\boxed{② \; A = -2 \text{ e } B = 2}$$

No caso de o coeficiente que não aparece ser o C (termo independente), deve-se colocar o fator x em evidência.

$$\boxed{Ax^2 + Bx = 0}$$

$$\boxed{① \; A = 2 \text{ e } B = 2}$$
↓
$$\boxed{\begin{array}{l} 2x^2 + 2x = 0 \\ 2x(x + 1) = 0 \end{array}}$$

Equação e inequação de 2º grau

>>Parte II 327

Veja que o termo 2x está multiplicando o termo x + 1, tendo como produto o zero. Ora, para que qualquer produto tenha zero como resultado, um dos valores envolvidos na multiplicação tem de ser zero. Assim,

$$2x = 0 \text{ ou } x + 1 = 0$$
$$x = \frac{0}{2} = 0 \text{ ou } x = -1$$

Portanto, o conjunto-solução é S = {−1, **0**}.

$$Ax^2 + Bx = 0$$

② A = −2 e B = 2

$$-2x^2 + 2x = 0$$
$$-2x(x - 1) = 0$$
$$-2x = 0 \text{ ou } x - 1 = 0$$
$$x = \frac{0}{-2} = 0 \text{ ou } x = 1$$

Portanto, o conjunto-solução é S = {**0**, 1}.

Ao observar essas resoluções, podemos perceber que, independentemente dos sinais dos coeficientes (A e B), a equação sempre terá **uma** das raízes (resultado) **nula**.

• *Resolução para B = C = 0 (3º tipo)*

Vejamos o exemplo:

$$Ax^2 = 0$$

A = 2

$$2x^2 = 0$$
$$x^2 = \frac{0}{2} = 0$$

Portanto, o conjunto-solução é S = {0}.

Ao observar a resolução anterior, podemos perceber que, independentemente do sinal (+ ou −) do coeficiente (valor que acompanha) do termo do 2º grau, a equação sempre apresentará resultado nulo.

Equações de 2º grau completas

São as equações que possuem todos os coeficientes: o de 2º grau, o de 1º grau e o coeficiente do termo independente. Assim, temos:

$$ax^2 + bx + c = 0$$

Quanto ao número de raízes (resultados), podemos encontrar até duas raízes ou resultados possíveis para satisfazer a equação, tornando o trinômio do 2º grau igual a zero (nulo).

• Fórmula resolutiva de Bhaskara

Bhaskara Akaria é conhecido por Bhaskara II para evitar ser confundido com Bhaskara I (matemático indiano do século VII). Também indiano, foi matemático, astrônomo e astrólogo, sendo considerado como o mais importante matemático do século XII (1114-1185).

$$x = \frac{-b \pm \sqrt{\Delta}}{2a}, \text{ onde } \Delta = b^2 - 4ac$$

O que determina essa quantidade de raízes (resultados) possíveis é o *discriminante da equação*, $\Delta = b^2 - 4ac$ (letra grega Δ, lê-se "delta").

Perceba que, para a resolução da fórmula acima, temos de extrair a raiz quadrada do resultado de Δ. Assim, podemos encontrar três situações distintas.

① $\Delta > 0$

Nesse caso, Δ indica um valor *positivo* para que seja extraída a raiz quadrada na fórmula resolutiva. Como o valor resultante da extração da raiz quadrada será também um número positivo, que deverá ser adicionado e também subtraído de $-b$ na fórmula, teremos *duas* respostas ou *raízes reais diferentes* (resultados) para x, que satisfazem a equação.

Observe o exemplo.

$$12x^2 + 2x - 2 = 0$$

Vamos calcular o valor de Δ:

$$\Delta = b^2 - 4ac$$
$$\Delta = 2^2 - 4 \cdot 12 \cdot (-2)$$
$$\Delta = 4 - 4 \cdot (-24)$$
$$\Delta = 4 + 96$$
$$\Delta = 100$$

Aplicando a fórmula de Bhaskara, temos:

$$x = \frac{-b \pm \sqrt{\Delta}}{2a}$$
$$x = \frac{-2 \pm \sqrt{100}}{2 \cdot 12}$$
$$x' = \frac{-2 + 10}{24} = \frac{8}{24} = \frac{1}{3}$$
$$x'' = \frac{-2 - 10}{24} = \frac{-12}{24} = -\frac{1}{2}$$

Neste caso ($\Delta > 0$), obtemos duas possíveis raízes para x, ou seja, na reta dos números reais ($\mathbb{R}$), encontram-se dois pontos que tornam o trinômio nulo (equação igual a zero), tendo como conjunto-solução: $S = \left\{-\frac{1}{2}; \frac{1}{3}\right\}$.

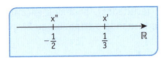

Qualquer um dos dois valores $\left(-\frac{1}{2} \text{ ou } \frac{1}{3}\right)$ pode substituir o x na equação. Vamos testar a substituição.

Utilizando $x'\left(\frac{1}{3}\right)$ →

$$12x^2 + 2x - 2 = 0$$
$$12\left(\frac{1}{3}\right)^2 + 2\left(\frac{1}{3}\right) - 2 = 0$$
$$12\left(\frac{1}{9}\right) + \frac{2}{3} - 2 = 0 \Rightarrow \frac{12}{9} + \frac{2}{3} - 2 = 0$$
$$\frac{4}{3} + \frac{2}{3} - 2 = 0 \Rightarrow \frac{6}{3} - 2 = 0$$
$$2 - 2 = 0$$

Utilizando $x''\left(-\frac{1}{2}\right)$ →

$$12x^2 + 2x - 2 = 0$$
$$12\left(-\frac{1}{2}\right)^2 + 2\left(-\frac{1}{2}\right) - 2 = 0$$
$$12\left(\frac{1}{4}\right) - 1 - 2 = 0$$
$$3 - 1 - 2 = 0$$
$$3 - 3 = 0$$

Vejamos a segunda situação:

② $\Delta = 0$

Nesse caso, o Δ tem valor *nulo*. Como o valor da raiz quadrada também será um número nulo, pois raiz quadrada de zero é igual a zero, que deverá ser adicionado e também subtraído de $-b$ na fórmula, teremos *duas raízes reais*, só que *iguais* (resultado) para x, que satisfazem a equação.

Observe o exemplo.

$$x^2 - 4x + 4 = 0$$

Vamos calcular o valor de Δ:

$$\Delta = b^2 - 4ac$$
$$\Delta = (-4)^2 - 4 \cdot 1 \cdot 4$$
$$\Delta = 16 - 4 \cdot 4$$
$$\Delta = 16 - 16$$
$$\Delta = 0$$

Aplicando a fórmula de Bhaskara, temos:

$$x = \frac{-b \pm \sqrt{\Delta}}{2a}$$
$$x = \frac{4 \pm \sqrt{0}}{2 \cdot 1}$$
$$x = \frac{4 \pm 0}{2}$$
$$x' = x'' = 2$$

Como na equação ($x^2 - 4x + 4 = 0$) o coeficiente do termo do 1º grau (b) é igual a **−4** e na fórmula temos −b, ao substituir a variável b o valor que ela assume é **−4**. Assim, atente para a regra de sinais: −(−4) = 4.

Nesse caso ($\Delta = 0$), obteremos duas raízes *iguais* para x, ou seja, na reta dos números reais ($\mathbb{R}$), encontra-se apenas um ponto que torna o trinômio nulo (equação igual a zero), tendo como conjunto-solução: S = {2}.

$$\underset{2}{\underline{x' = x''}} \quad \mathbb{R}$$

Assim, o valor 2 substitui o x na equação.
Vamos testar a substituição.

Utilizando **x' = x''** = 2 →
$$x^2 - 4x + 4 = 0$$
$$2^2 - 4 \cdot 2 + 4 = 0$$
$$4 - 8 + 4 = 0$$
$$8 - 8 = 0$$

Por último, a terceira situação:

③ $\Delta < 0$

Nesse caso, o Δ tem um valor *negativo* para que seja extraída a raiz quadrada na fórmula resolutiva. Como não há resultado no conjunto dos números reais ($\mathbb{R}$) para raiz de índice par (raiz quadrada, raiz quarta, raiz sexta etc.) de número negativo, não haverá também raízes (resultados) que satisfaçam a equação no conjunto dos números reais ($\mathbb{R}$). Portanto, sempre que o Δ for negativo e estivermos trabalhando apenas com números reais, a equação apresentará conjunto-solução vazio ($\emptyset$). Observe:

$$3x^2 - x + 4 = 0$$

Vamos calcular o valor de Δ:

$$\Delta = b^2 - 4ac$$
$$\Delta = (-1)^2 - 4 \cdot 3 \cdot 4$$
$$\Delta = 1 - 48$$
$$\Delta = -47$$

Equação e inequação de 2º grau

>>Parte II

Temos aí um valor negativo como resultado de Δ, que deverá ser colocado sob a raiz quadrada na fórmula resolutiva.

Assim, como não haverá solução nos reais (ℝ), ou seja, na reta dos números reais (ℝ) não haverá ponto algum que torne o trinômio nulo, a equação apresentará conjunto-solução vazio, S = { } ou S = ∅.

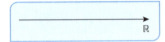

Lembre-se de que esse tipo de equação de 2º grau apresenta conjunto-solução não vazio quando suas raízes forem calculadas no conjunto universo igual ao conjunto dos *números complexos*.

Relações de Girard

São as relações entre os coeficientes e as raízes da equação.
Vamos chamar de S a soma das raízes da equação e de P o produto entre elas.
As relações de Girard determinam que:

$$S = -\frac{b}{a}, \text{ ou seja: } x' + x'' = -\frac{b}{a}$$
$$e$$
$$P = \frac{c}{a}, \text{ ou seja: } x' \cdot (x'') = \frac{c}{a}$$

Para ficar mais claro, vamos aplicar essas fórmulas em um exemplo:

$$12x^2 + 2x - 2 = 0$$

Na equação acima, como já vimos, as raízes são $x' = -\frac{1}{2}$ e $x'' = \frac{1}{3}$. Somando-se x' e x'', teremos: $-\frac{1}{2} + \frac{1}{3} = -\frac{1}{6}$.

Nas relações de Girard, para a adição, temos $S = -\frac{b}{a}$. Assim, $S = -\frac{2}{12} = -\frac{1}{6}$. Multiplicando x' e x'': $-\frac{1}{2} \cdot \frac{1}{3} = -\frac{1}{6}$.

Nas relações de Girard, para a multiplicação, temos $P = \frac{c}{a}$. Assim, $P = \frac{-2}{12} = -\frac{1}{6}$.

Observe mais um exemplo:

$$2x^2 - 12x + 10 = 0$$

Depois de resolvida essa equação, teremos as raízes: $x' = 5$ e $x'' = 1$. Somando-se x' e x'', teremos: $5 + 1 = 6$.

Nas relações de Girard, para a adição, temos $S = -\frac{b}{a}$. Assim, $S = \frac{-12}{2} = -(-6) = 6$. Multiplicando x' e x'': $5 \cdot 1 = 5$.

Nas relações de Girard, para a multiplicação, temos $P = \frac{c}{a}$. Assim, $P = \frac{10}{2} = 5$.

Equação biquadrada

São as equações na forma:

$$ax^4 + bx^2 + c = 0$$

A forma mais comum de resolução para a equação do tipo biquadrada é por **substituição de variável**.

Observe o exemplo:

$$2x^4 - 12x^2 + 10 = 0$$

Se considerarmos que $x^2 = y$, teremos $x^4 = y^2$. Assim, vamos substituir x^4 por y^2.

$$2y^2 - 12y + 10 = 0$$

Como podemos perceber, temos agora uma equação do 2º grau. Vamos resolvê-la encontrando o valor do Δ.

$$\Delta = b^2 - 4ac$$
$$\Delta = 12^2 - 4 \cdot 2 \cdot 10$$
$$\Delta = 144 - 80$$
$$\Delta = 64$$

Aplicando a fórmula de Bhaskara:

$$y = \frac{-b \pm \sqrt{\Delta}}{2a}$$
$$y = \frac{12 \pm \sqrt{64}}{2 \cdot 2}$$
$$y = \frac{12 \pm 8}{4}$$
$$y' = \frac{20}{4} = 5$$
$$y'' = \frac{4}{4} = 1$$

Como sabemos que $x^2 = y$, então $x' = \pm\sqrt{y'}$ e $x'' = \pm\sqrt{y''}$. Portanto:

$$x' = \pm\sqrt{5}, \text{ então } x' \cong \pm 2,2361$$

$$x'' = \pm\sqrt{1}, \text{ então } x'' = \pm 1$$

Vamos testar a substituição, lembrando que a equação original (biquadrada) é $2x^4 - 12x^2 + 10 = 0$.

Utilizando **x'** ($\cong 2,2361$) →
$2x^4 - 12x^2 + 10 = 0$
$2(2,2361)^4 - 12(2,2361)^2 + 10 = 0$
$2(25) - 12(5) + 10 = 0$
$50 - 60 + 10 = 0$
$60 - 60 = 0$

Utilizando **x''** ($= 1$) →
$2x^4 - 12x^2 + 10 = 0$
$2(1)^4 - 12(1)^2 + 10 = 0$
$2 - 12 + 10 = 0$
$12 - 12 = 0$

Inequação de 2º grau

Na equação de 2º grau, temos uma igualdade e um ou, no máximo, dois valores que, substituídos no lugar da variável, tornam o trinômio nulo.

Na inequação de 2º grau, temos uma desigualdade e um ou, no máximo, dois grupos de valores que podem substituir a variável a fim de que a comparação do trinômio com zero seja verdadeira.

Vamos utilizar um método simplificado para encontrar o conjunto-solução das inequações de 2º grau, baseado em dois estudos: o estudo do valor de Δ e o estudo dos sinais, que compara o sinal de a com o sinal do trinômio.

Vamos explicar os dois estudos para depois aplicar o método.

Estudo do valor do Δ

Como visto no íncio deste capítulo, o cálculo do Δ apresenta três tipos possíveis de resultados. Para cada um teremos aqui uma representação diferente, mostrada na reta dos números reais ($\mathbb{R}$).

① $\Delta > 0$: a reta terá dois pontos que atendem a equação (raízes da equação).

② $\Delta = 0$: a reta terá apenas um ponto que atende a equação (raízes da equação).

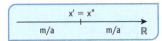

③ $\Delta < 0$: a reta não terá ponto algum que atende a equação.

Em qualquer uma das três representações, "m/a" significa "o mesmo sinal de a" e "c/a" significa "contrário ao sinal de a".

Estudo do sinal de a e do trinômio

Os possíveis sinais de a (coeficiente do termo do 2º grau), como visto, são $>$ (maior) ou $<$ (menor) que zero, pois a não pode ser zero.

Na inequação do 2º grau, o trinômio é comparado a zero por quatro sinais possíveis: $>$ (maior); $\geq$ (maior ou igual); $<$ (menor) e $\leq$ (menor ou igual).

Dependendo do resultado do estudo dos sinais, vamos posicionar o x (variável) da inequação em pontos diferentes da reta.

Vamos aplicar o método.

Sempre que o sinal de a for igual ao sinal do trinômio, a posição do x será em m/a.

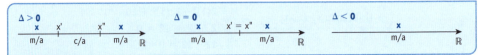

Sempre que os sinais forem diferentes, a posição do x será em c/a.

```
Δ > 0
            x'    x    x"
      ──────┼─────────┼──────▶
       m/a  c/a       m/a   ℝ
```

Perceba que c/a só será possível se o Δ for maior do que zero.
Comparando o x com as raízes da equação (x' e x") na reta, teremos o conjunto-solução da inequação. Veja os exemplos a seguir.

① Dada a inequação:

$$3x^2 + 2x - 5 > 0$$

vamos encontrar o seu conjunto-solução, ou seja, o conjunto de valores que tornam o trinômio maior que 0 (> 0).

Primeiro calculamos o Δ.

$$\Delta = b^2 - 4ac$$
$$\Delta = 2^2 - 4 \cdot 3(-5)$$
$$\Delta = 4 - 12(-5)$$
$$\Delta = 4 + 60$$
$$\Delta = 64$$

Como $\Delta > 0$, teremos:

```
            x'       x"
      ──────┼────────┼──────▶
       m/a  c/a     m/a   ℝ
```

Agora, comparamos o sinal de a com o do trinômio.

$$a = 3 \therefore a > 0$$
$$\text{trinômio} > 0$$

Assim, o sinal do trinômio é o mesmo do de a (m/a).

```
           x < x'    x"< x
      ──────┼────────┼──────▶
       m/a  c/a     m/a   ℝ
```

Os possíveis valores para x (conjunto-solução para a inequação dada) serão menores que x' ou maiores que x"

$$S = \{x \in \mathbb{R} \mid x < x' \text{ ou } x > x''\}$$

Como os valores de x' e x" são as raízes da equação de 2º grau, basta aplicar a fórmula resolutiva para completar o conjunto-solução.

Resolvendo a equação, teremos $x' = -\dfrac{5}{3}$ e $x'' = 1$.

```
           x < x'    x"< x
      ──────┼────────┼──────▶
       m/a  -5/3 c/a  1  m/a   ℝ
```

Ficando assim o conjunto-solução: $S = \{x \in \mathbb{R} \mid x < -\dfrac{5}{3} \text{ ou } x > 1\}$.

② Dada a inequação:

$$3x^2 + 2x - 5 \leq 0$$

vamos encontrar o seu conjunto-solução, ou seja, o conjunto de valores que tornam o trinômio menor ou igual a 0 (≤ 0).

Perceba que o trinômio é o mesmo do primeiro exemplo, mas agora está sendo comparado a zero pelo sinal de menor ou igual ($\leq$).

Já temos que $\Delta = 64 \therefore \Delta > 0$.

$$\underset{\text{m/a} \quad \text{c/a} \quad \text{m/a} \quad \mathbb{R}}{\underline{\qquad \overset{x'}{|} \qquad \overset{x''}{|} \qquad \longrightarrow}}$$

$$a = 3 \therefore a > 0$$
$$\text{trinômio} \leq 0$$

Assim, o sinal do trinômio é o contrário do de a (c/a).

$$\underset{\text{m/a} \quad -\frac{5}{3} \quad \text{c/a} \quad 1 \quad \text{m/a} \quad \mathbb{R}}{\underline{\qquad \overset{x' \leq x \leq x''}{|} \qquad \overset{x}{|} \qquad \longrightarrow}}$$

Ficando assim o conjunto-solução: $S = \{x \in \mathbb{R} \mid -\frac{5}{3} \leq x \leq 1\}$.

③ Dada a inequação:

$$x^2 - 10x + 25 > 0$$

vamos encontrar o seu conjunto-solução, ou seja, o conjunto de valores que tornam o trinômio maior que 0 (> 0).

Primeiro calculamos o Δ.

$$\Delta = b^2 - 4ac$$
$$\Delta = (-10)^2 - 4 \cdot 1 \cdot 25$$
$$\Delta = 100 - 100$$
$$\Delta = 0$$

Como $\Delta = 0$, teremos:

$$\underset{\text{m/a} \qquad \text{m/a} \quad \mathbb{R}}{\underline{\qquad \overset{x' = x''}{|} \qquad \longrightarrow}}$$

Agora comparamos o sinal de a com o do trinômio.

$$a = 1 \therefore a > 0$$
$$\text{trinômio} > 0$$

Assim, o sinal do trinômio é o mesmo do de a (m/a).

$$\underset{\text{m/a} \qquad \text{m/a} \quad \mathbb{R}}{\underline{\qquad \overset{x \; < \; x' = x'' \; < \; x}{|} \qquad \longrightarrow}}$$

Resolvendo a equação, teremos $x' = x'' = 5$, ficando assim o conjunto-solução: $S = \{x \in \mathbb{R} \mid x < 5$ **ou x** $> 5\}$ ou $S = \{x \in \mathbb{R} \mid x \neq 5\}$.

④ Dada a inequação:

$$x^2 - 10x + 25 < 0$$

vamos encontrar o seu conjunto-solução, ou seja, o conjunto de valores que tornam o trinômio menor que 0 (< 0).

Perceba que o trinômio é o mesmo do exemplo ③, mas agora está sendo comparado a zero pelo sinal de menor (<).

Já temos que $\Delta = 0$.

$$\xrightarrow{\qquad \underset{m/a}{\overset{x' = x''}{|}} \quad m/a \qquad} \mathbb{R}$$

Agora, comparamos o sinal de a com o do trinômio.

$$a = 1 \therefore a > 0$$
$$\text{trinômio} < 0$$

Assim, o sinal do trinômio é contrário ao sinal de a (c/a).

Perceba que nessa representação não há c/a, ficando assim o conjunto-solução: S = { } ou S = ∅ (conjunto vazio).

⑤ Dada a inequação:

$$4x^2 + 3x + 2 > 0$$

vamos encontrar o seu conjunto-solução, ou seja, o conjunto de valores que tornam o trinômio maior que 0 (> 0).

Primeiro calculamos o Δ.

$$\Delta = b^2 - 4ac$$
$$\Delta = 3^2 - 4 \cdot 4 \cdot 2$$
$$\Delta = 9 - 32$$
$$\Delta = -23$$

Como $\Delta < 0$, teremos:

$$\xrightarrow{\qquad \overset{x}{\underset{m/a}{\quad}} \qquad} \mathbb{R}$$

Agora comparamos o sinal de a com o do trinômio.

$$a = 4 \therefore a > 0$$
$$\text{trinômio} > 0$$

Assim, o sinal do trinômio é o mesmo do de a (m/a).

Perceba que nessa representação m/a ocupa a reta toda, ficando assim o conjunto-solução: S = {$x \in \mathbb{R}$ | $x = \mathbb{R}$} (qualquer número real).

⑥ Dada a inequação:

$$4x^2 + 3x + 2 < 0$$

vamos encontrar o seu conjunto-solução, ou seja, o conjunto de valores que tornam o trinômio menor que 0 (< 0).

Perceba que o trinômio é o mesmo do exemplo ⑤, mas agora está sendo comparado a zero pelo sinal de menor (<).

Já temos que $\Delta < 0$.

$$\xrightarrow{\qquad\qquad x \qquad\qquad}$$
$$\text{m/a} \qquad\qquad \mathbb{R}$$

Agora comparamos o sinal de a com o do trinômio.

$$a = 4 \therefore a > 0$$
$$\text{trinômio} < 0$$

Assim, o sinal do trinômio é contrário ao sinal de a (c/a).

Perceba que nessa representação não há c/a, ficando assim o conjunto-solução: S = { } ou S = ∅ (conjunto vazio).

EXERCÍCIOS DE FIXAÇÃO – Múltipla escolha

1. (**PSS 1**) Um cidadão, ao falecer, deixou uma herança de R$ 200.000,00 para ser distribuída de maneira equitativa entre os seus x filhos. No entanto, três desses filhos renunciaram às suas respectivas partes nessa herança, fazendo com que os demais x – 3 filhos, além do que recebiam normalmente, tivessem um adicional de R$ 15.000,00 em suas respectivas partes dessa herança. Portanto, o número x de filhos do referido cidadão é:

a) 8
b) 10
c) 5
d) 4
e) 7

Questão de fácil resolução se utilizarmos as alternativas para substituir o x na equação montada.

$$\boxed{\frac{200}{x}} + 15 = \boxed{\frac{200}{(x-3)}}$$

(o que cada um receberia) + 15 = (ao que cada um recebeu)

Perceba que, se testarmos as alternativas substituindo o x pelo valor informado em cada uma, chegaremos à resposta pela igualdade que for verdadeira, ou seja, $\frac{200}{8} + 15 = \frac{200}{(8-3)}$. Mas vamos desenvolver a questão pela equação de 2º grau.

$$\frac{200}{x} + 15 = \frac{200}{(x-3)}$$

$$\frac{200 + 15x}{x} = \frac{200}{(x-3)}$$

200x = (x – 3) (200 + 15x)
~~200x~~ = ~~200x~~ + 15x² – 600 – 45x
15x² – 45x – 600 = 0

Chegamos à equação de 2º grau. Agora vamos utilizar a fórmula resolutiva.

Δ = b² − 4ac
Δ = 2025 − 4 · 15 (−600)
Δ = 2025 + 36000
Δ = 38025

$$x = \frac{-b \pm \sqrt{\Delta}}{2a}$$

$$x = \frac{45 \pm \sqrt{38025}}{2 \cdot 15}$$

$$x' = \frac{45 + 195}{30} = 8$$

$$x'' = \frac{45 - 195}{30} = -5$$

Como estamos buscando o número de filhos do cidadão, apenas o 8 serve. Portanto, a resposta correta é a "a".

2. (**UFMG**) A soma e o produto das raízes da equação:
$px^2 + 2(q-1)x + 6 = 0$ são, respectivamente, −3 e 3. O valor de q é:
a) −4   b) −2   c) 0   d) 2   e) 4

A soma e o produto das raízes de uma equação de 2º grau são as relações de Girard.

soma = $\frac{-b}{a}$ produto = $\frac{c}{a}$

Substituindo as variáveis das relações acima pelos valores apresentados pela equação proposta na questão, teremos:

soma = $\frac{-(2(q-1))}{p} = -3$ produto = $\frac{6}{p} = 3$

Resolvendo as duas equações e substituindo a variável de uma na outra:

$\frac{6}{p} = 3$ $\frac{-(2(q-1))}{p} = -3$
$p = \frac{6}{3}$ $-(2(q-1)) = -3 \cdot 2$
$p = 2$ $-(2q - 2) = -6$
                                          $2q - 2 = 6$
                                          $2q = 6 + 2$
                                          $2q = 8$
                                          $q = \frac{8}{2}$
                                          $q = 4$

Portanto, a resposta correta é a "e".

3. (**Esaf – TTN**) No interior de um colégio há um grande pátio quadrado composto de uma área calçada e outra não calçada, destinado aos alunos. A área calçada está em redor da área não calçada e tem uma largura de 3 metros de seus lados paralelos. A área da parte não calçada está para a área total do pátio, assim como 16 está para 25. Qual a medida do lado do pátio?
a) 30 metros   c) 25 metros   e) 10 metros
b) 3 metros   d) 70 metros

A questão trata, ao mesmo tempo, de equação de 2º grau e de razão e proporção.

Este é o desenho do pátio:

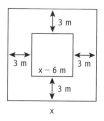

Proporção dada:

$$\frac{\text{área da parte não calçada}}{\text{área total do pátio}} = \frac{16}{25}$$

No caso do quadrado, "área" é lado ao quadrado.

$$\frac{(x-6)^2}{x^2} = \frac{16}{25}$$

Temos aí um **produto notável**, mas perceba que podemos escapar da equação de 2º grau com facilidade.

$$\frac{(x-6)^2}{x^2} = \frac{16}{25}$$
$$\left(\frac{x-6}{x}\right)^2 = \left(\frac{4}{5}\right)^2$$
$$5(x-6) = 4x$$
$$5x - 30 = 4x$$
$$x = 30$$

Portanto, a resposta correta é a "a".

4. **(Vunesp – TJ/SP)** Qual o menor valor de x de modo que a divisão de 0,5 por x tenha o mesmo resultado da adição de 0,5 com x?

a) 0,5　　　　　c) –1　　　　　e) zero
b) –0,5　　　　d) 1

A questão é de fácil resolução por substituição, utilizando as alternativas.

$$\frac{0,5}{x} = 0,5 + x$$

Podemos observar que apenas dois valores serviriam para substituir o x e tornar a igualdade válida:

$$\frac{0,5}{0,5} = 0,5 + 0,5 \text{ ou } \frac{0,5}{-1} = 0,5 - 1$$

Como a questão pede o **menor** número, então será –1.

Pela equação de 2º grau:

$$\frac{0,5}{x} = 0,5 + x$$
$$0,5 = x(0,5 + x)$$
$$0,5 = 0,5x + x^2$$
$$x^2 + 0,5x - 0,5 = 0$$

$\Delta = b^2 - 4ac$
$\Delta = 0,5^2 - 4 \cdot 1 \cdot (-0,5)$
$\Delta = 0,25 + 2$
$\Delta = 2,25$

$$x = \frac{-b \pm \sqrt{\Delta}}{2a}$$
$$x = \frac{-0,5 \pm \sqrt{2,25}}{2 \cdot 1}$$
$$x' = \frac{-0,5 + 1,5}{2} = 0,5$$
$$x'' = \frac{-0,5 - 1,5}{2} = \frac{-2}{2} = -1$$

O **menor** resultado é o de x" = –1. Portanto, a resposta correta é a "c".

5. **(Vunesp – TJ/SP)** Qual o menor número que se deve somar a cada fator do produto entre 5 e 13, para que este produto aumente de 175 unidades?

a) +7　　b) 25　　c) –7　　d) –25　　e) 13

Resolução pela equação de 2º grau, mas com um forte apelo interpretativo para a construção da sentença.

O produto entre 5 e 13 é 65; se adicionarmos 175, ficaremos com 240, mas, para isso, temos de adicionar um certo número (x) a cada um dos fatores desse produto (5 e 13).

$(5 + x)(13 + x) = 5 \cdot 13 + 175$
$\therefore 65 + 5x + 13x + x^2 = 65 + 175$
$x^2 + 18x - 175 = 0$

Resolvendo a equação de 2º grau:

$$x = \frac{-b \pm \sqrt{\Delta}}{2a}$$

$\Delta = b^2 - 4ac$
$\Delta = 324 - 4 \cdot 1 \cdot (-175)$
$\Delta = 324 + 700$
$\Delta = 1024$

$$x = \frac{-18 \pm \sqrt{1024}}{2}$$

$$x' = \frac{-18 + 32}{2} = \frac{14}{2} = 7$$

$$x'' = \frac{-18 - 32}{2} = \frac{-50}{2} = -25$$

O **menor** resultado é o de x" = –25. Portanto, a resposta correta é a "d".

6. **(Esaf – TTN)** Um negociante comprou alguns bombons por 720,00. Vendeu-os a 65,00 cada um, ganhando na venda de todos os bombons, o preço de custo de um deles. O preço de custo de cada bombom foi de:
a) 12,00
c) 60,00
e) 15,00
b) 75,00
d) 40,00

Identificando o preço de custo de cada bombom e a quantidade, fica fácil de equacionar.

Preço de custo unitário = x.
Quantidade = Preço total pago dividido pelo preço unitário = $\frac{720}{x}$.
Total da venda:
Preço unitário de *venda* vezes a quantidade de bombons = $65 \cdot \frac{720}{x}$ **ou** preço de compra + lucro = 720 + + x.
Assim, $65 \cdot \frac{720}{x} = 720 + x$.

Substituindo o x pelos valores das alternativas, encontraremos na alternativa "c" o valor correto.

$65 \cdot \frac{720}{60} = 720 + 60$
$65 \cdot 12 = 780$
$780 = 780$

Pela equação de 2º grau:

$65 \cdot \frac{720}{x} = 720 + x$
$65 \cdot 720 = x(720 + x)$
$46800 = 720x + x^2$
$x^2 + 720x - 46800 = 0$

$\Delta = b^2 - 4ac$
$\Delta = 518400 - 4 \cdot 1 \cdot (-46800)$
$\Delta = 518400 + 187200$
$\Delta = 705600$

$$x = \frac{-b \pm \sqrt{\Delta}}{2a}$$

$$x = \frac{-720 \pm \sqrt{705600}}{2}$$

$$x' = \frac{-720 + 840}{2} = \frac{120}{2} = 60$$

$$x'' = \frac{-720 - 840}{2} = \frac{-1560}{2} = -780$$

Como estamos buscando o preço de custo de cada bombom, apenas x' servirá, e o preço unitário é de R$ 60,00.

Portanto, a resposta correta é a "c".

7. **(UFRGS)** As soluções reais da desigualdade $x^2 + 1 > 2x$ são os números x tais que
a) $x \in \mathbb{R}$
b) $x \geq 1$
c) $x > 1$
d) $x \neq 1$
e) $x < 1$

A desigualdade é uma inequação de 2º grau. Então, calculando o Δ e fazendo o estudo dos sinais, chegaremos à solução.

$x^2 + 1 > 2x = x^2 + 1 - 2x > 0 = x^2 - 2x + 1 > 0$

Calculando o Δ para determinar a reta do estudo:

$\Delta = b^2 - 4ac$
$\Delta = (-2)^2 - 4 \cdot 1 \cdot 1$
$\Delta = 4 - 4$
$\Delta = 0$

Com $\Delta = 0$, a reta do estudo será:

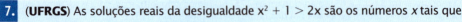

Como o sinal de a (+) e o sinal do trinômio (> = +) são iguais, os possíveis valores para x são todos os da reta menos o ponto, ou seja, $x \neq$ ponto.
Calculando o ponto, utilizando a fórmula resolutiva de Bhaskara:

$x = \dfrac{-b \pm \sqrt{\Delta}}{2a} \Rightarrow x = 2 \pm \dfrac{2 \pm 0}{2} \Rightarrow x' = x'' = \dfrac{2}{2} = 1$

Assim, $x \neq$ ponto, então $x \neq 1$. Portanto, a resposta correta é a "d".

8. **(UFRGS)** Para que a parábola da equação $y = ax^2 + bx - 1$ contenha os pontos $(-2; 1)$ e $(3;1)$, os valores de a e b são, respectivamente,
a) 3 e -3.
b) $\dfrac{1}{3}$ e $-\dfrac{1}{3}$.
c) 3 e $-\dfrac{1}{3}$.
d) $\dfrac{1}{3}$ e -3.
e) 1 e $\dfrac{1}{3}$.

Os valores $(-2; 1)$ e $(3; 1)$ são pontos (par ordenado), no plano cartesiano, correspondentes a x e y; portanto, vamos substituir as variáveis x e y pelos valores informados.

1ª substituição (1º par ordenado):
$y = ax^2 + bx - 1$
$1 = a(-2)^2 + b(-2) - 1$
$1 = 4a - 2b - 1$
$1 + 1 = 4a - 2b$
$4a - 2b = 2$

2ª substituição (2º par ordenado):
$y = ax^2 + bx - 1$
$1 = a(3)^2 + b(3) - 1$
$1 = 9a + 3b - 1$
$1 + 1 = 9a + 3b$
$9a + 3b = 2$

Isolando o valor de a:
$4a - 2b = 2$
$4a = 2 + 2b$
$a = \dfrac{2 + 2b}{4}$
$a = \dfrac{b + 1}{2}$

Substituindo o valor de a na segunda equação:
$9a + 3b = 2$
$9\left(\dfrac{b+1}{2}\right) + 3b = 2$
$\dfrac{9b + 9}{2} + 3b = 2$
$9b + 9 + 6b = 4$
$15b = 4 - 9$
$b = \dfrac{-5}{15}$
$b = -\dfrac{1}{3}$

Substituindo b na primeira equação:
$a = \dfrac{b + 1}{2}$
$a = \dfrac{-\dfrac{1}{3} + 1}{2}$
$a = \dfrac{\dfrac{2}{3}}{2}$
$a = \dfrac{2}{3} \cdot \dfrac{1}{2} \Rightarrow \dfrac{2}{6}$
$a = \dfrac{1}{3}$

Os cálculos demonstram que a vale $\dfrac{1}{3}$ e b vale $-\dfrac{1}{3}$. Portanto, a resposta correta é a "b".

9. (**FCC – TRT-5ª Região**) Numa reunião, o número de mulheres presentes excede o número de homens em 20 unidades. Se o produto do número de mulheres pelo de homens é 156, o total de pessoas presentes nessa reunião é
a) 24   b) 28   c) 30   d) 32   e) 36

Problema de resolução por equação de 2º grau.

Número de mulheres = número de homens + 20
Número de mulheres · número de homens = 156

Com essas informações vamos montar as equações.

Número de mulheres = M
Número de homens = H

M = H + 20

M · H = 156
$\boxed{(H + 20)} \cdot H = 156$ → Substituindo, na equação do produto, a variável M pelo seu valor na primeira equação.
$H^2 + 20H = 156$
$H^2 + 20H - 156 = 0$

Resolvendo a equação de 2º grau, utilizando a fórmula resolutiva:

$$x = \frac{-b \pm \sqrt{\Delta}}{2a}$$

$\Delta = b^2 - 4ac$
$\Delta = 20^2 - 4 \cdot 1 \cdot (-156)$
$\Delta = 400 + 624$
$\Delta = 1024$

$x = \frac{-20 \pm \sqrt{1024}}{2} \Rightarrow x = \frac{-20 \pm 32}{2}$

$x' = \frac{-20 + 32}{2} = \frac{12}{2} = 6$

$x'' = \frac{-20 - 32}{2} = \frac{-52}{2} = -26$

Como o número de homens só pode ser um valor positivo, entre as duas raízes a única que serve vale 6.

Substituindo na 1ª equação:
M = H + 20
M = 6 + 20
M = 26

H + M = total de pessoas
6 + 26 = 32

Portanto, a resposta correta é a "d".

10. (**Vunesp – SPTrans**) Um quadrado foi dividido em 3 retângulos, conforme ilustração:

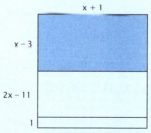

Se a área total desse quadrado é igual a 64 m², então a área da parte sombreada, em m², é igual a:
a) 50.   b) 32.   c) 28.   d) 15.   e) 7.

Equação e inequação de 2º grau

>>Parte II 343

Essa questão pode ser resolvida sem que seja feita a resolução da equação de 2º grau. Perceba que, se no enunciado se afirma que a figura é um quadrado, todos os lados dessa figura serão iguais, ou seja, todos os seus lados terão a mesma medida: x + 1.
A questão também informa que a área total desse quadrado é de 64 m²; então, cada lado deverá medir 8 m².
Assim:
x + 1 = 8
x = 7
Como se deseja saber a área da parte sombreada, que mede (x − 3) (x + 1), teremos:
(**x** − 3) (**x** + 1)
(**7** − 3) (**7** + 1)
4 · 8
32 m²
Portanto, a resposta correta é a "b".

11. (**Inédito**) Um pátio retangular tem 30 metros quadrados de área com a medida dos lados, em metros, como mostra a figura abaixo.

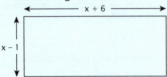

Assim, podemos afirmar que a medida do lado maior desse pátio retangular:
a) está entre cinco e dez metros ou entre dez e quinze metros.
b) é superada pela medida do lado menor em sete metros.
c) está entre seis e onze metros e entre oito e doze metros.
d) supera a medida do lado menor em cinco metros e meio.
e) está entre cinco e doze metros e entre onze e quinze metros.

A área de um retângulo pode ser calculada pelo produto das medidas de seus lados (lado menor · lado maior). O enunciado informa que esse produto é igual a 30 m².

lado menor = x − 1
lado maior = x + 6
área do retângulo = (x − 1) (x + 6)

(x − 1) (x + 6) = 30
$x^2 + 6x - x - 6 = 30$
$x^2 + 5x - 6 - 30 = 0$
$x^2 + 5x - 36 = 0$

Aplicando a fórmula resolutiva:

$$x = \frac{-b \pm \sqrt{\Delta}}{2a}$$

$\Delta = b^2 - 4ac$
$\Delta = 5^2 - 4 \cdot 1 \cdot (-36)$
$\Delta = 25 + 144$
$\Delta = 169$

$$x = \frac{-5 \pm \sqrt{169}}{2 \cdot 1} \Rightarrow x = \frac{-5 \pm 13}{2}$$

$$x' = \frac{-5 + 13}{2} = \frac{8}{2} = 4$$

$$x'' = \frac{-5 - 13}{2} = \frac{-18}{2} = -9$$

Podemos concluir que somente x' = 4 deve ser resposta da questão, pois é um número positivo que pode representar a medida de um dos lados do retângulo.

lado menor = x − 1 = 4 − 1 = 3
lado maior = x + 6 = 4 + 6 = 10

Portanto, a resposta correta é a "c".

12. (**UFSM**) A idade que Genoveva terá daqui a 6 anos será igual ao quadrado da idade que tinha há 6 anos. A idade atual de Genoveva é
a) 10 anos.
b) 12 anos.
c) 3 anos.
d) 9 anos.
e) 6 anos.

A idade que uma pessoa tinha há 6 anos é "idade atual − 6" e a idade que ela terá daqui a 6 anos é "idade atual + 6". Assim: $(G + 6) = (G − 6)^2$.
Resolvendo o produto notável do segundo membro da equação, teremos:

$(G + 6) = G^2 − 2(6G) + 6^2$
$(G + 6) = G^2 − 12G + 36$
$G^2 − 12G + 36 − G − 6 = 0$
$G^2 − 13G + 30 = 0$

Aplicando a fórmula resolutiva:

$\Delta = b^2 − 4ac$
$\Delta = 13^2 − 4 \cdot 1 \cdot 30$
$\Delta = 169 − 120$
$\Delta = 49$

$x = \dfrac{-b \pm \sqrt{\Delta}}{2a}$
$x = \dfrac{13 \pm \sqrt{49}}{2} \Rightarrow x = \dfrac{13 \pm 7}{2}$
$x' = \dfrac{13 + 7}{2} = \dfrac{20}{2} = 10$
$x'' = \dfrac{13 − 7}{2} = \dfrac{6}{2} = 3$

Assim, a idade de Genoveva só pode ser igual a 10 anos, porque, se fosse igual a 3 anos, a questão não poderia apresentar a relação da idade dela há seis anos.
Portanto, a resposta correta é a "a".

13. (**Vunesp – MPE/SP**) O proprietário de uma casa em fase final de construção pretende aproveitar 72 m² de lajotas quadradas que sobraram para fazer uma moldura, com a mesma largura, em volta de uma piscina retangular de 8 metros por 6 metros, conforme mostra a figura:

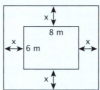

Depois de alguns cálculos, o engenheiro responsável concluiu que, se forem utilizados totalmente os 72 metros quadrados de lajotas, a largura da moldura, representada na figura por **x**, deverá ser de:
a) 0,5 metro
b) 1,0 metro
c) 1,5 metro
d) 2,0 metros
e) 2,5 metros

A área da piscina é de 48 m² (6 m × 8 m). Como serão utilizados totalmente os 72 m² para a moldura da piscina, a área total é de 120 m² (48 m² + 72 m²). Assim, o lado maior multiplicado pelo lado menor do retângulo que representa a área total da piscina deverá ser 120 m².
O lado maior do retângulo que representa a área total é igual à medida do lado maior da piscina (8 m) somada às diferenças laterais (x). Desta forma, o lado maior da área total mede 8 + 2x.
O lado menor do retângulo que representa a área total é igual à medida do lado menor da piscina (6 m) somada às diferenças laterais (x). Então, o lado menor da área total mede 6 + 2x.

Área total = lado maior · lado menor
120 = (8 + 2x) (6 + 2x)

Aplicando a distributiva no primeiro membro da equação, teremos:

(8 + 2x) (6 + 2x) = 120
48 + 16x + 12x + 4x² = 120
$^{(\div 4)}$4x² + 28x − 72 = 0$^{(\div 4)}$
x² + 7x − 18 = 0

Aplicando a fórmula resolutiva:

$$x = \frac{-b \pm \sqrt{\Delta}}{2a}$$

Δ = b² − 4ac
Δ = 7² − 4 · 1 · (−18)
Δ = 49 + 72
Δ = 121

$$x = \frac{7 \pm \sqrt{121}}{2} \Rightarrow x = \frac{-7 \pm 11}{2}$$

$$x' = \frac{-7 + 11}{2} = \frac{4}{2} = 2$$

$$x'' = \frac{-7 - 11}{2} = \frac{-18}{2} = -9$$

Deste modo, x (largura da moldura) mede 2 m.
Portanto, a resposta correta é a "d".

14. **(FCC – TRT-2ª Região)** Alguns técnicos judiciários combinaram dividir igualmente entre si 108 processos a serem arquivados. Entretanto, no dia em que o trabalho seria realizado, dois técnicos faltaram ao serviço e, assim, coube a cada um dos outros arquivar 9 processos a mais que o inicialmente previsto. O número de processos que cada técnico arquivou foi:

a) 16   b) 18   c) 21   d) 25   e) 27

Vamos representar o número de processos para cada técnico por y e o número de técnicos por x.

Total de processos = 108
Total de técnicos = x
Número de processos, inicialmente, por técnico = $\frac{108}{x}$

Como faltaram 2 técnicos, o número de processos por técnico presente será = $\frac{108}{x-2}$.

Como cada um desses técnicos arquivou 9 processos a mais, o número de processos por técnico presente será = $\frac{108}{x} + 9$. Desta forma: $\frac{108}{x} + 9 = \frac{108}{x-2}$.

Desenvolvendo a expressão, teremos:

$\frac{108}{x} + 9 = \frac{108}{x-2} \Rightarrow \frac{108 + 9x}{x} = \frac{108}{x-2} \Rightarrow 108x = (x-2)(108 + 9x) \Rightarrow$

$\Rightarrow \cancel{108x} = \cancel{108x} + 9x² − 216 − 18x \Rightarrow 9x² − 18x − 216 = 0^{(\div 9)} \Rightarrow$
$\Rightarrow x² − 2x − 24 = 0$

Aplicando a fórmula resolutiva de Bhaskara, teremos:

$$x = \frac{-b \pm \sqrt{\Delta}}{2a}$$

Δ = b² − 4ac
Δ = (−2)² − 4 · 1 · (−24)
Δ = 4 + 96
Δ = 100

$$x = \frac{2 \pm \sqrt{100}}{2} \Rightarrow x = \frac{2 \pm 10}{2}$$

$$x' = \frac{2 + 10}{2} = \frac{12}{2} = 6$$

$$x'' = \frac{2 - 10}{2} = \frac{-8}{2} = -4$$

O número inicial de técnicos era 6, então o número de técnicos que arquivaram os processos é 6 − 2 = 4. Assim, o número de processos que cada técnico arquivou foi $\frac{108}{4} = 27$.
Portanto, a resposta correta é a "e".

15. (**Fumarc – TJ/SP**) A diferença entre o quadrado e o triplo de um número inteiro é igual a 4. Qual é esse número?

a) 4
b) –1 ou 4
c) 2 ou 3
d) –1 ou 3
e) 1 ou –4

Vamos representar esse tal número inteiro por *x*. Desta forma, seu quadrado será x^2 e seu triplo será 3x.

$x^2 - 3x = 4$
$x^2 - 3x - 4 = 0$

Aplicando a fórmula resolutiva de Bhaskara, teremos:

$\Delta = b^2 - 4ac$
$\Delta = (-3)^2 - 4 \cdot 1 \cdot (-4)$
$\Delta = 9 + 16$
$\Delta = 25$

$$x = \frac{-b \pm \sqrt{\Delta}}{2a}$$

$$x = \frac{3 \pm \sqrt{25}}{2} \Rightarrow x = \frac{3 \pm 5}{2}$$

$$x' = \frac{3 + 5}{2} = \frac{8}{2} = 4$$

$$x'' = \frac{3 - 5}{2} = \frac{-2}{2} = -1$$

Pela resolução, temos que esse número inteiro *x* poderá ser –1 ou 4. Portanto, a resposta correta é a "b".

>> Capítulo 6

>> Progressão aritmética e geométrica

Progressão aritmética (PA)

PA de 1ª ordem

É toda sequência em que cada termo (a_n), a partir do segundo, é igual ao anterior adicionado a uma constante, chamada de razão da PA e indicada por r.

Dada a sequência ($a_1, a_2, a_3, ..., a_n$), sendo $n \in \mathbb{N}^*$, chamamos essa sequência de **PA de 1ª ordem** se $a_2 = a_1 + r$, $a_3 = a_2 + r$, ..., $a_n = a_{n-1} + r$.

> Na sequência (2, 5, 8, ..., 29), temos:
> $a_1 = 2$, $a_2 = 5$, $a_3 = 8$, ..., $a_n = 29$.

- *Classificação*

Se $r = 0$, a PA é **constante**.

> (11, 11, 11, 11, 11, 11)

Se $r > 0$, a PA é **crescente**.

> (11, 13, 15, 17, 19, 21, 23)
> $r = 2$

Se $r < 0$, a PA é **decrescente**.

> (23, 20, 17, 14, 11, 8, 5)
> $r = -3$

- *Propriedades*

1ª propriedade: cada termo, a partir do segundo, subtraído do anterior, será igual à razão (r) da PA.

Dada a PA: (2, 5, 8, 11, 14, 17)   temos que:
- $a_2 - a_1 = r$, ou seja, $5 - 2 = 3$
- $a_3 - a_2 = r$, ou seja, $8 - 5 = 3$
- $a_4 - a_3 = r$, ou seja, $11 - 8 = 3$

portanto $r = 3$

Dada a PA: (15, 13, 11, 9, 7, 5)   temos que:
- $a_2 - a_1 = r$, ou seja, $13 - 15 = -2$
- $a_3 - a_2 = r$, ou seja, $11 - 13 = -2$
- $a_4 - a_3 = r$, ou seja, $9 - 11 = -2$

portanto $r = -2$

2ª propriedade: cada termo, a partir do segundo, é igual à média aritmética entre o seu antecedente (termo anterior) e o seu consequente (termo posterior).

Dada a PA: (15, 13, 11, 9, 7, 5)   temos que: $a_2 = \dfrac{a_1 + a_3}{2}$ ou seja $a_2 = \dfrac{15 + 11}{2} = 13$

Dada a PA: (2, 5, 8, 11, 14, 17)   temos que: $a_4 = \dfrac{a_3 + a_5}{2}$ ou seja $a_4 = \dfrac{8 + 14}{2} = 11$

3ª propriedade: a soma dos extremos (primeiro e último termo) de uma PA é igual ao dobro do termo médio, quando houver.

Para haver termo médio, em uma sequência qualquer, essa sequência deverá ser formada por um número ímpar de termos.

Dada a PA: (2, 5, 8, 11, 14, 17, 20)   temos que: $a_1 + a_7 = 2 \cdot a_4$ ou seja $2 + 20 = 22 = 2 \cdot 11$

• *Termo geral da PA*

Conforme as definições vistas, podemos determinar:

$a_1 = a_1$
$a_2 = a_1 + r$
$a_3 = a_2 + r$ ou $a_1 + 2r$
$a_4 = a_3 + r$ ou $a_1 + 3r$
$a_5 = a_4 + r$ ou $a_1 + 4r$

Desta forma, temos que o valor que multiplica r é sempre uma unidade a menos que o valor do índice do termo da PA.

Assim, podemos escrever a fórmula do termo geral da PA:

$$a_n = a_1 + (n - 1)r$$

onde:
- a_1 é o primeiro termo;
- a_n é o termo de ordem n;
- n é o número de termos;
- r é a razão da PA.

> Dada a PA: (2, 5, 8, 11, 14, ...), qual o valor do nono termo?
> $a_n = a_1 + (n-1)r$
> $a_9 = 2 + (9-1)3$
> $a_9 = 2 + 8 \cdot 3$
> $a_9 = 2 + 24$
> $a_9 = 26$

Pela fórmula do termo geral podemos determinar qualquer termo da PA, desde que se saibam os valores dos demais termos.

• Soma dos termos da PA

> A soma de todos os termos da PA, $(a_1 + a_2 + a_3 + ... + a_n)$, será dada pela fórmula: $S_n = \dfrac{(a_1 + a_n)n}{2}$.

↓

> Dada a PA: (15, 13, 11, 9, 7, 5), temos que a soma de todos os seus termos será igual a **60**.
> $S_6 = \dfrac{(15 + a_6)}{2} \cdot 6$
> $S_6 = \dfrac{15 + 5}{2} \cdot 6$
> $S_6 = \dfrac{120}{2}$
> $S_6 = 60$

As sequências em PA obedecem a uma lei de formação que relaciona entre si os seus termos.

Para uma PA de 1ª ordem, essa lei de formação é dada por uma relação do 1º grau em n, ou seja, $a_n = \mathbf{A}n + B$.

> Seja a sequência: (5, 9, 13, 17). É uma PA de 1ª ordem, pois a diferença entre todos os seus termos é constante (**r = = 4**); portanto, seu termo geral poderá ser definido por:
> $a_n = \mathbf{A}n + B$
> $a_1 = A \cdot 1 + B = 5$
> $a_2 = A \cdot 2 + B = 9$
> $a_3 = A \cdot 3 + B = 13$
> $a_4 = A \cdot 4 + B = 17$

Assim, observe o exemplo.

> Dada a PA: (15, 13, 11, 9, ...), qual o valor do termo de número 6?
>
> Em a_1 n vale **1**; portanto, A $\cdot$ **1** + B = 15.
> Em a_2 n vale **2**; portanto, A $\cdot$ **2** + B = 13.
>
> Multiplicando-se a 1ª equação por (−1) e montando um sistema de equações, teremos:
>
> $-A - B = -15$
> $\underline{2A + B = 13}$
> $A = -2$
>
> Substituindo o valor de A na 1ª equação, teremos:
>
> A + B = 15
> −2 + B = 15
> B = 15 + 2
> B = 17
>
> Assim, A = −2 e B = 17.
>
> $a_6 = A \cdot 6 + B$
> $a_6 = -2 \cdot 6 + 17$
> $a_6 = -12 + 17$
> $a_6 = 5$
>
> O 6º termo dessa PA é igual a 5.

PA de 2ª ordem

Uma PA de 2ª ordem é aquela em que a diferença entre os termos da sequência formada pelas suas diferenças é constante.

> Dada a PA: (3, 5, 9, 15, 23, 33)
>
> ↓
>
> à primeira vista não é uma PA, pois a diferença entre seus termos não é constante, mas a diferença encontrada nos termos *da sequência das suas diferenças* (2, 4, 6, 8, 10) é constante (**r = 2**).

Como já vimos, as sequências de termos que estão em PA obedecem a uma lei de formação que relaciona entre si os seus termos.

Para uma PA de 2ª ordem, essa lei de formação é dada por uma relação do 2º grau em n, ou seja, $a_n = An^2 + Bn + C$.

Seja a sequência: (2, 5, 11, 20, 32, 47).

É uma PA de 2ª ordem, pois a diferença entre os termos da sequência formada pelas suas diferenças (3, 6, 9, 12, 15) é constante (**r = 3**); portanto, seu termo geral poderá ser definido por:

$a_n = An^2 + Bn + C$

$a_1 = A \cdot 1^2 + B \cdot 1 + C$ **ou** $A + B + C$

$a_2 = A \cdot 2^2 + B \cdot 2 + C$ **ou** $4A + 2B + C$

$a_3 = A \cdot 3^2 + B \cdot 3 + C$ **ou** $9A + 3B + C$

$a_4 = A \cdot 4^2 + B \cdot 4 + C$ **ou** $16A + 4B + C$

$a_5 = A \cdot 5^2 + B \cdot 5 + C$ **ou** $25A + 5B + C$

Veja um exemplo.

Dada a PA: (2, 4, 11, 23, ...), qual o valor do termo de número 6?

Em a_1, *n* vale 1; portanto, $A \cdot 1^2 + B \cdot 1 + C = 2$ ou $A + B + C = 2$.

Em a_2, *n* vale 2; portanto, $A \cdot 2^2 + B \cdot 2 + C = 4$ ou $4A + 2B + C = 4$.

Em a_3, *n* vale 3; portanto, $A \cdot 3^2 + B \cdot 3 + C = 11$ ou $9A + 3B + C = 11$.

Montando o sistema de equações, teremos:

2ª equação − 1ª equação:

$(4A + 2B + C = 4) - (A + B + C = 2) = 3A + B = 2$

Para facilitar a montagem do sistema, vamos multiplicar a equação acima por 2; portanto, teremos:

$6A + 2B = 4$

3ª equação − 1ª equação:

$(9A + 3B + C = 11) - (A + B + C = 2) = 8A + 2B = 9$

Subtraindo as duas últimas equações:

$(8A + 2B = 9) - (6A + 2B = 4) = 2A = 5$

Portanto, $A = 2,5$

Se $3A + B = 2$, então $3 \cdot 2,5 + B = 2$

Assim, **B = −5,5**

Se $A + B + C = 2$, então $2,5 - 5,5 + C = 2$

Assim, **C = 5**

Aplicando os valores encontrados:

$A = 2,5$

$B = -5,5$

$C = 5$

$a_n = An^2 + Bn + C$

Como queremos o termo de número 6:

$a_6 = A \cdot 6^2 + B \cdot 6 + C$

$a_6 = 36A + 6B + C$

$a_6 = 36 \cdot 2,5 + 6(-5,5) + 5$

$a_6 = 90 - 33 + 5$

$a_6 = 62$

Progressão geométrica (PG)

É toda sequência na qual cada termo (a_n), a partir do segundo, é igual ao anterior multiplicado por uma constante, chamada de razão da PG e indicada por q.

Dada a sequência: $(a_1, a_2, a_3, ..., a_n)$, sendo $n \in \mathbb{N}^*$, denominaremos essa sequência de PG se $a_2 = a_1 \cdot q$, $a_3 = a_2 \cdot q$, ..., $a_n = a_{n-1} \cdot q$.

> Na sequência (2, 4, 8, ..., 32), $a_1 = 2$, $a_2 = 4$, $a_3 = 8$, ..., $a_n = 32$.

• **Classificação**

Se $a_1 > 0$ e $q > 1$ **ou** $a_1 < 0$ e $0 < q < 1$, a PG é **crescente**.

> (3, 9, 27, 81, 243) **q = 3**
> (−2; −1; −0,5; −0,25; −0,125) **q = 0,5**

Se $a_1 > 0$ e $0 < q < 1$ **ou** $a_1 < 0$ e $q > 1$, a PG é **decrescente**.

> (18; 9; 4,5; 2,25; 1,125) **q = 0,5**
> (−2, −6, −18, −54, −162) **q = 3**

Se $q < 0$, a PG é **alternante**.

> (2, −4, 8, −16, 32, −64, 128) **q = −2**
> (−3, 9, −27, 81, −243, 729) **q = −3**

Se $q = 1$, a PG é **constante**.

> (−2, −2, −2, −2, −2) **q = 1**
> (9, 9, 9, 9, 9) **q = 1**

• **Propriedades**

1ª propriedade: cada termo, a partir do segundo, dividido pelo anterior, será igual à razão (q) da PG.

Dada a PG: (2, 4, 8, 16, 32) temos que:
$a_2 \div a_1 = q$, ou seja, $4 \div 2 = 2$
$a_3 \div a_2 = q$, ou seja, $8 \div 4 = 2$
$a_4 \div a_3 = q$, ou seja, $16 \div 8 = 2$
portanto $q = 2$

2ª propriedade: cada termo, a partir do segundo, é igual à raiz quadrada do produto entre o seu antecedente e o seu consequente.

Dada a PG: (3, 12, 48, 192) temos que:
$\begin{cases} a_2 = \sqrt{a_1 \cdot a_3} \\ a_3 = \sqrt{a_2 \cdot a_4} \end{cases}$ ou seja $a_2 = \sqrt{3 \cdot 48}$, $a_2 = \sqrt{144} = 12$
ou seja $a_3 = \sqrt{12 \cdot 192}$, $a_3 = \sqrt{2304} = 48$

3ª propriedade: o produto dos extremos é igual ao termo médio ao quadrado, quando houver.

Dada a PG:
(4, 8, 16, 32, 64, 128, 256)

temos que: $a_1 \cdot a_7 = (a_4)^2$ ou seja $4 \cdot 256 = 1024$

• Termo geral da PG

Conforme o que já foi visto, sabemos que em uma PG:

$$a_1 = a_1$$
$$a_2 = a_1 q$$
$$a_3 = a_2 q \text{ ou } a_1 q^2$$
$$a_4 = a_3 q \text{ ou } a_1 q^3$$

Podemos perceber que o valor do expoente de q é sempre uma unidade a menos que o valor do índice do termo da PG.

Assim, podemos escrever a fórmula do termo geral da PG:

$$a_n = a_1 q^{n-1}$$

onde:
- a_1 é o primeiro termo;
- a_n é o termo de ordem n;
- n é o número de termos;
- q é a razão da PG.

Dada a PG (5, 10, 20, 40, ...), qual o valor do termo de número 8?
$a_n = a_1 q^{n-1}$
$a_8 = a_1 q^{8-1}$
$a_8 = 5 \cdot 2^7$
$a_8 = 5 \cdot 128$
$a_8 = 640$

Pela fórmula do termo geral, podemos determinar qualquer termo da PG, desde que se saibam os valores dos demais.

• Soma dos termos da PG finita

Para $q = 1$ → Como a PG é constante, a soma de todos os seus termos (n) será dada por $a_1 \cdot n$.

↓

Dada a PG: (2, 2, 2, 2, 2), qual é a soma de seus termos?
$q = 1$, $a_1 = 2$ e $n = 5$; portanto, a soma dos seus termos é $2 \cdot 5 = 10$.

> **Para q ≠ 1** → A soma de todos os termos da PG, $(a_1 + a_2 + a_3 + \ldots + a_n)$, será dada pela fórmula: $S_n = \dfrac{a_1(q^n - 1)}{q - 1}$.
>
> ↓
>
> Dada a PG: (10, 30, 90, 270, 810), temos que a soma de todos os seus termos será igual a **1210**.
>
> $S_5 = \dfrac{10(3^5 - 1)}{3 - 1}$
>
> $S_5 = \dfrac{10 \cdot 243 - 1}{2}$
>
> $S_5 = \dfrac{10 \cdot 242}{2}$
>
> $S_5 = \dfrac{2420}{2}$
>
> $S_5 = 1210$

• **Soma dos termos da PG infinita**

Se $|q| < 1$, ou seja, $-1 < q < 1$, teremos q^n tendendo a zero com n tendendo ao infinito. Assim, tomando-se a fórmula da soma:

$$S_n = \dfrac{a_1(q^n - 1)}{q - 1}$$

teremos:

$$S_n = \dfrac{a_1(0 - 1)}{q - 1}$$

$$S_n = \dfrac{a_1 \cdot (-1)}{q - 1}$$

$$S_n = \dfrac{-a_1}{q - 1}$$

ou

$$S = \dfrac{a_1}{1 - q}$$

onde S é o limite da soma dos termos da PG infinita, que pode ser representado por: $S = \lim\limits_{n \to \infty} S_n$.

>>> EXERCÍCIOS DE FIXAÇÃO I – Múltipla escolha

1. (**EsPCEx**) Sendo a, b e c, nesta ordem, termos de uma progressão aritmética em que $a \cdot c = 24$ e A, B e C, nesta ordem, termos de uma progressão geométrica em que $A = a$, $B = c$ e $C = 72$, então o valor de b é

a) 4   b) 5   c) 6   d) 7   e) 8

>>Parte II 355

A questão faz uma comparação entre os termos de uma PA e de uma PG; portanto, esses termos comparados têm o mesmo valor.
Vamos iniciar pelo estudo da PG: A, B, C.

A = a
B = c
C = 72

Pela propriedade da PG, temos que A · C = B², ou seja, o produto dos extremos é igual ao quadrado do termo médio. Assim, como os valores da PG são, nesta ordem, a, c e 72, temos que a · 72 = c².
Sabemos que a · c = 24; portanto, $c = \frac{24}{a}$.

Substituindo c na primeira equação, teremos:
$a \cdot 72 = \left(\frac{24}{a}\right)^2$
$a \cdot 72 = \frac{576}{a^2}$
a²(72a) = 576
72a³ = 576
$a^3 = \frac{576}{72} \Rightarrow a^3 = 8 \therefore a = 2$

Agora vamos ao estudo da PA: a, b, c.
O enunciado informa que a · c = 24. Sabemos que a = 2, então c = 12.

a = 2
b = ?
c = 12

Pela propriedade da PA, temos que a + c = 2b, ou seja, a soma dos extremos é igual ao dobro do termo médio. Assim:
a + c = 2b = 2 + 12 = 14 = 2b, ou seja,
2b = 14
b = 7
Portanto, a resposta correta é a "d".

2. (FCC – TCE/PB) Usando palitos de fósforo inteiros é possível construir a seguinte sucessão de figuras compostas por triângulos:

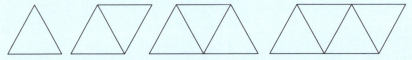

Seguindo o mesmo padrão de construção, então, para obter uma figura composta de 25 triângulos, o total de palitos de fósforo que deverão ser usados é
a) 45   b) 49   c) 51   d) 57   e) 61

Trata-se de uma PA de 1ª ordem de razão (r) igual a 2.
A primeira figura tem 3 palitos; a segunda, 5; a terceira, 7, e assim sucessivamente; portanto, a figura de número 25 será o termo a_{25}.
Aplicando a fórmula do termo geral:
$a_n = a_1 + (n-1)r$
$a_{25} = 3 + (25-1)2$
$a_{25} = 3 + 24 \cdot 2$
$a_{25} = 3 + 48$
$a_{25} = 51$

Portanto, a resposta correta é a "c".

3. (**EsPCEx**) Atribuindo-se um valor a cada letra da sigla ESPCEX, de modo que as letras "E", "S", "P", "C" e "X" formem nessa ordem uma progressão geométrica e que $E \cdot P \cdot C + E \cdot S \cdot X = 8$, pode-se afirmar que o produto $E \cdot S \cdot P \cdot C \cdot E \cdot X$ vale

a) 10   b) 26   c) 20   d) 24   e) 16

A resolução será feita utilizando-se a fórmula do termo geral da PG: $a_n = a_1 q^{n-1}$.
Se a PG é (E, S, P, C, X), então:
Calculando a_1: $a_3 = a_1 q^{3-1} \Rightarrow P = Eq^2 \therefore E = \dfrac{P}{q^2}$.

Calculando a_2: $a_3 = a_2 q \Rightarrow P = Sq \therefore S = \dfrac{P}{q}$.

Calculando a_3: $a_3 = P$.
Calculando a_4: $a_4 = a_3 q \Rightarrow C = Pq$.

Calculando a_5: $a_5 = a_3 q^2 \Rightarrow X = Pq^2$.

A questão informa que $E \cdot P \cdot C + E \cdot S \cdot C = 8$.
Substituindo os valores calculados acima, teremos:
$E \cdot P \cdot C + E \cdot S \cdot C = 8$
$\dfrac{P}{q^2} \cdot P \cdot Pq + \dfrac{P}{q^2} \cdot \dfrac{P}{q} \cdot Pq = 8$
$\dfrac{P^3}{q} + \dfrac{P^3}{q} = 8$
$\dfrac{P^3}{q} = \dfrac{8}{2}$
$\dfrac{P^3}{q} = 4$

Mas a questão pede o valor de $E \cdot S \cdot P \cdot C \cdot E \cdot X$. Como já temos todos os termos calculados, basta fazer a substituição novamente.
$E \cdot S \cdot P \cdot C \cdot E \cdot X$
$\dfrac{P}{q^2} \cdot \dfrac{P}{q} \cdot P \cdot Pq \cdot \dfrac{P}{q^2} \cdot Pq^2$
$\dfrac{P^6}{q^2}$

Ora, $E \cdot S \cdot P \cdot C \cdot E \cdot X = \dfrac{P^6}{q^2} = \dfrac{P^3}{q}$ e, como já temos o valor de $\dfrac{P^3}{q}$, que é 4, então $E \cdot S \cdot P \cdot C \cdot E \cdot X =$
$= 4^2 = 16$.
Portanto, a resposta correta é a "e".

4. (**Cesgranrio**) Em uma progressão aritmética de 41 termos e de razão 9, a soma do termo do meio com o seu antecedente é igual ao último termo. Então, o termo do meio é:

a) 369   b) 189   c) 201   d) 171   e) 180

Quando o termo médio adicionado ao seu anterior for igual ao último termo de uma PA, significa que a razão e o primeiro termo são iguais. Assim, como a razão da PA dada pela questão é 9, $a_1 = 9$. Com $a_1 = 9$, basta aplicar a fórmula do termo geral.
$a_n = a_1 + (n-1)r$
$a_{21} = 9 + (21-1)9$
$a_{21} = 9 + 180$
$a_{21} = 189$
Portanto, a resposta correta é a "b".

5. **(UFPA)** Três números estão em PA. A soma desses números é 15 e o seu produto 105. Qual a diferença entre o maior e o menor?

a) 4   b) 5   c) 6   d) 7   e) 8

Se a soma dos três termos da PA é igual a 15, isso significa que podemos representar essa soma por A + B + C e aplicar a propriedade da soma dos extremos da PA.
A + C = 2B (a soma dos extremos é igual ao dobro do termo médio)
A + B + C = 15
B + 2B = 15 (substituímos A e C por 2B)
3B = 15
$B = \frac{15}{3} \Rightarrow B = 5$

Temos também a informação do produto A · B · C = 105 e já sabemos que B = 5.
A · 5 · C = 105

Como a sequência é uma PA, cada termo é igual ao anterior adicionado a uma constante r.
(5 − r) · 5 · (5 + r) = 105
(5 − r) · (25 + 5r) = 105
125 + 25r − 25r − 5r^2 = 105
−5r^2 = 105 − 125
−5r^2 = −20
$r^2 = \frac{-20}{-5}$
$r^2 = 4 \Rightarrow r = \sqrt{4} \Rightarrow r = 2$

Agora temos $a_2 = 5$ e razão r = 2.
Dessa forma, $a_1 = 5 - 2 = 3$ e $a_3 = 5 + 2 = 7$. A diferença entre a_3 e a_1 é 4.
Portanto, a resposta correta é a "a".

6. **(PUC-SP)** Um escritor escreveu, em um certo dia, as 20 primeiras linhas de um livro. A partir desse dia, ele escreveu, em cada dia, tantas linhas quantas havia escrito no dia anterior, mais 5 linhas. O livro tem 17 páginas, cada uma com exatamente 25 linhas. Em quantos dias o escritor terminou de escrever o livro?

a) 8   b) 9   c) 10   d) 11   e) 17

O total de linhas do livro (17 · 25 = 425) é igual à **soma** de todos os termos dessa PA. Como são escritas 5 linhas a mais por dia, a razão (r) será 5.
Aplicando a fórmula do termo geral da PA, teremos:
$a_n = a_1 + (n - 1)r$
$a_n = 20 + (n - 1)5$
$a_n = 20 + 5n - 5$
$a_n = 5n + 15$

Assim, encontramos o valor de a_n, que não era conhecido. Agora, vamos utilizá-lo na fórmula da soma dos termos da PA.

$S_n = \frac{(a_1 + a_n)n}{2}$
$425 = \frac{(20 + 5n + 15)n}{2}$
2 · 425 = (5n + 35)n
850 = 5n^2 + 35n $^{(\div 5)}$
170 = n^2 + 7n
n^2 + 7n − 170 = 0

Aplicando a fórmula resolutiva:
$\Delta = b^2 - 4ac \Rightarrow \Delta = 7^2 - 4 \cdot 1 \cdot (-170) \Rightarrow \Delta = 49 + 680 \Rightarrow \Delta = 729$

$$n = \frac{-b \pm \sqrt{\Delta}}{2a} \Rightarrow n = \frac{-7 \pm \sqrt{729}}{2} \Rightarrow n = \frac{-7 \pm 27}{2} \Rightarrow \begin{cases} n' = \frac{-7+27}{2} = \frac{20}{2} = 10 \\ n'' = \frac{-7-27}{2} = \frac{-34}{2} = -17 \end{cases}$$

Como *n* é o número de termos da PA, não pode ser negativo; então, n = 10, ou seja, o número de dias é igual a 10. Portanto, a resposta correta é a "c".

7. (**FCC – TCE/PB**) Considere que: uma mesa quadrada acomoda apenas 4 pessoas; juntando duas mesas desse mesmo tipo, acomodam-se apenas 6 pessoas; juntando três dessas mesas, acomodam-se apenas 8 pessoas e, assim, sucessivamente, como é mostrado na figura abaixo.

Nas mesmas condições, juntando 16 dessas mesas, o número de pessoas que poderão ser acomodadas é

a) 32   b) 34   c) 36   d) 38   e) 40

Trata-se de uma PA de 1ª ordem de razão (*r*) igual a 2.
$a_1 = 4$
$a_2 = 6$
$a_3 = 8$
$a_n = a_{16} = ?$

Aplicando a fórmula do termo geral da PA:
$a_n = a_1 + (n-1)r$
$a_{16} = 4 + (16-1)2$
$a_{16} = 4 + 15 \cdot 2$
$a_{16} = 4 + 30 \Rightarrow a_{16} = 34$

Assim, o número de pessoas que poderão ser acomodadas, juntando-se 16 mesas, é 34. Portanto, a resposta correta é a "b".

8. (**UFPB**) Cecília jogou na loteria esportiva durante cinco semanas consecutivas, de tal forma que, a partir da segunda semana, o valor apostado era o dobro do valor da semana anterior. Se o total apostado, nas cinco semanas, foi R$ 2.325,00, o valor pago por Cecília, no jogo da primeira semana, foi:

a) R$ 75,00   c) R$ 100,00   e) R$ 77,00
b) R$ 85,00   d) R$ 95,00

Como o valor apostado aumentava *duas vezes* a cada semana, significa que temos uma PG de razão (*q*) igual a 2.
A soma das apostas, nas cinco semanas, é igual a R$ 2.325,00.
Aplicando a fórmula da soma dos termos da PG, teremos:

$S_n = \frac{a_1(q^n - 1)}{q - 1}$

$2325 = \frac{a_1(2^5 - 1)}{2 - 1}$

$2325 = a_1 \cdot 31$

$a_1 = \frac{2325}{31}$

$a_1 = 75$

Deste modo, o valor pago por Cecília no jogo da primeira semana foi R$ 75,00. Portanto, a resposta correta é a "a".

9. (**FCC – TCE/PB**) Considere que a seguinte sequência de figuras foi construída segundo determinado padrão.

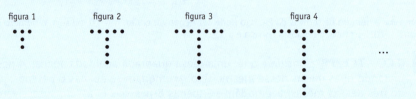

Mantido tal padrão, o total de pontos da figura de número 25 deverá ser igual a
a) 97
b) 99
c) 101
d) 103
e) 105

Trata-se de uma PA de 1ª ordem de razão (r) igual a 4.
Na figura 1, cujo número de pontos será considerado como a_1, estão 5 pontos; na figura 2 (a_2), 9; na figura 3 (a_3), 13, e assim sucessivamente; portanto, a figura de número 25 será o termo a_{25}.
Aplicando a fórmula do termo geral:
$a_n = a_1 + (n - 1)r$
$a_{25} = 5 + (25 - 1)4$
$a_{25} = 5 + 24 \cdot 4$
$a_{25} = 5 + 96$
$a_{25} = 101$
Assim, o total de pontos da figura de número 25 é 101. Portanto, a resposta correta é a "c".

10. (**EsPCEx**) Uma progressão aritmética tem razão r = –10, sabendo que seu 100º (centésimo) termo é zero, pode-se afirmar que seu 14º (décimo quarto) termo vale:
a) 120
b) 990
c) 860
d) 130
e) 870

A resolução será feita com a aplicação da fórmula do termo geral da PA: $a_n = a_1 + (n - 1)r$.
Temos a informação de que o 100º termo é igual a zero (então, $a_{100} = 0$) e de que a razão da PA é –10. Substituindo na fórmula, teremos:
$a_{100} = a_1 + (100 - 1)(-10)$
$0 = a_1 + 99 \cdot (-10)$
$0 = a_1 - 990$
$a_1 = 990$

Utilizando agora a fórmula do termo geral para encontrar a_{14}, teremos:
$a_{14} = 990 + (14 - 1)(-10)$
$a_{14} = 990 + 13(-10)$
$a_{14} = 990 - 130$
$a_{14} = 860$

Portanto, a resposta correta é a "c".

11. (**UFRJ**) Numa P. G., $a_1 = 3$ e $a_3 = 12$, a soma dos oito primeiros termos positivos é:
a) 765
b) 500
c) 702
d) 740
e) Nenhuma.

Pela propriedade das progressões geométricas, sabemos que cada termo, a partir do segundo, é igual à raiz quadrada do produto entre o seu antecedente e o seu consequente; portanto: $a_2 = \sqrt{a_1 \cdot a_3}$.

$a_2 = \sqrt{a_1 \cdot a_3}$
$a_2 = \sqrt{3 \cdot 12}$
$a_2 = \sqrt{36}$
$a_2 = 6$

Com $a_1 = 3$, $a_2 = 6$ e $a_3 = 12$, temos uma PG de razão (q) igual a 2.

Aplicando a fórmula da soma dos termos, teremos:

$S_n = \dfrac{a_1(q^n - 1)}{q - 1}$

$S_8 = \dfrac{3(2^8 - 1)}{2 - 1}$

$S_8 = 3 \cdot 255$
$S_8 = 765$

Assim, a soma dos oito primeiros termos positivos é 765. Portanto, a resposta correta é a "a".

12. **(Ufes)** Quantos números inteiros, compreendidos entre 1000 e 10000, não admitem 3 ou 7 como fatores primos?

a) 4713   b) 4286   c) 5142   d) 224   e) 5571

Em primeiro lugar, temos um intervalo aberto nos dois extremos; então, não levaremos em consideração o número 1000 nem o número 10000. Depois, a questão solicita que se calcule a quantidade de números inteiros não múltiplos de 3 **ou** 7. Desta forma, temos de subtrair dessa quantidade os múltiplos de 3 **e** 7 que são os múltiplos de 21.
Se a questão refere-se à quantidade de números que não são múltiplos, vamos encontrar a quantidade dos que são múltiplos e a diferença entre o total de números, que será a resposta.
Começamos encontrando os múltiplos de 3.
Entre 1000 e 10000 existem 8999 números. O primeiro múltiplo de 3, nesse intervalo, é 1002 e o último é 9999.
Aplicando a fórmula do termo geral da PA, teremos:
$a_n = a_1 + (n - 1)r$
$9999 = 1002 + (n - 1)3$
$9999 = 1002 + 3n - 3$
$9999 = 999 + 3n$
$3n = 9999 - 999$
$3n = 9000$
$n = \dfrac{9000}{3}$
$n = 3000$
Há 3000 números múltiplos de 3.

Agora, vamos encontrar os múltiplos de 7. O primeiro múltiplo de 7, nesse mesmo intervalo, é 1001 e o último é 9996. Aplicando a fórmula do termo geral da PA, teremos:
$a_n = a_1 + (n - 1)r$
$9996 = 1001 + (n - 1)7$
$9996 = 1001 + 7n - 7$
$9996 = 994 + 7n$
$7n = 9996 - 994$
$7n = 9002$
$n = \dfrac{9002}{7}$
$n = 1286$
Há 1286 números múltiplos de 7.

Por último, temos de encontrar os múltiplos de 21. O primeiro múltiplo de 21, nesse mesmo intervalo, é 1008 e o último é 9996. Aplicando a fórmula do termo geral da PA, teremos:
$a_n = a_1 + (n - 1)r$

9996 = 1008 + (n − 1)21
9996 = 1008 + 21n − 21
9996 = 987 + 21n
21n = 9996 − 987
21n = 9009
$n = \frac{9009}{21}$
n = 429
Há 429 números múltiplos de 21.

Assim, temos 3000 múltiplos de 3 + 1286 múltiplos de 7 − 429 múltiplos de 21 (múltiplos de 3 e de 7) = 3857 números múltiplos de 3 ou 7.
3857 números admitem 3 ou 7 como fatores primos, no intervalo dado pela questão; assim, todos os outros (diferença) não admitem.
8999 − 3857 = 5142 números não admitem 3 ou 7 como fatores primos.
Portanto, a resposta correta é a "c".

13. **(Inédito)** Se conseguíssemos dobrar uma folha de papel de 6 centímetros por 6 centímetros 10 vezes ao meio, qual poderia ser a altura alcançada pela pilha de papel que se formaria, sabendo-se que a folha de papel em questão tem 3 milímetros de espessura?

a) 3072 milímetros
b) 2,048 milímetros
c) 0,248 milímetros
d) 30,72 milímetros
e) 0,372 milímetros

Nessa questão, não precisamos levar em conta as dimensões da folha de papel (6 cm × 6 cm), mas, sim, apenas sua espessura. Como a espessura vai dobrar a cada vez que a folha for dobrada ao meio, temos uma PG de razão (*q*) igual a 2, na qual o primeiro termo (a_1) é 6 (primeira dobra), e queremos saber o seu décimo termo (a_{10}). Aplicando a fórmula do termo geral da PG, teremos:

$a_n = a_1 q^{n-1}$
$a_{10} = 6 \cdot 2^{10-1}$
$a_{10} = 6 \cdot 2^9$
$a_{10} = 6 \cdot 512$
$a_{10} = 3072$

Teremos uma pilha de papel de 3072 milímetros de altura. Portanto, a resposta correta é a "a".

14. **(UCS)** O valor de *x* para que a sequência (x + 1, x, x + 2) seja uma PG é:

a) $\frac{1}{2}$
b) $\frac{2}{3}$
c) $-\frac{2}{3}$
d) $-\frac{1}{2}$
e) 3

Em uma PG, cada termo, a partir do segundo, dividido pelo anterior, é sempre igual à razão (*q*). Se dividirmos a_2 por a_1, o resultado será igual à divisão de a_3 por a_2.

$\frac{x}{x+1} = \frac{x+2}{x}$
$x \cdot x = (x + 1)(x + 2)$
$x^2 = x^2 + 2x + x + 2$
$3x + 2 = 0$
$3x = -2$
$x = -\frac{2}{3}$

Para que a sequência seja uma PG, o valor de *x* deverá ser $-\frac{2}{3}$. Portanto, a resposta correta é a "c".

EXERCÍCIO DE FIXAÇÃO II – Problema

1. (**UFRJ**) Num Ka Kay, o oriental famoso por sua inabalável paciência, deseja bater o recorde mundial de construção de castelo de cartas. Ele vai montar um castelo na forma de um prisma triangular no qual cada par de cartas inclinadas que se tocam deve estar apoiado em uma carta horizontal, excetuando-se as cartas da base, que estão apoiadas em uma mesa. A figura a seguir apresenta um castelo com três níveis. Num Ka Kay quer construir um castelo com 40 níveis.

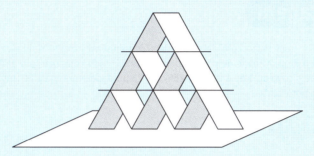

a) Quantas cartas estarão na base?
b) Determine o número de cartas que ele vai utilizar.

Item a (**80 cartas**). Se representarmos cada nível por x e contarmos as cartas que formam cada um deles na figura acima, notaremos que as cartas da base (apoiadas na mesa) podem ser representadas por $2x$. Como as cartas da base ficarão sem cartas na horizontal, no nível 1 temos 2 cartas ($2 \cdot \mathbf{1}$); no nível 2, 4 cartas ($2 \cdot \mathbf{2}$); no nível 3, 6 cartas ($2 \cdot \mathbf{3}$), e assim por diante. Dessa forma, no nível 40 teremos 80 cartas ($2 \cdot \mathbf{40}$).

Item b (**2420 cartas**). Com a observação dos 3 níveis, mostrados na figura, temos uma PA de razão 3, na qual o termo de ordem 1 é 3 (3 cartas no nível 1). Como estamos contando a base de cada nível e o último nível não terá cartas na horizontal, vamos considerar uma PA de 39 termos.
Aplicando a fórmula do termo geral:

$a_n = a_1 + (n-1)r$
$a_{39} = 3 + (39-1)3$
$a_{39} = 3 + 114$
$a_{39} = 117$

Aplicando a fórmula da soma dos termos:

$S_n = \dfrac{(a_1 + a_n)n}{2}$
$S_{39} = \dfrac{(a_1 + a_{39})39}{2}$
$S_{39} = \dfrac{(3 + 117)39}{2}$
$S_{39} = \dfrac{4680}{2}$
$S_{39} = 2340$

Portanto, nos 39 primeiros níveis serão utilizadas 2340 cartas, que, somadas às 80 cartas do quadragésimo (40º) nível, perfazem um total de 2420 cartas.

>> Capítulo 7

>> Porcentagem e juros

Porcentagem

Porcentagem é uma razão cujo denominador (consequente) é 100 unidades, ou seja, é uma forma para calcular a quantidade de partes tomadas de um todo composto por 100 unidades.

Assim, 100% é o todo ou 1 de 1 inteiro; 25% são 25 unidades em cada 100 unidades que formam o inteiro, e assim por diante.

Representações

Forma percentual → 25%
Forma fracionária → $\frac{25}{100}$
Forma decimal → 0,25

• *Transformação da forma de representação*

Da forma percentual para a decimal, basta dividir o valor percentual por cem.

25% (percentual) → $\frac{25}{100}$ = **0,25** (decimal).

37,5% (percentual) → $\frac{37,5}{100}$ = **0,375** (decimal).

2,7% (percentual) → $\frac{2,7}{100}$ = **0,027** (decimal).

Perceba que, para transformar a forma percentual em decimal, basta **deslocar a vírgula** do valor percentual **duas casas para a esquerda**.

Da forma decimal para a percentual, basta multiplicar o valor unitário por cem.

0,25 (decimal) → 0,25 · 100 = **25%** (percentual)

Nem toda multiplicação por 100 resulta em um número percentual; aqui, utilizamos o símbolo percentual (%) ao lado do resultado 25 porque sabemos tratar-se de uma conversão percentual.

364 >>Parte II

Cálculos

Basicamente, há três tipos de cálculo percentual: percentual do inteiro, adição percentual e subtração percentual.

• **Percentual do inteiro**

$$25\% \text{ de } 100 = 25 \quad = \quad \frac{25}{100} \cdot 100 = 0{,}25 \cdot 100 = 25$$

$$25\% \text{ de } 1000 = 250 \quad = \quad \frac{25}{100} \cdot 1000 = 0{,}25 \cdot 1000 = 250$$

$$25\% \text{ de } 150 = 37{,}5 \quad = \quad \frac{25}{100} \cdot 150 = 0{,}25 \cdot 150 = 37{,}5$$

• **Adição percentual**

$$25\% \text{ maior que } 100 = 125 \quad = \quad \left(1 + \frac{25}{100}\right) \cdot 100 \Rightarrow (1 + 0{,}25) \cdot 100 \Rightarrow 1{,}25 \cdot 100 = 125$$

$$25\% \text{ maior que } 1000 = 1250 \quad = \quad \left(1 + \frac{25}{100}\right) \cdot 1000 \Rightarrow (1 + 0{,}25) \cdot 1000 \Rightarrow 1{,}25 \cdot 1000 = 1250$$

$$25\% \text{ maior que } 150 = 187{,}5 \quad = \quad \left(1 + \frac{25}{100}\right) \cdot 150 \Rightarrow (1 + 0{,}25) \cdot 150 \Rightarrow 1{,}25 \cdot 150 = 187{,}5$$

O número 1, introduzido nos cálculos de adição e subtração percentual, tem significado de 1 inteiro.

• **Subtração percentual**

$$25\% \text{ menor que } 100 = 75 \quad = \quad \left(1 - \frac{25}{100}\right) \cdot 100 \Rightarrow (1 - 0{,}25) \cdot 100 \Rightarrow 0{,}75 \cdot 100 = 75$$

$$25\% \text{ menor que } 1000 = 750 \quad = \quad \left(1 - \frac{25}{100}\right) \cdot 1000 \Rightarrow (1 - 0{,}25) \cdot 1000 \Rightarrow 0{,}75 \cdot 1000 = 750$$

$$25\% \text{ menor que } 150 = 112{,}5 \quad = \quad \left(1 - \frac{25}{100}\right) \cdot 150 \Rightarrow (1 - 0{,}25) \cdot 150 \Rightarrow 0{,}75 \cdot 150 = 112{,}5$$

Formação de preços

Podemos ter duas situações percentuais em formação de preço: *lucro* ou *prejuízo*.

O lucro e o prejuízo ocorrem em duas situações percentuais: *sobre a venda* ou *sobre o custo*.

Quando escrevemos 25%, como já vimos, significa que 25 incidem *sobre* 100. Esse "sobre" é a indicação da base de cálculo. É a palavra que vai indicar o valor sobre o qual o lucro ou o prejuízo incidem.

Assim:

- **Lucro ou prejuízo sobre a venda:** o percentual incide sobre a venda; portanto, a venda será a base de cálculo, ou seja, será os 100%.
- **Lucro ou prejuízo sobre o custo:** o percentual incide sobre o custo; portanto, o custo será a base de cálculo, ou seja, será os 100%.

• *Lucro*

Para demonstrar melhor a diferença entre lucro sobre a venda e lucro sobre o custo, observe os exemplos.

① Qual o preço de custo de uma mercadoria vendida por R$ 120,00 se na transação o comerciante teve um lucro de 20% *sobre a venda*?

Vamos utilizar uma relação proporcional simples para resolver essa questão.

Como o lucro foi sobre a venda, a venda será a base de cálculo (100). Portanto, se estou vendendo por 100 e tive lucro de 20, comprei por 80.

	valores	percentuais
custo	x	80
venda	120	100

$x \cdot 100 = 120 \cdot 80$

$x \cdot 100 = 9600$

$x = \dfrac{9600}{100}$

$x = 96$

O custo da mercadoria foi R$ 96,00.

Vamos agora considerar esse mesmo percentual de lucro, só que *incidindo sobre o custo*.

② Qual o preço de custo de uma mercadoria vendida por R$ 120,00 se na transação o comerciante teve um lucro de 20% *sobre o custo*?

Como o lucro foi sobre o custo, o custo será a base de cálculo (100). Portanto, se estou comprando por 100 e tive lucro de 20, vendi por 120.

	valores	percentuais
custo	x	100
venda	120	120

$x \cdot 120 = 100 \cdot 120$

$x \cdot 120 = 12000$

$x = \dfrac{12000}{120}$

$x = 100$

O custo da mercadoria foi R$ 100,00.

Perceba que lucro sobre a venda e lucro sobre o custo são situações diferentes.

No lucro sobre a venda, o valor referente ao lucro é sempre *maior* que no lucro sobre o custo.

No primeiro exemplo, o comerciante comprou por R$ 96,00 e vendeu por R$ 120,00, tendo um lucro de R$ 24,00. No segundo, comprou por R$ 100,00 e vendeu pelos mesmos R$ 120,00; portanto, obteve um lucro de apenas R$ 20,00.

Vejamos as duas situações em uma mesma questão.

③ Um produto foi vendido por R$ 12.000,00 com lucro de 10% sobre a venda. Se o mesmo lucro fosse obtido sobre o custo, por quanto seria vendido o produto?

O percentual de lucro é o mesmo, mas inicialmente incide sobre a venda e, depois, sobre o custo.

Como são duas situações, primeiro calculamos o custo do produto e depois, sobre esse custo, o novo preço de venda.

	valores	percentuais
custo	x	90
venda	12000	100

$x \cdot 100 = 12000 \cdot 90$
$x = 120 \cdot 90$
$x = 10800$

O preço de custo foi R$ 10.800,00.

	valores	percentuais
custo	10800	100
venda	x	110

$x \cdot 100 = 10800 \cdot 110$
$x = 108 \cdot 110$
$x = 11880$

Na primeira situação, o produto foi comprado por R$ 10.800,00 e vendido por R$ 12.000,00. Houve um lucro de R$ 1.200,00.

Na segunda, com o lucro incidindo sobre o custo, o produto foi comprado pelos mesmos R$ 10.800,00, mas vendido por apenas R$ 11.880,00, o que indica ter havido lucro de R$ 1.080,00.

• *Prejuízo*

Para demonstrar melhor a diferença entre prejuízo sobre a venda e prejuízo sobre o custo, observe os exemplos.

① Qual o preço de custo de uma mercadoria vendida por R$ 120,00 se na transação o comerciante teve um prejuízo de 20% *sobre a venda*?

Como o prejuízo foi sobre a venda, esta será a base de cálculo (100). Portanto, se estou vendendo por 100 e tive prejuízo de 20, comprei por 120.

	valores	percentuais
custo	x	120
venda	120	100

$x \cdot 100 = 120 \cdot 120$
$x \cdot 100 = 14400$
$x = \dfrac{14400}{100}$
$x = 144$

O custo da mercadoria foi R$ 144,00.
Vamos agora considerar esse mesmo percentual de prejuízo, só que *incidindo sobre o custo*.

② Qual o preço de custo de uma mercadoria vendida por R$ 120,00 se na transação o comerciante teve um prejuízo de 20% *sobre o custo*?

Como o prejuízo foi sobre o custo, este será a base de cálculo (100). Portanto, se estou comprando por 100 e tive prejuízo de 20, vendi por 80.

	valores	percentuais
custo	x	100
venda	120	80

$x \cdot 80 = 120 \cdot 100$
$x \cdot 80 = 12000$
$x = \dfrac{12000}{80}$
$x = 150$

O custo da mercadoria foi R$ 150,00.
Perceba que prejuízo sobre a venda e prejuízo sobre o custo são situações diferentes.
No prejuízo sobre o custo, o valor referente ao prejuízo é sempre *maior* que no prejuízo sobre a venda.
No primeiro exemplo, o comerciante comprou por R$ 144,00 e vendeu por R$ 120,00, tendo um prejuízo de R$ 24,00. No segundo, comprou por R$ 150,00 e vendeu pelos mesmos R$ 120,00, mas teve um prejuízo de R$ 30,00.

Percentual incluído

Outra forma que costuma aparecer bastante em questões de provas é a forma do percentual incluído.
Se uma questão de prova indicar que um determinado valor inclui um percentual de impostos, taxas ou despesas, por exemplo, significa que incluídos nesse valor estão os 100% do valor sem o percentual somado ao valor percentual.

valor sem o percentual + valor percentual = valor com percentual

Observe os exemplos.

① Um produto foi comprado por R$ 134.400,00, incluindo despesas no valor percentual de 12%. Qual o valor do produto sem as despesas?

Basta identificar qual é a base de cálculo, ou seja, qual o todo que corresponde aos 100%.

O valor dado não pode ser considerado como o todo, pois, além dos 100% de seu próprio valor, inclui 12% de despesas (112%). Assim, a base de cálculo é o próprio valor, sem as despesas.

valores	percentuais
134400	112
x	100

$x \cdot 112 = 134400 \cdot 100$
$x \cdot 112 = 13440000$
$x = \dfrac{13440000}{112}$
$x = 120000$

O valor do produto sem as despesas é R$ 120.000,00.

② Uma determinada mercadoria foi comprada por R$ 175.375,00, incluindo impostos na alíquota de 15%. Qual seria o valor pago por essa mesma mercadoria se a alíquota incidente fosse de apenas 8%?

Percentual da mercadoria 100% + percentual do imposto 15% = 115%.
Vamos calcular: percentual da mercadoria 100% + percentual do imposto 8% = 108%.

valores	percentuais
175375	115
x	108

$x \cdot 115 = 175375 \cdot 108$
$x \cdot 115 = 18940500$
$x = \dfrac{18940500}{115}$
$x = 164700$

O valor com alíquota de 8% seria R$ 164.700,00.

Juros

Os juros são valores de premiação ou de retribuição para um capital empregado. Podem ser considerados também como os valores de remuneração pelo empréstimo de algum dinheiro.

Juros simples

Também chamado de capitalização simples, é o valor calculado na aplicação de um determinado capital, a uma determinada taxa, por um determinado tempo e de uma só vez.

O valor da aplicação é o *capital*. Sobre ele incidirá uma *taxa* por um *tempo* e, no final da aplicação, o resultado é um valor chamado de *montante*.

Assim, podemos dizer que o montante sempre será igual ao capital **adicionado** aos juros.

A fórmula para o cálculo de juros simples é:

$$\text{juros simples} = \text{capital} \cdot \text{taxa} \cdot \text{tempo} \Rightarrow J = C \cdot \dfrac{i}{100} \cdot t$$

onde:
- J = juros;
- C = capital;
- i = taxa;
- t = tempo.

A fórmula para o cálculo do montante é:

$$\text{montante} = \text{capital} + \text{juros} \Rightarrow M = C\left(1 + \frac{i}{100} \cdot t\right)$$

onde:
- M = montante;
- C = capital;
- i = taxa;
- t = tempo.

Nas fórmulas para cálculo de juros e montante, consideramos a taxa (i) já dividida por 100 porque é sempre um valor percentual.

• Equiparação das unidades de taxa e tempo

Quando taxa e tempo estiverem expressas em unidades diferentes, antes de aplicarmos as fórmulas temos de fazer as devidas equiparações. Para isso, basta verificar quantas unidades menores cabem em cada unidade maior. Veja o exemplo:

15% ao ano por 7 meses = $\frac{15}{100} \cdot \frac{7}{12}$ → A taxa está em **ano** e o tempo, em **mês**. Como o ano tem **12 meses**, dividimos tudo por 12, para equiparar as unidades.

2% ao mês por 14 dias = $\frac{2}{100} \cdot \frac{14}{30}$ → A taxa está em **mês** e o tempo, em **dia**. Como o mês tem **30 dias comerciais**, dividimos tudo por 30, para equiparar as unidades.

16% ao ano por 72 dias = $\frac{16}{100} \cdot \frac{72}{360}$ → A taxa está em **ano** e o tempo, em **dia**. Como o ano tem **360 dias comerciais**, dividimos tudo por 360, para equiparar as unidades.

Vamos aplicar a fórmula apresentada para entender como se calculam juros simples.

① Quais os juros recebidos ao final de uma aplicação de R$ 12.000,00, sabendo que a taxa foi de 10% ao ano, no regime de capitalização simples, por 3 anos?

$$J = C \cdot \frac{i}{100} \cdot t \Rightarrow J = 12000 \cdot \frac{10}{100} \cdot 3$$
$$J = 120 \cdot 10 \cdot 3$$
$$J = 3600$$

Os juros recebidos serão de R$ 3.600,00.

② O capital de R$ 12.000,00 foi aplicado a uma determinada taxa anual, por 4 meses, resultando em R$ 480,00 de juros. Qual a taxa envolvida na operação?

$$J = C \cdot \frac{i}{100} \cdot t$$
$$480 = 12000 \cdot \frac{i}{100} \cdot \frac{4}{12}$$
$$480 = 12000 \cdot \frac{i}{100} \cdot \frac{1}{3}$$
$$480 = \frac{120 \cdot i}{3} \Rightarrow 480 = 40i$$
$$i = \frac{480}{40} = 12$$

A taxa envolvida na operação foi de 12%.

Agora vamos aplicar as fórmulas de cálculo de montante.

① Qual o montante de uma aplicação em que o capital investido foi de R$ 5.500,00 e os juros, de R$ 450,00?

$$M = C + J$$
$$M = 5500 + 450$$
$$M = 5950$$

O montante foi de R$ 5.950,00.

② Qual o montante de uma aplicação em que o capital investido foi de R$ 6.500,00 e a taxa, de 10% ao ano por 4 anos?

$$M = C\left(1 + \frac{i}{100} \cdot t\right)$$
$$M = 6500\left(1 + \frac{10}{100} \cdot 4\right)$$
$$M = 6500(1 + 0,4)$$
$$M = 6500 \cdot 1,4$$
$$M = 9100$$

O montante foi de R$ 9.100,00.

Juros compostos

Enquanto nos juros simples apenas o capital inicial (principal) rende juros, nos compostos há um acúmulo de rendimentos em todos os períodos da aplicação.

Assim, o total sobre o qual a taxa de juros vai incidir muda ao final de cada período.

Se aplicarmos R$ 1.000,00 a juros simples, a taxa vai incidir sobre R$ 1.000,00 até o final da aplicação; se forem juros compostos, a taxa incidirá sobre o resultado do período anterior.

Suponhamos que R$ 1.000,00 sejam aplicados a uma taxa de 2% ao mês durante três meses.

Período	A taxa incidirá sobre:	Juros do período	Montante do período
Primeiro mês	R$ 1.000,00	R$ 20,00	R$ 1.020,00
Segundo mês	R$ 1.000,00 + R$ 20,00	R$ 20,40	R$ 1.040,40
Terceiro mês	R$ 1.000,00 + R$ 20,40	R$ 20,81	R$ 1.061,21

Assim, para o cálculo dos juros compostos, a fórmula é:

$$M = C\left(1 + \frac{i}{100}\right)^t$$

onde:
- M = montante ou valor nominal;
- C = capital ou valor atual;
- i = taxa;
- $\left(1 + \frac{i}{100}\right)^t$ = fator de acumulação de capital;
- t = tempo.

Quando t tiver um valor alto, usualmente é um dado fornecido em questões de prova. Se não for informado, geralmente há uma tabela de fatores de acumulação para consulta (veremos essas tabelas nas resoluções de questões de provas).

Quando se quer saber apenas os juros, basta subtrair o capital do montante.

$$J = M - C$$

Vamos aplicar as fórmulas para entender o cálculo de juros compostos.

① Qual o resultado da aplicação de R$ 1.200,00, a juros compostos, à taxa de 2% ao mês por 4 meses?

$$M = C\left(1 + \frac{i}{100}\right)^t$$
$$M = 1200\left(1 + \frac{2}{100}\right)^4$$
$$M = 1200(1 + 0{,}02)^4$$
$$M = 1200 \cdot 1{,}0824$$
$$M \cong 1298$$

O montante foi de R$ 1.298,00.

② Um determinado capital foi aplicado a juros compostos, à taxa de 3% ao mês por 3 meses, elevando-se a R$ 1.912,25. Qual o capital investido?

$$M = C\left(1 + \frac{i}{100}\right)^t$$
$$1912{,}25 = C\left(1 + \frac{3}{100}\right)^3$$
$$1912{,}25 = C(1 + 0{,}03)^3$$
$$1912{,}25 = C \cdot 1{,}0927$$
$$C = \frac{1912{,}25}{1{,}0927}$$
$$C \cong 1750$$

O capital investido foi R$ 1.750,00.

EXERCÍCIOS DE FIXAÇÃO I – Múltipla escolha

1. (**Esaf – TTN**) Carlos aplicou $\frac{1}{4}$ de seu capital a juros de 18% ao ano, pelo prazo de um ano, e o restante do dinheiro a uma taxa de 24% ao ano pelo mesmo prazo e regime de capitalização. Sabendo-se que uma das aplicações rendeu R$ 594,00 de juros a mais do que a outra, o capital inicial era de:
a) R$ 4.600,00
b) R$ 4.400,00
c) R$ 4.200,00
d) R$ 4.800,00
e) R$ 4.900,00

O enunciado afirma que uma das aplicações rendeu R$ 594,00 a mais que a outra. Temos de calcular a aplicação que rendeu maior valor e igualá-la a outra somada à diferença entre elas.

1ª aplicação:
$J_1 = \frac{C \cdot i \cdot t}{100} \Rightarrow J_1 = \frac{1}{4} C \cdot \frac{18}{100} \cdot 1 \Rightarrow J_1 = \frac{1}{4} C \cdot 0,18 \cdot 1 \Rightarrow J_1 = 0,045C$

2ª aplicação:
$J_2 = \frac{C \cdot i \cdot t}{100} \Rightarrow J_2 = \frac{3}{4} C \cdot \frac{24}{100} \cdot 1 \Rightarrow J_2 = \frac{3}{4} C \cdot 0,24 \cdot 1 \Rightarrow J_2 = 0,18C$

A segunda aplicação rendeu R$ 594,00 a mais que a primeira, pois foi o maior resultado (**0,18C > 0,045C**).
$J_2 = J_1 + 594$
$0,18C = 0,045C + 594$
$0,18C - 0,045C = 594$
$0,135C = 594$
$C = \frac{594}{0,135}$
$C = 4400$

Portanto, a resposta correta é a "b".

2. (**Cespe/UnB – Chesf**) Um capital acrescido dos seus juros simples de 21 meses soma R$ 7.050,00. O mesmo capital diminuído dos seus juros simples de 13 meses reduz-se a R$ 5.350,00. O valor desse capital é
a) inferior a R$ 5.600,00.
b) superior a R$ 5.600,00 e inferior a R$ 5.750,00.
c) superior a R$ 5.750,00 e inferior a R$ 5.900,00.
d) superior a R$ 5.900,00 e inferior a R$ 6.100,00.
e) superior a R$ 6.100,00.

O tempo decorrido entre as duas informações do problema é de 34 meses e a diferença dos valores, para o mesmo período, é de R$ 1.700,00, o que significa que o rendimento mensal é de $\frac{1700}{34} = 50$.

Aplicando esse resultado em qualquer um dos montantes informados, teremos:
R$ 7.050,00 é o resultado (montante) da aplicação do capital (C) por 21 meses (t), com rendimento de R$ 50,00 ao mês.
$M = C + J$
$7050 = C + 21 \cdot 50$
$7050 = C + 1050$
$C = 7050 - 1050$
$C = 6000$

Portanto, a resposta correta é a "d".

3. (FGV) Em 01/03/06, um artigo que custava R$ 250,00 teve seu preço diminuído em p% do seu valor. Em 01/04/06, o novo preço foi novamente diminuído em p% do seu valor, passando a custar R$ 211,60. O preço desse artigo em 31/03/06 era:
a) 225,80.
b) 228,00.
c) 228,60.
d) 230,00.
e) 230,80.

A questão informa que foi dado um desconto percentual (p%) duas vezes consecutivas sobre o preço do artigo. Dessa forma, podemos considerar que p desconto multiplicado por p desconto é igual a p^2 desconto sobre o valor inicial (R$ 250,00).

$250p^2 = 211,60$

$p^2 = \frac{211,60}{250} \Rightarrow p^2 = 0,8464$

$p = \sqrt{0,8464} \Rightarrow p = 0,92 \therefore p = 92\%$

Se p = 92% do valor, significa que houve 8% de desconto em cada uma das vezes.

Como 31/03/06 se refere ao valor após o primeiro desconto, teremos: R$ 250,00 − 8% = R$ 250,00 − R$ 20,00 = R$ 230,00.
Portanto, a resposta correta é a "d".

4. (PUC) Em uma corrida de cavalos, o cavalo vencedor pagou aos seus apostadores R$ 9,00 por cada R$ 1,00 apostado. O rendimento de alguém que apostou no cavalo vencedor foi de:
a) 800%
b) 90%
c) 80%
d) 900%
e) 9%

"Apostar R$ 1,00 e receber R$ 9,00" significa "quem apostar no vencedor vai ganhar R$ 8,00". Assim, o proprietário do cavalo vencedor pagou 900% sobre as apostas feitas no animal, mas o apostador ganhou 800%.
Portanto, a resposta correta é a "a".

5. (Fuvest-SP) O salário de Antônio é 90% do de Pedro. A diferença entre os salários é de R$ 500,00. O salário de Antônio é:
a) R$ 5.500,00
b) R$ 4.500,00
c) R$ 4.000,00
d) R$ 5.000,00
e) R$ 3.500,00

A relação entre os salários é: salário de Antônio = 0,9 do salário de Pedro = (90%) do salário de Pedro. A questão também informa que a diferença entre os salários é de R$ 500,00, então o maior salário (Pedro) é igual ao menor (Antônio) somado à diferença (500).
Equacionando esses dados, teremos: A = 0,9P e P − A = 500.
Substituindo o valor da variável P da segunda equação, na primeira, teremos:

A = 0,9(500 + A)
A = 450 + 0,9A
A − 0,9A = 450
0,1A = 450

$A = \frac{450}{0,1}$

A = 4500

Portanto, a resposta correta é a "b".

6. (**Vunesp**) Um advogado, contratado por Marcos, consegue receber 80% de uma causa avaliada em R$ 200.000,00 e cobra 15% da quantia recebida, a título de honorários. A quantia, em reais, que Marcos receberá, descontada a parte do advogado, será de

a) 24000.
b) 30000.
c) 136000.
d) 160000.
e) 184000.

O valor da causa era de R$ 200.000,00, mas o advogado só recebeu R$ 160.000,00 (80%).
Sobre o valor recebido (R$ 160.000,00), o advogado cobra 15%; portanto, o advogado cobrou R$ 24.000,00 (15% de R$ 160.000,00).
Assim, retirando do valor recebido pela causa (R$ 160.000,00) e o que o advogado cobrou (R$ 24.000,00), restam para Marcos R$ 136.000,00 (R$ 160.000,00 – R$ 24.000,00).
Portanto, a resposta correta é a "c".

7. (**Covest – UFPE – adapt.**) Uma empresa resolveu conceder reajustes de 4% aos seus funcionários, mas descontará 10% sobre o valor do salário que ultrapassar R$ 800,00. Encontre o maior salário que não sofrerá redução e indique a soma dos seus dígitos.

a) 05   b) 06   c) 07   d) 08   e) 09

O maior salário que não sofrerá redução será aquele em que o acréscimo for igual ao desconto, ou seja, aquele em que o aumento de 4% for igual ao desconto de 10% sobre tudo o que ultrapassar R$ 800,00.
Vamos considerar:
salário = S
aumento = 4% sobre S = 0,04S
salário com o aumento = S + 0,04S = 1,04S
faixa para desconto = 1,04S – 800
percentual sobre a faixa para desconto = 10%
desconto = 10% de 1,04S – 800
Se, para não sofrer redução, o aumento tem de ser igual ao desconto, teremos:

$0,04S = \dfrac{10}{100}(1,04S - 800)$

$0,04S = 0,1(1,04S - 800)$
$0,04S = 0,104S - 80$
$-0,064S = -80$
$S = \dfrac{-80}{-0,064}$
$S = 1250$

A soma dos dígitos será: 1 + 2 + 5 + 0 = 8. Portanto, a resposta correta é a "d".

8. (**Cespe/UnB – Chesf**) A bacia Amazônica concentra 72% do potencial hídrico nacional. A distribuição regional dos recursos hídricos é de 70% para a região Norte, 15% para o Centro-Oeste, 12% para as regiões Sul e Sudeste, que apresentam o maior consumo de água, e 3% para a Nordeste.

(Internet: http://www.bndes.gov.br/conhecimento/revista/rev806.pdf)

Com base no texto acima, assinale a opção incorreta.

a) Mais de $\dfrac{3}{5}$ dos recursos hídricos brasileiros situam-se na região Norte.

b) A região Centro-Oeste possui $\frac{3}{20}$ dos recursos hídricos nacionais.

c) Na região Sul, situam-se $\frac{3}{25}$ dos recursos hídricos nacionais.

d) A bacia Amazônica concentra $\frac{18}{25}$ do potencial hídrico nacional.

e) A região Nordeste possui mais de $\frac{1}{50}$ dos recursos hídricos nacionais.

A questão solicita que o candidato indique a alternativa **incorreta**. O enunciado informa o *percentual total* de recursos hídricos das regiões Sul **e** Sudeste, não se podendo afirmar coisa alguma sobre *cada uma delas*, como faz a alternativa "c".

Analisando as outras alternativas, podemos verificar que os valores são iguais aos informados no enunciado:

alternativa "a": $\frac{3}{5} = 60\%$.

alternativa "b": $\frac{3}{20} = 15\%$.

alternativa "d": $\frac{18}{25} = 72\%$.

alternativa "e": $\frac{1}{50} = 2\%$.

Portanto, a resposta correta é a "c".

9. **(Esaf – TTN)** O capital que, investido hoje a juros de 12% ao ano, se elevará a R$ 1.296,00 no fim de 8 meses, é de:
a) 1.100,00
b) 1.000,00
c) 1.392,00
d) 1.200,00
e) 1.399,68

A informação "se elevará a" indica que o valor apresentado refere-se ao montante; então, R$ 1.296,00 é o montante da aplicação.

A taxa é anual e o tempo é mensal. Assim, para fazer a equiparação das unidades, de taxa (*i*) e tempo (*t*), divide-se o tempo dado por 12, ou seja, $\frac{8}{12}$.

$M = C\left(1 + \frac{i}{100}\right)^t$

$1296 = C\left(1 + \frac{i \cdot t}{100}\right)$

$1296 = C\left(1 + \frac{12}{100} \cdot \frac{8}{12}\right)$

$1296 = C(1 + 0,08)$

$1296 = 1,08C$

$C = \frac{1296}{1,08}$

$C = 1200$

Portanto, a resposta correta é a "d".

10. **(Faap-SP)** Numa cidade, 12% da população são estrangeiros. Sabendo-se que 11968000 são brasileiros, qual é a população total?
a) 1360000
b) 13600000
c) 136000000
d) 10531840
e) 104318400

Se, na população da cidade, 12% são estrangeiros, 88% são brasileiros (100% − 12%).

88 — 11968000
100 — x

x · 88 = 100 · 11968000
x · 88 = 1196800000

$x = \dfrac{1196800000}{88}$

x = 13600000

Portanto, a resposta correta é a "b".

11. (**Esaf – TTN**) Mário aplicou suas economias, a juros, em um banco a 15% ao ano, durante 2 anos. Findo o prazo, reaplicou o montante e mais R$ 2.000,00 de suas novas economias, por mais 4 anos, à taxa de 20% ao ano, sob o mesmo regime de capitalização. Admitindo-se que os juros das 3 aplicações somaram R$ 18.216,00, o capital inicial da primeira aplicação era de:

a) R$ 12.400,00
b) R$ 11.360,00
c) R$ 10.721,00
d) R$ 12.550,00
e) R$ 12.732,00

De início, vamos calcular a primeira aplicação para saber o valor do montante que Mário vai reaplicar. Note que a questão cita três aplicações, mas vamos calcular como se fossem apenas duas, englobando, na segunda, os dois últimos capitais.

1ª aplicação:

$J_1 = C_1 \cdot \dfrac{i_1}{100} \cdot t_1$

$J_1 = C \cdot \dfrac{15}{100} \cdot 2$

$J_1 = 0{,}3C$

$M = C_1 + J_1$
$M = C + 0{,}3C$
$M = 1{,}3C$

2ª aplicação:

$J_2 = C_2 \cdot \dfrac{i_2}{100} \cdot t_2$

$J_2 = (1{,}3C + 2000) \cdot \dfrac{20}{100} \cdot 4$

$J_2 = (1{,}3C + 2000) \cdot 0{,}8$
$J_2 = 1{,}04C + 1600$

Como o total de juros é R$ 18.216,00, teremos:

$J_1 + J_2 = 18216$
$0{,}3C + 1{,}04C + 1600 = 18216$
$1{,}34C = 18216 − 1600$
$1{,}34C = 16616$

$C = \dfrac{16616}{1{,}34}$

C = 12400

Portanto, a resposta correta é a "a".

12. (**CMB**) Numa eleição, 65000 pessoas votaram. O candidato que venceu recebeu 55% do total dos votos. O outro candidato recebeu 60% da quantidade dos votos do candidato que venceu. Os demais foram votos brancos ou nulos. Quantos votos brancos ou nulos existiram nessa eleição?

a) 21450 votos
b) 35750 votos
c) 8800 votos
d) 6800 votos
e) 7800 votos

Representação:
Quantidade de votos do candidato que venceu a eleição = C_v
Quantidade de votos do outro candidato = O_c
Quantidade de votos brancos ou nulos = V_{bn}

Total de eleitores = 65000
Desse total, 55% votaram em C_v, portanto:

$C_v = \frac{55}{100} \cdot 65000 = 0{,}55 \cdot 65000 = 35750$

Desse total, 60% votaram em O_c, então:

$O_c = \frac{60}{100} \cdot 35750 = 0{,}6 \cdot 35750 = 21450$

Adicionando as duas quantidades, teremos a quantidade de eleitores que não votaram em branco ou nulo; assim, a diferença será a resposta da questão.

$C_v + O_c + V_{bn} = 65000$
$35750 + 21450 + V_{bn} = 65000$
$57200 + V_{bn} = 65000$
$V_{bn} = 65000 - 57200$
$V_{bn} = 7800$

Portanto, a resposta correta é a "e".

13. **(CMB)** Um comerciante vende um determinado produto de limpeza por R$ 75,00 (setenta e cinco reais). No entanto, se o pagamento for feito em dinheiro, será dado um desconto de 15% sobre o preço de venda acima definido. Determine o valor do produto no caso de pagamento em dinheiro.

a) R$ 11,25
b) R$ 62,75
c) R$ 63,25
d) R$ 63,75
e) R$ 64,75

Se o desconto de 15% foi sobre a venda, basta subtrair o percentual do percentual total (100%) para obter o novo valor do produto, ou, ainda, calcular 15% sobre o valor de *venda* e, depois, subtraí-lo do valor total.
Preço de venda = R$ 75,00
Desconto sobre a venda = 0,15 · 75
Valor do desconto = R$ 11,25
Valor do produto com desconto = R$ 75,00 – R$ 11,25 = R$ 63,75
Portanto, a resposta correta é a "d".

14. **(CMBH)** Tiago, André e Gustavo foram premiados em um "bolão" do Campeonato Brasileiro. Tiago vai ficar com 40% do valor total do prêmio enquanto André e Gustavo vão dividir o restante igualmente entre dois. Se Gustavo vai receber R$ 600,00, então o prêmio total é:

a) igual a R$ 1.500,00.
b) maior que R$ 2.000,00.
c) menor que R$ 2.500,00.
d) igual a R$ 2.500,00.
e) maior que R$ 3.000,00.

São três os premiados: o primeiro fica com 40% e os outros dois ficam com o restante, ou seja, com 60%, que será dividido igualmente entre eles: 30% para cada um.
Gustavo = 30% do prêmio = R$ 600,00.

30 ✕ 600
100   x
30x = 100 · 600
30x = 60000
x = $\frac{60000}{30}$
x = 2000
Portanto, a resposta correta é a "c".

EXERCÍCIO DE FIXAÇÃO II – Certo ou errado

1. (**Cespe/UnB – TRT-6ª Região**) Se um capital aplicado a juros simples durante seis meses à taxa mensal de 5% gera, nesse período, um montante de R$ 3.250,00, então o capital aplicado é menor que R$ 2.600,00.

Aplicando a fórmula do montante, teremos:

$M = C\left(1 + \frac{i \cdot t}{100}\right)$

3250 = C(1 + 0,05 · 6)
3250 = 1,3C
$C = \frac{3250}{1,3}$
C = 2500

Portanto, a afirmação está correta.

>> Capítulo 8

>> Medidas, geometria básica e trigonometria

Medidas

Neste capítulo, ao final do estudo de cada tipo de unidade de medida, faremos uma relação da unidade de medida em questão com sua aplicação na geometria básica. Assim, as unidades de medida de comprimento serão relacionadas com o perímetro; as unidades de medida de superfície, com a área; e as unidades de medida de capacidade, com o volume dos principais sólidos.

O sistema de medidas regula a padronização, em todo o território nacional, das unidades de medidas.

As unidades de medidas estudadas neste capítulo são:

Tipo	Unidade	Símbolo
Comprimento	metro	m
Área/Superfície	metro quadrado	m^2
Volume	metro cúbico	m^3
Capacidade	litro	ℓ
Massa	quilograma	kg

1. Algumas questões de provas de concursos referem-se a **conteúdo de um recipiente** como **capacidade** do recipiente e apresentam os dados dessa medição em litros. O litro (ℓ) é uma unidade de medida de capacidade/volume, aceita pelo Sistema Internacional de Unidades(SI)[1], embora não seja a unidade oficial de volume. A unidade oficial de volume/capacidade é o **metro cúbico** (m^3).

2. Da mesma forma, apesar de a unidade de medida padrão oficial de massa ser o quilograma (kg), é usual utilizar-se o grama (g), principal unidade desse sistema, como unidade fundamental.

Não há conversão direta entre unidades de medidas de tipos diferentes no sistema métrico decimal, **exceto** entre as unidades da tabela do metro cúbico (m^3) e da tabela do litro (ℓ), pois estas, atendendo ao que foi visto acima, são consideradas medidas de volume/capacidade.

---

[1] O Sistema Métrico Decimal adotou inicialmente três unidades básicas de medida: o metro, o quilograma e o segundo. Entretanto, o desenvolvimento científico e tecnológico passou a exigir medições cada vez mais precisas e diversificadas. Variadas modificações ocorreram até que, em 1960, o Sistema Internacional de Unidades (SI), mais complexo e sofisticado, foi consolidado pela 11ª Conferência Geral de Pesos e Medidas. O SI foi adotado também pelo Brasil em 1962 e ratificado pela Resolução nº 12, de 1988, do Conselho Nacional de Metrologia, Normalização e Qualidade Industrial — Conmetro, tornando-se de uso obrigatório em todo o território nacional. (Fonte: Inmetro)

Conversões de unidades de medidas

Em todas as conversões, utilizaremos um padrão de prefixos, que deve ser adicionado à unidade padrão de medida em questão.

Múltiplos				Submúltiplos		
kilo	**hecto**	**deca**	**padrão**	**deci**	**centi**	**mili**
padrão multiplicado por 1000	padrão multiplicado por 100	padrão multiplicado por 10		padrão dividido por 10	padrão dividido por 100	padrão dividido por 1000

À esquerda da unidade padrão estão seus múltiplos e à direita estão seus submúltiplos. Para fazer as conversões, basta contar o número de unidades para a esquerda ou para a direita e depois deslocar a vírgula no número na mesma quantidade e sentido (direita/esquerda) das unidades contadas.

A contagem das unidades deve atender o seguinte critério:
- de 1 em 1 se a unidade de medida for de expoente 1 (metro, litro, grama);
- de 2 em 2 se a unidade de medida for de expoente 2 (m^2);
- de 3 em 3 se a unidade de medida for de expoente 3 (m^3).

Medidas de comprimento

A unidade padrão para medidas de comprimento é o **metro**, cujos múltiplos são: o decâmetro (dam), o hectômetro (hm) e o quilômetro (km). Seus submúltiplos são: o decímetro (dm), o centímetro (cm) e o milímetro (mm).

Múltiplos				Submúltiplos		
quilômetro (km)	**hectômetro (hm)**	**decâmetro (dam)**	**metro (m)**	**decímetro (dm)**	**centímetro (cm)**	**milímetro (mm)**
metro multiplicado por 1000	metro multiplicado por 100	metro multiplicado por 10		metro dividido por 10	metro dividido por 100	metro dividido por 1000

Cada uma das unidades de medidas vale **dez vezes** a imediatamente inferior. É por isso que, no caso do metro, do litro e do grama, basta contar de **uma em uma** casa:

Conversão		Operação...	...ou deslocamento da vírgula	Exemplos
de	para			
km	hm	**multiplica-se** por 10	**uma casa** para a direita	10 km = 100 hm 1,2 km = 12 hm
km	dam	**multiplica-se** por 100	**duas casas** para a direita	1000 km = 100000 dam 1,25 km = 125 dam
km	m	**multiplica-se** por 1000	**três casas** para a direita	1 km = 1000 m 1,25 km = 1250 m
mm	cm	**divide-se** por 10	**uma casa** para a esquerda	10 mm = 1 cm 85 mm = 8,5 cm
mm	dm	**divide-se** por 100	**duas casas** para a esquerda	100 mm = 1 dm 64 mm = 0,64 dm

e assim por diante. Observe outros exemplos.

100 km ≡ 10000 dam
1 m ≡ 0,1 dam
1 cm ≡ 0,001 dam
1 mm ≡ 0,001 m

Perceba que, em todas as conversões, as casas necessárias ao novo valor que ainda não tenham um algarismo para ocupá-las serão preenchidas com zeros, seja a movimentação da vírgula para a direita ou para a esquerda.

Por exemplo: ao converter 12 quilômetros para decâmetros, deslocaremos a vírgula duas casas para a direita. Assim, teremos de acrescentar dois zeros à direita do número: 12**00** decâmetros.

Outro exemplo: ao converter 35 metros em quilômetros, deslocaremos a vírgula três casas para a esquerda. Então, é preciso acrescentar dois zeros à esquerda do número: **0,0**35 quilômetros.

Vamos simular mais algumas conversões.

Qual o valor que corresponde a 13,4 quilômetros depois de convertido para decímetros?

A medida é dada na unidade km e queremos convertê-la para a unidade de dm. Contando as casas, temos:

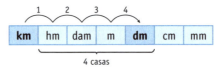

Vamos deslocar a vírgula no número quatro casas para a direita.

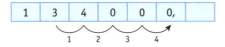

Então, 13,4 km equivalem a 134000 decímetros.

No número acima (134000), a vírgula (134000,) está representada apenas para percebermos o seu deslocamento, pois em um número inteiro não há essa necessidade. Em número inteiro, a vírgula sempre ficará subentendida após seu último algarismo.

Qual o valor que corresponde a 215 metros depois de convertido para hectômetros?

A medida é dada na unidade m e queremos convertê-la para a unidade hm. Contando as casas temos:

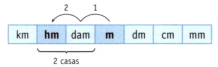

Vamos deslocar a vírgula no número duas casas para a esquerda.

	2,	1	5		

Assim, 215 m equivalem a 2,15 hm.

Perímetro das principais figuras planas (unidades de comprimento)

Perímetro é a soma de todos os lados de uma figura.

• Perímetro dos polígonos regulares

1. Um polígono é chamado de **regular** quando as medidas de todos os seus lados e de todos os seus ângulos internos são **iguais**.
2. Todos os quadrados são também retângulos, mas nem todos os retângulos são quadrados.

• **Quadrado**

O perímetro de um quadrado é igual a 4 vezes a medida de seu lado. $P = 4\ell$

• **Triângulo equilátero**

O perímetro de um triângulo equilátero é igual a 3 vezes a medida de seu lado. $P = 3\ell$

• **Pentágono regular**

O perímetro de um pentágono regular é igual a 5 vezes a medida de seu lado. $P = 5\ell$

• **Hexágono regular**

O perímetro de um hexágono regular é igual a 6 vezes a medida de seu lado. $P = 6\ell$

- **Octógono regular**

O perímetro de um octógono regular é igual a 8 vezes a medida de seu lado. → $P = 8\ell$

- **Losango**

É um equilátero, ou seja, possui os quatro lados com medidas de comprimento iguais, e todo ele é também um paralelogramo. Possui dois ângulos agudos (< 90°) e dois ângulos obtusos (> 90°), exceto quando seus ângulos são todos iguais a 90°, o que ocorre com o quadrado, um caso particular de losango.

O perímetro de um losango é igual a 4 vezes a medida de seu lado. → $P = 4\ell$

- *Perímetro de outros polígonos*

- **Triângulo isósceles**

O triângulo isósceles tem apenas dois lados com medidas iguais.

O perímetro de um triângulo isósceles é igual ao dobro da medida de seus lados iguais somado à medida de seu lado diferente. → $P = 2a + b$

- **Retângulo**

O retângulo é um paralelogramo que tem 4 ângulos retos.

O perímetro de um retângulo é igual ao dobro da medida de seus lados maiores somado ao dobro da medida de seus lados menores. → $P = 2a + 2b$ ou $P = 2(a + b)$

- **Triângulo escaleno**

O perímetro de um triângulo escaleno é igual à soma de seus lados. → $P = a + b + c$

- **Paralelogramo**

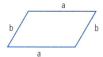

O cálculo do perímetro de um paralelogramo é igual ao do retângulo. → $P = 2a + 2b$ ou $P = 2(a + b)$

- **Circunferência**

Se você tomar como parâmetro o aro de uma bicicleta, que é uma circunferência, e marcar o ponto inicial e o ponto final de uma volta completa desse aro sobre uma superfície horizontal e plana, obterá o comprimento dessa circunferência, ou seja, seu perímetro.

Esse comprimento, dividido por seu diâmetro, resulta sempre, seja qual for a medida do comprimento e do diâmetro da circunferência, uma constante irracional chamada de π (pi) e que vale aproximadamente 3,1415.

$$\frac{\text{comprimento}}{\text{diâmetro}} = \pi$$

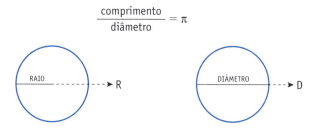

Perceba que o diâmetro é igual a duas vezes o raio. Assim:

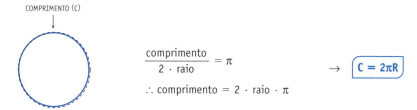

$$\frac{\text{comprimento}}{2 \cdot \text{raio}} = \pi$$

∴ comprimento = 2 · raio · π → $C = 2\pi R$

Medidas de superfície (área)

A unidade padrão para medirmos uma superfície é o **metro quadrado**, cujos múltiplos e submúltiplos são:

Múltiplos			metro quadrado (m²)	Submúltiplos		
quilômetro quadrado	hectômetro quadrado	decâmetro quadrado		decímetro quadrado	centímetro quadrado	milímetro quadrado
km²	hm²	dam²		dm²	cm²	mm²

Cada uma das unidades de medidas de superfície é igual a 100 vezes a unidade imediatamente inferior a ela. No caso do metro quadrado, basta contar de **duas em duas** casas:

Conversão		Operação...	...ou deslocamento da vírgula	Exemplos
de	para			
km²	hm²	multiplica-se por 100	duas casas para a direita	10 km² = 1000 hm² $\quad$ 1,2 km² = 120 hm²
km²	dam²	multiplica-se por 10000	quatro casas para a direita	100 km² = 1000000 dam² $\quad$ 1,25 km² = 12500 dam²
km²	m²	multiplica-se por 1000000	seis casas para a direita	1 km² = 1000000 m² $\quad$ 1,25 km² = 1250000 m²
mm²	cm²	divide-se por 100	duas casas para a esquerda	10 mm² = 0,1 cm² $\quad$ 85 mm² = 0,85 cm²
mm²	dm²	divide-se por 10000	quatro casas para a esquerda	100 mm² = 0,01 dm² $\quad$ 64 mm² = 0,0064 dm²

e assim por diante. Veja mais exemplos:

100 km² ≡ 1000000 dam²
1 m² ≡ 0,01 dam²
1 cm² ≡ 0,000001 dam²
1 mm² ≡ 0,0001 dm²

Vamos simular mais algumas conversões.

> Qual o valor que corresponde a 21,6 quilômetros quadrados, depois de convertido para decâmetros quadrados?

A medida é dada na unidade km² e queremos convertê-la para a unidade dam². Contando as casas, temos:

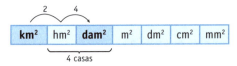

Vamos deslocar a vírgula no número quatro casas para a direita.

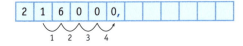

Então, 21,6 km² equivalem a 216000 dam².

> Qual o valor que corresponde a 112 metros quadrados, depois de convertido para hectômetros quadrados?

A medida é dada na unidade m² e queremos convertê-la para a unidade hm². Contando as casas temos:

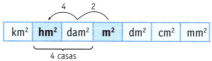

Assim, temos de deslocar a vírgula quatro casas para a esquerda:

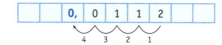

Então, 112 m² equivalem a 0,0112 hm².

Área das principais figuras planas

Figuras planas são aquelas que têm todos os seus pontos em um mesmo plano.

- **Retângulo**

A área de um retângulo é igual ao produto da medida de seu lado maior (a) pela medida de seu lado menor (b), ou, ainda, a medida de sua base multiplicada pela medida de sua altura. → $A = a \cdot b$

- **Quadrado**

A área de um quadrado é igual ao produto entre a medida de dois de seus lados, ou ao quadrado da medida de um deles. → $A = \ell \cdot \ell$ ou $A = \ell^2$

- **Triângulo**

A área de um triângulo é igual à metade do produto entre a medida de sua base e a medida de sua altura. → $A = \dfrac{bh}{2}$

- **Trapézio**

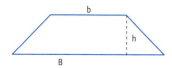

A área de um trapézio é igual à metade do produto entre a soma da medida das bases e a medida de sua altura. → $A = \dfrac{(B + b)h}{2}$

- **Losango**

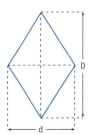

A área de um losango é igual à metade do produto das medidas das diagonais. → $A = \dfrac{D \cdot d}{2}$

- **Paralelogramo**

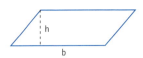

A área de um paralelogramo é igual ao produto da medida de sua base pela medida de sua altura. → $A = b \cdot h$

- **Círculo**

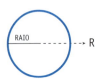

A área de uma figura limitada pela circunferência é a área do círculo (usualmente chamada de área da circunferência) e é igual ao produto entre o π e o quadrado do raio da circunferência. → $A = \pi R^2$

Qual a diferença entre **circunferência** e **círculo**?
A **circunferência** é dada por todos os pontos, em um plano, que estão a uma mesma distância de um ponto central (centro da circunferência). A essa distância damos o nome de raio da circunferência.

Circunferência
↓

O **círculo** é a reunião dos pontos da circunferência com todos os pontos dentro dela. Portanto, círculo é a soma da região da circunferência com sua região interna.

Círculo
↓

Medidas de volume/capacidade

A unidade padrão para medirmos o volume ou capacidade é o **metro cúbico**, cujos múltiplos e submúltiplos são:

Múltiplos			metro cúbico (m³)	Submúltiplos		
quilômetro cúbico	hectômetro cúbico	decâmetro cúbico		decímetro cúbico	centímetro cúbico	milímetro cúbico
km³	hm³	dam³		dm³	cm³	mm³

Volume ou capacidade é igual a 1000 vezes a unidade imediatamente inferior a ela. No caso do metro cúbico, basta contar de **três em três** casas:

Conversão de	para	Operação...	...ou deslocamento da vírgula	Exemplos
km³	hm³	**multiplica-se** por 1000	**três casas** para a **direita**	10 km³ = 10000 hm³ 1,2 km³ = 1200 hm³
km³	dam³	**multiplica-se** por 1000000	**seis casas** para a **direita**	100 km³ = 100000000 dam³ 1,25 km³ = 1250000 dam³
km³	m³	**multiplica-se** por 1000000000	**nove casas** para a **direita**	1 km³ = 1000000000 m³ 1,25 km³ = 1250000000 m³
mm³	cm³	**divide-se** por 1000	**três casas** para a **esquerda**	10 mm³ = 0,01 cm³ 85 mm³ = 0,085 cm³
mm³	dm³	**divide-se** por 1000000	**seis casas** para a **esquerda**	100 mm³ = 0,0001 dm³ 64 mm³ = 0,000064 dm³

e assim por diante. Veja mais exemplos:

$$1 \text{ m}^3 \equiv 0{,}001 \text{ dam}^3$$
$$1 \text{ cm}^3 \equiv 0{,}000001 \text{ m}^3$$

Vamos simular mais algumas conversões.

> Qual o valor que corresponde a 5,316 quilômetros cúbicos, depois de convertido para decâmetros cúbicos?

A medida é dada na unidade km³ e queremos convertê-la para a unidade dam³. Contando as casas temos:

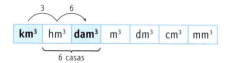

Assim, temos de deslocar a vírgula seis casas para a direita:

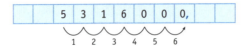

Isso demonstra que 5,316 km³ equivalem a 5316000 dam³.

> Qual o valor que corresponde a 782 metros cúbicos, depois de convertido para hectômetros cúbicos?

A medida é dada na unidade m³ e queremos convertê-la para a unidade hm³. Contando as casas temos:

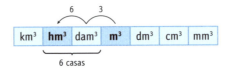

Deste modo, temos de deslocar a vírgula seis casas para a esquerda:

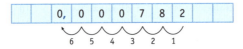

Então, sabemos que 782 m³ equivalem a 0,000782 hm³.

• Conversões de metro cúbico para litro

O metro cúbico (m³) e o litro (ℓ), embora de naturezas diferentes, podem sofrer conversões entre si.

Você já conhece o metro cúbico, seus múltiplos e submúltiplos. Antes de observar o quadro de conversão entre m³ e ℓ, conheça os múltiplos e submúltiplos do litro:

Múltiplos			litro (ℓ)	Submúltiplos		
quilolitro	hectolitro	decalitro		decilitro	centilitro	mililitro
kℓ	hℓ	daℓ		dℓ	cℓ	mℓ

O método que vamos utilizar nessas conversões obedece aos mesmos critérios vistos até agora nas outras conversões.

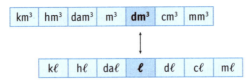

Observe que a relação entre a primeira e a segunda linha da tabela se dá pelas unidades decímetro cúbico (dm³) e litro (ℓ).

Essa ligação entre as linhas é possível porque essas unidades são equivalentes; portanto, qualquer que seja a conversão entre dm³ e ℓ, o valor da medida não se altera. O mesmo vale para outras equivalências, como kℓ e m³ ou mℓ e cm³.

Não se esqueça, porém, de que, na tabela anterior, cada uma das unidades da primeira linha (m³) equivale a três casas (expoente 3) e na segunda linha (ℓ) cada uma das unidades equivale a uma casa (expoente 1).

Assim, nas conversões, cada unidade contada na primeira linha desloca a vírgula três casas no número e cada unidade contada na segunda linha desloca a vírgula uma casa no número, seja para a esquerda, seja para a direita.

Observe os exemplos.

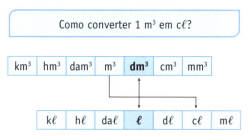

Na primeira linha, parte-se da unidade de medida de origem (m³) para seguir até a unidade de medida de destino (cℓ), passando pelas unidades de equivalência (dm³ e ℓ).

Quantas casas "diferentes" existem nesse "caminho"? Vamos contar: dm³, dℓ e cℓ, ou seja, três. Como a primeira unidade equivale a 3 casas (expoente 3) e as outras duas equivalem a 1 (expoente 1) cada uma, temos um total de 5 casas para deslocar a vírgula no número, conforme a figura abaixo:

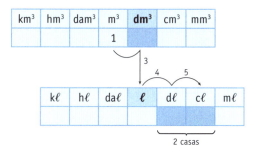

Então, 1 m³ é equivalente a 100000 cℓ.

Observe que entre dm³ e litro, só contamos o dm³, pois, se as unidades são equivalentes, basta contar apenas uma delas. Assim, se a conversão for de cima para baixo, contamos o dm³ e não contamos o litro; se a conversão for de baixo para cima, contamos o litro e não contamos o dm³.

Vejamos mais um caso.

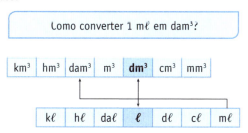

Parte-se da unidade de origem mℓ para a unidade de destino dam³, passando por litro e dm³.

Vamos contar: cℓ, dℓ, ℓ, m³ e dam³, ou seja, a vírgula vai se deslocar 9 casas para a esquerda. Observe a figura.

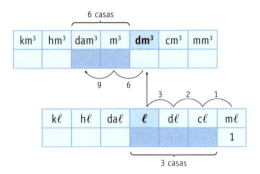

Desta forma, 1 mℓ é equivalente a 0,000000001 dam³.

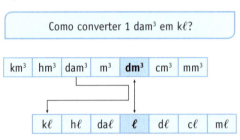

Parte-se da unidade de origem dam³ para se chegar à unidade de destino kℓ, passando por dm³ e litro.

Perceba que se percorre a linha de cima (m³) para a direita até dm³ e depois volta-se para a esquerda; portanto, temos de descontar todas as casas percorridas nos dois sentidos. Vamos contar: m³, dm³ e, na volta, daℓ, hℓ e kℓ.

Temos, então, 6 casas para a direita e 3 para a esquerda, o que resulta em 3 casas para a direita. Observe a figura.

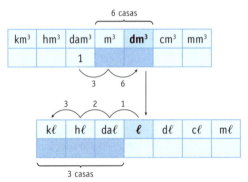

Desta forma, 1 dam³ é equivalente a 1000 kℓ.

Volume dos principais sólidos geométricos

Quando medimos o volume de um sólido, estamos calculando a quantidade que determinada unidade de medida ocupa, ou seja, estamos calculando a quantidade de espaço ocupado por um determinado corpo.

• **Cubo**

É um paralelepípedo reto, ou seja, um prisma que tem todas as arestas iguais e todas as faces quadradas.

O volume de um cubo é igual ao produto da área da base pela medida de sua altura, ou, ainda, a medida de sua aresta ao cubo.

→

$V = a^3$

No cubo, há três elementos cujas medidas são importantes:
- diagonal = $a\sqrt{3}$;
- área lateral = $4a^2$;
- área total = $6a^2$.

• **Paralelepípedo retângulo**

É um prisma cuja base é um paralelogramo retangular.

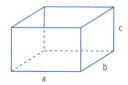

O volume de um paralelepípedo reto retângulo é igual ao produto da área de sua base pela medida de sua altura, ou, ainda, o produto de suas dimensões.

→ $V = a \cdot b \cdot c$

No paralelepípedo reto retângulo, há dois elementos cujas medidas são importantes:
- diagonal = $\sqrt{a^2 + b^2 + c^2}$;
- área total = $2(ab + ac + bc)$.

• **Prismas regulares**

Um prisma é regular quando é reto e de base regular.
O que determina o tipo de um prisma são suas bases, assim:
- se a base for um triângulo, o prisma será um prisma triangular;
- se a base for um hexágono, o prisma será um prisma hexagonal;
- se a base for um quadrado, o prisma será um cubo;
- se a base for um retângulo, o prisma será um paralelepípedo.

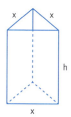

O volume de um prisma reto é igual ao produto da área de sua base pela medida de sua altura.

→

$V = a_b \cdot h$

- **Pirâmides retas**

    Neste tipo de pirâmide, as arestas laterais são todas iguais.

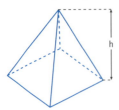

O volume de uma pirâmide reta é igual a um terço do produto da área de sua base pela medida de sua altura. →

$$V = \frac{a_b \cdot h}{3}$$

- **Cilindro circular reto**

    Um cilindro reto é obtido pela revolução de 360° de uma região retangular em torno de um dos seus lados.

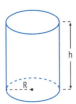

O volume de um cilindro é igual ao produto da área da base pela medida de sua altura. Como a base dessa figura é sempre um círculo, sua área pode ser calculada pela expressão $\pi \cdot R^2$. →

$$V = \pi R^2 h$$

Duas outras medidas importantes, em um cilindro, são sua área lateral e sua área total.

- área lateral: é a medida da superfície lateral, calculada pela expressão $2\pi Rh$, onde R é o raio de sua base e h, a altura do cilindro reto;
- área total: é a medida da superfície total, calculada pela expressão $2\pi R(h + R)$, onde R é o raio de sua base e h, a altura do cilindro reto.

- **Cone**

    Os cones podem ser classificados como retos (quando seu eixo é perpendicular ao plano da base) ou oblíquos (quando seu eixo é oblíquo em relação ao plano da base).

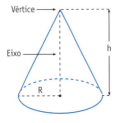

O volume de um cone é igual a um terço do produto da área da base pela medida de sua altura. Como a base de um cone é sempre um círculo, sua área é dada por $\pi \cdot R^2$. →

$$V = \frac{\pi R^2 h}{3}$$

Duas outras medidas importantes, em um cone, são sua área lateral e sua área total.

- área lateral: é a medida da superfície lateral, calculada pela expressão πRg, onde g é a geratriz do cone e R, o raio de sua base.
- área total: é a medida da superfície total, calculada pela expressão $\pi R(g + R)$, onde g é a geratriz do cone e R, o raio de sua base.

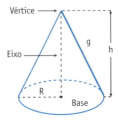

- **Esfera**

Esfera é a figura de revolução de uma semicircunferência em torno do seu diâmetro, onde todos os pontos de sua superfície estão igualmente distantes do ponto do centro interno da esfera.

O volume de uma esfera é → $V = \frac{4}{3}\pi R^3$

Outra medida importante da esfera é a área de sua superfície, calculada pela expressão $4\pi R^2$, onde R é a medida de seu raio.

Medidas de massa

A unidade padrão é o **grama**, a principal unidade de medida desse sistema. Seus múltiplos e submúltiplos são:

Múltiplos			grama (g)	Submúltiplos		
quilograma	hectograma	decagrama		decigrama	centigrama	miligrama
kg	hg	dag		dg	cg	mg

Cada uma das unidades de medidas vale 10 vezes a unidade imediatamente inferior e é por isso que basta contar de **uma em uma** casa para se fazer a transformação de uma unidade para outra:

Conversão		Operação...	...ou deslocamento da vírgula	Exemplos
de	para			
kg	hg	multiplica-se por 10	uma casa para a direita	10 kg = 100 hg 1,2 kg = 12 hg
kg	dag	multiplica-se por 100	duas casas para a direita	100 kg = 10000 dag 1,25 kg = 125 dag
kg	g	multiplica-se por 1000	três casas para a direita	1 kg = 1000 g 1,25 kg = 1250 g
mg	cg	divide-se por 10	uma casa para a esquerda	10 mg = 1 cg 85 mg = 8,5 cg
mg	dg	divide-se por 100	duas casas para a esquerda	100 mg = 1 dg 64 mg = 0,64 dg

e assim por diante. Vejamos mais exemplos:

100 kg ≡ 10000 dag
1 g ≡ 0,1 dag
1 cg ≡ 0,001 dag
1 mg ≡ 0,001 g

Vamos simular mais algumas conversões.

> Qual o valor que corresponde a 21,6 quilogramas, depois de convertido para decigramas?

A medida é dada em kg e queremos convertê-la para a unidade dg. Contando as casas temos:

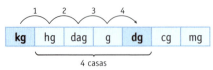

Vamos deslocar a vírgula no número quatro casas para a direita.

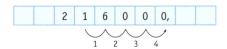

Então, 21,6 kg equivalem a 216000 decigramas.

> Qual o valor que corresponde a 455 gramas, depois de convertido para hectogramas?

A medida é dada em g e queremos convertê-la para a unidade hg. Contando as casas temos:

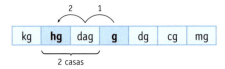

Vamos deslocar a vírgula no número duas casas para a esquerda.

Assim, 455 g equivalem a 4,55 hectogramas.

Geometria básica

Estudo da reta

- **Direção:** diz respeito à horizontalidade ou verticalidade.
- **Sentido:** associado a uma direção, diz respeito ao deslocamento de um objeto da esquerda para direita ou vice-versa e de cima para baixo ou vice-versa.
- **Aresta:** em uma figura geométrica espacial é a interseção de dois planos.
- **Reta:** apesar de ser um ente geométrico fundamental (aqueles que não apresentam definição), podemos pensar na reta como um desenho geométrico infinito de uma só dimensão e de uma só direção.
- **Semirreta:** tomando-se uma reta e sobre ela destacando-se um ponto qualquer, dividimos a reta em duas semirretas de sentidos opostos. É a parte de uma reta que tem início em um determinado ponto, passa por outros pontos, prolongando-se infinitamente, ou seja, tem início e não tem fim.

- **Segmento de reta:** tomando-se uma reta e sobre ela destacando-se dois pontos quaisquer, definimos, entre esses dois pontos, um espaço limitado chamado de segmento de reta. Tem início em um determinado ponto e final em outro, diferente do primeiro.

Se fizermos referência sobre o segmento de reta XY, este é um segmento de reta que se inicia em X e termina em Y, onde todos os pontos no intervalo XY, inclusive os extremos (X e Y), fazem parte desse segmento. Em qualquer reta há infinitos segmentos.

Na figura acima, podemos destacar: a reta *r*, a semirreta XY e o segmento de reta XY.
Os segmentos de reta podem ser classificados em:
- *segmentos colineares:* são os segmentos que fazem parte de uma mesma reta;
- *segmentos consecutivos:* são segmentos que têm apenas um ponto em comum;
- *segmentos adjacentes:* são segmentos que apresentam as características dos segmentos colineares e dos consecutivos ao mesmo tempo, ou seja, fazem parte de uma mesma reta e têm apenas um ponto em comum. Na figura abaixo, os segmentos XY e YZ são colineares e consecutivos:

- *segmentos congruentes:* são os segmentos que coincidem em todos os seus pontos, ou seja, têm a mesma medida. Nas figuras abaixo, os segmentos XZ e KY são congruentes.

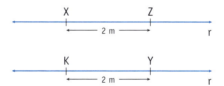

Estudo dos ângulos

- **Vértice:** é o ponto de encontro de duas semirretas que dão origem a um ângulo, ou seja, é a origem dos lados de um ângulo.
- **Ângulo:** é a porção de um plano definida por duas semirretas que têm o vértice como ponto comum de origem.
- **Ângulos consecutivos:** são ângulos que têm um lado comum e o mesmo vértice.

Observe a figura:

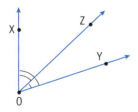

Os ângulos **XÔZ** e **ZÔY** são consecutivos, pois têm em comum o vértice **O** e o lado **OZ**.

Os ângulos **XÔZ** e **XÔY** são consecutivos, pois têm em comum o vértice **O** e o lado **OX**.

Os ângulos **ZÔY** e **XÔY** são consecutivos, pois têm em comum o vértice **O** e o lado **OY**.

- **Ângulos adjacentes:** são ângulos consecutivos que não possuem pontos internos comuns.

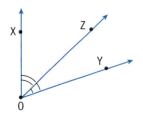

Os ângulos **XÔZ** e **ZÔY** são adjacentes, pois não possuem pontos internos comuns.

Os ângulos **XÔZ** e **XÔY** e **ZÔY** e **XÔY** *não* são adjacentes, pois possuem pontos internos comuns.

- **Ângulo agudo:** mede menos de 90°.
- **Ângulo reto:** mede exatamente 90°.
- **Ângulo obtuso:** mede mais de 90°.
- **Ângulo raso:** mede 180°.

• **Ângulos complementares:** são aqueles cuja soma de suas medidas é igual a 90°.	• **Ângulos suplementares:** são aqueles cuja soma de suas medidas é igual a 180°.	• **Ângulos replementares:** são aqueles cuja soma de suas medidas é igual a 360°.
$\hat{x} + \hat{y} = $ **90°**	$\hat{x} + \hat{y} = $ **180°**	$\hat{x} + \hat{y} = $ **360°**

Estudo dos triângulos

A condição de existência de um triângulo é o comprimento de qualquer um dos lados do triângulo ser sempre menor que a soma do comprimento dos outros dois lados.

- *Classificação*

Quanto aos lados

Nome do triângulo	Lados
equilátero	três iguais
escaleno	três diferentes
isósceles	dois iguais

Quanto aos ângulos

Nome do triângulo	Ângulo(s)
retângulo	um reto
obtusângulo	um obtuso
acutângulo	três agudos

A soma de todos os ângulos internos de um triângulo é sempre igual a 180°.

- **Semelhança entre triângulos:** em dois ou mais triângulos semelhantes, suas bases têm medidas proporcionais entre si, e suas alturas também têm medidas proporcionais. Se traçarmos uma reta paralela a um dos lados de um triângulo que intercepta os outros dois em pontos distintos, o triângulo formado é semelhante ao original.
- **Relação entre as medidas de ângulos externos e internos:** qualquer ângulo externo de um triângulo terá medida igual à soma das medidas dos dois ângulos internos não adjacentes a ele.

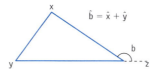

- **Altura:** é o segmento perpendicular a um dos lados, ou a seu prolongamento, que o une ao vértice do ângulo oposto. Todo triângulo tem três alturas.
- **Ortocentro:** é a interseção entre as três alturas de um triângulo.

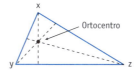

O ortocentro de um triângulo **acutângulo** se localiza no **interior** do triângulo.
O ortocentro de um triângulo **retângulo** se localiza no **vértice** do seu ângulo reto.
O ortocentro de um triângulo **obtusângulo** se localiza na **região externa** do triângulo.

- **Mediana:** é o segmento que une o ponto médio de um lado do triângulo ao vértice oposto. Todo triângulo tem três medianas.
- **Baricentro:** é o centro de massa ou centro de gravidade do triângulo, dado pela interseção entre as três medianas do triângulo.

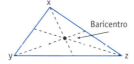

- **Bissetriz:** a bissetriz de um ângulo interno de um triângulo é a semirreta que divide esse ângulo em dois ângulos congruentes. Todo triângulo tem três bissetrizes.
- **Incentro:** é a interseção das bissetrizes dos ângulos internos de um triângulo e coincidirá sempre com o centro de uma circunferência inscrita (interior) ao triângulo.

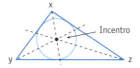

- **Mediatriz:** é uma reta perpendicular a um dos lados de um triângulo, que passa por seu ponto médio, formando com ele um ângulo reto. Todo triângulo tem três mediatrizes.
- **Circuncentro:** é a interseção das mediatrizes dos lados do triângulo e coincidirá sempre com o centro da circunferência circunscrita (exterior) ao triângulo.

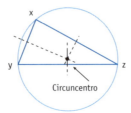

- *Triângulo retângulo*

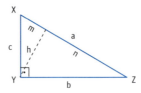

Na figura acima, temos:
- X, Y e Z: ângulos do triângulo, sendo Y o ângulo reto;
- a é a hipotenusa do triângulo, ou seja, o lado oposto ao ângulo reto e o maior lado do triângulo retângulo;
- b e c são os catetos, isto é, os lados que formam o ângulo reto, sendo, assim, adjacentes a ele;
- h é a altura relativa à hipotenusa, que a divide em duas partes chamadas *projeções* ortogonais dos catetos sobre a hipotenusa (m e n).

Relações métricas no triângulo retângulo

- **Teorema de Pitágoras:** a soma dos quadrados dos catetos é igual ao quadrado da hipotenusa.

$$c^2 + b^2 = a^2$$

- **Soma das projeções:** a soma das projeções ortogonais dos catetos sobre a hipotenusa é igual à medida da hipotenusa.

$$n + m = a$$

- **Altura e projeções:** o quadrado da altura, relativa à hipotenusa, é igual ao produto entre as projeções ortogonais dos catetos sobre a hipotenusa.

$$h^2 = m \cdot n$$

- **Cateto, hipotenusa e projeção:** o quadrado da medida do cateto é igual ao produto entre a medida da hipotenusa e a projeção ortogonal desse mesmo cateto sobre a hipotenusa.

Para o cateto $c \rightarrow c^2 = a \cdot m$
Para o cateto $b \rightarrow b^2 = a \cdot n$

- **Cateto, hipotenusa e altura:** o produto das medidas dos catetos é igual ao produto entre a medida da hipotenusa e a altura do triângulo relativa à hipotenusa.

$$c \cdot b = a \cdot h$$

Com essas relações, podemos determinar algumas medidas de outras figuras geométricas além do triângulo retângulo.

> Determinar a medida da altura de um **triângulo equilátero**.

Como todos os lados de um triângulo equilátero são iguais, a altura relativa à base dividirá o triângulo em **dois** triângulos retângulos.

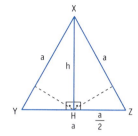

A altura dividiu a base em dois segmentos $\left(\text{medida } \frac{a}{2}\right)$, sendo que cada um deles se localiza em um dos triângulos retângulos formados.

Aplicando o teorema de Pitágoras em um dos triângulos retângulos criados, teremos:

- a = hipotenusa;
- $\frac{a}{2}$ = cateto;
- h = cateto.

$$\left(\frac{a}{2}\right)^2 + h^2 = a^2$$

$$h^2 = a^2 - \left(\frac{a}{2}\right)^2$$

$$h^2 = a^2 - \frac{a^2}{4} \Rightarrow h^2 = \frac{3}{4}a$$

$$h = \sqrt{\frac{3}{4}a^2} \Rightarrow h = a\frac{\sqrt{3}}{2}$$

Assim, a medida da altura do triângulo equilátero é igual a $a\frac{\sqrt{3}}{2}$.

> Determinar a medida da diagonal de um **quadrado**.

Todos os ângulos internos de um quadrado medem 90°. Então, uma de suas diagonais dividirá o quadrado em dois triângulos retângulos.

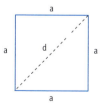

Aplicando o teorema de Pitágoras em um dos triângulos retângulos criados, teremos:

- d = hipotenusa;
- a = catetos com medidas iguais.

$$a^2 + a^2 = d^2$$
$$2a^2 = d^2$$
$$d = \sqrt{2a^2}$$
$$d = \mathbf{a\sqrt{2}}$$

Portanto, a medida da diagonal do quadrado vale $a\sqrt{2}$.

Trigonometria

A palavra trigonometria se origina do grego *trigonon*, que significa "triângulo", e *metron*, que quer dizer "medida". Assim, a trigonometria é, basicamente, o estudo dos triângulos, particularmente do triângulo retângulo.

Razões trigonométricas no triângulo retângulo

- **Seno:** razão entre um cateto oposto (CO) a um dos ângulos agudos e a hipotenusa (HI) do triângulo. → $\text{sen} = \dfrac{CO}{HI}$

- **Cosseno:** razão entre um cateto adjacente (CA) a um dos ângulos agudos e a hipotenusa (HI) do triângulo. → $\cos = \dfrac{CA}{HI}$

O seno de um ângulo é sempre igual ao cosseno do seu complemento:
$\text{sen}\beta = \cos(90° - \beta)$.
O cosseno de um ângulo é sempre igual ao seno do seu complemento:
$\cos\beta = \text{sen}(90° - \beta)$.

- **Tangente:** razão entre um cateto oposto (CO) a um ângulo agudo e um cateto adjacente (CA) a um ângulo agudo, ou, ainda, a razão entre seno e cosseno. →
  $\text{tg} = \dfrac{CO}{CA}$
  $\text{tg} = \dfrac{\text{sen}}{\cos}$

No triângulo retângulo, a medida da hipotenusa é sempre maior que qualquer um dos catetos, pois se opõe ao maior ângulo.

Os valores de seno e cosseno dos ângulos internos de um triângulo retângulo estão situados entre 0 e 1.

- **Cotangente:** razão entre um cateto adjacente (CA) a um ângulo agudo e o cateto oposto (CO) a esse ângulo, nessa ordem. → $\text{cotg} = \dfrac{CA}{CO}$

- **Secante:** razão entre a hipotenusa (HI) e o cateto adjacente (CA) ao ângulo em questão, nessa ordem, ou, ainda, o inverso do cosseno do ângulo. →
  $\sec = \dfrac{HI}{CA}$
  $\sec\alpha = \dfrac{1}{\cos\alpha}$

- **Cossecante:** razão entre a hipotenusa (HI) e o cateto oposto (CO) ao ângulo em questão, nessa ordem, ou, ainda, o inverso do seno do ângulo. →

$$\text{cossec} = \frac{HI}{CO}$$

$$\text{cossec}\beta = \frac{1}{\text{sen}\beta}$$

Seno, cosseno e tangente dos ângulos notáveis

De acordo com as definições de seno, cosseno e tangente, podemos determinar essas razões trigonométricas para os ângulos de 30°, 45° e 60°, chamados de *ângulos notáveis*, em um triângulo equilátero e em um quadrado.

- **Para os ângulos de 30° e 60°**

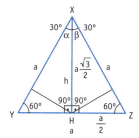

Seja o triângulo retângulo XHZ, vamos aplicar as razões trigonométricas.

$$\text{seno de } 30° = \frac{CO}{HI} = \frac{\frac{a}{2}}{a} = \frac{1}{2}$$

$$\text{seno de } 60° = \frac{CO}{HI} = \frac{a\frac{\sqrt{3}}{2}}{a} = \frac{\sqrt{3}}{2}$$

$$\text{cosseno de } 30° = \frac{CA}{HI} = \frac{a\frac{\sqrt{3}}{2}}{a} = \frac{\sqrt{3}}{2}$$

$$\text{cosseno de } 60° = \frac{CA}{HI} = \frac{\frac{a}{2}}{a} = \frac{1}{2}$$

- **Para o ângulo de 45°**

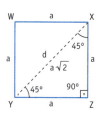

Seja o triângulo retângulo XYZ, traçado no quadrado WXYZ, vamos aplicar as razões trigonométricas.

$$\text{seno de } 45° = \frac{CO}{HI} = \frac{A}{A\sqrt{2}} = \frac{1}{\sqrt{2}} \cdot \frac{\sqrt{2}}{\sqrt{2}} = \frac{\sqrt{2}}{2}$$

$$\text{cosseno de } 45° = \frac{CA}{HI} = \frac{A}{A\sqrt{2}} = \frac{1}{\sqrt{2}} \cdot \frac{\sqrt{2}}{\sqrt{2}} = \frac{\sqrt{2}}{2}$$

>>Parte II

Para calcular a tangente dos ângulos notáveis, basta aplicar a definição $tg = \frac{sen}{cos}$ para cada um deles.

$$\text{tangente de } 30° = \frac{sen}{cos} = \frac{\frac{1}{2}}{\frac{\sqrt{3}}{2}} = \frac{1}{\sqrt{3}} \cdot \frac{\sqrt{3}}{\sqrt{3}} = \frac{\sqrt{3}}{3}$$

$$\text{tangente de } 45° = \frac{sen}{cos} = \frac{\frac{\sqrt{2}}{2}}{\frac{\sqrt{2}}{2}} = 1$$

$$\text{tangente de } 60° = \frac{sen}{cos} = \frac{\frac{\sqrt{3}}{2}}{\frac{1}{2}} = \sqrt{3}$$

Tabela resumo

razão	30°	45°	60°
seno	$\frac{1}{2}$	$\frac{\sqrt{2}}{2}$	$\frac{\sqrt{3}}{2}$
cosseno	$\frac{\sqrt{3}}{2}$	$\frac{\sqrt{2}}{2}$	$\frac{1}{2}$
tangente	$\frac{\sqrt{3}}{3}$	1	$\sqrt{3}$

Perceba que o seno de 30° é o mesmo que o cosseno de 60° e vice-versa, observação que comprova que o seno de um ângulo é igual ao cosseno do seu complemento e vice-versa.

- **Relação fundamental:** a soma do quadrado do seno de um ângulo e o quadrado do cosseno do mesmo ângulo é igual a 1. → $(sen\beta)^2 + (cos\beta)^2 = 1$

Razões trigonométricas em um triângulo qualquer

- *Lei dos cossenos*

Em qualquer triângulo, o quadrado de um lado é igual à soma dos quadrados dos outros dois, subtraída do dobro do produto desses dois lados pelo cosseno do ângulo formado por eles.

Assim, dado um triângulo com lados de medidas a, b e c e com ângulos α, β e φ, podemos escrever:

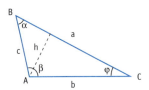

$a^2 = b^2 + c^2 - 2bc \cdot cos\beta$

ou

$b^2 = a^2 + c^2 - 2ac \cdot cos\alpha$

ou

$c^2 = a^2 + b^2 - 2ab \cdot cos\varphi$

• **Lei dos senos**

Estabelece a relação entre a medida de um lado e o seno do ângulo oposto a esse lado. Assim, dado um triângulo de lados a, b e c e com ângulos α, β e φ, podemos escrever:

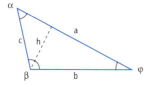

$$\frac{a}{\text{sen}\alpha} = \frac{b}{\text{sen}\beta} = \frac{c}{\text{sen}\varphi}$$

EXERCÍCIOS DE FIXAÇÃO – Múltipla escolha

1. (**Inédito**) Um homem, partindo de um ponto A, vai até um ponto B caminhando 0,8 dam antes de parar e voltar, pelo mesmo caminho, em direção ao ponto A, parando após ter caminhado por 600 cm. Qual a distância entre o ponto inicial e o último ponto onde parou?

a) 0,2 hm   b) 1,4 dam   c) 3,5 dam   d) 20 dm   e) 42 cm

Como temos várias unidades de medidas, vamos fazer a conversão de todas elas para a unidade padrão.
AB = 0,8 dam = 8 m
BC = 600 cm = 6 m
AC = distância entre o ponto inicial e o último ponto onde ele parou.
AC = AB – BC
AC = 8 – 6
AC = 2 m = 20 dm
Portanto, a resposta correta é a "d".

2. (**PUCCamp**) Usando uma folha de latão, deseja-se construir um cubo com volume de 8 dm³. A área da folha utilizada para isso será, no mínimo:

a) 20 cm²   c) 240 cm²   e) 2400 cm²
b) 40 cm²   d) 2000 cm²

Como o cubo tem todas as arestas iguais, sua área total é dada pela área de cada face multiplicada pela quantidade de faces, que são 6.
Área total do cubo = 6a², onde a é a medida da aresta.
O volume do cubo é dado por: a³ = 8 dm³.
a³ = 8 ⇒ a = $\sqrt[3]{8}$ ⇒ a = 2
Área total = 6a² = 6 · 2² = 6 · 4 = 24 dm² = 2400 cm².
Portanto, a resposta correta é a "e".

3. (**PUC-PR**) As três dimensões de um paralelepípedo reto retângulo de volume 405 m³ são proporcionais aos números 1, 3 e 5. A soma do comprimento de todas as suas arestas é:

a) 108 m   b) 36 m   c) 180 m   d) 144 m   e) 72 m

Considerando as dimensões do paralelepípedo reto retângulo como a, b e c, vamos organizar a proporção entre eles.
$\frac{a}{1} = \frac{b}{3} = \frac{c}{5}$ = constante de proporcionalidade (k).
Portanto, a = k, b = 3k e c = 5k.

>>Parte II 405

O volume do paralelepípedo reto = a · b · c = 405 m³.
k · 3k · 5k = 15k³
15k³ = 405

$k^3 = \frac{405}{15} \Rightarrow k^3 = 27$

$k = \sqrt[3]{27} = 3$

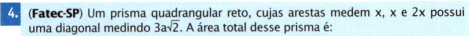

A medida de cada aresta é: a = 3, b = 3 · 3 = 9 e c = 3 · 5 = 15.
Como há 4 arestas em cada dimensão, teremos: 4(3 + 9 + 15) = 108 m.
Portanto, a resposta correta é a "a".

4. **(Fatec-SP)** Um prisma quadrangular reto, cujas arestas medem x, x e 2x possui uma diagonal medindo 3a√2. A área total desse prisma é:

a) 30a²   b) 24a²   c) 18a²   d) 12a²   e) 6a²

Considerando *a*, *b* e *c* as arestas do prisma, sua área total será dada por 2(ab + ac + bc) e sua diagonal é dada por: $\sqrt{a^2 + b^2 + c^2}$.

Assim, a = x, b = x e c = 2x, conforme o enunciado.

diagonal = $\sqrt{a^2 + b^2 + c^2}$
$\sqrt{x^2 + x^2 + (2x)^2}$
$\sqrt{6x^2}$
x√6

Como a medida da diagonal dada no enunciado é de 3a√2, então x√6 = 3a√2, o que nos leva a:

$x = \frac{3a\sqrt{2}}{\sqrt{6}} \Rightarrow \frac{3a\sqrt{2}}{\sqrt{6}} \cdot \frac{\sqrt{6}}{\sqrt{6}} = \frac{3a\sqrt{12}}{\sqrt{6}} = \frac{a\sqrt{12}}{2} = a\sqrt{3}$

x = a√3

Substituindo na fórmula da área total, teremos:

$A_t = 2(ab + ac + bc)$
$A_t = 2[(x \cdot x) + (x \cdot 2x) + (x \cdot 2x)]$
$A_t = 2(x^2 + 2x^2 + 2x^2)$
$A_t = 2(5x^2)$
$A_t = 10x^2 \Rightarrow A_t = 10(a\sqrt{3})^2 = 10 \cdot 3 \cdot a^2 \therefore A_t = 30a^2$

Portanto, a resposta correta é a "a".

5. **(Esaf – TTN)** Uma sala de 0,007 km de comprimento, 80 dm de largura e 400 cm de altura tem uma porta de 2,40 m² de área e uma janela de 2 m² de área. Sabendo-se que com um litro de tinta pinta-se 0,04 dam², indique a quantidade de tinta necessária para pintar a sala toda, inclusive o teto.

a) 59,4 litros   b) 35,9 litros   c) 44 litros   d) 440 litros   e) 42,9 litros

Pelas medidas das dimensões da sala apresentadas na questão, podemos perceber tratar-se de um paralelepípedo reto retângulo cuja área total é calculada por: 2(ab + ac + bc).
Convertendo-se as medidas para metro, teremos:

a = 0,007 km = 7 m
b = 80 dm = 8 m
c = 400 cm = 4 m

área total da sala:
$A_t = 2(ab + ac + bc)$
$A_t = 2[(7 \cdot 8) + (7 \cdot 4) + (8 \cdot 4)]$
$A_t = 2(56 + 28 + 32)$
$A_t = 2116$
$A_t = 232$

Então, a área total é igual a 232 m².

Agora vamos descontar o chão, as portas e as janelas da área total já calculada.

chão = ab = 56 m²
porta = 2,4 m²
janela = 2 m²
56 + 2,4 + 2 = 60,4

área para pintura = área total – descontos ⇒ 232 – 60,4 = 171,6 m²
Cada litro de tinta pinta 0,04 dam², equivalente a 4 m² por litro.

$\frac{\text{área para pintura}}{\text{rendimento/litro}}$ = quantidade de tinta necessária para pintar toda a sala

$\frac{171,6 \text{ m}^2}{4 \text{ m}^2/\text{litro}}$ = 42,9 litros

Portanto, a resposta correta é a "e".

6. **(PUC-SP)** Uma caixa-d'água em forma de prisma reto tem aresta igual a 6 m e por base um losango cujas diagonais medem 7 m e 10 m. O volume dessa caixa em litros é:

a) 42000   b) 70000   c) 200000   d) 210000   e) 420000

O volume do prisma é dado pelo produto entre a área da base e a medida da altura. Como a base é um losango, vamos calcular sua área.

área do losango (A_l) = metade do produto das diagonais

$A_l = \frac{D \cdot d}{2} = \frac{10 \cdot 7}{2}$

$A_l = \frac{70}{2}$

$A_l = 35$

Como o prisma é reto, sua altura é a própria aresta, ou seja, 6 m.

volume do prisma (V_p) = área da base multiplicada pela altura
$V_p = A_b \cdot h$
$V_p = A_l \cdot h$
$V_p = 35 \cdot 6$
$V_p = 210$

Então, o volume do prisma é 210 m³.
Convertendo-se m³ para dm³ ou litros (lembre-se de que litro e dm³ são equivalentes), que é o pedido da questão, teremos 210000 litros.
Portanto, a resposta correta é a "d".

7. **(Vunesp – MPE/SP)** O recipiente, na forma de um paralelepípedo reto retângulo, com as dimensões internas mostradas na figura, contém 900 mℓ de água, sendo que o nível da água nele contida atinge $\frac{1}{5}$ da sua altura total.

Para que o nível da água atinja exatamente a metade da altura do recipiente, será necessário colocar nele mais uma quantidade de água igual a:

a) 2,25 litros   b) 2,00 litros   c) 1,35 litro   d) 1,30 litro   e) 1,25 litro

Neste exercício, podemos fazer apenas uma relação simples entre os valores dados no enunciado.
Se $\frac{1}{5}$ do total corresponde a 900 mℓ, a quanto corresponderá $\frac{1}{2}$ desse mesmo total?

$$\begin{matrix} \dfrac{1}{5} & 900 \\ \dfrac{1}{2} & x \end{matrix} \Rightarrow x \cdot \dfrac{1}{5} = 450 \Rightarrow x = 450 \cdot 5 \therefore x = 2250 \text{ m}\ell$$

Como no recipiente já estão 900 mℓ, o que falta para completá-lo é a diferença entre 2250 mℓ e 900 mℓ.
2250 mℓ − 900 mℓ = 1350 mℓ = 1,35 ℓ.
Portanto, a resposta correta é a "c".

8. **(ITA-SP)** Considere P um prisma reto de base quadrada, cuja altura mede 3 m e que tem área total de 80 m². O lado dessa base quadrada mede:

a) 1 metro b) 8 metros c) 4 metros d) 6 metros e) 16 metros

A base do prisma é quadrada, por isso vamos considerar as dimensões do prisma reto como *a* (pois a base é quadrada) e sua altura igual a 3.

área total = área total do paralelepípedo reto

2[(a · a) + (3a) + (3a)] = 2(a² + 3a + 3a) = 2a² + 6a + 6a = 2a² + 12a

O texto da questão informa que a mesma área tem 80 m², então:
2a² + 12a = 80 ∴ 2a² + 12a − 80 = 0

Aplicando a fórmula resolutiva de Bhaskara, temos:

$\Delta = b^2 - 4ac$
$\Delta = 12^2 - 4 \cdot 2 \cdot (-80)$
$\Delta = 144 + 640$
$\Delta = 784$

$x = \dfrac{-b \pm \sqrt{\Delta}}{2a}$

$x = \dfrac{-12 \pm \sqrt{784}}{2 \cdot 2} \Rightarrow x = \dfrac{-12 \pm 28}{4}$

$x' = \dfrac{-12 + 28}{4} = 4$

$x'' = \dfrac{-12 - 28}{4} = -20$

Como o lado da base não pode ser negativo, então será considerado o valor 4 metros.
Portanto, a resposta correta é a "c".

9. **(Inédito)** Normando parte da cidade de Andina e percorre 80 hm até chegar à cidade de Berano. Volta pelo mesmo caminho e, após percorrer 300 dam, encontra a cidade de Trendino, onde há um caminho de 50000 dm para a cidade de Dentrino. Dessa forma, e considerando que não existem outras estradas ligando essas cidades, se Normando partisse da cidade de Andina e fosse direto à cidade de Dentrino, percorreria:

a) 1000 km
b) 1,20 km
c) 10 km
d) 110 km
e) 21 km

Todas as alternativas estão expressas em km; portanto, vamos converter todas as medidas do enunciado para essa unidade.

AB = 80 hm = 8 km
BT = 300 dam = 3 km
TD = 50000 dm = 5 km

Se ele percorreu 8 km e voltou pelo mesmo caminho (3 km), a distância AT = 5 km.

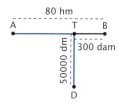

Se ele for de Andina (A) direto até Dentrino (D), percorrerá:
AT + TD = 5 km + 5 km = 10 km.
Portanto, a resposta correta é a "c".

10. (**Fuvest**) Um tanque em forma de paralelepípedo tem por base um retângulo horizontal de lados 0,8 m e 1,2 m. Um indivíduo, ao mergulhar completamente no tanque, faz o nível da água subir 0,075 m. Então o volume do indivíduo, em m^3, é:
a) 0,066   b) 0,072   c) 0,096   d) 0,600   e) 1,000

Por meio da representação do aumento do nível da água, temos uma nova figura na forma de um paralelepípedo para nos auxiliar a calcular o volume. O resultado será o volume ocupado pelo corpo do indivíduo.

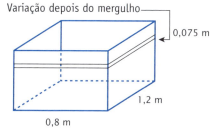

O volume que temos de calcular é o volume ocupado pelo corpo no tanque. Assim, teremos:
0,8 m · 1,2 m · 0,075 m = 0,072 m^3
Portanto, a resposta correta é a "b".

11. (**Vunesp – MPE/SP**) Se toda a produção de um lote específico de um determinado perfume fosse acondicionada em frascos de 50 mℓ, o número de frascos necessários superaria em 500 unidades o número de frascos que seriam necessários se toda a produção fosse acondicionada em frascos de 75 mℓ. Assim, pode-se concluir que a produção total desse lote de perfume foi igual a
a) 20 litros   b) 25 litros   c) 35 litros   d) 50 litros   e) 75 litros

Calculando o número de frascos e depois multiplicando o pelo volume do conteúdo do maior frasco, obteremos o total de perfume que havia para ser acondicionado.
total de frascos = x
$\frac{x}{50} = \frac{x}{75} + 500$
75x = 50(x + 500)
75x = 50x + 25000
75x − 50x = 25000
25x = 25000
x = $\frac{25000}{25}$

x = 1000 frascos
1000 frascos multiplicados por 75 mℓ cada = 75000 mℓ = 75 litros
Portanto, a resposta correta é a "e".

12. (**Vunesp – MPE/SP**) Considere dois terrenos retangulares, A e B, mostrados na figura.

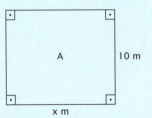
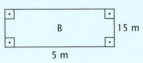

Sabendo-se que, na divisão da área do terreno A pela área do terreno B, o quociente é igual a 1,6 e o resto é zero, pode-se afirmar que a soma dos perímetros dos dois terrenos é igual a

a) 84 m   b) 90 m   c) 155 m   d) 160 m   e) 195 m

O terreno A tem área igual a 10x (lado multiplicado por lado) e o terreno B tem área igual a 75 m² (5 m multiplicados por 15 m). Dividindo-se as duas áreas, teremos de encontrar 1,6 com resto zero.

$\dfrac{10x}{75} = 1,6$
$10x = 1,6 \cdot 75$
$10x = 120$
$x = \dfrac{120}{10}$
$x = 12$

Para calcular o perímetro das duas áreas, faltava apenas o valor de x, que agora sabemos ser 12 metros.

Perímetro é a soma de todos os lados. Teremos: 2(12 m + 10 m + + 5 m + 15 m) = 84 metros.

Portanto, a resposta correta é a "a".

13. (**Cesgranrio**) A diagonal de um paralelepípedo de dimensões 2, 3 e 4 mede:

a) 5   b) $5\sqrt{2}$ c) $4\sqrt{3}$ d) $\sqrt{29}$ e) 6

A diagonal do paralelepípedo é calculada por $\sqrt{a^2 + b^2 + c^2}$, sendo a, b e c suas dimensões e D a diagonal.
$D = \sqrt{a^2 + b^2 + c^2}$
$D = \sqrt{2^2 + 3^2 + 4^2}$
$D = \sqrt{4 + 9 + 16}$
$D = \sqrt{29}$

Portanto, a resposta correta é a "d".

14. (**Cesgranrio**) Os lados de um triângulo são 3, 4 e 6. O cosseno do maior ângulo interno desse triângulo vale:

a) $\dfrac{11}{24}$ b) $-\dfrac{11}{24}$ c) $\dfrac{3}{8}$ d) $-\dfrac{3}{8}$ e) $-\dfrac{3}{10}$

Sabemos que, em um triângulo qualquer, o maior ângulo é aquele que se opõe ao maior lado. Nesta questão, o maior ângulo é o oposto do lado de medida igual a 6. Podemos então utilizar a lei dos cossenos.

$a^2 = b^2 + c^2 - 2bc \cdot \cos\alpha$
$6^2 = 3^2 + 4^2 - 2 \cdot 3 \cdot 4 \cdot \cos\alpha$
$36 = 9 + 16 - 24 \cdot \cos\alpha$

$36 = 25 - 24\cos\alpha$
$36 - 25 = -24\cos\alpha$
$11 = -24\cos\alpha$
$\cos\alpha = -\dfrac{11}{24}$

Portanto, a resposta correta é a "b".

15. **(Fuvest)** No quadrilátero a seguir, BC = CD = 3 cm, AB = 2 cm, DC = 60° e ABC = 90°.

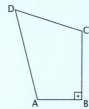

A medida, em cm, do perímetro do quadrilátero é:
a) 11.　　b) 12.　　c) 13.　　d) 14.　　e) 15.

Observe na figura da questão que ACB forma um triângulo retângulo e que temos outro triângulo em ACD. Vamos resolver a questão aplicando conhecimentos da trigonometria para encontrar o lado AD. Considere o triângulo retângulo ACB para encontrar a medida AC.
$\overline{AC}$ é a hipotenusa, pois é o lado oposto ao ângulo reto (B), portanto:

$AB^2 + BC^2 = AC^2$
$AC^2 = 2^2 + 3^2$
$AC^2 = 4 + 9$
$AC^2 = 13$
$AC = \sqrt{13}$

Ao aplicar a medida AC, podemos utilizar a lei dos cossenos no triângulo ACD.

$AC^2 = DC^2 + AD^2 - 2 \cdot DC \cdot AD \cdot \cos 60°$
$(\sqrt{13})^2 = 3^2 + AD^2 - 2 \cdot 3 \cdot AD \cdot \dfrac{1}{2}$
$13 = 9 + AD^2 - 6AD \cdot \dfrac{1}{2}$
$13 - 9 = AD^2 - 3AD$
$AD^2 - 3AD - 4 = 0$

Pela fórmula resolutiva de Bhaskara, teremos:

$\Delta = b^2 - 4ac$　　　　　　　　$x = \dfrac{-b \pm \sqrt{\Delta}}{2a}$
$\Delta = (-3)^2 - 4 \cdot 1 \cdot (-4)$
$\Delta = 9 + 16$　　　　　　　　　$AD = \dfrac{3 \pm \sqrt{25}}{2} \Rightarrow AD = \dfrac{3 \pm 5}{2}$
$\Delta = 25$　　　　　　　　　　　$AD' = \dfrac{3 + 5}{2} = \dfrac{8}{2} = 4$
　　　　　　　　　　　　　　　　$AD'' = \dfrac{3 - 5}{2} = \dfrac{-2}{2} = -1$

Não podemos ter como resultado uma medida negativa; assim, a medida AD = 4 cm.
De posse de todas as medidas do quadrilátero, podemos calcular seu perímetro, que é igual à soma das medidas de todos os seus lados.
AB + BC + CD + AD = perímetro (ABCD)
2 cm + 3 cm + 3 cm + 4 cm = 12 cm
Portanto, a resposta correta é a "b".

>> Capítulo 9

>> Logaritmos e funções

Logaritmos

Chama-se logaritmo de N na base a todo número b, desde que, se elevarmos a ao expoente b, obtenhamos N.

$$\underset{\text{logaritmando}}{\log_{\underset{\uparrow}{a}} N} = \overset{\text{expoente/logaritmo}}{b} \Leftrightarrow a^b = N$$
$$\text{base}$$

Ao expoente b, **que assume qualquer número real**, dá-se o nome de logaritmo de N (logaritmando) na base a, com $a > 0$, $a \neq 1$ e $N > 0$.

Observe os exemplos.

$\log_3 9 = 3 \Leftrightarrow 3^3 = 9$ $\log_4 16 = 2 \Leftrightarrow 4^2 = 16$ $6^2 = 36 \Leftrightarrow 2 = \log_6 36$

Como calcular o valor de $\log_{11} 121$?

$\log_{11} 121 = b \Rightarrow 11^b = 121 \Rightarrow 11^b = 11^2 \therefore b = 2$ então $\log_{11} 121 = 2$

Qual o valor de $\log_4 64$?

$\log_4 64 = b \Rightarrow 4^b = 64 \Rightarrow 4^b = 4^3 \therefore b = 3$ então $\log_4 64 = 3$

E o valor de $\log_8 4096$?

$\log_8 4096 = b \Rightarrow 8^b = 4096 \Rightarrow 8^b = 8^4 \therefore b = 4$ então $\log_8 4096 = 4$

Consequências

Considerando que α e β pertencem ao conjunto dos números reais, $0 < a \neq 1$ e $N > 0$, $b > 0$, teremos como consequências da definição:

	Consequência	Demonstração
1	$a^{\log_a N} = N \Rightarrow \log_a N = \log_a N$	$4^{\log_4 16} = 16$, pois $\log_4 16 = 2$
2	$\log_a a = 1$	$\log_3 3 = 1$, pois $3^1 = 3$

Consequência	Demonstração
3 $\log_a 1 = 0$	$\log_6 1 = 0$, pois $6^0 = 1$
4 $\log_a a^\beta = \beta$	$\log_3 3^4 = 4$, pois $\log_3 3^4 = b \Rightarrow 3^b = 81 \Rightarrow 3^b = 3^4 \therefore b = 4$
5 $\log_a \alpha = \log_a \beta \leftrightarrow \alpha = \beta$, ou seja, $\log_a \alpha = \log_a \beta \Rightarrow \alpha = \beta$	Para $\alpha = \beta = 8$ e $a = 2$ $\log_2 \boxed{8 = 3}$ $\log_2 8 = \log_2 8$, pois $8 = 2^{\boxed{3}}$ Substituindo: $8 = 2^{\boxed{\log_2 8}}$ $8 = 8$ ou $\log_2 8 = \log_2 8 \Rightarrow 8 = 8$
6 $\log_{a^\beta} a = \dfrac{1}{\beta} \cdot \log_a a$, ou seja, $\log_{a^\beta} a = \dfrac{1}{\beta}$	$\log_{3^2} 3 = \dfrac{1}{2} \cdot \log_3 3 = \dfrac{1}{2} \cdot 1 = \dfrac{1}{2}$, ou, ainda, $\log_{3^2} 3 = b \Rightarrow \log_9 3 = b \Rightarrow 9^b = 3 \Rightarrow 9^{\frac{1}{2}} = 3 \therefore b = \dfrac{1}{2}$

O logaritmo de 1 é sempre 0 (zero).

Propriedades

① $\log_a(\alpha \cdot \beta) = \log_a \alpha + \log_a \beta$

> $\log_3(9 \cdot 27) = \log_3 9 + \log_3 27 \Rightarrow \log_3 9 = 2, \log_3 27 = 3 \Rightarrow 3 + 2 = 5$
> $\therefore \log_3 243 = 5$, pois $3^5 = 243$.

② $\log_a \dfrac{\alpha}{\beta} = \log_a \alpha - \log_a \beta$

> $\log_3 \dfrac{27}{9} = \log_3 27 - \log_3 9 \Rightarrow \log_3 27 = 3, \log_3 9 = 2 \Rightarrow 3 - 2 = 1$
> $\therefore \log_3 \dfrac{27}{9} = 1$, pois $3^1 = \dfrac{27}{9}$.

③ $\log_a N^\beta = \beta \cdot \log_a N$

> $\log_2 8^3 = 3 \cdot \log_2 8, \log_2 8 = b, 2^b = 8 \Rightarrow 2^b = 2^3 \therefore b = 3$
> Assim, $3 \cdot \log_2 8 = 3 \cdot 3 = 9$, o mesmo que $\log_2 8^3 = \log_2 512 = 9$.

④ $\log_a \sqrt[\beta]{N^\alpha} = \dfrac{\alpha}{\beta} \cdot \log_a N$

$\log_5 \sqrt[3]{25^2} = \dfrac{2}{3} \cdot \log_5 25$, $\log_5 25 = b$, $5^b = 5^2 \therefore b = 2$

Assim, $\dfrac{2}{3} \cdot \log_5 25 = \dfrac{2}{3} \cdot 2 = \dfrac{4}{3}$, o mesmo que $\log_5 \sqrt[3]{25^2} \Rightarrow$

$\Rightarrow \log_5 \sqrt[3]{625} = \log_5 \sqrt[3]{5^4} = b \Rightarrow 5^b = \sqrt[3]{5^4} \Rightarrow 5^b = 5^{\frac{4}{3}} \therefore b = \dfrac{4}{3}$.

Cologaritmo

O cologaritmo de um número é o logaritmo do seu inverso.

$$\operatorname{colog}_a \beta = \log_a \dfrac{1}{\beta} = -\log_a \beta$$

Lembrando que $\log_a 1 = 0$, justificamos parte da igualdade.

$$\log_a \dfrac{1}{\beta} = \log_a 1 - \log_a \beta \Rightarrow 0 - \log_a \beta = -\log_a \beta$$

Antilogaritmo

Define-se o antilogaritmo como um número que corresponde a um logaritmo dado. Trata-se de resolver o problema inverso ao cálculo do logaritmo de um número. Podemos dizer que é o mesmo que elevar a base ao número resultado do logaritmo dado.

$$\log_a N = b \Leftrightarrow \operatorname{antilog}_a b = N \quad \rightarrow \quad \log_2 16 = 4 \Leftrightarrow \operatorname{antilog}_2 4 = 16$$

Mudança de base

A mudança de base pode ser feita obedecendo-se ao seguinte critério:

$$\log_a N = \dfrac{\log_\alpha N}{\log_\alpha a}$$

onde α é a nova base, com $1 \neq$ nova base > 0.

Vamos demonstrar a propriedade da mudança de base.

$$\dfrac{\log_\alpha N}{\log_\alpha a} = \beta$$

$$\log_a N = \beta \cdot \log_\alpha a$$

Se aplicarmos uma base qualquer (x) aos dois membros da igualdade, manteremos a igualdade.

$$x^{\log_\alpha N} = x^{\beta \cdot \log_\alpha a}$$

Pela propriedade $a^{\log_a N} = N$, aplicada ao primeiro membro da igualdade, temos: $N = x^{\beta \cdot \log_\alpha a}$.

Agora, lembrando que, quando há uma potência de potência — como $((2^4)^3 = 2^{12})$ —, multiplicamos os expoentes. No nosso teste da propriedade da mudança de base, vamos fazer o contrário para reescrever a potência do lado direito da igualdade.

$$N = (x^{\log_\alpha a})^\beta$$

Assim, podemos aplicar a propriedade $a^{\log_a N} = N$ também no segundo membro da igualdade.

$$N = a^\beta = \log_a N = x$$

• *Consequências da mudança de base*

① Inverso de $\log_a N = \dfrac{1}{\log_N a}$

② $\log_a N \cdot \log_N a = 1$

③ $\log_a N = \dfrac{\log N}{\log a}$, utilizando a base 10, que não precisa de representação.

Logaritmos decimais

Também chamados de logaritmos de Briggs (devido ao matemático inglês Henry Briggs), são aqueles cuja **base é 10**, representados na forma logN, sem a necessidade de demonstrar a base.

$$\log N = b$$

Assim:

$$\log 1 = 0 \Rightarrow 10^0 = 1$$
$$\log 100 = 2 \Rightarrow 10^2 = 100$$
$$\log 0{,}01 = -2 \Rightarrow 10^{-2} = 0{,}01$$

Os logaritmos decimais (aqueles que têm base 10) das potências de 10 sempre serão um número inteiro.

Característica e mantissa

Ao se calcular o logaritmo decimal, sendo o logaritmando um número que não é uma potência de 10, seu logaritmo decimal não será inteiro.

Vejamos um exemplo: qual o valor de $\log 120 = 10^b$?

Não há valor inteiro que seja igual a b, pois o logaritmando (120) não é uma potência inteira de 10. Assim, o logaritmo terá uma parte inteira, chamada de *característica*, e uma parte decimal, chamada de *mantissa*.

$$\log 120 = 10^b \cong 10^{2{,}079} \therefore b = 2{,}079$$
ou
$$\log 120 = \boxed{2}{,}\boxed{079}$$
característica ⎯⎦
mantissa ⎯⎯⎦

Veja outro exemplo:

$$\log 275 = 10^x \cong 10^{2,4393} \therefore x = 2,4393 \text{ ou } \log 275 = \boxed{2}, \boxed{4393}$$
característica ⎤
mantissa ⎦

Para determinar a característica de um logaritmo decimal, temos de observar duas regras.

1ª regra: para N > 1, logaritmando > 1.

A característica será dada pela quantidade de algarismos que antecedem a vírgula no logaritmando subtraída de uma unidade.

$\boxed{\log 213}$ → $\boxed{\text{algarismos antes da vírgula: 3}}$ → $\boxed{3 - 1 = 2}$ ∴ $\boxed{\log 213 = 2, \text{mantissa}}$

nesse caso, a vírgula está subentendida após a unidade 3 de 213 (213,00...)

$\boxed{\log 51,7}$ → $\boxed{\text{algarismos antes da vírgula: 2}}$ → $\boxed{2 - 1 = 1}$ ∴ $\boxed{\log 51,7 = 1, \text{mantissa}}$

$\boxed{\log 1234,876}$ → $\boxed{\text{algarismos antes da vírgula: 4}}$ → $\boxed{4 - 1 = 3}$ ∴ $\boxed{\log 1234,876 = 3, \text{mantissa}}$

2ª regra: para 0 < N < 1, 0 < logaritmando < 1.

A característica será dada pelo simétrico do número de zeros que antecedem o primeiro algarismo diferente de zero.

			característica	representação
$\boxed{\log 0,218}$	→	$\boxed{-1}$ ∴	⁻1	⁻1, mantissa
$\boxed{\log 0,03451}$	→	$\boxed{-2}$ ∴	⁻2	⁻2, mantissa

O sinal acima da característica indica que apenas a parte inteira é negativa. Essa parte deve ser somada à mantissa, que é um número positivo, obtendo-se um resultado negativo, que é o logaritmo.

• **Característica e mantissa partindo do log**

$\boxed{\log 0,00158 = -2,8013}$ (valor obtido em calculadora científica)

Somamos (−1; +1) às parcelas inteiras e decimais, respectivamente, do logaritmo.

$-2 + (-1) = \boxed{-3}$ → característica
$1 + (-0,8013) = \boxed{0,1987}$ → mantissa

juntando os resultados → $\boxed{⁻3}, \boxed{1987}$
característica   mantissa

Adicionando −3 (característica) a 0,1987 (mantissa), teremos: log 0,00158 = −2,8013.

Funções

Dados dois conjuntos, A e B, chamamos de função toda relação f: A → B (lê-se: função de A em B), na qual, para todo elemento de A, existe um único correspondente em B. Cada correspondência entre os elementos dos dois conjuntos é representada por um par ordenado de valores.

Se f é uma função de A em B, chamaremos os elementos de A de x e, em B, o único elemento que corresponde a esse x chamaremos de y. Esse y é a imagem de x, em B, dado pela função f e indicado pela notação f(x), que se lê: "f de x".

Assim: f(x) = y.

Representação por diagramas

Chamamos de *domínio* (DM) o conjunto da origem das correspondências (neste exemplo, é o conjunto A) e de *contradomínio* (CD) o conjunto de destino das correspondências (neste exemplo, o conjunto B).

Conjunto-imagem (IM) é o nome dado ao conjunto dos elementos do contradomínio que se correspondem com os elementos do domínio, desde que a correspondência indique uma função.

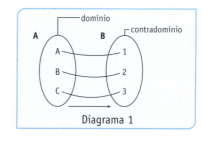
Diagrama 1

No exemplo acima, todos os elementos do domínio (A) se correspondem com elementos do contradomínio (B) e, para cada elemento de A, existe um único correspondente em B; portanto, o diagrama representa uma função.

Assim, denominando a função representada acima como f, podemos escrever:

f = {(A, 1); (B, 2); (C, 3)} conjunto dos pares ordenados de A em B.

$f_{(A)}$ = 1 (lê-se: "1 é a imagem de A".)

$f_{(B)}$ = 2 (lê-se: "2 é a imagem de B".)

$f_{(C)}$ = 3 (lê-se: "3 é a imagem de C".)

Vejamos outro exemplo:

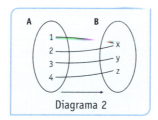
Diagrama 2

Note que, apesar de dois elementos do domínio A (1 e 2) se corresponderem com um mesmo elemento do contradomínio B (x), para cada elemento de A existe **um único** correspondente em B; portanto, o diagrama 2 também representa uma função.

>>Parte II 417

Observe mais um diagrama:

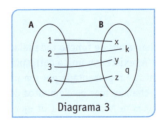
Diagrama 3

Apesar de sobrar um elemento no contradomínio B sem correspondente no domínio A, para cada elemento de A continua havendo um único correspondente em B; assim, o diagrama 3 representa uma função.

O mesmo ocorre no diagrama abaixo:

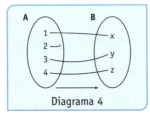
Diagrama 4

Note que, nesse diagrama, um dos elementos do domínio A (2) não se corresponde com elemento algum do contradomínio B; deste modo, o diagrama 4 **não** representa uma função.

Vejamos um último exemplo.

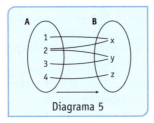
Diagrama 5

Aqui, temos o caso em que um mesmo elemento do domínio A (2) tem dois elementos como correspondentes no contradomínio B (x e y), o que indica que o diagrama 5 **não** representa uma função.

Tipos de função

Uma função pode ser classificada em: sobrejetora, injetora ou bijetora.

• Sobrejetora

É quando o conjunto-imagem (IM) é igual ao contradomínio (CD).

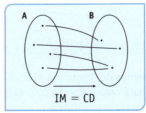
IM = CD

Nesse exemplo, notamos que todos os elementos de A encontram correspondentes únicos em B e, também, que todos os elementos de B se correspondem com os de A; desse modo, trata-se de uma função sobrejetora.

• *Injetora*

É quando elementos *distintos* do domínio se correspondem com elementos *distintos* do contradomínio.

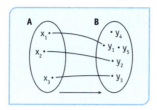

Nesse exemplo, podemos notar que $x_1 \neq x_2 \neq x_3$ e que $y_1 \neq y_2 \neq y_3$; portanto, como elementos distintos ($\neq$) do domínio A se correspondem com elementos distintos do contradomínio B, esta é uma função injetora.

Perceba também que os elementos y_4 e y_5 do contradomínio B não se correspondem com elemento algum do domínio A; assim, não pertencem ao conjunto-imagem, o que o torna diferente do contradomínio (IM $\neq$ CD), indicando não se tratar de uma função sobrejetora.

• *Bijetora*

É quando a função é, simultaneamente, sobrejetora e injetora, ou seja, elementos distintos do domínio A se correspondem com **todos** os elementos distintos do contradomínio B.

No exemplo ao lado, notamos que o conjunto-imagem é igual ao contradomínio e, também, que elementos distintos ($\neq$) do domínio correspondem a elementos distintos do contradomínio; então, por ser uma função ao mesmo tempo sobrejetora e injetora, é uma função bijetora.

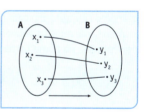

Função de 1º grau

$$f(x) = ax + b \mid a \neq 0$$

Dados dois conjuntos, A e B, sendo A = {1; 2; 4; 5} e B = {2; 3; 4; 5; 6}, a função de A em B, definida pela lei de formação $f(x) = x + 1$, terá como conjunto-imagem (IM).

$$f(x) = x + 1 \quad \text{ou} \quad y = x + 1$$

sendo:

• x os valores do domínio (DM) (neste caso, o conjunto A);
• y os valores do contradomínio (CD) que correspondem aos valores do domínio (DM), formando o conjunto-imagem (IM).

Assim, x assume os valores 1, 2, 4 e 5. A partir deles, construiremos os pares ordenados (x, y).

① x = 1 ⇒ f(x) = x + 1 ⇒ f(1) = **1** + 1 ∴ f(1) = **2**
② x = 2 ⇒ f(x) = x + 1 ⇒ f(2) = **2** + 1 ∴ f(2) = **3**
③ x = 3 ⇒ f(x) = x + 1 ⇒ f(3) = **3** + 1 ∴ f(3) = **4**
④ x = 4 ⇒ f(x) = x + 1 ⇒ f(4) = **4** + 1 ∴ f(4) = **5**
⑤ x = 5 ⇒ f(x) = x + 1 ⇒ f(5) = **5** + 1 ∴ f(5) = **6**

Nesse caso, o conjunto-imagem (IM) é formado por: IM = {2; 3; 5; 6}, que está incluído no contradomínio (CD), mas não é igual a ele; portanto, esta é uma função injetora.

• *Representação gráfica*

Dados dois conjuntos, A e B, sendo A = {−1; 2; 5; 6} e B = {−2,5; −1; 0,5; 1}, a função de A em B, ou seja, f:(A → B), definida pela lei de formação $f(x) = \frac{x}{2} - 2$, terá como representação gráfica:

$$f(x) = \frac{x}{2} - 2 \quad \text{ou} \quad y = \frac{x}{2} - 2$$

sendo:
• x os valores do domínio (DM) (neste caso, o conjunto A);
• y os valores do contradomínio (CD) que se correspondem com os valores do domínio (DM), formando o conjunto-imagem (IM).

Assim, x assume os valores −1, 2, 4 e 5. A partir deles, construiremos os pares ordenados (x, y), representados, no plano cartesiano, por abscissas (x) e ordenadas (y).

① x = −1 ⇒ $f(x) = \frac{x}{2} - 2$ ⇒ $f(-1) = \frac{-1}{2} - 2$ ∴ f(−1) = **−2,5**
② x = 2 ⇒ $f(x) = \frac{x}{2} - 2$ ⇒ $f(2) = \frac{2}{2} - 2$ ∴ f(2) = **−1**
③ x = 5 ⇒ $f(x) = \frac{x}{2} - 2$ ⇒ $f(5) = \frac{5}{2} - 2$ ∴ f(5) = **0,5**
④ x = 6 ⇒ $f(x) = \frac{x}{2} - 2$ ⇒ $f(6) = \frac{6}{2} - 2$ ∴ f(6) = **1**

Nesse caso, o conjunto-imagem (IM) é formado por: IM = {−2,5; −1; 0,5; 1}, que está incluído no contradomínio (CD) e é igual a ele. Portanto, essa é uma função bijetora, ou seja, elementos distintos do domínio A correspondem a **todos** os elementos distintos do contradomínio B.

Abaixo, os pontos representam o gráfico da função.

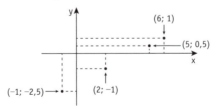

Agora vamos construir o gráfico da função de $\mathbb{R}$ em $\mathbb{R}$ (f: $\mathbb{R} \to \mathbb{R}$), definida pela lei de formação $f(x) = x + 1$.

Como, neste caso, o domínio são todos os reais ($\mathbb{R}$), com apenas dois valores quaisquer atribuídos a x já poderemos construir o gráfico da função.

① $x = -2$ ⇒ $f(x) = x + 1$ ⇒ $f(-2) = -2 + 1$ ∴ $f(-2) = -1$
② $x = 1$ ⇒ $f(x) = x + 1$ ⇒ $f(1) = 1 + 1$ ∴ $f(1) = 2$

Abaixo, a reta r representa o gráfico da função.

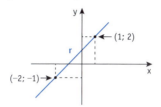

Função inversa

f^{-1}

A partir do conjunto-imagem, podemos definir, por meio da função inversa, o conjunto-domínio. Só se calcula a inversa se a função for **bijetora**. Para tanto, basta inverter, na sentença da função, o x com o y e vice-versa.

Seja a função $f(x) = 2x + 1$. Vamos calcular a sua inversa.

Como $f(x) = y$, teremos: $y = 2x + 1$.
Agora, a inversão: $x = 2y + 1$
Usando a transposição: $x - 1 = 2y$
Isolando o y: $y = \dfrac{x - 1}{2}$
$f(x) = \dfrac{x - 1}{2}$
Portanto, $f(x) = \dfrac{x - 1}{2}$ é a função inversa de $f(x) = 2x + 1$.

Dados o conjunto $A = \{2; 4; 5; 8\}$ e a função $f(x) = 2x + 1$, calcule sua inversa.

① $x = 2$ ⇒ $f(x) = 2x + 1$ ⇒ $f(2) = 2(2) + 1$ ∴ $f(2) = 5$
② $x = 4$ ⇒ $f(x) = 2x + 1$ ⇒ $f(4) = 2(4) + 1$ ∴ $f(4) = 9$
③ $x = 5$ ⇒ $f(x) = 2x + 1$ ⇒ $f(5) = 2(5) + 1$ ∴ $f(5) = 11$
④ $x = 8$ ⇒ $f(x) = 2x + 1$ ⇒ $f(8) = 2(8) + 1$ ∴ $f(8) = 17$

Encontramos, desta forma, os valores que pertencem ao conjunto-imagem (IM).

$IM = \{5; 9; 11; 17\}$

Se aplicarmos a função inversa $\left(f(x) = \dfrac{x-1}{2}\right)$ sobre os valores desse conjunto (o conjunto-imagem), obteremos os valores do conjunto do domínio A.

$$A = \{2;\ 4;\ 5;\ 8\}$$

Vejamos:

① $x = 5$ ⇒ $f(x) = \dfrac{x-1}{2}$ ⇒ $f(5) = \dfrac{5-1}{2}$ ∴ $f(5) = 2$

② $x = 9$ ⇒ $f(x) = \dfrac{x-1}{2}$ ⇒ $f(9) = \dfrac{9-1}{2}$ ∴ $f(9) = 4$

③ $x = 11$ ⇒ $f(x) = \dfrac{x-1}{2}$ ⇒ $f(11) = \dfrac{11-1}{2}$ ∴ $f(11) = 5$

④ $x = 17$ ⇒ $f(x) = \dfrac{x-1}{2}$ ⇒ $f(17) = \dfrac{17-1}{2}$ ∴ $f(17) = 8$

> Dado o conjunto-imagem IM = {3; 2; 1; 0}, da função f(x) = 3x − 1, aplicada sobre o domínio (DM), encontre seu respectivo conjunto-domínio (DM).

Primeiro, calculamos a inversa da função dada: $f(x) = 3x - 1$.
Como $f(x) = y$, teremos: $y = 3x - 1$.
Agora, a inversão: $x = 3y - 1$
Usando a transposição: $x + 1 = 3y$
Isolando o y: $y = \dfrac{x+1}{3}$
$f(x) = \dfrac{x+1}{3}$

Vamos aplicar a função inversa sobre os valores do conjunto-imagem (IM) para obter o conjunto-domínio (DM).

① $x = 3$ ⇒ $f(x) = \dfrac{x+1}{3}$ ⇒ $f(3) = \dfrac{3+1}{3}$ ∴ $f(3) = \dfrac{4}{3}$

② $x = 2$ ⇒ $f(x) = \dfrac{x+1}{3}$ ⇒ $f(2) = \dfrac{2+1}{3}$ ∴ $f(2) = 1$

③ $x = 1$ ⇒ $f(x) = \dfrac{x+1}{3}$ ⇒ $f(1) = \dfrac{1+1}{3}$ ∴ $f(1) = \dfrac{2}{3}$

④ $x = 0$ ⇒ $f(x) = \dfrac{x+1}{3}$ ⇒ $f(0) = \dfrac{0+1}{3}$ ∴ $f(0) = \dfrac{1}{3}$

Assim, o conjunto-domínio (DM) é formado por:

$$DM = \left\{\dfrac{4}{3};\ 1;\ \dfrac{2}{3};\ \dfrac{1}{3}\right\}$$

Função composta

$$f[g(x)]$$

A incidência de uma função sobre outra origina uma função composta.

Podemos pensar em um caso prático. Pagaremos o combustível de um veículo em *função* do valor comercializado da cana-de-açúcar e pagaremos a cana-de-açúcar em *função* da safra desse vegetal em um determinado ano. Assim, o valor da cana-de-açúcar será menor ou maior em *função* da safra, o que refletirá no valor pago pelo combustível em *função* da cana-de-açúcar.

Dadas as funções *f* e *g*, podemos calcular as funções compostas: f[g(x)] e g[f(x)].

> Dadas as funções f(x) = 2x − 3 e g(x) = x + 1, calcule f[g(x)] e g[f(x)].

f(**x**) = 2**x** − 3
f[**g(x)**] = 2[**g(x)**] − 3 ... observe que o valor de x é **g(x)**.
f[g(x)] = 2[x + 1] − 3 ... observe que o valor de g(x) é **x + 1**.
f[g(x)] = 2x + 2 − 3
f[g(x)] = 2x − 1

g(**x**) = **x** + 1
g[**f(x)**] = **f(x)** + 1 ... observe que o valor de x é **f(x)**.
g[f(x)] = 2x − 3 + 1 ... observe que o valor de f(x) é **2x − 3**.
g[f(x)] = 2x − 2

Assim, as funções compostas são f[g(x)] = 2x − 1 e g[f(x)] = 2x − 2.

> Dado o conjunto A = {−2; 0; 1; 1,5}, determine o conjunto-imagem dado pela função composta f[g(x)], a qual vamos chamar de **h(x)**, sendo: f(x) = x − 3 e g(x) = 2x − 2.

Primeiro, vamos definir a função f[g(x)] ou h(x).

f(**x**) = **x** − 3
f[**g(x)**] = [**g(x)**] − 3 ... observe que o valor de x é **g(x)**.
f[g(x)] = [2x − 2] − 3 ... observe que o valor de g(x) é **2x − 2**.
f[g(x)] = 2x − 2 − 3
f[g(x)] = 2x − 5
Portanto: **h(x) = 2x − 5**

Agora, vamos determinar o conjunto-imagem (IM), por meio da função composta h(x).

$$A = \{-2; 0; 1; 1,5\}$$

① x = −2 ⇒ h(x) = 2x − 5 ⇒ h(−2) = 2(**−2**) − 5 ∴ h(−2) = **−9**
② x = 0 ⇒ h(x) = 2x − 5 ⇒ h(0) = 2(**0**) − 5 ∴ h(0) = **−5**
③ x = 1 ⇒ h(x) = 2x − 5 ⇒ h(1) = 2(**1**) − 5 ∴ h(1) = **−3**
④ x = 1,5 ⇒ h(x) = 2x − 5 ⇒ h(1,5) = 2(**1,5**) − 5 ∴ h(1,5) = **−2**

x	h(x) = 2x − 5
−2	−9
0	−5
1	−3
1,5	−2

Então, o conjunto-imagem será:

$$IM = \{-9; -5; -3; -2\}$$

Função constante

$$f(x) = c$$

É a função de $\mathbb{R}$ em $\mathbb{R}$ que associa, a cada valor x real, uma constante (c).

x	y = f(x) = 6
−3	6
−2	6
0	6
2	6
4	6

O conjunto-imagem (IM) desse tipo de função será sempre o valor da constante.

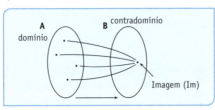

O gráfico desse tipo de função é uma reta (r) paralela ao eixo das abscissas (x), passando pelo ponto c (valor da constante) no eixo das ordenadas.

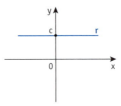

Veja um exemplo.

Traçar o gráfico da função f(x) = 6.

Nesse caso, a todo x da função será associado o valor 6.
O conjunto-imagem será IM = {6}.
O gráfico da função será:

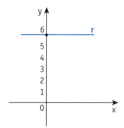

Função identidade

$$f(x) = x$$

É a função real no conjunto dos números reais ($\mathbb{R}$), que tem como correspondente para cada x o próprio valor de x.

x	y = f(x) = x
−3	−3
−2	−2
0	0
2	2
4	4

O conjunto-imagem (IM) desse tipo de função será sempre igual ao conjunto-domínio (DM).

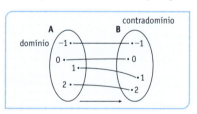

Então, o conjunto-imagem será:

$$IM = \{-1;\ 0;\ 1;\ 2\}$$

O gráfico desse tipo de função é uma reta (r) que passa pela origem e contém, no plano cartesiano, as bissetrizes do primeiro e do terceiro quadrantes.

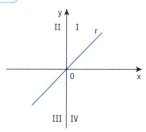

Função crescente

$$x_a < x_b \therefore f(x_a) < f(x_b)$$

É a função em que se obtém um valor **maior** para cada correspondente y, sempre que se aumentam os valores de x.

Observando a tabela abaixo, notamos que, aumentando-se x, aumentam os valores dos correspondentes y.

x	y = f(x) = x + 1
−3	−2
−2	−1
0	1
2	3
4	5

O gráfico desse tipo de função é uma curva crescente.

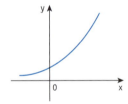

Função decrescente

$$x_a < x_b \therefore f(x_a) > f(x_b)$$

É a função em que se obtém um valor **menor** para cada correspondente y sempre que se aumentam os valores de x.

Observando a tabela abaixo, notamos que, aumentando-se x, diminuem os valores dos correspondentes y.

x	y = f(x) = −x + 1
−3	4
−2	3
0	1
2	−1
4	−3

O gráfico desse tipo de função é uma curva decrescente.

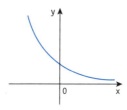

Função módulo

$$f(x) = |x|$$

É a função real no conjunto dos números reais (ℝ) na qual cada valor real x está associado ao valor |x|.

x	y = f(x) = |x|
−3	3
−2	2
0	0
2	2
4	4

O gráfico desse tipo de função é dado pela união de duas semirretas.

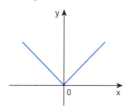

Função quadrática

$$f(x) = ax^2 + bx + c$$

É a função real no conjunto dos números reais (ℝ) definida por $f(x) = ax^2 + bx + c$, em que a, b e c são reais, sempre com $a \neq 0$.

função	valor de *a*	valor de *b*	valor de *c*
$f(x) = 2x^2 - 3x + 5$	2	−3	5
$f(x) = x^2 + 3x - 2$	1	3	−2
$f(x) = 2x^2 + 5$	2	0	5

>>Parte II

O gráfico desse tipo de função é uma parábola.

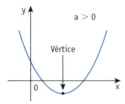
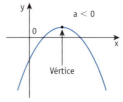

• **Vértice da parábola**

Quando a concavidade da parábola está voltada para cima (a > 0), há um ponto "mais baixo", chamado de *ponto de mínimo da função*. Quando a concavidade está voltada para baixo (a < 0), notamos que há um ponto "mais alto", chamado de *ponto de máximo da função*. Esse ponto, que é a intersecção da parábola com o seu eixo de simetria, é chamado de *vértice da parábola*, sendo determinado por:

$$X_v = \frac{-b}{2a} \qquad Y_v = \frac{-\Delta}{4a}$$

Para Δ > 0

A intersecção com o eixo x é determinada pelas raízes.
A intersecção com o eixo y é determinada pelo valor de c.
O vértice da parábola é determinado pelo par ordenado $\left(\frac{-b}{2a}, \frac{-\Delta}{4a}\right)$.

Com **a > 0**, a concavidade da parábola será voltada para cima. Nesse caso, o vértice da parábola é chamado de *ponto de mínimo*.
A parábola corta o eixo x em dois pontos (raízes).
Observe um exemplo:

$$f(x) = 2x^2 - 6x + 4$$

x	y = f(x) = 2x² − 6x + 4
−1	12
−0,5	7,5
0	4
0,5	1,5
1	0
1,5	−0,5
2	0
2,5	1,5

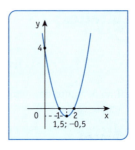

Com **a < 0**, a concavidade da parábola será voltada para baixo. Nesse caso, o vértice da parábola é chamado de *ponto de máximo*.

A parábola corta o eixo x em dois pontos (raízes).

Vejamos um exemplo:

$$f(x) = -x^2 - 6x + 7$$

x	y = f(x) = -x² - 6x + 7
-7	0
-6	7
1	0
2	9

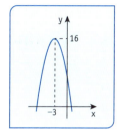

Para Δ = 0

Neste caso não há intersecção com o eixo x. A intersecção com o eixo y é determinada pelo valor de c.

Com **a > 0**, a concavidade da parábola será voltada para cima.

A parábola tangencia o eixo x no ponto de abscissas $\left(\dfrac{-b}{2a}\right)$.

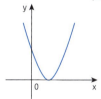

Observe um exemplo:

$$f(x) = 2x^2 + 8x + 8$$

x	y = f(x) = 2x² + 8x + 8
-2	0
-1	2
0	8
0,5	12,5

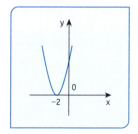

Com **a < 0**, a concavidade da parábola será voltada para baixo.

A parábola tangencia o eixo x no ponto de abscissas $\left(\dfrac{-b}{2a}\right)$.

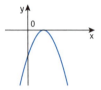

Vejamos outro exemplo.

$$f(x) = -x^2 - 4x - 4$$

x	y = f(x) = –x² – 4x – 4
–2	0
–1	–1
0	–4
0,5	–9

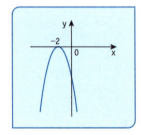

Para Δ < 0

Neste caso, a parábola não corta nem tangencia o eixo x. A intersecção com o eixo y é determinada pelo valor de c.

Com **a > 0**, a concavidade da parábola será voltada para cima.

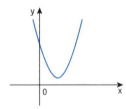

Veja um exemplo:

$$f(x) = x^2 - 3x + 3$$

x	y = f(x) = x² – 3x + 3
–1	7
0	3
1	1
3	3

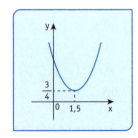

Com **a < 0**, a concavidade da parábola será voltada para baixo.

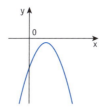

Observe outro exemplo:

$$f(x) = -x^2 - 3x - 3$$

x	y = f(x) = -x² - 3x - 3
-1	-1
0	-3
1	-7
2	-13

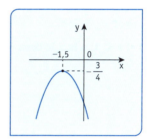

Função exponencial

$$f(x) = a^x$$

É a função real no conjunto dos números reais ($\mathbb{R}$) definida por $f(x) = a^x$, sempre com a > 0 e a ≠ 1.

O domínio de uma função exponencial está em $\mathbb{R}$ (reais) e o seu conjunto-imagem está em $\mathbb{R}_+^*$ (reais positivos).

função	valor de *a*
$f(x) = 3^x$	3
$f(x) = h^x$	h | 0 < h ≠ 1
$f(x) = \left(\dfrac{2}{3}\right)^x$	$\dfrac{2}{3}$

O gráfico desse tipo de função é uma curva crescente ou uma curva decrescente, dependendo do valor de *a*.

Nos dois casos, o gráfico não intercepta o eixo das abscissas (eixo de *x*) e intercepta o eixo das ordenadas (eixo de *y*) sempre no ponto (0, 1).

Assim, com **a > 1**, a função descreverá uma curva **crescente**.

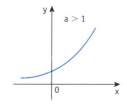

Observe o exemplo.

$$f(x) = 2^x$$

x	y = f(x) = aˣ = 2ˣ
−2	$\frac{1}{4}$
−1	$\frac{1}{2}$
0	1
1	2
2	4

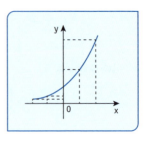

Com **0 < a < 1**, a função descreverá uma curva **decrescente**.

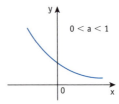

Vejamos outro exemplo.

$$f(x) = \left(\frac{1}{2}\right)^x$$

x	y = f(x) = aˣ = $\left(\frac{1}{2}\right)^x$
−2	4
−1	2
1	$\frac{1}{2}$
2	$\frac{1}{4}$

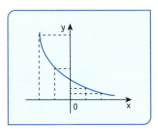

Função logarítmica

$$f(x) = \log_a x$$

É a função real no conjunto dos números reais ($\mathbb{R}$) definida por $f(x) = \log_a x$, com $a > 0$ e $a \neq 1$, tendo como sua inversa a função exponencial.

O domínio de uma função logarítmica está em $\mathbb{R}_+^*$ (reais positivos) e o seu conjunto-imagem está em $\mathbb{R}$ (reais).

função	valor de *a*
f(x) = log$_2$x	2
f(x) = log$_{\frac{1}{2}}$x	$\frac{1}{2}$

O gráfico desse tipo de função é uma curva crescente ou uma curva decrescente, dependendo do valor de a.

Nos dois casos, o gráfico não intercepta o eixo das ordenadas (eixo de y) e intercepta o eixo das abscissas (eixo de x) sempre no ponto (1, 0).

Quanto maior a base do logaritmo, mais próximo aos eixos a curva tenderá a passar.

Assim, com **a > 1**, a função descreverá uma curva **crescente**.

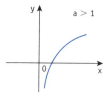

Vejamos um exemplo.

$$f(x) = \log_2 x$$

x	y = f(x) = log$_2$x
$\frac{1}{4}$	−2
$\frac{1}{2}$	−1
1	0
2	1
4	2

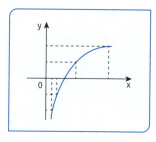

Com **0 < a < 1**, a função descreverá uma curva **decrescente**.

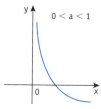

Observe outro exemplo:

$$f(x) = \log_{\frac{1}{2}} x$$

x	$y = f(x) = \log_{\frac{1}{2}} x$
$\frac{1}{2}$	1
1	0
2	−1
4	−2

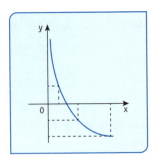

EXERCÍCIOS DE FIXAÇÃO I – Múltipla escolha

1. (**UFRGS**) Sabendo que $\log a = L$ e $\log b = M$, então o logaritmo de *a* na base *b* é
a) L + M
b) L − M
c) L · M
d) $\frac{M}{L}$
e) $\frac{L}{M}$

Vamos iniciar com a mudança para a base 10 do logaritmo M citado no enunciado.

$\log_b a = \frac{\log a}{\log b}$, sabendo-se que $\log a = L$ e $\log b = M$, temos:

$\log_b a = \frac{\log a}{\log b} = \frac{L}{M}$

Portanto, a resposta correta é a "e".

2. (**UFRGS**) A solução da equação $\log_2 (4 - x) = \log_2 (x + 1) + 1$ está no intervalo:
a) [−2; −1]
b) [−1; 0]
c) [0; 1]
d) [1; 2]
e) [2; 3]

Vamos aplicar as propriedades operatórias dos logaritmos.
Primeiro, vamos transpor os logaritmos para o mesmo membro da igualdade.
$\log_2(4 - x) - \log_2(x + 1) = 1$
Agora, aplicamos a segunda propriedade dos logaritmos.

$\log_2 \frac{4 - x}{x + 1} = 1$

$\frac{4 - x}{x + 1} = 2^1$

$4 - x = 2(x + 1)$
$4 - x = 2x + 2$
$4 - 2 = 2x + x$
$2 = 3x$
$x = \frac{2}{3}$

Portanto, a resposta correta é a "c".

3. (UFRGS) A representação geométrica que melhor representa o gráfico da função real de variável real x, dada por f(x) = $\log_{\frac{1}{2}} x$, é

a) 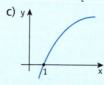   c) 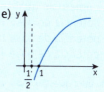   e)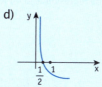

b) [gráfico]   d) [gráfico]

A base do logaritmo é $\frac{1}{2}$; portanto, a função descreve uma curva decrescente.
Entre as alternativas, apenas a "a" e a "d" apresentam esse tipo de curva. Sabemos que a curva decrescente deverá cortar o eixo x (abscissas) no ponto 1.
Apenas o gráfico apresentado na primeira alternativa corta o eixo x no ponto 1.
Portanto, a resposta correta é a "a".

4. (UFRGS) Na figura, a curva S representa o conjunto-solução da equação y = $\log_a x$, e a curva T, o conjunto-solução da equação y = $\log_b x$.

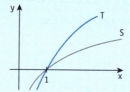

Tem-se:
a) a < b < 1.   b) 1 < a < b.   c) b < a < 1.   d) b < 1 < a.

Os dois gráficos representam funções logarítmicas crescentes, ou seja, as bases a e b são maiores que 1. Como a curva S está mais próxima dos eixos x e y, a base a é **maior** que a base b. Lembre-se de que quanto maior a base, mais a curva se aproxima dos eixos.
Portanto, a resposta correta é a "b".

5. (FIC/Facem) A produção de uma indústria vem diminuindo ano a ano. Num certo ano, ela produziu mil unidades de seu principal produto. A partir daí, a produção anual passou a seguir a lei **y = 1000 · (0,9)ˣ**. O número de unidades produzidas no segundo ano desse período recessivo foi de:
a) 900.   b) 1000.   c) 180.   d) 810.   e) 90.

Segundo a função apresentada pelo enunciado, a variação está em função de x; então, o segundo ano desse período corresponde a y = 1000(0,9)². A variação anual é de –10%.
y = 1000(0,9)²
y = 1000 · 0,81
y = 810
Portanto, a resposta correta é a "d".

6. (**UEL**) Supondo que exista, o logaritmo de *a* na base *b* é:
   a) o número ao qual se eleva *a* para se obter *b*.
   b) o número ao qual se eleva *b* para se obter *a*.
   c) a potência de base *b* e expoente *a*.
   d) a potência de base *a* e expoente *b*.
   e) a potência de base 10 e expoente *a*.

Trata-se de uma questão sobre a estrutura de representação do logaritmo: $\log_a N = b \Leftrightarrow a^b = N$.
Na questão:
$\log_b a = x$
$b^x = a$
Portanto, a resposta correta é a "b".

7. (**Fuvest**) A figura mostra o gráfico da função logaritmo na base *b*. O valor de *b* é:

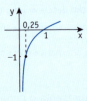

   a) $\frac{1}{4}$ b) 2   c) 3   d) 4   e) 10

Observando o gráfico da questão, podemos concluir que:
$\log_b 0{,}25 = -1$
$0{,}25 = b^{-1}$
$0{,}25 = \frac{1}{b} \Rightarrow 0{,}25b = 1$
$b = \frac{1}{0{,}25}$
$b = 4$
Portanto, a resposta correta é a "d".

8. (**PUC**) Assinale a propriedade válida sempre:
   a) $\log(a \cdot b) = \log a \cdot \log b$
   b) $\log(a + b) = \log a + \log b$
   c) $\log m \cdot a = m \cdot \log a$
   d) $\log a^m = \log m \cdot a$
   e) $\log a^m = m \cdot \log a$

(Supor válidas as condições de existência dos logaritmos)

Pela terceira propriedade dos logaritmos, temos: $\log_a N^\beta = \beta \cdot \log_a N$.
Na questão:
$\log a^m = m \cdot \log a$
$\log_{10} a^m = m \cdot \log_{10} a$
Como a base é 10, não precisamos escrevê-la na representação do logaritmo.
Portanto, a resposta correta é a "e".

9. (**UEL**) A função real f, de variável real, dada por $f(x) = -x^2 + 12x + 20$, tem um valor:

a) mínimo, igual a −16, para $x = 6$;
b) mínimo, igual a 16, para $x = -12$;
c) máximo, igual a 56, para $x = 6$;
d) máximo, igual a 72, para $x = 12$;
e) máximo, igual a 240, para $x = 20$.

Os pontos apresentados pelas alternativas serão de mínimo ou de máximo, dependendo do valor do coeficiente do termo do segundo grau (a).
Se $a > 0$, será o ponto de mínimo; se $a < 0$, será o ponto de máximo.

$\Delta = b^2 - 4ac$
$\Delta = 12^2 - 4 \cdot (-1) \cdot 20$
$\Delta = 144 + 80$
$\Delta = 224$

$x = \dfrac{-b}{2a}$

$x = \dfrac{-12}{2 \cdot (-1)}$

$x = \dfrac{-12}{-2}$

$x = 6$

$y = \dfrac{-\Delta}{4a}$

$y = \dfrac{-224}{4 \cdot (-1)}$

$y = \dfrac{-224}{-4}$

$y = 56$

Portanto, a resposta correta é a "c".

10. (**PUC**) Se $\log x = -4{,}3751157$, sua "característica" e "mantissa" serão respectivamente

a) −4 e 0,3751157.
b) −4 e 0,6248843.
c) −5 e 0,6248843.
d) −6 e 0,6248843.
e) 3 e 0,3751157.

Somamos (−1 + 1) às parcelas, inteiras e decimais, respectivamente, do logaritmo.
− 4 + (−1) = −5 (característica)
1 + (−0,3751157) = 0,6248843 (mantissa)
Portanto, a resposta correta é a "c".

11. (**Cesgranrio**) O pH de uma solução é definido por $pH = \log(1/H^+)$ onde H^+ é a concentração de hidrogênio em íons-grama por litro de solução. O pH de uma solução tal que $H^+ = 1{,}0 \cdot 10^{-8}$ é:

a) 7   b) 10^{-8} c) 1,0   d) 8   e) 0

$H^+ = 1{,}0 \cdot 10^{-8} = H^+ = 10^{-8}$; portanto, temos:

$pH = \log \dfrac{1}{H^+}$

$pH = \log \dfrac{1}{10^{-8}}$

$pH = \log 10^8$

Em $pH = \log 10^8$, aplicamos a terceira propriedade dos logaritmos:
$\log_a N^\beta = \beta \cdot \log_a N$
$pH = \log 10^8$
$pH = 8 \cdot \log 10$ ($\log 10 = 1$)
$pH = 8 \cdot 1$
$pH = 8$
Portanto, a resposta correta é a "d".

12. (**UFPR**) Sendo log2 = 0,301 e log7 = 0,845, qual será o valor de log28?

a) 1,146   b) 1,447   c) 1,690   d) 2,107   e) 1,107

Substituindo-se log28 por log(2 · 14), podemos aplicar a primeira propriedade dos logaritmos: $\log_a(\alpha \cdot \beta) = \log_a \alpha + \log_a \beta$, ficando com log2 + log14.
Se isso é válido uma vez, será válido sempre. Então, podemos fazer log14 = log(2 · 7), aplicamos outra vez a primeira propriedade e teremos: log2 + log7.
Então:
log28
log(2 · 14)
log2 + log14
log2 + log2 + log7
0,301 + 0,301 + 0,845
∴ log28 = 1,447
Portanto, a resposta correta é a "b".

13. (**Fatec-SP**) A distância do vértice da parábola $y = -x^2 + 8x - 17$ ao eixo das abscissas é:

a) 1   b) 4   c) 8   d) 17   e) 34

O vértice da parábola é dado pelo ponto de máximo ou de mínimo, dependendo do valor de *a*. Na questão, *a* vale −1; portanto, a < 0, o que determina um ponto de máximo. Para calcular o vértice, temos:

$X_v = \dfrac{-b}{2a}$; $Y_v = \dfrac{-\Delta}{4a}$

Cálculo de Δ.

$\Delta = b^2 - 4ac$
$\Delta = 8^2 - 4(-1)(-17)$ Como o Δ é negativo (Δ < 0), a parábola não corta nem tangencia o eixo *x*; por-
$\Delta = 64 - 68$ tanto, não precisamos calcular X_v.
$\Delta = -4$

$Y_v = \dfrac{-\Delta}{4a}$

$Y_v = \dfrac{4}{4(-1)}$

$Y_v = \dfrac{4}{-4}$ Como distância não pode ser negativa, a distância do vértice da parábola dada na questão é 1.

$Y_v = 1$

Portanto, a resposta correta é a "a".

14. (**Vunesp**) Considere os seguintes números reais:

$$a = \dfrac{1}{2}, \ b = \log_{\sqrt{2}} 2, \ c = \log_2 \dfrac{\sqrt{2}}{2}$$

Então:
a) c < a < b.
b) a < b < c.
c) c < b < a.
d) a < c < b.

A questão já apresenta o valor de *a*, que é 0,5. Para calcular *b*, vamos utilizar a relação fundamental dos logaritmos. Para o cálculo de *c*, vamos utilizar a terceira propriedade dos logaritmos.

438 >>Parte II

Cálculo de b
$\log_{\sqrt{2}} 2 = b$
$(\sqrt{2})^b = 2$
$b = 2$

Cálculo de c
$\log_2 \frac{\sqrt{2}}{2} = c \Rightarrow \log_2 \sqrt{2} - \log_2 2 = c$
$[(\log\sqrt{2} = 2^x) - (\log 2 = 2^y)] = c$
$(2^x = \sqrt{2}) - (2^y = 2) = c$
$\frac{1}{2} - 1 = c$
$c = -0,5$

Os valores encontrados são a = 0,5; b = 2; c = −0,5, ou seja, c < a < b.
Portanto, a resposta correta é a "a".

EXERCÍCIO DE FIXAÇÃO II – Problema

1. **(Unesp)** Numa fazenda, havia 20% de área de floresta. Para aumentar essa área, o dono da fazenda decidiu iniciar um processo de reflorestamento. No planejamento do reflorestamento, foi elaborado um gráfico fornecendo a previsão da porcentagem de área de floresta na fazenda a cada ano, num período de dez anos.

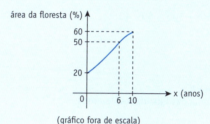

Esse gráfico foi modelado pela função $f(x) = \frac{ax + 200}{bx + c}$, que fornece a porcentagem de área de floresta na fazenda a cada ano x, onde a, b e c são constantes reais. Com base no gráfico, determine as constantes a, b e c e reescreva a função f(x) com as constantes determinadas.

O gráfico apresenta a relação entre o percentual de área de floresta, na fazenda, em função do tempo (anos (x)). No ano 0, temos 20% de área de floresta, então: f(0) = 20.

Vamos determinar o valor da constante c:

$f(x) = \frac{ax + 200}{bx + c}$

$f(x) = \frac{a0 + 200}{b0 + c}$

$f(0) = \frac{200}{c} \Rightarrow \frac{200}{c} = 20$

$c = \frac{200}{20}$

$c = 10$

No ano 6, temos 50% de área de floresta, então f(6) = 50.

$f(x) = \frac{ax + 200}{bx + 10}$

$f(6) = \dfrac{a6 + 200}{b6 + 10}$ (÷2)

$f(6) = \dfrac{3a + 100}{3b + 5} \Rightarrow \dfrac{3a + 100}{3b + 5} = 50 \Rightarrow$

$\Rightarrow 3a + 100 = 50(3b + 5) \Rightarrow 3a + 100 = 150b + 250 \Rightarrow$
$\Rightarrow 3a = 150b + 250 - 100 \Rightarrow 3a = 150b + 150 \Rightarrow$
$\Rightarrow a = \dfrac{150b + 150}{3}$
$a = 50b + 50$

No ano 10, temos 60% de área de floresta, então: $f(10) = 60$.

$f(x) = \dfrac{ax + 200}{bx + 10}$

$f(10) = \dfrac{a10 + 200}{b10 + 10}$ (÷10)

$f(10) = \dfrac{a + 20}{b + 1} \Rightarrow \dfrac{a + 20}{b + 1} = 60 \Rightarrow$

$\Rightarrow a + 20 = 60(b + 1) \Rightarrow a + 20 = 60b + 60 \Rightarrow$
$\Rightarrow a = 60b + 60 - 20$
$a = 60b + 40$

Temos dois valores para *a*; então, podemos igualá-los.
$a = 50b + 50$ e $a = 60b + 40$
∴ $50b + 50 = 60b + 40 \Rightarrow 60b - 50b = 50 - 40 \Rightarrow$
$\Rightarrow 10b = 10$
$b = \dfrac{10}{10}$
$b = 1$

Obtivemos, assim, a constante *b*.
Substituindo *b* em qualquer uma das igualdades, teremos:
$a = 60b + 40$
$a = 60 \cdot 1 + 40$
$a = 100$

Assim, determinamos a constante *a*.
Substituindo os valores das constantes na função inicial, teremos:

$f(x) = \dfrac{ax + 200}{bx + c} \Rightarrow f(x) = \dfrac{100x + 200}{x + 10}$

>> Capítulo 10

>> Matrizes e determinantes

Matrizes

Matriz é uma tabela de valores (ou símbolos) organizados em m linhas e n colunas. Cada elemento é representado por um índice i, j, sendo i a linha e j a coluna do elemento em questão.

Organização quanto às linhas e colunas (m × n)

$$A = \begin{pmatrix} a_{11} & \cdots & a_{1n} \\ \vdots & \ddots & \vdots \\ a_{m1} & \cdots & a_{mn} \end{pmatrix}$$

O índice a_{11} indica o elemento da primeira linha e primeira coluna; o índice a_{1n} indica o elemento da primeira linha e n-ésima coluna.

O índice a_{m1} indica o elemento da m-ésima linha e primeira coluna; o índice a_{mn} indica o elemento da m-ésima linha e n-ésima coluna.

Identificação dos elementos (i, j)

$$A = \begin{pmatrix} 2 & -1 \\ 5 & 0 \end{pmatrix}$$

Cada um dos elementos da matriz recebe um índice que o identifica. Na matriz ao lado:

- $a_{11} = 2$;
- $a_{12} = -1$;
- $a_{21} = 5$;
- $a_{22} = 0$.

Tipos de matrizes

- **Matriz linha**

    Também chamada de *vetor linha*, é a matriz que apresenta 1 linha e n colunas.

    $$A = [a_{11} \; a_{12} \cdots \; a_{1n}]$$

- **Matriz coluna**

    Também chamada de *vetor coluna*, é a matriz que apresenta m linhas e 1 coluna.

    $$A = \begin{pmatrix} a_{11} \\ a_{21} \\ \vdots \\ a_{m1} \end{pmatrix}$$

• Matriz quadrada

É a matriz que contém o número de linhas igual ao número de colunas, ou seja, m = n.

$A = (a_{11})$ → Matriz quadrada de **ordem 1** (1 coluna × 1 linha)

$A = \begin{pmatrix} a_{11} & a_{12} \\ a_{21} & a_{22} \end{pmatrix}$ → Matriz quadrada de **ordem 2** (2 colunas × 2 linhas)

$A = \begin{pmatrix} a_{11} & a_{12} & a_{13} \\ a_{21} & a_{22} & a_{23} \\ a_{31} & a_{32} & a_{33} \end{pmatrix}$ → Matriz quadrada de **ordem 3** (3 colunas × 3 linhas)

$A = \begin{pmatrix} a_{11} & \cdots & a_{1n} \\ \vdots & \ddots & \vdots \\ a_{m1} & \cdots & a_{mn} \end{pmatrix}$ → Matriz quadrada de **ordem *n*** (*n* colunas × *n* linhas)

Na matriz quadrada, todos os elementos da *diagonal principal* têm índice com o identificador da linha igual ao identificador da coluna (i = j) e todos os elementos da *diagonal secundária* têm índice com o identificador da linha adicionado ao identificador da coluna com resultado igual ao número de colunas somado a 1 (i + j = n + 1).

A matriz quadrada pode ser classificada como: *matriz singular*, que não admite uma inversa e tem sempre determinante nulo, ou como *matriz invertível*, quando admite outra matriz quadrada A^{-1}, inversa de A, sendo que o produto ($A^{-1} \cdot A$ ou $A \cdot A^{-1}$) entre elas, em qualquer ordem, é sempre a *matriz identidade* (I).

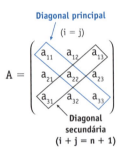

• Matriz nula

É a matriz em que todos os elementos são iguais a 0.

$A = \begin{pmatrix} 0 & 0 \\ 0 & 0 \end{pmatrix}$

• Matriz diagonal

É a matriz quadrada em que todos os elementos são nulos, exceto os da diagonal principal.

$A = \begin{pmatrix} 2 & 0 & 0 \\ 0 & 1 & 0 \\ 0 & 0 & 4 \end{pmatrix}$

Toda matriz diagonal é também uma matriz *triangular superior* e *triangular inferior* ao mesmo tempo.

• *Matriz identidade*

É a matriz diagonal em que todos os elementos da diagonal principal são iguais a 1. Geralmente é identificada por I_n, onde n indica a ordem da matriz.

$$A = \begin{pmatrix} 1 & 0 & 0 \\ 0 & 1 & 0 \\ 0 & 0 & 1 \end{pmatrix}$$

Perceba que, se a matriz é diagonal, ela é também matriz quadrada.

• *Matriz transposta*

É a matriz A^t, onde os elementos das suas linhas (i) são os elementos das colunas (j) da matriz A e vice-versa.

A matriz transposta A^t tem dimensões inversas em relação à matriz A, assim, o número de linhas de A será o número de colunas de A^t e o número de colunas de A será o número de linhas de A^t.

$$A = \begin{pmatrix} 2 & 3 \\ -2 & 1 \\ 4 & 1 \end{pmatrix} \quad A^t = \begin{pmatrix} 2 & -2 & 4 \\ 3 & 1 & 1 \end{pmatrix}$$

Se fizermos a transposta de uma matriz identidade (I), a matriz resultante será igual à própria matriz identidade $I = I^t$.

Se uma matriz quadrada qualquer for uma matriz *antissimétrica*, a adição com sua transposta resultará em uma matriz nula, pois, *nesse caso*, a transposta e a oposta serão iguais.

Algumas propriedades da matriz transposta

$(A^t)^T = A$

$(A \cdot B)^t = B^t \cdot A^t$ — Nessa propriedade, nem sempre o inverso comutativo é verdadeiro.

$\det(A^t) = \det(A)$

$(A + B)^t = A^t + B^t$

$(cA)^t = c(A^t)$ — A transposta do produto de uma constante (c) pela matriz é igual ao produto entre a constante e a transposta da matriz.

• *Matriz oposta*

Duas matrizes serão opostas quando a adição dos seus elementos resultar em uma matriz nula.

$$A = \begin{pmatrix} 3 & 7 & -3 \\ 1 & -5 & -4 \\ -2 & 8 & 6 \end{pmatrix} \quad -A = \begin{pmatrix} -3 & -7 & 3 \\ -1 & 5 & 4 \\ 2 & -8 & -6 \end{pmatrix}$$

Todos os elementos a_{ij} da matriz A são simétricos aos elementos a_{ij} de mesmo índice da matriz $-A$.

• Matriz igualdade

Só serão iguais as matrizes cujos elementos de mesmo índice, pertencentes a cada uma das matrizes, forem iguais.

• Matriz simétrica

É toda matriz quadrada em que todos os elementos coincidem com os elementos de mesmo índice da sua transposta, ou seja, $A = A^t$.

$$A = \begin{pmatrix} 2 & 4 \\ 4 & 1 \end{pmatrix} \quad A^t = \begin{pmatrix} 2 & 4 \\ 4 & 1 \end{pmatrix}$$

A adição de uma matriz quadrada com sua transposta é sempre igual a uma matriz simétrica (veja como adicionar matrizes em "Operações com matrizes", mais adiante).

• Matriz antissimétrica

Uma matriz é antissimétrica quando sua transposta é igual à sua oposta: $A^t = -A$. Para se obter uma matriz antissimétrica, temos de observar se todos os elementos de sua diagonal principal são nulos e, depois, se todos os elementos de índice (a_{ij}) opostos (a_{ji}) são simétricos.

$$A = \begin{pmatrix} 0 & 4 & -6 \\ -4 & 0 & 2 \\ 6 & -2 & 0 \end{pmatrix} \rightarrow \quad a_{ij} = -a_{ji}$$

Assim, $a_{12} = -a_{21}$, $a_{13} = -a_{31}$, $a_{21} = -a_{12}$, $a_{23} = -a_{32}$, $a_{31} = -a_{13}$ e $a_{32} = -a_{23}$.

Subtraindo a matriz quadrada transposta de sua matriz quadrada de origem, teremos sempre uma matriz antissimétrica (veja como subtrair matrizes em "Operações com matrizes", mais adiante).

• Matriz triangular

É a matriz em que todos os elementos, acima ou abaixo da diagonal principal, são nulos. Se os elementos acima da diagonal principal forem nulos, a matriz é chamada de *matriz triangular superior*; se forem nulos os elementos abaixo da diagonal principal, será uma *matriz triangular inferior*.

Quando uma matriz for simultaneamente triangular superior e triangular inferior, é chamada de *matriz diagonal*.

$$A = \begin{pmatrix} \text{Superior } i<j \\ a_{11} & a_{12} & a_{13} \\ a_{21} & a_{22} & a_{23} \\ a_{31} & a_{32} & a_{33} \\ i>j \text{ Inferior} \end{pmatrix}$$

Diagonal principal
($i = j$)

• Matriz ortogonal

É a matriz que tem a sua inversa A^{-1} igual à sua transposta A^t.

Operações com matrizes

• Adição

Só se adicionam matrizes de mesma ordem. À matriz resultante dá-se o nome de *matriz soma*. A adição de matrizes é dada pela soma dos elementos de mesmo índice (a_{ij}) das matrizes envolvidas na operação. Observe:

$$A = \begin{pmatrix} 2 & 1 & 3 \\ 0 & 5 & -2 \end{pmatrix} \quad + \quad B = \begin{pmatrix} 3 & -2 & 1 \\ -4 & 1 & 3 \end{pmatrix}$$

$$A + B = \begin{pmatrix} 5 & -1 & 4 \\ -4 & 6 & 1 \end{pmatrix}$$

Para matrizes, são válidas as propriedades:

- comutativa: $A + B = B + A$;
- associativa: $(A + B) + C = A + (B + C)$.

• Subtração

Só se subtraem matrizes de mesma ordem. À matriz resultante dá-se o nome de *matriz diferença*. A subtração de matrizes é dada pela diferença dos elementos de mesmo índice (a_{ij}) das matrizes envolvidas na operação.

$$A = \begin{pmatrix} 2 & 1 & 3 \\ 0 & 5 & -2 \end{pmatrix} \quad - \quad B = \begin{pmatrix} 3 & -2 & 1 \\ -4 & 1 & 3 \end{pmatrix}$$

$$A - B = \begin{pmatrix} -1 & 3 & 2 \\ 4 & 4 & -5 \end{pmatrix}$$

Na subtração de matrizes, **não** é válida a propriedade comutativa: $A - B \neq B - A$.

• Multiplicação

Temos dois tipos de produto de matriz: *número por matriz* e *matriz por matriz*.

- **Número por matriz:** é a multiplicação de um valor numérico por todos os elementos a_{ij} da matriz.

$$5 \cdot \begin{pmatrix} -2 & 4 \\ 1 & -5 \end{pmatrix} = \begin{pmatrix} -10 & 20 \\ 5 & -25 \end{pmatrix}$$

Para este produto, é válida a propriedade distributiva: $N(A + B) = NA + NB$ ou $(N_1 + N_2)A = N_1A + N_2A$.

- **Matriz por matriz:** este tipo de operação só é possível se o número de colunas da primeira matriz for igual ao número de linhas da segunda. A matriz resultante é chamada de *matriz produto* e cada um dos seus elementos é a soma entre os produtos de cada elemento de uma linha da primeira matriz pelo seu correspondente na coluna da segunda.

$$B = \begin{pmatrix} 3 & 0 & 5 \\ 1 & 4 & 0 \end{pmatrix}$$

$$A = \begin{pmatrix} 2 & 1 \\ -1 & 3 \end{pmatrix} \quad A \cdot B = \begin{pmatrix} 6+1 & 0+4 & 10+0 \\ -3+3 & 0+12 & -5+0 \end{pmatrix}$$

No exemplo acima, calculamos a primeira linha da matriz produto $A \cdot B$.

$\left. \begin{array}{l} Aa_{11} \cdot Ba_{11} = 2 \cdot 3 = 6 \\ Aa_{12} \cdot Ba_{21} = 1 \cdot 1 = 1 \end{array} \right\}$ **6 + 1**

$\left. \begin{array}{l} Aa_{11} \cdot Ba_{12} = 2 \cdot 0 = 0 \\ Aa_{12} \cdot Ba_{22} = 1 \cdot 4 = 4 \end{array} \right\}$ **0 + 4**

$\left. \begin{array}{l} Aa_{11} \cdot Ba_{13} = 2 \cdot 5 = 10 \\ Aa_{12} \cdot Ba_{23} = 1 \cdot 0 = 0 \end{array} \right\}$ **10 + 0**

Cálculo da segunda linha da matriz produto $A \cdot B$.

$$B = \begin{pmatrix} 3 & 0 & 5 \\ 1 & 4 & 0 \end{pmatrix}$$

$$A = \begin{pmatrix} 2 & 1 \\ -1 & 3 \end{pmatrix} \quad A \cdot B = \begin{pmatrix} 6+1 & 0+4 & 10+0 \\ -3+3 & 0+12 & -5+0 \end{pmatrix}$$

$\left. \begin{array}{l} Aa_{21} \cdot Ba_{11} = -1 \cdot 3 = -3 \\ Aa_{22} \cdot Ba_{21} = 3 \cdot 1 = 3 \end{array} \right\}$ **−3 + 3**

$\left. \begin{array}{l} Aa_{21} \cdot Ba_{12} = -1 \cdot 0 = 0 \\ Aa_{22} \cdot Ba_{22} = 3 \cdot 4 = 12 \end{array} \right\}$ **0 + 12**

$\left. \begin{array}{l} Aa_{21} \cdot Ba_{13} = -1 \cdot 5 = -5 \\ Aa_{22} \cdot Ba_{23} = 3 \cdot 0 = 0 \end{array} \right\}$ **−5 + 0**

As somas encontradas serão os elementos que estão em cada posição da matriz produto $A \cdot B$.

$$A \cdot B = \begin{pmatrix} 7 & 4 & 10 \\ 0 & 12 & -5 \end{pmatrix}$$

Para esta multiplicação, é válida a propriedade distributiva:

Distributividade da soma à esquerda → $(A + B) \cdot C = AC + BC$

Distributividade da soma à direita → $A(B + C) = AB + AC$

Também é válida a propriedade associativa para o produto entre matrizes: $A(BC) = (AB)C$.

Matriz inversa

Sendo a matriz A uma matriz quadrada invertível (não singular), a inversa dessa matriz A será dada por:

$$A^{-1} = \frac{1}{|A|} \cdot Adj(A)$$

Vamos verificar cada um dos passos necessários para calcular a matriz inversa (o ideal é que você estude primeiro determinante e cofator).

Dada a matriz $A = \begin{pmatrix} 1 & 2 & 1 \\ 3 & 1 & 0 \\ 2 & 1 & 4 \end{pmatrix}$, calcular a sua inversa A^{-1}.

1º passo: calcular o seu determinante.
Aplicando a Regra de Sarrus, teremos:

$$A = \begin{pmatrix} 1 & 2 & 1 \\ 3 & 1 & 0 \\ 2 & 1 & 4 \end{pmatrix} \begin{matrix} 1 & 2 \\ 3 & 1 \\ 2 & 1 \end{matrix} \rightarrow Det(A) = -19$$

2º passo: calcular os cofatores e substituir os elementos a_{ij} da matriz A pelo seu cofator.

$$Cof(a) = \begin{pmatrix} \overset{+}{\begin{vmatrix}1&0\\1&4\end{vmatrix}} & \overset{-}{\begin{vmatrix}3&0\\2&4\end{vmatrix}} & \overset{+}{\begin{vmatrix}3&1\\2&1\end{vmatrix}} \\ \overset{-}{\begin{vmatrix}2&1\\1&4\end{vmatrix}} & \overset{+}{\begin{vmatrix}1&1\\2&4\end{vmatrix}} & \overset{-}{\begin{vmatrix}1&2\\2&1\end{vmatrix}} \\ \overset{+}{\begin{vmatrix}2&1\\1&0\end{vmatrix}} & \overset{-}{\begin{vmatrix}1&1\\3&0\end{vmatrix}} & \overset{+}{\begin{vmatrix}1&2\\3&1\end{vmatrix}} \end{pmatrix} \therefore Cof(A) = \begin{pmatrix} 4 & -12 & 1 \\ -7 & 2 & 3 \\ -1 & 3 & -5 \end{pmatrix}$$

3º passo: criar a matriz transposta de Cof(A).

$$Cof(A) = \begin{pmatrix} 4 & -12 & 1 \\ -7 & 2 & 3 \\ -1 & 3 & -5 \end{pmatrix} \rightarrow (Cof(A))^t = Adj(A) = \begin{pmatrix} 4 & -7 & -1 \\ -12 & 2 & 3 \\ 1 & 3 & -5 \end{pmatrix}$$

A matriz $(Cof(A))^t$ é chamada de *matriz adjunta* (Adj), que é sempre a matriz transposta da matriz de cofatores.

4º passo: aplicar a fórmula da inversa: $A^{-1} = \frac{1}{|A|} \cdot Adj(A)$.

$$A^{-1} = -\frac{1}{19} \cdot \begin{pmatrix} 4 & -7 & -1 \\ -12 & 2 & 3 \\ 1 & 3 & -5 \end{pmatrix} \therefore A^{-1} = \begin{pmatrix} -0{,}2105 & 0{,}3684 & 0{,}0526 \\ 0{,}6316 & -0{,}1053 & -0{,}1579 \\ -0{,}0526 & -0{,}1579 & 0{,}2632 \end{pmatrix}$$

Agora podemos fazer a verificação dos cálculos, pois a multiplicação da matriz inversa A⁻¹ pela matriz A deverá ser igual à matriz identidade.

$$A^{-1} \cdot A = A^{-1} = \begin{pmatrix} -0{,}2105 & 0{,}3684 & 0{,}0526 \\ 0{,}6316 & -0{,}1053 & -0{,}1579 \\ -0{,}0526 & -0{,}1579 & 0{,}2632 \end{pmatrix} \cdot A = \begin{pmatrix} 1 & 2 & 1 \\ 3 & 1 & 0 \\ 2 & 1 & 4 \end{pmatrix}$$

Veja a multiplicação de matrizes.

$$A^{-1} \cdot A = \begin{pmatrix} 1 & 0 & 0 \\ 0 & 1 & 0 \\ 0 & 0 & 1 \end{pmatrix}$$

Determinantes

Podemos associar a uma dada matriz quadrada um número chamado de *determinante* da matriz e pode ser representado, para uma matriz A, por Det(A).

Uma matriz quadrada que não tem inversa tem seu determinante igual a 0; portanto, podemos utilizar o cálculo do determinante para saber se a matriz quadrada é ou não inversível.

Matriz de ordem 1

O determinante de uma matriz de ordem 1 é igual ao valor que compõe a matriz.

$$A = (5) \therefore Det(A) = 5$$
$$A = (-2) \therefore Det(A) = -2$$

Matriz de ordem 2

O determinante de uma matriz de ordem 2 é igual ao produto entre os elementos da diagonal principal subtraído do produto entre os elementos da diagonal secundária.

$$A = \begin{pmatrix} 2 & 3 \\ 5 & 6 \end{pmatrix}$$
$$Det(A) = (a_{11} \cdot a_{22}) - (a_{12} \cdot a_{21})$$
$$Det(A) = (2 \cdot 6) - (3 \cdot 5)$$
$$Det(A) = 12 - 15$$
$$Det(A) = -3$$

Matriz de ordem 3

O determinante de uma matriz de ordem 3 pode ser calculado pela *regra de Sarrus*, que determina que devemos repetir, à direita da matriz, suas duas primeiras colunas. Seu determinante será dado pela soma do produto dos elementos da diagonal principal e de suas paralelas, subtraído da soma do produto dos elementos da diagonal secundária e de suas paralelas.

$$\begin{pmatrix} 1 & 2 & 1 \\ 3 & 1 & 0 \\ 2 & 1 & 4 \end{pmatrix} \begin{matrix} 1 & 2 \\ 3 & 1 \\ 2 & 1 \end{matrix}$$

$(1 \cdot 1 \cdot 2) + (1 \cdot 0 \cdot 1) + (2 \cdot 3 \cdot 4) \quad (1 \cdot 1 \cdot 4) + (2 \cdot 0 \cdot 2) + (1 \cdot 3 \cdot 1)$
$(1 \cdot 1 \cdot 4) + (2 \cdot 0 \cdot 2) + (1 \cdot 3 \cdot 1) - (1 \cdot 1 \cdot 2) + (1 \cdot 0 \cdot 1) + (2 \cdot 3 \cdot 4)$
$7 - 26$
$\text{Det} = -19$

Matriz de ordem n

Para o cálculo dos determinantes de matrizes de ordem ≥ 2, podemos utilizar o teorema de Laplace.

• *Teorema de Laplace*

O determinante de uma matriz de ordem $n \geq 2$ é obtido pela soma dos produtos dos elementos de uma linha **ou** de uma coluna qualquer por seus respectivos cofatores. Assim, para utilizar o teorema de Laplace, é necessário saber calcular o cofator.

Cofator

É o número A_{ij} relativo ao elemento a_{ij} de uma matriz quadrada de ordem n, obtido por: $A_{ij} = (-1)^{i+j} \cdot MC_{ij}$, sendo MC_{ij} o menor complementar, que é o determinante da matriz obtido eliminando-se a linha e a coluna da matriz que contém o elemento a_{ji}.

Menor complementar (MC)

É o determinante associado à matriz que se obtém retirando-se a linha e a coluna da matriz original, correspondente ao elemento em questão.

O MC do elemento a_{11} é o determinante da matriz que se obtém retirando-se da matriz original a linha 1 e a coluna 1. O MC do elemento a_{23} é o determinante da matriz que se obtém retirando-se, da matriz original, a linha 2 e a coluna 3.

Agora que já sabemos como calcular o cofator, vamos aplicar o teorema de Laplace. Observe o exemplo:

Calcular o determinante da matriz A, sendo $A = \begin{pmatrix} 1 & 2 & 1 \\ 3 & 1 & 0 \\ 2 & 1 & 4 \end{pmatrix}$.

Primeiro, calculamos o menor complementar (MC).

Temos de escolher uma linha ou uma coluna da matriz como referência. No exemplo, vamos utilizar a primeira linha.

$A = \begin{pmatrix} \boxed{1} & \boxed{2} & \boxed{1} \\ 3 & 1 & 0 \\ 2 & 1 & 4 \end{pmatrix}$ — Vamos calcular o MC dos elementos a_{11}, a_{12} e a_{13}.

Para calcular o MC de a_{11} (M_{11}), eliminamos a primeira linha e a primeira coluna.

$$M_{11} = \begin{pmatrix} - & - & - \\ - & 1 & 0 \\ - & 1 & 4 \end{pmatrix}$$

Agora calculamos o determinante dessa matriz:
$$MC_{11} = (1 \cdot 4) - (0 \cdot 1) = 4.$$

Para calcular o MC de a_{12} (M_{12}), eliminamos a primeira linha e a segunda coluna.

$$M_{12} = \begin{pmatrix} - & - & - \\ 3 & - & 0 \\ 2 & - & 4 \end{pmatrix}$$

Agora, calculamos o determinante dessa matriz:
$$MC_{12} = (3 \cdot 4) - (0 \cdot 2) = 12.$$

Para calcular o MC de a_{13}, eliminamos a primeira linha e a terceira coluna.

$$M_{13} = \begin{pmatrix} - & - & - \\ 3 & 1 & - \\ 2 & 1 & - \end{pmatrix}$$

Agora calculamos o determinante dessa matriz:
$$MC_{13} = (3 \cdot 1) - (1 \cdot 2) = 1.$$

De posse dos valores dos MC dos três elementos da linha escolhida calculados, vamos calcular o cofator.

Pela fórmula do cofator ($A_{ij} = (-1)^{i+j} \cdot MC_{ij}$), podemos perceber que o número $(-1)^{i+j}$ terá valores positivos e negativos, conforme o elemento que se está calculando.

a_{11}	$(-1)^{i+j} = (-1)^{1+1} = (-1)^2 = 1$
a_{12}	$(-1)^{i+j} = (-1)^{1+2} = (-1)^3 = -1$
a_{13}	$(-1)^{i+j} = (-1)^{1+3} = (-1)^4 = 1$

Assim,
$A_{11} = 1 \cdot MC_{11} = 1 \cdot 4 = 4;$
$A_{12} = (-1) \cdot MC_{12} = (-1) \cdot 12 = -12;$
$A_{13} = 1 \cdot MC_{13} = 1 \cdot 1 = 1.$

Utilizando os cofatores dos elementos da linha escolhida, podemos aplicar o teorema de Laplace.

$$A = \begin{pmatrix} 1 & 2 & 1 \\ 3 & 1 & 0 \\ 2 & 1 & 4 \end{pmatrix}$$

$\text{Det}(A) = (a_{11} \cdot A_{11}) + (a_{12} \cdot A_{12}) + (a_{13} \cdot A_{13})$

$\text{Det}(A) = (1 \cdot 4) + [2 \cdot (-12)] + (1 \cdot 1)$

$\text{Det}(A) = 4 + (-24) + 1$

$\text{Det}(A) = -19$

Propriedades dos determinantes

① A matriz que possui linhas ou colunas proporcionais entre si terá determinante 0 (zero).

$$A = \begin{pmatrix} 2 & 6 & 8 \\ 4 & 12 & 16 \\ 1 & 4 & 2 \end{pmatrix} \rightarrow \text{Det}(A) = 0$$

② Quando os elementos de uma linha ou coluna qualquer de uma matriz forem iguais a 0 (zero), seu determinante será igual a 0 (zero).

$$A = \begin{pmatrix} 1 & -2 & 4 \\ 3 & -1 & 5 \\ 0 & 0 & 0 \end{pmatrix} \rightarrow \text{Det}(A) = 0$$

③ O determinante de uma matriz é sempre igual ao determinante de sua matriz transposta correspondente.

$$(\text{Det}(A) = \text{Det}(A^t))$$

④ Uma matriz triangular, inferior ou superior, tem seu determinante igual ao produto dos elementos de sua diagonal principal.

⑤ O determinante de uma matriz que tem duas linhas ou duas colunas iguais é igual a 0 (zero).

$$A = \begin{pmatrix} 8 & -2 & 5 \\ 4 & 1 & 6 \\ 8 & -2 & 5 \end{pmatrix} \rightarrow \text{Det}(A) = 0$$

⑥ Duas matrizes quadradas de mesma ordem têm o determinante do seu produto (Det(AB)) igual ao produto dos seus determinantes.

$$(\text{Det}(AB) = \text{Det}(A) \cdot \text{Det}(B))$$

⑦ Se uma matriz (A) é invertível, o determinante de sua inversa (Det(A^{-1})) será igual a $\frac{1}{\text{Det}(A)}$. Neste caso, será diferente de 0 (zero).

⑧ Se multiplicarmos uma linha ou uma coluna de uma matriz por uma constante (K), seu determinante ficará multiplicado por essa constante (K).

⑨ Permutando duas linhas ou duas colunas de uma matriz, o determinante da matriz obtida será oposto ao determinante da matriz original.

⑩ Multiplicando todos os elementos de uma linha ou coluna de uma matriz por uma constante e adicionando esses resultados à linha ou à coluna correspondente (fila paralela), o determinante dessa matriz não se altera.

⑪ Multiplicando uma matriz quadrada, de ordem n, por um número real (x), seu determinante ficará multiplicado por x^n.

$$\text{Det}(x \cdot A) = x^n \cdot \text{Det}(A)$$

EXERCÍCIOS DE FIXAÇÃO I – Múltipla escolha

1. (**Mackenzie-SP**) Se A é uma matriz 3 × 4 e B uma matriz n × m, então:
a) existe A + B se, e somente se, n = 4 e m = 3;
b) existe AB se, e somente se, n = 4 e m = 3;
c) existem AB e BA se, e somente se, n = 4 e m = 3;
d) existem, iguais, A + B e B + A se, e somente se, A = B;
e) existem, iguais, AB e BA se, e somente se, A = B.

Na multiplicação de matrizes, o número de colunas da primeira matriz tem de ser igual ao número de linhas da segunda.
Uma matriz de ordem 3 × 4 possui 3 linhas e 4 colunas. Se a ordem fosse 4 × 3, o número de colunas da primeira matriz será igual ao número de linhas da segunda.
Portanto, a resposta correta é a "c".

2. (**PUC**) Se A, B e C são matrizes quadradas e A^t, B^t e C^t são suas matrizes transpostas, a igualdade falsa entre essas matrizes é:
a) $(A = B) \cdot C = A \cdot C + B \cdot C$
b) $(A + B)^t = A^t + B^t$
c) $(A \cdot B)^t = A^t \cdot B^t$
d) $(A - B)C = AC - BC$
e) $(A^t)^t = A$

É a segunda propriedade da matriz transposta $(A \cdot B)^t = B^t \cdot A^t$. Fique atento, pois a questão pede a alternativa **falsa**. Nesse caso, nem sempre a comutatividade pode ser aplicada.
Portanto, a resposta correta é a "c".

3. (**Esaf – MPOG**) Uma matriz X de quinta ordem possui determinante igual a 10. A matriz B é obtida multiplicando-se todos os elementos da matriz X por 10. Desse modo, o determinante da matriz B é igual a:
a) 10^{-6} b) 10^5 c) 10^{10} d) 10^6 e) 10^3

Vamos utilizar a décima primeira propriedade dos determinantes $Det(x \cdot A) = x^n \cdot Det(A)$.
Substituindo-se as variáveis da fórmula pelos valores dados no enunciado, teremos:

Matriz X de 5ª ordem; na fórmula: $n = 5$
Matriz X possui determinante igual a 10; na fórmula: $Det(A) = 10$.
A matriz B é obtida multiplicando-se todos os elementos da matriz X por 10; na fórmula x = 10. Note que $x \cdot A$ = matriz B.

$Det(x \cdot A) = x^n \cdot Det(A)$
$Det(10 \cdot A) = 10^5 \cdot 10$

Observe que 10 · A é igual à matriz B. Fazendo a substituição na sentença anterior, teremos:
$Det(B) = 10^5 \cdot 10$
$Det(B) = 10^6$

Portanto, a resposta correta é a "d".

4. (**Cesgranrio**) Considere as três matrizes abaixo.

$$A = \begin{bmatrix} 1 \\ 2 \end{bmatrix}; B = \begin{bmatrix} 2 & 3 \\ 2 & 3 \end{bmatrix}; C = \begin{bmatrix} 0 & 1 \\ 0 & 1 \end{bmatrix}$$

Pode-se afirmar que:
a) não é possível somar as matrizes B e C.
b) a matriz B é simétrica.
c) a matriz C é uma matriz identidade.
d) a matriz C é a inversa de B.
e) o produto de matrizes BA é igual a $\begin{bmatrix} 8 \\ 8 \end{bmatrix}$.

O produto de uma matriz 2 × 2 por uma matriz 2 × 1 é sempre uma matriz 2 × 1, ou seja, a matriz produto terá o mesmo número de linhas da primeira e o mesmo número de colunas da segunda.

$$B = \begin{bmatrix} 2 & 3 \\ 2 & 3 \end{bmatrix}; A = \begin{bmatrix} 1 \\ 2 \end{bmatrix} \Rightarrow BA = \begin{bmatrix} 2 + 6 \\ 2 + 6 \end{bmatrix} \Rightarrow BA = \begin{bmatrix} 8 \\ 8 \end{bmatrix}$$

Portanto, a resposta correta é a "e".

5. (**Unesp**) Considere três lojas, L1, L2 e L3, e três tipos de produtos, P1, P2 e P3. A matriz a seguir descreve a quantidade de cada produto vendido por cada loja na primeira semana de dezembro. Cada elemento a_{ij} da matriz indica a quantidade do produto P_i vendido pela loja L_j, i, j = 1, 2, 3.

$$\begin{array}{c} \\ P_1 \\ P_2 \\ P_3 \end{array} \begin{array}{ccc} L_1 & L_2 & L_3 \end{array} \\ \begin{bmatrix} 30 & 19 & 20 \\ 15 & 10 & 8 \\ 12 & 16 & 11 \end{bmatrix}$$

Analisando a matriz, podemos afirmar que
a) a quantidade de produtos do tipo P_2 vendidos pela loja L_2 é 11.
b) a quantidade de produtos do tipo P_1 vendidos pela loja L_3 é 30.
c) a soma das quantidades de produtos do tipo P_3 vendidos pelas três lojas é 40.
d) a soma das quantidades de produtos do tipo P_i vendidos pelas lojas L_1, i = 1, 2, 3, é 52.
e) a soma das quantidades dos produtos dos tipos P_1 e P_2 vendidos pela loja L_1 é 45.

A alternativa dá a informação da localização dos elementos a_{ij} que devem ser adicionados, ou seja, P_1 e P_2 para L_1.

$$\begin{array}{c} \\ P_1 \\ P_2 \\ P_3 \end{array} \begin{array}{ccc} L_1 & L_2 & L_3 \end{array} \\ \begin{bmatrix} \mathbf{30} & 19 & 20 \\ \mathbf{15} & 10 & 8 \\ 12 & 16 & 11 \end{bmatrix} \quad (P_1 L_1 = 30) + (P_2 L_1 = 15) = 45.$$

Portanto, a resposta correta é a "e".

6. (**PUC-RS**) Dadas as matrizes $A = \begin{bmatrix} 4 & 5 & 6 \\ -1 & 2 & 1 \\ 3 & -2 & -6 \end{bmatrix}$ e $B = \begin{bmatrix} -1 & 2 & 5 \\ 0 & 1 & 1 \\ -1 & -3 & 0 \end{bmatrix}$, a 2ª linha da matriz 2AB é:

a) −1 3 2 b) 0 4 2 c) 0 2 1 d) 0 −3 −3 e) 0 −6 −6

Na segunda linha da matriz AB, estarão os elementos a_{ij}: AB_{21}, AB_{22} e AB_{23}, resultado da multiplicação dos elementos a_{ij} da segunda linha da matriz A pelos elementos a_{ij} das três colunas da matriz B.

$AB_{21} = [-1 \cdot (-1)] + (2 \cdot 0) + [1 \cdot (-1)] = 0$
$AB_{22} = [-1 \cdot (2)] + (2 \cdot 1) + [1 \cdot (-3)] = -3$
$AB_{23} = (-1 \cdot 5) + (2 \cdot 1) + (1 \cdot 0) = -3$

A matriz 2AB terá, em sua segunda linha, os elementos:
$AB_{21} = 2 \cdot 0 = 0$
$AB_{22} = 2 \cdot (-3) = -6$
$AB_{23} = 2 \cdot (-3) = -6$

Portanto, a resposta correta é a "e".

7.

(Esaf – MPU) O determinante da matriz $X = \begin{bmatrix} 2 & 2 & b & 0 \\ 0 & -a & a & -a \\ 0 & 0 & 5 & b \\ 0 & 0 & 0 & 6 \end{bmatrix}$, onde *a* e *b* são inteiros positivos tais que a >1 e b >1, é igual a:

a) –60a.   b) 0.   c) 60a.   d) $20ba^2$.   e) a(b – 60).

Observe que todos os elementos a_{ij} que estão abaixo da diagonal principal da matriz são nulos (iguais a zero); então, essa é uma matriz triangular inferior.

$X = \begin{bmatrix} 2 & 2 & b & 0 \\ 0 & -a & a & -a \\ 0 & 0 & 5 & b \\ 0 & 0 & 0 & 6 \end{bmatrix}$ Quarta propriedade dos determinantes: o determinante de uma matriz triangular é sempre dado pelo produto dos elementos a_{ij} da sua diagonal principal.

$Det(X) = 2 \cdot (-a) \cdot 5 \cdot 6 = -60a$
Portanto, a resposta correta é a "a".

8.

(Esaf – TFC) Se A, B e C são matrizes de ordens respectivamente iguais a (2 × 3), (3 × 4) e (4 × 2), então a expressão [A (B C)]² tem ordem igual a:

a) 2 × 2   b) 3 × 3   c) 4 × 4   d) 6 × 6   e) 12 × 12

A questão remete ao conceito de ordem das matrizes. Na multiplicação de matrizes, como no caso da questão, [A (B C)]², a matriz resultante (matriz produto), terá o número de linhas da primeira matriz e o número de colunas da segunda.
Primeiro, vamos efetuar a multiplicação que está entre parênteses (B · C).
A matriz B tem ordem 3 × 4 e a matriz C tem ordem 4 × 2; assim, a matriz produto B × C terá ordem 3 × 2.
Agora, multiplicamos BC por A. A matriz A tem ordem 2 × 3 e a matriz BC tem ordem 3 × 2; assim, a matriz produto A · BC terá ordem 2 × 2.
A última matriz 2 × 2 tem de ser elevada ao quadrado, o que significa que há uma última multiplicação de matrizes a ser feita: A · BC · A · BC. Como as duas matrizes são iguais, de ordem 2 × 2, o resultado será uma matriz de ordem 2 × 2.
Portanto, a resposta correta é a "a".

9.

(Esaf – MTE) Seja *y* um ângulo medido em graus tal que 0° ⩽ y ⩽ 180° com y ≠ 90°. Ao multiplicarmos a matriz abaixo por α, sendo α ≠ 0, qual o determinante da matriz resultante?

$$\begin{bmatrix} 1 & tg\ y & 1 \\ \alpha & tg\ y & 1 \\ cos\ y & sen\ y & cos\ y \end{bmatrix}$$

a) α cos y.   b) α² tg y.   c) α sen y.   d) 0.   e) –α sen y.

454 >>Parte II

Vamos utilizar a definição $\text{tg } y = \dfrac{\text{sen } y}{\cos y}$. Portanto, $\text{sen } y = \cos y \cdot \text{tg } y$.

Se multiplicarmos os elementos da primeira linha por cos y, teremos como resultado a terceira linha da matriz; deste modo, a primeira e a terceira linhas são proporcionais.

De acordo com a primeira propriedade dos determinantes — a matriz que possui linhas ou colunas proporcionais entre si terá determinante 0 (zero) —, chegamos à solução.

Portanto, a resposta correta é a "d".

EXERCÍCIO DE FIXAÇÃO II – Problema

1. (**UCG**) Uma matriz quadrada A é dita simétrica se $A = A^T$ e é dita antissimétrica se $A^T = -A$, onde A^T é a matriz transposta de A. Sendo A uma matriz quadrada, classifique em verdadeira ou falsa as duas afirmações:
(01) $A + A^T$ é uma matriz simétrica
(02) $A - A^T$ é uma matriz antissimétrica

1ª afirmação:

$A = \begin{pmatrix} 2 & 4 \\ 8 & 7 \end{pmatrix} + A^T = \begin{pmatrix} 2 & 8 \\ 4 & 7 \end{pmatrix} \Rightarrow A + A^T = \begin{pmatrix} 4 & 12 \\ 12 & 14 \end{pmatrix}$

Perceba que $A + A^T$ é uma matriz simétrica. Portanto, a afirmação é verdadeira.

2ª afirmação:

$A = \begin{pmatrix} 2 & 4 \\ 8 & 7 \end{pmatrix} - A^T = \begin{pmatrix} 2 & 8 \\ 4 & 7 \end{pmatrix} \Rightarrow A - A^T = \begin{pmatrix} 0 & -4 \\ 4 & 0 \end{pmatrix}$

Lembre-se de que, em uma matriz antissimétrica, todos os elementos de sua diagonal principal são nulos e todos os elementos (a_{ij}) de índice opostos (a_{ji}) são simétricos. Portanto, a afirmação é verdadeira.

>> Capítulo 11

>> Análise combinatória e noções de probabilidade

Análise combinatória

Dado um conjunto, existem algumas maneiras de agrupar seus elementos. Esses agrupamentos podem ser formados em relação à quantidade, à ordem e à natureza de seus elementos.

Princípio fundamental da contagem

De acordo com o princípio fundamental da contagem, se um evento é composto por duas ou mais etapas sucessivas e independentes, o número de combinações será determinado pelo produto entre as possibilidades de cada conjunto. Assim, dizemos que o número de formas possíveis para uma determinada ocorrência, considerando o número de possibilidades a de ocorrer os elementos do primeiro evento e b de ocorrer o segundo evento, é de $a \cdot b$.

Se uma ocorrência a for composta de n etapas possíveis, que podem ocorrer de n maneiras distintas, essa ocorrência a pode acontecer de $n_1 \cdot n_2 \cdot ... \cdot n_n$ formas distintas.

Observe os exemplos:

> De quantas formas distintas pode-se vestir uma pessoa que tenha à disposição 4 calças e 2 camisas?

Perceba que, para cada uma das 4 calças, há 2 camisas. Assim, haverá $4 \cdot 2 = 8$ formas distintas de essa pessoa se vestir.

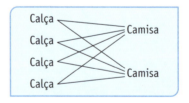

> Há quatro caminhos para ir da cidade A até a cidade B e três caminhos para ir da cidade B até a cidade C. Quantos são os caminhos que vão da cidade A até a cidade C passando por B?

Utilizando o princípio fundamental da contagem temos, para cada um dos caminhos de A até B, outros três caminhos disponíveis de B até C; portanto, há 4 · 3 = 12 caminhos distintos de A até C passando por B.

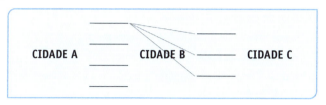

Fatorial

Uma ferramenta indispensável para o estudo de análise combinatória é o fatorial.

Dado um número inteiro n maior que a unidade ($n \geq 2$), podemos definir o fatorial de n e indicá-lo por $n!$, como:

$$n! = n(n-1) \cdot (n-2) \cdot \ldots \cdot (n-(n-1))$$

Para $n = 0$ ou $n = 1$, convenciona-se: $0! = 1! = 1$.

Observe os exemplos:

Qual o valor de **6!**?

$6! = 6(6-1) \cdot (6-2) \cdot \ldots \cdot (6-(6-1))$
$6! = 6 \cdot 5 \cdot 4 \cdot \ldots \cdot 1$
$6! = 6 \cdot 5 \cdot 4 \cdot 3 \cdot 2 \cdot 1 = 720$ ou
$6! = 6 \cdot 5 \cdot 4 \cdot 3 \cdot 2! = 720$ ou
$6! = 6 \cdot 5 \cdot 4 \cdot 3! = 720$ ou
$6! = 6 \cdot 5 \cdot 4! = 720$ ou
$6! = 6 \cdot 5! = 720$ ou
$6! = 720$

Calcular o valor de $\dfrac{7!}{5!}$

$\dfrac{7!}{5!} = \dfrac{7 \cdot 6 \cdot \cancel{5!}}{\cancel{5!}} = 42$

Simplificar $\dfrac{n!}{(n-1)!}$

$\dfrac{n!}{(n-1)!} = \dfrac{n \cancel{(n-1)!}}{\cancel{(n-1)!}} = n$

Calcular $\dfrac{10! \cdot 3!}{6!}$

$\dfrac{10! \cdot 3!}{6!} = \dfrac{10 \cdot 9 \cdot 8 \cdot 7 \cdot \cancel{6!} \cdot 3 \cdot 2 \cdot 1}{\cancel{6!}} = 30240$

Calcular $\dfrac{10!}{7! \cdot 4!}$

$\dfrac{10!}{7! \cdot 4!} = \dfrac{10 \cdot 9 \cdot 8 \cdot \cancel{7!}}{\cancel{7!} \cdot 4 \cdot 3 \cdot 2 \cdot 1} = 30$

Tipos de problemas de análise combinatória

Na análise combinatória, os agrupamentos podem ser definidos por:
- **arranjos** ($A_{n,p}$): arranjo de n elementos tomados p a p;
- **combinações** ($C_{n,p}$): combinação de n elementos tomados p a p;
- **permutações** (P_n): permutação de n elementos;

onde n é o número total de elementos do conjunto principal e p é o número de elementos, sempre com p ≤ n de cada subconjunto escolhido.

Para identificar qual dos três tipos de organização utilizar em um problema, basta levar em conta os quesitos apresentados na questão.

Tipo de organização	Característica
arranjo	importa a ordem em que os elementos aparecem.
combinação	não importa a ordem em que os elementos aparecem.
permutação	a quantidade de elementos do conjunto tratado é igual à quantidade de elementos do agrupamento principal e importa a ordem em que os elementos aparecem.

Observe os exemplos:

> Quantos números de 3 algarismos distintos podemos formar com 7 algarismos distintos?

Perceba que o problema se refere a números de 3 algarismos; assim, os algarismos são os elementos tratados e, é claro, *importa a ordem* em que eles aparecem, pois, se a ordem dos algarismos for alterada, mudará também o número. Temos, então, um arranjo.

> Quantos grupos de 3 algarismos distintos podemos formar com 7 algarismos?

A questão se refere a grupos de algarismos, então, *não importa a ordem* em que eles aparecem: se a ordem dos elementos for alterada, o grupo continua o mesmo. Temos, assim, uma combinação.

> Quantos grupos de 7 algarismos podemos formar com 7 algarismos?

O número de elementos que serão combinados (7) *é igual* ao número de elementos do conjunto principal (7) e importa a ordem dos algarismos que entrarão na composição dos números formados. Temos, deste modo, uma permutação.

• Arranjos simples ($A_{n,p}$)

Arranjo de n elementos tomados p a p.

$$A_{n,p} = \frac{n!}{(n-p)!}$$

Veja estes exemplos.

| Calcular o valor de $A_{5,2}$. | sabendo tratar-se de um arranjo, temos: | $A_{5,2} = \dfrac{5!}{(5-2)!} = \dfrac{5!}{3!} = \dfrac{5 \cdot 4 \cdot \cancel{3!}}{\cancel{3!}} = \mathbf{20}$ |

| Calcular o valor de x na equação $A_{x,2} = 20$. | sabendo tratar-se de um arranjo, temos: | $A_{x,2} = 20$
 $\dfrac{x!}{(x-2)!} = 20$
 $\dfrac{x(x-1) \cdot \cancel{(x-2)!}}{\cancel{(x-2)!}} = 20 \Rightarrow x(x-1) = 20 \Rightarrow$
 $\Rightarrow x^2 - x = 20 \Rightarrow x^2 - x - 20 = 0$ |

↓

As raízes dessa equação de 2º grau são –4 e 5. Como o número de elementos não pode ser negativo, o valor de x é 5.

Agora, vejamos como resolver um problema utilizando o arranjo simples.

Quantos números de 4 algarismos distintos podemos formar com os algarismos do conjunto {2, 3, 6, 7, 8, 9}?

↓

Número de elementos tratados = 4
Número de elementos do conjunto principal = 6
Como queremos montar números, *importa a ordem* dos elementos.

↓

$A_{6,4} = \dfrac{6!}{(6-4)!} = \dfrac{6!}{2!} = \dfrac{6 \cdot 5 \cdot 4 \cdot 3 \cdot \cancel{2!}}{\cancel{2!}} = \mathbf{360}$

• Arranjos com repetição ($AR_{n,p}$)

Arranjo com repetição de n elementos tomados p a p.
É utilizado quando cada elemento do conjunto principal pode ser tratado mais de uma vez e, é claro, quando importa a ordem.

$$AR_{n,p} = n^p$$

Observe a aplicação em um problema.

Quantos números de 4 algarismos podemos formar com os algarismos do conjunto {2, 3, 6, 7, 8, 9}?

↓

Como a questão só menciona algarismos e não mais "algarismos distintos", significa que podemos repetir os algarismos em um mesmo número.

↓

$AR_{n,p} = n^p \Rightarrow AR_{6,4} = 6^4 \Rightarrow AR_{6,4} = \mathbf{1296}$

>>Parte II

• **Combinações simples ($C_{n,p}$)**

Combinação de n elementos tomados p a p.

$$C_{n,p} = \frac{n!}{p!(n-p)!}$$

Por exemplo:

Calcular o valor de $C_{5,2}$. sabendo tratar-se de uma combinação, temos:

$$C_{5,2} = \frac{5!}{2!(5-2)!}$$
$$C_{5,2} = \frac{5!}{2! \cdot 3!}$$
$$C_{5,2} = \frac{5 \cdot 4 \cdot \cancel{3!}}{2 \cdot 1 \cdot \cancel{3!}}$$
$$C_{5,2} = \frac{20}{2} = \mathbf{10}$$

Calcular o valor de x na equação $C_{x,2} = 21$. sabendo tratar-se de uma combinação, temos:

$$C_{x,2} = \frac{x!}{2!(x-2)!}$$
$$21 = \frac{x(x-1) \cdot \cancel{(x-2)!}}{2!\cancel{(x-2)!}}$$
$$21 = \frac{x(x-1)}{2 \cdot 1} \Rightarrow 2 \cdot 21 = x^2 - 1x \Rightarrow$$
$$\Rightarrow 42 = x^2 - 1x \Rightarrow$$
$$\Rightarrow x^2 - x - 42 = 0$$

↓

As raízes dessa equação de 2º grau são −6 e 7. Como o número de elementos não pode ser negativo, o valor de x é 7.

Agora, vejamos como resolver um problema utilizando combinações simples.

Quantos grupos de estudos de 4 alunos podemos formar com 10 alunos?

↓

Número de elementos tratados = 4
Número de elementos do conjunto principal = 10
Como queremos grupos de alunos, *não importa a ordem* dos elementos.

↓

$$C_{10,4} = \frac{10!}{4!(10-4)!} = \frac{10!}{4! \cdot 6!} = \frac{10 \cdot 9 \cdot 8 \cdot 7 \cdot \cancel{6!}}{4 \cdot 3 \cdot 2 \cdot 1 \cdot \cancel{6!}} \Rightarrow C_{10,4} = \frac{5040}{24} = \mathbf{210}$$

• **Combinação com repetição ($CR_{n,p}$)**

Combinação com repetição de n elementos tomados p a p.
É utilizada quando cada elemento do conjunto principal pode ser tratado mais de uma vez e, é claro, quando não importa a ordem.

Nesse tipo de combinação, p pode ser maior que n.

$$CR_{n,p} = \frac{(n + p - 1)!}{p!(n - 1)!}$$

Observe a aplicação em um problema.

> De quantas formas podemos pintar 7 barras de aço, utilizando apenas uma cor em cada barra, com 4 espécies de tinta de cores diferentes?

Perceba que a repetição se dá, pois a quantidade de cores é inferior à quantidade do que se tem para pintar.

> Número de elementos tratados: 7
> Número de elementos do conjunto principal: 4

↓

$$CR_{4,7} = \frac{(4 + 7 - 1)!}{7!(4 - 1)!}$$
$$CR_{4,7} = \frac{10!}{7! \cdot 3 \cdot 2 \cdot 1} = \frac{10 \cdot 9 \cdot 8 \cdot 7!}{7! \cdot 6}$$
$$CR_{4,7} = \frac{720}{6} = \mathbf{120}$$

• *Permutações simples* (P_n)

Permutação de n elementos.

$$P_n = n!$$

Observe estes exemplos.

Calcular o valor de P_3. →
$P_3 = 3!$
$P_3 = 3 \cdot 2 \cdot 1$
$P_3 = 6$

Calcular o valor da expressão $P_5 - P_4$. →
$P_5 = 5 \cdot 4 \cdot 3 \cdot 2 \cdot 1 = 120$
$P_4 = 4 \cdot 3 \cdot 2 \cdot 1 = 24$
$P_5 - P_4 = 120 - 24 = 96$

Vejamos a aplicação do conceito em um problema.

> Quantos números de 4 algarismos distintos podemos formar com os algarismos do conjunto {2, 3, 6, 7}?

↓

↓

> Número de elementos tratados = 4
> Número de elementos do conjunto principal = 4
> O número de elementos utilizados é igual ao número de elementos do conjunto principal.

↓

$$P_4 = 4!$$
$$P_4 = 4 \cdot 3 \cdot 2 \cdot 1$$
$$P_4 = \mathbf{24}$$

• **Permutações com repetição ($PR_n^{a,\ b,\ c}$)**

Permutação de n elementos com a repetição de a, b, c, sendo a, b, c, ... a quantidade de vezes que cada repetição aparece.

$$PR_n^{a,\ b,\ c} = \frac{n!}{a!\ b!\ c!\ ...}$$

Assim, vejamos:

> Quantos números de 5 algarismos podemos formar com os algarismos do conjunto {2, 7}?

→

$$PR_5^{2,\ 3} = \frac{5!}{2! \cdot 3!}$$
$$PR_5^{2,\ 3} = \frac{120}{12}$$
$$PR_5^{2,\ 3} = \mathbf{10}$$

• **Permutações circulares (PC_n)**

Permutação de n elementos de maneira circular (em torno de...; em volta de...).

$$PC_n = (n - 1)!$$

Eis um exemplo.

> De quantas maneiras distintas 8 pessoas podem se sentar em volta de uma mesa?

→

$$PC_8 = (8 - 1)!$$
$$PC_8 = 7!$$
$$PC_8 = 7 \cdot 6 \cdot 5 \cdot 4 \cdot 3 \cdot 2 \cdot 1$$
$$PC_8 = \mathbf{5040}$$

Perceba que não importa o formato da mesa, o que importa é a ideia circular (em volta de...).

• **Anagramas**

Os anagramas são permutações ou arranjos de n em n elementos, ou seja, é o rearranjo das **posições**, com ou sem sentido linguístico, das letras de uma palavra ou frase. Os anagramas podem ser *simples sem repetição*, *simples com repetição*, *simples com grupo de posição definida* ou *com repetição com grupo de posição definida*.

Anagrama simples sem repetição

$$P_n = n!$$

Qual o total de anagramas da palavra **RALO**?
↓
Número de posições na palavra = 4
↓
$P_4 = 4!$
$P_4 = 4 \cdot 3 \cdot 2 \cdot 1$
$P_4 = \mathbf{24}$

Qual o total de anagramas da palavra **LOIRA**?
↓
Número de posições na palavra = 5
↓
$P_5 = 5!$
$P_5 = 5 \cdot 4 \cdot 3 \cdot 2 \cdot 1$
$P_5 = \mathbf{120}$

Anagrama simples com repetição

$$PR_n^{a,\,b,\,c} = \frac{n!}{a!\,b!\,c!\,\ldots}$$

sendo a, b, c, ... a quantidade de vezes que cada letra repetida aparece.

Qual o total de anagramas da palavra **BANANA**?
↓
Número de posições na palavra = 6
Letras repetidas: A (3 ocorrências), N (2 ocorrências)
↓
$PR_6^{3,\,2} = \dfrac{6!}{3! \cdot 2!}$

$PR_6^{3,\,2} = \dfrac{6 \cdot 5 \cdot 4 \cdot \cancel{3!}}{\cancel{3!} \cdot 2 \cdot 1}$

$PR_6^{3,\,2} = \dfrac{120}{2} = \mathbf{60}$

Qual o total de anagramas da palavra **SIRI**?
↓
Número de posições na palavra = 4
Letras repetidas: I (2 ocorrências)
↓

$$PR_4^2 = \frac{4!}{2!}$$

$$PR_4^2 = \frac{4 \cdot 3 \cdot 2!}{2!}$$

$$PR_4^2 = 12$$

Anagrama simples com grupo de posição definida

São os anagramas em que se quer organizar as posições de uma palavra restringindo-se um determinado grupo de letras a uma determinada posição.

Nesse tipo de anagrama, temos os grupos, considerando *p* a posição que o grupo ocupa na palavra (1ª, 2ª etc.) e *o* a ordem das letras em um grupo determinado:

① **Mo_Mp:** é um grupo que *não interfere* na formação dos anagramas, pois nem sua posição nem sua ordem mudam, ou seja, está escrito sempre da mesma forma e no mesmo lugar.

② **Mo_Qp:** é um grupo que *interfere* na formação dos anagramas no que diz respeito à troca de posições na palavra, com as outras posições ocupadas pelas letras.

③ **Mp_Qo:** é um grupo que *interfere* na formação dos anagramas quanto à forma como ele estará escrito em cada um deles. Para cada organização desse grupo na palavra e fora do grupo, haverá *n* organizações dentro do grupo; portanto, temos que multiplicá-las.

④ **Qo_Qp:** é um grupo que *interfere* na formação dos anagramas quanto à forma como ele estará escrito em cada um deles e também em relação à troca de posições, dentro da palavra, com as outras posições ocupadas pelas letras.

Observe o exemplo:

Qual o total de anagramas da palavra **RIACHO** que começam sempre com a sílaba **CHO**?
↓
Número de posições na palavra = 4
Tipo de grupo: Mo_Mp (①)
↓

CHO R I A
CHO I R A
CHO A I R ...

↓

$P_3 = 3! = 6$

Como o grupo CHO tem 3 letras e ocupa uma posição da palavra, restam outras 3 posições que, juntamente com a posição do grupo, organizarão 4 posições na palavra da qual se quer calcular o número de anagramas.

O grupo CHO, por não mudar de posição dentro da palavra (palavras que comecem sempre...) e por não ter mudança das letras dentro do próprio grupo (comecem sempre por CHO), não interfere na criação dos anagramas; portanto, a posição que ele ocupa não é contada.

Qual o total de anagramas da palavra **RIACHO** que tenham sempre o grupo **CHO** escrito sempre na mesma ordem?

↓

Número de posições na palavra = 4
Tipo de grupo: Mo_Qp (②)

↓

<u>**CHO**</u> <u>R</u> <u>I</u> <u>A</u>
<u>R</u> <u>**CHO**</u> <u>I</u> <u>A</u>
<u>A</u> <u>**CHO**</u> <u>R</u> <u>I</u> ...

↓

$P_4 = 4! = 4 \cdot 3 \cdot 2 \cdot 1 = $ **24**

Como o grupo CHO tem 3 letras e ocupa uma posição da palavra, restam outras 3 posições que, juntamente com a posição do grupo, dão origem a 4 posições na palavra em que se quer calcular o número de anagramas.

Entretanto, neste caso, o grupo interfere na formação dos anagramas, pois o problema menciona apenas a "ordem" do grupo CHO; assim, a posição que ele ocupa dentro da palavra permuta juntamente com as outras três.

Qual o total de anagramas da palavra **RIACHO** que tenham sempre o grupo **CHO** na mesma posição?

↓

Total de posições na palavra = 4
Total de letras no grupo = 3
Tipo de grupo: Mo_Qo (③)

↓

<u>**CHO**</u> <u>R</u> <u>I</u> <u>A</u>
<u>**COH**</u> <u>R</u> <u>I</u> <u>A</u>
<u>**HCO**</u> <u>R</u> <u>I</u> <u>A</u> ...

↓

$P_3 = 3! \cdot 3!$
$P_3 = 3 \cdot 2 \cdot 1 \cdot 3 \cdot 2 \cdot 1 = $ **36**

Para cada anagrama da palavra, teremos n anagramas dentro do grupo; portanto, temos de multiplicá-los.

Como o grupo tem 3 letras e ocupa uma posição da palavra, restam outras 3 posições que, juntamente com a posição do grupo, dão origem a 4 posições na palavra em que se quer calcular o número de anagramas.

Neste caso, o grupo interfere na formação dos anagramas, pois a questão faz referência apenas à "posição" do grupo CHO; então, a ordem em que ele está escrito pode ser qualquer uma, ou seja, as letras dentro do grupo permutam entre si.

Qual o total de anagramas da palavra **RIACHO** que tenham sempre o grupo **CHO**?

↓

Total de posições na palavra = 4
Total de letras no grupo = 3
Tipo de grupo: Qo_Qp (④)

↓

<u>CHO</u> R I A
R <u>COH</u> I A
A R <u>HCO</u> I ...

↓

$P_4 = 4! \cdot 3!$
$P_3 = 4 \cdot 3 \cdot 2 \cdot 1 \cdot 3 \cdot 2 \cdot 1 = \mathbf{144}$

Para cada anagrama da palavra, teremos n anagramas dentro do grupo; portanto, temos de multiplicá-los.

PREGUE O OLHO!

Como o grupo tem 3 letras e ocupa uma posição da palavra, restam outras 3 posições que, juntamente com a posição do grupo, dão origem a 4 posições na palavra da qual se quer calcular o número de anagramas.

Neste exemplo, o grupo interfere na formação dos anagramas, pois a questão não faz referência nem à posição do grupo nem à sua ordem; então, a ordem em que ele está escrito e a posição que ele ocupa podem ser quaisquer umas, ou seja, as letras dentro do grupo permutam entre si e o grupo permuta dentro da palavra.

Anagrama com repetição com grupo de posição definida

Qual o total de anagramas da palavra **BANANADA** que tenham o grupo **BD**?

↓

Total de posições da palavra = 7
Total de posições no grupo = 2
Posições repetidas: A = 4 e N = 2
Tipo de grupo: Qo_Qp (④)

↓

<u>BD</u> A N A N A A
A N <u>BD</u> A N A A
A N A N A <u>BD</u> A ...

↓

$PR_7^{4,\,2} \cdot PR_2 = \left(\dfrac{7!}{4! \cdot 2!}\right) \cdot 2! = \left(\dfrac{7 \cdot 6 \cdot 5 \cdot 4!}{4! \cdot 2 \cdot 1}\right) \cdot 2! = \dfrac{210}{2} \cdot 2! = \mathbf{210}$

> Supondo que **AAAABBBB** seja uma palavra, qual o total de seus anagramas que tenham o grupo **ABAB**?

↓

> Total de posições na palavra = 5
> Total de letras no grupo = 4
> Posições repetidas na palavra: A = 2 e B = 2
> Posições repetidas no grupo: A = 2 e B = 2
> Tipo de grupo: Qo_Qp (④)

↓

> ABAB A A B B
> A A BABA B B
> A A B B ABBA

↓

$$PR_5^{2,2} \cdot PR_4^{2,2} = \left(\frac{5!}{2! \cdot 2!}\right) \cdot \left(\frac{4!}{2! \cdot 2!}\right) = \left(\frac{5 \cdot 4 \cdot 3 \cdot 2 \cdot 1}{2 \cdot 2}\right) \cdot \left(\frac{4 \cdot 3 \cdot 2 \cdot 1}{2 \cdot 2}\right)$$

$$PR_5^{2,2} \cdot PR_4^{2,2} = \frac{120}{4} \cdot \frac{24}{4} = \frac{2880}{16} = 180$$

Noções de probabilidade

Definições

- *Experimento aleatório*

São procedimentos que, repetidos inúmeras vezes sob as mesmas condições, podem apresentar resultados diferentes. Assim, são exemplos de experimento aleatório:

> Lançar uma moeda para verificar qual face fica para cima.
> Tirar uma carta de um baralho para verificar qual carta foi sorteada.

- *Espaço amostral (Ea)*

O espaço amostral de um experimento aleatório qualquer é a reunião de todos os possíveis resultados que podem ser obtidos no experimento em questão.

> O espaço amostral do experimento "Lançar uma moeda para verificar qual face fica para cima" é 2, pois o número máximo de possibilidades nesse experimento é igual a dois, visto que uma moeda tem apenas duas faces.
>
> O espaço amostral do experimento "Tirar uma carta de um baralho de cartas para verificar qual carta foi sorteada" é 52, pois o número máximo de possibilidades nesse experimento é igual a cinquenta e duas, uma vez que um baralho tem 52 cartas.

• **Evento (E)**

É qualquer subconjunto de um espaço amostral finito sobre o qual se faz o estudo do número de possibilidades.

> "Tirar uma carta de um baralho de cartas para verificar se a carta sorteada é um rei" é um experimento aleatório em que o **evento** é retirar um rei.

• **Evento complementar ($\bar{E}$)**

É conjunto complementar de um espaço amostral em relação a determinado evento. Pode ser considerado como "tudo aquilo que não faz parte de determinado evento".

> "Tirar uma carta de um baralho de cartas para verificar se a carta sorteada é um rei" é um experimento aleatório em que o evento é retirar um rei e o **evento complementar** é retirar qualquer outra carta que não seja rei.

Probabilidade simples

É a razão entre o número de elementos de determinado evento e o número de elementos de seu espaço amostral, ou seja, é a razão entre quantas possibilidades o evento tem de ocorrer e o total de possibilidades de seu espaço amostral.

Consideramos como *evento certo* aquele que é o próprio espaço amostral e como *evento impossível* aquele que não tem possibilidade de ocorrer; portanto, um conjunto vazio.

A probabilidade simples é dada pela fórmula $P(x) = \frac{E}{Ea}$, em que E é o numero de elementos do evento e Ea é o número de elementos do espaço amostral.

| Qual a probabilidade de ocorrer coroa em um lançamento de uma moeda? | → | Evento (x) = coroa (1)
Espaço amostral = cara ou coroa (2) | → | Probabilidade de coroa:
$P(x) = \frac{1}{2}$ ou **50%** |

Ao retirar uma carta de um baralho, qual a probabilidade de essa carta ser um rei?
↓
Evento (x) = rei (4)
Espaço amostral = todas as cartas do baralho (52)
↓
Probabilidade de rei:
$P(x) = \frac{4}{52} = \frac{1}{13}$

Um baralho tradicional tem 52 cartas, sendo:
• duas cores: *vermelho* e *preto*, com 26 cartas de cada cor;
• quatro naipes: *ouros* e *copas*, com 13 cartas vermelhas cada, e *paus* e *espadas*, com 13 cartas pretas cada;
• quatro cartas de cada naipe: quatro reis, quatro damas, quatro valetes etc.

Probabilidade condicional

É a probabilidade da ocorrência de um evento, dado que outro determinado evento já ocorreu.

Para calcular uma probabilidade condicional, podemos considerar dois tipos de eventos: *independentes* e *dependentes*.

• Eventos independentes

São eventos cuja ocorrência de um *não afeta* a probabilidade de ocorrência do outro.

P(B/A) = P(B)   lê-se: probabilidade de B dado que A já tenha ocorrido é igual à probabilidade de B.

Observe a aplicação desse conceito.

> Seja o evento "sortear o número 5" no lançamento de um dado, desde que já se tenha sorteado outro número qualquer em lançamento anterior.

Esses eventos são *independentes*, pois a ocorrência do primeiro evento (sorteio de um número qualquer) não altera a probabilidade da ocorrência do evento "sortear o número 5".

• Eventos dependentes

São eventos cuja ocorrência de um *afeta* a probabilidade de ocorrência do outro.

P(B/A) ≠ P(B)   lê-se: probabilidade de B dado que A já tenha ocorrido é diferente da probabilidade de B.

Veja uma aplicação desse conceito.

> Seja o evento sortear um rei de um baralho, dado que já se tenha sorteado, sem reposição, outra carta qualquer desse mesmo baralho em tentativa anterior.

Esses eventos são *dependentes*, pois a ocorrência do primeiro evento (sorteio de uma carta qualquer) alterou a probabilidade da ocorrência do evento "sortear um rei", porque, ao se retirar a primeira carta, o espaço amostral passou de 52 possibilidades para 51 no total.

Portanto, para classificar os eventos, basta perceber se de um para o outro houve ou não mudança no espaço amostral.

Assim, se o espaço amostral for alterado por um dos eventos, esses eventos serão dependentes.

• Probabilidade da interseção de eventos com multiplicação (P(A ∩ B))

Utilizada para se obter a probabilidade de eventos que ocorrem em sequência, sejam eles dependentes ou não. Esse tipo de problema normalmente liga os eventos pelo conetivo **e**.

Para eventos dependentes, utiliza-se:

$$P(A \cap B) = P(A) \cdot P(B/A)$$

Observe agora a aplicação dessa fórmula na resolução de um problema.

> Qual a probabilidade de sortearmos um rei em um baralho **e**, em seguida e sem reposição, sortearmos uma dama?

↓

$$P(A \cap B) = P(A) \cdot P(B/A)$$
$$P(A \cap B) = \frac{4}{52} \cdot \frac{4}{51}$$
$$P(A \cap B) = \frac{16}{2652} \cong \textbf{0,006 ou 0,6\%}$$

Para eventos independentes, utiliza-se:

$$P(A \cap B) = P(A) \cdot P(B)$$

Observe a aplicação da fórmula na resolução de um problema.

> Qual a probabilidade de sortearmos, no lançamento de uma moeda, a face cara **e**, em seguida, no lançamento de um dado, sortearmos o número 4?

↓

$$P(A \cap B) = P(A) \cdot P(B)$$
$$P(A \cap B) = \frac{1}{2} \cdot \frac{1}{6}$$
$$P(A \cap B) = \frac{1}{12} \cong \textbf{0,083 ou 8,3\%}$$

• **_Probabilidade da interseção de eventos com adição (P(A ∪ B))_**

Utilizada para se obter a probabilidade da ocorrência de eventos que podem ocorrer ao mesmo tempo, ou seja, de um evento ou outro. Então, esse tipo de problema normalmente liga os eventos pelo conetivo **ou**.

Para os eventos mutuamente exclusivos, isto é, A ocorre e B não ocorre ou vice-versa, utiliza-se:

$$P(A \cup B) = P(A) + P(B)$$

Vamos aplicar essa fórmula para resolver uma questão.

> Qual a probabilidade de retirarmos uma carta de um baralho e ela ser um rei ou uma dama?

Perceba que se a carta sorteada for um rei, não será uma dama; portanto, os eventos são mutuamente exclusivos, ou seja, a ocorrência de um impede a ocorrência do outro. Assim:

$$P(A \cup B) = P(A) + P(B)$$
$$P(A \cup B) = \frac{4}{52} + \frac{4}{52} \ (\div 4)$$
$$P(A \cup B) = \frac{1}{13} + \frac{1}{13}$$
$$P(A \cup B) = \frac{2}{13} \cong 0{,}154 \text{ ou } 15{,}4\%$$

Para os eventos não mutuamente exclusivos, isto é, A e B ocorrem simultaneamente, devemos subtrair a intersecção das possibilidades para evitar a dupla contagem:

$$P(A \cup B) = P(A) + P(B) - P(A \cap B)$$

Veja como essa fórmula é utilizada para resolver uma questão.

> Qual a probabilidade de, no lançamento de um dado, sortearmos um número menor do que 3 ou ímpar?

Observe que o número sorteado pode ser ímpar e *ao mesmo tempo* menor do que 3, pois o número 1 atende ambas as condições, o que comprova que os eventos não são mutuamente exclusivos.

Aplicando a fórmula, teremos:

$$P(A \cup B) = P(A) + P(B) - P(A \cap B)$$
$$P(A \cup B) = \frac{2}{6} + \frac{3}{6} - \left(\frac{2}{6} \cdot \frac{3}{6}\right)$$
$$P(A \cup B) = \frac{5}{6} - \frac{1}{6} = \frac{4}{6} = \frac{2}{3} \text{ ou } 66{,}7\%$$

Probabilidade binomial

É a probabilidade de um evento ocorrer um número exato de vezes, em determinado número de tentativas.

Cada tentativa pode ser reduzida a dois resultados: ou sucesso ou fracasso. Repetindo-se o evento um número fixo de vezes, a probabilidade de sucesso é sempre igual à anterior.

$$P(x) = \frac{n!}{(n-x)!\,x!} \cdot p^x \cdot q^{n-x}$$

sendo:
- *n* o número de tentativas;
- *p* a probabilidade de sucesso;
- *q* a probabilidade de fracasso;
- *x* a quantidade de sucessos obtidos em *n* tentativas.

Agora vamos aplicar a fórmula na resolução de um problema.

> Um dado de seis faces, numeradas de 1 a 6, é jogado três vezes. Qual a probabilidade de se sortear exatamente o número 5?

↓

$$P(1) = \frac{3!}{(3-1)!1!} \cdot \left(\frac{1}{6}\right)^1 \cdot \left(\frac{5}{6}\right)^{3-1}$$

$$P(1) = \frac{3 \cdot 2!}{2!} \cdot \frac{1}{6} \cdot \left(\frac{5}{6}\right)^2$$

$$P(1) = 3 \cdot \frac{1}{6} \cdot \frac{25}{36}$$

$$P(1) = 3 \cdot \frac{25}{216} = \frac{75}{216} \cong 0{,}347 \text{ ou } 34{,}7\%$$

►►► EXERCÍCIOS DE FIXAÇÃO – Múltipla escolha

1. **(Cesgranrio)** Um brinquedo comum em parques de diversões é o "bicho da seda", que consiste em um carro com cinco bancos para duas pessoas cada e que descreve sobre trilhos, em alta velocidade, uma trajetória circular. Suponha que haja cinco adultos, cada um deles acompanhado de uma criança, e que, em cada banco do carro, devam acomodar-se uma criança e o seu responsável. De quantos modos podem as dez pessoas ocupar os cinco bancos?

a) 14400   b) 3840   c) 1680   d) 240   e) 120

Criando um anagrama das possibilidades fica fácil resolver a questão.
Chamando responsável de R e criança de C, teremos as seguintes possibilidades: RC RC RC RC RC.
São cinco pares (grupos) formando uma organização de 5 posições, onde cada posição é ocupada por um grupo (RC) que permutam entre si (5!), e dentro de cada grupo (RC) as posições também permutam entre si (2!).
Assim, para cada resultado da palavra (5!) haverá (2!)⁵ possibilidades dos grupos: 5! · (2! · 2! · 2! · 2! · 2!) = 3840.
Portanto, a resposta correta é a "b".

2. **(Ufal)** Quantos números pares de quatro algarismos distintos podem ser formados com os elementos do conjunto A = {0, 1, 2, 3, 4}?

a) 60   b) 48   c) 36   d) 24   e) 18

Temos as possibilidades de números terminados em 0, 2 ou 4.
Números terminados em 0, isto é, o zero está fixo no final do número; portanto, apenas os outros 4 valores do conjunto disputam as 3 posições do número.

_ _ _ 0

$A_{4,3} = \frac{4!}{(4-3)!} = 24$

Números terminados em 2, o mesmo caso do zero = 24.
Números terminados em 4, o mesmo caso do 2 ou do zero = 24.

Se adicionarmos as possibilidades, serão 72, mas é preciso atentar para a "pegadinha" que há nesta questão: são pedidos números pares de 4 algarismos, mas não há números que começam com zero. Então, é necessário descontar as contagens que fizemos de números terminados em 2 ou 4 nos quais o algarismo zero pode ter ficado na primeira posição.
Com o algarismo 2 fixo no final e o zero fixo no início, restam 3 algarismos para 2 posições no número. Teremos, para cada caso (algarismo 2 ou algarismo 4):
$A_{3,2} = \dfrac{3!}{(3-2)!} = 6$, ou seja, a quantidade de números começados por zero e terminados por 2 ou 4 são $2 \cdot 6 = 12$.
Assim, $72 - 12 = 60$.
Portanto, a resposta correta é a "a".

3. (**UEL**) Sejam os conjuntos A = {1, 2, 3} e B = {0, 1, 2, 3, 4}. O total de funções injetoras de A para B é:

a) 10   b) 15   c) 60   d) 120   e) 125

Antes de iniciar a resolução do exercício, temos de lembrar que função injetora é aquela em que elementos *distintos* do domínio se correspondem com elementos *distintos* do contradomínio.
Na questão, o domínio é o conjunto A, e o contradomínio é o conjunto B; assim, precisamos calcular quantos grupos distintos de 3 elementos de B podem ser formados para se corresponderem com elementos de A.
$A_{5,3} = \dfrac{5!}{(5-3)!} = \dfrac{120}{2} = 60$
Portanto, a resposta correta é a "c".

4. (**Cespe/UnB – TRE/MG**) Se, no departamento de recursos humanos de uma empresa em que trabalhem 5 homens e 4 mulheres, for preciso formar, com essa equipe, comissões de 4 pessoas com pelo menos 2 homens, a quantidade de comissões diferentes que poderão ser formadas será

a) superior ou igual a 200.
b) superior ou igual a 170 e inferior a 200.
c) superior ou igual a 140 e inferior a 170.
d) superior ou igual a 110 e inferior a 140.
e) inferior a 110.

Como temos de formar grupos de pessoas, *a ordem não importa*, porque, se mudarmos as pessoas de lugar no grupo, o grupo continuará o mesmo. Assim, vamos utilizar o conceito de combinação.
H indica a combinação dos homens.
M indica a combinação das mulheres.
As possibilidades são: 2 homens (mínimo) e 2 mulheres ($H_{5,2} \cdot M_{4,2}$), 3 homens e 1 mulher ($H_{5,3} \cdot M_{4,1}$) e 4 homens ($H_{5,4}$).
O total de comissões diferentes, conforme pede a questão, será dado por ($H_{5,2} \cdot M_{4,2}$) + ($H_{5,3} \cdot M_{4,1}$) + + ($H_{5,4}$).

$H_{5,2} = \dfrac{5!}{(5-2)!2!} = \dfrac{120}{12} = 10 \Rightarrow M_{4,2} = \dfrac{4!}{(4-2)!2!} = 6$
$H_{5,2} \cdot M_{4,2} = 60$

$H_{5,3} = \dfrac{5!}{(5-3)!3!} = \dfrac{120}{12} = 10 \Rightarrow M_{4,1} = \dfrac{4!}{(4-1)!1!} = \dfrac{24}{6} = 4$
$H_{5,3} \cdot M_{4,1} = 40$

$H_{5,4} = \dfrac{5!}{(5-4)!4!} = \dfrac{120}{24} = 5$
$H_{5,4} = 5$

$60 + 40 + 5 = 105$ comissões diferentes com pelo menos 2 homens.
Portanto, a resposta correta é a "e".

5. (**Enem**) No Nordeste brasileiro, é comum encontrarmos peças de artesanato constituídas por garrafas preenchidas com areia de diferentes cores, formando desenhos. Um artesão deseja fazer peças com areia de cores cinza, azul, verde e amarela, mantendo o mesmo desenho, mas variando as cores da paisagem (casa, palmeira e fundo), conforme a figura. O fundo pode ser representado nas cores azul ou cinza; a casa, nas cores azul, verde ou amarela; e a palmeira, nas cores cinza ou verde. Se o fundo não pode ter a mesma cor nem da casa nem da palmeira, por uma questão de contraste, então o número de variações que podem ser obtidas para a paisagem é

a) 6.   b) 7.   c) 8.   d) 9.   e) 10.

Vamos verificar as possibilidades do artesão mencionado no problema mediante as regras dadas pelo enunciado. Os critérios que definem as possibilidades são os relativos à cor do fundo da garrafa, pois, devido ao contraste, a cor usada para essa parte não pode ser utilizada em outra parte.
Temos então duas hipóteses, dependendo da cor do fundo:

1ª hipótese: cinza
A casa poderá ser: azul, verde ou amarela (3).
A palmeira será: verde (1).
$3 \cdot 1 = $ **3 variações**.

2ª hipótese: azul
A casa poderá ser: verde ou amarela (2).
A palmeira poderá ser: cinza ou verde (2).
$2 \cdot 2 = $ **4 variações**.

Assim, $4 + 3 = 7$ variações possíveis.
Portanto, a resposta correta é a "b".

6. (**FGV**) Deseja-se criar uma senha para os usuários de um sistema, começando por três letras escolhidas entre as cinco A, B, C, D e E seguidas de quatro algarismos escolhidos entre 0, 2, 4, 6 e 8. Se entre as letras puder haver repetição, mas se os algarismos forem todos distintos, o número total de senhas possíveis é:

a) 78125   b) 7200   c) 15000   d) 6420   e) 50

A senha deverá ser composta de duas partes, cada uma obedecendo a um conceito da análise combinatória. Utilizaremos o conceito de arranjo, pois importa a ordem com que os caracteres da senha serão escritos.
1ª parte da senha: são 3 letras dentre 5, podendo haver repetição (arranjo com repetição).
$AR_{n,p} = n^p \Rightarrow AR_{5,3} = 5^3 = 125$

2ª parte da senha: são 4 algarismos dentre 5, sem repetição (arranjo simples).
$A_{n,p} = \dfrac{n!}{(n-p)!} \Rightarrow A_{5,4} = \dfrac{5!}{(5-4)!} = 120$

Observa-se que, para cada uma das 125 combinações da 1ª parte, teremos 120 combinações da 2ª: $125 \cdot 120 = 15000$.
Portanto, a resposta correta é a "c".

7. (**UFC**) Dentre os cinco números inteiros listados abaixo, aquele que representa a melhor aproximação para a expressão: $2 \cdot 2! + 3 \cdot 3! + 4 \cdot 4! + 5 \cdot 5! + 6 \cdot 6!$ é

a) 5030   b) 5042   c) 5050   d) 5058   e) 5070

Temos que fazer a adição entre os produtos de valores absolutos e seus respectivos fatoriais.

$2 \cdot 2! = 2 \cdot 1 = 2 \cdot 2 = 4$
$3 \cdot 3! = 3 \cdot 2 \cdot 1 = 6 \cdot 3 = 18$
$4 \cdot 4! = 4 \cdot 3 \cdot 2 \cdot 1 = 24 \cdot 4 = 96$
$5 \cdot 5! = 5 \cdot 4 \cdot 3 \cdot 2 \cdot 1 = 120 \cdot 5 = 600$
$6 \cdot 6! = 6 \cdot 5 \cdot 4 \cdot 3 \cdot 2 \cdot 1 = 720 \cdot 6 = 4320$

$4 + 18 + 96 + 600 + 4320 = 5038$, que não está entre as alternativas, justamente porque o enunciado pede "a melhor aproximação". O valor mais próximo, assim, é 5042. Portanto, a resposta correta é a "b".

8. (**Cespe/UnB – TRE/MG**) Considere a situação hipotética em que o presidente do Tribunal Regional Eleitoral (TRE) de determinada região pretenda constituir uma comissão de seis pessoas, da qual devam participar pelo menos duas mulheres. A comissão deve ser composta por técnicos judiciários de um quadro efetivo de doze servidores lotados na sede desse tribunal, dos quais cinco são mulheres. Nessa situação, se N for o número de diferentes comissões que podem ser constituídas de acordo com essas informações, é correto afirmar que

a) $N < 200$.
b) $200 \leq N \leq 330$.
c) $330 \leq N \leq 580$.
d) $580 \leq N \leq 840$.
e) $N \geq 840$.

São grupos de pessoas, portanto, não importa a ordem como elas serão agrupadas. Assim, vamos utilizar o conceito de combinação.
Total de servidores = 12
Total de mulheres = 5
Total de homens = 7
Total de pessoas na comissão = 6
Restrição = **pelo menos** 2 mulheres
Dessa forma, podemos ter comissões de 2 mulheres e 4 homens, 3 mulheres e 3 homens, 4 mulheres e 2 homens, 5 mulheres e 1 homem.

H indica a combinação dos homens.
M indica a combinação das mulheres.

$M_{5,2} = \dfrac{5!}{(5-2)!2!} = \dfrac{120}{12} = 10 \Rightarrow H_{7,4} = \dfrac{7!}{(7-4)!4!} = \dfrac{5040}{144} = 35$

$M_{5,2} \cdot H_{7,4} = 10 \cdot 35 = 350$

$M_{5,3} = \dfrac{5!}{(5-3)!3!} = \dfrac{120}{12} = 10 \Rightarrow H_{7,3} = \dfrac{7!}{(7-3)!3!} = \dfrac{5040}{144} = 35$

$M_{5,3} \cdot H_{7,3} = 10 \cdot 35 = 350$

$M_{5,4} = \dfrac{5!}{(5-4)!4!} = \dfrac{120}{24} = 5 \Rightarrow H_{7,2} = \dfrac{7!}{(7-2)!2!} = \dfrac{5040}{240} = 21$

$M_{5,4} \cdot H_{7,2} = 5 \cdot 21 = 105$

$M_{5,5} = \dfrac{5!}{(5-5)!5!} = \dfrac{5!}{5!} = 1 \Rightarrow H_{7,1} = \dfrac{7!}{(7-1)!1!} = \dfrac{7 \cdot 6!}{6!} = 7$

$M_{5,5} \cdot H_{7,1} = 1 \cdot 7 = 7$

$350 + 350 + 105 + 7 = 812$ comissões de 6 pessoas com pelo menos 2 mulheres.

Portanto, a resposta correta é a "d".

9. (**Unirio**) As probabilidades de três jogadores marcarem um gol cobrando pênalti são, respectivamente, $\frac{1}{2}$, $\frac{2}{5}$ e $\frac{5}{6}$. Se cada um bater um único pênalti, a probabilidade de todos errarem é igual a:

a) 3%.   b) 5%.   c) 17%.   d) 20%.   e) 25%.

A questão apresenta as probabilidades de os jogadores *marcarem* um gol e depois solicita que se calcule a probabilidade de todos *não marcarem* um gol. Devemos calcular a probabilidade de fracasso (complementar da probabilidade de sucesso) dos três jogadores.

A probabilidade de **fracasso** de cada um é: $\frac{1}{2}$ para o primeiro, $\frac{3}{5}$ para o segundo e $\frac{1}{6}$ para o terceiro. Temos de calcular o fracasso do primeiro **e** do segundo **e** do terceiro, ao mesmo tempo. Então, utilizaremos o conceito de multiplicação.

P(Fracasso 1º **e** Fracasso 2º **e** Fracasso 3º) = $\frac{1}{2} \cdot \frac{3}{5} \cdot \frac{1}{6} = \frac{3}{60} = \frac{1}{20} = 0,05 \therefore 5\%$

Portanto, a resposta correta é a "b".

10. (**Cesgranrio – CEF**) Joga-se N vezes um dado comum, de seis faces, não viciado, até que se obtenha 6 pela primeira vez. A probabilidade de que N seja menor do que 4 é

a) $\frac{150}{216}$.   b) $\frac{91}{216}$.   c) $\frac{75}{216}$.   d) $\frac{55}{216}$.   e) $\frac{25}{216}$.

Temos, no máximo, 3 tentativas.
As probabilidades são:

① P(Sair o 6) = $\frac{1}{6}$

② P(Não sair o 6 **e** depois sair o 6) = $\frac{5}{6} \cdot \frac{1}{6} = \frac{5}{36}$.

③ P(Não sair o 6 **e** não sair o 6 **e** sair o 6) = $\frac{5}{6} \cdot \frac{5}{6} \cdot \frac{1}{6} = \frac{25}{216}$.

P(① **ou** ② **ou** ③) = $\frac{1}{6} + \frac{5}{36} + \frac{25}{216} = \frac{36 + 30 + 25}{216} = \frac{91}{216}$.

Portanto, a resposta correta é a "b".

11. (**Inédito**) Temos uma caixa com dez bolas, sendo 4 brancas, 2 vermelhas, 3 amarelas e 1 azul. Qual a probabilidade percentual aproximada de, em um experimento aleatório, retirarmos 1 bola azul e, em seguida, 1 bola branca?

a) 44%.   b) 41%.   c) 4,4%.   d) 3,3%.   e) 33%.

Para o primeiro evento, temos o número de elementos do espaço amostral igual a 10 (dez bolas); para o segundo, igual a 9 (pois já foi retirada uma bola das 10).
Os eventos são dependentes e acontecem em sequência, o que indica a necessidade de aplicarmos a regra de multiplicação.

1º evento: P(1 bola azul em 10 bolas) = $\frac{1}{10}$.

2º evento: P(1 bola branca em 9 bolas) = $\frac{4}{9}$ (lembre-se de que temos 4 bolas brancas na caixa).

P(1º evento **e** 2º evento) = $\frac{1}{10} \cdot \frac{4}{9} = \frac{4}{90} \cong 0,044 \cong 4,4\%$.

Portanto, a resposta correta é a "c".

12. (**Cesgranrio – CEF**) Em uma urna há 5 bolas verdes, numeradas de 1 a 5, e 6 bolas brancas, numeradas de 1 a 6. Dessa urna, retiram-se sucessivamente e sem reposição duas bolas. Quantas são as extrações nas quais a primeira bola sacada é verde e a segunda contém um número par?

a) 15   b) 20   c) 23   d) 25   e) 27

A restrição para a primeira bola sacada é que ela seja verde (observe que par ou ímpar não é critério) e para a segunda, é que ela seja numerada por um número par.
5 bolas verdes com os números: 1, 2, 3, 4 e 5.
6 bolas brancas com os números: 1, 2, 3, 4, 5 e 6.
Vamos analisar as possibilidades.
1ª possibilidade: bola verde e ímpar = 3 **e** depois bola par = 5 · 3 · 5 = 15
Ou (+)
2ª possibilidade: bola verde e par = 2 **e** depois bola par = 4 · 2 · 4 = 8

15 + 8 = 23
Portanto, a resposta correta é a "c".

13. (**FGV**) Uma urna contém quatro fichas numeradas, sendo:
- a 1ª com o número 5
- a 2ª com o número 10
- a 3ª com o número 15
- a 4ª com o número 20

Uma ficha é sorteada, tem seu número anotado e é recolocada na urna; em seguida, outra ficha é sorteada e anotado seu número.

A probabilidade de que a média aritmética dos dois números sorteados esteja entre 6 e 14 é:

a) $\frac{5}{12}$ b) $\frac{9}{16}$ c) $\frac{6}{13}$ d) $\frac{7}{14}$ e) $\frac{8}{15}$

Média aritmética é o quociente entre a adição de valores de uma dada pesquisa e a quantidade deles. Assim, nomeando-se as fichas sorteadas por *a* e *b*, a média aritmética entre os seus valores será dada por $\frac{a + b}{2}$.
Como a questão solicita que essa média esteja entre 6 e 14, teremos: $6 < \frac{a + b}{2} < 14$, ou seja, a + b tem de estar entre 12 e 28.
Vejamos as possibilidades de ocorrência do evento "12 < a + b < 28": (5 + 10) = 15; (5 + 15) = 20; (5 + 20) = 25; (10 + 5) = 15; (10 + 10) = 20; (10 + 15) = 25; (15 + 5) = 20; (15 + 10) = 25 e (20 + + 5) = 25.
Todas essas possibilidades atendem ao proposto no enunciado; portanto, são 9 possibilidades em um espaço amostral de 16, pois são duas retiradas, com reposição, em um espaço amostral de 4, o que indica a probabilidade de $\frac{9}{16}$.
Portanto, a resposta correta é a "b".

14. (**FGV**) Uma urna contém cinco bolas numeradas com 1, 2, 3, 4 e 5. Sorteando-se ao acaso, e com reposição, três bolas, os números obtidos são representados por *x*, *y* e *z*. A probabilidade de que xy + z seja um número par é de

a) $\frac{47}{125}$ b) $\frac{2}{5}$ c) $\frac{59}{125}$ d) $\frac{64}{125}$ e) $\frac{3}{5}$

Para que a adição de dois componentes (xy + z) tenha um resultado par, são necessários dois pares ou os dois ímpares. Assim, temos duas possibilidades para solucionar a questão:
1ª possibilidade: xy e z são números **ímpares**.

Ou (+)
2ª possibilidade: xy e z são números **pares**.

P(z ser ímpar) = $\frac{3}{5}$

P(z ser par) = $\frac{2}{5}$

Agora vamos calcular a probabilidade de par e ímpar, para x e y.
Para xy ser ímpar, é necessário que *x* e *y* sejam ímpares; portanto, a probabilidade de eles serem ímpares é de $\frac{3}{5}$ para *x* **e** de $\frac{3}{5}$ para *y*. Para que os dois eventos aconteçam simultaneamente, a probabilidade é de $\frac{3}{5} \cdot \frac{3}{5} = \frac{9}{25}$.

A 1ª possibilidade (todos ímpares, o que dá par) terá probabilidade:

P(xy ímpar) · P(z par) = $\frac{9}{25} \cdot \frac{3}{5} = \frac{27}{125}$

Para xy ser par, basta calcular a probabilidade complementar do ímpar, ou seja, ímpar. O resultado será igual a $\frac{9}{25}$. Para ser par (não ímpar), o resultado será igual a $\frac{16}{25}$ (o que falta para o inteiro).

A 2ª possibilidade (todos pares, o que dá par) terá probabilidade:

P(xy par) · P(z par) = $\frac{16}{25} \cdot \frac{2}{5} = \frac{32}{125}$

Adicionando as probabilidades das duas possibilidades, teremos:

P[(xy + z) par] = $\frac{27}{125} + \frac{32}{125} = \frac{59}{125}$

Portanto, a resposta correta é a "c".

15. **(UFMG)** Considere uma prova de Matemática constituída de quatro questões de múltipla escolha, com quatro alternativas cada uma, das quais apenas uma é correta. Um candidato decide fazer essa prova escolhendo, aleatoriamente, uma alternativa em cada questão. Então, é CORRETO afirmar que a probabilidade de esse candidato acertar, nessa prova, exatamente uma questão é:

a) $\frac{27}{64}$ b) $\frac{27}{256}$ c) $\frac{9}{64}$ d) $\frac{9}{256}$

Questão de fácil resolução, lembrando da dica da probabilidade binomial: probabilidade da ocorrência de um evento, em um número **exato** de vezes, em um determinado número de tentativas.

P(x) = $\frac{n!}{(n-x)!x!} \cdot p^x \cdot q^{n-x}$

P(1) = $\frac{4!}{(4-1)!1!} \cdot \left(\frac{1}{4}\right)^1 \cdot \left(\frac{3}{4}\right)^{4-1}$

P(1) = $4 \cdot \frac{1}{4} \cdot \frac{27}{64}$

P(1) = $4 \cdot \frac{27}{256}$

P(1) = $\frac{108}{256} = \frac{27}{64}$

Portanto, a resposta correta é a "a".

Questões de provas comentadas

Reunimos aqui uma bateria de questões retiradas de provas de concursos públicos, Enem, vestibulares e escolas militares sobre toda a parte de Matemática estudada. Todas essas questões têm a resolução comentada.

A exemplo dos exercícios de fixação ao final de cada capítulo, aqui os testes de múltipla escolha, as questões de julgamento (certo ou errado) ou os problemas estão separados; entretanto, não estão na ordem do conteúdo apresentado, para que você, leitor, ao estudar, também treine sua capacidade de distinguir a habilidade que cada questão exige e qual parte da matéria exposta é necessária para resolvê-la. Boa sorte!

Múltipla escolha

1. (**UFMG**) Dona Margarida comprou terra adubada para sua nova jardineira, que tem a forma de um paralelepípedo retângulo, cujas dimensões internas são: 1 m de comprimento, 25 cm de largura e 20 cm de altura. Sabe-se que 1 kg de terra ocupa um volume de 1,7 dm³. Nesse caso, para encher totalmente a jardineira, a quantidade de terra que Dona Margarida deverá utilizar é, aproximadamente:

a) 85,0 kg.   b) 8,50 kg.   c) 29,4 kg.   d) 294,1 kg.

Vamos converter todas as medidas da jardineira para cm e depois calcular seu volume.

Volume da jardineira
$a \cdot b \cdot c = 1$ m $\cdot$ 25 cm $\cdot$ 20 cm =
= 100 cm $\cdot$ 25 cm $\cdot$ 20 cm =
= 100 $\cdot$ 25 $\cdot$ 20 = 50000 cm³

Convertendo a medida do volume encontrado para dm³, teremos: 50 dm³.
Se 1,7 dm³ pesa 1 kg, 50 dm³ pesam:

$\dfrac{1,7}{50} \underset{x}{\overset{1}{\times}} \to x \cdot 1,7 = 50 \Rightarrow x = \dfrac{50}{1,7} \cong 29,41$

Portanto, a resposta correta é a "c".

2. (**Efomm**) Um carro percorre 240 km com o desempenho de 12 km por litro de gasolina. Ao utilizar álcool como combustível, o desempenho passa a ser de 8 km por litro de álcool. Sabendo que o litro de gasolina custa R$ 2,70, qual deve ser o preço do litro de álcool para que o gasto ao percorrer a mesma distância seja igual ao gasto que se tem ao utilizar gasolina como combustível?

a) R$ 1,60   b) R$ 1,65   c) R$ 1,72   d) R$ 1,75   e) R$ 1,80

>>Parte II 479

A relação de desempenho entre os combustíveis é: $\frac{240 \text{ km}}{12 \text{ km/}\ell} = 20 \ell$ para a gasolina e $\frac{240 \text{ km}}{8 \text{ km/}\ell} = 30 \ell$ para o álcool.
Seja x o preço do litro de álcool, então:
$30 \ell \cdot x = 20 \ell \cdot R\$ 2,70$
$30 \ell \cdot x = R\$ 54,00$
$x = \frac{R\$ 54,00}{30 \ell}$
$x = R\$ 1,80$
Portanto, a resposta correta é a "e".

3. (**Efomm**) Se a sequência de inteiros positivos (2, x, y) é uma Progressão Geométrica e (x + 1, y, 11) é uma Progressão Aritmética, então o valor de x + y é
a) 11   b) 12   c) 13   d) 14   e) 15

Vamos utilizar as propriedades de PG e de PA.
1ª sequência (PG) "2, x, y", então $x^2 = 2y$ (O produto dos extremos de uma PG é igual ao quadrado de seu termo médio).
2ª sequência (PA) "x + 1, y, 11", então $x + 1 + 11 = 2y$ ou $x + 12 = 2y$ (A soma dos extremos de uma PA é igual ao dobro de seu termo médio).
Se $x^2 = 2y$ e $x + 12 = 2y$, então $x + 12 = x^2$.
$x^2 = x + 12$
$x^2 - x - 12 = 0$

Aplicando a fórmula resolutiva:

$x = \frac{-b \pm \sqrt{\Delta}}{2a}$

$\Delta = b^2 - 4ac$
$\Delta = 1^2 - 4 \cdot 1 \cdot (-12)$
$\Delta = 1 + 48$
$\Delta = 49$

$x = \frac{1 \pm \sqrt{49}}{2 \cdot 1} \Rightarrow x = \frac{1 \pm 7}{2}$

$x' = \frac{1 + 7}{2} = \frac{8}{2} = 4$

$x'' = \frac{1 - 7}{2} = \frac{-6}{2} = -3$

Substituindo x na equação $x + 12 = 2y$:
$x + 12 = 2y$
$4 + 12 = 2y$
$2y = 16$
$y = \frac{16}{2}$
$y = 8$

Se x é igual a 4 e y é igual a 8, $x + y = 12$.
Portanto, a resposta correta é a "b".

4. (**Cespe/UnB – Seed/PR**) As funções são modelos matemáticos importantes e frequentemente descrevem uma lei física. Como exemplo, considere que uma bola é atirada verticalmente para cima, no instante t = 0, com uma velocidade de 200 cm/s. Nessa situação, a velocidade da bola, em cm/s, como função do tempo, é dada por v(t) = 200 – 96t. Assim, é correto afirmar que a altura máxima atingida pela bola ocorre:

a) menos de 2 s após o seu lançamento.
b) entre 2 s e 2,5 s após o seu lançamento.
c) entre 2,6 s e 3 s após o seu lançamento.
d) entre 3,1 s e 3,5 s após o seu lançamento.
e) mais de 3,5 s após o seu lançamento.

Quando a bola, atirada verticalmente, chega a sua altura máxima, ela para e retorna ao solo, iniciando com velocidade 0 (zero).

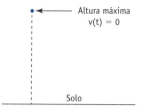

A função tempo/velocidade é dada por v(t) = 200 − 96t. Sabendo-se que o valor de v(t) = 0, temos:
v(t) = 200 − 96t
0 = 200 − 96t
96t = 200
t = $\frac{200}{96}$ ≅ 2,08 s

Portanto, a resposta correta é a "b".

5. (Cespe/UnB – Seed/PR)

 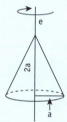 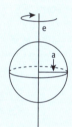

As figuras acima — um cilindro, um cone e uma esfera — são obtidas pela rotação, em torno de um eixo *e*, de um retângulo, um triângulo retângulo e uma semicircunferência, respectivamente. Com relação a esses sólidos, julgue os itens a seguir.

I. O volume do cone é igual a $\frac{1}{3}$ do volume da esfera.

II. A área da superfície lateral do cilindro e a área da esfera são diferentes.

III. A área lateral do cone é maior que $2\pi a^2$.

Assinale a opção correta.
a) Somente o item I está certo.
b) Somente o item II está certo.
c) Somente o item III está certo.
d) Somente os itens I e II estão certos.
e) Todos os itens estão certos.

Vamos resolver cada um dos itens.

Item I: o volume do cone é . V = $\frac{\pi R^2 h}{3}$ ⇒ V = $\frac{\pi a^2 \cdot 2a}{3}$ = $\frac{2}{3}\pi a^3$.

O volume da esfera é: V = $\frac{4}{3}\pi R^3$ ⇒ V = $\frac{4}{3}\pi a^3$ = $2 \cdot \left(\frac{2}{3}\pi a^3\right)$.

Perceba que o volume da esfera é o dobro do volume do cone; logo, o volume do cone é a **metade** do volume da esfera.
Portanto, o item I está errado.

Item II: a área da superfície lateral do cilindro é: $2\pi Rh = 2\pi \cdot a \cdot 2a = 4\pi \cdot a^2$.
A área da esfera é: $4\pi R^2 = 4\pi \cdot a^2$.
Assim, a área da superfície lateral do cilindro e a área da esfera são iguais.
Portanto, o item II também está errado.

Item III: a área lateral do cone é: πRg. Temos de calcular g, que é a geratriz do cone.

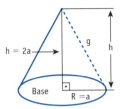

A geratriz do cone (g) é a hipotenusa do triângulo retângulo que se forma com a altura (h) e o raio da base (R); portanto, como temos suas medidas 2a e a, podemos calcular g utilizando o teorema de Pitágoras.

$g^2 = a^2 + (2a)^2$
$g^2 = a^2 + 4a^2$
$g^2 = 5a^2$
$g = \sqrt{5a^2}$
$g = a\sqrt{5}$

Agora, com a medida da geratriz do cone (g), podemos calcular sua área lateral:
$\pi Rg = \pi \cdot a \cdot a\sqrt{5} = \sqrt{5} \cdot \pi a^2$

Assim, a área lateral do cone $\sqrt{5} \cdot \pi a^2$ é maior que $2\pi a^2$.
Portanto, o item III está correto.

Temos, assim: itens I e II errados e item III correto. Portanto, a resposta correta é a "c".

6. **(Cespe/UnB – Seed/PR)** Muitas pessoas têm buscado na atividade física uma saída para o estresse da vida moderna. Em uma pesquisa, solicitou-se a 220 pessoas que respondessem à seguinte pergunta: "Você pratica algum tipo de atividade física?". Os resultados da pesquisa estão descritos na tabela abaixo.

sexo	sim	não
feminino	46	82
masculino	38	54

Considerando essa amostra e escolhendo-se ao acaso uma pessoa que pratica alguma atividade física, a probabilidade de ela ser do sexo feminino

a) é inferior a 42%.
b) está entre 42% e 46%.
c) está entre 47% e 51%.
d) está entre 52% e 56%.
e) é superior a 56%.

O evento do experimento aleatório solicita que seja escolhida ao acaso, entre homens e mulheres, uma mulher que pratica atividade física.
Mesmo que a escolha seja feita ao acaso, deve ser feita entre os elementos do conjunto das pessoas que praticam alguma atividade física. Desta forma, o espaço amostral (conjunto de todos os resultados possíveis) desse evento é formado pelas 46 mulheres e pelos 38 homens (total: 84 pessoas) que responderam "sim" à pergunta feita pela pesquisa. Então, a probabilidade pedida na questão será dada por:
$P(f) = \frac{46}{84} \cong 0{,}547 \cong 54{,}8\%$
Portanto, a resposta correta é a "d".

7. **(Cespe/UnB – Seed/PR)** Uma cooperativa rural escoa sua produção de cereais por meio de um trem cujos vagões têm capacidade máxima de 2,8 toneladas (t) cada um. Essa cooperativa comercializa soja e milho em sacas padronizadas, que são vendidas de acordo com a tabela abaixo.

produto	kg por saca	preço por saca (R$)
soja	50	10,00
milho	60	8,00

Sob essas condições, o total de sacas de soja somado ao total de sacas de milho que podem ser transportadas juntas em um vagão, de modo a ocupar toda a sua capacidade e de modo que o valor da carga seja igual a R$ 400,00, é:
a) 44.
b) 45.
c) 46.
d) 47.
e) 48.

Total de sacas de soja por vagão (x) + total de sacas de milho por vagão (y) = 2,8 toneladas = R$ 400,00.

x sacas de 50 kg = 50x
y sacas de 60 kg = 60y

Assim, teremos:
50x + 60y = 2800 kg

$\Rightarrow$

50x + 60y = 2800 ($\div$ 10)
5x + 6y = 280

x sacas a R$ 10,00 cada = 10x
y sacas a R$ 8,00 cada = 8y

Assim, teremos:
10x + 8y = R$ 400,00

$\Rightarrow$

10x + 8y = 400 ($\div$ 2)
5x + 4y = 200

Para resolver as equações, montamos um sistema:
$\begin{cases} 5x + 6y = 280 \\ 5x + 4y = 200 \end{cases}$ —

2y = 80

y = $\frac{80}{2}$ = 40 sacas de milho

5x + 6y = 280
5x + 6 $\cdot$ 4 = 280
5x = 280 – 240

x = $\frac{40}{5}$ = 8 sacas de soja

40 sacas de milho + 8 sacas de soja = 48 sacas.
Portanto, a resposta correta é a "e".

8. **(Cespe/UnB – Chesf)** No sistema de juros compostos com capitalização anual, um capital de R$ 20.000,00, para gerar em dois anos um montante de R$ 23.328,00, deve ser aplicado a uma taxa de:
a) 8% a.a
b) 10% a.a
c) 12% a.a
d) 13% a.a
e) 15% a.a

Para calcular a taxa de juros compostos, isolamos a variável *i* na fórmula $M = C\left(1 + \frac{i}{100}\right)^t$.
Substituindo os dados do problema nessa fórmula, teremos:
$23328 = 20000(1 + i)^2$
$2,3328 = 2(1 + i)^2$
$2,3328 = 2[1^2 + 2(1i) + i^2]$
$2,3328 = 2 + 4i + 2i^2$
$2,3328 - 2 = 4i + 2i^2$
$0,3328 = 4i + 2i^2$
$2i^2 + 4i - 0,3328 = 0$

Aplicando a fórmula resolutiva:

$\Delta = b^2 - 4ac$
$\Delta = 4^2 - 4 \cdot 2 \cdot (-0,3328)$
$\Delta = 16 + 2,6624$
$\Delta = 18,6624$

$i = \frac{-b \pm \sqrt{\Delta}}{2a}$

$i = \frac{-4 \pm \sqrt{18,6624}}{2 \cdot 2} \Rightarrow i = \frac{-4 \pm 4,32}{4}$

$i' = \frac{-4 + 4,32}{4} = \frac{0,32}{4} = 0,08 = 8\%$

Portanto, a resposta correta é a "a".

Texto para as questões 9 e 10

(**Enem**) A população mundial está ficando mais velha, os índices de natalidade diminuíram e a expectativa de vida aumentou. No gráfico seguinte, são apresentados dados obtidos por pesquisa realizada pela Organização das Nações Unidas (ONU), a respeito da quantidade de pessoas com 60 anos ou mais em todo o mundo. Os números da coluna da direita representam as faixas percentuais. Por exemplo, em 1950 havia 95 milhões de pessoas com 60 anos ou mais nos países desenvolvidos, número entre 10% e 15% da *população total nos países desenvolvidos*.

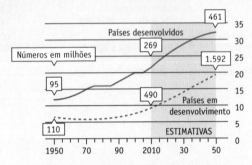

Fonte: "Perspectiva da População Mundial", ONU, 2009.
Disponível em: www.economist.com.
Acesso em: 9 jul. 2009 (adaptado).

9. Suponha que o modelo exponencial y = 363e^{0,03x}, em que x = 0 corresponde ao ano 2000, x = 1 corresponde ao ano 2001, e assim sucessivamente, e que *y* é a população em milhões de habitantes no ano *x*, seja usado para estimar essa população com 60 anos ou mais de idade nos países em desenvolvimento entre 2010 e 2050. Desse modo, considerando e^{0,3} = 1,35, estima-se que a população com 60 anos ou mais estará, em 2030, entre

a) 490 e 510 milhões.
b) 550 e 620 milhões.
c) 780 e 800 milhões.
d) 810 e 860 milhões.
e) 870 e 910 milhões.

Se *x* corresponde ao ano 2000, no modelo exponencial este valor inicial é 0 (zero). No ano de 2030, corresponderá a 30.
Assim:
y = 363e$^{0,03 \cdot 30}$
y = 363e^{0,9} ⟶ Lembrando que o enunciado informa
y = 363 (e^{0,3})^3 que e^{0,3} = 1,35
y = 363 · 1,35³ ◀
y = 363 · 2,46
y ≅ 893
Portanto, a resposta correta é a "e".

10. Em 2050, a probabilidade de se escolher, aleatoriamente, uma pessoa com 60 anos ou mais de idade, na população dos países desenvolvidos, será um número mais próximo de

a) $\dfrac{1}{2}$ b) $\dfrac{7}{20}$ c) $\dfrac{8}{25}$ d) $\dfrac{1}{5}$ e) $\dfrac{3}{25}$

De acordo com o gráfico apresentado no texto que introduz esta e a questão anterior, a população de indivíduos com 60 anos ou mais, nos países desenvolvidos, será de 461 milhões em 2050.
Também de acordo com o gráfico, essa faixa etária, em 2050, estará **entre** 30% e 35%.
Das alternativas, a única que atenderia à probabilidade solicitada pela questão seria $\frac{8}{25}$, que equivale a 0,32 ou 32%.
Portanto, a resposta correta é a "c".

11. (**Enem**) O mapa abaixo representa um bairro de determinada cidade, no qual as flechas indicam o sentido das mãos do tráfego. Sabe-se que esse bairro foi planejado e que cada quadra representada na figura é um terreno quadrado, de lado igual a 200 metros.

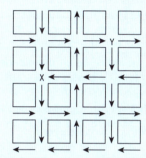

Desconsiderando-se a largura das ruas, qual seria o tempo, em minutos, que um ônibus, em velocidade constante e igual a 40 km/h, partindo do ponto X, demoraria para chegar até o ponto Y?

a) 25 min.   b) 15 min.   c) 2,5 min.   d) 1,5 min.   e) 0,15 min.

De acordo com a figura apresentada na questão, o caminho mais curto, obedecendo-se às mãos de tráfego entre o ponto X e o ponto Y, indica que o ônibus percorrerá 5 lados dos terrenos.
Como cada lado tem 200 metros, o ônibus percorrerá 1000 metros (1 km) a uma velocidade de 40 km/hora.
Em 1 hora, o ônibus percorre 40 km; para percorrer 1 km levará:
$\begin{matrix} 1 & 40 \\ x & 1 \end{matrix} \Rightarrow x \cdot 40 = 1 \cdot 1 \Rightarrow x = \frac{1}{40} = 0{,}025$ hora
0,025 hora · 60 minutos = 1,5 minutos
Portanto, a resposta correta é a "d".

12. (**Enem**) O controle de qualidade de uma empresa fabricante de telefones celulares aponta que a probabilidade de um aparelho de determinado modelo apresentar defeito de fabricação é de 0,2%. Se uma loja acaba de vender 4 aparelhos desse modelo para um cliente, qual é a probabilidade de esse cliente sair da loja com exatamente dois aparelhos defeituosos?

a) $2 \times (0{,}2\%)^4$
b) $4 \times (0{,}2\%)^2$
c) $6 \times (0{,}2\%)^2 \times (99{,}8\%)^2$
d) $1 \times (0{,}2\%)$
e) $6 \times (0{,}2\%) \times (99{,}8\%)$

A questão pede a probabilidade de defeito em **exatamente** dois aparelhos. Assim, vamos utilizar a probabilidade binomial.
$P(x) = \frac{n!}{(n-x)!x!} \cdot p^x \cdot q^{n-x}$
sendo:
• *n* o número de tentativas;
• *p* a probabilidade de sucesso (neste caso, apresentar defeito);

- q a probabilidade de fracasso (neste caso, **não** apresentar defeito);
- x a quantidade de sucessos obtidos em n tentativas.

$P(2) = \dfrac{4!}{(4-2)!2!} \cdot (0,2\%)^2 \cdot (99,8\%)^{4-2}$

$P(2) = \dfrac{4!}{2!2!} \cdot (0,2\%)^2 \cdot (99,8\%)^2$

$P(2) = 6 \cdot (0,2\%)^2 \cdot (99,8\%)^2$

Portanto, a resposta correta é a "c".

13. (**Enem**) Dados da Associação Nacional de Empresas de Transportes Urbanos (Antu) mostram que o número de passageiros transportados mensalmente nas principais regiões metropolitanas do país vem caindo sistematicamente. Eram 476,7 milhões de passageiros em 1995, e esse número caiu para 321,9 milhões em abril de 2001. Nesse período, o tamanho da frota de veículos mudou pouco, tendo no final de 2008 praticamente o mesmo tamanho que tinha em 2001.

O gráfico a seguir mostra um índice de produtividade utilizado pelas empresas do setor, que é a razão entre o total de passageiros transportados por dia e o tamanho da frota de veículos.

Capitais Brasileiras – Sistema de Ônibus Urbanos*
Passageiros Transportados por Veículos/dia**
1995 a 2008

* São Paulo, Rio de Janeiro, Belo Horizonte, Recife, Porto Alegre, Salvador, Fortaleza, Curitiba e Goiânia
** Passageiro total mensal/frota/25

Disponível em: http://www.ntu.org.br. Acesso em: 16 jul. 2009 (adaptado).

Supondo que as frotas totais de veículos naquelas regiões metropolitanas em abril de 2001 e em outubro de 2008 eram do mesmo tamanho, os dados do gráfico permitem inferir que o total de passageiros transportados no mês de outubro de 2008 foi aproximadamente igual a

a) 355 milhões.
b) 400 milhões.
c) 426 milhões.
d) 441 milhões.
e) 477 milhões.

De acordo com o enunciado, o número de passageiros em abril de 2001 era de 321,9 milhões, e o índice de produtividade era 400 (informação contida no gráfico).
Assim, para chegarmos ao tamanho da frota, faremos:

$\dfrac{321,9}{\text{frota}} = 400$

$\text{frota} = \dfrac{321,9}{400}$

A questão solicita que seja calculado "o total de passageiros transportados no mês de outubro de 2008" e seu enunciado afirma que a frota deve ser considerada "de mesmo tamanho"; então, a frota é igual a $\dfrac{321,9}{400}$ e o índice é 441 (informação contida no gráfico).
Considerando P como o número de passageiros, teremos:

$\dfrac{P}{\text{frota}} = 441 \Rightarrow P = 441 \cdot \text{frota} \Rightarrow P = 441 \cdot \dfrac{321,9}{400} \cong 354,89$

Portanto, a resposta correta é a "a".

14. (**Enem**) O gráfico a seguir mostra a evolução, de abril de 2008 a maio de 2009, da população economicamente ativa para seis Regiões Metropolitanas pesquisadas.

População economicamente ativa (em mil pessoas)

Fonte: *IBGE*, Diretoria de Pesquisas. Coordenação de Trabalho e Rendimento.
Pesquisa Mensal de Emprego. Disponível em: www.ibge.gov.br.

Considerando que a taxa de crescimento da população economicamente ativa, entre 05/09 e 06/09, seja de 4%, então o número de pessoas economicamente ativas em 06/09 será igual a:

a) 23.940.
b) 32.228.
c) 920.800.
d) 23.940.800.
e) 32.228.000.

O gráfico mostra que o número de pessoas economicamente ativas no período compreendido entre 05 e 06/09 é 23.020.000, e o enunciado afirma que essa população crescerá 4%.
1,04 · 23.020.000 = 23.940.800
Portanto, a resposta correta é a "d".

15. (**Enem**) Uma pousada oferece pacotes promocionais para atrair casais a se hospedarem por até oito dias. A hospedagem seria em apartamento de luxo e, nos três primeiros dias, a diária custaria R$ 150,00, preço da diária fora da promoção. Nos três dias seguintes, seria aplicada uma redução no valor da diária, cuja taxa média de variação, a cada dia, seria de R$ 20,00. Nos dias restantes, seria mantido o preço do sexto dia. Nessas condições, um modelo para a promoção idealizada é apresentado no gráfico a seguir, no qual o valor da diária é função do tempo medido em número de dias.

De acordo com os dados e com o modelo, comparando o preço que um casal pagaria pela hospedagem por sete dias fora da promoção, um casal que adquirir o pacote promocional por oito dias fará uma economia de

a) R$ 90,00.
b) R$ 110,00.
c) R$ 130,00.
d) R$ 150,00.
e) R$ 170,00.

Vamos organizar os dados do problema:

Dia	Valor da diária (em R$)
1º	150,00
2º	150,00
3º	150,00
4º	130,00
5º	110,00
6º	90,00
7º	90,00
8º	90,00

(3 · R$ 150,00) + R$ 130,00 + R$ 110,00 + (3 · R$ 90,00)
R$ 450,00 + R$ 240,00 + R$ 270,00
R$ 960,00

R$ 1.050,00 (valor fora da promoção) − R$ 960,00 (valor na promoção) = R$ 90,00
Portanto, a resposta correta é a "a".

16. (**Enem**) Brasil e França têm relações comerciais há mais de 200 anos. Enquanto a França é a 5ª nação mais rica do planeta, o Brasil é a 10ª, e ambas se destacam na economia mundial. No entanto, devido a uma série de restrições, o comércio entre esses dois países ainda não é adequadamente explorado, como mostra a tabela seguinte, referente ao período 2003-2007.

Investimentos bilaterais (em milhões de dólares)		
ano	Brasil na França	França no Brasil
2003	367	825
2004	357	485
2005	354	1.458
2006	539	744
2007	280	1.214

Disponível em: www.cartacapital.com.br. Acesso em: 7 jul 2009.

Os dados da tabela mostram que, no período considerado, os valores médios dos investimentos da França no Brasil foram maiores que os investimentos do Brasil na França em um valor

a) inferior a 300 milhões de dólares.
b) superior a 300 milhões de dólares, mas inferior a 400 milhões de dólares.
c) superior a 400 milhões de dólares, mas inferior a 500 milhões de dólares.
d) superior a 500 milhões de dólares, mas inferior a 600 milhões de dólares.
e) superior a 600 milhões de dólares.

Para encontrar a média entre os valores apresentados no problema, adicionaremos todos os valores de cada grupo (Brasil e França) e dividiremos cada soma pela quantidade de observações de cada grupo. Valor médio dos investimentos do Brasil na França:

$$\overline{BF} = \frac{367 + 357 + 354 + 539 + 280}{5}$$

$$\overline{BF} = \frac{1897}{5} = 379,4$$

Valor médio dos investimentos da França no Brasil:

$\overline{FB} = \dfrac{825 + 485 + 1458 + 744 + 1214}{5}$

$\overline{FB} = \dfrac{4726}{5} = 945,2$

Ao subtrairmos uma média da outra, observaremos que os valores médios dos investimentos da França no Brasil foram maiores:
945,2 − 379,4 = 565,80 milhões de dólares
Portanto, a resposta correta é a "d".

17. (**Enem**) Um grupo de 50 pessoas fez um orçamento inicial para organizar uma festa, que seria dividido entre elas em cotas iguais. Verificou-se ao final que, para arcar com todas as despesas, faltavam R$ 510,00, e que 5 novas pessoas haviam ingressado no grupo. No acerto, foi decidido que a despesa total seria dividida em partes iguais pelas 55 pessoas. Quem não havia ainda contribuído pagaria a sua parte, e cada uma das 50 pessoas do grupo inicial deveria contribuir com mais R$ 7,00. De acordo com essas informações, qual foi o valor da cota calculada no acerto final para cada uma das 55 pessoas?

a) R$ 14,00.
b) R$ 17,00.
c) R$ 22,00.
d) R$ 32,00.
e) R$ 57,00.

Vamos chamar de c o valor da cota de cada uma das 55 pessoas.
Então c multiplicado pelas 5 novas pessoas (vão pagar c, pois ainda não pagaram coisa alguma) mais R$ 7,00 (taxa complementar) de cada uma das outras 50 pessoas é igual a R$ 510,00.
Cada uma das 5 novas pessoas vai contribuir com c (5c). Cada uma das 50 pessoas do grupo inicial vai contribuir com mais R$ 7,00 (50 · 7).
$5c + 50 \cdot 7 = 510$
$5c + 350 = 510$
$5c = 510 - 350$
$5c = \dfrac{160}{5}$
$c = 32$
Portanto, a resposta correta é a "d".

18. (**Enem**) Técnicos concluem mapeamento do aquífero Guarani

O aquífero Guarani localiza-se no subterrâneo dos territórios da Argentina, Brasil, Paraguai e Uruguai, com extensão total de 1.200.000 quilômetros quadrados, dos quais 840.000 quilômetros estão no Brasil. O aquífero armazena cerca de 30 mil quilômetros cúbicos de água e é considerado um dos maiores do mundo. Na maioria das vezes em que são feitas referências à água, são usadas as unidades metro cúbico e litro, e não as unidades já descritas. A Companhia de Saneamento Básico do Estado de São Paulo (Sabesp) divulgou, por exemplo, um novo reservatório cuja capacidade de armazenagem é de 20 milhões de litros.

Disponível em: http://noticias.terra.com.br. Acesso em: 10 jul. 2009 (adaptado).

Comparando as capacidades do aquífero Guarani e desse novo reservatório da Sabesp, a capacidade do aquífero Guarani é

a) $1,5 \times 10^2$ vezes a capacidade do reservatório novo.
b) $1,5 \times 10^3$ vezes a capacidade do reservatório novo.
c) $1,5 \times 10^6$ vezes a capacidade do reservatório novo.
d) $1,5 \times 10^8$ vezes a capacidade do reservatório novo.
e) $1,5 \times 10^9$ vezes a capacidade do reservatório novo.

Utilizando o sistema métrico decimal, vamos fazer as conversões necessárias a essa comparação.
1 km → 10.000 dm → 10^4 dm
1 km³ → 1.000.000.000.000 dm → $(10^4$ dm$)^3$ → 10^{12} dm³
Como 1 dm³ é igual a 1 ℓ, 10^{12} dm³ = 10^{12} ℓ.
Assim: 1 km³ armazena 10^{12} ℓ.

O aquífero Guarani armazena cerca de 30 mil quilômetros cúbicos de água:
30.000 · 10^{12} ℓ = 30 · 10^{15} ℓ
Então, o aquífero armazena 30 · 10^{15} ℓ.

A capacidade do novo reservatório da Sabesp é de 20.000.000 litros. Isso significa que ele armazena 20 · 10^6 ℓ.
Comparando as duas capacidades:

Guarani ⇒ $\frac{30 \cdot 10^{15} \ell}{20 \cdot 10^6 \ell} = \frac{30}{20} \cdot 10^{15-6} = 1,5 \cdot 10^9$
Sabesp ⇒

Portanto, a resposta correta é a "e".

19. (**Enem**) Um posto de combustível vende 10.000 litros de álcool por dia a R$ 1,50 cada litro. Seu proprietário percebeu que, para cada centavo de desconto que concedia por litro, eram vendidos 100 litros a mais por dia. Por exemplo, no dia em que o preço do álcool foi R$ 1,48, foram vendidos 10.200 litros.

Considerando x o valor, em centavos, do desconto dado no preço de cada litro, e V o valor, em R$, arrecadado por dia com a venda do álcool, então a expressão que relaciona V e x é

a) V = 10.000 + 50x − x².
b) V = 10.000 + 50x + x².
c) V = 15.000 − 50x − x².
d) V = 15.000 + 50x − x².
e) V = 15.000 − 50x + x².

Se cada centavo de desconto desencadeia 100 litros a mais nas vendas, o total de litros vendidos **a mais** será 100 · (1 centavo = litro = x).

O preço de **cada litro** com o desconto é R$ 1,50 − $\frac{x}{100}$ (x centavos).

O valor arrecadado por dia (V) será o valor de cada litro com desconto multiplicado pela quantidade vendida no dia.

V = $\left(R\$ 1,50 - \frac{x}{100}\right)$ · (10000 + 100x)

V = $\left(\frac{150 - x}{100}\right)$ · (10000 + 100x)

V = $\frac{1500000 + 15000x - 10000x - 100x^2}{100}$

V = 15000 + 150x − 100x − x²
V = 15000 + 50x − x²
Portanto, a resposta correta é a "d".

20. (**Enem**) Uma empresa que fabrica esferas de aço, de 6 cm de raio, utiliza caixas de madeira, na forma de um cubo, para transportá-las. Sabendo que a capacidade da caixa é de 13.824 cm³, então o número máximo de esferas que podem ser transportadas em uma caixa é igual a

a) 4. b) 8. c) 16. d) 24. e) 32.

As esferas têm 6 cm de raio; portanto, têm 12 cm de diâmetro.
A caixa tem 13.824 cm³; assim, as medidas de suas arestas são iguais a 24 cm, pois 24³ = 13824.

Na medida de cada lado da base (24 cm), cabem 2 esferas (12 cm cada) e na altura do cubo (24 cm) outras 2 esferas (12 cm cada), totalizando 8 esferas, sendo 4 na base e 4 na altura.

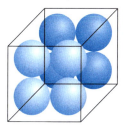

Portanto, a resposta correta é a "b".

21. (**Enem**) Para cada indivíduo, a sua inscrição no Cadastro de Pessoas Físicas (CPF) é composta por um número de 9 algarismos e outro número de 2 algarismos, na forma $d_1 d_2$, em que os dígitos d_1 e d_2 são denominados dígitos verificadores. Os dígitos verificadores são calculados, a partir da esquerda, da seguinte maneira: os 9 primeiros algarismos são multiplicados pela sequência 10, 9, 8, 7, 6, 5, 4, 3, 2 (o primeiro por 10, o segundo por 9, e assim sucessivamente); em seguida, calcula-se o resto r da divisão da soma dos resultados das multiplicações por 11, e, se esse resto r for 0 ou 1, d_1 é zero, caso contrário $d_1 = (11 - r)$. O dígito d_2 é calculado pela mesma regra, na qual os números a serem multiplicados pela sequência dada são contados a partir do segundo algarismo, sendo d_1 o último algarismo, isto é, d_2 é zero se o resto s da divisão por 11 das somas das multiplicações for 0 ou 1, caso contrário, $d_2 = (11 - s)$.
Suponha que João tenha perdido seus documentos, inclusive o cartão de CPF e, ao dar queixa da perda na delegacia, não conseguisse lembrar quais eram os dígitos verificadores, recordando-se apenas de que os nove primeiros algarismos eram 123.456.789. Neste caso, os dígitos verificadores d_1 e d_2 esquecidos são, respectivamente,

a) 0 e 9.   b) 1 e 4.   c) 1 e 7.   d) 9 e 1.   e) 0 e 1.

A forma para calcular os dígitos esquecidos é fornecida pelo enunciado.
Os algarismos do CPF de João são: 1, 2, 3, 4, 5, 6, 7, 8 e 9. Para calcular o primeiro algarismo do dígito verificador (d_1), multiplica-se cada um dos algarismos do CPF, respectivamente, pela sequência decrescente de 10 até 2, adicionando-se todos os resultados:
$10 \cdot \mathbf{1} + 9 \cdot \mathbf{2} + 8 \cdot \mathbf{3} + 7 \cdot \mathbf{4} + 6 \cdot \mathbf{5} + 5 \cdot \mathbf{6} + 4 \cdot \mathbf{7} + 3 \cdot \mathbf{8} + 2 \cdot \mathbf{9} = 210$
Em seguida, divide-se o resultado por 11 e observa-se o resto. Se esse resto for 0 ou 1, o primeiro dígito será 0. Caso contrário, será dado por (11 − resto).
$210 \div 11 = 19$ com resto 1; portanto, o primeiro dígito verificador (d_1) será 0.
Para calcular o segundo algarismo do dígito verificador (d_2), o procedimento será o mesmo, alterando-se apenas o algarismo inicial das multiplicações (agora será o segundo algarismo do CPF) e colocando-se o valor de d_1 como último algarismo.
$10 \cdot \mathbf{2} + 9 \cdot \mathbf{3} + 8 \cdot \mathbf{4} + 7 \cdot \mathbf{5} + 6 \cdot \mathbf{6} + 5 \cdot \mathbf{7} + 4 \cdot \mathbf{8} + 3 \cdot \mathbf{9} + 2 \cdot \mathbf{0} = 244$
$244 \div 11 = 22$ com resto 2; então, o segundo dígito verificador (d_2) será 11 − 2 = 9.
Assim, temos $d_1 = 0$ e $d_2 = 9$. Portanto, a resposta correta é a "a".

22. (**Enem**) Um experimento consiste em colocar certa quantidade de bolas de vidro idênticas em um copo com água até certo nível e medir o nível da água, conforme ilustrado na figura a seguir. Como resultado do experimento, concluiu-se que o nível da água é função do número de bolas de vidro que são colocadas dentro do copo.

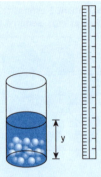

O quadro a seguir mostra alguns resultados do experimento realizado.

número de bolas (x)	nível de água (y)
5	6,35 cm
10	6,70 cm
15	7,05 cm

Disponível em: www.penta.ufrgs.br.
Acesso em: 13 jan. 2009 (adaptado).

Qual a expressão algébrica que permite calcular o nível da água (y) em função do número de bolas (x)?

a) y = 30x.
b) y = 25x + 20,2.
c) y = 1,27x.
d) y = 0,7x.
e) y = 0,07x + 6.

Trata-se de função de 1º grau. Deste modo, a relação do nível de água (y) em função do número de bolas (x) é dada por y = ax + b.
Observando a tabela da questão, verificamos que, quando x = 5, y = 6,35 e quando x = 10, y = 6,70.
Se montarmos um sistema de equações com os valores acima, teremos:

ax + b = y

$\begin{cases} 5a + b = 6,35 \\ 10a + b = 6,70 \end{cases}$ + → 5a + b = 6,35
b = $\boxed{6,35 - 5a}$

15a + 2b = 13,05

15a + 2($\boxed{6,35 - 5a}$) = 13,05   5a + b = 6,35
15a + 12,7 − 10a = 13,05   5 · $\boxed{0,07}$ + b = 6,35
5a = 13,05 − 12,7   0,35 + b = 6,35
5a = 0,35   b = 6,35 − 0,35
a = $\frac{0,35}{5}$ = $\boxed{0,07}$ b = 6

y = ax + b
y = 0,07x + 6
Portanto, a resposta correta é a "e".

23. (**Enem**) Segundo as regras da Fórmula 1, o peso mínimo do carro, de tanque vazio, com o piloto, é de 605 kg, e a gasolina deve ter densidade entre 725 e 780 gramas por litro. Entre os circuitos nos quais ocorrem competições dessa categoria, o mais longo é Spa-Francorchamps, na Bélgica, cujo traçado tem 7 km de extensão. O consumo médio de um carro da Fórmula 1 é de 75 litros para cada 100 km.

Suponha que um piloto de uma equipe específica, que utiliza um tipo de gasolina com densidade de 750 g/ℓ, esteja no circuito de Spa-Francorchamps, parado no boxe para reabastecimento. Caso ele pretenda dar mais 16 voltas, ao ser liberado para retornar à pista, seu carro deverá pesar, no mínimo,

a) 617 kg.
b) 668 kg.
c) 680 kg.
d) 689 kg.
e) 717 kg.

Se cada volta do circuito mede 7 km, 16 voltas medirão 16 · 7 km = 112 km. Como a relação de consumo dada pelo enunciado é de 75 litros para cada 100 km, a quantidade de litros de combustível necessária para dar 16 voltas será:

75ℓ — 100 km
x — 112 km ⇒ x · 100 = 75 · 112 ⇒ x = $\frac{8400}{100}$ = 84 ℓ

A densidade do combustível, nesse caso em particular, é de 750 g por litro; portanto:

1ℓ — 750 g
84ℓ — x ⇒ x · 1 = 750 · 84 ⇒ x = 63.000 g

O peso do combustível será de 63.000 gramas ou 63 kg.
Peso do carro com o piloto = 605 kg + 63 kg do combustível = 668 kg.
Portanto, a resposta correta é a "b".

24. (**Enem**) O quadro apresenta informações da área aproximada de cada bioma brasileiro.

biomas continentais brasileiros	área aproximada (km²)	área/total Brasil
Amazônia	4.196.943	49,29%
Cerrado	2.036.448	23,92%
Mata Atlântica	1.110.182	13,04%
Caatinga	844.453	9,92%
Pampa	176.496	2,07%
Pantanal	150.355	1,76%
Área total Brasil	8.514.877	

Disponível em: www.ibge.gov.br. Acesso em: 10 jul. 2009 (adaptado).

É comum em conversas informais, ou mesmo em noticiários, o uso de múltiplos da área de um campo de futebol (com as medidas de 120 m × 90 m) para auxiliar a visualização de áreas consideradas extensas. Nesse caso, qual é o número de campos de futebol correspondente à área aproximada do bioma Pantanal?

a) 1.400
b) 14.000
c) 140.000
d) 1.400.000
e) 14.000.000

A área do campo de futebol pode ser comparada com a área do bioma Pantanal por meio da multiplicação de suas dimensões, ou seja, 90 m · 120 m = 10800 m².
Como a área que se quer comparar (bioma Pantanal) é de 150.355 km², vamos converter a área do campo de futebol também para essa unidade de medida. Assim, teremos:
Bioma Pantanal = 150.355 km²
Campo de futebol = 10.800 m² = 0,0108 km²
Número aproximado de campos de futebol que corresponde à área do bioma Pantanal = $\frac{150.355 \text{ km}^2}{0,0108 \text{ km}^2}$ ≅
≅ 13.922.000 km².
Portanto, a resposta correta é a "e".

25. (**Enem**) Joana frequenta uma academia de ginástica onde faz exercícios de musculação. O programa de Joana requer que ela faça 3 séries de exercícios em 6 aparelhos diferentes, gastando 30 segundos em cada série. No aquecimento, ela caminha durante 10 minutos na esteira e descansa durante 60 segundos para começar o primeiro exercício no primeiro aparelho. Entre uma série e outra, assim como ao mudar de aparelho, Joana descansa por 60 segundos.

Suponha que, em determinado dia, Joana tenha iniciado seus exercícios às 10h30min e finalizado às 11h7min.

Nesse dia e nesse tempo, Joana

a) não poderia fazer sequer a metade dos exercícios e dispor dos períodos de descanso especificados em seu programa.
b) poderia ter feito todos os exercícios e cumprido rigorosamente os períodos de descanso especificados em seu programa.
c) poderia ter feito todos os exercícios, mas teria de ter deixado de cumprir um dos períodos de descanso especificados em seu programa.
d) conseguiria fazer todos os exercícios e cumpriria todos os períodos de descanso especificados em seu programa, e ainda se permitiria uma pausa de 7 min.
e) não poderia fazer todas as 3 séries dos exercícios especificados em seu programa; em alguma dessas séries deveria ter feito uma série a menos e não deveria ter cumprido um dos períodos de descanso.

Se Joana iniciar seus exercícios às 10h30min e finalizá-los às 11h7min, terá 37 minutos para cumprir o programa da academia.
O tempo total gasto por Joana em seu programa é dado por:

Atividade	Tempo
caminhada	10 minutos
descanso após a caminhada	1 minuto
aparelhos	3 séries com 6 aparelhos = 18 séries · 0,5 minuto por série = 9 minutos
descanso entre as séries	18 séries têm 17 intervalos de 1 minuto = 17 minutos
total	10 + 1 + 9 + 17 = **37 minutos**

Portanto, a resposta correta é a "b".

26. (**Enem**) Um médico está estudando um novo medicamento que combate um tipo de câncer em estágios avançados. Porém, devido ao forte efeito dos seus componentes, a cada dose administrada há uma chance de 10% de que o paciente sofra algum dos efeitos colaterais observados no estudo, tais como dores de cabeça, vômitos ou mesmo agravamento dos sintomas da doença. O médico oferece tratamentos compostos por 3, 4, 6, 8 ou 10 doses do medicamento, de acordo com o risco que o paciente pretende assumir.

Se um paciente considera aceitável um risco de até 35% de chances de que ocorra algum dos efeitos colaterais durante o tratamento, qual é o maior número admissível de doses para esse paciente?

a) 3 doses.
b) 4 doses.
c) 6 doses.
d) 8 doses.
e) 10 doses.

Se há a chance de 10% para a ocorrência de efeito colateral, há 90% (complementar) de chance para a não ocorrência de efeito colateral. Assim, a probabilidade de ocorrer algum efeito colateral, após terem sido administradas n doses do medicamento, é de $1 - 0,9^n$.

Utilizando as alternativas, vamos substituir *n*:
3 doses = $1 - 0,9^3 = 1 - 0,729 = 0,271 \cong 27\%$
4 doses = $1 - 0,9^4 = 1 - 0,6561 = 0,3439 \cong 34\%$
5 doses = $1 - 0,9^5 = 1 - 0,5905 = 0,4095 \cong 41\%$
Portanto, a resposta correta é a "b".

27. **(FCC – Alesp/SP)** Uma compra de R$ 164,00 será paga em duas parcelas, sendo a primeira à vista e a segunda um mês após a compra. A loja cobra um acréscimo de 5% por mês sobre o saldo devedor. Nessas condições, para que as duas parcelas sejam iguais, o valor de cada uma deverá ser
a) R$ 82,00   c) R$ 84,05   e) R$ 86,10
b) R$ 84,00   d) R$ 85,05

Chamando a parcela paga à vista de *x*, o restante será 164 – x.
Como a loja aplica 5% de acréscimo sobre esse restante, a segunda parcela será 1,05(164 – x).
Como as duas parcelas têm de ser iguais, temos:
x = 1,05(164 – x)
x = 172,2 – 1,05x
x + 1,05x = 172,2
2,05x = 172,2
$x = \dfrac{172,2}{2,05}$
x = R$ 84,00
Portanto, a resposta correta é a "b".

28. **(Ipad – PMBC)** Uma caixa contém 28 bombons com 45 gramas cada um. Ao colocar essa caixa numa balança, ela marca 1,6 kg. Quantos gramas pesa a caixa vazia?
a) 280 g   b) 300 g   c) 320 g   d) 340 g   e) 360 g

A caixa com os bombons pesa 1,6 kg, ou seja, 1600 g. Como cada bombom pesa 28 g, todos os bombons juntos pesam: 28 · 45 g = 1260 g. Então, a caixa vazia pesa: 1600 g – 1260 g = 340 g.
Portanto, a resposta correta é a "d".

29. **(FCC – Sergas)** Um trabalhador aplicou seu 13º salário a juro simples e à taxa mensal de 3%; e ao fim do prazo de aplicação o montante era de R$ 1.204,60. Se o valor do 13º salário era R$ 760,00, o prazo dessa aplicação foi de
a) 12 meses.   d) 19 meses e meio.
b) 15 meses e meio.   e) 22 meses.
c) 17 meses.

Temos o capital (R$ 760,00), o montante (R$ 1.204,60) e a taxa *i* (3% mensal = 36% anual). Se aplicarmos à fórmula, poderemos calcular o rendimento (juros) no período de *t* tempo.
M – C = J
1204,60 – 760,00 = 444,60
Agora, aplicaremos a fórmula para cálculo de juros.
$J = C \cdot \dfrac{i}{100} \cdot t$
$444,60 = 760 \cdot \dfrac{3}{100} \cdot t$
444,60 = 760 · 0,03t
444,60 = 22,8t
$t = \dfrac{444,60}{22,8} = 19,5$ meses
Portanto, a resposta correta é a "d".

30. **(Cesgranrio – BB)** Uma empresa oferece aos seus clientes desconto de 10% para pagamento no ato da compra ou desconto de 5% para pagamento um mês após a compra. Para que as opções sejam indiferentes, a taxa de juros mensal praticada deve ser, aproximadamente,

a) 5,6% b) 5,0% c) 4,6% d) 3,8% e) 0,5%

Se o cliente pagar no ato da compra, terá um desconto de 10%, ou seja, pagará 90% do valor. Se pagar um mês após a compra, terá um desconto de 5%, isto é, pagará 95% do valor.
Para que as duas opções sejam iguais, a taxa (i) será dada por:
$0,9x \cdot i = 0,95x$

$i = \dfrac{0,95x}{0,9x} \cong 1,0555\overline{5}x \cong 1,056x \cong 105,6x$ ou 5,6%

Portanto, a resposta correta é a "a".

31. **(Conesul – CMR/RO)** Aplica-se a quantia de R$ 8.800,00 durante o período de dois anos e meio, à taxa de juros simples de 0,6% ao mês. Ao final desse período o montante será igual a

a) R$ 10.384,00.   d) R$ 10.374,00.
b) R$ 10.274,00.   e) R$ 10.484,00.
c) R$ 10.284,00.

Temos o capital (C) = R$ 8.800,00, a taxa (i) = 0,6% a.m. e o tempo (t) = 2,5 anos = 30 meses. Como queremos encontrar o montante da aplicação, vamos utilizar a fórmula do montante.

$M = C\left(1 + \dfrac{i}{100} \cdot t\right)$

$M = 8800\left(1 + \dfrac{0,6}{100} \cdot 30\right)$

$M = 8800(1 + 0,18)$
$M = 8800 \cdot 1,18$
$M = R\$ 10.384,00$

Portanto, a resposta correta é a "a".

32. **(FCC – TRT-21ª Região)** Aplicando-se a juro simples os $\dfrac{2}{3}$ de um capital C à taxa de 15% ao ano e o restante à taxa de 18% ao ano, obtém-se, em 1 ano e 4 meses, juro total de R$ 512,00. O capital C é

a) R$ 2.400,00.   d) R$ 3.600,00.
b) R$ 2.600,00.   e) R$ 4.000,00.
c) R$ 3.200,00.

Temos duas aplicações, e a soma dos juros das duas é igual a R$ 512,00, fato que podemos representar por $J_1 + J_2 = 512$. Desenvolvendo a equação, teremos:

$J_1 = C_1 \cdot i_1 \cdot t_1$

$J_1 = \dfrac{2}{3}C \cdot \dfrac{15}{100} \cdot 1 + \dfrac{1}{3}$

$J_1 = \dfrac{2}{3}C \cdot 0,15 \cdot \dfrac{4}{3}$

$J_1 = \dfrac{2}{3}C \cdot 0,2$

$J_1 = \dfrac{0,4C}{3}$

$J_2 = C_2 \cdot i_2 \cdot t_2$

$J_2 = \dfrac{1}{3}C \cdot \dfrac{18}{100} \cdot \dfrac{4}{3}$

$J_2 = \dfrac{1}{3}C \cdot 0,18 \cdot \dfrac{4}{3}$

$J_2 = \dfrac{1}{3}C \cdot 0,24$

$J_2 = \dfrac{0,24C}{3}$

$J_1 + J_2 = 512$

$\dfrac{0,4C}{3} + \dfrac{0,24C}{3} = 512$

$0,64C = 512 \cdot 3$
$0,64C = 1536$
$C = \dfrac{1536}{0,64}$
$C = R\$ 2.400,00$

Portanto, a resposta correta é a "a".

33. (FCC – TRT-15ª Região) Romualdo recebeu R$ 15.000,00 referentes a uma indenização trabalhista. Dessa quantia, retirou 20% para o pagamento dos honorários de seu advogado e o restante aplicou em um investimento a juros simples, à taxa anual de 18,75%. Quantos meses Romualdo deverá esperar até que possa retirar R$ 15.000,00 dessa aplicação?

a) 16
b) 15
c) 14
d) 13
e) 12

Ao retirar 20% de R$ 15.000,00 (ou seja, R$ 3.000,00), restam R$ 12.000,00, a quantia a ser aplicada. Como se quer chegar ao montante (M) de R$ 15.000,00, vamos aplicar a fórmula do montante e nela isolar a variável tempo (t). Sendo a taxa (i) anual, para encontrar o tempo em meses, dividiremos a variável t por 12.

$M = C \left(1 + \dfrac{i}{100} \cdot t\right)$

$15000 = 12000 \left(1 + \dfrac{18,75}{100} \cdot \dfrac{t}{12}\right)$

$15000 = 12000 \left(1 + 0,1875 \cdot \dfrac{t}{12}\right)$

$15000 = 12000 + \dfrac{2250}{12} \cdot t$

$15000 - 12000 = 187,5t$
$3000 = 187,50t$

$t = \dfrac{3000}{187,5}$

$t = 16$

Portanto, a resposta correta é a "a".

34. (FCC – TRT-15ª Região) Um comerciante comprou certo artigo com um desconto de 20% sobre o preço de tabela. Em sua loja, ele fixou um preço para tal artigo, de modo a poder vendê-lo dando aos clientes um desconto de 25% e a obter um lucro de 40% sobre o preço fixado. Nessas condições, sabendo que pela compra de uma unidade desse artigo um cliente terá que desembolsar R$ 42,00, o seu preço de tabela é

a) R$ 20,00
b) R$ 24,50
c) R$ 30,00
d) R$ 32,50
e) R$ 35,00

Ao pagar R$ 42,00 pelo artigo, o cliente teve um desconto de 25%; portanto: R$ 42,00 = 75%. Com essa informação, por meio de uma regra de três, podemos calcular o valor de 100%.

$\begin{matrix} 12 & 75 \\ x & 100 \end{matrix} \Rightarrow x \cdot 75 = 42 \cdot 100 \Rightarrow x \cdot 75 = 4200 \Rightarrow x = \dfrac{4200}{75} \Rightarrow x = 56$

Sobre o preço de R$ 56,00 (preço fixado), o comerciante teve um lucro de 40% = 0,4 · 56 = R$ 22,40. Como ele cobrou do cliente R$ 42,00 e teve o lucro desejado (R$ 22,40), comprou o artigo por R$ 42,00 – R$ 22,40 = R$ 19,60.
Porém, ao comprar a mercadoria por R$ 19,60, ele obteve um desconto de 20%; o que indica que R$ 19,60 equivale a 80% do preço de tabela. Uma nova regra de três revelará o valor de 100%.

$\begin{matrix} 19,60 & 80 \\ x & 100 \end{matrix} \Rightarrow x \cdot 80 = 19,60 \cdot 100 \Rightarrow x = \dfrac{1960}{80} \Rightarrow x = 24,50$

Deste modo, o preço de tabela do artigo comprado pelo comerciante é R$ 24,50. Portanto, a resposta correta é a "b".

35. **(FCC – DPE/SP)** Após um aumento de 15% no preço da gasolina, um posto passou a vender o litro do combustível por R$ 2,599. O preço do litro de gasolina antes do aumento, em reais, era igual a

a) R$ 2,31
b) R$ 2,26
c) R$ 2,23
d) R$ 2,21
e) R$ 2,18

Se o valor de R$ 2,599 corresponde ao preço da gasolina com aumento de 15%, corresponde a 115% do preço inicial.

$$\frac{2{,}599}{x} \times \frac{115}{100} \Rightarrow x \cdot 115 = 2{,}599 \cdot 100 \Rightarrow x = \frac{259{,}9}{115} \Rightarrow x = 2{,}26$$

Portanto, a resposta correta é a "b".

36. **(FCC – CEF)** Em uma agência bancária trabalham 40 homens e 25 mulheres. Se, do total de homens, 80% não são fumantes e, do total de mulheres, 12% são fumantes, então o número de funcionários dessa agência que são homens ou fumantes é

a) 42
b) 43
c) 45
d) 48
e) 49

A questão solicita o cálculo do número de funcionários que são homens **ou** fumantes. Como o número de homens fumantes já está incluído no número de homens (40), basta calcular o número de mulheres fumantes.

Total de mulheres = 25
Percentual de mulheres fumantes = 12%
12% de 25 = 3
40 homens + 3 mulheres fumantes = 43 pessoas que são homens **ou** fumantes.
Portanto, a resposta correta é a "b".

37. **(FCC – Sefaz-SP)** Relativamente às raízes reais da equação $3x^2 - 8x - 3 = 0$, é correto afirmar que

a) têm sinais opostos.
b) a soma é igual a 8.
c) são ambas positivas.
d) a menor é igual à nona parte da maior.
e) o produto é igual a 1.

Aplicando a fórmula resolutiva de Bhaskara, teremos:

$$x = \frac{-b \pm \sqrt{\Delta}}{2a}$$

$\Delta = b^2 - 4ac$
$\Delta = (-8)^2 - 4 \cdot 3 \cdot (-3)$
$\Delta = 64 + 36$
$\Delta = 100$

$$x = \frac{8 \pm \sqrt{100}}{2 \cdot 3} \Rightarrow x = \frac{8 \pm 10}{6}$$

$$x' = \frac{8 + 10}{6} = \frac{18}{6} = 3$$

$$x'' = \frac{8 - 10}{6} = \frac{-2}{6} = -\frac{1}{3}$$

Vemos que as raízes: 3 e $-\frac{1}{3}$ têm sinais opostos.

Portanto, a resposta correta é a "a".

38. **(FCC – Sefaz-SP)** Jasão foi a uma loja e comprou X unidades de certo artigo, 10 < X < 100, ao preço de R$ 12,80 cada. Ao conferir na nota fiscal o valor a ser pago por essa compra, Jasão percebeu que o vendedor havia se enganado ao escrever o número X, que lá aparecia com os algarismos das unidades e das dezenas em posições trocadas, e que esse engano acarretava um acréscimo ao valor que efetivamente ele deveria pagar. Se o valor marcado na nota fiscal era R$ 409,60, então o custo real da compra de Jasão era

a) R$ 299,60.
b) R$ 298,40.
c) R$ 296,50.
d) R$ 294,40.
e) R$ 286,60.

Se a quantidade X comprada é maior que 10 e menor que 100, X é um número de dois algarismos.
Vamos representar os algarismos de X por y e z.
Se multiplicarmos z por y (número com os algarismos em posições trocadas) pelo preço unitário marcado na nota, teremos o total (errado) da nota = R$ 409,60.
12,80 · zy = 409,60

$zy = \frac{409,60}{12,80}$

zy = 32

Se zy (algarismos invertidos) é igual a 32, yz (X) é igual a 23.
Agora, basta multiplicarmos o valor unitário (R$ 12,80) pela quantidade correta de unidades (23) para obter o custo real da compra de Jasão:
23 · R$ 12,80 = R$ 294,40
Portanto, a resposta correta é a "d".

39. **(FCC – Sefaz-SP)** Às 7 horas e 45 minutos de certo dia, duas filas foram formadas em frente a dois guichês de um balcão de atendimento de uma Repartição Pública: a do guichê 01, com 15 pessoas, e a do guichê 02, com 6 pessoas. Suponha que: a cada 5 minutos contados a partir desse momento, a fila do guichê 01 recebeu 1 pessoa e a do guichê 02 recebeu 2 pessoas; os funcionários responsáveis pelo atendimento em tais guichês iniciaram suas atividades apenas quando as duas filas ficaram com o mesmo número de pessoas. Assim sendo, o atendimento nesses guichês teve início às:

a) 8 horas.
b) 8 horas e 15 minutos.
c) 8 horas e 30 minutos.
d) 8 horas e 40 minutos.
e) 8 horas e 45 minutos.

Temos às 7 horas e 45 minutos uma diferença de 9 pessoas. Se a cada 5 minutos essa diferença diminui em 1 pessoa, para que diminua 9 pessoas serão necessários 9 · 5 minutos = 45 minutos.
7 horas e 45 minutos + 45 minutos = 8 horas e 30 minutos.
Portanto, a resposta correta é a "c".

40. **(FCC – Sefaz-SP)** Everaldo deve escolher um número de quatro algarismos para formar uma senha bancária e já se decidiu pelos três primeiros: 163, que corresponde ao número de seu apartamento. Se Everaldo escolher de modo aleatório o algarismo que falta, a probabilidade de que a senha formada seja um número par, em que os quatro algarismos são distintos entre si, é de

a) 40%.
b) 45%.
c) 50%.
d) 55%.
e) 60%.

Os números que poderão ser escolhidos por Everaldo para compor a senha são os números de 0 a 9, ou seja, 10 números possíveis. Assim, 10 é o número de elementos do espaço amostral da probabilidade apresentada na questão.
Para que o número da senha seja um número par, terá de terminar por um algarismo par. Os números pares de 0 a 9 são: 0, 2, 4, 6 e 8, mas o enunciado pede números distintos entre si. Assim, como o número 6 já existe no número inicial (163), não poderá ser considerado.
Temos então quatro casos favoráveis: 0, 2, 4 e 8.

A probabilidade será dada por: $\dfrac{\text{número de casos favoráveis}}{\text{espaço amostral}}$.

$P = \dfrac{4}{10} = 0,4 = 40\%$

Portanto, a resposta correta é a "a".

41. **(Esaf – ATA/MF)** Existem duas torneiras para encher um tanque vazio. Se apenas a primeira torneira for aberta, ao máximo, o tanque encherá em 24 horas. Se apenas a segunda torneira for aberta, ao máximo, o tanque encherá em 48 horas. Se as duas torneiras forem abertas ao mesmo tempo, ao máximo, em quanto tempo o tanque encherá?

a) 12 horas
b) 30 horas
c) 20 horas
d) 24 horas
e) 16 horas

É preciso somar as duas torneiras, mas perceba que elas têm vazão diferente; portanto, não podem ser adicionadas antes de serem equiparadas. Assim, vamos equipará-las no tempo.

Se a 1ª torneira enche o tanque todo em 24 horas, em 1 hora enche $\dfrac{1}{24}$ do tanque.

Se a 2ª torneira enche o tanque todo em 48 horas, em 1 hora enche $\dfrac{1}{48}$ do tanque.

Agora que já estão equiparadas em espaços de 1 hora, podemos somá-las.

$\dfrac{1}{24} + \dfrac{1}{48} = \dfrac{2+1}{48} = \dfrac{3}{48} = \dfrac{1}{16}$

As duas juntas enchem $\dfrac{1}{16}$ do tanque em 1 hora. Vamos então fazer uma relação proporcional para o tanque inteiro (1).

$\dfrac{1}{16} t \quad 1 h$
$1 t \quad x$
$\Rightarrow x \cdot \dfrac{1}{16} = 1 \cdot 1 \Rightarrow x = 16$ horas

Portanto, a resposta correta é a "e".

42. **(Esaf – ATA/MF)** Em um determinado curso de pós-graduação, $\dfrac{1}{4}$ dos participantes são graduados em matemática, $\dfrac{2}{5}$ dos participantes são graduados em geologia, $\dfrac{1}{3}$ dos participantes são graduados em economia, $\dfrac{1}{4}$ dos participantes são graduados em biologia e $\dfrac{1}{3}$ dos participantes são graduados em química. Sabe-se que não há participantes do curso com outras graduações além dessas, e que não há participantes com três ou mais graduações. Assim, qual é o número mais próximo da porcentagem de participantes com duas graduações?

a) 40%
b) 33%
c) 57%
d) 50%
e) 25%

Como não há participantes com mais de duas graduações, adicionando-se as frações referentes à graduação de cada matéria, o percentual de participantes graduados em duas matérias será o valor percentual que exceder 1 inteiro.

$\dfrac{1}{4} + \dfrac{2}{5} + \dfrac{1}{3} + \dfrac{1}{4} + \dfrac{1}{3} = \dfrac{15+24+20+15+20}{60} = \dfrac{94}{60}$

Perceba que temos 94 partes de 1 inteiro dividido em 60 partes; então, 34 são as partes excedentes, ou seja, $\dfrac{34}{60}$ é a quantidade de participantes que excedeu os que têm apenas uma graduação.

$\dfrac{34}{60} \cong 0,57 \cong 57\%$

Portanto, a resposta correta é a "c".

43. (Esaf – ATA/MF) Seja uma matriz quadrada 4 por 4. Se multiplicarmos os elementos da segunda linha da matriz por 2 e dividirmos os elementos da terceira linha da matriz por −3, o determinante da matriz fica:

a) multiplicado por −1.
b) multiplicado por $-\frac{16}{81}$.
c) multiplicado por $\frac{2}{3}$.
d) multiplicado por $\frac{16}{81}$.
e) multiplicado por $-\frac{2}{3}$.

Vamos relembrar uma das propriedades dos determinantes: se multiplicarmos uma linha ou coluna de uma matriz por uma constante (k), seu determinante ficará multiplicado por essa constante (k).
O enunciado propõe que os elementos da segunda linha sejam multiplicados por 2 e os elementos da terceira linha divididos por −3, o que significa que o determinante será multiplicado por $-\frac{2}{3}$.

Portanto, a resposta correta é a "e".

44. (Esaf – ATA/MF) Ao se jogar um dado honesto três vezes, qual o valor mais próximo da probabilidade de o número 1 sair exatamente uma vez?

a) 35%   b) 17%   c) 7%   d) 42%   e) 58%

A questão solicita a probabilidade de sair o número 1 **exatamente** uma vez em 3 tentativas. Trata-se da probabilidade binomial.

$P(x) = \frac{n!}{(n-x)!x!} \cdot p^x \cdot q^{n-x}$

$P(1) = \frac{3!}{(3-1)!1!} \cdot \left(\frac{1}{6}\right)^1 \cdot \left(\frac{5}{6}\right)^{3-1}$

$P(1) = 3 \cdot \frac{1}{6} \cdot \frac{25}{36}$

$P(1) = \frac{75}{216} \cong 0{,}347 \cong 35\%$

Portanto, a resposta correta é a "a".

45. (Vunesp – TJ/OJ/SP) Uma dívida será paga em 20 parcelas mensais fixas e iguais, sendo que o valor de cada parcela representa $\frac{1}{4}$ do salário líquido mensal do devedor. Hoje, o salário líquido mensal do devedor representa, do valor total da dívida,

a) $\frac{1}{10}$.   b) $\frac{1}{9}$.   c) $\frac{1}{8}$.   d) $\frac{1}{7}$.   e) $\frac{1}{5}$.

Para resolver o problema, basta fazer uma relação simples entre o valor da parcela e o valor total.

Cada uma das parcela é igual ao $\frac{\text{valor total}}{20}$, que corresponde a $\frac{1}{4}$ do salário. Assim, temos:

$\frac{V}{20}$ ✕ $\frac{\frac{1}{4}}{1}$ ⇒ $x \cdot \frac{1}{4} = \frac{V}{20} \cdot 1$ ⇒ $x = \frac{4}{20}V$ ⇒ $x = \frac{1}{5}V$

Portanto, a resposta correta é a "e".

46. (Vunesp – TJ/OJ/SP) Face a uma emergência, uma pessoa emprestou R$ 1.200,00 de um amigo, R$ 1.080,00 de outro e R$ 920,00 de um terceiro amigo, prometendo pagar a todos em uma determinada data, sem juros. Na data combinada, essa pessoa dispunha de apenas R$ 2.800,00 e decidiu pagar a cada um deles quantias diretamente proporcionais aos valores emprestados. Dessa maneira, ao amigo que emprestou a maior quantia a pessoa continuou devendo:

a) R$ 170,00
b) R$ 165,00
c) R$ 150,00
d) R$ 135,00
e) R$ 125,00

A divisão será feita de forma diretamente proporcional às quantias desembolsadas pelos amigos: R$ 1.200,00, R$ 1.080,00 e R$ 920,00.
Para facilitar, vamos dividir todas as quantias por 10. Assim, teremos: 120, 108 e 92, ou seja, o pagamento será feito de forma diretamente proporcional a essas parcelas.
Adicionando todas as parcelas, teremos a quantidade de parcelas em que vamos dividir o pagamento: 120 + 108 + 92 = 320 parcelas.
Dividindo o total do pagamento pelo total de parcelas, teremos o valor de cada parcela: $\frac{2800}{320}$ = 8,75, que é o valor da parcela a que cada um dos credores tem direito.
O amigo que emprestou a maior quantia tem direito a 120 parcelas: 120 · 8,75 = R$ 1.050,00.
Assim, falta devolver: R$ 1.200,00 − R$1.050,00 = R$ 150,00.
Portanto, a resposta correta é a "c".

47. **(Vunesp – TJ/OJ/SP)** Em uma biblioteca escolar, uma pilha de 50 livros tinha 1,8 m de altura e era formada por livros paradidáticos iguais, de 3 cm de espessura, e livros didáticos iguais, de 6 cm de espessura. A biblioteca retirou metade dos livros didáticos da pilha, para arrumá-los numa estante e, assim, a altura da pilha foi reduzida em:

a) 30 cm.
b) 42 cm.
c) 50 cm.
d) 56 cm.
e) 60 cm.

Vamos chamar os livros didáticos de D e os paradidáticos de P.
D + P = 50 livros
D(6 cm) + P(3 cm) = 1,8 metro
6D + 3P = 180
Substituindo as variáveis, teremos:
6D + 3P = 180
6D + 3(50 − D) = 180
6D + 150 − 3D = 180
3D = 180 − 150
3D = 30
D = $\frac{30}{3}$ = 10 livros

Como são 10 livros didáticos e foi retirada a metade deles, foram retirados 5 livros, que, multiplicados por 6 cm (espessura de cada um), apresentam um total de 30 cm.
Portanto, a resposta correta é a "a".

48. **(Vunesp – TJ/OJ/SP)** Para obter dinheiro rapidamente e não perder um negócio de ocasião, uma pessoa vendeu os dois carros que possuía por R$ 24.000,00 cada um, tendo em relação aos preços pagos ao comprá-los um prejuízo de 20% na venda do carro A e um lucro de igual porcentual na venda do carro B. Em relação aos preços de compra, é correto afirmar que, na venda de ambos, essa pessoa:

a) teve um lucro total de R$ 2.000,00.
b) teve um lucro total de R$ 1.200,00.
c) não teve lucro nem prejuízo.
d) teve um prejuízo total de R$ 1.200,00.
e) teve um prejuízo total de R$ 2.000,00.

A pessoa teve prejuízo **sobre o custo** na venda do carro A e lucro **sobre o custo** na venda do carro B. Isso quer dizer que, tanto no carro A como no B, a base de cálculo (100%) é o custo.

Venda do carro A
custo   x   100
venda 24000   80
⇒ x · 80 = 24000 · 100 ⇒ x = $\frac{2400000}{80}$ ⇒ x = R$ 30.000,00

Assim, nesta venda, a pessoa **perdeu R$ 6.000,00**, pois comprou por R$ 30.000,00 e vendeu por R$ 24.000,00.

Venda do carro B
custo   x   100
venda 24000   120   ⇒ x · 120 = 24000 · 100 ⇒ x = $\frac{2400000}{120}$ ⇒ x = R$ 20.000,00

Nesta venda, a pessoa **ganhou R$ 4.000,00**, pois comprou por R$ 20.000,00 e vendeu por R$ 24.000,00.

Se na venda do carro A a pessoa perdeu R$ 6.000,00 e na venda do carro B ganhou R$ 4.000,00, ficou com um prejuízo total de R$ 2.000,00 [R$ 4.000,00(L) − R$ 6.000,00(P) = − R$ 2.000,00].
Portanto, a resposta correta é a "e".

49. (**Vunesp – TJ/OJ/SP**) No tanque completamente vazio de um carro bicombustível, foram colocados 9 litros de gasolina e 15 de álcool. Num segundo momento, sem que o carro tivesse saído do posto, foram colocados mais alguns litros de álcool, e a razão entre o número de litros de álcool e o número de litros de gasolina contidos no tanque passou a ser de 3 para 1. O número de litros colocados nesse segundo momento foi:
a) 8.   b) 9.   c) 12.   d) 15.   e) 16.

Em um primeiro momento, foram colocados 9 litros de gasolina e 15 litros de álcool; depois, mais alguns litros de álcool, ou seja, no tanque ficaram 15 litros + x litros de álcool para 9 litros de gasolina. Sabemos que essa mistura ficou com a razão de 3 partes de álcool para 1 parte de gasolina. Então:
$\frac{15+x}{9}$ $\frac{3}{1}$ ⇒ 1(15 + x) = 3 · 9 ⇒ 15 + x = 27 ⇒ x = 27 − 15 = 12

Portanto, a resposta correta é a "c".

50. (**Cespe/UnB – CEF**) Saul e Fred poderão ser contratados por uma empresa. A probabilidade de Fred não ser contratado é igual a 0,75; a probabilidade de Saul ser contratado é igual a 0,5; e a probabilidade de os dois serem contratados é igual a 0,2. Nesse caso, é correto afirmar que a probabilidade de:
a) pelo menos um dos dois ser contratado é igual a 0,75.
b) Fred ser contratado é igual a 0,5.
c) Saul ser contratado e Fred não ser contratado é igual a 0,3.
d) Fred ser contratado e Saul não ser contratado é igual a 0,1.
e) Saul não ser contratado é igual a 0,25.

A probabilidade de Fred ser contratado é de 0,25 (complementar de 1), a probabilidade de Saul ser contratado é de 0,5 (dado da questão), e a probabilidade de ambos serem contratados é de 0,2 (dado da questão).
Utilizando o princípio multiplicativo, com as informações sobre "ser contratado" para Fred e Saul, respectivamente, teríamos: 0,25 · 0,5 = 0,125, o que é discordante com o enunciado, que informa 0,2 de probabilidade de ambos serem contratados.
Isso indica que algum critério não foi especificado pela questão. Por isso, vamos deixar o princípio multiplicativo e passar para outros dados do exercício, utilizando a teoria de conjuntos.

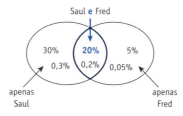

Saul ser contratado e Fred não ser contratado é o mesmo que apenas Saul ser contratado.
Portanto, a resposta correta é a "c".

51. (FCC – TRT-15ª Região) No arquivo morto de um setor de uma Repartição Pública há algumas prateleiras vazias, onde deverão ser acomodados todos os processos de um lote. Sabe-se que, se forem colocados 8 processos por prateleira, sobrarão apenas 9 processos, que serão acomodados na única prateleira restante. Entretanto, se forem colocados 13 processos por prateleira, uma das duas prateleiras restantes ficará vazia e a outra acomodará apenas 2 processos. Nessas condições, é correto afirmar que o total de processos do lote é um número:

a) quadrado perfeito.
b) primo.
c) par.
d) divisível por 5.
e) múltiplo de 3.

Colocando 8 processos em cada prateleira, a última prateleira ficará com 9 processos. Isso significa que todas as prateleiras têm 8 processos, mas a última tem um processo a mais (8 + 8 + 8 + ... + 8 + 1).

Total de processos = A
Total de prateleiras = B $A = 8B + 1$

Colocando 13 processos em cada prateleira, sobrarão 2 prateleiras e 2 processos.

Total de processos = A
Total de prateleiras = B $A = 13(B - 2) + 2$

Perceba que A tem dois valores possíveis; portanto, se os dois são iguais a A, são iguais entre si.
$8B + 1 = 13(B - 2) + 2$
$8B + 1 = 13B - 26 + 2$
$8B + 1 = 13B - 24$
$1 + 24 = 13B - 8B$
$25 = 5B$
$B = \frac{25}{5} = 5$

Substituindo-se B (= 5) em qualquer uma das equações anteriores, teremos o valor de A:
$A = 8B + 1$
$A = 8 \cdot 5 + 1$
$A = 40 + 1$
$A = 41$

41 é um número primo. Portanto, a resposta correta é a "b".

52. (FCC – TRT-15ª Região) Suponha que, no instante em que a água de um bebedouro ocupava os $\frac{5}{8}$ de sua capacidade, uma mesma garrafa foi usada sucessivamente para retirar toda a água do seu interior. Considerando que tal garrafa equivale a $\frac{3}{4}$ de litro e foram necessárias 45 retiradas de garrafas totalmente cheias d'água até que o bebedouro ficasse completamente vazio, a capacidade do bebedouro, em metros cúbicos, era de:

a) 0,054.
b) 0,06.
c) 0,54.
d) 0,6.
e) 5,4.

Retirando-se 45 vezes uma quantidade equivalente a $\frac{3}{4}$ de litro, retiram-se $\frac{3}{4} \cdot 45 = 33{,}75$ litros.
Se esse resultado equivale a $\frac{5}{8}$ da capacidade (C) do bebedouro, 33,75 litros = $\frac{5}{8}C$.
$33{,}75 = \frac{5}{8}C$
$5C = 33{,}75 \cdot 8$

$5C = 270$

$C = \dfrac{270}{5}$

$C = 54$ litros

Fazendo a conversão para metros cúbicos (m³), teremos: 54 litros = 54 dm³ = 0,054 m³.
Portanto, a resposta correta é a "a".

53. **(FCC – TRT-15ª Região)** Uma pessoa aplicou $\dfrac{2}{3}$ de C reais à taxa mensal de 1,5% e, após 3 meses da data dessa aplicação, aplicou o restante à taxa mensal de 2%. Considerando que as duas aplicações foram feitas em um regime simples de capitalização e que, decorridos 18 meses da primeira, os montantes de ambas totalizavam R$ 28.800,00, então o valor de C era:
a) R$ 24.000,00
b) R$ 24.200,00
c) R$ 24.500,00
d) R$ 22.800,00
e) R$ 22.500,00

O primeiro capital ficou aplicado por 18 meses; o segundo, por 18 – 3 meses = 15 meses.

1ª aplicação

$J_1 = C_1 \cdot \dfrac{i_1}{100} \cdot t_1$

$J_1 = \dfrac{2}{3}C \cdot \dfrac{1,5}{100} \cdot 18$

$J_1 = \dfrac{2}{3}C \cdot 0,27$

$J_1 = 0,18C$

Montante da 1ª aplicação:

$M_1 = C_1 + J_1$

$M_1 = \dfrac{2}{3}C + 0,18C$

$M_1 = \dfrac{2C + 0,54C}{3}$

$M_1 = \dfrac{2,54C}{3}$

2ª aplicação

$J_2 = C_2 \cdot \dfrac{i_2}{100} \cdot t_2$

$J_2 = \dfrac{1}{3}C \cdot \dfrac{2}{100} \cdot 15$

$J_2 = \dfrac{1}{3}C \cdot 0,3$

$J_2 = 0,1C$

Montante da 1ª aplicação:

$M_2 = C_2 + J_2$

$M_2 = \dfrac{1}{3}C + 0,1C$

$M_2 = \dfrac{C + 0,3C}{3}$

$M_2 = \dfrac{1,3C}{3}$

Como o enunciado afirma que o montante das duas aplicações totalizou R$ 28.800,00, $M_1 + M_2$ = = R$ 28.800,00.

$M_1 + M_2 = 28800$

$\dfrac{2,54C}{3} + \dfrac{1,3C}{3} = 28800$

$\dfrac{3,84C}{3} = 28800$

$3,84C = 28800 \cdot 3$

$C = \dfrac{86400}{3,84}$

$C = R\$\ 22.500,00$

Portanto, a resposta correta é a "e".

54. (FCC – TRT-15ª Região) Certo dia, Aléa e Aimar, funcionários de uma unidade do TRT, receberam 50 petições e 20 processos para analisar e, para tal, dividiram entre si todos esses documentos: as petições, em quantidades diretamente proporcionais às suas respectivas idades, e os processos, na razão inversa de seus respectivos tempos de serviço no Tribunal. Se Aléa tem 24 anos de idade e trabalha há 4 anos no Tribunal, enquanto que Aimar tem 36 anos de idade e lá trabalha há 12 anos, é correto afirmar que:

a) Aléa deve analisar 10 petições e 20 processos.
b) Aimar deve analisar 30 petições e 15 processos.
c) Aléa deve analisar 5 documentos a mais do que Aimar.
d) Aléa e Aimar devem analisar a mesma quantidade de documentos.
e) Aimar deve analisar 20 petições e 5 processos.

Vamos calcular o número de petições para cada funcionário.
Petições de Aléa = A
Petições de Aimar = B
Constante de proporcionalidade = k
A petições + B petições = 50 petições ∴ A + B = 50
Se A = 24k e B = 36k, então A + B = 60k
60k = 50
$k = \frac{50}{60} = \frac{5}{6}$
Constante de proporcionalidade: $k = \frac{5}{6}$
Petições de Aléa: $A = 24k = 24 \cdot \frac{5}{6} = 20$
Petições de Aimar: $B = 36k = 36 \cdot \frac{5}{6} = 30$

Agora, vamos calcular o número de processos para cada um, lembrando que a divisão será **inversamente** proporcional. Assim, temos de trabalhar com o inverso dos valores dados.
Processos de Aléa = x
Petições de Aimar = y
Constante de proporcionalidade = k
x processos + y processos = 20 processos ∴ x + y = 20
$x = (4)^{-1}k; y = (12)^{-1}k \therefore x + y = \frac{k}{4} + \frac{k}{12}$
$\frac{k}{4} + \frac{k}{12} = 20 \Rightarrow \frac{4k}{12} = 20 \Rightarrow \frac{k}{3} = 20 \therefore k = 60$
Constante de proporcionalidade: k = 60
Processos de Aléa: $x = \frac{1}{4}k = \frac{1}{4} \cdot 60 = 15$
Processos de Aimar: $y = \frac{1}{12}k = \frac{1}{12} \cdot 60 = 5$
Aléa: 20 petições + 15 processos = 35 documentos
Aimar: 30 petições + 5 processos = 35 documentos
Portanto, a resposta correta é a "d".

55. (EsPCEx) Os gráficos das funções $f(x) = a^{x-2}$ e $g(x) = x^2 - 9x - 7$ se interceptam em um ponto cuja abscissa é igual a 5. Nesse caso o valor de *a* é:

a) $-\frac{1}{3}$ b) $\frac{1}{3}$ c) 3   d) –3   e) 27

Se o ponto de interseção corresponde ao ponto de abscissa igual a 5, o valor de *x* é 5.

$f(x) = a^{x-2}$
$f(5) = a^{5-2}$
$f(5) = \boxed{a^3}$

$g(x) = x^2 - 9x - 7$ $a^3 = -27$
$g(5) = 5^2 - 9 \cdot 5 - 7$ $a = \sqrt[3]{-27}$
$g(5) = 25 - 45 - 7$ $a = -3$
$g(5) = -20 - 7$
$g(5) = \boxed{-27}$

Portanto, a resposta correta é a "d".

56. (EsPCEx) Na figura abaixo, estão representados os gráficos das funções reais $f(x) = (0,1)^x$ e $g(x) = \log(x-1)$. Nessas condições, os valores de A, B e C são, respectivamente,

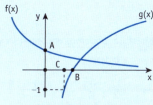

(Gráfico fora de escala)

a) 1, 2 e $\dfrac{11}{10}$ c) $\dfrac{1}{10}, \dfrac{11}{10}$ e 1   e) 1, $\dfrac{11}{10}$ e $\dfrac{9}{10}$

b) 1, 2 e $\dfrac{9}{10}$ d) 10, 11 e $\dfrac{9}{10}$

Pelo gráfico, podemos perceber que, quando x = 0, y = A; quando x = B, y = 0; e quando x = C, y = –1. Assim, podemos escrever:

$f(x) = (0,1)^x \Rightarrow f(0) = A \Rightarrow (0,1)^0 = A \therefore A = 1$

$g(x) = \log(x-1) \Rightarrow g(B) = 0 \Rightarrow \log(B-1) = 0 \Rightarrow 10^0 = B \Rightarrow 1 = B - 1 \therefore B = 2$

$g(x) = \log(x-1) \Rightarrow g(C) = -1 \Rightarrow \log(C-1) = -1 \Rightarrow 10^{-1} = C - 1 \Rightarrow C - 1 = \dfrac{1}{10} \Rightarrow C = \dfrac{1}{10} + 1 \therefore C = \dfrac{11}{10}$

Portanto, a resposta correta é a "a".

57. (FGV – Caern) Em um saquinho há balas. Quinze delas são de coco. As balas de mel correspondem a 55% do total de balas no saquinho. As 12 restantes são de tamarindo. Quantas balas há no saquinho?

a) 54   c) 48   e) 63
b) 33   d) 60

15 balas de coco + 12 de tamarindo = 27 balas, que correspondem a 45% das balas que há no saquinho, pois o restante, as balas de mel, correspondem aos 55% que faltam para completar 100%.

$\dfrac{27}{x} \diagdown\!\!\!\diagup \dfrac{45}{100} \Rightarrow x \cdot 45 = 27 \cdot 100 \Rightarrow 45x = 2700 \Rightarrow x = \dfrac{2700}{45} \Rightarrow x = 60$

Portanto, a resposta correta é a "d".

58. (FGV – Caern) De quantas maneiras diferentes podemos colocar 5 pessoas em fila sendo que Maria, uma dessas 5 pessoas, jamais seja a primeira da fila?

a) 120   c) 96   e) 88
b) 112   d) 75

Como Maria não pode ser a primeira da fila, para a primeira posição existem 4 pessoas, para a segunda (não considerando quem já está na primeira posição) existem 4 pessoas (Maria também pode ocupar essa posição), para a terceira posição existem 3 pessoas, para a quarta há 2 pessoas e, para a última posição, apenas uma pessoa.
Aplicando-se o princípio multiplicativo, temos: $4 \cdot 4 \cdot 3 \cdot 2 \cdot 1 = 96$.
Portanto, a resposta correta é a "c".

59. (**FGV – Caern**) A soma de dois números inteiros é 17, e o produto deles vale 52. A diferença entre esses números é
a) 9   b) 8   c) 10   d) 12   e) 11

Considerando os números como x e y, teremos: $x + y = 17$ e $x \cdot y = 52$.
Substituindo qualquer uma das variáveis de uma equação na outra, temos:
$x \cdot y = 52$
$x(17 - x) = 52$
$17x - x^2 = 52$
$-x^2 + 17x - 52 = 0$

Utilizando a fórmula resolutiva de Bhaskara, podemos encontrar os valores de x.

$$x = \frac{-b \pm \sqrt{\Delta}}{2a}$$

$\Delta = b^2 - 4ac$
$\Delta = 17^2 - 4 \cdot (-1) \cdot (-52)$
$\Delta = 289 - 208$
$\Delta = 81$

$$x = \frac{-17 \pm \sqrt{81}}{2 \cdot (-1)} \Rightarrow x = \frac{-17 \pm 9}{-2}$$

$$x' = \frac{-17 + 9}{-2} = \frac{-8}{-2} = 4$$

$$x'' = \frac{-17 - 9}{-2} = \frac{-26}{-2} = 13$$

A diferença entre eles é: $13 - 4 = 9$. Portanto, a resposta correta é a "a".

60. (**FGV – Caern**) Deseja-se criar senhas bancárias de 4 algarismos. Quantas senhas diferentes podem ser criadas de modo que o último dígito seja ímpar e todos os algarismos da senha sejam diferentes?
a) 3600   b) 3645   c) 2520   d) 2240   e) 2016

Para o último algarismo da senha só podemos considerar: 1, 3, 5, 7 e 9; portanto, 5 possibilidades.
Lembrando que não pode haver dígitos iguais e que um dígito já está na última posição; para as outras posições teremos: $9 \cdot 8 \cdot 7 = 504 \cdot 5 = 2520$.
Portanto, a resposta correta é a "c".

61. (**FCC – Bahiagás**) Um casal e seu filho foram a uma pizzaria jantar. O pai comeu $\frac{3}{4}$ de uma pizza. A mãe comeu $\frac{2}{5}$ da quantidade que o pai havia comido. Os três juntos comeram exatamente duas pizzas, que eram do mesmo tamanho. A fração de uma pizza que o filho comeu foi:
a) $\frac{21}{15}$ b) $\frac{19}{20}$ c) $\frac{7}{10}$ d) $\frac{6}{20}$ e) $\frac{3}{5}$

O pai comeu $\frac{3}{4}$ de **uma** pizza.
A mãe comeu $\frac{2}{5} \cdot \frac{3}{4} = \frac{6}{20} = \frac{3}{10}$.
Os dois juntos comeram $\frac{3}{4} + \frac{3}{10} = \frac{6 + 15}{20} = \frac{21}{20}$.
Desta forma, podemos dizer que comeram uma pizza e mais uma parte de duas pizzas que foram divididas em 20 partes cada uma. As outras 19 partes da segunda pizza ficaram para o filho: $\frac{19}{20}$.
Portanto, a resposta correta é a "b".

62. (**FCC – Bahiagás**) A conta de gás de uma empresa é calculada por meio de uma taxa fixa de R$ 35,00 acrescida de R$ 2,00 por m³ consumido. Num mês um cliente consumiu 40 m³ e no mês seguinte consumiu um volume de gás 15% maior. O percentual aproximado de aumento na conta desse cliente, do primeiro mês para o seguinte, é:

a) 15.
b) 14.
c) 12.
d) 10.
e) 8.

No 1º mês:
consumo = 40 m³
preço = 40 · R$ 2,00 = R$ 80,00 + taxa fixa de R$ 35,00 = R$ 115,00

No 2º mês:
consumo = 15% maior = 46 m³
preço = 46 · R$ 2,00 = R$ 92,00 + taxa fixa de R$ 35,00 = R$ 127,00

Cálculo do aumento percentual:
115 — 100%
127 — x
$\Rightarrow x \cdot 115 = 127 \cdot 100 \Rightarrow x = \frac{12700}{115} \Rightarrow x \cong 110$

Aumento aproximado de 10%.
Portanto, a resposta correta é a "d".

63. (**EsPCEx**) O valor de x para o qual as funções reais $f(x) = 2^x$ e $g(x) = 5^{1-x}$ possuem a mesma imagem é:

a) $\log 2 + 1$
b) $\log 2 - 1$
c) $1 - \log 2$
d) $2\log 2 + 1$
e) $1 - 2\log 2$

O enunciado informa que $2^x = 5^{1-x}$, então podemos resolver a equação.

$2^x = 5^{1-x}$
$2^x = \frac{5}{5^x}$
$\boxed{2^x \cdot 5^x} = 5$

Multiplicação de potências de bases diferentes e expoentes iguais

$10^x = 5 \Leftrightarrow \log_{10} 5 = x \Rightarrow \log_{10} \frac{10}{2} = \log_{10} 10 - \log_{10} 2 = 1 - \log 2$

Portanto, a resposta correta é a "c".

64. (**EsPCEx**) Para ter acesso a um arquivo de computador, é necessário que o usuário digite uma senha de 5 caracteres, na qual os três primeiros são algarismos distintos, escolhidos de 1 a 9, e os dois últimos caracteres são duas letras, distintas ou não, escolhidas dentre as 26 do alfabeto. Assim, o número de senhas diferentes, possíveis de serem obtidas por esse processo, é:

a) 327650.
b) 340704.
c) 473805.
d) 492804.
e) 501870.

Perceba que os algarismos têm de ser diferentes (distintos) e as letras podem ser repetidas. Dessa forma, temos 9 algarismos possíveis para a primeira posição, 8 para a segunda e 7 para a terceira: 9 · 8 · 7 = 504.
Para as duas últimas posições, há 26 letras para a quarta posição e 26 letras para a quinta (as letras podem ser repetidas). Então: 26 · 26 = 676.
504 · 676 = 340704
Portanto, a resposta correta é a "b".

65. (FCC – Bahiagás) Um programa de televisão convida o telespectador a participar de um jogo por telefone em que a pessoa tem que responder SIM ou NÃO em 10 perguntas sobre ortografia. O número máximo de respostas diferentes ao teste que o programa pode receber é:
a) 2048.   b) 1024.   c) 512.   d) 200.   e) 20.

Para cada pergunta, há duas respostas possíveis. Assim, teremos um máximo de 2^{10} respostas diferentes para as 10 perguntas = 1024.
Portanto, a resposta correta é a "b".

66. (Cesgranrio – IBGE) Em uma rua há 10 casas do lado direito e outras 10 do lado esquerdo. Todas as casas são numeradas de tal forma que de um lado da rua ficam as de número par e, do lado oposto, as de número ímpar. Em ambos os lados, a numeração das casas segue uma ordem crescente (ou decrescente, dependendo do sentido em que o observador caminha). Não há grandes diferenças entre os números de casas adjacentes nem entre os números daquelas que ficam frente a frente. Um agente censitário encontra-se nessa rua, na porta da casa de número 76. Sem mudar de lado, ele segue em um sentido. Em poucos segundos, percebe que está diante da porta da casa de número 72. Pretendendo entrevistar o morador da casa de número 183, o mais provável é que ele precise:

a) continuar no mesmo sentido sem mudar de lado.
b) continuar no mesmo sentido, mas mudando de lado.
c) apenas atravessar a rua.
d) andar no sentido contrário sem mudar de lado.
e) andar no sentido contrário, mas mudando de lado.

A questão explora o conceito de números pares e ímpares, além da ideia de sentido e direção.
O esquema abaixo representa a rua citada no enunciado.

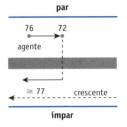

O lado em que o agente está é o lado par da rua; portanto, em primeiro lugar ele tem de **mudar de lado** na rua e depois **andar no sentido contrário**, pois o sentido em que ele está andando é o decrescente da numeração das casas.

Portanto, a resposta correta é a "e".

67. (FCC – TRT-23.ª Região) No almoxarifado de certa empresa há um rolo de arame cujo fio mede 0,27 km de comprimento. Se todo o fio desse rolo for cortado em pedaços iguais, cada qual com 120 cm de comprimento, o número de partes que serão obtidas é:
a) 225.   b) 205.   c) 180.   d) 160.   e) 155.

A questão explora os conhecimentos sobre o sistema métrico decimal.
Podemos converter km para cm ou cm para km.
0,27 km = 27.000 cm
Como cada pedaço de fio terá 120 cm, o número de partes em que o fio deve ser cortado será:
$\frac{27000}{120} = 225$.
Portanto, a resposta correta é a "a".

68. (**FCC – TRT-23ª Região**) Vandemir tem apenas cédulas de 5 reais, enquanto que Cleiton tem exatamente 35 moedas de 5 centavos, 13 moedas de 25 centavos e 22 moedas de 50 centavos. Quantas cédulas tem Vandemir sabendo que ele tem o quíntuplo da quantia de Cleiton?

a) 11   b) 12   c) 15   d) 16   e) 18

Juntando os valores de todas as moedas de Cleiton, teremos:
35 moedas de 5 centavos = 35 · 0,05 = 1,75
13 moedas de 25 centavos = 13 · 0,25 = 3,25
22 moedas de 50 centavos = 22 · 0,50 = 11,00
Total = 1,75 + 3,25 + 11,00 = R$ 16,00
Como Vandemir tem 5 vezes o valor de Cleiton, ele possui: 5 · R$ 16,00 = R$ 80,00. Esse valor transformado em cédulas de R$ 5,00 será equivalente a: $\frac{R\$\ 80,00}{R\$\ 5,00}$ = 16 cédulas.

Portanto, a resposta correta é a "d".

69. (**UFSCar**) No dia do aniversário dos seus dois filhos gêmeos, Jairo e Lúcia foram almoçar em um restaurante com as crianças e o terceiro filho caçula do casal, nascido há mais de 12 meses. O restaurante cobrou R$ 49,50 pelo casal e R$ 4,55 por cada ano completo de idade das três crianças. Se o total da conta foi de R$ 95,00, a idade do filho caçula do casal, em anos, é igual a:

a) 5.   b) 4.   c) 3.   d) 2.   e) 1.

Atribuindo a variável x a cada um dos filhos gêmeos e y ao filho caçula, teremos:

Preço da refeição para o casal = R$ 49,50
Preço da refeição para as crianças = R$ 4,55(2x + y)
Preço total da conta = 49,50 + 4,55(2x + y) = 95,00
Desenvolvendo a equação, temos:
49,50 + 4,55(2x + y) = 95,00
4,55(2x + y) = 95,00 − 49,50
4,55(2x + y) = 45,50
$2x + y = \frac{45,50}{4,55}$
2x + y = 10

A única solução possível, pelas condições do enunciado, é 4 e 2. Assim: y = 2, ou seja, o filho caçula tem 2 anos. Portanto, a resposta correta é a "d".

70. (**UFSCar**) Todas as permutações com as letras da palavra SORTE foram ordenadas alfabeticamente, como em um dicionário. A última letra da 86ª palavra dessa lista é:

a) S.   b) O.   c) R.   d) T.   e) E.

Vamos analisar cada uma das possibilidades separadamente. Para isso, vamos colocar as letras em ordem alfabética: E, O, R, S, T.
Em primeiro lugar, consideraremos as palavras que começam com E ou O ou R.

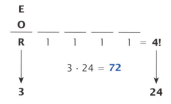

Em seguida, analisamos as palavras iniciadas com S e que têm na segunda posição as letras E ou O.

```
   S    E   __   __   __
   |    O    1    1    1  = 3!
   |    ↓         6 · 2 = 12
   ↓   2! = 2                ↓
1(FIXA)                      6
```

Terminamos analisando os dois tipos de palavras que começam por SRE: a primeira que termina com OT (uma possibilidade) e a segunda que termina com TO (uma possibilidade).
Desta forma, há 86 possibilidades de palavras, em ordem alfabética, tendo como a última letra da 86ª palavra a vogal O.
Portanto, a resposta correta é a "b".

71. (UFSCar) Se $2^{2008} - 2^{2007} - 2^{2006} + 2^{2005} = 9^k \cdot 2^{2005}$, o valor de K é:

a) $\dfrac{1}{\log 3}$ b) $\dfrac{1}{\log 4}$ c) 1   d) $\dfrac{1}{2}$ e) $\dfrac{1}{3}$

Para resolver o problema, vamos aplicar a propriedade da multiplicação de potências de bases iguais.

$2^{2005}(2^3 - 2^2 - 2^1 + 2^0) = 9^k \cdot 2^{2005}$
$2^{2005}(2^3 - 2^2 - 2^1 + 1) = 9^k \cdot 2^{2005}$
$9^k = 8 - 4 - 2 + 1$
$9^k = 3$
$(3^2)^k = 3^1$
$3^{2k} = 3^1$

Perceba que, para a igualdade ser verdadeira, 2k tem de ser igual a 1; assim: $k = \dfrac{1}{2}$.

Portanto, a resposta correta é a "d".

72. (UFSCar) Considere a, b e c algarismos que fazem com que a conta a seguir, realizada com números de três algarismos, esteja correta. Nas condições dadas, $b \cdot c^{-a}$ é igual a

```
  4 a 5
  1 5 b  −
  c 7 7
```

a) 0.   b) $\dfrac{1}{16}$.   c) $\dfrac{1}{4}$.   d) 1.   e) 16.

O algarismo das unidades do resultado da operação subtração (7) é maior que o algarismo das unidades do primeiro número (5). Deste modo, devemos considerar 15 no lugar do número 5 (pois houve o acréscimo de uma dezena para que fosse possível efetuar a operação na ordem das unidades) e b é igual a 8 (resultado da diferença entre 15 e 7).

```
  4 a¹5
  1 5 8  −
  c 7 7
```

Adicionando o 1, "emprestado" à unidade do primeiro número, ao 5 das dezenas do segundo número, teremos 6, o que resulta em a − 6 = 7. Assim, a = 3.

```
  4¹3 5
  1 6 8  −
  c 7 7
```

Adicionando o 1, agora "emprestado" à dezena do primeiro número, ao 1 das centenas do segundo número, teremos 2, o que resulta em 4 − 2 = 2. Então, c = 2.

```
  4 3 5
  2 6 8  −
  2 7 7
```

$b \cdot c^{-a} \Rightarrow 8 \cdot 2^{-3} \Rightarrow 8\left(\dfrac{1}{2}\right)^3 \Rightarrow 8 \cdot \dfrac{1}{8} = \dfrac{8}{8} = 1$

Portanto, a resposta correta é a "d".

73. (**UFSCar**) Sejam as sequências $(75, a_2, a_3, a_4, ...)$ e $(25, b_2, b_3, b_4, ...)$ duas progressões aritméticas de mesma razão. Se $a_{100} + b_{100} = 496$, então $\dfrac{a_{100}}{b_{100}}$ é igual a:

a) $\dfrac{273}{223}$.   b) $\dfrac{269}{219}$.   c) $\dfrac{247}{187}$.   d) $\dfrac{258}{191}$.   e) $\dfrac{236}{171}$.

O enunciado afirma que $a_{100} + b_{100} = 496$. Como temos o primeiro termo das duas sequências em PA e sabendo-se que $a_{100} = a_1 + 99r$, podemos escrever:
$a_1 + 99r + b_1 + 99r = 496$
$75 + 99r + 25 + 99r = 496$
$99r + 99r + 496 - 100$
$198r = 396$
$r = \dfrac{396}{198}$
$r = 2$
$a_{100} = 75 + 99 \cdot 2 = 273$; $b_{100} = 25 + 99 \cdot 2 = 223$. Assim: $\dfrac{a_{100}}{b_{100}} = \dfrac{273}{223}$.
Portanto, a resposta correta é a "a".

74. (**UFSCar**) Considere o conjunto $C = \{2, 8, 18, 20, 53, 124, 157, 224, 286, 345, 419, 527\}$.

O número de subconjuntos de três elementos de C que possuem a propriedade "soma dos três elementos é um número ímpar" é:

a) 94.   c) 115.   e) 146.
b) 108.   d) 132.

Para que a soma de três números seja um número ímpar, temos duas possibilidades: os 3 números são ímpares **ou** 1 deles é ímpar **e** os outros 2 são pares.
Perceba que podemos relacionar o conectivo **ou** a uma **adição** e o conectivo **e** a uma **multiplicação**. Como não importa a ordem dos elementos em um conjunto, vamos realizar **combinações** entre os elementos desse conjunto.
No primeiro caso (os 3 elementos ímpares), temos 5 elementos ímpares, ou seja, combinação de 5 elementos tomados 3 a 3.

$C_{n,p} = \dfrac{n!}{p!(n-p)!}$

$C_{5,3} = \dfrac{5!}{3!(5-3)!}$

$C_{5,3} = \dfrac{5 \cdot 4 \cdot 3!}{3! \, 2!}$

$C_{5,3} = \dfrac{20}{2} = 10$

No segundo caso (1 deles ímpar e 2 pares), temos, respectivamente, 5 elementos ímpares e 7 elementos pares, ou seja, combinação de 5 elementos tomados 1 a 1 **e** combinação de 7 elementos tomados 2 a 2.

$C_{n,p} = \dfrac{n!}{p!(n-p)!}$ $\qquad$ $C_{n,p} = \dfrac{n!}{p!(n-p)!}$

$C_{5,1} = \dfrac{5!}{1!(5-1)!}$ $\qquad$ $C_{7,2} = \dfrac{7!}{2!(7-2)!}$

$C_{5,1} = \dfrac{5 \cdot 4!}{4!}$ $\qquad$ $C_{7,2} = \dfrac{7 \cdot 6 \cdot 5!}{2! \, 5!}$

$C_{5,1} = 5$ $\qquad$ $C_{7,2} = \dfrac{42}{2} = 21$

10 ou 5 e 21 = $10 + 5 \cdot 21 = 10 + 105 = 115$.

Portanto, a resposta correta é a "c".

75. (**UFSCar**) Com o reajuste de 10% no preço da mercadoria A, seu novo preço ultrapassará o da mercadoria B em R$ 9,99. Dando um desconto de 5% no preço da mercadoria B, o novo preço dessa mercadoria se igualará ao preço da mercadoria A antes do reajuste de 10%. Assim, o preço da mercadoria B, sem o desconto de 5%, em R$, é

a) 222,00.
b) 233,00.
c) 299,00.
d) 333,00.
e) 466,00.

Seja o preço da mercadoria A igual a *a*, o preço da mercadoria A após reajuste de 10% será: a · 1,1. Se o preço da mercadoria B for igual a *b*, o preço da mercadoria B após desconto será: b · 0,95. Desta forma, teremos:
a · 1,1 = b + 9,99
b · (0,95) = a
Substituindo a variável *b* da segunda equação na primeira equação, temos:
a · 1,1 = b + 9,99 $\Rightarrow$ b · 0,95 · 1,1 = b + 9,99 $\Rightarrow$ 1,045b = b + 9,99 $\Rightarrow$

$\Rightarrow$ 1,045 = $\frac{b + 9,99}{b}$ $\Rightarrow$ 1,045 = 1 + $\frac{9,99}{b}$ $\Rightarrow$ 1,045 − 1 = $\frac{9,99}{b}$ $\Rightarrow$

$\Rightarrow$ 0,045 = $\frac{9,99}{b}$

b = $\frac{9,99}{0,045}$ = 222

Portanto, a resposta correta é a "a".

76. (**UFSCar**) A tabela indica as apostas feitas por cinco amigos em relação ao resultado decorrente do lançamento de um dado, cuja planificação está indicada na figura.

Ana	Face branca ou número par.
Bruna	Face branca ou número 5.
Carlos	Face preta ou número menor que 2.
Diego	Face preta ou número maior que 2.
Érica	Face branca ou número menor que 4.

Se trocarmos o conectivo "ou" pelo conectivo "e" na aposta de cada um, o jogador que terá maior redução nas suas chances de acertar o resultado, em decorrência dessa troca, será

a) Ana.
b) Bruna.
c) Carlos.
d) Diego.
e) Érica.

Observando a tabela apresentada, podemos perceber que as probabilidades são condicionais e seguem a regra da adição (relacionada ao conectivo **ou**) e também podemos concluir que todos os eventos **não são** mutuamente exclusivos, ou seja, cada um deles **pode** ocorrer simultaneamente ao outro. Por meio da aplicação da regra do conectivo **ou**, podemos escrever: P(A ∪ B) = P(A) + P(B) − P(A ∩ B). Trocando-se o conectivo **ou** pelo conectivo **e** em todos os eventos, passamos a utilizar, para a probabilidade condicional, a regra da multiplicação (relacionada ao conectivo **e**). Para essa regra (conectivo **e**), a probabilidade será dada por P(A ∩ B).

No esquema abaixo, vamos fazer as possíveis comparações.

	Ana	Bruna	Carlos	Diego	Érica
P(A ∪ B)	$\frac{4}{6}+\frac{3}{6}-\frac{2}{6}=\frac{5}{6}$	$\frac{4}{6}+\frac{1}{6}-\frac{1}{6}=\frac{4}{6}$	$\frac{2}{6}+\frac{1}{6}-\frac{1}{6}=\frac{2}{6}$	$\frac{2}{6}+\frac{4}{6}-\frac{1}{6}=\frac{5}{6}$	$\frac{4}{6}+\frac{3}{6}-\frac{2}{6}=\frac{5}{6}$
P(A ∩ B)	$\frac{4}{6}\cdot\frac{3}{6}=\frac{12}{36}=\frac{2}{6}$	$\frac{4}{6}\cdot\frac{1}{4}=\frac{4}{24}=\frac{1}{6}$	$\frac{2}{6}\cdot\frac{1}{2}=\frac{2}{12}=\frac{1}{6}$	$\frac{2}{6}\cdot\frac{1}{2}=\frac{2}{12}=\frac{1}{6}$	$\frac{4}{6}\cdot\frac{2}{4}=\frac{8}{24}=\frac{2}{6}$
Redução	$\frac{3}{6}$	$\frac{3}{6}$	$\frac{1}{6}$	$\frac{4}{6}$	$\frac{3}{6}$

A maior redução foi na probabilidade de se realizar a aposta feita por Diego.
Portanto, a resposta correta é a "d".

77. (UFSCar) Para estimar a área da figura ABDO (sombreada no desenho), onde a curva AB é parte da representação gráfica da função f(x) = 2^x, João demarcou o retângulo OCBD e, em seguida, usou um programa de computador que "plota" pontos aleatoriamente no interior desse retângulo.

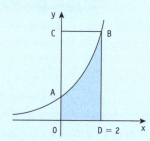

Sabendo que dos 1000 pontos "plotados", apenas 540 ficaram no interior da figura ABDO, a área estimada dessa figura, em unidades de área, é igual a:
a) 4,32.   b) 4,26.   c) 3,92.   d) 3,84.   e) 3,52.

Segundo o enunciado, do total de pontos "plotados" (1000), apenas 540 ficaram dentro da figura da qual se quer estimar a área.
540 em 1000 é igual a $\frac{540}{1000}=\frac{54}{100}=0,54=54\%$, ou seja, a figura da qual se quer estimar a área representa 54% da área do retângulo OCBD.
Como sabemos, a área do retângulo = lado maior · lado menor.
Para a função f(x) = 2^x, temos:
para x = 2 (ponto D) → y = 4 (ponto B); assim, a área do retângulo OCBD é 2 · 4 = 8.
A área que se quer estimar é 54% da área do retângulo OCBD, ou seja, 0,54 · 8 = 4,32.
Portanto, a resposta correta é a "a".

78. (UFSCar) Um encontro científico conta com a participação de pesquisadores de três áreas, sendo eles: 7 químicos, 5 físicos e 4 matemáticos. No encerramento do encontro, o grupo decidiu formar uma comissão de dois cientistas para representá-lo em um congresso. Tendo sido estabelecido que a dupla deveria ser formada por cientistas de áreas diferentes, o total de duplas distintas que podem representar o grupo no congresso é igual a:
a) 46.   b) 59.   c) 77.   d) 83.   e) 91.

As possíveis escolhas são: 1 físico **e** 1 matemático **ou** 1 químico **e** 1 físico **ou** 1 químico **e** 1 matemático.
Utilizando o princípio fundamental da contagem, temos: 5 · 4 + 7 · 5 + 7 · 4 = 83.
Portanto, a resposta correta é a "d".

79. **(UFRGS)** O número $3 + 2\sqrt{2}$ é igual à raiz quadrada de
a) $6 + 5\sqrt{2}$
b) $9 + 4\sqrt{2}$
c) $12 + 8\sqrt{2}$
d) $15 + 10\sqrt{2}$
e) $17 + 12\sqrt{2}$

A raiz quadrada do quadrado do número dado é o próprio número, assim: $\sqrt{(3 + 2\sqrt{2})^2}$. Desenvolvendo o produto notável, teremos:

$\sqrt{3^2 + 2(3 \cdot 2\sqrt{2}) + (2\sqrt{2})^2}$

$\sqrt{9 + 2(6\sqrt{2}) + 2^2 \cdot 2}$

$\sqrt{9 + 12\sqrt{2} + 8}$

$\sqrt{17 + 12\sqrt{2}}$

Portanto, a resposta correta é a "e".

80. **(UFRGS)** A tabela abaixo apresenta o cálculo do custo da violência, feito pela Organização Mundial de Saúde.

	Custo da violência
Estados Unidos	3,3% do PIB
Europa	5% do PIB
Brasil	10,5% do PIB
América Latina	13% do PIB
África	14% do PIB

OMS, The economic dimensions of interpersonal violence. jul. 2004.

Os custos da violência na América Latina e na Europa seriam iguais se, e somente se, o PIB da Europa superasse o PIB da América Latina exatamente em
a) 100%.
b) 130%.
c) 160%.
d) 200%.
e) 260%.

De acordo com a tabela apresentada na questão, o custo da violência, em relação ao PIB, na Europa (CV_E) é de 5% e na América Latina (CV_L) é de 13%.
Vamos representar essa relação.
$0,05 CV_E = 0,13 CV_L$

$CV_E = \dfrac{0,13}{0,05} CV_L$

$CV_E = 2,6 CV_L$

Portanto, o custo **percentual** da violência na América Latina é 160% maior (5% para 13%). Para que CV_E e CV_L fossem iguais, o PIB da Europa deveria ser 160% maior que o da América Latina.
Portanto, a resposta correta é a "c".

81. **(FCC – TRT-23.ª Região)** Em certo dia do mês de maio, dois Auxiliares Judiciários procederam a entrega de um lote de documentos em algumas Unidades do Tribunal Regional do Trabalho. Para a execução da tarefa, dividiram o total de documentos entre si, na razão inversa dos respectivos números de horas extras que haviam cumprido no mês anterior: 12 e 18 horas. Nessas condições, se aquele que cumpriu o menor número de horas extras entregou 48 documentos, então

a) o total de documentos distribuídos era 90.
b) o outro entregou mais do que 48 documentos.
c) o outro entregou menos do que 30 documentos.
d) o outro entregou exatamente 52 documentos.
e) o outro entregou exatamente 32 documentos.

A proporção que deve ser seguida nessa divisão obedece ao critério determinado pela questão, que é de 18 (maior número de horas) para 12 (menor número de horas), isto é, 18 : 12. Simplificando os dois termos da razão, teremos 3 : 2 (3 para 2).
Se aquele que cumpriu o menor número de horas (2) entregou 48 documentos, o outro (3) deve ter entregue x documentos.

48 → 2   Como a razão é inversa, temos   48 ⤫ 3
x → 3   x   2

48 → 3
x → 2
3x = 48 · 2
3x = 96
$x = \frac{96}{3}$
x = 32
Portanto, a resposta correta é a "e".

82. (**FCC – TRF-2ª Região**) Calculando os 38% de vinte e cinco milésimos obtém-se
a) 95 décimos de milésimos.   d) 19 centésimos.
b) 19 milésimos.   e) 95 centésimos.
c) 95 milésimos.

$38\% = \frac{38}{100} = 0{,}38$

Vinte e cinco (25) milésimos $= \frac{25}{1000} = 0{,}025$.

$0{,}38 \cdot 0{,}025 = 0{,}095 = \frac{95}{10000} = 95$ décimos de milésimos.

Portanto, a resposta correta é a "a".

83. (**FCC – TRF-2ª Região**) Certo dia, em uma Unidade do Tribunal Regional Federal, um auxiliar judiciário observou que o número de pessoas atendidas no período da tarde excedera o das atendidas pela manhã em 30 unidades. Se a razão entre a quantidade de pessoas atendidas no período da manhã e a quantidade de pessoas atendidas no período da tarde era $\frac{3}{5}$, então é correto afirmar que, nesse dia, foram atendidas

a) 130 pessoas.   d) 46 pessoas pela manhã.
b) 48 pessoas pela manhã.   e) 75 pessoas à tarde.
c) 78 pessoas à tarde.

Número de pessoas atendidas pela manhã: M
Número de pessoas atendidas à tarde: T = M + 30
Razão entre os números de atendimentos nos dois horários: $\frac{M}{T} = \frac{3}{5} \Rightarrow 3T = 5M$
Substituindo T, teremos:
$\frac{M}{T} = \frac{3}{5} \Rightarrow 3T = 5M$
3(M + 30) = 5M
3M + 90 = 5M
90 = 5M – 3M
2M = 90
$M = \frac{90}{2}$
M = 45

Número de pessoas atendidas no período da manhã: M = 45
Número de pessoas atendidas no período da tarde: T = M + 30 = 45 + 30 = 75.
Portanto, a resposta correta é a "e".

84. (**Cesgranrio – Refap**) Uma circunferência sobre um plano determina duas regiões nesse mesmo plano. Duas circunferências distintas sobre um mesmo plano determinam, no máximo, 4 regiões. Quantas regiões, no máximo, 3 circunferências distintas sobre um mesmo plano podem determinar nesse plano?
a) 4   b) 5   c) 6   d) 7   e) 8

O número de regiões sempre poderá ser calculado por uma potência de base 2 elevada ao número de circunferências. Para 1 circunferência são 2 regiões, para 2 circunferências são 4 regiões, portanto, para 3 circunferências serão 8 regiões.

Nº de circunferências	Nº de regiões
1	$2^1 = 2$
2	$2^2 = 4$
3	$2^3 = 8$

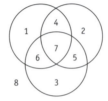

Portanto, a resposta correta é a "e".

85. (**Esaf – CGU**) Genericamente, qualquer elemento de uma matriz M pode ser representado por m_{ij}, onde i representa a linha e j a coluna em que esse elemento se localiza. Uma matriz $X = x_{ij}$, de terceira ordem, é a matriz resultante da soma das matrizes $A = (a_{ij})$ e $B = (b_{ij})$. Sabendo-se que $(a_{ij}) = i^2$ e que $b_{ij} = (i - j)^2$, então o produto dos elementos x_{31} e x_{13} é igual a:
a) 16.   b) 18.   c) 26.   d) 65.   e) 169.

A soma de matrizes é dada pela adição de elementos de mesmo índice das matrizes envolvidas na operação.
$x_{13} = a_{13} + b_{13} = i^2 + (i - j)^2 = 1^2 + (1 - 3)^2 = 1 + 4 = 5$
$x_{31} = a_{31} + b_{31} = i^2 + (i - j)^2 = 3^2 + (3 - 1)^2 = 9 + 4 = 13$
$x_{13} \cdot x_{31} = 5 \cdot 13 = 65$

Portanto, a resposta correta é a "d".

86. (**Esaf – CGU**) Os ângulos de um triângulo encontram-se na razão 2 : 3 : 4. O ângulo maior do triângulo, portanto, é igual a:
a) 40°.   b) 70°.   c) 75°.   d) 80°.   e) 90°.

A soma dos ângulos (internos) de qualquer triângulo é igual a 180°. A razão entre os ângulos, dada pelo enunciado, é 2 : 3 : 4. Considerando os ângulos A, B e C, podemos escrever: A = 2x; B = 3x e C = 4x.
2x + 3x + 4x = 180
9x = 180
$x = \dfrac{180}{9}$
x = 20

O maior ângulo é C e mede 4x; logo, mede 4 · 20 = 80°. Portanto, a resposta correta é a "d".

87. (**Esaf – Aneel**) Quer-se formar um grupo de danças com 6 bailarinas, de modo que três delas tenham menos de 18 anos, que uma delas tenha exatamente 18 anos e que as demais tenham idade superior a 18 anos. Apresentaram-se, para a seleção, doze candidatas, com idades de 11 a 22 anos, sendo a idade, em anos, de cada candidata, diferente das demais. O número de diferentes grupos de dança que podem ser selecionados a partir deste conjunto de candidatas é igual a:

a) 85.
b) 220.
c) 210.
d) 120.
e) 150.

Como não importa a ordem das bailarinas no grupo de dança, vamos resolver utilizando o processo de combinação.
Idades das candidatas: de 11 até 22 anos
Para o primeiro critério (< 18 anos), temos bailarinas de 11 até 17 anos = 7 candidatas.
Combinação de 7 candidatas tomadas 3 a 3.

$C_{n,p} = \dfrac{n!}{p!(n-p)!}$

$C_{7,3} = \dfrac{7!}{3!(7-3)!}$ São 35 grupos de 3 bailarinas com menos de 18 anos cada uma.

$C_{7,3} = \dfrac{7 \cdot 6 \cdot 5 \cdot 4!}{3!4!}$

$C_{7,3} = \dfrac{210}{6} = 35$

Para o segundo critério (= 18 anos), temos apenas 1 candidata.
Para o terceiro critério (> 18 anos), temos bailarinas de 19 até 22 anos = 4 candidatas.
Combinação de 4 candidatas tomadas 2 a 2.

$C_{n,p} = \dfrac{n!}{p!(n-p)!}$

$C_{4,2} = \dfrac{4!}{2!(4-2)!}$ São 6 grupos de 2 bailarinas com mais de 18 anos cada uma.

$C_{4,2} = \dfrac{4 \cdot 3 \cdot 2!}{2!2!}$

$C_{4,2} = \dfrac{12}{2} = 6$

Para cada um dos 35 grupos do primeiro critério, teremos 6 grupos do terceiro critério e apenas 1 do segundo critério. Desta forma, o número de diferentes grupos de dança que podem ser selecionados a partir desse conjunto de candidatas é igual a: 35 · 6 · 1 = 210.
Portanto, a resposta correta é a "c".

88. (**FCC – TRF-2ª Região**) Durante todo o mês de março de 2007, o relógio de um técnico estava adiantando 5 segundos por hora. Se ele só foi acertado às 7h do dia 2 de março, então às 7h do dia 5 de março ele marcava

a) 7h5min
b) 7h6min
c) 7h15min
d) 7h30min
e) 8h

O relógio estava marcando a hora certa às 7h do dia 2 de março, pois foi acertado nesse momento, mas continuou atrasando 5 segundos por hora, conforme informação contida no enunciado.
De 7h do dia 2 de março até 7h do dia 5 de março, temos 3 dias = 72 horas.

Em 72 horas o relógio atrasa 72 · 5 = 360 segundos = $\dfrac{360}{60}$ = 6 minutos.

Às 7h do dia 5 de março, o relógio estava marcando 7h mais o atraso de 6 minutos = 7h6min.
Portanto, a resposta correta é a "b".

89. (FCC – TRF-2ª Região) Certo dia, devido a fortes chuvas, 40% do total de funcionários de certo setor de uma Unidade do Tribunal Regional Federal faltaram ao serviço. No dia seguinte, devido a uma greve dos ônibus, compareceram ao trabalho apenas 30% do total de funcionários desse setor. Se no segundo desses dias faltaram ao serviço 21 pessoas, o número de funcionários que compareceram ao serviço no dia da chuva foi
a) 18   b) 17   c) 15   d) 13   e) 12

O número percentual de funcionários que compareceram ao serviço no dia da chuva foi de 60%, uma vez que 40% faltaram.
O número percentual de funcionários que faltaram ao serviço no segundo desses dois dias foi de 70%, porque 30% compareceram, sendo esses 70% igual a 21 funcionários, pois foram os que faltaram.

$$\begin{matrix}70\% & 21\\ 60\% & x\end{matrix} \Rightarrow 70x = 21 \cdot 60 \Rightarrow 70x = 1260 \Rightarrow x = \frac{1260}{70} \Rightarrow x = 18$$

Portanto, a resposta correta é a "a".

90. (FCC – TRT-4ª Região) Um certo prêmio foi repartido entre 5 pessoas de modo que cada uma recebesse $\frac{1}{3}$ da quantia recebida pela anterior. Se a terceira pessoa recebeu R$ 81,00, o total distribuído foi:
a) R$ 729,99.   c) R$ 918,00.   e) R$ 1.260,00.
b) R$ 882,00.   d) R$ 1.089,00.

Trata-se de uma progressão geométrica de 5 termos e razão igual a $\frac{1}{3}$, em que o termo a_3 é igual a 81. Utilizando a fórmula do termo geral da PG, temos:

$a_n = a_1 q^{n-1}$

$a_3 = a_1 \left(\frac{1}{3}\right)^{3-1} \Rightarrow 81 = a_1 \left(\frac{1}{3}\right)^2 \Rightarrow 81 = a_1 \frac{1}{9} \Rightarrow a_1 = 81 \cdot 9 \Rightarrow a_1 = 729$

Como a questão solicita que se calcule o valor total distribuído, vamos à soma dos termos da PG.

$S_n = \frac{a_1(q^n - 1)}{q - 1} \Rightarrow S_5 = \frac{729\left(\left(\frac{1}{3}\right)^5 - 1\right)}{\frac{1}{3} - 1} \Rightarrow S_5 = \frac{729\left(-\frac{242}{243}\right)}{-\frac{2}{3}} \Rightarrow S_5 = \frac{-726}{-\frac{2}{3}} \Rightarrow$

$\Rightarrow S_5 = -726\left(-\frac{3}{2}\right) \Rightarrow S_5 = R\$\ 1.089,00$

Portanto, a resposta correta é a "d".

91. (UFRGS) Uma pessoa tem em sua carteira oito notas de R$ 1,00, cinco notas de R$ 2,00 e uma nota de R$ 5,00. Se ela retirar ao acaso três notas da carteira, a probabilidade de que as três notas retiradas sejam de R$ 1,00 está entre
a) 15% e 16%.   c) 17% e 18%.   e) 19% e 20%.
b) 16% e 17%.   d) 18% e 19%.

A questão solicita que se calcule a probabilidade de se retirar uma nota de R$ 1,00 **e** depois outra nota de R$ 1,00 **e** depois outra nota de R$ 1,00, ou seja, a probabilidade da ocorrência de eventos em sequência.
Vamos aplicar a regra da multiplicação de eventos dependentes para calcular a probabilidade condicional. Lembre-se de que, após a retirada da primeira nota, o número de elementos do espaço amostral (14) se altera.

$P(A) \cdot P(B) \cdot P(C) = \frac{8}{14} \cdot \frac{7}{13} \cdot \frac{6}{12} = \frac{336}{2184} \cong 0,153 \cong 15,3\%$

Portanto, a resposta correta é a "a".

92. (**UFRGS**) Um número natural N de três algarismos, menor que 500, é escolhido ao acaso. A probabilidade de que $\log_2 N$ seja um número natural é:
a) 0,001.   b) 0,005.   c) 0,01.   d) 0,05.   e) 0,1.

Um número natural N de três algarismos, menor que 500, é um número compreendido de 100 até 499.
Então, é este o espaço amostral, com 400 elementos.
Sendo x um dos elementos desse espaço amostral:
Para $\log_2 N = x$, temos que $2^x = N$.
Dentro do espaço amostral dado, apenas dois números satisfazem essa condição: $2^7 = 128$ e $2^8 = 256$.
Assim, a probabilidade de ser um desses dois números é de: $\frac{2}{400} = 0,005$.
Portanto, a resposta correta é a "b".

93. (**UFRGS**) Um painel é formado por dois conjuntos de sete lâmpadas cada um, dispostos como na figura 1 a seguir. Cada conjunto de lâmpadas pode ser aceso independentemente do outro, bem como as lâmpadas de um mesmo conjunto podem ser acesas independentemente umas das outras, formando ou não números.

Figura 1

Figura 2

Estando todas as lâmpadas apagadas, acendem-se, ao acaso e simultaneamente, cinco lâmpadas no primeiro conjunto e quatro lâmpadas no segundo conjunto. A probabilidade de que apareça no painel o número 24, como na figura 2, é

a) $\frac{1}{735}$.   b) $\frac{1}{700}$.   c) $\frac{1}{500}$.   d) $\frac{1}{250}$.   e) $\frac{1}{200}$.

A quantidade de casos favoráveis é de apenas um: "Aparecer no painel o número 24". Então, temos de calcular o número total de casos (espaço amostral), por meio de combinação.
O total de lâmpadas em cada painel é 7; assim, para o primeiro painel teremos 7 elementos tomados 5 a 5 e para o segundo painel teremos 7 elementos tomados 4 a 4.

1º painel

$C_{n,p} = \frac{n!}{p!\,(n-p)!}$

$C_{7,4} = \frac{7!}{4!\,(7-4)!}$

$C_{7,4} = \frac{7 \cdot 6 \cdot 5 \cdot 4!}{4!3!}$

$C_{7,4} = \frac{210}{6} = 35$

2º painel

$C_{n,p} = \frac{n!}{p!\,(n-p)!}$

$C_{7,5} = \frac{7!}{5!\,(7-5)!}$

$C_{7,5} = \frac{7 \cdot 6 \cdot 5!}{5!2!}$

$C_{7,5} = \frac{42}{2} = 21$

O número de elementos do espaço amostral pode ser calculado por $35 \cdot 21 = 735$ elementos.
A probabilidade de ocorrência de 1 elemento em 735 é de $\frac{1}{735}$.
Portanto, a resposta correta é a "a".

94. (**Esaf – Aneel**) Em um plano são marcados 25 pontos, dos quais 10 e somente 10 desses pontos são marcados em linha reta. O número de diferentes triângulos que podem ser formados com vértices em quaisquer dos 25 pontos é igual a:
a) 2180.   b) 1180.   c) 2350.   d) 2250.   e) 3280.

Do total de triângulos que os 25 pontos podem formar, descontamos os 10 pontos em linha reta, pois estes não formam triângulos.
Como não importa a ordem dos pontos no plano para se formar um triângulo, vamos resolver o problema por meio de combinação.

Todos os pontos

$$C_{n,p} = \frac{n!}{p!(n-p)!}$$

$$C_{25,3} = \frac{25!}{3!(25-3)!}$$

$$C_{25,3} = \frac{25 \cdot 24 \cdot 23 \cdot \cancel{22!}}{6 \cdot \cancel{22!}}$$

$$C_{25,3} = \frac{13800}{6} = 2300$$

Apenas os 10 pontos em linha reta

$$C_{n,p} = \frac{n!}{p!(n-p)!}$$

$$C_{10,3} = \frac{10!}{3!(10-3)!}$$

$$C_{10,3} = \frac{10 \cdot 9 \cdot 8 \cdot \cancel{7!}}{6 \cdot \cancel{7!}}$$

$$C_{10,3} = \frac{720}{6} = 120$$

Retirando o total de combinações de 25 pontos tomados 3 a 3 do total de combinações dos 10 pontos alinhados tomados 3 a 3, teremos: 2300 − 120 = 2180.
Portanto, a resposta correta é a "a".

95. (**FCC – TRT-9.ª Região**) Às 8 horas e 45 minutos de certo dia foi aberta uma torneira, com a finalidade de encher de água um tanque vazio. Sabe-se que:
- o volume interno do tanque é 2,5 m³;
- a torneira despejou água no tanque a uma vazão constante de 2 litros por minuto e só foi fechada quando o tanque estava completamente cheio.

Nessas condições, a torneira foi fechada às
a) 5 horas e 35 minutos do dia seguinte.
b) 4 horas e 50 minutos do dia seguinte.
c) 2 horas e 45 minutos do dia seguinte.
d) 21 horas e 35 minutos do mesmo dia.
e) 19 horas e 50 minutos do mesmo dia.

O volume do tanque é de 2,5 m³ = 2500 dm³. Como 1 dm³ = 1 litro, 2500 dm³ = 2500 litros.

A torneira despeja 2 litros por minuto, então, demora $\frac{2500}{2}$ = 1250 minutos para encher o tanque.

1250 minutos = 20 horas e 50 minutos
8 horas e 45 minutos + 20 horas e 50 minutos = 5 horas e 35 minutos do dia seguinte.
Portanto, a resposta correta é a "a".

96. (**Esaf – MPOG**) Uma urna contém 5 bolas pretas, 3 brancas e 2 vermelhas. Retirando-se, aleatoriamente, três bolas sem reposição, a probabilidade de se obter todas da mesma cor é igual a:

a) $\frac{1}{10}$.

b) $\frac{8}{5}$.

c) $\frac{11}{120}$.

d) $\frac{11}{720}$.

e) $\frac{41}{360}$.

Para as bolas pretas, temos:

1ª retirada = $\frac{5}{10}$

2ª retirada = $\frac{4}{9}$ $\frac{5}{10} \cdot \frac{4}{9} \cdot \frac{3}{8} = \frac{60}{720} = \frac{1}{12}$

3ª retirada = $\frac{3}{8}$

Para as bolas brancas, temos:

1ª retirada = $\frac{3}{10}$

2ª retirada = $\frac{2}{9}$ $\frac{3}{10} \cdot \frac{2}{9} \cdot \frac{1}{8} = \frac{6}{720} = \frac{1}{120}$

3ª retirada = $\frac{1}{8}$

Para pretas **ou** brancas, temos:
$\frac{1}{12} + \frac{1}{120} = \frac{10+1}{120} = \frac{11}{120}$

Portanto, a resposta correta é a "c".

97. (**Esaf – MPU**) Quatro casais compram ingressos para oito lugares contíguos em uma mesma fila no teatro. O número de diferentes maneiras em que podem sentar-se de modo a que a) homens e mulheres sentem-se em lugares alternados; e que b) todos os homens sentem-se juntos e que todas as mulheres sentem-se juntas, são, respectivamente,

a) 1112 e 1152.
b) 1152 e 1100.
c) 1152 e 1152.
d) 384 e 1112.
e) 112 e 384.

Para o item "a", a fileira pode começar com homem ou mulher, desde que se alternem pessoas de um mesmo sexo a partir da 2ª posição em relação à anterior.

H M H M H M H M
M H M H M H M H

Para a 1ª posição, temos 4 homens; para a 2ª, 4 mulheres; para a 3ª, 3 homens; para a 4ª, 3 mulheres; e assim por diante.
4 · 4 · 3 · 3 · 2 · 2 · 1 · 1 = 576 · 2 = 1152 (multiplicamos por 2, pois há dois tipos de fileiras: as que começam por homens e as que começam por mulheres).
Para o item "b", a fileira pode começar por 4 homens ou por 4 mulheres.

HHHHMMMM
MMMMHHHH

4 · 3 · 2 · 1 · 4 · 3 · 2 · 1 = 576 · 2 = 1152.

Portanto, a resposta correta é a "c".

Certo ou errado

1. (**Cespe/UnB – PM/CE**) Com relação a juros simples e compostos, julgue a seguinte afirmação.

Considerando-se 1,16 como valor aproximado para $1,03^5$, é correto afirmar que, no regime de juros compostos, R$ 6.000,00 investidos durante 10 meses à taxa de juros de 3% ao mês produzirão um montante superior a R$ 8.000,00.

O montante em juros compostos pode ser calculado pela fórmula.
$M = C\left(1 + \frac{i}{100}\right)^t$

$M = 6000 \left(1 + \frac{3}{100}\right)^{10}$
$M = 6000 \cdot [(1,03)^5 \cdot (1,03)^5]$
$M = 6000 \cdot (1,16 \cdot 1,16)$
$M = 6000 \cdot 1,3456$
$M = R\$ 8.073,60$

Portanto, a afirmação está correta.

2. (Cespe/UnB – TRT-9.ª Região) Em um tribunal, os códigos que identificam as varas podem ter 1, 2 ou 3 algarismos de 0 a 9. Nenhuma vara tem código 0 e nenhuma vara tem código que começa com 0. Nessa situação, a quantidade possível de códigos de varas é inferior a 1100.

Vale lembrar que não utilizaremos o 0 (zero) nem como código, nem para começar um código. Se os códigos podem ter 1, 2 ou 3 algarismos, teremos códigos dos tipos: 5, 17 e 109, por exemplo. Assim, serão:
9 códigos **de um** algarismo (de 0 até 9 são dez, mas não se utiliza o 0)
9 · 10 = 90 códigos de dois algarismos.
9 · 10 · 10 = 900 códigos de três algarismos.
9 + 90 + 900 = 999 códigos que é inferior a 1100 códigos.

Portanto, a afirmação está correta.

3. (Cespe/UnB – TRT-9.ª Região) Considere-se que, das 82 varas do trabalho relacionadas no sítio do TRT da 9.ª Região, 20 ficam em Curitiba, 6 em Londrina e 2 em Jacarezinho. Considere-se, ainda, que, para o presente concurso, haja vagas em todas as varas, e um candidato aprovado tenha igual chance de ser alocado em qualquer uma delas. Nessas condições, a probabilidade de um candidato aprovado no concurso ser alocado em uma das varas de Curitiba, ou de Londrina, ou de Jacarezinho é superior a $\frac{1}{3}$.

Como cada candidato aprovado tem igual chance de ser alocado em qualquer uma das varas citadas no enunciado, seu espaço amostral é equiprovável, ou seja, seus eventos têm probabilidades iguais de ocorrência. Assim, a probabilidade será dada por:

$\frac{\text{casos citados}}{\text{casos possíveis}} = \frac{\text{Curitiba (20) + Londrina (6) + Jacarezinho (2)}}{\text{todas as 82 vagas da 9.ª Região}}$

$\frac{20 + 6 + 2}{82} = \frac{28}{82} = \frac{14}{41} \cong 0,34$, maior que $\frac{1}{3} \cong 0,33$.

Portanto, a afirmação está correta.

4. (Cespe/UnB – TRT-9.ª Região) O piso de uma sala deve ser revestido com peças de cerâmica em forma de triângulos retângulos isósceles cuja hipotenusa mede $16\sqrt{2}$ cm. Calculou-se que seriam necessárias pelo menos 3000 peças para cobrir todo o piso. Nessa situação, conclui-se que a área desse piso é superior a 38 m².

Se as peças de cerâmica têm o formato de triângulo isósceles, elas têm dois lados iguais. A medida da diagonal de um quadrado, em função de seu lado, é dada por $a\sqrt{2}$.
Pela figura abaixo, podemos perceber que essa diagonal é um dos lados do triângulo (isósceles) XYZ; deste modo, os outros dois lados são iguais a 16 cm cada um.

$a^2 + a^2 = (16\sqrt{2})^2$
$2a^2 + 256 \cdot 2$
$2a^2 = 512$
$a^2 = \dfrac{512}{2}$
$a^2 = 256$
$a = \sqrt{256} = 16$

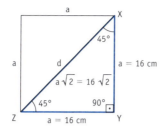

Como a área do triângulo é dada por $A = \dfrac{bh}{2}$, teremos: $A = \dfrac{16 \cdot 16}{2} = 128$ cm² para cada peça de cerâmica.
Sabendo que o piso será revestido por 3000 dessas peças, basta multiplicar cada uma das 3000 peças pela medida da área de cada uma: $3000 \cdot 128 = 384000$ cm² $= 38,4$ m².
Portanto, a afirmação está correta.

5. (UFSC) Assinale a(s) proposição(ões) **VERDADEIRAS**.
01) $\dfrac{80\%}{2\%} = 40\%$.
02) $(30\%)^2 = 0,09$.
04) As promoções do tipo "leve 5 e pague 4", ou seja, levando-se um conjunto de 5 unidades, paga-se o preço de 4, acenam com um desconto sobre cada conjunto vendido de 25%.
08) Uma pedra semipreciosa de 20 g caiu e se partiu em dois pedaços de 4 g e 16 g. Sabendo-se que o valor, em uma certa unidade monetária, dessa pedra é igual ao quadrado de sua massa expressa em gramas, a perda é de 32% em relação ao valor da pedra original.
16) Um quadro cujo preço de custo era R$ 1.200,00 foi vendido por R$ 1.380,00. Neste caso, o lucro obtido na venda, sobre o preço de custo, foi de 18%.

Proposição 1
$\dfrac{80\%}{2\%} = \dfrac{0,8}{0,02} = 40$, não 40%
Portanto, esta proposição está errada, sendo, assim, falsa.

Proposição 2
$(30\%)^2 = 0,09$
$\dfrac{30}{100} \cdot \dfrac{30}{100} = 0,3 \cdot 0,3 = 0,09$
Portanto, esta proposição está correta, sendo, assim, verdadeira.

Proposição 4
Levando 5 produtos e só pagando 4, temos um desconto de 1 em 5, ou seja, $\dfrac{1}{5} = 0,2 = 20\%$.
Portanto, esta proposição está errada, sendo, assim, falsa.

Proposição 8
O valor da pedra original é dado por $20^2 = 400$.
Depois de quebrada, temos 2 pedras, uma com 4 gramas e a outra com 16 gramas; deste modo, seus valores são, respectivamente, $4^2 = 16$ e $16^2 = 256$. As duas juntas têm um valor de $16 + 256 = 272$.
$\dfrac{272}{400} = 0,68 = 68\%$ do valor original, ou seja, desvalorização de 32%.
Portanto, esta proposição está correta, sendo, assim, verdadeira.

Proposição 16
O lucro foi *sobre* o preço *de custo*; então, a base de cálculo (100%) é o custo.

	Valores	%
custo	1200	100
venda	1380	x

$\Rightarrow x \cdot 1200 = 100 \cdot 1380 \Rightarrow x = \dfrac{1380}{1200} \Rightarrow x = 1{,}15$

Nesse caso o lucro foi de 15%.
Portanto, esta proposição está errada, sendo, assim, falsa.

6. (**Cespe/UnB – TRT-10ª Região – adapt.**) Considere uma sala na forma de um paralelepípedo retângulo, com altura igual 3 m e julgue os itens a seguir.
I. Se as medidas dos lados do retângulo da base são 3 m e 5 m, então o volume da sala é superior a 44 m³.
II. Se as medidas dos lados do retângulo da base são 4 m e 5 m, então a área total do paralelepípedo é inferior a 93 m².
III. Se as medidas dos lados do retângulo da base são 6 m e 8 m, então a medida da diagonal desse retângulo é inferior a 9 m.
IV. Se as medidas dos lados do retângulo da base são 3 m e 4 m, então a medida da diagonal do paralelepípedo é inferior a 5 m.

Volume do paralelepípedo = a · b · c

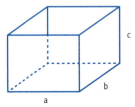

Pelo enunciado, temos que a = 3 m; b = 5 m e c = 3 m.
Então, v = 3 · 5 · 3 = 45 m³.

Portanto, o item I está correto.

Área total do paralelepípedo retângulo: 2(ab + ac + bc).

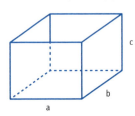

Pelo enunciado, temos que a = 4 m; b = 5 m e c = 3 m.
Então, v = 2[(4 · 5) + (4 · 3) + (5 · 3)] = 94 m².

Portanto, o item II está errado.

A diagonal do retângulo (aplicando-se o teorema de Pitágoras) é: $d = \sqrt{a^2 + b^2}$.

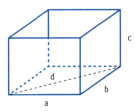

Pelo enunciado, temos que a = 6 m; b = 8 m.
Então: $d^2 = a^2 + b^2 \Rightarrow d = \sqrt{a^2 + b^2}$
$d = \sqrt{6^2 + 8^2} = \sqrt{100} = 10$

Portanto, o item III está errado.

A diagonal do paralelepípedo retângulo é dada por: $\sqrt{a^2 + b^2 + c^2}$.

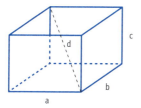

Pelo enunciado, temos que a = 3 m; b = 4 m.
Então: d = $\sqrt{3^2 + 4^2 + 3^2}$ ⇒ d = $\sqrt{34}$
d ≅ 5,83 m²

Portanto, o item IV está errado.

>>> Problemas

1. (**Unicamp-SP**) Um artesão precisa recortar um retângulo de couro com 10 cm × 2,5 cm. Os dois retalhos de couro disponíveis para a obtenção dessa tira são mostrados nas figuras abaixo.

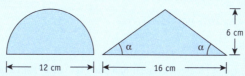

a) O retalho semicircular pode ser usado para a obtenção da tira? Justifique.
b) O retalho triangular pode ser usado para a obtenção da tira? Justifique.

Item a
Temos de retirar uma tira retangular de 10 cm × 2,5 cm do retalho semicircular. Verificamos que, no comprimento, isso é possível, pois precisamos de 10 cm, e o semicírculo tem diâmetro de 12 cm. Sobrará 1 cm para cada lado. Vamos analisar se a largura da tira (2,5 cm) cabe no semicírculo.
Se o diâmetro do semicírculo vale 12 cm, seu raio vale 6 cm. Traçaremos esse raio do centro da circunferência até o vértice B do retângulo inscrito.

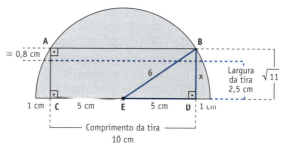

A medida que queremos calcular é x, conforme representado na figura anterior. Se essa medida for maior ou igual a 2,5 cm, o retalho semicircular poderá ser retirado das sobras do semicírculo.
Utilizando o teorema de Pitágoras, temos:
ED² + DB² = EB²
5² + x² = 6²
25 + x² = 36
x² = 36 − 25
x² = 11
x = $\sqrt{11}$ ≅ 3,3
Como x é maior que 2,5 cm, o retalho semicircular pode ser usado para a obtenção da tira.

Item b
Agora vamos inscrever o retângulo ABCD no triângulo apresentado na questão, para dele retirar uma tira retangular de 10 cm × 2,5 cm.
Vemos que, pelo comprimento, isso é possível, pois precisamos de 10 cm, e a base do triângulo tem 16 cm. Restarão 3 cm para cada lado. Vamos calcular se a largura da tira (2,5 cm) cabe no triângulo.

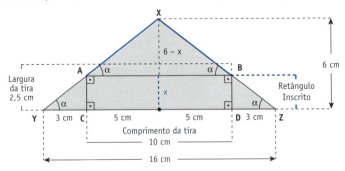

Tomando os triângulos XYZ e XAB, pela semelhança entre triângulos, temos que:

$$\frac{\text{base XYZ}}{\text{base XAB}} = \frac{\text{altura XYZ}}{\text{altura XAB}}$$

$\frac{16}{10} = \frac{6}{6-x} \Rightarrow 16(6-x) = 6 \cdot 10 \Rightarrow 96 - 16x = 60 \Rightarrow$

$\Rightarrow -16x = 60 - 96 \Rightarrow -16x = -36 \Rightarrow x = \frac{-36}{-16} = 2,25$

Como x é menor que 2,5 cm, o retalho triangular não pode ser usado para a obtenção da tira.

2. (**Unicamp-SP**) Dois *sites* de relacionamento desejam aumentar o número de integrantes usando estratégias agressivas de propaganda.

O *site* A, que tem 150 participantes atualmente, espera conseguir 100 novos integrantes em um período de uma semana e dobrar o número de novos participantes a cada semana subsequente. Assim, entrarão 100 internautas novos na primeira semana, 200 na segunda, 400 na terceira, e assim por diante.

Por sua vez, o *site* B, que já tem 2200 membros, acredita que conseguirá mais 100 associados na primeira semana e que, a cada semana subsequente, aumentará o número de internautas novos em 100 pessoas. Ou seja, 100 novos membros entrarão no *site* B na primeira semana, 200 entrarão na segunda, 300 na terceira etc.

a) Quantos membros novos o *site* A espera atrair daqui a 6 semanas? Quantos associados o *site* A espera ter daqui a 6 semanas?
b) Em quantas semanas o *site* B espera chegar à marca dos 10000 membros?

Item a
O *site* A espera dobrar o número de novos participantes a cada semana após a primeira semana; assim, seu crescimento dar-se-á em progressão geométrica (PG), sendo a_1 (1º termo) = 100 e a razão (r) = 2 (dobro).
Com a aplicação da fórmula do termo geral de PG, podemos calcular que, na sexta semana (a_6), o *site* atrairá:
$a_n = a_1 q^{n-1}$
$a_6 = 100 \cdot 2^{6-1}$
$a_6 = 100 \cdot 2^5$
$a_6 = 3200$
Utilizando a fórmula da soma dos termos da PG, podemos calcular o valor daqui a 6 semanas:

$S_n = \frac{a_1(q^n - 1)}{q - 1}$

$S_6 = \dfrac{100(2^6 - 1)}{2 - 1}$
$S_6 = 100 \cdot 63$
$S_6 = 6300$
$6300 + 150 = 6450$
Note que, ao total calculado, adicionamos as 150 pessoas que já participavam antes das 6 semanas.

Item b
O *site* B pretende aumentar em 100 associados seu número de participantes a cada semana após a primeira semana; então, seu crescimento dar-se-á em progressão aritmética (PA), sendo a_1 (1º termo) = = 100 e a razão (r) = 100.
Para sabermos o tempo que o *site* B levará para alcançar a marca de 10000 associados, vamos adicionar os associados que ele já tem (2200) ao resultado da soma dos termos da PA.
Utilizando a fórmula da soma dos termos, temos:

$S_n = \dfrac{(a_1 + a_n)n}{2}$

$10000 = \dfrac{(100 + a_n)n}{2} + 2200$

$10000 - 2200 = \dfrac{(100 + a_n)n}{2}$

$2 \cdot 7800 = (100 + a_n) \cdot n$
$(100 + a_n)n = 15600$

Vamos utilizar a fórmula do termo geral para calcular o valor de a_n.
$a_n = a_1 + (n - 1)r$
$a_n = 100 + (n - 1)100$
$a_n = 100 + 100n - 100$
$a_n = 100n$

Aplicando mais uma vez a fórmula da soma dos termos, temos:
$(100 + a_n)n = 15600$
$(100 + 100n)n = 15600$
$100n + 100n^2 = 15600$
$100n^2 + 100n - 15600 = 0$

Agora, vamos simplificar a última linha dividindo seus termos por 100. Utilizaremos a fórmula de Bháskara para calcular o valor de *n*.

$100n^2 + 100n - 15600 = 0\ (\div 100)$ $n = \dfrac{-b \pm \sqrt{\Delta}}{2a}$
$n^2 + n - 156 = 0$
$\Delta = b^2 - 4ac$ $n = \dfrac{-1 \pm \sqrt{625}}{2 \cdot 1} \Rightarrow n = \dfrac{-1 \pm 25}{2}$
$\Delta = 1^2 - 4 \cdot 1 \cdot (-156)$
$\Delta = 1 + 624$ $n' = \dfrac{-1 + 25}{2} = \dfrac{24}{2} = 12$
$\Delta = 625$
   $n'' = \dfrac{-1 - 25}{2} = \dfrac{-26}{2} = -13$

Então, o número de semanas será 12.

3. (**UFSC**) Na figura a seguir, o segmento de reta AE é paralelo ao segmento BF e o segmento de reta CG é paralelo ao segmento DH; o trapézio ABDC tem os lados medindo 2 cm, 10 cm, 5 cm e 5 cm, assim como o trapézio EFHG; esses trapézios estão situados em planos paralelos que distam 4 cm um do outro. Calcule o volume (em cm³) do sólido limitado pelas faces ABFE, CDHG, ACGE, BDHF e pelos dois trapézios.

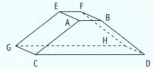

A questão solicita que seja calculado o volume do sólido da figura, que é um prisma reto. O volume de um prisma reto é dado por V = a_b · h (medida da área da base multiplicada pela medida da altura).

Tomando o trapézio ABDC como base, sua área será dada por: A = $\frac{(B + b)h}{2}$ (a metade da soma da base maior com a base menor, multiplicada pela altura). Das medidas necessárias para o cálculo final, está faltando a altura. Calculando a altura do trapézio ABDC, temos:

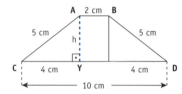

Pelo teorema de Pitágoras aplicado no triângulo AYC, temos:

$5^2 = h^2 + 4^2$
$25 = h^2 + 16$
$h^2 = 25 - 16$
$h = \sqrt{9}$
$h = 3$

Como a altura (h) do trapézio é igual a 3, podemos calcular sua área:

$$A = \frac{(B + b)h}{2} \Rightarrow A = \left(\frac{10 + 2}{2}\right)3$$
$$A = 6 \cdot 3 = 18 \text{ cm}^2$$

Agora, aplicando a área da base (18 cm²), podemos calcular o volume do prisma. Como os dois trapézios distam 4 cm um do outro, a altura do prisma é 4 cm.
V = a_b · h
V = 18 · 4
V = 72 cm³

4. (**Unesp**) Por ter uma face aluminizada, a embalagem de leite "longa vida" mostrou-se conveniente para ser utilizada como manta para subcoberturas de telhados, com a vantagem de ser uma solução ecológica que pode contribuir para que esse material não seja jogado no lixo. Com a manta, que funciona como isolante térmico, refletindo o calor do sol para cima, a casa fica mais confortável. Determine quantas caixinhas precisamos para fazer uma manta (sem sobreposição) para uma casa que tem um telhado retangular com 6,9 m de comprimento e 4,5 m de largura, sabendo-se que a caixinha, ao ser desmontada (e ter o fundo e o topo abertos), toma a forma aproximada de um cilindro oco de 0,23 m de altura e 0,05 m de raio, de modo que, ao ser cortado acompanhando sua altura, obtemos um retângulo. Nos cálculos, use o valor aproximado π = 3.

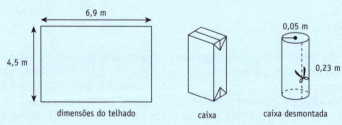

Área total do telhado = lado maior · lado menor = 6,9 m · 4,5 m = 31,05 m²
A área lateral do cilindro é dada por 2πRh. Assim: 2 · 3 · 0,05 · 0,23 = 0,069 m² (consideramos 3 como valor aproximado de π).

O número de caixinhas para fazer a manta mencionada na questão será $\frac{31,05}{0,069}$ = 450.

Portanto, a resposta é 450 caixinhas.

5. (**Unesp**) Na periferia de uma determinada cidade brasileira, há uma montanha de lixo urbano acumulado, que tem a forma aproximada de uma pirâmide regular de 12 m de altura, cuja base é um quadrado de lado 100 m. Considere os dados, apresentados em porcentagem na tabela, sobre a composição dos resíduos sólidos urbanos no Brasil e no México.

País	Orgânico (%)	Metais (%)	Plásticos (%)	Papelão/Papel (%)	Vidro (%)	Outros (%)
Brasil	55	2	3	25	2	13
México	42,6	3,8	6,6	16	7,4	23,6

(Cempre/Tetra Pak Américas/EPA 2002.)

Supondo que o lixo na pirâmide esteja compactado, determine o volume aproximado de plásticos e vidros existente na pirâmide de lixo brasileira e quantos metros cúbicos a mais desses dois materiais juntos existiriam nessa mesma pirâmide, caso ela estivesse em território mexicano.

O volume da pirâmide regular é dado por $V = \dfrac{a_b \cdot h}{3}$; assim, o volume total da pirâmide brasileira é:

$V = \dfrac{100^2 \cdot 12}{3} \Rightarrow V = \dfrac{10000 \cdot 12}{3} \Rightarrow V = 40000$

O volume de vidros (2%) e plásticos (3%) na pirâmide brasileira será de:
Vidros = 0,02(40000) = 800 + Plásticos = 0,03(40000) = 1200 = 2000 m³.
O volume de vidros (7,4%) e plásticos (6,6%) na pirâmide mexicana será de:
Vidros = 0,074(40000) = 2960 + Plásticos = 0,066(40000) = 2640 = 5600 m³.

Diferença entre os volumes das duas pirâmides:
Mexicana = 5600 m³
Brasileira = 2000 m³
Diferença = 3600 m³
Portanto, as respostas são 2000 m³ e 3600 m³.

Questões de provas com gabarito

Agora que você já treinou bastante fazendo os exercícios de fixação ao final de cada capítulo e resolvendo todas as questões comentadas da seção anterior, reunimos 50 questões retiradas de provas de concursos públicos sobre toda a parte de Matemática estudada. Porém, aqui, as questões não têm a resolução comentada. É um teste para valer!

Além de as questões não obedecerem à ordem dos capítulos estudados, não estão separadas em seções.

Agora, você não só vai treinar sua capacidade de distinguir a habilidade que cada questão exige e qual parte da matéria exposta é necessária para resolvê-la, como também poderá avaliar se absorveu o que estudou e é capaz de chegar, sozinho, à resolução das questões.

O gabarito para a conferência das respostas está no final do livro.

Boa sorte!

1. (**Esaf – MPOG**) Beatriz aposentou-se e resolveu participar de um curso de artesanato. Em sua primeira aula, ela precisou construir uma caixa retangular aberta na parte de cima. Para tanto, Beatriz colou duas peças retangulares de papelão, medindo 200 cm² cada uma, duas peças retangulares, também de papelão, medindo 300 cm² cada uma e uma outra peça retangular de papelão medindo 600 cm². Assim, o volume da caixa, em litros, é igual a:
a) 48
b) 6
c) 36
d) 24
e) 12

2. (**Esaf – MPU**) Um avião XIS decola às 13:00 horas e voa a uma velocidade constante de x quilômetros por hora. Um avião YPS decola às 13:30 horas e voa na mesma rota de XIS, mas a uma velocidade constante de y quilômetros por hora. Sabendo que $y > x$, o tempo, em horas, que o avião YPS, após sua decolagem, levará para alcançar o avião XIS é igual a:
a) $2/(x + y)$ horas.
b) $x/(y - x)$ horas.
c) $1/2x$ horas.
d) $1/2y$ horas.
e) $x/2 (y - x)$ horas.

3. (**FCC – TRT-23ª Região**) Certo dia, um Auxiliar Judiciário gastou 11880 segundos para arquivar uma determinada quantidade de processos. Se ele iniciou essa tarefa às 12 horas e 45 minutos e trabalhou ininterruptamente até completá-la, então ele a concluiu às:
a) 15 horas e 13 minutos.
b) 15 horas e 24 minutos.
c) 16 horas e 3 minutos.
d) 16 horas e 26 minutos.
e) 16 horas e 42 minutos.

4. (**FCC – TRT-4ª Região**) Um peso de papel, feito de madeira maciça, tem a forma de um cubo cuja aresta mede 0,8 dm. Considerando que a densidade da madeira é 0,93 g/cm³, quantos gramas de madeira foram usados na confecção desse peso de papel?
a) 494,18   c) 458,18   e) 47,616
b) 476,16   d) 49,418

5. (**FCC – TRT-4ª Região**) Seja N um número inteiro cujo produto por 9 é igual a um número natural em que todos os algarismos são iguais a 1. A soma dos algarismos de N é:
a) 27   b) 29   c) 33   d) 37   e) 45

532 >>Parte II

6. (FCC – TRT-4ª Região) Trabalhando individualmente, o funcionário A é capaz de cumprir certa tarefa em 8 horas, o funcionário B em 6 horas e o funcionário C em 5 horas. Nessas condições, se trabalharem juntos na execução dessa tarefa, o esperado é que ela seja cumprida em, aproximadamente,
a) 1 hora e 40 minutos.
b) 2 horas, 2 minutos e 2 segundos.
c) 2 horas e 20 minutos.
d) 2 horas, 22 minutos e 30 segundos.
e) 2 horas e 54 minutos.

7. (FCC – TRT-4ª Região) Considere que em certo mês 76% das ações distribuídas em uma vara trabalhista referiam-se ao reconhecimento de vínculo empregatício e que, destas, 20% tinham origem na área de indústria, 25% na de comércio e as 209 ações restantes na área de serviços. Nessas condições, o número de ações distribuídas e NÃO referentes ao reconhecimento de vínculo empregatício era
a) 240   c) 186   e) 108
b) 216   d) 120

8. (FCC – TRT-24ª Região) No caixa de uma lanchonete há apenas moedas de 10, 25 e 50 centavos, sendo 15 unidades de cada tipo. Usando essas moedas, de quantos modos distintos uma pessoa pode receber de troco a quantia de R$ 1,00?
a) 9   b) 8   c) 7   d) 6   e) 5

9. (FCC – TRF-2ª Região) Um capital de R$ 5.500,00 foi aplicado a juro simples e ao final de 1 ano e 8 meses foi retirado o montante de R$ 7.040,00. A taxa mensal dessa aplicação era de
a) 1,8%   d) 1,5%
b) 1,7%   e) 1,4%
c) 1,6%

10. (Inédito) Quatro quintos de uma equipe de pedreiros terminam $\frac{1}{4}$ de uma obra em $\frac{1}{5}$ de um dia. Quanto tempo levaria o restante da equipe para terminar a obra?
a) 57 horas e 30 minutos.
b) 36 horas e 57 minutos.
c) 57 dias e 36 horas.
d) 36 dias e 33 horas.
e) 57,5 horas e 6 minutos.

11. (Inédito) Vendi um determinado produto por R$ 10.488,00 perdendo 5% sobre o preço de custo. Por quanto deveria vendê-lo se quisesse ganhar 8% sobre o preço de venda?
a) R$ 11.040,00
b) R$ 13.179,00
c) R$ 11.400,00
d) R$ 12.000,00
e) R$ 11.900,00

12. (Inédito) João comprou diretamente de uma fábrica um conjunto de joias pagando R$ 322.000,00, incluindo o imposto sobre produtos industrializados (IPI). Sabendo-se que a alíquota do imposto foi de 15%, pergunta-se: Qual o valor do imposto pago?
a) R$ 7.325,00
b) R$ 48.300,00
c) R$ 42.000,00
d) R$ 280.000,00
e) R$ 21.000,00

13. (FCC – TRF-2ª Região) Simplificando a expressão $(2,3)^2 \div \left(\frac{21}{5} - \frac{3}{4}\right)$, obtém-se um número compreendido entre
a) 1 e 5   d) 15 e 20
b) 5 e 10   e) 20 e 25
c) 10 e 15

14. (Inédito) Um comerciante comprou um lote de mercadorias para revender em sua loja de tecidos, pagando por ele, incluindo impostos e despesas num total de 12%, a quantia total de R$ 137.000,00. Se os impostos e despesas somassem um total de 5%, o preço pago pelo mesmo lote seria de:
a) R$ 121.532,70
b) R$ 117.650,50
c) R$ 128.437,50
d) R$ 126.588,00
e) R$ 143.850,00

15. (FCC – TRF-4ª Região) Um lote de 210 processos deve ser arquivado. Essa tarefa será dividida entre quatro Técnicos Judiciários de uma Secretaria da Justiça Federal, segundo o seguinte critério: Aluísio e Wilson deverão dividir entre si $\frac{2}{5}$ do total de processos do lote na razão direta de suas respectivas idades: 24 e 32 anos; Rogério e Bruno deverão dividir os restantes entre

>>Parte II 533

si, na razão inversa de seus respectivos tempos de serviço na Secretaria: 20 e 15 anos. Se assim for feito, os técnicos que deverão arquivar a menor e a maior quantidade de processos são, respectivamente,
a) Aluísio e Bruno.
b) Aluísio e Rogério.
c) Wilson e Bruno.
d) Wilson e Rogério.
e) Rogério e Bruno.

16. (**Vunesp – TJ/MT**) Uma mãe quer distribuir de um modo justo 200 bombons idênticos para seus cinco filhos. Aproveitando para ensinar-lhes o valor do trabalho e a sua relação com a recompensa, resolveu distribuir os bombons de acordo com o tempo que cada um gasta, semanalmente, a ajudá-la nos trabalhos domésticos. A tabela, a seguir, mostra o tempo despendido de cada filho ao longo de uma semana nos trabalhos domésticos.

Nome dos filhos	Trabalho em minutos
Aldo	120
Bela	80
Cida	170
Duda	200
Elton	230
Total	800

Se Cida, Duda e Elton resolveram juntar todos os bombons que receberam da divisão proporcional feita pela mãe e reordenar a divisão entre eles pela média aritmética, então cada um desses três irmãos ficou com uma quantidade de bombons igual a
a) 30.   c) 40.   e) 50.
b) 35.   d) 45.

17. (**Inédito**) A soma das idades de três pessoas, João, Vítor e Matheus, é 105 anos. Sabendo-se que essas mesmas idades são, respectivamente, proporcionais a 8, 5 e 2, a idade de cada um é:
a) 13, 25 e 67.
b) 67, 25 e 13.
c) 56, 35 e 14.
d) 71, 31 e 28.
e) 31, 28 e 46.

18. (**FCC – TRF-4ª Região**) Um digitador gastou 18 horas para copiar $\frac{2}{7}$ do total de páginas de um texto. Se a capacidade operacional de outro digitador for o triplo da capacidade do primeiro, o esperado é que ele seja capaz de digitar as páginas restantes do texto em:
a) 13 horas.
b) 13 horas e 30 minutos.
c) 14 horas.
d) 14 horas e 15 minutos.
e) 15 horas.

19. (**FCC – TRF-4ª Região**) Na compra de um lote de certo tipo de camisa para vender em sua loja, um comerciante conseguiu um desconto de 25% sobre o valor a ser pago. Considere que:
• se não tivesse recebido o desconto, o comerciante teria pago R$ 20,00 por camisa;
• ao vender as camisas em sua loja, ele pretende dar ao cliente um desconto de 28% sobre o valor marcado na etiqueta e, ainda assim, obter um lucro igual a 80% do preço de custo da camisa. Nessas condições, o preço que deverá estar marcado na etiqueta é:
a) R$ 28,50.
b) R$ 35,00.
c) R$ 37,50.
d) R$ 39,00.
e) R$ 41,50.

20. (**Vunesp – TJ/MT**) Manoel tem um peixe a menos que Isabel. Ela tem um peixe a menos que a sua irmã Amália, que tem o dobro de Manoel. Os três juntos têm um total de peixes igual a
a) 10.   d) 7.
b) 9.   e) 6.
c) 8.

21. (**Vunesp – TJ/MT**) Em uma fábrica de cerveja, uma máquina encheu 2000 garrafas em 8 dias, funcionando 8 horas por dia. Se o dono da fábrica necessitasse de que ela triplicasse sua produção dobrando ainda as suas horas diárias de funcionamento, então o tempo, em dias, que ela levaria para essa nova produção seria
a) 16   c) 10   e) 4
b) 12   d) 8

22. (**Vunesp – TJ/SP**) Um investidor aplicou a quantia total recebida pela venda de um terreno, em dois fundos de investimentos (A e B), por um período de um ano. Nesse período, as rentabilidades dos fundos A e B foram, respectivamente, de 15% e de 20%, em regime de capitalização anual, sendo que o rendimento total recebido pelo investidor foi igual a R$ 4.050,00. Sabendo-se que o rendimento recebido no fundo A foi igual ao dobro do rendimento recebido no fundo B, pode-se concluir que o valor aplicado inicialmente no fundo A foi de
a) R$ 18.000,00
b) R$ 17.750,00
c) R$ 17.000,00
d) R$ 16.740,00
e) R$ 15.125,00

23. (**Vunesp – TJ/MT**) Uma concessionária de automóveis de certa marca queria vender um carro zero-quilômetro que acabara de ficar fora de linha pelo qual ninguém estava muito interessado. Primeiro, tentou vendê-lo com um desconto de 5%, mas ninguém o comprou. Em seguida, experimentou vendê-lo com um desconto de 10% sobre o preço do primeiro saldo. Como continuou encalhado, finalmente fez um desconto de 20% sobre o segundo preço de saldo. Agora, apareceu uma pessoa que o comprou por vinte mil e quinhentos e vinte reais. Então, o preço inicial do carro era de
a) R$ 25.500,00
b) R$ 27.000,00
c) R$ 28.500,00
d) R$ 29.000,00
e) R$ 30.000,00

24. (**Vunesp – TJ/MT**) Se uma indústria farmacêutica produziu um volume de 2800 litros de certo medicamento, que devem ser acondicionados em ampolas de 40 cm^3 cada uma, então será produzido um número de ampolas desse medicamento na ordem de
a) 70
b) 700
c) 7000
d) 70000
e) 700000

25. (**Inédito**) A soma das idades de duas irmãs, Ksilda e Minuteia, é de 24 anos. Se Ksilda nascesse três anos depois e Minuteia um ano antes, elas seriam gêmeas. Qual a idade, respectivamente, de cada uma?
a) 10 e 14
b) 12 e 12
c) 21 e 03
d) 14 e 10
e) 16 e 08

26. (**Vunesp – TJ/SP**) Um comerciante estabeleceu que o seu lucro bruto (diferença entre os preços de venda e compra) na venda de um determinado produto deverá ser igual a 40% do seu preço de venda. Assim, se o preço unitário de compra desse produto for R$ 750,00, ele deverá vender cada unidade por
a) R$ 1.050,00
b) R$ 1.100,00
c) R$ 1.150,00
d) R$ 1.200,00
e) R$ 1.250,00

27. (**Vunesp – TJ/SP**) Numa editora, 8 digitadores, trabalhando 6 horas por dia, digitaram $\frac{3}{5}$ de um determinado livro em 15 dias. Então, 2 desses digitadores foram deslocados para um outro serviço, e os restantes passaram a trabalhar apenas 5 horas por dia na digitação desse livro. Mantendo-se a mesma produtividade, para completar a digitação do referido livro, após o deslocamento dos 2 digitadores, a equipe remanescente terá de trabalhar ainda
a) 18 dias.
b) 16 dias.
c) 15 dias.
d) 14 dias.
e) 12 dias.

28. (**Esaf – TTN**) Três capitais são colocados a juros: o primeiro a 25% ao ano, durante 4 anos; o segundo a 24% ao ano, durante 3 anos e 6 meses e o terceiro a 20% ao ano, durante 2 anos e 4 meses. Juntos renderam um juro de R$ 27.591,80. Sabendo que o segundo capital é o dobro do primeiro e que o terceiro é o triplo do segundo, o valor do terceiro capital é de:
a) R$ 5.035,00
b) R$ 12.300,00
c) R$ 21.715,60
d) R$ 30.210,00
e) R$ 7.630,00

29. (Esaf – MTE) Beatriz, que é muito rica, possui cinco sobrinhos: Pedro, Sérgio, Teodoro, Carlos e Quintino. Preocupada com a herança que deixará para seus familiares, Beatriz resolveu sortear, entre seus cinco sobrinhos, três casas. A probabilidade de que Pedro e Sérgio, ambos, estejam entre os sorteados, ou que Teodoro e Quintino, ambos, estejam entre os sorteados é igual a:
a) 0,8
b) 0,375
c) 0,05
d) 0,6
e) 0,75

30. (Cesgranrio) Uma mesa redonda apresenta lugares para 7 computadores. De quantos modos podemos arrumar os 7 computadores na mesa de modo que dois deles, previamente determinados, não fiquem juntos, considerando equivalentes disposições que possam coincidir por rotação?
a) 120
b) 240
c) 480
d) 720
e) 840

31. (Vunesp – MPE/SP) Um concurso foi desenvolvido em três etapas sucessivas e eliminatórias. Do total de candidatos que participaram da 1ª etapa, $\frac{3}{4}$ foram eliminados. Dos candidatos que participaram da 2ª etapa, $\frac{2}{5}$ foram eliminados. Dos candidatos que foram para a 3ª etapa, $\frac{2}{3}$ foram eliminados, e os 30 candidatos restantes foram aprovados. Sabendo-se que todos os candidatos aprovados em uma etapa participaram da etapa seguinte, pode-se afirmar que o número total de candidatos que participaram da 1ª etapa foi:
a) 600.
b) 550.
c) 450.
d) 400.
e) 300.

32. (Inédito) Um produto foi vendido por R$ 12.150,00, com um prejuízo de 10% sobre o custo. Qual deveria ser o preço de venda se o comerciante quisesse obter um lucro de 10% sobre a venda?
a) R$ 15.000,00
b) R$ 13.500,00
c) R$ 12.150,00
d) R$ 15.500,00
e) R$ 12.550,00

33. (Inédito) Uma torneira é capaz de encher um tanque em 3 horas e uma outra pode encher o mesmo tanque no dobro do tempo da primeira. Em quanto tempo, funcionando juntas, o tanque ficaria cheio, considerando-se que foi aberto um ralo capaz de esvaziar o tanque em 5 horas?
a) 3 horas, 20 minutos e 10 segundos
b) 3 horas e 20 minutos
c) 2 horas, 45 minutos e 12 segundos
d) 4 horas e 12 minutos
e) 2 horas e 40 minutos

34. (Esaf – TTN) Os $\frac{2}{3}$ de $\frac{5}{3}$ do preço de uma moto equivalem a $\frac{3}{2}$ de $\frac{2}{5}$ do preço de um automóvel avaliado em R$ 9.600,00. O preço da moto é de:
a) R$ 5.760,00
b) R$ 8.640,00
c) R$ 6.400,00
d) R$ 16.000,00
e) R$ 5.184,00

35. (Inédito) Andioberto tinha certa quantidade de canoas para transportar, de um lado para o outro lado de um rio, algumas amarras de algodão que estão em seu caminhão. No caminho para a margem do rio, Andioberto calculou que, colocando dez amarras em cada canoa, sobrariam doze amarras em seu caminhão, mas, colocando doze amarras em cada canoa, sobrariam três canoas. Ao chegar à margem do rio, Andioberto teve de emprestar seis canoas ao amigo Felioberto. Assim, para transportar todas as amarras de algodão, de uma só vez, para a outra margem do rio, utilizando todas as canoas que restaram com quantidades iguais em cada canoa, Andioberto deverá colocar em cada uma delas:
a) 12 amarras.
b) 18 amarras.
c) 21 amarras.
d) 14 amarras.
e) 15 amarras.

36. (Inédito) Trinta por cento das frutas de uma fruteira estão podres. Sabendo que na fruteira só existem laranjas e maçãs e que 45% das laranjas e 20% das maçãs estão podres, qual a porcentagem de laranjas na fruteira?
a) 40%
b) 25%
c) 15%
d) 75%
e) 60%

37. (**Cesgranrio**) Sabendo que cada anagrama da palavra PIRACICABA é uma ordenação das letras P, I, R, A, C, I, C, A, B, A, quantos são os anagramas da palavra PIRACICABA que não possuem duas letras A juntas?
a) 1260
b) 5040
c) 30240
d) 68040
e) 70560

38. (**Vunesp – PMLV**) Uma professora distribuirá lápis coloridos para seus alunos de modo que cada aluno receba a mesma quantidade de lápis, independentemente da cor. Se ela distribuir 7 lápis para cada um, sobrarão 8 lápis. Se distribuir 8 lápis para cada um, ficarão faltando 12. A quantidade de lápis coloridos de que a professora dispõe é
a) 152.
b) 148.
c) 144.
d) 140.
e) 138.

39. (**Vunesp – PMLV**) Um supermercado está fazendo a promoção de sabonetes da marca A (todos de mesmo preço) e de pasta de dentes da marca B (todas de mesmo preço). Um cliente comprou 5 sabonetes e 3 pastas dessa promoção e pagou R$ 5,40. Outro cliente comprou 7 sabonetes e 4 pastas, também dessa promoção, e pagou R$ 7,40. O preço de 1 sabonete mais 1 pasta dessa promoção é de
a) R$ 1,40.
b) R$ 1,60.
c) R$ 1,80.
d) R$ 2,00.
e) R$ 2,20.

40. (**Vunesp – MPE/SP**) Uma pequena empresa produz 200 bolas a cada três dias, trabalhando com uma equipe de 6 funcionários. Para ampliar a produção para 600 bolas a cada 2 dias, mantendo-se, por funcionário e para todos eles, as mesmas produtividade, condições de trabalho e carga horária, ela precisará contratar mais
a) 23 funcionários.
b) 21 funcionários.
c) 18 funcionários.
d) 15 funcionários.
e) 12 funcionários.

41. (**Vunesp – Seed/SP**) Uma escola recebeu uma verba para a compra de um computador. Fazendo as contas, o diretor concluiu que precisaria de mais R$ 600,00 para comprar o computador desejado. Por outro lado, constatou que, se a verba recebida fosse 50% maior, ele compraria o computador e ainda sobrariam R$ 300,00 para a compra de uma impressora. Desse modo, pode-se concluir que o computador desejado custa:
a) R$ 2.400,00.
b) R$ 2.100,00.
c) R$ 2.000,00.
d) R$ 1.900,00.
e) R$ 1.800,00.

42. (**Vunesp – Seed/SP**) Paulo acertou 75 questões da prova objetiva do último simulado. Sabendo-se que a razão entre o número de questões que Paulo acertou e o número de questões que ele respondeu de forma incorreta é de 15 para 2, e que 5 questões não foram respondidas por falta de tempo, pode-se afirmar que o número total de questões desse teste era
a) 110.
b) 105.
c) 100.
d) 95.
e) 90.

43. (**Vunesp – Seed/SP**) Uma folha de papel P, de forma retangular, cujo lado maior é o dobro do lado menor, foi dobrada ao meio nas linhas pontilhadas, conforme mostram as figuras 1 e 2, nessa ordem, formando, como resultado, um retângulo com 60 cm de perímetro (fig. 3). A área da folha P, na sua forma original, é

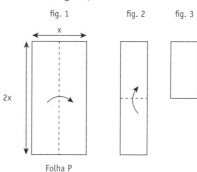

a) 228 cm².
b) 450 cm².
c) 800 cm².
d) 900 cm².
e) 1200 cm².

44. (**Vunesp – Seed/SP**) Um professor distribuiu um certo número de folhas de papel sulfite entre 3 grupos, para a apresentação de seus trabalhos. Para o grupo A, ele deu a terça parte do total; para o grupo B, entregou 3 folhas a menos do que para o grupo A, e para o grupo C, ele deu o dobro do que havia dado para o grupo B. Assim, o grupo B recebeu
a) 6 folhas.
b) 8 folhas.
c) 12 folhas.
d) 18 folhas.
e) 27 folhas.

45. (**Vunesp – MPE/SP**) A capacidade total de um reservatório é de 3000 litros, sendo que ele possui duas válvulas de entrada de água, A e B. Estando o reservatório completamente vazio, abriu-se a válvula A, com uma vazão constante de 15 litros de água por minuto. Quando a água despejada atingiu $\frac{2}{5}$ da capacidade total do reservatório, imediatamente abriu-se também a válvula B, com uma vazão constante de 25 litros de água por minuto, sendo que as duas válvulas permaneceram abertas até que o reservatório estivesse totalmente cheio. Como não houve nenhuma saída de água durante o processo, o tempo gasto para encher totalmente o reservatório foi de
a) 80 min.
b) 115 min.
c) 125 min.
d) 140 min.
e) 155 min.

46. (**Vunesp – MPE/SP**) Na figura, a composição dos retângulos, com medidas em metros, mostra a divisão que Cecília planejou para o terreno que possui. A casa deverá ser construída nas áreas I e III, sendo a área II reservada para jardim e lazer.

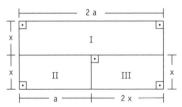

Sabendo-se que a medida a é igual ao dobro da medida x, e que a área total do terreno é 512 m², pode-se afirmar que as áreas I e III possuem, juntas,
a) 192 m².
b) 256 m².
c) 294 m².
d) 384 m².
e) 390 m².

47. (**Inédito**) Certa mercadoria foi vendida por R$ 354,00 dando um lucro de 20% sobre o custo ao vendedor. Qual o custo dessa mercadoria?
a) R$ 295,00
b) R$ 315,00
c) R$ 354,00
d) R$ 276,50
e) R$ 282,00

48. (**Vunesp – MPE/SP**) Um certo capital foi aplicado a juros simples durante 8 meses, gerando um montante de R$ 9.600,00. Esse montante foi novamente aplicado por mais 4 meses, à mesma taxa de juros da aplicação anterior, e gerou R$ 960,00 de juros. O capital inicialmente aplicado foi
a) R$ 7.000,00.
b) R$ 7.500,00.
c) R$ 7.800,00.
d) R$ 7.900,00.
e) R$ 8.000,00.

49. (**Vunesp – MPE/SP**) Num quadro, a tela é quadrada, com 200 cm de perímetro, e a moldura tem x cm de largura, como mostra a figura.

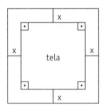

Se o quadro tem uma área total de 4900 cm², então a medida x da moldura é igual a
a) 12 cm.
b) 10 cm.
c) 9 cm.
d) 8 cm.
e) 6 cm.

50. (**Esaf – TTN**) Num clube $\frac{2}{3}$ dos associados são mulheres. Se $\frac{3}{5}$ das mulheres são casadas e 80% das casadas têm filhos, o número de associados do clube, sabendo-se que as mães casadas são em número de 360, é de:
a) 1140
b) 1280
c) 2350
d) 1125
e) 1200

Respostas das questões gabaritadas de LÓGICA (página 237)

1.	ERRADO	14.	C	27.	D	40.	D
2.	CERTO	15.	B	28.	E	41.	E
3.	ERRADO	16.	C	29.	A	42.	C
4.	CERTO	17.	D	30.	B	43.	B
5.	ERRADO	18.	C	31.	E	44.	C
6.	ERRADO	19.	C	32.	B	45.	E
7.	C	20.	C	33.	C	46.	C
8.	B	21.	D	34.	D	47.	C
9.	B	22.	D	35.	D	48.	E
10.	B	23.	B	36.	A	49.	D
11.	C	24.	A	37.	D	50.	B
12.	C	25.	E	38.	C		
13.	E	26.	C	39.	E		

Respostas das questões gabaritadas de MATEMÁTICA (página 532)

1.	B	14.	C	27.	B	40.	B
2.	E	15.	A	28.	D	41.	A
3.	C	16.	E	29.	D	42.	E
4.	B	17.	C	30.	C	43.	C
5.	D	18.	E	31.	A	44.	A
6.	B	19.	C	32.	A	45.	C
7.	D	20.	B	33.	B	46.	D
8.	D	21.	B	34.	E	47.	A
9.	E	22.	A	35.	D	48.	E
10.	E	23.	E	36.	A	49.	B
11.	D	24.	D	37.	E	50.	D
12.	C	25.	D	38.	B		
13.	A	26.	E	39.	A		

Lista de abreviaturas

Acadepol-SP – Academia de Polícia do Estado de São Paulo – www2.policiacivil.sp.gov.br/x2016/concursos

AFC – Analista de Finanças e Controle

AFC/SFC – Analista de Finanças e Controle (atual cargo AFC-CGU)

Afre – Auditor Fiscal da Receita Estadual

AFT – Auditor Fiscal do Trabalho

AFTN – Auditor Fiscal do Tesouro Nacional

Alesp – Assembleia Legislativa do Estado de São Paulo – www.al.sp.gov.br

Anac – Agência Nacional de Aviação Civil – www.anac.gov.br

Aneel – Agência Nacional de Energia Elétrica – www.aneel.gov.br

Anpad – Associação Nacional de Pós-Graduação e Pesquisa em Administração – www.anpad.org.br

APC – Agente de Polícia Civil

ATA – Assistente Técnico Administrativo

Bacen – Banco Central do Brasil – www.bcb.gov.br

Bahiagás – Companhia de gás da Bahia – www.bahiagas.com.br

BB – Banco do Brasil – www.bb.com.br

BR – *vide* Petrobras

Caern – Companhia de Águas e Esgotos do Rio Grande do Norte – www.caern.com.br

CEF – Caixa Econômica Federal – www.caixa.gov.br

Cesgranrio – Fundação Cesgranrio – www.cesgranrio.org.br

Cespe – Centro de Seleção e de Promoção de Eventos – www.cespe.unb.br

CGU – Controladoria Geral da União – www.cgu.gov.br

Chesf – Companhia Hidroelétrica do São Francisco – www.chesf.gov.br

CMB – Colégio Militar de Brasília – www.cmb.ensino.eb.br

CMBH – Colégio Militar de Belo Horizonte – www.cmbh.eb.mil.br

CMR/RO – Companhia de Mineração de Rondônia

Codesp – Companhia Docas do Estado de São Paulo – www.portodesantos.com.br

Colégio Naval – www.mar.mil.br/cn/

Conesul – Fundação Conesul de Desenvolvimento – www.conesul.org

Covest – Comissão de processos seletivos e treinamento – http://covest.htl.com.br

CVM – Comissão de Valores Mobiliários – www.cvm.gov.br

Dnocs – Departamento Nacional de Obras contra as Secas – www.dnocs.gov.br

DPE/SP – Defensoria Pública do Estado de São Paulo – www.defensoria.sp.gov.br

DPF – Departamento de Polícia Federal – www.dpf.gov.br

Efomm – Escola de Formação de Oficiais da Marinha Mercante – www.efomm.com

EGP – Especialista em Gestão Pública

Enem – Exame Nacional do Ensino Médio – http://enem.inep.gov.br

Epcar – Escola Preparatória de Cadetes do Ar – www.epcar.aer.mil.br

Esaf – Escola de Administração Fazendária – www.esaf.fazenda.gov.br

EsPCEx – Escola Preparatória de Cadetes do Exército – www.espcex.ensino.eb.br

Faap-SP – Fundação Armando Álvares Penteado – www.faap.br

Fatec-SP – Faculdade de Tecnologia de São Paulo – www.fatecsp.br

FCC – Fundação Carlos Chagas – www.fcc.org.br

FGV – Fundação Getulio Vargas – www.fgv.br

Fumarc – Fundação Mariana Resende Costa – www.fumarc.com.br

Funasa – Fundação Nacional de Saúde – www.funasa.gov.br

Fuvest – Fundação Universitária para o Vestibular – www.fuvest.br

Ibama – Instituto Brasileiro do Meio Ambiente e dos Recursos Naturais Renováveis – www.ibama.gov.br

IBGE – Instituto Brasileiro de Geografia e Estatística – www.ibge.gov.br

Ipad – Instituto de Planejamento e Apoio ao Desenvolvimento Tecnológico e Científico – www.ipad.com.br

ITA-SP – Instituto Tecnológico de Aeronáutica – www.ita.br

Mackenzie-SP – Universidade Presbiteriana Mackenzie – www.mackenzie.br

MF – Ministério da Fazenda – www.fazenda.gov.br

MPE/AM – Ministério Público Estadual do Amazonas – www.mp.am.gov.br

MPE/AP – Ministério Público Estadual do Amapá – www.mp.ap.gov.br

MPE/SP – Ministério Público do Estado de São Paulo – www.mp.sp.gov.br

MPE/TO – Ministério Público Estadual do Tocantins – www.mp.to.gov.br

MPOG – Ministério do Planejamento, Orçamento e Gestão – www.planejamento.gov.br

MPS – Ministério da Previdência Social – www.mpas.gov.br

MPU – Ministério Público da União – www.mpu.gov.br

MRE – Ministério das Relações Exteriores – www.itamaraty.gov.br

MTE – Ministério do Trabalho e Emprego – www.mte.gov.br

Nossa Caixa – antigo banco brasileiro agora incorporado ao Banco do Brasil – www.bb.com.br

Officium – Officium Assessoria, Seleção e Habilitação – www.officium.com.br

OJ – Oficial de Justiça

Petrobras – Petróleo Brasileiro S/A – www.petrobras.com.br

PC/PE – Polícia Civil de Pernambuco – www.policiacivil.pe.gov.br

PF – Polícia Federal – www.dpf.gov.br

PM/CE – Polícia Militar do Estado do Ceará – www.pm.ce.gov.br

PMBC – Prefeitura Municipal do Balneário de Camboriú – SC – www.balneariocamboriu.sc.gov.br

PMLV – Prefeitura Municipal de Louveira – SP – www.louveira.sp.gov.br

PM/RN – Polícia Militar do Rio Grande do Norte – www.pm.rn.gov.br

PMN/RN – Prefeitura Municipal de Natal – www.natal.rn.gov.br

PSS – Processo Seletivo Seriado

PUCCamp – Pontifícia Universidade Católica de Campinas – www.puc-campinas.edu.br

PUC-PR – Pontifícia Universidade Católica do Paraná – www.pucpr.br

PUC-Rio – Pontifícia Universidade Católica do Rio de Janeiro – www.puc-rio.br

PUC-RS – Pontifícia Universidade Católica do Rio Grande do Sul – www.pucrs.br

PUC-SP – Pontifícia Universidade Católica de São Paulo – www.pucsp.br

Refap – Refinaria Alberto Pasqualini S/A – Canoas – RS – www.refap.com.br

RF – Receita Federal

Santa Casa-SP – Irmandade da Santa Casa de Misericórdia de São Paulo – www.santacasasp.org.br

Secont/ES – Secretaria de Estado de Controle e Transparência do Espírito Santo – www.secont.es.gov.br

Seed/PR – Secretaria Estadual de Educação do Estado do Paraná – www.diaadiaeducacao.pr.gov.br

Seed/SP – Secretaria da Educação do Estado de São Paulo – www.educacao.sp.gov.br

Sefaz/ES – Secretaria do Estado da Fazenda do Espírito Santo – http://internet.sefaz.es.gov.br

Sefaz/SP – Secretaria da Fazenda do Governo do Estado de São Paulo – www.fazenda.sp.gov.br

Seplag/DF – Secretaria de Estado de Planejamento e Gestão, atual Secretaria de Estado de Planejamento e Orçamento do Distrito Federal – Seplan – www.seplan.df.gov.br

Sergas – Sergipe Gás S/A – www.sergipegas.com.br

Serpro – Serviço Federal de Processamento de Dados – www.serpro.gov.br

SPTrans – São Paulo Transporte S.A. – www.sptrans.com.br

STN – Secretaria do Tesouro Nacional

TCE/AC – Tribunal de Contas do Estado do Acre – www.tce.ac.gov.br

TCE/ES – Tribunal de Contas do Estado do Espírito Santo – www.tce.es.gov.br

TCE/GO – Tribunal de Contas do Estado de Goiás – www.tce.go.gov.br

TCE/RN – Tribunal de Contas do Estado do Rio Grande do Norte – www.tce.rn.gov.br

TCE/SP – Tribunal de Contas do Estado de São Paulo – www.tce.sp.gov.br

TCE/PE – Tribunal de Contas do Estado de Pernambuco – www4.tce.pe.gov.br

TCE/PB – Tribunal de Contas do Estado da Paraíba – http://portal.tce.pb.gov.br

TCI – Técnico de Controle Interno

TCU – Tribunal de Contas da União – www.tcu.gov.br

TFC – Técnico de Finanças e Controle

TJ/MT – Tribunal de Justiça do Estado de Mato Grosso – www.tjmt.jus.br

TJ/PE – Tribunal de Justiça de Pernambuco – www.tjpe.jus.br

TJ/RS – Tribunal de Justiça do Estado do Rio Grande do Sul – www.tjrs.jus.br

TJ/SE – Tribunal de Justiça de Sergipe – www.tjse.jus.br

TJ/SP – Tribunal de Justiça do Estado de São Paulo – www.tj.sp.gov.br

TRE/AM – Tribunal Regional Eleitoral do Amazonas – www.tre-am.gov.br

TRE/MA – Tribunal Regional Eleitoral do Maranhão – www.tre-ma.gov.br

TRE/MG – Tribunal Regional Eleitoral de Minas Gerais – www.tre-mg.jus.br

TRE/MS – Tribunal Regional Eleitoral de Mato Grosso do Sul – www.tre-ms.gov.br

TRF-1ª Região – Tribunal Regional Federal da Primeira Região – www.trf1.jus.br

TRF-2ª Região – Tribunal Regional Federal da Segunda Região – www.trf2.jus.br

TRF-3ª Região – Tribunal Regional Federal da Terceira Região – www.trf3.jus.br

TRF-4ª Região – Tribunal Regional Federal da Quarta Região – www.trf4.jus.br

TRF-5ª Região – Tribunal Regional Federal da Quinta Região – www.trf5.jus.br

TRT-1ª Região – Tribunal Regional do Trabalho da Primeira Região – RJ – www.trt1.jus.br

TRT-2ª Região – Tribunal Regional do Trabalho da Segunda Região – SP – www.trt2.jus.br

TRT-3ª Região – Tribunal Regional do Trabalho da Terceira Região – MG – www.trt3.jus.br

TRT-4ª Região – Tribunal Regional do Trabalho da Quarta Região – RS – www.trt4.jus.br

TRT-5ª Região – Tribunal Regional do Trabalho da Quinta Região – BA – www.trt5.jus.br

TRT-9ª Região – Tribunal Regional do Trabalho da Nona Região – PR – www.trt9.jus.br

TRT-10ª Região – Tribunal Regional do Trabalho da Décima Região – DF e TO – www.trt10.jus.br

TRT-15ª Região – Tribunal Regional do Trabalho da Décima Quinta Região – Campinas/SP – www.trt15.jus.br

TRT-17ª Região – Tribunal Regional do Trabalho da Décima Sétima Região – ES – www.trt17.gov.br

TRT-21ª Região – Tribunal Regional do Trabalho da Vigésima Primeira Região – RN – www.trt21.jus.br

TRT-22.ª Região – Tribunal Regional do Trabalho da Vigésima Segunda Região – PI – http://portal.trt22.jus.br

TRT-23.ª Região – Tribunal Regional do Trabalho da Vigésima Terceira Região – MT – http://portal.trt23.jus.br

TRT-24.ª Região – Tribunal Regional do Trabalho da Vigésima Quarta Região – MS – www.trt24.jus.br

TRT/MT – *vide* TRT-23.ª Região

TRT/PR – *vide* TRT-9.ª Região

TTN – Técnico do Tesouro Nacional

UCG – Universidade Católica de Goiás – www.ucg.br

UEL – Universidade Estadual de Londrina, PR – www.uel.br

Uern – Universidade do Estado do Rio Grande do Norte – www.uern.br

Ufal – Universidade Federal de Alagoas – www.ufal.edu.br

UFC – Universidade Federal do Ceará – www.ufc.br

Ufes – Universidade Federal do Espírito Santo – www.ufes.br

UFG – Universidade Federal de Goiás – www.ufg.br

UFMG – Universidade Federal de Minas Gerais – www.ufmg.br

UFPA – Universidade Federal do Pará – www.ufpa.br

UFPB – Universidade Federal da Paraíba – www.ufpb.br

UFPE – Universidade Federal de Pernambuco – www.ufpe.br

UFPR – Universidade Federal do Paraná – www.ufpr.br

UFRGS – Universidade Federal do Rio Grande do Sul – www.ufrgs.br

UFRJ – Universidade Federal do Rio de Janeiro – www.ufrj.br

UFSC – Universidade Federal de Santa Catarina – www.ufsc.br

UFSCar – Universidade Federal de São Carlos – SP – www.ufscar.br

UFSE ou **UFS** – Universidade Federal de Sergipe – www.ufs.br

UFSM – Universidade Federal de Santa Maria – www.ufsm.br

UnB – Universidade de Brasília – www.unb.br

Unesp – Universidade do Estado de São Paulo – www.unesp.br

Unicamp-SP – Universidade Estadual de Campinas – www.unicamp.br

Unirio – Universidade Federal do Estado do Rio de Janeiro – www.unirio.br

Vunesp – Fundação para o Vestibular da Universidade Estadual Paulista – www.vunesp.com.br